AF576179

EUL
VERLAG

CONTROLLING

Herausgegeben von Prof. Dr. Volker Lingnau, Kaiserslautern, Prof. Dr. Albrecht Becker, Innsbruck, Prof. Dr. Rolf Brühl, Berlin, und Prof. Dr. Bernhard Hirsch, München

Band 19
Sabrina Buch
Shared Knowledge – The Comparability of Idiosyncratic Mental Models
Lohmar – Köln 2012 ♦ 320 S. ♦ € 62,- (D) ♦ ISBN 978-3-8441-0186-7

Band 20
Michael Hoogen
Organisations- und wissenschaftstheoretische Implikationen für die Controllingforschung
Lohmar – Köln 2013 ♦ 288 S. ♦ € 58,- (D) ♦ ISBN 978-3-8441-0235-2

Band 21
Max Kury
Abgabe von Rechenschaft zum Wiederaufbau von Vertrauen – Eine empirische Untersuchung der Berichterstattung von Banken
Lohmar – Köln 2014 ♦ 308 S. ♦ € 59,- (D) ♦ ISBN 978-3-8441-0306-9

Band 22
Robert Huber
Nachhaltigkeitsorientierte Anreizsysteme – Eine empirische Analyse zu Gestaltung und Verhaltenswirkungen
Lohmar – Köln 2014 ♦ 232 S. ♦ € 56,- (D) ♦ ISBN 978-3-8441-0339-7

Band 23
Michael Hanzlick
Management Control Systems and Cross-Cultural Research – Empirical Evidence on Performance Measurement, Performance Evaluation and Rewards in a Cross-Cultural Comparison
Lohmar – Köln 2015 ♦ 304 S. ♦ € 59,- (D) ♦ ISBN 978-3-8441-0380-9

Band 24
Ulrich Koffler
Studentische Surrogation in der laborexperimentellen Controllingforschung
Lohmar – Köln 2016 ♦ 464 S. ♦ € 82,- (D) ♦ ISBN 978-3-8441-0467-7

JOSEF EUL VERLAG

Reihe: Controlling · Band 24

Herausgegeben von Prof. Dr. Volker Lingnau, Kaiserslautern,
Prof. Dr. Albrecht Becker, Innsbruck, Prof. Dr. Rolf Brühl, Berlin,
und Prof. Dr. Bernhard Hirsch, München

Dr. Ulrich Koffler

Studentische Surrogation in der laborexperimentellen Controllingforschung

Mit einem Geleitwort von Prof. Dr. Volker Lingnau,
Technische Universität Kaiserslautern

Bibliografische Information der Deutschen Nationalbibliothek

Die Deutsche Nationalbibliothek verzeichnet diese Publikation in der Deutschen Nationalbibliografie; detaillierte bibliografische Daten sind im Internet über <http://dnb.d-nb.de> abrufbar.

Dissertation, Technische Universität Kaiserslautern, 2016

Vom Fachbereich Wirtschaftswissenschaften der Technischen Universität Kaiserslautern genehmigte Dissertation.

D 386 (2016)

ISBN 978-3-8441-0467-7
1. Auflage Juni 2016

JOSEF EUL VERLAG GmbH
Brandsberg 6
53797 Lohmar
Tel.: 0 22 05 / 90 10 6-6
Fax: 0 22 05 / 90 10 6-88
E-Mail: info@eul-verlag.de
http://www.eul-verlag.de

Bei der Herstellung unserer Bücher möchten wir die Umwelt schonen. Dieses Buch ist daher auf säurefreiem, 100% chlorfrei gebleichtem, alterungsbeständigem Papier nach DIN 6738 gedruckt.

Geleitwort

Ausgangspunkt der Arbeit von Herrn Koffler ist die Feststellung, dass in der verhaltenswissenschaftlichen Controllingforschung Laborexperimente zum einen zunehmend an Bedeutung gewinnen, zum anderen aber erhebliche Vorbehalte gegenüber dieser Forschungsmethode, insbesondere im Hinblick auf deren externe Validität bestehen. Im Mittelpunkt dieser Kritik steht die verbreitete Verwendung von Studierenden als Versuchspersonen, die als Surrogate für „reale" Manager eingesetzt werden. Vor dem Hintergrund des als beklagenswert zu bezeichnenden Standes der Forschung zur Angemessenheit dieser Vorgehensweise verfolgt die Arbeit das Ziel, unter Berücksichtigung kognitionspsychologischer Erkenntnisse zunächst diejenigen kritischen Einflussfaktoren, die das Gelingen einer studentischen Surrogation beeinflussen, theoretisch herauszuarbeiten, um anschließend die auf der Grundlage dieser abgeleiteten Einflussfaktoren aufgestellten Hypothesen empirisch zu überprüfen.

Umfang und Tiefe der von Herrn Koffler vorgelegten Schrift sind beeindruckend. So ist schon jede der drei Studien für sich überzeugend, erst recht der mit diesen einhergehende methodische Pluralismus (Literaturempirie, Replikation, experimentelle Manipulation) und deren Einbettung in eine betriebswirtschaftliche Problemstellung, womit der nicht selten zu konstatierenden Tendenz zu einem theorielosen Empirizismus entgegengewirkt wird.

So liefern die Ergebnisse des literaturempirischen Teils erste empirische Evidenz für die vermuteten Zusammenhänge zur Beurteilung der Angemessenheit studentischer Surrogate. Insbesondere wird deutlich, dass erwartungsgemäß Graduates und Undergraduates der Wirtschaftswissenschaften in Laborexperimenten, deren Task eine geringe Vernetztheit aufweist, geeignete Versuchspersonen darstellen können, wenn über deren Urteils- und Entscheidungsverhalten hinaus generalisierbare Aussagen zum Verhalten von beispielsweise Managern formuliert werden sollen. Schon bei einer mittleren Vernetztheit sind dagegen zumindest Undergraduates der Wirtschaftswissenschaften nicht mehr in der Lage, angemessene Surrogate darzustellen

Die Ergebnisse der Replikation liefern weitergehende Erkenntnisse über die Angemessenheit studentischer Surrogate in der laborexperimentellen Controllingforschung. Interessant ist hier insbesondere, dass die Analyse entgegen der Annahme zeigt, dass nicht nur die JDM-Performance der Studierenden der Wirtschaftswissenschaften, sondern auch die der fachfremden Studierenden nicht bzw. kaum von dem Urteils- und Entscheidungsverhalten der Manager abweicht, was für die laborexperimentelle mittlere Vernetztheit (Komplexität) des tasks auf eine erfolgreiche Subjekt-Surrogation hinweist.

Um den potenziellen Gültigkeitsbereich der Generalisierbarkeit erweitern zu können, untersucht Herr Koffler in einem dritten Schritt die Qualität der Subjekt-Surrogation bei niedriger und hoher Vernetztheit, indem er auf der Grundlage der zweiten Studie erneut eine systematische und äußerst sorgfältige Replikation durchführt, wobei gegenüber der Ursprungsuntersuchung explizit die Bestandteile der Vernetztheit manipuliert werden, um so die Situationsvalidität seiner Forschungsergebnisse zu erhöhen. Hierbei wird insbesondere deutlich, dass annahmegemäß die Eignung von Graduates und Undergraduates der Wirtschaftswissenschaften als Surrogate bei niedriger Vernetztheit, sowie zusätzlich diejenige von Graduates der Wirtschaftswissenschaften bei mittlerer Vernetztheit bestätigt wird. Überraschend ist, dass die Studierenden anderer Fachbereiche – unabhängig vom Grad der Vernetztheit – keine signifikant niedrigere JDM Performance aufweisen.

Die Arbeit von Herrn Koffler ist geeignet, der laborexperimentellen Controllingforschung neue, wichtige Impulse zu geben. Sie bietet eine Fülle von Anknüpfungspunkten für weitere Forschungsvorhaben.

Ich wünsche der Arbeit die ihr angemessene umfangreiche kritische Rezeption!

Kaiserslautern, im April 2016 Prof. Dr. Volker Lingnau

Vorwort

Die vorliegende Schrift entstand während meiner Tätigkeit als wissenschaftlicher Mitarbeiter am Lehrstuhl für Unternehmensrechnung und Controlling der Technischen Universität Kaiserslautern und wurde im Januar 2016 vom dortigen Fachbereich Wirtschaftswissenschaften als Dissertation angenommen. In der Entstehungszeit der Arbeit habe ich mich sehr auf den Zeitpunkt gefreut, an dem die Promotion abgeschlossen ist, die Veröffentlichung naht und ich den zahlreichen Personen meinen Dank aussprechen kann, die mich auf diesem Weg unterstützt, begleitet und mir Rückhalt gegeben haben.

Dies gilt in besonderem Maße für meinen Doktorvater, Herrn Prof. Dr. Volker Lingnau, der als einer der ersten seines Faches die verhaltenswissenschaftliche Dimension des Controllings herausgearbeitet und seitdem in konsequenter Art und Weise fundiert hat. Er stand mir von der ersten vagen Idee bis zur Vollendung des Dissertationsprojektes im besten Controllersinne jederzeit als „Sparringspartner" zur Verfügung, um in kritischen und herausfordernden Diskussionen die Arbeit voranzutreiben. Durch die mir seit meiner Zeit als studentischer Mitarbeiter seines Lehrstuhls gewährten akademischen Freiheiten konnte ich mich fachlich und persönlich stark weiterentwickeln. Ich danke ihm für die mir stets entgegengebrachte Wertschätzung, die sich nicht zuletzt in der finanziellen Unterstützung bei der Durchführung meiner empirischen Studien zeigt. Ebenso möchte ich mich bei Herrn Prof. Dr. Lingnau in seiner Funktion als Mitherausgeber für die Aufnahme der vorliegenden Arbeit in die Schriftenreihe Controlling des Josef Eul Verlages bedanken.

Herrn Prof. Dr. Matthias Baum möchte ich für die vielen hilfreichen Diskussionen über methodische Fragestellungen und für seine Unterstützung bei der Vorbereitung und Durchführung der Meta-Analyse danken. Seine wertvollen Gedankenanstöße haben maßgeblich zum Gelingen der Arbeit beigetragen. Ebenfalls gilt ihm mein Dank für die freundliche Übernahme des Zweitgutachtens. Herrn Prof. Dr. Michael von Hauff und Herrn Prof. Dr. Michael Hassemer danke ich für ihr Mitwirken in der Prüfungskommission.

Ein großes Dankeschön gebührt auch den Kollegen und studentischen Hilfskräften am LUC, die meine Promotionszeit zu einer Zeit haben werden lassen, aus der viele Freundschaften hervorgegangen sind. In sehr guter Erinnerung behalte ich nicht nur inhaltlich anregende Gespräche, die meinen Gedankenhorizont erweitert haben, sondern vor allem Spaß und Freude bei der Diskussion aktueller Sportereignisse, bei Lehrstuhlausflügen vom Saarland bis nach Rom oder bei den jährlichen Steakholder-Grillfesten. Eine besonders wertvolle Begleitung in dieser Zeit war mir Frau KATHARINA KOKOT, die mir als Bürokollegin stets eine wertvolle und verlässliche Ansprechpartnerin war, mit der ich gemeinsam die Höhen und Tiefen beim Erstellen einer Dissertation erlebt habe. Aus dem Kreise der studentischen Hilfskräfte möchte ich im Besonderen Herrn YANNIK SEEWALD für seine ausdauernden Literaturrecherchen und Frau DENISE VOGELSANGER für ihr großes Engagement auf der Zielgeraden des Projektes danken. Sie hat sich durch ihre außerordentliche Gründlichkeit und ihren Fleiß insbesondere um das Erstellen der Abbildungen und die Korrektur des Manuskripts verdient gemacht. Auch möchte ich es an dieser Stelle nicht vergessen, Frau PATRICIA SCHWEITZER, Herrn YANNIK SEEWALD, Herrn SASCHA HASAN und Herrn KEYVAN MANOCHEHRI meinen Dank für ihren Einsatz bei der Gewinnung der empirischen Daten auszusprechen.

Mein ganz besonderer Dank gilt meiner lieben Familie, ohne deren fortwährende und uneingeschränkte Unterstützung mein bisheriger Lebensweg und das Gelingen der Arbeit nicht möglich gewesen wären. Dies gilt insbesondere für meine Eltern ANNE und ROLF KOFFLER, die mich bereits mein ganzes Leben lang fürsorglich begleitet und mir durch ihren unermüdlichen Einsatz bei der Kinderbetreuung die nötigen Freiräume geschaffen haben. Meiner Frau KATHRIN danke ich sehr für ihre liebevollen Ermutigungen, ihre ausdauernde Diskussionsbereitschaft und für zwei tolle Kinder, die mir ein wundervolles Leben neben der Dissertation beschert haben. Diesen wunderbaren Menschen sei diese Arbeit gewidmet.

Limburgerhof, im April 2016 Ulrich Koffler

Inhaltsübersicht

Inhaltsverzeichnis

Abbildungsverzeichnis

Tabellenverzeichnis

Abkürzungs- und Symbolverzeichnis

A & F	Accounting & Finance
AAA	American Accounting Association
AABR	Advances in Accounting Behavioral Research
AF	Accounting Forum
AH	Arbeitshypothese
AIS	Accounting Information Systems
ANOVA	Analysis of Variance (Einfaktorielle Varianzanalyse)
AOS	Accounting, Organizations and Society
AV	Abhängige Variable
BAR	Behavioral Accounting Research
BFuP	Betriebswirtschaftliche Forschung und Praxis
BRiA	Behavioral Research in Accounting
CAR	Contemporary Accounting Research
CFA	Certified Financial Accountant
CM	Controller Magazin
CPA	Certified Public Accountant
DB	Der Betrieb
DBW	Die Betriebswirtschaft
df	Anzahl an Freiheitsgraden
DU	Die Unternehmung
DW	Deklaratives Wissen
EAR	European Accounting Research
Exp.	Experiment
F_{emp}	empirischer F-Wert
F_{krit}	kritischer F-Wert

FN	Fußnote
H	Hypothese
IV	Intervenierende Variable
j	Faktorstufe j
JAE	Journal of Accounting and Economics
JAL	Journal of Accounting Literature
JAR	Journal of Accounting Research
JATA	Journal of American Taxation Association
JDM	Judgment and Decision Making
JF	Journal of Forecasting
JfB	Journal für Betriebswirtschaft
JIS	Journal of Information Systems
JMAR	Journal of Management Accounting Research
JMI	Journal of Managerial Issues
k	Anzahl an Faktorstufen
K-S-L-Test	Kolmogorov-Smirnov-Lilliefors-Anpassungstest
krp / ZfCM	Kostenrechnungspraxis / Zeitschrift für Controlling und Management
MANCOVA	Multivariate Analysis of Covariance (Multivariate Kovarianzanalyse)
MAR	Management Accounting Research
MISQ	Management Information Systems Quarterly
N	Anzahl aller Probanden
n_j	Anzahl der Probanden einer Gruppe j
P	Professional(s)
PW	Prozedurales Wissen
QSI	Fehlerquadratsumme („Quadratsumme innerhalb“)
QSS	Qualität der Subjekt-Surrogation
QSZ	Quadratsumme („Quadratsumme zwischen“)

R^2	Bestimmtheitsmaß („goodness of fit“)
RAS	Review of Accounting Studies
S	Studierende(r)
S-O-R	Stimulus-Organismus-Reaktion
TAR	The Accounting Review
UV	Unabhängige Variable
V	Vernetztheit
Vl	Versuchsleiter
Vpn	Versuchsperson(en)
W	Wissen
Wiwi	Wirtschaftswissenschaften
ZfB	Zeitschrift für Betriebswirtschaft
ZfbF / sbr	Zeitschrift für betriebswirtschaftliche Forschung / Schmalenbach Business Review
ZP	Zeitschrift für Planung & Unternehmenssteuerung
β	Regressionskoeffizient
μ_{ges}	Gesamtmittelwert
μ_j	Gruppenmittelwert unter der Faktorstufe j
σ_j	Varianz unter der Faktorstufe j

1 Einführung

„Seit geraumer Zeit ist in der Betriebswirtschaftslehre wieder ein zunehmendes Interesse für methodologische Fragen zu beobachten. Im Zentrum stehen dabei die Werturteilsproblematik betriebswirtschaftlicher Forschung und die inhaltlichen Ansätze für das Fach. Ein wenig vernachlässigt erscheinen demgegenüber solche methodologischen Fragestellungen zu sein, die Verfahrensweise, Anwendbarkeit und Aussagekraft einzelner betriebswirtschaftlicher Forschungsmethoden beleuchten."[1]

1.1 Einordnung, Problemstellung und Zielsetzung der Arbeit

Laborexperimente sind in der Psychologie, den Natur- und den Sozialwissenschaften eine seit langem etablierte Forschungsmethode zur „unmittelbaren Beobachtbarkeit menschlichen Entscheidungsverhaltens"[2] in relevanten Situationen „am lebenden Objekt" und gelten weithin als „Königsweg"[3] bzw. als „one of the great inventions of all time"[4].[5] Die Wirtschaftswissenschaften dagegen sind lange Zeit als nicht zugänglich für diese Methode erachtet worden.[6] In den letzten Jahrzehnten haben Laborexperimente auch dort an Bedeutung gewonnen und gelten mittlerweile „als ein unverzichtliches Instrument im Methodenkanon betriebswirtschaftlicher Forschung"[7], was sich nicht zuletzt in der Verleihung des Wirtschaftsnobelpreises an VERNON L. SMITH im Jahre 2002 „für die Etablierung von Laborexperimenten als Werkzeug in der empirischen ökonomischen Analyse"[8] zeigt.[9]

---

1 *Picot, A.* (1975), S. 5.

2 *Sauermann, H.* (1970), S. 3.

3 *Hussy, W. / Schreier, M. / Echterhoff, G.* (2013), S. 146.

4 *Kerlinger, F. N. / Lee, H. B.* (2000), S. 581.

5 Vgl. *Rack, O. / Christophersen, T.* (2009), S. 30; *Stefani, U.* (2008), S. 12; *Friedman, D. / Cassar, A.* (2004a), S. 13; *Fischer, L. / Wiswede, G.* (2002), S. 36; *Schulz, A. K.-D.* (1999), S. 29; *Picot, A.* (1975), S. 17 f.

6 Vgl. z. B. *Kunz, J. / Linder, S.* (2011), S. 211; *Stefani, U.* (2008), S. 12; *Langer, T.* (2007), Sp. 422 und die dort angegebene Literatur für einen Überblick über die ersten wirtschaftswissenschaftlichen Laborexperimente.

7 *Kunz, J. / Linder, S.* (2011), S. 212.

8 *Nobelprize.org* (2002).
Die vollständige Bezeichnung lautet „Preis der schwedischen Reichsbank für Wirtschaftswissenschaften in Gedenken an ALFRED NOBEL".

9 Vgl. *Küpper, H.-U. et al.* (2013), S. 116 f.; *Rack, O. / Christophersen, T.* (2009), S. 17 und S. 30; *Lange, C. / Schaefer, S.* (2008), S. 141; *Stefani, U.* (2008), S. 12; *Homburg, C.* (2007), S. 27; *Hauschildt, J.* (2003), S. 6 f.
Gemeinsam mit SMITH erhielt DANIEL KAHNEMAN „für das Einführen von Einsichten der psychologischen Forschung in die Wirtschaftswissenschaft" (*Nobelprize.org* (2002)) diesen Preis. KAHNEMAN veröffentlichte die meisten seiner Forschungsarbeiten zusammen mit AMOS TVERSKY. Dieser verstarb allerdings 1996, sodass der Preis nur KAHNEMAN verliehen wurde.

Im Bereich der Management Accounting-Forschung[10] weltweit, speziell im deutschsprachigen gegenüber dem angloamerikanischen Sprachraum, finden sich allerdings bisher nur wenige Beispiele für die Anwendung dieser Methode.[11] Vor dem Hintergrund einer zunehmenden Forderung nach verhaltenswissenschaftlicher Controllingforschung[12] rücken Laborexperimente jedoch auch hier immer mehr in den Fokus, da ihnen großes Potenzial im Hinblick auf die Gewinnung neuer Erkenntnisse beigemessen wird.[13]

Die Ursachen für den bisher zurückhaltenden Einsatz von Laborexperimenten als Untersuchungsmethode liegen vor allem in Erfahrungsdefiziten bei der Verwendung dieser Methode und teils mangelndem Vertrauen in die externe Validität des Instrumentariums begründet.[14] Häufig wird aufgrund der Auswahl der Versuchsteilnehmer die Möglichkeit zur Generalisierung der laborexperimentellen Ergebnisse in Frage gestellt, da in der Regel mit dieser Methode nicht die gesamte interessierende Population untersucht werden kann.[15] Stattdessen stellt sich bei der Anwendung zwangsläufig die Frage nach der Auswahl geeigneter Versuchspersonen.[16]

Bei Laborexperimenten im Allgemeinen sowie innerhalb der laborexperimentellen Controllingforschung ist heute, obwohl seit nunmehr fast 70 Jahren auf daraus resultierende Schwierigkeiten hingewiesen wird,[17] die Verwendung von Studierenden als Versuchspersonen auf-

10 Der englischsprachige Begriff „Management Accounting" und der deutsche Begriff „Controlling" werden in der Literatur als weitestgehend deckungsgleich erachtet und werden daher häufig, so auch hier, synonym verwendet. Vgl. *Weber, J. / Schäffer, U.* (2014), S. 27; *Hirsch, B.* (2008), S. 40; *Messner, M. et al.* (2008), S. 129; *Obermaier, R. / Müller, F.* (2008), S. 326; *Wagenhofer, A.* (2006), S. 1 f.
Für einen Überblick über die konzeptionelle Entwicklung und Einordnung der (deutschsprachigen) Controllingforschung vgl. z. B. *Lingnau, V. / Koffler, U.* (2013a); *Lingnau, V. / Koffler, U.* (2013b); *Lingnau, V.* (2008).

11 Vgl. *Hirsch, B.* (2009), S. 168; *Gillenkirch, R. M. / Arnold, M. C.* (2008), S. 130; *Lange, C. / Schaefer, S.* (2008), S. 154; *Obermaier, R. / Müller, F.* (2008), S. 329-332; *Wagenhofer, A.* (2006), S. 10; *Schulz, A. K.-D.* (1999), S. 29; *Swieringa, R. J. / Weick, K. E.* (1982), S. 56.
So sind beispielsweise zwischen 1970 und 1982 in den Zeitschriften ACCOUNTING, ORGANIZATIONS AND SOCIETY, THE ACCOUNTING REVIEW und JOURNAL OF ACCOUNTING RESEARCH mehr als 100 Laborexperimente veröffentlicht worden. Vgl. *Swieringa, R. J. / Weick, K. E.* (1982), S. 56.

12 Für die Formulierung dieser Forschung innerhalb der Disziplin vgl. z. B. *Weber, J. / Schäffer, U.* (2014), S. 29 f.; *Küpper, H.-U. et al.* (2013), S. 115-119; *Lange, C. / Schaefer, S.* (2008), S. 141 und S. 154; *Reimer, M. / Orth, M.* (2008), S. 186; *Weber, J. / Riesenhuber, M.* (2002), S. 32, bzw. von außerhalb *Homburg, C.* (2001), S. 430.

13 Vgl. z. B. *Birnberg, J. G.* (2011), S. 5; *Hirsch, B.* (2009), S. 172; *Gillenkirch, R. M. / Arnold, M. C.* (2008), S. 130; *Stefani, U.* (2008), S. 12; *Elliott, W. B. et al.* (2007), S. 141; *Hirsch, B.* (2007), S. 119; *Langer, T.* (2007), Sp. 421; *Sprinkle, G. B. / Williamson, M. G.* (2007), S. 415 f.; *Schulz, A. K.-D.* (1999), S. 29; *Heinen, E.* (1975), S. 15.

14 Vgl. z. B. *Obermaier, R. / Müller, F.* (2008), S. 327; *Langer, T.* (2007), Sp. 421; *Brownell, P.* (1995), S. 5; *Berkowitz, L. / Donnerstein, E.* (1982), S. 245.

15 Vgl. *Chan, C. / Landry, S. P. / Troy, C.* (2011), S. 55; *Druckman, J. N. / Kam, C. D.* (2011), S. 41 f.; *Langer, T.* (2007), Sp. 424; *Birnberg, J. G. / Nath, R.* (1968), S. 38 f.

16 Vgl. *Birnberg, J. G. / Nath, R.* (1968), S. 38.

17 Vgl. *McNemar, Q.* (1946).

grund einer Vielzahl damit verbundener Vorteile weit verbreitet.[18] Die Studierenden werden allerdings nicht eingesetzt, um etwas über ihr eigenes Verhalten herauszufinden, sondern sie dienen vornehmlich als Substitute, sogenannte Surrogate, für nicht-studentische Versuchspersonen.[19] Folglich werden in der laborexperimentellen Controllingforschung Studierende größtenteils als Surrogate für „reale" Manager[20] eingesetzt.[21] Die Verwendung von studentischen Surrogaten setzt allerdings voraus, dass deren Urteils- und Entscheidungsverhalten nicht wesentlich von demjenigen der substituierten nicht-studentischen Personen divergiert.[22]

Es existieren jedoch kontroverse Ansichten darüber, unter welchen Bedingungen Studierende im (Management) Accounting als mögliche angemessene Surrogate innerhalb von Laborexperimenten agieren können bzw. wann eine solche Surrogation zu Problemen hinsichtlich der Übertragung der Ergebnisse auf die eigentlich interessierende Population führt.[23] So besitzt die über drei Jahrzehnte alte Aussage, wonach sich der Stand der Forschung auf diesem Gebiet nach wie vor in einem beklagenswerten Zustand befinde,[24] auch heute noch hohe Aktualität.[25]

Diese Arbeit versucht diesem Bedarf nachzukommen, indem im Wesentlichen zwei Forschungsziele verfolgt werden. Das erste Ziel der Arbeit besteht darin, unter Berücksichtigung kognitionspsychologischer Erkenntnisse[26] zunächst diejenigen kritischen Einflussfaktoren, die das Gelingen einer studentischen Surrogation beeinflussen, theoretisch herauszuarbeiten. Aufgrund der interdisziplinären Ausrichtung dieser Arbeit erscheint die empirische Analyse[27] des Untersuchungsobjekts im Wesentlichen auf laborexperimenteller Basis zielführend. Deshalb ist es das zweite Ziel, die auf der Grundlage dieser abgeleiteten Einflussfaktoren aufgestellten Hypothesen empirisch zu überprüfen.

---

18 Vgl. z. B. *Obermaier, R. / Müller, F.* (2008), S. 346; *Kotchetova, N. / Salterio, S.* (2004), S. 552. Diese Diskussion wird, wie die folgenden Ausführungen zeigen werden, auch in anderen betriebswirtschaftlichen Teilgebieten wie beispielsweise dem Marketing, der Organisationsforschung oder auch der internationalen Wirtschaftsforschung geführt.

19 Vgl. *Walters-York, L. M. / Curatola, A. P.* (2000), S. 244; *McNemar, Q.* (1946), S. 333.

20 Manager werden in dieser Arbeit als „Personen(-gruppen), die Managementaufgaben wahrnehmen" (*Staehle, W. H.* (1999), S. 71), verstanden. Siehe Abschnitt 8.1.1.

21 Vgl. z. B. *Liyanarachchi, G. A. / Milne, M. J.* (2005), S. 121; *Walters-York, L. M. / Curatola, A. P.* (1998), S. 126 und S. 140; *Ashton, R. H. / Kramer, S. S.* (1980), S. 5; *Hofstedt, T. R.* (1972), S. 683.

22 Vgl. *Walters-York, L. M. / Curatola, A. P.* (2000), S. 244 f.; *Ashton, R. H. / Kramer, S. S.* (1980), S. 1.

23 Vgl. z. B. *Mortensen, T. / Fisher, R. / Wines, G.* (2012); *Liyanarachchi, G. A.* (2007).

24 Vgl. *Khera, I. P. / Benson, J. D.* (1970), S. 531. Originalzitat: „Admittedly, the state of knowledge in this area remains woefully inadequate, and more research is needed."

25 Vgl. *Walters-York, L. M. / Curatola, A. P.* (2000), S. 245.

26 Damit wird gleichzeitig der Forderung entsprochen, die meist isoliert betrachteten Gebiete der Betriebswirtschaftslehre und der Kognitionspsychologie zu verbinden. Vgl. *Waller, W. S.* (1995), S. 29 f.

27 Etymologisch leitet sich der Begriff „empirisch" vom Griechischen „auf Erfahrung beruhend" ab. Vgl. *Bortz, J. / Döring, N.* (2006), S. 2

Somit leistet diese Arbeit einen zweifachen Erkenntnisbeitrag: Erstens ergänzt sie die geringe Anzahl an bisher durchgeführten Laborexperimenten in der deutschsprachigen Controllingforschung. Zweitens setzt sie sich explizit mit den methodenbezogenen Herausforderungen auseinander. Dadurch ebnet sie das Feld für einen vermehrten Einsatz von Laborexperimenten in der Controllingforschung und liefert gleichzeitig eine Kontribution zu einer ähnlich geführten Diskussion in anderen Teilgebieten der verhaltensorientierten Betriebswirtschaftslehre.

1.2 Aufbau und Methodik der Arbeit

Die beiden für die Arbeit zentralen Zielsetzungen determinieren das ihr zugrunde liegende Forschungsdesign.[28] Dieses beschreibt nach YIN

> „*a logical plan for getting from here to there*, where *here* may be defined as the initial set of questions to be answered, and *there* is some set of conclusions (answers) about these questions. [...] [It] deals with the *logical* problem and not the *logistical* problem.“[29]

Zwischen dem „Hier“ und „Dort“ werden für eine experimentelle Untersuchung idealtypischerweise die sieben in *Abbildung 1* dargestellten sequenziellen Phasen durchlaufen.[30]

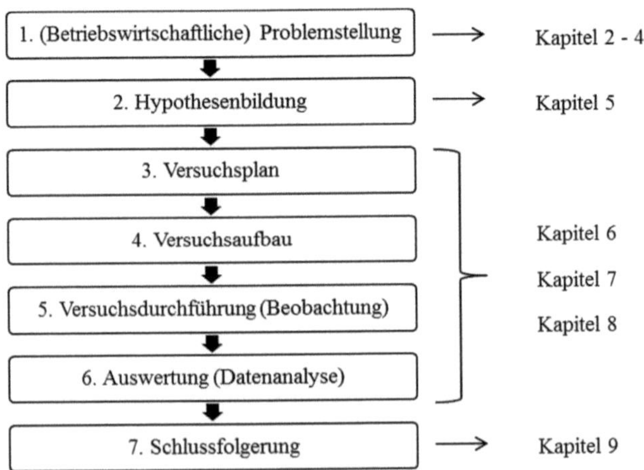

Abbildung 1: Ablaufschritte einer experimentellen Untersuchung[31]

28 Vgl. *Schnell, R. / Hill, P. B. / Esser, E.* (2011), S. 201.

29 *Yin, R. K.* (2009), S. 26 f. Vgl. ähnlich *Möller, K.* (2005), S. 161.

30 Vgl. *Huber, O.* (2013), S. 79-85; *Schwaiger, M.* (2007), Sp. 341; *Möller, K.* (2005), S. 168 f. Die Bedeutung einer systematischen Vorgehensweise heben *Schnell, R. / Hill, P. B. / Esser, E.* (2011), S. 201, hervor: „Der (logische) Aufbau des Forschungsdesigns ist entscheidend für den Grad an Gewissheit, mit dem die Frage nach dem Zusammenhang zwischen zwei Ereignissen [...] beantwortet werden kann.“

Üblicherweise stellt eine aus der Theorie abgeleitete (betriebswirtschaftliche) Problemstellung den Ausgangspunkt experimenteller Forschung dar, von der ausgehend zunächst der Stand der Forschung erarbeitet sowie potenzielle Forschungslücken und (betriebswirtschaftliche) Ziele abgeleitet werden (Phase 1).[32] Im vorliegenden Fall wird im zweiten Kapitel zunächst aufgezeigt, dass, obwohl vor mehr als 60 Jahren aus der Kritik am klassischen ökonomischen Modell des Homo oeconomicus[33] mit den Verhaltenswissenschaften ein interdisziplinäres Forschungsgebiet entstanden ist,[34] für die Integration verhaltenswissenschaftlicher Erkenntnisse in die deutschsprachige Betriebswirtschaftslehre und damit auch in die Controllingforschung noch großes Potenzial besteht.[35] Daraus ergibt sich die folgende Fragestellung:

1. Welchen Erklärungsbeitrag liefern die Verhaltenswissenschaften für die Controllingforschung?[36]

Der weitere Fortgang der Arbeit beschränkt sich daher insbesondere auf das Forschungsgebiet des Behavioral Accountings, das das Bestreben widerspiegelt, die verhaltenswissenschaftliche Öffnung der Betriebswirtschaftslehre und die damit verbundene Abkehr vom Modell des Homo oeconomicus auf dem Teilgebiet des Rechnungswesens fortzuführen.[37] Es zeigt sich, dass im Teilgebiet des Behavioral Management Accountings typischerweise Manager, deren Urteile und Entscheidungen als Empfänger von Informationen aus dem Rechnungswesen im Fokus der Betrachtung stehen, die Untersuchungssubjekte darstellen.[38] Dies wirft die Frage auf:

2. Welche Untersuchungsmethoden werden für die Analyse der Auswirkungen von Controllinginformationen auf das Entscheidungsverhalten von Akteuren angewandt?[39]

Besondere Bedeutung bei der wissenschaftlichen Untersuchung dieser Interaktion wird der Methode der laborexperimentellen Forschung eingeräumt.[40] Da aufgrund methodischer Her-

---

31 In Anlehnung an: *Reiß, S. / Sarris, V.* (2012), S. 60.
32 Vgl. *Reiß, S. / Sarris, V.* (2012), S. 63.
33 Vgl. *Simon, H. A.* (1986), S. 224.
34 Dessen Ziel liegt in der Erklärung des tatsächlichen Verhaltens von Individuen. Vgl. *Lange, C. / Schaefer, S.* (2008), S. 149; *Wiswede, G.* (2006), S. 14 f.
35 Vgl. *Obermaier, R. / Müller, F.* (2008), S. 329; *Homburg, C. / Klarmann, M.* (2003), S. 65.
36 Siehe insbesondere Abschnitt 2.1.
37 Vgl. *Birnberg, J. G.* (2011), S. 1 f.; *Gillenkirch, R. M. / Arnold, M. C.* (2008), S. 128; *Hirsch, B.* (2005), S. 282; *Holzer, H. P. / Lück, W.* (1978), S. 509-511.
38 Vgl. *Birnberg, J. G.* (2011), S. 3 f.; *Sprinkle, G. B. / Williamson, M. G.* (2007), S. 416.
39 Siehe insbesondere Abschnitt 2.4.
40 Vgl. *Birnberg, J. G.* (2011), S. 5; *Hirsch, B.* (2009), S. 167-172; *Gillenkirch, R. M. / Arnold, M. C.* (2008), S. 130; *Lange, C. / Schaefer, S.* (2008), S. 154; *Stefani, U.* (2008), S. 12; *Hirsch, B.* (2007), S. 119; *Sprinkle, G. B. / Williamson, M. G.* (2007), S. 415 f.; *Kachelmeier, S. J. / King, R. R.* (2002), S. 220;

ausforderungen ihr Erklärungsbeitrag bisher noch sehr gering ausfällt, setzt sich die Arbeit innerhalb des dritten Kapitels mit folgenden Fragestellungen auseinander:

3. Welche Vor- und Nachteile ergeben sich aus dem Einsatz von Laborexperimenten als Forschungsmethode im Behavioral Management Accounting?[41]
4. Welche Ursachen behindern konkret den Einsatz von Laborexperimenten als Forschungsmethode im Behavioral Management Accounting?[42]

Als Hauptursache lässt sich die häufige Verwendung von Studierenden als Versuchspersonen identifizieren, obwohl die zu prüfende Hypothese auf eine nicht-studentische Gruppe angewandt werden soll. Bislang wird die Argumentation über die Angemessenheit studentischer Versuchspersonen weitgehend nur normativ, jeweils unter Hervorhebung der jeweiligen Vorteile oder Schwierigkeiten, geführt.[43] Deshalb werden im vierten Kapitel ausführlich die Argumente, die für und gegen studentische Versuchspersonen sprechen, diskutiert. Folgende Fragestellungen sind dafür relevant:

5. Inwiefern fügt sich die Verwendung von Studierenden als Versuchspersonen in das Konzept der Surrogation ein?[44]
6. Inwieweit werden in der laborexperimentellen Rechnungswesenforschung studentische Versuchspersonen eingesetzt?[45]
7. Welche Untersuchungen müssen vorgenommen werden, um die Angemessenheit studentischer Versuchspersonen beurteilen zu können?[46]
8. Wie kann der Stand der Forschung strukturiert werden, um mögliche inkonsistente Aussagen zur Angemessenheit studentischer Versuchspersonen zu überwinden?[47]

Es wird deutlich, dass zum Gelingen einer studentischen Surrogation eine reine Betrachtung der Versuchspersonencharakteristika nicht genügt. Vielmehr sind die Interdependenzen zwischen den jeweiligen Versuchsteilnehmern und der Gestaltung der durchzuführenden laborexperimentellen Aufgabe simultan zu berücksichtigen.[48] Eine systematische, kontextspezifi-

---

Schulz, A. K.-D. (1999), S. 29; *Birnberg, J. G. / Shields, J. F.* (1989), S. 24; *Holzer, H. P. / Lück, W.* (1978), S. 511 f.

41 Siehe insbesondere Abschnitt 3.3.

42 Siehe insbesondere Abschnitt 3.4.

43 Vgl. *Walters-York, L. M. / Curatola, A. P.* (2000), S. 257; *Hughes, C. T. / Gibson, M. L.* (1991), S. 154; *Barr, S. H. / Hitt, M. A.* (1986), S. 599 f.

44 Siehe insbesondere Abschnitt 4.1.

45 Siehe insbesondere Abschnitte 4.3.2 und 4.3.3.

46 Siehe insbesondere Abschnitte 4.3.4 und 4.3.5.

47 Siehe insbesondere Abschnitt 4.4.

48 Vgl. *Mortensen, T. / Fisher, R. / Wines, G.* (2012), S. 254; *Schulz, A. K.-D.* (1999), S. 44 f.

sche Analyse sowohl der durchzuführenden Forschungsaufgaben als auch des Sets an individuellen Voraussetzungen, die die Versuchspersonen in die Laborsituation einbringen, wird im fünften Kapitel vorgenommen. Folgende Fragestellung resultiert daraus:

9. Welche Erklärungsbeiträge liefert das Modell der „Performance Equation" zur Strukturierung der relevanten Einflussfaktoren auf das Gelingen einer studentischen Surrogation?[49]

Die in diesem Modell identifizierten relevanten Charakteristika bilden schließlich die Grundlage für die in Abschnitt 5.6 formulierten acht Forschungshypothesen zur empirischen Untersuchung der Angemessenheit studentischer Versuchspersonen in der laborexperimentellen Controllingforschung (Phase 2). Im weiteren Verlauf der Arbeit werden unterschiedliche Zugänge zur empirischen Überprüfung dieser Hypothesen gewählt (Phasen 3 bis 6). Zunächst werden im sechsten Kapitel die Hypothesen an dafür geeigneten bestehenden Studien getestet. Die zweite, im siebten Kapitel aufgegriffene Möglichkeit des Zugangs stellt die Replikation eines Laborexperiments mit einer anderen Versuchspersonengruppe dar. Da hierbei nur ein Teil der Forschungshypothesen getestet werden kann, wird der empirische Teil der Arbeit durch das achte Kapitel ergänzt, in welchem der hypothetisierte Einflussfaktor einer experimentellen Manipulation unterzogen wird.

Das abschließende neunte Kapitel fasst die zentralen Erkenntnisse der Arbeit zusammen und reflektiert diese kritisch (Phase 7). Das Hauptaugenmerkt liegt auf der Beurteilung der Angemessenheit studentischer Versuchspersonen in der laborexperimentellen Controllingforschung. Im Sinne des pragmatischen Wissenschaftsziels können auf Basis der empirischen Ergebnisse konkrete Gestaltungsempfehlungen für den Einsatz studentischer Surrogate deduziert werden. Außerdem zeigt die wissenschaftliche Auseinandersetzung mit dem Themengebiet der Subjekt-Surrogation bei Laborexperimenten eine Vielzahl weiterer, über den Rahmen dieser Arbeit hinausgehende Aspekte auf, zu deren Erforschung motiviert werden möchte. Dies betrifft insbesondere alternative Forschungsmethoden und alternative Forschungsaufgaben, die die Menge an Variablen, die mit studentischen Versuchspersonen in der empirischen Controllingforschung untersucht werden können, erheblich erweitern.

Abbildung 2 visualisiert den Gang der Arbeit.

---

[49] Siehe insbesondere Abschnitte 5.2, 5.3 und 5.4.

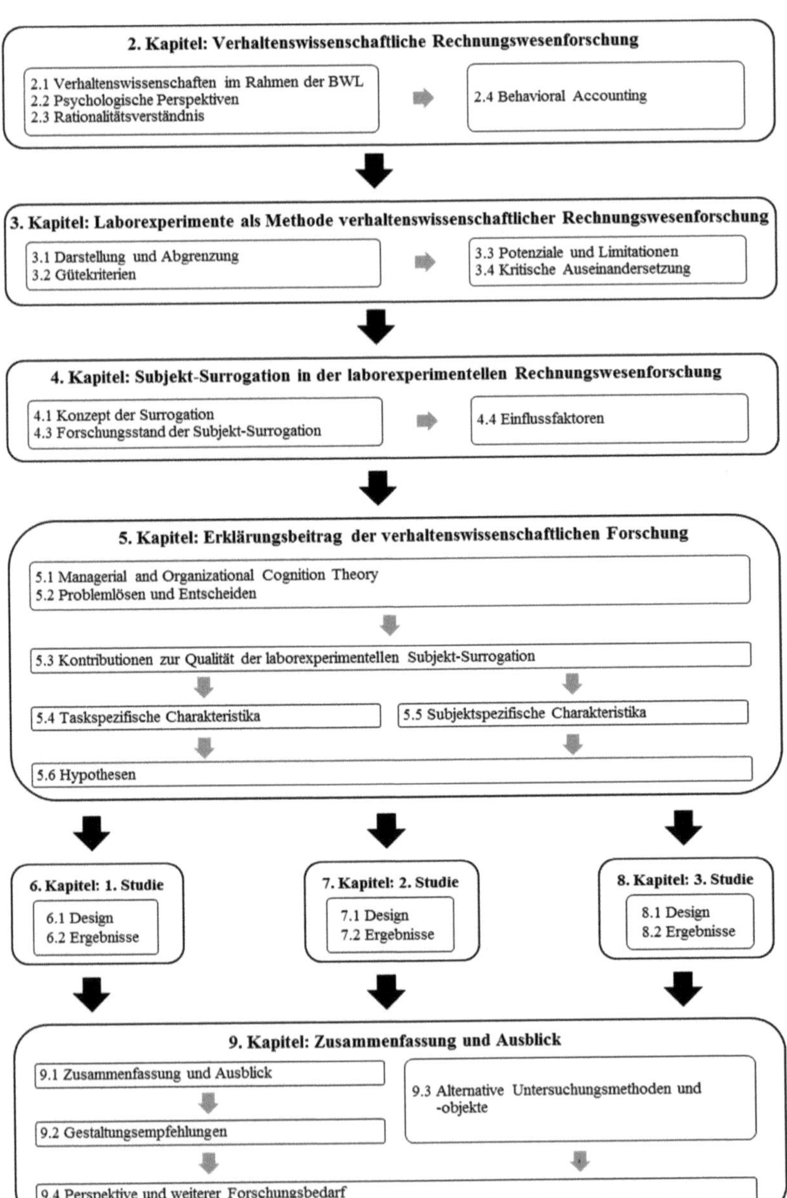

Abbildung 2: Überblick über den Gang der Arbeit[50]

50 Eigene Darstellung.

1.3 Wissenschaftstheoretische Positionierung

„Wenngleich die Bedeutung empirischer Forschung in der Betriebswirtschaftslehre in den vergangenen Jahren stark gewachsen ist, so findet eine Diskussion ihrer wissenschaftstheoretischen Grundlagen nur sehr selten statt“[51], obwohl „[d]ie intensive Auseinandersetzung mit (wissenschafts-)theoretischen und methodologischen Fragestellungen im Vorfeld einer Forschungsarbeit [...] als unumgänglich für die wissenschaftliche Relevanz der Ergebnisse erachtet [wird]“[52].[53] Die Wissenschaftstheorie setzt sich mit den methodologischen Fragen im Kontext der Entdeckung, Begründung und Verwertung von wissenschaftlichen Aussagen auseinander.[54] Daher wird im Folgenden aufbauend auf den oben formulierten Forschungsfragen die der vorliegenden Arbeit zugrunde liegende wissenschaftstheoretische Positionierung erläutert.

Grundsätzliches Ziel jeglicher Forschung ist der Erkenntnisfortschritt,[55] der dadurch entsteht, dass im Sinne des Wahrheitsgehalts neuere, wahrscheinlichere oder informationshaltigere Erkenntnisse hinsichtlich des Forschungsgegenstands erzielt werden.[56] Werden die Betriebswirtschaftslehre und insbesondere die Rechnungswesenforschung wie im vorliegenden Fall als angewandte Wissenschaften („Realwissenschaften“[57]) interpretiert,[58] können als Erkenntnisziele sowohl die Präzisierung von Begriffen und die Identifikation von Ursache-Wirkungs-Zusammenhängen (theoretisches Wissenschaftsziel[59], „warum?“) (Kapitel 2 bis 8) als auch die Erarbeitung von Gestaltungsempfehlungen für den Einsatz studentischer Surrogate in zukünftigen laborexperimentellen Forschungsarbeiten im Controlling (pragmatisches Wissenschaftsziel[60], „wozu?“) angestrebt werden (Kapitel 9).[61]

---

51 *Homburg, C.* (2007), S. 34.
52 *Möller, K.* (2005), S. 161.
53 Vgl. *Frank, U.* (2003).
54 Vgl. *Frank, U.* (2007), Sp. 2010; *Lingnau, V.* (1995), S. 124.
55 Vgl. *Schnell, R. / Hill, P. B. / Esser, E.* (2011), S. 58; *Atteslander, P.* (2010), S. 58; *Möller, K.* (2005), S. 164; *Behrens, G.* (1993), Sp. 4763 f.; *Schanz, G.* (1988), S. 39 f.; *Schanz, G.* (1975), S. 7.
56 Vgl. *Bramsemann, U. / Heineke, C. / Kunz, J.* (2004), S. 552; *Chmielewicz, K.* (1994), S. 129 f.; *Schanz, G.* (1975), S. 27.
57 *Chmielewicz, K.* (1994), S. 33. Vgl. *Schanz, G.* (1975), S. 26 f.
58 Siehe Abschnitt 2.1.2.
59 Beim theoretischen Wissenschaftsziel sollen „zweckunabhängige, empirisch wahre und gut bestätigte Aussagensysteme mit hohem Informationsgehalt“ (*Schweitzer, M.* (1978), S. 2) formuliert werden.
60 Das pragmatische Wissenschaftsziel ist daran ausgerichtet, „für konkrete betriebliche Wirtschaftsprobleme Entscheidungshilfen bereit[zu]stellen“ (*Schweitzer, M.* (1978), S. 2).
61 Vgl. *Chmielewicz, K.* (1994), S. 8-11.

Auch wenn im Rahmen der Arbeit zur Verfolgung dieser Ziele die empirische Forschungsstrategie[62] dominiert (Kapitel 6 bis 8), so erfolgt die Ableitung der zu prüfenden Hypothesen auf der Grundlage eines Bezugsrahmens,[63] der auf dem ökologischen Rationalitätsverständnis sowie unter Berücksichtigung weiterer innerhalb und außerhalb der Disziplin durchgeführter Forschungsarbeiten basiert (Begründungszusammenhang bzw. „logic of proof“[64]).[65] Durch diese Integration von Elementen einer sachlich-analytischen Forschungsstrategie wird den Schwächen eines radikalen Empirismus („empirizistische Forschung“[66]) bzw. theorielosen „Dataismus“ entgegengewirkt.[67] Die mithilfe der sachlich-analytischen Vorgehensweise gewonnenen Aussagen bilden dabei das Fundament für die nachfolgenden empirischen Untersuchungen (Kapitel 2 bis 5).[68] „Theoretisches Denken und empirische Arbeit ergänzen einander, so daß keine Seite letzter Prüfstein der anderen sein, die eine Seite aber auch nicht auf die andere verzichten könnte.“[69] POPPER verdeutlicht dies am Beispiel des Experiments: „Der Experimentator wird durch den Theoretiker vor ganz bestimmte Fragen gestellt und sucht durch seine Experimente für diese Fragen und nur für sie eine Entscheidung zu erzwingen; alle anderen Fragen bemüht er sich dabei auszuschalten.“[70] Die dabei erzielten Ergebnisse werden „in der Absicht verwendet, bestimmte Aussagen über die Realität zu prüfen und damit entweder ihre Geltung zu begründen oder ihren Wahrheitsmangel zu belegen.“[71] Damit wird den Aussagen der „Spiegel der Wirklichkeit“[72] vorgehalten.

In Abhängigkeit der resultierenden Forschungsfragen bzw. formulierten Hypothesen können bei einer empirischen Forschungsstrategie unterschiedliche Untersuchungsmethoden eingesetzt werden.[73] Neben der Qualität der sachlich-analytischen Forschung determiniert deren methodisch saubere Anwendung die Güte der Ergebnisse der empirischen Forschungsstrategie.[74] Wie nachfolgende Ausführungen zeigen werden, kommt in der verhaltenswissenschaft-

62 Für eine ausführliche Darstellung zu unterschiedlichen Forschungsstrategien vgl. *Grochla, E.* (1978), S. 67-93.

63 Ein konzeptioneller Bezugsrahmen beinhaltet die geschlossen Darstellung der Grundbegriffe und angenommenen Beziehungen. Vgl. *Kubicek, H.* (1975), S. 37.

64 *Kaplan, A.* (1964), S. 15.
Weniger üblich sind demgegenüber Vorgehensweisen, die dem Entdeckungszusammenhang bzw. einer „logic of discovery“ (*Kaplan, A.* (1964), S. 15) zugeordnet werden können. Vgl. *Wiswede, G.* (2006), S. 40; *Picot, A.* (1975), S. 29.

65 Vgl. *Hauschildt, J.* (2003), S. 11-13; *Witte, E.* (1974), Sp. 1270.

66 *Lingnau, V.* (2010), S. 8.

67 Vgl. *Witte, E.* (1974), Sp. 1270.

68 Vgl. *Lingnau, V.* (2010), S. 7; *Grochla, E.* (1978), S. 78 f.

69 *Heinen, E.* (1975), S. 16.

70 *Popper, K. R.* (2005), S. 84.

71 *Grochla, E.* (1976), S. 634.

72 *Schanz, G.* (1988), S. 12.

73 Vgl. *Lingnau, V.* (2010), S. 11; *Schreiber, D.* (2010), S. 11; *Yin, R. K.* (2009), S 9 f.

74 Vgl. *Lingnau, V.* (2010), S. 8.

lichen Rechnungswesenforschung psychologisch fundierten Methoden wie beispielsweise dem Laborexperiment zur Untersuchung von Kausalzusammenhängen eine große Bedeutung zu, obwohl dessen externe Validität häufig kritisch hinterfragt wird.[75] Da die vorliegende Arbeit explizit diesen Kritikpunkt aufgreift, ist das Laborexperiment als Methode sowohl Gegenstand der sachlich-analytischen als auch der empirischen Forschungsstrategie.

Empirische betriebswirtschaftliche Forschung strebt stets eine (in der Realität) intersubjektiv eindeutig bestätigbare und stets erneut bestätigungsfähige Erfahrungswahrheit an, die nomologische, d. h. raum- und zeitunabhängige, Gültigkeit besitzt.[76] Einen solchen Gültigkeitsanspruch erlangen Aussagen, indem sie entweder an der Realität geprüft werden können (Mindestanforderung) oder bereits an dieser geprüft und dabei statistisch abgesichert worden sind (Optimalanforderung) sowie mit weiteren bereits geprüften und bestätigten Aussagen einen systematischen Theoriezusammenhang bilden.[77] Aufbauend auf dem Gedankengut des kritischen Rationalismus,[78] das die empirische betriebswirtschaftliche Forschung im Wesentlichen prägt,[79] lässt sich der sichere Nachweis von Aussagen allerdings niemals vollständig erbringen,[80] da „es unmöglich ist, alle Erscheinungen der Realität, auf die die jeweilige Hypothese Bezug nimmt, auf ihre Übereinstimmung mit der Hypothese zu überprüfen“[81]. Demnach ist menschliches Wissen stets nur als vorläufig zu betrachten.[82] Eine Annäherung an die Wahrheit findet auf dem Wege der Falsifikation statt (Fallibilismus), sodass der Bewährungsgrad einer Hypothese zunimmt, je mehr Widerlegungsversuchen sie standgehalten hat.[83] Die hier durchgeführte systematische Replikation kann als einer dieser Widerlegungsversuche interpretiert werden, da der Gültigkeitsanspruch von Aussagen, die an einer spezifischen Versuchspersonengruppe getestet worden sind, mit weiteren Stichproben untersucht wird (Kapitel 7 und 8). „Nur dort, wo gewisse Vorgänge (Experimente) auf Grund von Gesetzmäßigkeiten

---

75 Siehe Abschnitte 2.4.4, 3.3 und 3.4.

76 Vgl. *Schnell, R. / Hill, P. B. / Esser, E.* (2011), S. 45 f.; *Schwaiger, M.* (2007), Sp. 339; *Patry, J.-L.* (1991), S. 224; *Witte, E.* (1974), Sp. 1264.
Deshalb schließt ihr Interesse Aussagen aus, deren Wahrheitsgehalt lediglich logischer Natur ist.

77 Vgl. *Witte, E.* (1974), Sp. 1265.

78 Vgl. *Popper, K. R.* (2005); *Behrens, G.* (1993), Sp. 4765; *Albert, H.* (1976), Sp. 4676 f.
Kritik an dieser Sichtweise wird vor allem von ADORNO und HABERMAS als Hauptvertreter der FRANKFURTER SCHULE geäußert.

79 Vgl. z. B. *Obermaier, R. / Müller, F.* (2008), S. 326 f.; *Schwaiger, M.* (2007), Sp. 338; *Fülbier, R. U.* (2004), S. 268 f.

80 Vgl. *Albert, H.* (1976), Sp. 4677.

81 *Preuß, R. K.* (1991), S. 8.

82 Vgl. *Lingnau, V.* (2010), S. 12.

83 Vgl. *Lingnau, V.* (1995), S. 124 f.; *Preuß, R. K.* (1991), S. 8.
Diese auf Falsifikation ausgerichtete Vorgehensweise erfordert empirisch gehaltvolle Hypothesen, d. h. sie müssen an der Wirklichkeit scheitern können. Vgl. *Bortz, J. / Döring, N.* (2006), S. 3; *Chmielewicz, K.* (1994), S. 102 f.; *Schanz, G.* (1988), S. 35 f.; *Grochla, E.* (1978), S. 60 f.; *Albert, H.* (1976), Sp. 4677.

sich wiederholen, bzw. reproduziert werden können, nur dort können Beobachtungen, die wir gemacht haben, grundsätzlich von jedermann nachgeprüft werden.“[84]

---

[84] *Popper, K. R.* (2005), S. 22.

2 Verhaltenswissenschaftliche Rechnungswesenforschung

„Economics without psychological and sociological research to determine the givens of the decision-making situation, the focus of attention, the problem representation, and the processes used to identify alternatives, estimate consequences, and choose among possibilities – such economics is a one-bladed scissors. Let us replace it with an instrument capable of cutting through our ignorance about rational human behavior.“[85]

Diese von SIMON formulierte Kritik verdeutlicht die bis heute vorliegende Dominanz rationaler bzw. normativer Modelle zur Erklärung betriebswirtschaftlicher Phänomene wie beispielsweise das Problemlöseverhalten oder die Urteils- und Entscheidungsfindung[86] von Individuen,[87] obwohl vor mehr als 60 Jahren mit den Verhaltenswissenschaften ein interdisziplinäres Forschungsgebiet entstanden ist, dessen Ziel in der Erklärung des tatsächlichen Verhaltens von Individuen liegt.[88] In Abschnitt 2.1 wird dessen Entstehungsgeschichte nachgezeichnet und erläutert, wie deren Erkenntnisse in die Betriebswirtschaftslehre integriert werden können. Da die vorliegende Arbeit eine explizit verhaltenswissenschaftliche Positionierung einnimmt und sich daher der Forderung nach einer kritischen und reflektierten Übernahme verhaltenswissenschaftlicher Theorien und Modelle stellen muss, werden im Folgenden zunächst die relevanten psychologischen Grundlagen individuellen menschlichen Handelns (2.2) und das zugrunde liegende Rationalitätsverständnis (2.3) erläutert. Das Forschungsgebiet des Behavioral Accountings, das anhand seiner Untersuchungssubjekte, -objekte und -methoden in Abschnitt 2.4 charakterisiert wird, spiegelt das Bestreben wider, die verhaltenswissenschaftliche Öffnung der Betriebswirtschaftslehre und die damit verbundene Abkehr vom Modell des Homo oeconomicus auf dem Teilgebiet des Rechnungswesens fortzuführen. Aufbauend auf dieser Typologie werden in Abschnitt 2.5 das zu untersuchende Forschungsdefizit deduziert und eine Struktur für die weiteren Ausführungen aufgezeigt.

---

85 *Simon, H. A.* (1986), S. 224.

86 Die Termini Entscheidung und Problemlösung bzw. Entscheider und Problemlöser werden in dieser Arbeit synonym verwendet (vgl. z. B. *Kirsch, W.* (1998), S. 8; *Peters, J. M.* (1993), S. 383, FN 1). Die Literatur zur kognitiven Psychologie behandelt die beiden Themengebiete jedoch meist getrennt. Während die Beiträge zur Entscheidungsfindung im Wesentlichen die Auswahl von vorgegebenen Entscheidungsalternativen thematisiert, setzt sich die Literatur zum Problemlösen schwerpunktmäßig mit der Problemrepräsentation auseinander (vgl. z. B. *Anderson, J. R.* (2013), S. 163-186 und S. 233-249; *Betsch, T. / Funke, J. / Plessner, J.* (2011), S. 67-134 und S. 137-199; *Matlin, M. W.* (2009), S. 365-384 und S. 405-436; *Medin, D. L. / Ross, B. H. / Markman, A. B.* (2005), S. 395 f.

87 Vgl. *Gerling, P. G.* (2007), S. 1.

88 Vgl. z. B. *Lange, C. / Schaefer, S.* (2008), S. 149; *Wiswede, G.* (2006), S. 14 f.

2.1 Verhaltenswissenschaften im Rahmen der Betriebswirtschaftslehre

2.1.1 Begriff der Verhaltenswissenschaften

Die erstmalige Erwähnung des Begriffs „Behavioral Science" findet sich im Forschungsbericht eines Komitees, das Ende der 1940er Jahre für die FORD FOUNDATION Forschungsarbeiten unter dem Titel „Behavioral Science Program"[89] „über die Notwendigkeit von Möglichkeiten einer Förderung des wissenschaftlichen Bemühens um die Erklärung des menschlichen Verhaltens durchführt[]"[90].[91] In etwa zur gleichen Zeit strebt eine Gruppe von Wissenschaftlern der Universität Chicago die Entwicklung einer allgemeinen Theorie des Verhaltens an.[92] Um der Vielzahl an unterschiedlichen involvierten wissenschaftlichen Disziplinen möglichst neutral zu begegnen, verwenden sie ebenfalls den Begriff „Behavioral Science".[93] Der verwendete Verhaltensbegriff umfasst dabei sowohl das unbewusste Reagieren als auch das willensgesteuerte Agieren, das als physische oder psychische Aktivität zum Ausdruck kommt und synonym als Handeln bezeichnet wird.[94]

In der Folgezeit gewinnen im angelsächsischen Sprachraum der Begriff „Behavio(u)ral Science" sowie die Termini „behavio(u)ral aspects of" oder auch nur „Behavio(u)r" rasch an Popularität.[95] Im deutschsprachigen Raum hat sich zwar der Begriff „Verhaltenswissenschaft" (noch) nicht in gleicher Weise durchgesetzt, allerdings findet man auch hier etwa seit Beginn der 1970er Jahre in zunehmendem Maße Bezeichnungen wie „verhaltenswissenschaftlich", „verhaltenstheoretisch" oder „verhaltensorientiert".[96]

---

89 Vgl. *Schönbrunn, N.* (1988), S. 19.

90 *Kirsch, W.* (1977), S. 36.

91 Vgl. *Schanz, G.* (1993a), Sp. 4522; *Deters, J.* (1992), S. 50.

92 Vgl. *Schönbrunn, N.* (1988), S. 19; *Holzer, H. P. / Lück, W.* (1978), S. 510; *Kirsch, W.* (1977), S. 37.

93 Vgl. *Schönbrunn, N.* (1988), S. 19; *Kirsch, W.* (1977), S. 37; *Green, D. O.* (1973), S. 95.

94 Vgl. *Wiswede, G.* (2006), S. 22 f.; *Schanz, G.* (1993a), Sp. 4522.
Manche Autoren differenzieren Handeln und Verhalten dahingehend, dass Handeln ein „absichtsgeleitetes Tun" beschreibt, während beim Verhalten als „stimuliertem Tun" der reagierende Charakter betont wird (vgl. z. B. *Höller, H.* (1978), S. 3). Auf diese Unterscheidung und die damit verbundene methodologische Auseinandersetzung um die geeignete Forschungsmethode wird im Folgenden nicht weiter eingegangen.

95 Vgl. *Schönbrunn, N.* (1988), S. 19; *Kirsch, W.* (1977), S. 37.
Nach Ansicht der Verhaltenswissenschaftler werde durch die Verwendung des Begriffs einerseits interdisziplinäres Interesse signalisiert, das über die klassischen sozialwissenschaftlichen Disziplinen hinweg weitere Disziplinen, die sich mit Aspekten menschlichen Verhaltens befassen, integriert, andererseits könne eine explizite Abgrenzung gegenüber traditioneller sozialwissenschaftlicher Forschung vorgenommen werden. Außerdem bot die Verwendung des neuen Begriffs die Möglichkeit, „der Schlinge des McCarthianismus in den USA zu entgehen" (*Ziegler, L. J.* (1980), S. 73) und somit eine größere Resonanz in der Öffentlichkeit und bei Geldgebern, die häufig nicht zwischen „Sozialwissenschaften" und „Sozialismus" zu differenzieren vermochten, zu erzielen. Vgl. *Deters, J.* (1992), S. 51; *Kirsch, W.* (1977), S. 37.

96 Vgl. *Deters, J.* (1992), S. 52; *Kirsch, W.* (1977), S. 38.

Zu diesen verhaltenswissenschaftlichen Wissenschaftsdisziplinen zählen zunächst in pragmatischer Absicht sowohl alle natur- als auch sozialwissenschaftlichen Disziplinen, die sich zumindest in Teilbereichen mit der „Erklärung und Prognose des menschlichen Verhaltens“[97] bzw. „mit den vielfältigen Aspekten und Erscheinungsformen individuellen Verhaltens“[98] als Erfahrungsobjekt befassen.[99] Ziel ist es, Aussagen über das menschliche Verhalten durch empirische und theoretische Untersuchungen verallgemeinern zu können.[100]

Obwohl umstritten ist, auf welche Disziplinen dies konkret zutrifft, hat sich mittlerweile die Abgrenzung von BERELSON / STEINER, die die Verhaltenswissenschaften im Wesentlichen als Teilmenge der Sozialwissenschaften verstehen, „allgemein durchgesetzt“[101]:[102]

> „By the behavioral sciences we mean the disciplines of anthropology, psychology, and sociology – minus and plus: *Minus* such specialized sectors as physiological psychology, archaeology, technical linguistics, and most of physical anthropology; *Plus* social geography, some psychiatry, and the behavioral parts of economics, political science, and law.“[103]

Zusätzlich zu diesem „Kern der Verhaltenswissenschaften“[104] („Verhaltenswissenschaften im engeren Sinne“) leisten in einem weiten Sinn insbesondere die Administration (Verwaltungswissenschaften), Biochemie, Ethnologie, Genetik, Geschichte, Medizin, Neurologie und Pädagogik Wissensbeiträge.[105] So veröffentlicht beispielsweise die seit 1956 publizierte US-amerikanische Zeitschrift BEHAVIORAL SCIENCE Beiträge von Wissenschaftlern aus der Vielzahl dieser Wissensgebiete.[106] *Abbildung 3* strukturiert diese Disziplinen in Abhängigkeit ihrer Nähe zum Kern der Verhaltenswissenschaften.

Im weiteren Verlauf der Arbeit werden diese Termini synonym verwendet.

97 *Holzer, H. P. / Lück, W.* (1978), S. 511.

98 *Schanz, G.* (1993b), Sp. 2006.

99 Vgl. *Kroeber-Riel, W. / Weinberg, P. / Gröppel-Klein* (2009), S. 10; *Staehle, W. H.* (1999), S. 128 f.; *Schanz, G.* (1993a), Sp. 4522; *Deters, J.* (1992), S. 52; *Holzer, H. P. / Lück, W.* (1978), S. 511.

100 Vgl. *Holzer, H. P. / Lück, W.* (1978), S. 511.

101 *Deters, J.* (1992), S. 52.

102 Vgl. *Staehle, W. H.* (1999), S. 128 f.; *Wielpütz, A. U.* (1996), S. 19 f.; *Deters, J.* (1992), S. 52; *Kirsch, W.* (1977), S. 39 f.

103 *Berelson, B. / Steiner, G. A.* (1964), S. 11.
Nach STEAHLE ET AL. (*Staehle, W. H.* (1999), S. 37) sind dies „alle Disziplinen, die sich vorzugsweise mit menschlichem Verhalten beschäftigen.“

104 *Deters, J.* (1992), S. 52.

105 Vgl. *Kroeber-Riel, W. / Weinberg, P. / Gröppel-Klein* (2009), S. 10; *Heide, T.* (2001), S. 35; *Schanz, G.* (1993b), Sp. 2006; *Deters, J.* (1992), S. 52; *Schönbrunn, N.* (1988), S. 19 f.; *Holzer, H. P. / Lück, W.* (1978), S. 510; *Kirsch, W.* (1977), S. 39.

106 Vgl. *Schönbrunn, N.* (1988), S. 19.

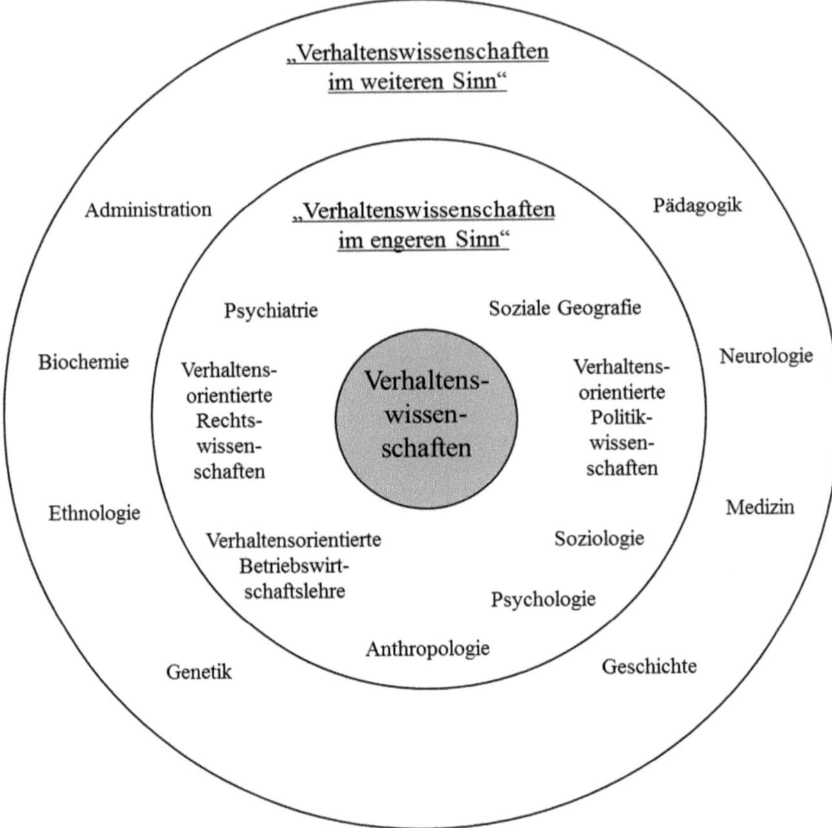

Abbildung 3: Synthese und Klassifikation verhaltenswissenschaftlicher Disziplinen[107]

Diese Vielfalt an Disziplinen verdeutlicht, dass es „[t]rotz vielfältiger Bemühungen – insbesondere im methodologischen Bereich – [...] bis heute nicht gelungen [ist], die Verhaltenswissenschaften in einer einzelnen wissenschaftlichen Disziplin zu integrieren, so daß [...] es weder *die* Verhaltenswissenschaft, *den* Verhaltensbegriff noch *die* Verhaltenstheorie gibt.“[108] Um „die ganze Heterogenität verhaltenswissenschaftlicher Forschung“[109] abbilden zu können, formuliert KIRSCH methodologische bzw. wissenschaftstheoretische Charakteristika, die diese spezifische Form der Forschung in der einen oder der anderen Abwandlung in der Regel kennzeichnet und sie damit von ihren Mutterdisziplinen differenziert.[110] *Abbildung 4* gibt ei-

[107] Eigene Darstellung.
[108] *Deters, J.* (1992), S. 52.
[109] *Schönbrunn, N.* (1988), S. 24.
[110] Vgl. *Kirsch, W.* (1977), S. 40.

nen Überblick über den „bis heute […] einzig brauchbare[n] Versuch einer Charakterisierung der Verhaltenswissenschaften“[111]. Wesentliche Bestandteile sind demnach ihre interdisziplinäre Ausrichtung, ihre wissenschaftstheoretische Verwurzelung im Neopositivismus, der analytischen Philosophie oder dem kritischen Rationalismus, ihre empirische Ausrichtung basierend auf dem methodischen Individualismus bzw. bisweilen sogar auf dem Reduktionismus, ihr theoretischer Pluralismus sowie die Einheit verhaltenswissenschaftlicher und naturwissenschaftlicher Forschungsmethoden.[112]

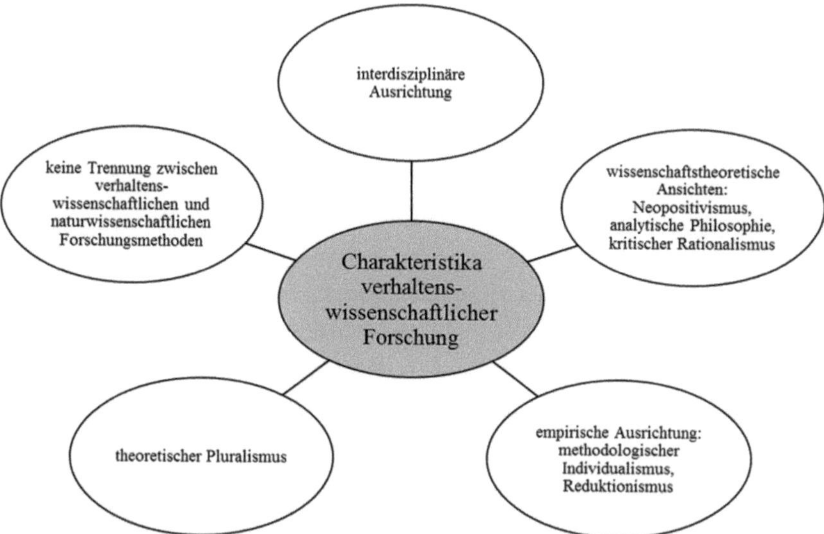

Abbildung 4: Methodologische und wissenschaftstheoretische Charakteristika verhaltenswissenschaftlicher Forschung[113]

2.1.2 Verhaltensorientierte Betriebswirtschaftslehre

„Trotz der zentralen Bedeutung und Vielschichtigkeit von menschlichem Verhalten war die betriebswirtschaftliche Lehre und Forschung gegenüber verhaltensbezogenen Themen lange Zeit zurückhaltend.“[114] Schon seit Beginn der Rezeption verhaltenswissenschaftlicher Forschung im deutschen Sprachraum wird in der betriebswirtschaftlichen Forschung über die Öffnung gegenüber den verhaltenswissenschaftlichen Nachbardisziplinen kontrovers disku-

111 *Schönbrunn, N.* (1988), S. 23 f.
112 Vgl. *Schanz, G.* (1993a), Sp. 4523; *Kirsch, W.* (1977), S. 40-45. Siehe Abschnitt 1.3.
113 In Anlehnung an: *Schönbrunn, N.* (1988), S. 23; *Kirsch, W.* (1977), S. 40-45.
114 *Schäffer, U. / Weber, J.* (2013), S. 1.

tiert.[115] Dabei „stehen sich als Antipoden das (verhaltenswissenschaftliche Erkenntnisse zu integrieren suchende) sozialwissenschaftliche und das nicht-verhaltenswissenschaftliche – hier als ökonomisch bezeichnete – Konzept der Betriebswirtschaftslehre gegenüber."[116] Der Ursprung dieser Kontroverse liegt in der „unterschiedliche[n] Beurteilung der Leistungsfähigkeit eines engen, geschlossenen gegenüber der eines weiten, geöffneten Disziplinenkonzepts"[117].

Während sich der ökonomische Grundansatz zur Förderung des Erkenntnisfortschritts durch Spezialisierungs- und Vertiefungsmöglichkeiten um eine klare Abgrenzung der Betriebswirtschaftslehre von ihren Nachbardisziplinen bemüht, ist demgegenüber der verhaltenswissenschaftliche Forschungsstrang interdisziplinär ausgerichtet und sucht eine explizite Verknüpfung betriebswirtschaftlicher Forschung mit verhaltenswissenschaftlichen Erkenntnissen.[118] Diese Verknüpfung entsteht dadurch, dass das Verhalten der Wirtschaftssubjekte das Erfahrungsobjekt der Wirtschaftswissenschaften darstellt.[119] Hierfür spreche, „daß es Situationen in der Entwicklung eines Fachs gibt, in denen eine Zusammenschau von bislang getrennt gesehenen Zusammenhängen fruchtbarer ist als das weitere Trennen und Segmentieren."[120] Somit könne gegenüber der Beschränkung auf die ökonomische Perspektive durch die Erlangung von wirklichkeitsnäherem theoretischem und praktischem Wissen ein größerer Erkenntnisfortschritt bei der Aufdeckung, Erklärung, Prognose und Steuerung von Wirkungsverbünden und somit eine größere Erklärungstiefe bei vielen wirtschaftlichen Problemstellungen und Handlungen erzielt werden.[121] Eine interwissenschaftliche Abgrenzung diene in diesem Sinne

---

115 Vgl. *Heide, T.* (2001), S. 35; *Schönbrunn, N.* (1988), S. 20; *Holzer, H. P. / Lück, W.* (1978), S. 509; *Kirsch, W.* (1977), S. 36; *Picot, A.* (1975), S. 18 f.

116 *Raffée, H.* (1989), S. 25. Im Original zum Teil hervorgehoben.
BLEICHER (*Bleicher, K.* (1995), S. 92) erweitert dieses Spannungsverhältnis um weitere verschiedene Denkansätze und Theoriekonzeptionen, die sich aufgrund ihrer Erkenntnisinteressen, ihrem Erkenntnisobjekt und ihrer Problemauswahl und -bearbeitung zunehmend nebeneinander bzw. gar gegeneinander bewegen: „Von einem *Grundkonsens* über Ziele, Inhalte und Methoden im Fach kann [...] kaum noch gesprochen werden. DIE *Betriebswirtschaftslehre* gibt es allenfalls noch als Institution, in der Bezeichnung von Lehrstühlen, Verbänden und anderen professionellen Einrichtungen. Die Spannungslinien eines auseinanderdriftenden, ja vielleicht auseinanderreißenden Faches sind dabei nicht eindimensional. Sie reichen von ökonomischen zu verhaltenswissenschaftlichen Ausrichtungen, von konstruktivistischen zu systemevolutorischen Vorstellungen, von der Orientierung am entscheidenden Handeln bis zur Fokussierung von Systemen und den in ihnen gegebenen und sich verändernden Prozessen, um nur einige wesentliche Spannungsdimensionen zu nennen."

117 *Raffée, H.* (1989), S. 27. Im Original hervorgehoben.

118 Vgl. *Lange, C. / Schaefer, S.* (2008), S. 149; *Raffée, H.* (1989), S. 26.

119 Vgl. *Schanz, G.* (1993a), Sp. 4522.

120 *Egner, H.* (1984), S. 429. Vgl. *Raffée, H.* (1989), S. 5.

121 Vgl. *Raffée, H.* (1993), S. 4 f.; *Schanz, G.* (1993a), Sp. 4523; *Schanz, G.* (1993b), Sp. 2006; *Raffée, H.* (1989), S. 27.

primär der Verständigung und der Reduktion von Komplexität, anstatt konstitutive Ausmaße anzunehmen.[122]

Zur Umsetzung verhaltensorientierter betriebswirtschaftlicher Forschung bieten sich grundsätzlich zwei alternative Vorgehensweisen an: Zum einen können in den Verhaltenswissenschaften gewonnene Erkenntnisse auf betriebswirtschaftliche Fragestellungen angewandt werden, zum anderen kann die Betriebswirtschaftslehre selbst zur Beantwortung verhaltenswissenschaftlicher Fragestellungen, die innerhalb ihres Gegenstandsbereiches auftreten, mithilfe einer „kritischen und sachkundigen Anwendung“[123] des verhaltenswissenschaftlichen Instrumentariums beitragen.[124]

Die Kritik an der verhaltenswissenschaftlichen Öffnung der Betriebswirtschaftslehre knüpft dabei im Wesentlichen an der ersten Alternative an. Durch die Zuordnung des Wissens fremder Fachgebiete zum „Theoriengebäude der Betriebswirtschaftslehre“[125] entstehe nach SCHNEIDER die „Gefahr des Dilettantismus“[126], da zwar breites und oberflächliches Wissen erlangt, der tatsächliche Erkenntnisfortschritt allerdings behindert werde[127]. Sogar SCHANZ, der die Betriebswirtschaftslehre per se als Sozialwissenschaft begreift,[128] warnt vor den „Zufälligkeiten des Suchens in Nachbardisziplinen“[129], denn eine bloße Übernahme verhaltenswissenschaftlicher Erkenntnisse missachte die Existenz von „Kommunikationsproblemen aufgrund unterschiedlicher Sprachen und Methoden“[130].[131] Eine solche Vorgehensweise gleiche folglich „einem Transplantat, das der Organismus Betriebswirtschaftslehre zwangsläufig abstoßen muß.“[132]

---

122 Vgl. *Egner, H.* (1984), S. 422-425.

123 *Petersen, K.* (1988), S. 28.

124 Vgl. *Staehle, W. H.* (1999), S. 128 f.; *Karlowitsch, M.* (1997), S. 4; *Raffée, H.* (1989), S. 27; *Schönbrunn, N.* (1988), S. 41.
Einen Überblick über das in der Betriebswirtschaftslehre eingesetzte verhaltenswissenschaftliche Instrumentarium liefert SCHÖNBRUNN (vgl. *Schönbrunn, N.* (1988), S. 88-92). ELSCHEN (vgl. *Elschen, R.* (1982), S. 36) dagegen charakterisiert das verhaltenswissenschaftliche Instrumentarium aus Sicht der Betriebswirtschaftslehre als fachfremd und fordert daher strikte Übernahmekriterien für die Ergebnisse, die mithilfe dieser Instrumente gewonnen werden. Vgl. dazu auch *Karlowitsch, M.* (1997), S. 5.

125 *Schneider, D.* (1987), S. 194.

126 *Schneider, D.* (1987), S. 193.

127 Vgl. *Heide, T.* (2001), S. 60; *Staehle, W. H.* (1999), S. 131; *Raffée, H.* (1989), S. 27.

128 Vgl. *Schanz, G.* (1977).

129 *Schanz, G.* (1988), S. 50.

130 *Schönbrunn, N.* (1988), S. 47.

131 Vgl. *Karlowitsch, M.* (1997), S. 4.
Beispiele für derartige Probleme zeigt ELSCHEN in seiner Arbeit auf. Vgl. *Elschen, R.* (1982), S. 128 f.

132 *Hoffjan, A.* (1998), S. 85.
In ähnlicher Weise äußert sich MCFADDEN (*McFadden, D.* (1999), S. 76): „For most economists, this is the plot line for a really terrifying horror movie, a heresy that cuts to the vitals of our profession.“

Führe die betriebswirtschaftliche Forschung stattdessen zur Beantwortung ihrer Fragestellungen verhaltenswissenschaftlich orientierte Untersuchungen durch, prüfe die Erkenntnisse anhand eigens zu entwickelnder Übernahmekriterien, hinterfrage sie methodenkritisch und übernehme die Sprache wirtschaftstheoretischer Modelle, werden die Übernahmeprobleme umgangen:[133]

> „Versucht man jedoch, verhaltenswissenschaftliche Erkenntnisse in den Rahmen einer ganz bestimmten ökonomischen Theorie zu integrieren, um diese dadurch zu ergänzen und bzgl. ihres Realitätsbezuges zu ‚bereichern', so kann sich eventuell – sofern nicht kritik- und wahllos ‚gemischt' wird – durchaus auch ein fruchtbares Zusammenwirken der beiden Richtungen ergeben."[134]

Erste Versuche, diese Verknüpfung zustande zu bringen, finden sich – wiederum im angelsächsischen Sprachraum – in der Administrationslehre, der Managementlehre und der Marketinglehre, die um psychologische, soziologische und anthropologische Elemente erweitert worden sind.[135] Im Laufe der Zeit werden in weiteren Teilgebieten, insbesondere in der Entscheidungs-, Informations-, Kommunikations-, Organisations-, Planungs- und Systemtheorie verhaltenswissenschaftliche Problemstellungen bearbeitet.[136] Spätestens seit den 1960er Jahren wird auch „die Forderung nach Einbeziehung *verhaltenswissenschaftlicher Erkenntnisse* in die Theorie und Praxis des Rechnungswesens erhoben"[137].[138] Im Kontext dieses als „Behavioral Accounting" bezeichneten Forschungsstrangs ist die vorliegende Arbeit verortet.

Um der oben formulierten Forderung nach einer kritischen und reflektierten Übernahme verhaltenswissenschaftlicher Theorien und Modelle gerecht zu werden, werden im Folgenden zunächst die relevanten psychologischen Grundlagen individuellen menschlichen Handelns (2.2) und Rationalitätsverständnisse (2.3) erläutert.

---

133 Vgl. *Heide, T.* (2001), S. 60; *Karlowitsch, M.* (1997), S. 5; *Elschen, R.* (1982), S. 215 f.; spezifisch für das Behavioral Accounting vgl. *Caplan, E. H.* (1988), S. 10.

134 *Heide, T.* (2001), S. 60 und die dort angegebene Literatur.

135 Vgl. *Karlowitsch, M.* (1997), S. 5; *Schanz, G.* (1993a), Sp. 4523 f.; *Holzer, H. P. / Lück, W.* (1978), S. 510 f.

136 Vgl. *Heide, T.* (2001), S. 35; *Raffée, H.* (1993), S. 29; *Schanz, G.* (1993a), Sp. 4524; *Holzer, H. P. / Lück, W.* (1978), S. 511.
Einen ausführlichen historischen Überblick liefert SCHÖNBRUNN. Vgl. *Schönbrunn, N.* (1988), S. 31-33.

137 *Macharzina, K.* (1981), Sp. 1635.

138 Vgl. *Schweitzer, M. / Küpper, H.-U.* (2003), S. 585; *Höller, H.* (1978), S. 2; *Holzer, H. P. / Lück, W.* (1978), S. 509.
Erste Ansätze finden sich auch schon in den 1950er Jahren, die Konkretisierung der Forschungsrichtung findet allerdings erst in den 1960er Jahren in den USA statt. Siehe Abschnitt 2.4.

2.2 Psychologische Perspektiven verhaltenswissenschaftlicher Theorien

Grundsätzlich determinieren die Perspektiven oder Herangehensweisen der Psychologie die Art und Weise sowie das Ausmaß der expliziten Berücksichtigung von Verhalten oder Denkprozessen bei individuellen Urteils- und Entscheidungsfindungen.[139] Da diese psychologischen Richtungen stark vom historischen und weltanschaulichen Hintergrund und dem daraus resultierenden Menschenbild[140] ihrer Vertreter geprägt sind,[141] findet sich bisher kein einheitliches Modell menschlichen Verhaltens und seiner kognitiven Prozesse, das alle wissenschaftlichen Teildisziplinen integriert.[142] Stattdessen koexistieren die Strömungen, wobei sie untereinander Überschneidungen aufweisen und das Verständnis der Gesamtheit menschlicher Erfahrung vergrößern.[143] Ziel der nachfolgenden Ausführungen ist es einerseits, eine fundierte und ausgewogene Beurteilung verhaltenswissenschaftlicher Forschung zu ermöglichen,[144] andererseits die Kontributionen unterschiedlicher Perspektiven zu der im weiteren Fortgang der Arbeit dominierenden kognitiven Perspektive darzulegen (siehe *Abbildung 5*).

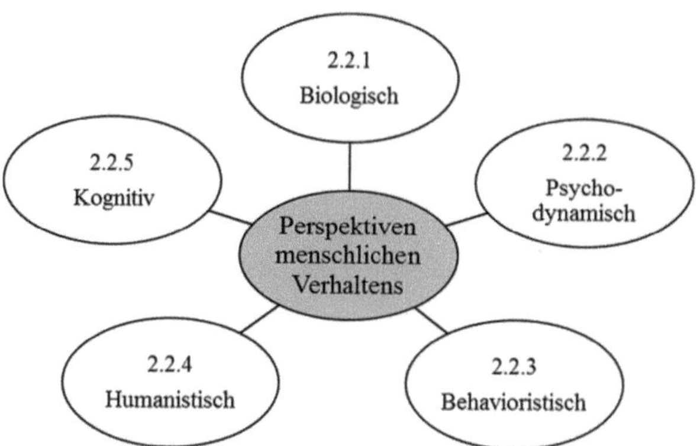

Abbildung 5: Perspektiven menschlichen Verhaltens[145]

---

139 Vgl. *Gerrig, R. J. / Zambardo, P. G.* (2008), S. 10.

140 Das Menschenbild integriert Annahmen über die Bedürfnisse und Ziele eines Individuums, sein Verständnis der Mitmenschen sowie die Grenzen seines Denkens und Handelns. Vgl. *Werhahn, P. H.* (1989), S. 10.

141 Vgl. *Heide, T.* (2001), S. 37.

142 Vgl. *Wömpener, A.* (2008), S. 63.

143 Vgl. *Gerrig, R. J. / Zambardo, P. G.* (2008), S. 11; *Heide, T.* (2001), S. 40.

144 Vgl. ähnlich *Heide, T.* (2001), S. 37 f.

145 Eigene Darstellung.

Hierfür werden die biologische, psychodynamische, behavioristische, humanistische und kognitive Perspektive vorgestellt und das jeweils zugrunde liegende spezifische Menschenbild aufgezeigt.[146]

2.2.1 Biologische Perspektive

Mithilfe der biologischen Perspektive werden die Ursachen für komplexe Phänomene wie das menschliche Verhalten durch die Funktionsweise der Gene, des Gehirns, des Nervensystems und des endokrinen Systems erklärt, d. h. die Begründung für das Funktionieren eines Organismus ist auf die physischen oder physikalischen Strukturen und biochemischen Prozesse beschränkt.[147] Besondere Aufmerksamkeit zur Untersuchung dieser biochemischen oder physischen Prozesse erfährt innerhalb der biologischen Perspektive insbesondere das menschliche Gehirn.[148] Daher kann der biologische Ansatz den Neurowissenschaften, einem interdisziplinären Ansatz, in dem sich biologische, chemische, physikalische, physiologische, pharmakologische und psychologische Wissenschaftsbereiche mit der Funktionsweise und dem Aufbau von Nervensystemen beschäftigen, zugeordnet werden.[149]

Diese Betrachtungsweise hat zur Konsequenz, dass sich alle psychischen und sozialen Phänomene wie Verhalten, Erleben oder Bewusstsein auf Prozesse dieser rein naturwissenschaftlichen Ebene mit ihren physischen und physikalischen Strukturen und Erbprozessen zurückführen lassen.[150] Verhaltensänderungen können wiederum durch die Veränderung der relevanten biologischen, chemischen oder physikalischen Strukturen und Prozesse beispielsweise durch Erfahrungen hervorgerufen werden.[151] Somit gelingt es, komplexe Phänomene durch die Analyse und Aufspaltung in kleinere, spezifischere Teilaspekte des Phänomens hinrei-

---

146 Zur Systematisierung vgl. insbesondere *Gerrig, R. J. / Zambardo, P. G.* (2008), S. 11-15; *Heide, T.* (2001), S. 40-54; *Fisseni, H.-J.* (1998); *Ouweneel, W. J.* (1993), S. 108-144.
Nach HECKHAUSEN bauen alle diese Ansätze auf der Evolutionstheorie DARWINS auf (vgl. *Heckhausen, H.* (1989), S. 19-54). Alternativ hat sich mit dem bibelorientierten Ansatz eine Richtung herausgebildet, dessen „weltanschauliche Wurzeln" in der Bibel begründet liegen und die durch das christliche Menschenbild auch eine spirituelle, transzendente Persönlichkeitskomponente beinhaltet (vgl. *Heide, T.* (2001), S. 40 und die dort angegebene Literatur). Da dieser Ansatz kaum zur Beantwortung der vorliegenden Fragestellung beiträgt, wird auf eine weiterführende Darstellung an dieser Stelle verzichtet.

147 Vgl. *Gerrig, R. J. / Zambardo, P. G.* (2008), S. 13; *Heide, T.* (2001), S. 50.

148 Vgl. *Wömpener, A.* (2008), S. 63 f. und die dort angegebene Literatur.

149 Vgl. *Gerrig, R. J. / Zambardo, P. G.* (2008), S. 14; *Wömpener, A.* (2008), S. 64; *Heide, T.* (2001), S. 50.

150 Vgl. *Gerrig, R. J. / Zambardo, P. G.* (2008), S. 13; *Heide, T.* (2001), S. 50.

151 Vgl. *Heide, T.* (2001), S. 50.

chend zu beschreiben und zu erklären.[152] Menschliches Verhalten wird folglich im biologischen Ansatz nur durch mechanistische und passive Vorgänge erklärt.[153]

2.2.2 Psychodynamische Perspektive

Die Erklärung menschlichen Verhaltens erfolgt im Rahmen psychodynamischer Ansätze auf einer psychologischen Makroebene, sodass biologische Phänomene irrelevant sind.[154] Nach dieser Perspektive werden Handlungsweisen primär von ererbten Instinkten, biologischen Trieben und frühkindlichen Erlebnissen („frühkindliche Fixierung"), die durch Traumata oder Komplexe in der Psyche verbleiben, determiniert.[155] Nach FREUD, dem Begründer und bis heute einflussreichsten Vertreter psychodynamischer Ansätze, wirkt ein komplexes Netzwerk äußerer („Über-Ich") und innerer Kräfte („Es", „Ich") auf eine Person.[156]

Demnach ist die menschliche Motivation, die aus (bewusst werdenden) Bedürfnissen entsteht, deren Ursprung wiederum in ebenfalls intrapsychischen Konstrukten wie unbewussten Trieben liegt, ein wesentlicher Einflussfaktor für Verhalten.[157] Grundsätzlich kann zwischen dem Sexualtrieb, dem Selbsterhaltungstrieb, dem Destruktionstrieb und dem Aggressionstrieb, die FREUD später jeweils zum Eros- oder Lebenstrieb sowie zum Destruktions- oder Todestrieb zusammengefasst hat, differenziert werden.[158] Somit resultiert das menschliche Verhalten letztendlich aus dem Zusammenwirken vererbter Instinkte, unbewusster biologischer Triebe und den Bemühungen, Spannungen zwischen persönlichen Bedürfnissen und sozialen Erfordernissen abzubauen.[159]

Modernere psychodynamische Ansätze verneinen, dass Menschen ausschließlich trieb- und instinktgeleitet sind, und fokussieren auf deren Anpassungsfähigkeit sowie auf die sozialen Einflüsse und Interaktionen, mit denen ein Individuum im Laufe seines Lebens konfrontiert wird.[160]

---

152 Vgl. *Heide, T.* (2001), S. 50.
153 Vgl. *Wömpener, A.* (2008), S. 64; *Heide, T.* (2001), S. 50.
154 Vgl. *Gerrig, R. J. / Zambardo, P. G.* (2008), S. 11; *Wömpener, A.* (2008), S. 64.
155 Vgl. *Gerrig, R. J. / Zambardo, P. G.* (2008), S. 11; *Heide, T.* (2001), S. 42.
156 Vgl. *Gerrig, R. J. / Zambardo, P. G.* (2008), S. 11 und die dort angegebene Literatur.
157 Vgl. *Wömpener, A.* (2008), S. 64; *Sternberg, R. J.* (2004), S. 18 f.
158 Vgl. *Heide, T.* (2001), S. 41.
159 Vgl. *Heide, T.* (2001), S. 42.
160 Vgl. *Gerrig, R. J. / Zambardo, P. G.* (2008), S. 11; *Wömpener, A.* (2008), S. 64 und die dort angegebene Literatur.

2.2.3 Behavioristische Perspektive

Als Konsequenz aus der an der psychodynamischen Perspektive formulierten Kritik[161] verzichten die behavioristischen Ansätze zur Erklärung menschlichen Verhaltens radikal auf eine Untersuchung intrapsychischer Prozesse und Konstrukte.[162] Stattdessen wird die Psychologie als Lehre zur Prognose und Kontrolle des Verhaltens auf der Basis „objektiv" nachvollziehbarer (reproduzierbarer) Forschungsergebnisse verstanden, die sich damit auseinandersetzt, wie mess- bzw. beobachtbare physiologische und physikalische Stimuli aus der Umwelt bestimmte Arten des offen sichtbaren Verhaltens bewirken, d. h. jedes Verhalten kann rein perzeptivistisch erklärt werden.[163]

Ausgehend von den Pionierarbeiten WATSONs, der den Lernprozess als Ergebnis von stimulierenden Ereignissen in den Vordergrund seines Verhaltensmodells stellt, untersuchen behavioristische Ansätze zum einen die Antezedensbedingungen der Umwelt (sogenannter Stimuli), d. h. diejenigen Bedingungen, die dem menschlichen Verhalten vorausgehen und die den Rahmen für eine mögliche Reaktion des Organismus schaffen.[164] Zum anderen, in diesem Verständnis weit relevanter, werden die resultierenden Verhaltensreaktionen betrachtet, um diese verstehen, vorhersagen und kontrollieren zu können.[165] Grundlage aller behavioristischen Forschungsarbeiten sind die experimentellen Befunde PAVLOVs, der anhand von Stimulus-Reaktions-Muster [S-R-Paradigma] bei Hunden die klassische Konditionierung, also die Koppelung von Reaktionen an vorhergehende Bedingungen, untersucht hat.[166]

Während der klassische Behaviorismus nach WATSON zwischen Stimulus und Reaktion keinen Raum für kognitive Prozesse lässt, sondern eine Art „Blackbox" automatisch das Verhalten aus den Reizen bewirkt (siehe *Abbildung 6*), exkludiert SKINNER in seinem Ansatz des radikalen Behaviorismus intrapsychische Prozesse im Organismus [O] zwar nicht per se, allerdings bestreitet auch er den Einfluss geistiger Ereignisse wie Denken oder Vorstellungen für das Verhalten, da sie eine nur zufällige, vom sozialen und kulturellen Umfeld bestimmte, erlernte Erscheinung seien.[167]

---

161 Vgl. z. B. *Ouweneel, W. J.* (1993), S. 116-119.

162 Vgl. *Gerrig, R. J. / Zambardo, P. G.* (2008), S. 194; *Wömpener, A.* (2008), S. 64; *Heide, T.* (2001), S. 43.

163 Vgl. *Gerrig, R. J. / Zambardo, P. G.* (2008), S. 11 und S. 194; *Sternberg, R. J.* (2004), S. 14 f.; *Heide, T.* (2001), S. 43-45; *Herkner, W.* (1987), S. 40.

164 Vgl. *Gerrig, R. J. / Zambardo, P. G.* (2008), S. 11 und die dort angegebene Literatur.

165 Vgl. *Gerrig, R. J. / Zambardo, P. G.* (2008), S. 11; *Herkner, W.* (1987), S. 40.

166 Vgl. *Gerrig, R. J. / Zambardo, P. G.* (2008), S. 195-197; *Wömpener, A.* (2008), S. 65; *Heide, T.* (2001), S. 43.

167 Vgl. *Gerrig, R. J. / Zambardo, P. G.* (2008), S. 194; *Wömpener, A.* (2008), S. 65; *Heide, T.* (2001), S. 44 und die jeweils dort angegebene Literatur.

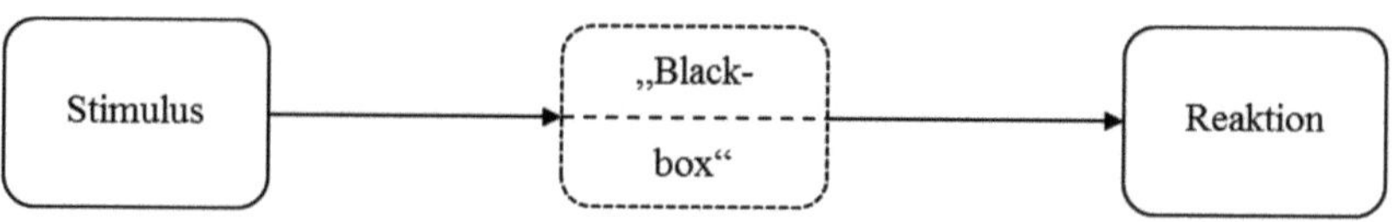

Reaktion (Stimulus) = α + β * Stimulus

Abbildung 6: Allgemeines Stimulus-Reaktions-Modell (S-R-Modell)[168]

Eben jene neueren behavioristischen Ansätze wie beispielsweise von SKINNER integrieren außerdem die beobachtbaren Konsequenzen, die die jeweiligen Verhaltensweisen bzw. Reaktionen bewirken, in das S-R- bzw. S-O-R-Paradigma.[169] Auch wenn eine Reaktion zwangsläufig aus einem Stimulus resultiert, so ist sie durch Lernprozesse in Form von Wiederholungen von Reiz-Reaktions-Mustern, durch die Verwendung von positiven und negativen Verstärkern[170] oder durch eine kontinuierliche Abwandlung dieser Muster modifizierbar.[171] Ähnlich zur biologischen Perspektive liegt dem Behaviorismus eine extrem materialistische Ausrichtung zugrunde, da für alle psychischen Erscheinungen das Physische bzw. Physikalische ursächlich ist.[172]

Schließlich ist hervorzuheben, dass der wissenschaftliche Nachweis der von den Behavioristen postulierten S-R-Beziehungen strenge methodische Standards erfordert (z. B. bei der Definition und Operationalisierung der Variablen oder bei der Messung in einem Beobachtungsexperiment), die heute als ein besonderer Verdienst des Behaviorismus gelten.[173]

2.2.4 Humanistische Perspektive

Als Alternative zu den größtenteils deterministischen psychodynamischen und behavioristischen Erklärungsansätzen sind ab den 1950er Jahren humanistische Ansätze entstanden, die die aktive, selbstbestimmte Rolle des Individuums betonen.[174] Aus humanistischer Perspektive werden Individuen weder durch starke, instinktive Kräfte wie im psychodynamischen Verständnis getrieben noch werden sie durch ihre Umgebung derart beeinflusst wie es im Beha-

---

168 Quelle: *Wömpener, A.* (2008), S. 65.

169 Vgl. *Gerrig, R. J. / Zambardo, P. G.* (2008), S. 11 f.; *Heide, T.* (2001), S. 43.

170 Vgl. z. B. die bei *Heide, T.* (2001), S. 45, dokumentierten Experimente.

171 Vgl. *Wömpener, A.* (2008), S. 65.

172 Vgl. *Heide, T.* (2001), S. 44 und S. 50.

173 Vgl. *Gerrig, R. J. / Zambardo, P. G.* (2008), S. 12; *Fischer, L. / Wiswede, G.* (2002), S. 28; *Heide, T.* (2001), S. 43 und S. 55.

174 Vgl. *Gerrig, R. J. / Zambardo, P. G.* (2008), S. 12; *Heide, T.* (2001), S. 49.

viorismus postuliert wird.[175] Vielmehr werden Menschen als aktive Geschöpfe angesehen, die in der Regel gute Absichten besitzen und über Wahlfreiheit verfügen, sodass es deren Hauptaufgabe ist, nach positiver Wertschätzung und Entwicklung zu streben.[176] Humanistische Ansätze untersuchen keine spezifischen Komponenten menschlichen Verhaltens, sondern aggregierte Phänomene wie etwa Lebensgeschichten, das Anpassen an neue Situationen sowie das Streben nach Selbstverwirklichung („self-actualization"), d. h. den Drang eines Individuums, sein Potenzial möglichst umfassend zu verwirklichen.[177]

Die auf diesen Grundannahmen aufbauende Theorie der Bedürfnishierarchie nach MASLOW stellt eine der bedeutendsten Modelle humanistischer psychologischer Forschung dar.[178] Die Bedürfnispyramide (siehe *Abbildung 7*), der zufolge Menschen eine Hierarchie aufeinanderfolgender Bedürfnisse und Bedürfniskategorien besitzen, die befriedigt werden müssen, um den Grad an Selbstverwirklichung zu erhöhen, wird in vielen Wissenschaftsdisziplinen auch

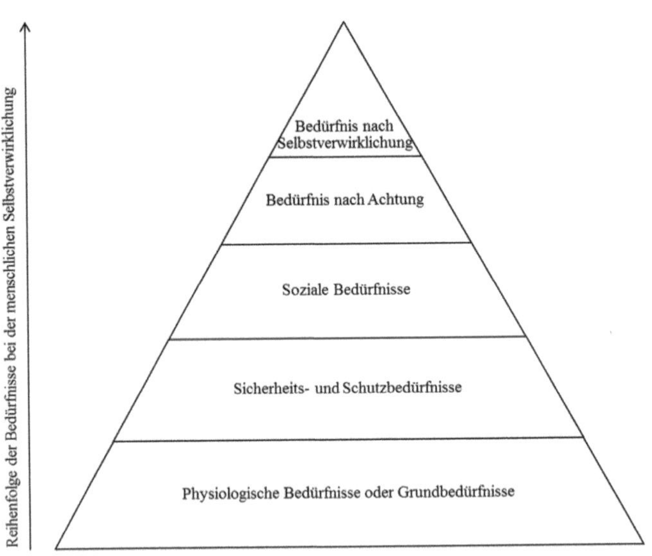

Abbildung 7: Bedürfnishierarchie nach MASLOW[179]

175 Vgl. *Gerrig, R. J. / Zambardo, P. G.* (2008), S. 12; *Sternberg, R. J.* (2004), S. 546 f.; *Heide, T.* (2001), S. 49.

176 Vgl. *Gerrig, R. J. / Zambardo, P. G.* (2008), S. 12 und S. 522; *Wömpener, A.* (2008), S. 66.

177 Vgl. *Gerrig, R. J. / Zambardo, P. G.* (2008), S. 12 und S. 522; *Wömpener, A.* (2008), S. 66.

178 Vgl. *Wömpener, A.* (2008), S. 66 und die dort angegebene Literatur.

179 In Anlehnung an: *Maslow, A. H.* (1970), S. 35-47.

heute noch angewandt (z. B. in der Motivationsforschung).[180] Aufgrund ihrer interdisziplinären Ausrichtung (insbesondere Kulturgeschichte, Sozialwissenschaften und Naturwissenschaften) entziehen sich humanistische Modelle häufig einer empirischen bzw. klinisch-wissenschaftlichen Überprüfbarkeit.[181]

2.2.5 Kognitive Perspektive

Das Ziel der kognitiven[182] Perspektive ist die Untersuchung, „wie der Geist und die Psyche organisiert sind und intelligentes Denken hervorbringen und wie die Prozesse des Denkens im Gehirn sichtbar werden."[183] Ausgehend vom im Behaviorismus vernachlässigten Organismus erfahren dessen Modelle seit dem erstmals von DEMBER als „cognitive revolution"[184] bezeichneten Zeitpunkt[185] eine Weiterentwicklung.[186] Die kognitive Perspektive stellt fortan alle (objektiv messbaren) intrapsychischen mentalen Prozesse und Strukturen, mit denen Menschen Stimuli und Informationen verarbeiten, wie etwa Aufmerksamkeit, Wahrnehmung, Gedächtnis, Sprache, Denken, Problemlösen und Entscheiden auf einer Vielzahl von Ebenen in den Mittelpunkt der Betrachtung.[187] Menschliches Verhalten resultiert in der kognitiven Perspektive aus dem Denken, wozu Individuen wiederum durch ihre einzigartige „geistige Ausstattung"[188] in der Lage sind.[189] „Bedingt durch die Ausrichtung auf geistige Prozesse sehen viele Forscher die kognitive Perspektive als dominierend in der heutigen Psychologie an."[190]

Nichtsdestotrotz sind kognitive Ansätze als eine Entwicklung aus den bisher dargestellten Ansätzen zu verstehen (siehe *Abbildung 8*).[191] Biologischen Ansätzen ist die Prämisse der Dekomposition menschlichen Verhaltens in kleine Einheiten entnommen, während mentale

---

180 Vgl. *Wömpener, A.* (2008), S. 66; *Smith, E. E. et al.* (2007), S. 624; *Heide, T.* (2001), S. 49; *Ouweneel, W. J.* (1993), S. 127-129.

181 Vgl. *Wömpener, A.* (2008), S. 66; *Heide, T.* (2001), S. 49.

182 Eine ausführliche Darstellung dessen, was in der Literatur unter Kognition bzw. Kognitionswissenschaften subsumiert wird, findet sich z. B. bei *Gerrig, R. J. / Zambardo, P. G.* (2008), S. 276 f.; *Sackmann, S. A.* (2004), Sp. 588.

183 *Anderson, J. R.* (2013), S. 1.

184 *Dember, W. N.* (1974), S. 161.
In der deutschsprachigen Literatur wird typischerweise die Bezeichnung „kognitive Wende" verwendet. Vgl. z. B. *Anderson, J. R.* (2013), S. 6; *Sackmann, S. A.* (2004), Sp. 587.

185 Über den exakten Zeitpunkt dieser Wende besteht keine Einigkeit. Die Angaben reichen von den 1940er bis zu den 1970er Jahren. Vgl. *Hobbs, S. / Chiesa, M.* (2011), S. 386 f.

186 Vgl. *Gerrig, R. J. / Zambardo, P. G.* (2008), S. 13; *Heide, T.* (2001), S. 45.

187 Vgl. *Gerrig, R. J. / Zambardo, P. G.* (2008), S. 13 und S. 276; *Wömpener, A.* (2008), S. 67; *Smith, E. E. et al.* (2007), S. 15; *Sackmann, S. A.* (2004), Sp. 590 f.; *Heide, T.* (2001), S. 46.

188 *Arbinger, R.* (1997), S. 17.

189 Vgl. *Gerrig, R. J. / Zambardo, P. G.* (2008), S. 13; *Heide, T.* (2001), S. 46.

190 *Gerrig, R. J. / Zambardo, P. G.* (2008), S. 13. Vgl. für die Sozialpsychologie z. B. *Frey, D.* (1987), S. 51.

191 Vgl. *Wömpener, A.* (2008), S. 67.

Konstrukte zunächst durch Vertreter der psychodynamischen Perspektive analysiert worden sind.[192] Humanistische Ansätze tragen insbesondere die hervorgehobene Bedeutung der aktiven menschlichen Rolle und seiner geistigen Kapazität bei, im Behaviorismus sind die Grundlagen zur Analyse von Stimulus-Reaktions-Modellen gelegt worden.[193]

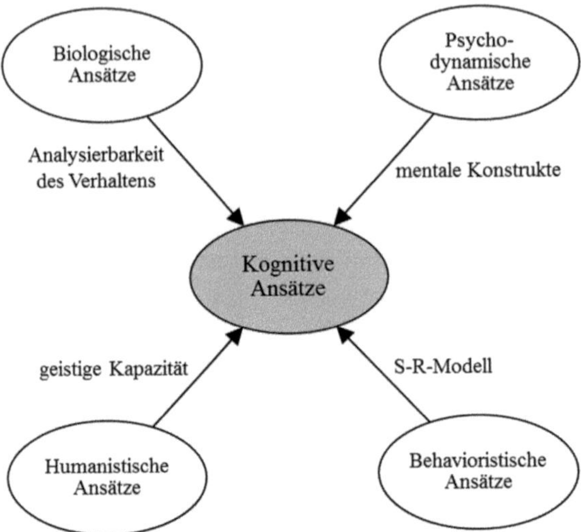

Abbildung 8: Kontributionen biologischer, psychodynamischer, humanistischer und behavioristischer Ansätze der Erforschung menschlichen Verhaltens zu kognitiven Ansätzen[194]

Im Gegensatz zum behavioristischen S-R-Modell ist nach dem kognitiven Modell menschliches Verhalten allerdings nur zum Teil durch „objektiv" beobachtbare Sachverhalte wie vorangehende Umweltereignisse und frühere Verhaltenssequenzen bestimmt.[195] Vielmehr wird die als Automat wirkende Blackbox mithilfe individuell verschiedener psychischer Prozesse beschrieben und erklärt, wodurch ein S-O-R-Modell entsteht (siehe *Abbildung 9*).[196] Diese als „intervenierende Variablen" bezeichneten psychischen Prozesse, die nach Kroeber-Riel / Weinberg / Gröppel-Klein in aktivierende Prozesse wie Emotionen, Motivationen und Einstellungen und kognitive Prozesse wie Wahrnehmen, Entscheiden, Lernen unterteilt wer-

---

192 Vgl. *Wömpener, A.* (2008), S. 67.
193 Vgl. *Wömpener, A.* (2008), S. 67; *Heide, T.* (2001), S. 47.
194 Quelle: *Wömpener, A.* (2008), S. 67.
195 Vgl. *Gerrig, R. J. / Zambardo, P. G.* (2008), S. 13; *Heide, T.* (2001), S. 47; *Frey, D.* (1987), S. 50.
196 Vgl. *Gerrig, R. J. / Zambardo, P. G.* (2008), S. 13; *Wömpener, A.* (2008), S. 67 und die dort angegebene Literatur; *Heide, T.* (2001), S. 47.

den,[197] werden nicht von dem „objektiven" Stimulus beeinflusst, sondern von der individuell verschiedenen kognitiven Repräsentation, d. h. einer Art „subjektiven Realität"[198]. „Menschen handeln auf der Grundlage dessen, was und wie sie etwas wahrnehmen und nicht auf der Grundlage dessen, was ist."[199] Das hat zur Folge, dass „Menschen nicht länger [...] als passiv reagierende Wesen betrachtet [werden], sondern als aktiv Informationen verarbeitende Individuen, die sich durch die subjektive Wahrnehmung und Weiterverarbeitung objektiver Stimuli eine individuelle Abbildung der sie umgebenden Umwelt selbständig aufbauen."[200]

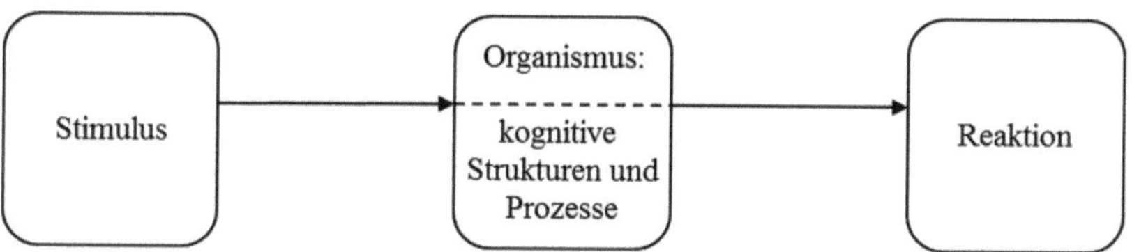

Reaktion (Stimulus) = α + kognitiver Prozess (kognitive Struktur, Stimulus)

Abbildung 9: S-R-Modell unter Erweiterung um eine kognitive Instanz zum S-O-R-Modell[201]

Im Mittelpunkt kognitiver Ansätze steht somit die Analyse aller (Informationsverarbeitungs-) Prozesse, „durch die der sensorische Input umgesetzt, reduziert, weiter verarbeitet, gespeichert, wieder hervorgeholt und schließlich benutzt wird."[202] Dadurch ist es auch möglich, dass menschliches Verhalten von demjenigen auf Basis von Vergangenheitsbeobachtungen vorhersagbarem Verhalten abweicht, da das Individuum aufgrund seines kreativen, abstrakten Vorstellungsvermögens dazu befähigt ist, neue Alternativen zu bedenken.[203]

Das einerseits seit der Geburt angelegte und das andererseits durch Erfahrung und Entwicklung erlangte geistige Potenzial, das im weitesten Sinne Wissen umfasst,[204] wird als kognitive Struktur oder Inhalt bezeichnet.[205] Kognitive Prozesse wiederum entstehen auf der Grundlage dieses geistigen Potenzials und umfassen alle psychischen Prozesse innerhalb des Organismus, die entweder eine nach außen sichtbare Reaktion oder eine nach außen unsichtbare Ver-

---

197 Vgl. *Kroeber-Riel, W. / Weinberg, P. / Gröppel-Klein* (2009), S. 26 f.
198 Vgl. *Gerrig, R. J. / Zambardo, P. G.* (2008), S. 13; *Heide, T.* (2001), S. 44; *Frey, D.* (1987), S. 51; *Baron, R. / Kenny, D. A.* (1986), S. 1176.
199 *Staehle, W. H.* (1999), S. 197. Vgl. *March, J. G. / Simon, H. A.* (1993), S. 172.
200 *Frey, D.* (1987), S. 51.
201 Quelle: *Wömpener, A.* (2008), S. 68.
202 *Neisser, U.* (1974), S. 19.
203 Vgl. *Gerrig, R. J. / Zambardo, P. G.* (2008), S. 13; *Heide, T.* (2001), S. 47.
204 Siehe Abschnitt 5.5.
205 Vgl. *Wömpener, A.* (2008), S. 68; *Solso, R. T.* (2005), S. 21; *Frey, D.* (1987), S. 52-56.

änderung bzw. Erweiterung der kognitiven Strukturen bewirken.[206] Kognitive Modelle zur Abbildung dieser kognitiven Prozesse befassen sich mit der „Analyse, wie Informationen erfasst, repräsentiert und im Wissen transformiert werden und wie das Wissen verwendet wird“[207]. Sie versuchen, Beobachtungen zu erklären und auf deren Grundlage Verhalten vorherzusagen, und existieren in unterschiedlichen Detaillierungsgraden.[208] In Abhängigkeit der Zielsetzung bilden sie verschiedene kognitive Konstrukte ab (z. B. Wahrnehmung und Aufmerksamkeit[209], Gedächtnis[210] oder Problemlösen[211]). Ursprünge der Modelle sind Schlussfolgerungen, die auf der Basis von Beobachtungen beruhen.[212]

Die kognitiven Ansätze sind, v. a. im Vergleich zu den behavioristischen Ansätzen, forschungsmethodischen Schwierigkeiten ausgesetzt, da die kognitiven Prozesse im Gehirn der Individuen keiner direkten Beobachtung zugänglich sind und zum Teil nur schwer verbalisierbar sind:[213] „we know far more than we can tell“[214]. Konsequenterweise wird durch die Integration dieser komplexen intervenierenden Variablen zwischen Stimulus und Reaktion deren Beziehung im Vergleich zu S-R-Modellen instabiler.[215] Daher verwundert MINTZBERGS Urteil über die kognitiven Ansätze zunächst nicht: „[T]his school is characterized more by its potential than by its contribution.“[216] Dennoch stimmen die Vertreter der kognitiven Perspektive darüber überein, „durch die empirische Prüfung theoretisch abgeleiteter Hypothesen zeit- und raumunabhängige Gesetzmäßigkeiten zu gewinnen, um menschliches Sozialverhalten erklären und vorhersagen zu können.“[217] Besonderes Potenzial hierzu wird insbesondere der laborexperimentellen Methode eingeräumt.[218]

In allen verhaltenswissenschaftlich ausgerichteten Teilbereichen betriebswirtschaftlicher Forschung haben kognitive Theorien, anhand derer die Vorgehensweise und die Qualität von Urteils- und Entscheidungsprozessen analysiert werden, eine zentrale Bedeutung.[219] So sollen

---

206 Vgl. *Wömpener, A.* (2008), S. 68 und die dort angegebene Literatur.

207 *Solso, R. T.* (2005), S. 22.

208 Vgl. *Gerling, P. G.* (2007), S. 39; *Solso, R. T.* (2005), S. 21.

209 Vgl. z. B. *Gerling, P. G.* (2007), S. 39-42 und die dort angegebene Literatur.

210 Vgl. z. B. *Gerling, P. G.* (2007), S. 42-48 und die dort angegebene Literatur.

211 Vgl. z. B. *Gerling, P. G.* (2007), S. 65-73 und die dort angegebene Literatur.

212 Vgl. *Gerling, P. G.* (2007), S. 39.

213 Vgl. *Gerling, P. G.* (2007), S. 39; *Fehr, E.* (2002), S. 15; *Oelsnitz, D. v. d.* (1999), S. 171; *Frey, D.* (1987), S. 52.
Viele kognitionspsychologische Erkenntnisse beruhen auf Gesprächsprotokollen und hermeneutischen Analysen. Vgl. *Gerling, P. G.* (2007), S. 39.

214 *Mintzberg, H.* (1990), S. 143.

215 Vgl. *Wömpener, A.* (2008), S. 68 und die dort angegebene Literatur.

216 *Mintzberg, H.* (1990), S. 145.

217 *Frey, D.* (1987), S. 52.

218 Vgl. *Fehr, E.* (2002), S. 15. Siehe Abschnitt 2.5 und Kapitel 3.

219 Vgl. *Basel, J. S.* (2012), S. 15; *Gillenkirch, R. M. / Arnold, M. C.* (2008), S. 131.

zur Beantwortung der im Rahmen der vorliegenden Arbeit bearbeiteten Forschungsfragen insbesondere diejenigen Urteils- und Entscheidungsprozesse betrachtet werden, die bei Individuen im Rechnungswesenkontext ablaufen. „Eine [...] Frage, die bei der Diskussion des kognitiven Ansatzes sehr naheliegt, ist die nach der Rationalität von Entscheidungen und Verhaltensweisen."[220] Als theoretische Grundlage werden daher zunächst das zugrunde liegende Rationalitätsverständnis diskutiert und im fünften Kapitel die „Managerial and Organizational Cognition Theory" vorgestellt, mit deren Hilfe es gelingt, „die bisher meist isoliert betrachteten Bereiche der Betriebswirtschaftslehre und der kognitiven Psychologie zu verknüpfen"[221].

2.3 Rationalitätsverständnis und Menschenbild der Verhaltenswissenschaften

Mit dem Begriff der Rationalität setzt sich nicht nur die Betriebswirtschaftslehre, sondern auch beispielsweise schon wesentlich länger die Philosophie oder die Wissenschaftstheorie auseinander.[222] Da der Begriff in den Disziplinen jeweils sehr unterschiedlich definiert und verwendet wird, sind unterschiedliche Interpretationen entstanden.[223] Der ursprüngliche etymologische Bedeutungsunterschied zwischen „rationalis" als menschliches Potenzial zur Ausübung von Vernunft und „rationabilis" als Ergebnis von vernünftigem Denken und Handeln ist im Laufe der Zeit durch eine weitgehend synonyme Verwendung beider Begrifflichkeiten ersetzt worden.[224]

Bestandteile des Rationalitätsbegriffs sind Aussagen über das Rationalitätssubjekt, d. h. die sich rational verhaltende Person(-engruppe), das Rationalitätsobjekt, d. h. den Sachverhalt, der durch das Rationalitätssubjekt rational gestaltet wird, sowie den Rationalitätsgrad, d. h. eine Bewertung des Ergebnisses rationalen Handelns, das nur in Verbindung mit einer Definition der Rationalität bestimmbar ist.[225] In der Betriebswirtschaftslehre wird der Rationalitätsbegriff typischerweise in Relation zum Verhalten von Individuen (Rationalitätssubjekt) defi-

---

220 *Frey, D.* (1987), S. 63.
221 *Gerling, P. G.* (2007), S. 15.
222 Vgl. *Weber, J. / Schäffer, U.* (2014), S. 48.
223 Vgl. *Gigerenzer, G. / Gaissmaier, W.* (2006), S. 330.
224 Vgl. *Valcárcel, S.* (2004), Sp. 1237 und die dort angegebene Literatur.
225 Vgl. *Wömpener, A.* (2008), S. 47; *Weber, J. / Schäffer, U. / Langenbach, W.* (2001), S. 47.

niert,[226] d. h. mit dem gewählten Rationalitätsverständnis ist gleichzeitig auch ein spezifisches Menschenbild des im wirtschaftlichen Kontext handelnden Individuums verbunden.[227]

So hat konsequenterweise die oben dargestellte Öffnung der Betriebswirtschaftslehre zu den verhaltenswissenschaftlichen Nachbardisziplinen zu einem „Perspektivenwechsel bezüglich des zugrundeliegenden Menschenbildes [geführt]. Das für ökonomische Denkweisen lange Zeit charakteristische Modell vom homo oeconomicus wird (partiell) als unzweckmäßig empfunden und durch Vorstellungen zu ersetzen versucht, die den Verhaltensbedingungen real existierender Menschen angemessener Rechnung tragen.“[228] Im folgenden Abschnitt werden dieser Perspektivenwechsel hin zu einem „‚psychologischen‘ Menschenbild“[229] nachgezeichnet und das der Arbeit zugrunde liegende „verhaltenswissenschaftliche“ Rationalitätsverständnis und Menschenbild konkretisiert (Rationalitätsobjekt und Rationalitätsgrad). Den Maßstab zur Bewertung der im Folgenden unterschiedenen Konzepte vollständiger Rationalität und der aus deren Kritik entstandenen Ansätze begrenzter Rationalität bildet SIMONs Scherenmetapher (siehe *Abbildung 10*): „Human rational behavior [...] is shaped by a scissors whose two blades are the structure of task environments and the computational capabilities of the actor.“[230]

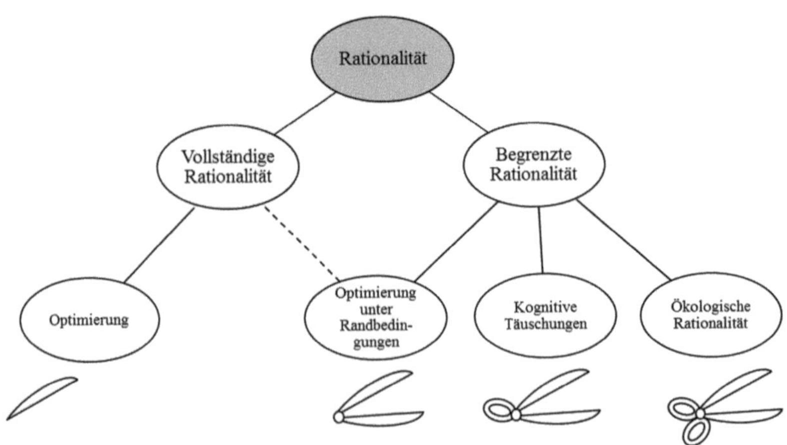

Abbildung 10: Sichtweisen von Rationalität[231]

226 Vgl. *Valcárcel, S.* (2004), Sp. 1237.
227 Vgl. *Hubig, L. / Lingnau, V.* (2008), S. 392.
228 *Schanz, G.* (1993a), Sp. 4525. Im Original zum Teil hervorgehoben.
229 *Schanz, G.* (1993a), Sp. 4526.
230 *Simon, H. A.* (1990), S. 7.
231 Quelle: *Hubig, L. / Lingnau, V.* (2008), S. 392.

2.3.1 Vollständige Rationalität

Trotz der zentralen Bedeutung von menschlichem Verhalten dominiert „[d]er rationale Homo oeconomicus [...] explizit oder implizit die Diskussion in der Betriebswirtschaftslehre“[232].[233] Dieses Menschenbild[234] entspricht dem „Idealtypus, der sich aus der in der Ökonomie vorherrschenden Handlungstheorie der rationalen Wahl ableitet.“[235] THALER und SUNSTEIN karikieren ihn folgendermaßen: „[H]omo economicus can think like ALBERT EINSTEIN, store as much memory as IBM's BIG BLUE, and exercise the willpower of MAHATMA GANDHI.“[236]

Die diesem (im Wesentlichen behavioristischen) Menschenbild zugrunde liegende neoklassische Sichtweise bzw. ökonomische Standardtheorie geht von der Stabilität der Präferenzen eines Individuums, seiner individuellen Nutzenmaximierung[237], einem unbegrenzten Zugang zu allen für die Entscheidung relevanten Informationen und unbegrenzten kognitiven Kapazitäten zur Verarbeitung dieser Informationen aus.[238] Demnach weiß das Individuum einerseits um alle Handlungsalternativen mit ihren Eintrittswahrscheinlichkeiten und Konsequenzen sowie andererseits um seine Präferenzen, die sich im Zeitablauf nicht verändern und sich durch eine Nutzenfunktion abbilden lassen.[239] Es besteht eine konsistente Präferenzordnung, anhand derer die Entscheidungsalternativen bewertet werden.[240] Außerdem ist das handelnde Individuum jederzeit in der Lage, Restriktionen, die seinen Handlungsspielraum einschränken, zu erkennen.[241] Wird an einen solchen Entscheider das Ergebnis des Entscheidungsprozesses als Rationalitätsobjekt angelegt (substantive oder auch substanzielle Rationalität,

---

232 *Schäffer, U. / Weber, J.* (2013), S. 1. Vgl. *Hubig, L. / Lingnau, V.* (2008), S. 393; *Fehr, E.* (2002), S. 11.

233 Vgl. *Kühn, C.* (2012), S. 114 f.

234 Zum Menschenbild des Homo oeconomicus vgl. z. B. *Kirchgässner, G.* (2008).
Der Begriff Homo oeconomicus (im Englischsprachigen auch als Economic man oder Homo economicus bezeichnet) ist im späten 19. Jahrhundert als Kritik an der Arbeit von JOHN STUART MILL entstanden. Vgl. *Persky, J.* (1995).

235 *Becker, J.* (2003), S. 41.

236 *Thaler, R. H. / Sunstein, C. R.* (2008), S. 6.

237 „Nutzen“ stellt einen absoluten Wert dar, „Präferenzen“ sind relativ zu bewerten. Vgl. *Jungermann, H. / Pfister, H.-R. / Fischer, K.* (2010), S. 49.

238 Vgl. *Stefani, U.* (2008), S. 12; *Hirsch, B.* (2007), S. 82; *Berger, U. / Bernhard-Mehlich, I.* (2006), S. 169; *Covaleski, M. et al.* (2003), S. 11 f.; *McFadden, D.* (1999), S. 75; *Oelsnitz, D. v. d.* (1999), S. 161; *Eichenberger, R.* (1992), S. 1 und S. 7 f.; *Götzelmann, F.* (1991), S. 574; *Becker, G. S.* (1982), S. 3 f.
Aufgrund ihrer untergeordneten Bedeutung für die vorliegende Arbeit und ihres volkswirtschaftlichen Charakters wird die Marktgleichgewichtsannahme nicht näher diskutiert. Vgl. ähnlich *Volnhals, M.* (2010), S. 16, FN 49.

239 Vgl. *Volnhals, M.* (2010), S. 18; *Wiswede, G.* (2006), S. 27; *Becker, J.* (2003), S. 42; *Oelsnitz, D. v. d.* (1999), S. 161; *Simon, H. A.* (1997), S. 78; *Suchanek, A.* (1994), S. 100-103; *Eichenberger, R.* (1992), S. 7 f.

240 Vgl. *Becker, J.* (2003), S. 41; *Oelsnitz, D. v. d.* (1999), S. 161; *Simon, H. A.* (1997), S. 78.

241 Vgl. *Homann, K. / Suchanek, A.* (2005), S. 28 f.; *Oelsnitz, D. v. d.* (1999), S. 161; *Eichenberger, R.* (1992), S. 7 f.

d. h. Ergebnisrationalität),[242] folgt daraus, dass im Sinne der neoklassischen Theorie stets vollständige bzw. objektive Rationalität vorliegt (Rationalitätsgrad), da das Individuum immer diejenige Alternative mit maximalem Zielerfüllungsgrad wählt, die zur Maximierung seines persönlichen Nutzens führt.[243]

Die Ausführungen machen deutlich, dass die ökonomische Standardtheorie einen (reinen) Optimierungsansatz darstellt, der alle realen kognitiven Prozesse des Entscheiders unberücksichtigt lässt, sodass in der Scherenmetapher die kognitive Scherenhälfte vollständig fehlt.[244] Außerdem besitzt die Schere keinen Griff zur Handhabung realer Probleme, da lediglich die Umwelteigenschaften einer formalisierten, synthetischen Problembeschreibung berücksichtigt werden können.[245] Übrig bleibt eine scharfe Schneide, die als theoretische Brillanz der neoklassisch fundierten entscheidungsorientierten Betriebswirtschaftslehre[246] und als normatives Ideal eines wirtschaftlich rational handelnden Menschen interpretiert werden kann.[247] Anwendungsbereiche können beispielsweise die Modellbildung[248] oder die „Ableitung eindeutiger Vorhersagen und Gestaltungsempfehlungen“[249] darstellen.[250] Aufgrund der Eindeutigkeit und Einfachheit kann der entscheidungsorientierte Ansatz zwar für einige Fragestellungen als praktikable Vereinfachung akzeptiert werden,[251] allerdings lassen sich Fragestellungen einer verhaltenswissenschaftlich orientierten Betriebswirtschaftslehre,[252] die den realen Entscheidungsträger in realen Umwelten berücksichtigt und im Wesentlichen auf der kognitiven Perspektive aufbaut, mit diesem Ansatz nur sehr bedingt vereinbaren.[253] „Letztendlich handelt es sich bei der Entscheidungs- und Verhaltensorientierung um komplementäre Perspektiven der Controlling-Forschung: Die verhaltensorientierte Perspektive vermag zum Erkenntnisfort-

---

242 Vgl. *Eisenführ, F. / Weber, M. / Langer, T.* (2010), S. 5-7; *Staehle, W. H.* (1999), S. 520; *Simon, H. A.* (1980), S. 2 f.

243 Vgl. *Simon, H. A.* (1997), S. 78; *Simon, H. A.* (1978), S. 9.

244 Vgl. *Hubig, L. / Lingnau, V.* (2008), S. 393.

245 Vgl. *Hubig, L. / Lingnau, V.* (2008), S. 393.

246 Vgl. z. B. *Osterloh, M.* (2004), Sp. 223 f.; *Götzelmann, F.* (1991), S. 574.

247 Vgl. *Hubig, L. / Lingnau, V.* (2008), S. 393; *Stefani, U.* (2008), S. 12; *Götzelmann, F.* (1991), S. 574.

248 Vgl. *Wömpener, A.* (2008), S. 49.

249 *Arnold, M. C.* (2007), S. 71.

250 Vgl. *Hubig, L. / Lingnau, V.* (2008), S. 393; *Stefani, U.* (2008), S. 12; *Götzelmann, F.* (1991), S. 574.

251 Vgl. *Stefani, U.* (2008), S. 12; *Götzelmann, F.* (1991), S. 575.

252 Siehe Abschnitt 2.1.2.

253 Vgl. z. B. *Birnberg, J. G.* (2011), S. 5; *Osterloh, M.* (2004), Sp. 224-227; *Heide, T.* (2001), S. 35; *Karlowitsch, M.* (1997), S. 3; *Schönbrunn, N.* (1988), S. 31-33.
Entscheidungsorientierte Ansätze formulieren typischerweise präskriptive oder normative Aussagen zur Entscheidungslogik, während bei verhaltenswissenschaftlichen Ansätzen deskriptive oder explikative Aussagen zum Entscheidungsverhalten im Vordergrund stehen. Vgl. z. B. *Eisenführ, F. / Weber, M. / Langer, T.* (2010), S. 393-456; *Jungermann, H. / Pfister, H.-R. / Fischer, K.* (2010), S. 6; *Osterloh, M.* (2004), Sp. 223; *Over, D.* (2004), S. 12-15; *Mag, W.* (1990), S. 4.

schritt der Disziplin beizutragen, indem sie die Aufmerksamkeit auf Fragestellungen lenkt, die eine entscheidungsorientierte Perspektive ausblendet."[254]

2.3.2 Begrenzte Rationalität

Durch zahlreiche Forschungserkenntnisse der Verhaltenswissenschaften in den letzten drei bis vier Jahrzehnten wird das Menschenbild des Homo oeconomicus zunehmend in Frage gestellt.[255] Aufgrund ihrer kognitiven Begrenzungen der Informationsaufnahme und -verarbeitung treffen die Eigenschaften des Homo oeconomicus nicht auf reale Entscheidungsträger zu,[256] was sich insbesondere in der Unmöglichkeit vollständigen Wissens[257], der Unmöglichkeit einer vollständigen Antizipation zukünftiger Ereignisse[258] und der Unmöglichkeit der Berücksichtigung aller potenziellen Entscheidungsalternativen[259] ausdrückt.[260] Es ist daher erforderlich, „auf ‚menschliche' Eigenschaften [einzugehen], die im Grundmodell des homo oeconomicus keinen Platz haben."[261]

Da sich menschliches Verhalten in Organisationen[262] nicht in einer vorhersagbaren Welt[263] vollzieht und sich als „intendedly rational"[264] darstellt, substituiert SIMON das Modell des Homo oeconomicus durch das zwar komplexer zu modellierende,[265] jedoch realitätsnähere Modell[266] des begrenzt rational handelnden Homo organisans[267].[268] Reale Entscheidungsträger zeichnen sich demnach dadurch aus, dass sie nicht nach einer optimalen Lösung suchen, sondern in der Regel eine befriedigende Lösung anstreben, die vom individuellen Anspruchs-

254 *Bramsemann, U. / Heineke, C. / Kunz, J.* (2004), S. 554.
255 Vgl. *Fehr, E.* (2002), S. 11; *Oelsnitz, D. v. d.* (1999), S. 161.
256 Vgl. *Simon, H. A.* (1998), S. 30.
257 Vgl. *Simon, H. A.* (1997), S. 78 f. und S. 94 f.
258 Vgl. *Simon, H. A.* (1997), S. 95 f.
259 Vgl. *Simon, H. A.* (1997), S. 96.
260 Vgl. *Berger, U. / Bernhard-Mehlich, I.* (2006), S. 170 und S. 177 f.; *Lingnau, V.* (2001), S. 421 f.; *Oelsnitz, D. v. d.* (1999), S. 161 f.; *Simon, H. A.* (1979), S. 502; *Simon, H. A.* (1957), S. 198.
261 *Hirsch, B. / Schäffer, U. / Weber, J.* (2008), S. 8.
262 Grundlage dieser Annahmen ist die seit Ende der 1930er Jahre im Wesentlichen von BARNARD, SIMON, MARCH und CYERT entwickelte „Verhaltenswissenschaftliche Entscheidungstheorie". Ansatzpunkt dieser Theorie sind menschliche Entscheidungsprozesse innerhalb von Organisationen, um deren Bestand durch Anpassung an eine komplexe und veränderliche Umwelt zu sichern. Diese vollziehen sich unter den Annahmen der beschränkten kognitiven und motivationalen Kapazitäten (begrenzter Opportunismus) des Entscheiders (vgl. *Berger, U. / Bernhard-Mehlich, I.* (2006), S. 169 f. und die dort angegebene Literatur). In der vorliegenden Arbeit werden insbesondere die begrenzten kognitiven Kapazitäten berücksichtigt.
263 Vgl. *Simon, H. A.* (1979), S. 500.
264 *Simon, H. A.* (1957), S. 196.
265 Vgl. *Hirsch, B. / Schäffer, U. / Weber, J.* (2008), S. 5.
266 Vgl. *Lingnau, V.* (2001), S. 421.
267 Im Englischsprachigen wird der Homo organisans in der Regel als Administrative man bezeichnet.
268 Vgl. *Lingnau, V.* (2001), S. 421 f.

niveau abhängt (Rationalitätsgrad).[269] Hinzu tritt der Mechanismus, dass Individuen nicht alle Aspekte eines Entscheidungsproblems berücksichtigen, sondern vielmehr ihrer Entscheidung eine von den subjektiven Wahrnehmungs- und Deutungsmustern, den Erfahrungen und den Wertvorstellungen bestimmte Definition der Situation zugrunde legen, und zusätzlich mithilfe selektiver Wahrnehmung ihre Aufmerksamkeit bevorzugt den Aspekten widmen, die in ihren subjektiven Bezugsrahmen passen.[270]

Rationalitätsobjekt ist folglich nicht mehr wie beim objektiven Rationalitätsbegriff der neoklassischen Theorie der Wirtschaftswissenschaften das Ergebnis des Entscheidungsprozesses, sondern der Prozess selbst, d. h. die Methoden, die zur Entscheidungsfindung eingesetzt werden (prozedurale Rationalität).[271] Ein in diesem Sinne rationaler Entscheidungsprozess muss nicht zwangsläufig in einer erfolgreichen Problemlösung münden.[272]

Spätestens seit der Verleihung des Wirtschaftsnobelpreises an SIMON[273] im Jahre 1978 rücken alternative, aus den Verhaltenswissenschaften stammende Modelle, die im Folgenden unter dem Terminus „Bounded Rationality“ oder „Satisficing“[274] subsumiert werden, als explizites „Gegenmodell zum homo oeconomicus Ansatz“[275] in den Fokus der Betrachtung.[276] Aufgrund der zunächst nur vagen Definition wird dieses Konzept in der Folge von drei verschiedenen Forschungsrichtungen in Anspruch genommen und mit diesen in Verbindung gebracht:[277]

- Optimierung unter Randbedingungen („optimization under constraints“),[278]
- kognitiven Täuschungen („heuristics and biases“ bzw. „cognitive illusions“)[279] und

269 Vgl. *Berger, U. / Bernhard-Mehlich, I.* (2006), S. 178; *Lingnau, V.* (2001), S. 423; *March, J. G. / Simon, H. A.* (1993), S. 162 und S. 203 f.

270 Vgl. *Berger, U. / Bernhard-Mehlich, I.* (2006), S. 179; *Lingnau, V.* (2001), S. 423 f. Siehe Abschnitt 2.2.5.

271 Vgl. *Eisenführ, F. / Weber, M. / Langer, T.* (2010), S. 5-7; *Lingnau, V.* (2001), S. 421 f.; *Simon, H. A.* (2000), S. 25; *Staehle, W. H.* (1999), S. 520; *Simon, H. A.* (1980); *Simon, H. A.* (1976).

272 Vgl. *Kirsch, W.* (1997), S. 397 f.

273 Vgl. z. B. *Simon, H. A.* (1997); *Simon, H. A.* (1990); *Simon, H. A.* (1986); *Simon, H. A.* (1976); *Simon, H. A.* (1957); *Simon, H. A.* (1956); *Simon, H. A.* (1955).

274 Dabei handelt es sich um eine Kombination der beiden Begriffe „sufficing“ (= genügend) und „satisfying“ (= zufriedenstellend).

275 *Hubig, L. / Lingnau, V.* (2008), S. 393.

276 Für die folgenden Ausführungen vgl. insbesondere *Lingnau, V. et al.* (2013), S. 1420-1424; *Lingnau, V. et al.* (2012), S. 5-11.

277 Vgl. *Lingnau, V.* (2011), S. 122-124; *Gigerenzer, G. / Gaissmaier, W.* (2006), S. 333; *Gigerenzer, G.* (2004a), S. 65; *Gigerenzer, G.* (2004b), S. 389.

278 Vgl. z. B. *Stigler, G. J.* (1961).

279 Vgl. z. B. *Thaler, R. H. / Sunstein, C. R.* (2008); *Kahneman, D. / Tversky, A.* (1979); *Tversky, A. / Kahneman, D.* (1974).
Dieses Forschungsprogramm liegt in der Regel den Forschungsrichtungen Behavioral Economics (vgl. z. B. *Berg, N.* (2010); *DellaVigna, S.* (2009); *Sent, E.-M.* (2004); *McFadden, D.* (1999); *Rabin, M.* (1998); *Conlisk, J.* (1996)), Behavioral Pricing (vgl. z. B. *Homburg, C. / Koschate, N.* (2005a); *Homburg, C. /*

- der ökologischen Rationalität („fast-and-frugal-heuristics")[280].

Weder eine Optimierung unter Randbedingungen noch der Forschungsansatz zu kognitiven Täuschungen entspricht dabei SIMONs ursprünglichem Verständnis von begrenzter Rationalität, sodass beide Verständnisse nicht in der Lage sind, eine reale Problemumwelt sowie reale Entscheidungsträger in der Art zu berücksichtigen, dass in Analogie zur Scherenmetapher eine vollständige Schere mit zwei Griffen und zwei Schneiden entsteht.[281] Vielmehr lässt sich seine Sichtweise von begrenzter Rationalität als ökologische Rationalität verstehen.[282]

2.3.3 Ökologische Rationalität als spezifische Ausgestaltung begrenzter Rationalität

Unter ökologischer Rationalität wird die Anpassung von Entscheidungsstrategien an die Struktur der Information in der (unsicheren) Umgebung, in der diese verwendet werden, verstanden.[283] „Entscheidungsstrategien und Umweltstrukturen [sind] als ein aufeinander eingespieltes Tandem zu verstehen."[284] Demnach sind Abweichungen vom klassischen Rationalitätsmodell nicht per se gut oder schlecht, rational oder irrational, sondern müssen im Zusammenspiel von Umwelt und kognitiven Prozessen betrachtet werden.[285] Dieses Phänomen beruht darauf, dass ein inverser u-förmiger Zusammenhang zwischen dem Genauigkeitsniveau und der Informationsmenge, der Verarbeitungskapazität und der Zeit besteht.[286]

Begrenzte Rationalität in diesem Verständnis besteht somit aus zwei ineinandergreifenden und zusammenhängenden Komponenten, den kognitiven Grenzen der menschlichen Verarbeitungskapazität sowie den Informationsstrukturen der Umgebung, in denen Menschen ihre

---

Koschate, N. (2005b)) und Behavioral Finance (vgl. z. B. *Glaser, M. / Nöth, M. / Weber, M.* (2004); *Barberis, N. / Thaler, R.* (2003)) zugrunde.

280 Vgl. z. B. *Gigerenzer, G. / Gaissmaier, W.* (2011); *Rieskamp, J. / Reimer, T.* (2007); *Gigerenzer, G. / Gaissmaier, W.* (2006).

281 Vgl. *Hubig, L. / Lingnau, V.* (2008), S. 393 f.; *Gigerenzer, G.* (2004a), S. 66; *Gigerenzer, G.* (2004b), S. 406. Siehe *Abbildung 10*.

282 Vgl. *Gigerenzer, G.* (2004b), S. 390.

283 Vgl. *Hoffrage, U. / Reimer, T.* (2004), S. 442; *Smith, V. L.* (2003), S. 470.

284 *Hoffrage, U. / Hertwig, R. / Gigerenzer, G.* (2005), S. 70. Vgl. *Todd, P. M. / Gigerenzer, G.* (2003), S. 144.

285 Vgl. *Lingnau, V.* (2010), S. 5; *Gigerenzer, G. / Todd, P. M.* (2008); *Gigerenzer, G.* (2004b), S. 403; *Hertwig, R. / Hoffrage, U.* (2001), S. 13.

286 Vgl. *Gigerenzer, G. / Gaissmaier, W.* (2011), S. 453 und die dort angegebene Literatur für einen beispielhaften Nachweis dieses Effekts.
Nach SIMON (*Simon, H. A.* (1999), Rückseite) stellt das Konzept eine „revolution in cognitive science, striking a great blow for sanity in the approach to human rationality" dar.

Entscheidungen treffen.[287] Im Sinne obiger Scherenmetapher bedeutet dies, dass die beiden Klingen zueinander passen müssen, um schneiden zu können.[288] Indem das Verhaltensmodell nach SIMON die Grenzen realer Entscheider miteinbezieht, gibt es viele der „schönen formalen Eigenschaften des Göttlichkeitsmodells“[289] vollständiger Rationalität auf und liefert stattdessen einen Erklärungsansatz, wie der Mensch tatsächlich seine Entscheidungen trifft.[290] Obwohl das Individuum nur über begrenzte kognitive Ressourcen verfügt, gelingt es ihm dennoch, regelmäßig in Urteils- und Entscheidungssituationen unterschiedlicher Komplexität[291] weitreichende und erfolgreiche Entscheidungen schnell, sparsam, transparent und robust zu treffen.[292]

Hierfür zieht es mit zunehmender Problemkomplexität Methoden heran,[293] die sowohl seine im Laufe der Evolution entwickelten als auch erlernten Fähigkeiten nutzen und die an die Gegebenheiten realer Entscheidungssituationen angepasst sind.[294] Diese als kognitive Heuristiken bezeichneten Verfahrensweisen stellen folglich einen wesentlichen Bestandteil der Theorie ökologischer Rationalität dar.[295]

Ausgehend von den Forschungsergebnissen von MCLEOD / DIENES[296], die die ökologisch rationale „Blickheuristik“ bei Baseballspielern nachgewiesen haben, existiert mittlerweile eine Vielzahl an dokumentierten Beispielen kognitiver Heuristiken.[297] Größtenteils stammen diese aus dem sensomotorischen Bereich.[298] Für den betriebswirtschaftlichen Kontext sind allerdings bisher nur wenige solcher kognitiven Heuristiken bekannt,[299] obwohl das häufige Vorliegen komplexer Probleme innerhalb einer schlechtstrukturierten Domäne – wie es bei der Betriebswirtschaftslehre der Fall ist – dies nahe legen würde.[300]

---

287 Vgl. *Gigerenzer, G. / Gaissmaier, W.* (2011), S. 457; *Hoffrage, U. / Hertwig, R. / Gigerenzer, G.* (2005), S. 70.

288 Vgl. *Todd, P. M. / Gigerenzer, G.* (2003), S. 144; *Newell, A. / Simon, H. A.* (1972), S. 55.

289 *Simon, H. A.* (1993), S. 33.

290 Vgl. *Berg, N.* (2010), S. 862-864.

291 Siehe Abschnitt 5.4.

292 Vgl. *Gigerenzer, G. / Gaissmaier, W.* (2006), S. 332; *Pearl, J.* (1984), S. XI.
Dieses Zusammenspiel von Umwelt und kognitiven Prozessen hat es dem Menschen ermöglicht, „evolutionär zum Erfolgsmodell“ (*Hubig, L. / Lingnau, V.* (2008), S. 394) zu werden.

293 Vgl. *Valcárcel, S.* (2004), Sp. 1239.

294 Vgl. *Gigerenzer, G. / Gaissmaier, W.* (2011), S. 456; *Gigerenzer, G. / Gaissmaier, W.* (2006), S. 332.

295 Einen guten Überblick liefern z. B. *Gigerenzer, G. / Gaissmaier, W.* (2011); *Katsikopoulos, K.* (2011).

296 Vgl. *McLeod, P. / Dienes, Z.* (1996).

297 Vgl. *Gigerenzer, G.* (2004a), S. 67.

298 Für einen Überblick vgl. z. B. *Bennis, W. M. / Pachur, T.* (2006) sowie die Sammelbände *Gigerenzer, G. / Hertwig, R. / Pachur, T.* (2011); *Gigerenzer, G. / Selten, R.* (2001); *Gigerenzer, G. / Todd, P. M. / ABC Research Group* (1999).

299 Vgl. z. B. *Lingnau, V. et al.* (2013), S. 1424-1427; *Lingnau, V. et al.* (2012), S. 11-18.

300 Vgl. *Lingnau, V.* (2006), S. 12; *Voss, J. F.* (1990), S. 324; *Voss, J. F. / Post, T. A.* (1988), S. 280-282.

2.4 Behavioral Accounting

2.4.1 Entwicklung und Ziele des Behavioral Accountings

Vor dem Hintergrund der oben diskutierten verhaltenswissenschaftlichen Öffnung der Betriebswirtschaftslehre und der damit verbundenen Abkehr vom Modell des Homo oeconomicus hin zu einem realistischeren Menschenbild spiegelt sich im Behavioral Accounting Research [BAR] das Bestreben wider, diese Öffnung auf dem Teilgebiet des Rechnungswesens fortzuführen.[301] Die Ursprünge der verhaltensorientierten Forschung im Rechnungswesen liegen in den frühen 1950er Jahren in den USA, wo sich mit ARGYRIS[302] 1952 und SIMON ET AL.[303] 1954 zunächst fachfremde Vertreter „mit der ‚menschlichen Seite' des Rechnungswesens"[304] auseinandergesetzt haben.[305] Als erste Veröffentlichungen von Fachvertretern, die die Relevanz menschlicher Verhaltensaspekte für die Rechnungswesenforschung hervorheben, gelten die Publikationen von DEVINE[306] und von STEDRY[307] aus dem Jahre 1960.[308] Im folgenden Jahrzehnt, das auch als „Decade of Awakening"[309] dieser Forschungsrichtung bezeichnet wird, beschränkt sich das Forschungsinteresse zunächst entweder auf die Untersuchung der Auswirkungen von Budgets auf menschliches Verhalten oder die Frage, wie unterschiedliche Rechnungsweseninformationen von Entscheidungsträgern verarbeitet werden.[310]

Die erste Erwähnung des Begriffs „Behavioral Accounting" findet sich im JOURNAL OF ACCOUNTING RESEARCH von 1967, wo BECKER in einer Rezension eines Artikels von COOK[311] darauf hinweist, dass dieser vor allem „the new Behavioral Accounting Scientists"[312] adressiere.[313] Einen ersten Versuch der definitorischen Eingrenzung des Begriffs nehmen BRUNS und DECOSTER 1969 in dem von ihnen herausgegebenen Werk „Accounting and its Behavio-

301 Vgl. *Birnberg, J. G.* (2011), S. 1 f.; *Gillenkirch, R. M. / Arnold, M. C.* (2008), S. 128; *Hirsch, B.* (2005), S. 282; *Preuß, R. K.* (1991), S. 11; *Höller, H.* (1978), S. 7; *Holzer, H. P. / Lück, W.* (1978), S. 509-511. Nach HÖLLER (*Höller, H.* (1978), S. 4) „[erscheint] [d]ie Einbeziehung von Verhaltensaspekten in den Betrachtungszusammenhang […] geeignet, den Mittelcharakter des Rechnungswesens zu verdeutlichen und dessen instrumentaler Verselbständigung entgegen zu wirken".

302 Vgl. *Argyris, C.* (1952).

303 Vgl. *Simon, H. A. et al.* (1954).

304 *Schönbrunn, N.* (1988), S. 65.

305 Vgl. *Schönbrunn, N.* (1988), S. 65; *Hofstedt, T. R. / Kinard, J. C.* (1970), S. 40.

306 Vgl. *Devine, C. T.* (1960).

307 Vgl. *Stedry, A. C.* (1960).

308 Vgl. *Lord, A. T.* (1989), S. 128; *Caplan, E. H.* (1988), S. 3; *Schönbrunn, N.* (1988), S. 65; *Hofstedt, T. R. / Kinard, J. C.* (1970), S. 40.

309 *Dyckman, T. R. / Zeff, S. A.* (1984), S. 233.

310 Vgl. z. B. *Lord, A. T.* (1989), S. 127.

311 Vgl. *Cook, D. M.* (1967).

312 *Becker, S. W.* (1967), S. 228.

313 Vgl. *Birnberg, J. G. / Shields, J. F.* (1989), S. 24.

ral Implications“ vor.[314] Aus einer Vielzahl an seitdem formulierten Ein- und Abgrenzungen von Behavioral Accounting hat sich mittlerweile die umfassende Definition von HOFSTEDT / KINARD weitgehend durchgesetzt, sodass diese auch für die vorliegende Arbeit den definitorischen Rahmen darstellen soll:

> „Behavioral accounting research may be defined as the study of the behavior of accountants or the behavior of non-accountants as they are influenced by accounting functions and reports.“[315]

Die allgemeine Zwecksetzung des Behavioral Accountings kann infolgedessen darin gesehen werden, empirisch überprüfbare und nach Möglichkeit bestätigte Erkenntnisse über die Wechselwirkung zwischen Informationen und Systemen der Unternehmensrechnung und menschlichem Verhalten bei den Empfängern dieser Informationen zu erlangen.[316] Aus dieser allgemeinen Zwecksetzung lassen sich im Wesentlichen zwei (nicht vollständig disjunkte) konkrete Ziele ableiten: Im ersten Bereich zielt die verhaltensorientierte Rechnungswesenforschung darauf ab, die Wirkung der Ausgestaltung von Rechnungswesensystemen auf menschliches Verhalten in Urteils- und Entscheidungsprozessen (Judgment and Decision Making, JDM[317]) zu erklären und vorherzusagen, um darauf aufbauend Handlungsempfehlungen formulieren zu können (Entscheidungsunterstützungsfunktion, „decision facilitating role“). Im zweiten Bereich steht die Untersuchung der Motivationswirkung von Rechnungswesensystemen im Sinne der Organisation und deren beteiligter Mitglieder im Fokus (Verhaltensbeeinflussungsfunktion, „decision influencing role“).[318] Gegenüber der „klassischen“ Sichtweise des Rechnungswesens als wertmäßige Abbildung des Gütersystems liegt dem Behavioral Accounting ein umfassenderes Verständnis der Rechnungsweseninformation zugrunde:[319]

> „Behavioral Accounting [untersucht] nicht nur den Informationsinhalt des Rechnungswesens, sondern auch die Darstellungsform und die Art der Übermittlung der Informationen, nicht nur die Ergebnisse von Entscheidungen, sondern auch die jeweiligen Entscheidungsprozesse, und nicht nur die Effizienz der Ergebnisse, sondern auch die Verteilung der

---

314 Vgl. *Bruns, W. J. / DeCoster, D. T.* (1969a).
Sie verstehen unter Behavioral Accounting „thinking concerned with behavioral elements and the integration of knowledge from the behavioral sciences into accounting“ (*Bruns, W. J. / DeCoster, D. T.* (1969b), S. v.).

315 *Hofstedt, T. R. / Kinard, J. C.* (1970), S. 43. Vgl. *Birnberg, J. G.* (1993), S. 18.

316 Vgl. *Schweitzer, M. / Küpper, H.-U.* (2003), S. 585 f.; *Shields, M. D.* (2002), Sp. 1631 f.; *Schanz, G.* (1993a), Sp. 4522; *Schoenfeld, H.-M. W.* (1993), Sp. 282; *Birnberg, J. G. / Shields, J. F.* (1989), S. 24. Siehe Abschnitt 1.3.

317 Siehe Abschnitt 2.4.3.

318 Vgl. *Gillenkirch, R. M. / Arnold, M. C.* (2008), S. 128; *Sprinkle, G. B. / Williamson, M. G.* (2007), S. 415; *Schweitzer, M. / Küpper, H.-U.* (2003), S. 586 f.; *Schanz, G.* (1993a), Sp. 4523 f.; *Demski, J. S. / Feltham, G. A.* (1976), S. 8-12.

319 Vgl. *Schanz, G.* (1993b), Sp. 2010.

Wohlfahrt auf die Beteiligten und die Rückwirkungen dieser Verteilungen auf deren Verhalten."[320]

Zentrales Kennzeichen dieser Forschungsrichtung ist ihre interdisziplinäre Ausrichtung, wobei sie maßgeblich durch die Integration (kognitions-)psychologischer, sozialpsychologischer und soziologischer Theorien und Methoden in die ökonomische Theorie beeinflusst wird.[321] Dabei verzichtet Behavioral Accounting zumeist auf eine auf normativen Vorstellungen basierende Theorieentwicklung, stattdessen wird vom tatsächlich beobachtbaren Verhalten der Betroffenen ausgegangen und ein dezidiert empirischer Ansatz der Erkenntnisgewinnung verfolgt.[322]

In der angelsächsischen Literatur hat das Behavioral Accounting seitdem innerhalb des Rechnungswesens mittlerweile so große Bedeutung erlangt, dass es trotz seiner verhältnismäßig kurzen Bestehenszeit als etabliert gilt und oftmals sogar als eigenständige Disziplin wahrgenommen wird.[323] Obgleich im deutschsprachigen Raum die Bedeutung verhaltenswissenschaftlicher Aussagen für die Forschung im Rechnungswesen seit längerem erkannt wird,[324] werden bis heute nur selten solche Erkenntnisse tatsächlich einbezogen.[325]

---

320 *Gillenkirch, R. M. / Arnold, M. C.* (2008), S. 128. Vgl. *Hoffjan, A.* (1998), S. 87; *Schönbrunn, N.* (1988), S. 17.

321 Vgl. *Küpper, H.-U. et al.* (2013), S. 115; *Gillenkirch, R. M. / Arnold, M. C.* (2008), S. 128; *Reimer, M. / Orth, M.* (2008), S. 187; *Miller, P.* (2007); *Schweitzer, M. / Küpper, H.-U.* (2003), S. 587 f.; *Shields, M. D.* (1997), S. 7 f.; *Birnberg, J. G.* (1993), S. 8 f.; *Birnberg, J. G. / Shields, J. F.* (1989), S. 24-28; *Burgstahler, D. / Sundem, G. L.* (1989), S. 80; *Caplan, E. H.* (1988), S. 4; *Schönbrunn, N.* (1988), S. 3; *Höller, H.* (1978), S. 7.
Für Klassifikationen zur Integration verhaltenswissenschaftlicher Theorien in die Controllingforschung vgl. z. B. *Hirsch, B.* (2008), S. 43-46; *Hoffjan, A.* (1998), S. 67-85; *Sjurts, I.* (1995), S. 163-225.

322 Vgl. *Küpper, H.-U. et al.* (2013), S. 115; *Schweitzer, M. / Küpper, H.-U.* (2003), S. 586; *Schanz, G.* (1993a), Sp. 4523; *Schoenfeld, H.-M. W.* (1993), Sp. 282. Siehe Abschnitt 2.4.4.
Nach DYCKMAN / ZEFF (*Dyckman, T. R. / Zeff, S. A.* (1984), S. 267) sind verhaltenswissenschaftliche Rechnungswesenforscher, „at best, borrowers from other disciplines".

323 Vgl. z. B. *Weber, J. / Schäffer, U.* (2014), S. 29 f.; *Birnberg, J. G.* (2011), S. 1; *Hirsch, B.* (2007), S. 1; *Littkemann, J.* (2004), S. 23; *Dyckman, T. R.* (1998), S. 1; *Birnberg, J. G.* (1993), S. 6; *Birnberg, J. G. / Shields, J. F.* (1989), S. 23; *Caplan, E. H.* (1988), S. 4 f.; *Schönbrunn, N.* (1988), S. 4; *Libby, R. / Lewis, B. L.* (1982); *Holzer, H. P. / Lück, W.* (1978), S. 510; *Libby, R. / Lewis, B. L.* (1977); *Hofstedt, T. R. / Kinard, J. C.* (1970), S. 40.
Das zunehmende Interesse an verhaltenswissenschaftlicher Rechnungswesenforschung zeigt sich außerdem darin, dass mit den Journals ACCOUNTING, ORGANIZATIONS AND SOCIETY und BEHAVIORAL RESEARCH IN ACCOUNTING Zeitschriften aufgelegt werden, die sich explizit mit solchen Fragestellungen unter dem Einsatz verschiedenster Methoden auseinander setzen. So ist der Editorial Policy von BRiA beispielsweise Folgendes zu entnehmen: „Original research relating to accounting and how it affects and is affected by individuals and organizations will be considered by the journal. Theoretical papers and papers based upon empirical research (e. g., field, survey, and experimental research) are appropriate." (*o. V.* (2011), S. 241)

324 Vgl. *Holzer, H. P. / Lück, W.* (1978), S. 509; *Macharzina, K.* (1973), S. 3 und die jeweils dort angegebene Literatur.

325 Vgl. *Littkemann, J.* (2004), S. 23; *Becker, A.* (2003), S. 61; *Schanz, G.* (1993b), Sp. 2007; *Gaulhofer, M.* (1989), S. 148-151.

Charakteristisch ist, dass die bisher veröffentlichte (überwiegend englischsprachige) Literatur zum Behavioral Accounting eine große Heterogenität von Arbeiten mit zum Teil widersprüchlichen Ergebnissen zu verschiedenen, isolierten Einzelfragen aus dem Rechnungswesen aufweist, was angesichts der mangelnden Präzision des Begriffs der Verhaltenswissenschaften nicht zu verwundern vermag:[326] „the area is shapeless and its content is fragmented with little semblance of a coherent structure“[327]. Die Forschungsaktivitäten sind durch ein Nebeneinander an theoretischen, empirischen und pragmatischen Untersuchungen zu verschiedenen Teilproblemen des Rechnungswesens und seiner Grenzbereiche gekennzeichnet.[328] Deutlich wird diese Unübersichtlichkeit auch daran, dass kein vollständiger historischer Überblick über die Forschungsarbeiten auf dem Gebiet des Behavioral Accountings existiert, sondern lediglich eine Vielzahl an Literaturüberblicken, die jeweils in Abhängigkeit der Perspektive der Autoren Einzelaspekte dieser Disziplin beleuchten.[329] Aufgrund der Breite an zugrunde liegenden verhaltenswissenschaftlichen Theorien fehlt es ebenso an einem einheitlichen theoretischen Bezugsrahmen, sodass keine eigenständige Verhaltenstheorie des Rechnungswesens existiert.[330]

Um die Fragestellung, die dieser Arbeit zugrunde liegt, nichtsdestotrotz präzise in den Kontext des Behavioral Accountings einordnen zu können, soll deshalb zunächst ein Rahmen zur Strukturierung dieser Forschungsarbeiten aufgezeigt werden. Hierzu wird auf die in *Abbildung 11* dargestellte Typologie von HOLZER / LÜCK mit den drei alternativen Dimensionen Personen bzw. Personengruppen (Untersuchungssubjekt), Forschungsgegenstand (Untersuchungsobjekt) und Forschungsmethoden bzw. -techniken (Untersuchungsmethode) zurückgegriffen.[331]

Eine solche Klassifizierung dient einerseits dazu, Themenschwerpunkte einer Forschungsrichtung (verhaltensorientierte Forschung) aus einem breiten Fachgebiet (Rechnungswesen) zu destillieren, andererseits ermöglicht sie eine Differenzierung der Erkenntnisziele, indem sie

---

326 Vgl. *Hirsch, B.* (2009), S. 177; *Becker, A.* (2003), S. 62; *Hoffjan, A.* (1998), S. 87 f.; *Birnberg, J. G.* (1993), S. 5 f.; *Schoenfeld, H.-M. W.* (1993), Sp. 290; *Birnberg, J. G. / Shields, J. F.* (1989), S. 25 f.; *Schönbrunn, N.* (1988), S. 85; *Höller, H.* (1978), S. 7 f.; *Holzer, H. P. / Lück, W.* (1978), S. 511 f.

327 *Colville, I.* (1981), S. 120.

328 Vgl. *Birnberg, J. G.* (2011), S. 1; *Covaleski, M. et al.* (2003), S. 4; *Macharzina, K.* (1973), S. 11 f.

329 Vgl. z. B. *Birnberg, J. G.* (2011); *Trotman, K. T.* (2011); *Trotman, K. T. / Tan, H. C. / Ang, N.* (2011); *Bamber, E. M.* (1993); *Birnberg, J. G.* (1993); *Birnberg, J. G. / Shields, J. F.* (1989); *Burgstahler, D. / Sundem, G. L.* (1989), S. 96; *Lord, A. T.* (1989). Siehe Abschnitte 2.1.2, 2.1.3 und 2.1.4.

330 Vgl. *Hirsch, B.* (2008), S. 46; *Hoffjan, A.* (1998), S. 88; *Birnberg, J. G.* (1993), S. 22.

331 Vgl. *Holzer, H. P. / Lück, W.* (1978), S. 511. Ähnlich *Hoffjan, A.* (1998), S. 87 f.

die Fülle möglicher Verhaltenswirkungen auf ausgewählte Zielgruppen reduziert und gleichzeitig die Wege zur Erkenntnis aufzeigt.[332]

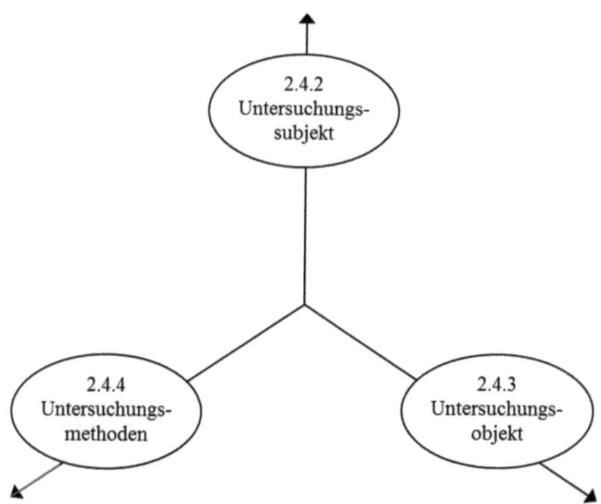

Abbildung 11: Klassifizierungsdimensionen der Studien zum Behavioral Accounting[333]

2.4.2 Untersuchungssubjekte des Behavioral Accountings

Im ersten Schritt können die Forschungsarbeiten zum Behavioral Accounting zunächst danach gegliedert werden, von welchen Personen oder Personengruppen das Verhalten untersucht werden soll (*Group Under Study*).[334] Potenzielle (ökologisch rationale) Untersuchungssubjekte sind Einzelpersonen, Mitarbeiter im Rechnungswesen, Wirtschaftsprüfer und Informationsadressaten.[335]

Die Gruppe der Einzelpersonen umfasst alle Informationsproduzenten, die durch ihr Verhalten solche Informationen erzeugen, die im Rechnungswesen erfasst und weiterverarbeitet werden.[336] Bei den Mitarbeitern im Rechnungswesen handelt es sich um diejenigen Personen, die einerseits Informationen sammeln, aufbereiten und weiterleiten, sowie andererseits solche

332 Vgl. *Schönbrunn, N.* (1988), S. 124.

333 In Anlehnung an: *Hoffjan, A.* (1998), S. 87; *Schönbrunn, N.* (1988), S. 128.
Es existiert eine Vielzahl an Reviews zu den einzelnen Teilbereichen und verwendeten Methoden. Siehe FN 354, FN 357 und FN 359.

334 Zu den Untersuchungssubjekten der verhaltensorientierten Forschung im Rechnungswesen vgl. *Holzer, H. P. / Lück, W.* (1978), S. 511. Ähnlich *Hoffjan, A.* (1998), S. 88 f.

335 Vgl. *Bonner, S. E.* (2008), S. 4.

336 Vgl. *Hoffjan, A.* (1998), S. 88.

Mitarbeiter, die Informationssysteme konzipieren, einführen und überwachen.[337] Die dritte Teilmenge beinhaltet Wirtschaftsprüfer, deren Verhalten zum einen innerhalb der Prüfgesellschaft und zum anderen gegenüber der zu prüfenden Gesellschaft untersucht wird.[338] Ein weiterer Bereich der verhaltensorientierten Rechnungswesenforschung beschäftigt sich mit dem Verhalten der Adressaten von Berichten (z. B. Management, Gläubiger und Investoren).[339] Demzufolge ist der gesamte Prozess der Informationsunterstützung auf die Informationsadressaten als Empfänger der Informationen gerichtet, indem in dieser Kategorie insbesondere die Reaktionen der Adressaten auf Änderungen verschiedener variabler Größen des Rechnungswesens Forschungsgegenstand sind (z. B. die Menge, die Mehrdeutigkeit, der Aggregationsgrad oder die Art der Aufbereitung der Informationen).[340]

2.4.3 Untersuchungsobjekte des Behavioral Accountings

Innerhalb der zweiten Klassifizierungsdimension wird eine Aufteilung der Arbeiten zum Behavioral Accounting nach deren Forschungsgegenstand vorgenommen (*Subject Matter*).[341] Forschungsarbeiten lassen sich dann zu einer gemeinsamen Gruppe zusammenfassen, wenn sie einen identischen Problembereich zum Gegenstand ihrer Forschung gemacht haben.[342] Zur Strukturierung der vielfältigen Untersuchungsobjekte des verhaltensorientierten Rechnungswesens sind in den letzten Jahrzehnten unterschiedliche (nicht immer vollständig überschneidungsfreie) Abgrenzungen vorgenommen worden.[343]

HOLZER / LÜCK schlagen in Anlehnung an HOFSTEDT in den Anfangsjahren der Forschung zum Behavioral Accounting eine Differenzierung in Abhängigkeit der betriebswirtschaftlichen Teildisziplinen, die der jeweiligen Arbeit zugrunde liegen, vor. Sie unterscheiden Informations- und Entscheidungstheorie („Information and Decision Making"), Organisationstheorie („Organization Theory"), Planungsrechnung und Führungslehre („Budgeting and Leadership"), Lehre von Annahmeverhalten und Änderungsprozessen („Adoption Behavior")

337 Vgl. *Hoffjan, A.* (1998), S. 88; *Schönbrunn, N.* (1988), S. 86.
338 Vgl. *Holzer, H. P. / Lück, W.* (1978), S. 511.
339 Vgl. *Holzer, H. P. / Lück, W.* (1978), S. 511.
340 Vgl. *Hoffjan, A.* (1998), S. 88.
341 Zu den Untersuchungsobjekten der verhaltensorientierten Forschung im Rechnungswesen vgl. *Holzer, H. P. / Lück, W.* (1978), S. 512 f. Ähnlich *Hoffjan, A.* (1998), S. 89.
342 Vgl. *Schönbrunn, N.* (1988), S. 93.
343 Vgl. *Sandt, J.* (2004), S. 76.

sowie Methodologie („Review and Methodological").[344] Da Behavioral Accounting mittlerweile als eigenständige betriebswirtschaftliche Teildisziplin interpretiert werden kann,[345] wird heute in der Regel eine Kategorisierung anhand unterschiedlicher „Schulen" des Behavioral Accountings vorgenommen.[346] Während BIRNBERG / SHIELDS beispielsweise die Stoßrichtungen „managerial control", „accounting information processing", „accounting information systems design", „auditing process research" und „organizational sociology" unterscheiden,[347] soll an dieser Stelle eine Einteilung des Rechnungswesens nach den jeweiligen Adressaten der Unternehmensrechnung gewählt werden.[348] *Abbildung 12* zeigt, dass hierbei zunächst eine Einteilung in eine interne (*Behavioral Management Accounting*) und externe Unternehmensrechnung möglich ist, wobei hinsichtlich der externen Rechnungslegung nochmals zwischen handels- (*Behavioral Financial Accounting*) und steuerrechtlicher (*Behavioral Tax Accounting*) Bilanzierung unterschieden werden kann.[349]

Die dem jeweiligen Bereich zugeordneten Themenschwerpunkte sind zwar nicht vollständig, allerdings bilden sie den größten Teil der Forschung ab.[350] Quer über diese drei Teilbereiche hinweg befasst sich ein vierter größerer Teilbereich des Behavioral Accountings mit forschungsmethodischen Fragestellungen der Disziplin (*Research Methodology*).[351] Darauf wird im folgenden Abschnitt näher eingegangen. Zwischen den drei Teilbereichen des verhaltensorientierten Rechnungswesens bestehen enge Beziehungen, die sich in den oben erläuterten gemeinsamen Funktionen der Entscheidungsunterstützung und der Verhaltensbeeinflussung widerspiegeln.[352]

---

344 In Klammern sind die Originaltermini von HOFSTEDT aufgeführt (vgl. *Hofstedt, T. R.* (1975), S. 36). Zu möglichen Inhalten der jeweiligen Kategorien vgl. *Sandt, J.* (2004), S. 77; *Holzer, H. P. / Lück, W.* (1978), S. 512 f. und die jeweils dort angegebene Literatur.

345 Siehe Abschnitt 2.4.1.

346 Vgl. *Gerling, P. G.* (2007), S. 112; *Sandt, J.* (2004), S. 77; *Birnberg, J. G. / Shields, J. F.* (1989), S. 26.

347 Vgl. *Shields, M. D.* (1997), S. 4; *Birnberg, J. G. / Shields, J. F.* (1989), S. 26.
Vier Jahre später differenziert BIRNBERG die Schulen wiederum in „managerial control system", „human information processing" und „experimental economics". Vgl. *Birnberg, J. G.* (1993), S. 5.

348 Vgl. *Gillenkirch, R. M. / Arnold, M. C.* (2008), S. 128.

349 Vgl. *Trotman, K. T. / Tan, H. C. / Ang, N.* (2011), S. 278; *Gillenkirch, R. M. / Arnold, M. C.* (2008), S. 128; *Caplan, E. H.* (1988), S. 5; *Hofstedt, T. R. / Kinard, J. C.* (1970), S. 43.
Manche Quellen nennen noch Accounting Systems (vgl. z. B. *Bamber, E. M.* (1993)). Da dieses Teilgebiet allerdings für die vorliegende Arbeit keine weitere Relevanz besitzt, soll an dieser Stelle auf weitere Ausführungen hierzu verzichtet werden.

350 Vgl. *Gillenkirch, R. M. / Arnold, M. C.* (2008), S. 128; *Schanz, G.* (1993b), Sp. 2007 f.
Da die Veröffentlichungen nahezu ausnahmslos in englischer Sprache verfasst sind, werden die Begriffe hier nicht übersetzt.

351 Vgl. *Gillenkirch, R. M. / Arnold, M. C.* (2008), S. 130.

352 Vgl. *Gillenkirch, R. M. / Arnold, M. C.* (2008), S. 129; *Bamber, E. M.* (1993), S. 2.
Für die Rechnungslegung (einschließlich Steuerbilanzen) als regulierter Bestandteil der externen Unternehmensrechnung ergeben sich als zusätzliche Aufgaben die Rechenschaft, Ausschüttungs- und Steuerbemessung. Vgl. *Gillenkirch, R. M. / Arnold, M. C.* (2008), S. 128.

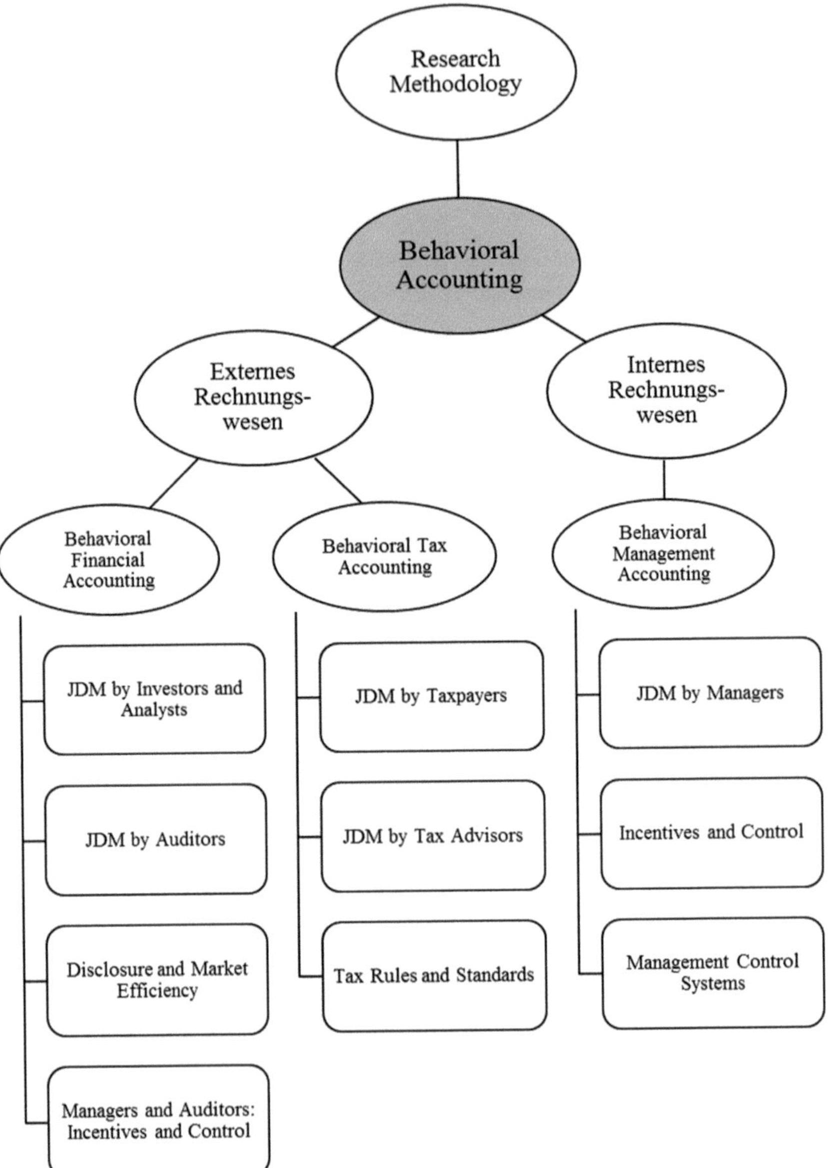

Abbildung 12: Teilbereiche der Forschung zum Behavioral Accounting[353]

---

353 In Anlehnung an: *Gillenkirch, R. M. / Arnold, M. C.* (2008), S. 129.

Untersuchungsobjekt der Forschung im Behavioral Financial Accounting[354] ist bisher überwiegend die Entscheidungsunterstützungsfunktion der externen Unternehmensrechnung. Dabei steht im Speziellen die Rolle der Rechnungslegung für die Urteilsbildung und die Entscheidungen von Investoren, Analysten und Wirtschaftsprüfern im Fokus (*Judgment and Decision Making by Investors and Analysts*; *Judgment and Decision Making by Auditors*). Außerdem ist die Nützlichkeit der Rechnungslegung im Kontext der Verarbeitung von Informationen an Kapitalmärkten untersucht worden (*Disclosure and Market Efficiency*).[355] Fragen zu Anreiz- und Kontrollproblemen sind insbesondere in Bezug auf Wirtschaftsprüfer betrachtet worden (*Managers and Auditors: Incentives and Control*).[356]

Enge Verbindungen, einerseits hinsichtlich der Steuerungswirkung der untersuchten Rechnungslegungsvorschriften und andererseits hinsichtlich der Anreiz- und Kontrollprobleme zwischen Fiskus, Wirtschaftsprüfern bzw. Steuerberatern und Steuerpflichtigen, bestehen dabei zum Behavioral Tax Accounting[357]. Dort bilden Anreiz- und Kontrollprobleme einen wesentlichen Schwerpunkt (*Judgment and Decision Making by Taxpayers*; *Judgment and Decision Making by Tax Advisors*). Darüber hinaus werden Fragen zur Ausgestaltung der gesetzlichen Regeln untersucht (*Tax Rules and Standards*).[358]

Untersuchungsobjekte des Behavioral Management Accountings[359] sind die Entscheidungsunterstützungs- sowie die Verhaltensbeeinflussungsfunktion der internen Unternehmensrechnung. Im Rahmen der Entscheidungsunterstützungsfunktion werden analog zu externen Unternehmensrechnung insbesondere die Ausgestaltung von Kennzahlen-, Kontroll- und Anreizsystemen untersucht (*Judgment and Decision Making by Managers*). Fragen zu Anreizwirkungen von Zielvorgaben, Kennzahlen(-systemen) oder Budgets sind Inhalt der Forschung zur Verhaltenssteuerungsfunktion (*Incentives and Control*). Schließlich werden im Bereich *Management Control Systems* mögliche Verbindungen zwischen den grundlegenden Charakteristika von Unternehmen (z. B. Größe, Branche, Konkurrenz, Strategie, usw.) auf der einen

354 Einen Überblick über das Forschungsgebiet des Behavioral Financial Accountings geben z. B. *Callahan, C. M. / Gabriel, E. A. / Sainty, B. J.* (2006); *Koonce, L. / Mercer, M.* (2005); *Nelson, M. W. / Tan, H.-T.* (2005); *Libby, R. / Bloomfield, R. / Nelson, M. W.* (2002); *Knechel, W. R.* (2000).

355 Zwischen diesem Aspekt der Forschung zum Behavioral Financial Accounting und der Behavioral Finance besteht ein fließender Übergang. Vgl. *Gillenkirch, R. M. / Arnold, M. C.* (2008), S. 129.

356 Vgl. *Gillenkirch, R. M. / Arnold, M. C.* (2008), S. 129; *Preuß, R. K.* (1991), S. 4-6.

357 Einen Überblick über das Forschungsgebiet des Behavioral Tax Accountings geben z. B. *Shevlin, T.* (1999); *Roberts, M. L.* (1998).

358 Vgl. *Gillenkirch, R. M. / Arnold, M. C.* (2008), S. 129.

359 Einen Überblick über das Forschungsgebiet des Behavioral Management Accountings geben z. B. *Miller, P.* (2007); *Sprinkle, G. B. / Williamson, M. G.* (2007); *Callahan, C. M. / Gabriel, E. A. / Sainty, B. J.* (2006); *Shields, M. D.* (1997).

Seite und internen Steuerungssystemen mit ihren Anreizwirkungen und Kontrollrechten auf der anderen Seite erforscht.[360]

Es wird deutlich, dass über alle Teilbereiche des Behavioral Accountings hinweg Forschungsarbeiten dem Gebiet des Judgment and Decision Makings [JDM] zugeordnet werden können.[361] Diese Forschungsrichtung gilt als eine der dynamischsten Bereiche der Rechnungswesenforschung.[362] Da auch diese Arbeit einen ähnlichen Forschungsansatz verfolgt, wird an dieser Stelle eine kurze Vorstellung vorgenommen. Schon seit Beginn der Auseinandersetzung mit verhaltenswissenschaftlichen Implikationen für die Rechnungswesenforschung[363] werden aus dieser explizit kognitionsorientierten Perspektive[364] schwerpunktmäßig die bei der Problemlösung ablaufenden kognitiven Prozesse bei Individuen oder kleinen Gruppen in einem rechnungswesenspezifischen Kontext untersucht.[365] NELSON und TAN weisen (im Auditing-Kontext) explizit auf die „psychological lens“[366] der JDM-Forschung hin. Konsequenterweise dient das S-O-R-Modell der kognitiven Perspektive als Grundlage der Analyse (siehe *Abbildung 13*).[367]

Der inhaltliche Fokus dieser Forschungsrichtung liegt im Wesentlichen auf der Analyse und Verbesserung der Qualität von Urteilen (Judgments) und Entscheidungen bzw. Problemlö-

---

360 Vgl. *Küpper, H.-U. et al.* (2013), S. 119; *Gillenkirch, R. M. / Arnold, M. C.* (2008), S. 129 f.; *Sprinkle, G. B. / Williamson, M. G.* (2007), S. 415; *Solomon, I. / Trotman, K. T.* (2003), S. 396; *Preuß, R. K.* (1991), S. 6 f.

361 Vgl. *Birnberg, J. G.* (2011), S. 15; *Trotman, K. T. / Tan, H. C. / Ang, N.* (2011), S. 279; *Bonner, S. E.* (2008), S. 2-7; *Libby, R. / Bloomfield, R. / Nelson, M. W.* (2002), S. 778.
Für einen allgemeinen Überblick zum Forschungsgebiet vgl. z. B. *Koehler, D. J. / Harvey, N.* (2004).

362 Vgl. *Bonner, S. E.* (1999), S. 385.
Originalzitat: „[T]he study of JDM continues to be one of the most vibrant and rapidly changing areas of accounting research.“

363 Als Ausgangspunkt werden übereinstimmend die unabhängig voneinander entstandenen Dissertationsschriften von ROBERT H. ASHTON und ROBERT LIBBY betrachtet. Vgl. *Kotchetova, N. / Salterio, S.* (2004), S. 557 und die dort angegebene Literatur.

364 Während Behavioral Accounting Konzepte und Erkenntnisse aus den umfassenden Verhaltenswissenschaften heranzieht (siehe Abschnitt 2.4.1), befindet sich die JDM-Forschung innerhalb der Schnittmenge von Kognitionspsychologie und Rechnungswesenforschung (vgl. *Bonner, S. E.* (2008), S. 2, FN 5). Neben der gebräuchlichsten Bezeichnung „judgment and decision-making research in accounting“ wird das Forschungsgebiet auch als „cognitive accounting research“ (*Peters, J. M.* (1993), S. 383), „cognitive research in accounting“ (*Hogarth, R. M.* (1991), S. 277), „human information processing research in accounting“ (*Libby, R. / Lewis, B. L.* (1982), S. 231; *Driver, M. J. / Mock, T. J.* (1975), S. 490) oder „behavioral decision research in accounting“ (*Libby, R. / Luft, J. L.* (1993), S. 425; *Einhorn, H. J. / Hogarth, R. M.* (1981), S. 2) bezeichnet. Im weiteren Fortgang der Arbeit werden diese Begriffe synonym verwendet, wobei der Terminus JDM Verwendung findet.

365 Vgl. *Trotman, K. T. / Tan, H. C. / Ang, N.* (2011), S. 279; *Bonner, S. E.* (2008); *Gillenkirch, R. M. / Arnold, M. C.* (2008), S. 131; *Kotchetova, N. / Salterio, S.* (2004); *Sutton, S. G. / Hayne, S. C.* (1997), S. 134; *Trotman, K. T.* (1996).

366 *Nelson, M. W. / Tan, H.-T.* (2005), S. 41.

367 Vgl. *Hofstedt, T. R. / Kinard, J. C.* (1970), S. 52.

sungen (Decisions)[368], der Vorgehensweise beim Entscheidungsprozess, der darauf wirkenden Einflussfaktoren oder der dabei ablaufenden kognitiven Prozesse.[369] Besondere Bedeutung kommt deshalb der Interaktion zwischen kontextspezifischen Merkmalen der Urteils- und Entscheidungssituation (Untersuchungsobjekt) und dem ökologisch rationalen Individuum mit seinen begrenzten kognitiven Kapazitäten (Untersuchungssubjekt) zu.[370]

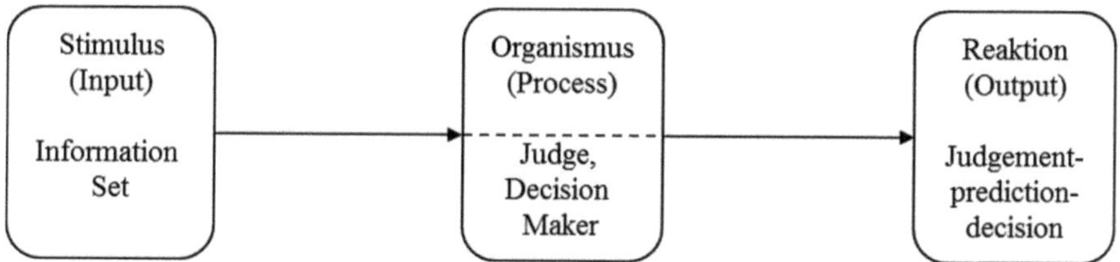

Abbildung 13: S-O-R-Modell zur Erklärung menschlicher Informationsverarbeitung im Kontext der JDM-Forschung[371]

2.4.4 Untersuchungsmethoden des Behavioral Accountings

Weiteres Kennzeichen verhaltenswissenschaftlicher Rechnungswesenforschung ist die Verwendung unterschiedlicher Forschungsmethoden.[372] RAFFÉE versteht darunter Folgendes:

> „Unter einer Methode versteht man im allgemeinen die Art und Weise, wie man zur Erreichung bestimmter Ziele bzw. zur Lösung bestimmter Probleme vorgeht. Von einer wissenschaftlichen Methode kann aber nur dann gesprochen werden, wenn die Art und Weise des Vorgehens systematisch, d. h. nach definierten Verfahrensregeln erfolgt, wenn ferner die Verfahrensschritte intersubjektiv nachvollziehbar und die Methodenanwendung sowie die mit Hilfe der Methode erzielten Ergebnisse intersubjektiv prüfbar sind."[373]

---

368 „The term *judgment* refers to forming an idea, opinion, or estimate about an object, an event, a state, or another type of phenomenon. Judgments in accounting tend to take the form of predictions about a future state of affairs or event [...] or an evaluation of a current but not completely knowable state of affairs or event. [...] The term *decision* refers to making up one's mind about the issues at hand and taking a course of action. Decisions typically follow judgments and involve a choice among various alternatives based on judgments about those alternatives and preferences for factors such as risk and money." (*Bonner, S. E.* (2008), S. 2)

369 Vgl. *Trotman, K. T. / Tan, H. C. / Ang, N.* (2011), S. 279; *Bonner, S. E.* (2008), S. 3; *Bonner, S. E.* (1999), S. 395; *Peters, J. M.* (1993), S. 385.
Speziell für das Management Accounting vgl. *Sprinkle, G. B. / Williamson, M. G.* (2007), S. 416.

370 Vgl. *Gillenkirch, R. M. / Arnold, M. C.* (2008), S. 131; *Gerling, P. G.* (2007), S. 114 f.; *Gibbins, M. / Jamal, K.* (1993), S. 458-462; *Peters, J. M.* (1993), S. 383.

371 In Anlehnung an: *Libby, R. / Lewis, B. L.* (1977), S. 244; *Hofstedt, T. R. / Kinard, J. C.* (1970), S. 44.

372 Vgl. *Gillenkirch, R. M. / Arnold, M. C.* (2008), S. 130; *Birnberg, J. G. / Shields, J. F.* (1989), S. 25 f.; *Hofstedt, T. R. / Kinard, J. C.* (1970), S. 49; *Birnberg, J. G. / Nath, R.* (1967), S. 472.

373 *Raffée, H.* (1989), S. 11. Im Original zum Teil hervorgehoben.
Im Rahmen dieser Arbeit werden die Termini „Methode" und „Methodologie" synonym verwendet. Dies entspricht der in der Literatur vielfach vorzufindenden Tendenz, „to use one [term] when the other is more

Da eine einheitliche und allgemein anerkannte Klassifikation (verhaltens-)wissenschaftlicher Methoden generell[374] sowie Methoden in der Rechnungswesenforschung im Speziellen[375] nicht existiert, differenziert die dritte Art der Kategorisierung die Forschungsarbeiten des Behavioral Accountings pragmatischerweise[376] anhand der eingesetzten Untersuchungsmethoden und -techniken (*Methodology Used*) zunächst zwischen analytischer Deduktion und empirischer Forschung.[377]

Die Deduktion hat das Ziel, Modelle zu entwickeln, welche menschliches Verhalten unter verschiedenen Umweltbedingungen beschreiben. Eine solche Vorgehensweise ist damit in der Lage, die logischen Verknüpfungen zwischen Annahmen und Implikationen aufzudecken und aufzuzeigen, „was gelten würde, wenn die Annahmen empirisch gültig sein würden (*logische Möglichkeitsanalyse*)"[378]. Somit können mithilfe dieser Methode (lediglich) im Folgenden empirisch prüfbare Hypothesen zur Erklärung von Verhaltenswirkungen von Rechnungsweseninformationen entwickelt werden.[379]

Erkenntnisse über Ursache-Wirkungs-Zusammenhänge im Verhalten von Individuen oder Gruppen können nur im Rahmen der unmittelbaren Konfrontation von verhaltensbezogenen Aussagen, Theorien bzw. Hypothesen mit der Realität gewonnen werden.[380] Eine solche empirische Vorgehensweise überprüft auf dem Wege systematischer Erfahrungsgewinnung unter Einsatz der Methoden der empirischen Sozialforschung[381] jede Hypothese an der Wirklich-

correct" (*Blaikie, N.* (1993), S. 7). Im Falle einer sprachlichen Differenzierung wird unter Methode häufig die Technik oder Prozedur zur Datengewinnung oder -auswertung verstanden (vgl. z. B. *Yin, R. K.* (2009)), Methodologie stattdessen ist „how research should or does proceed" und beeinhaltet „discussions of how theories are generated and tested – what kind of logic is used, what criteria they have to satisfy, what theories look like and how particular theoretical perspectives can be related to particular research problems" (*Blaikie, N.* (1993), S. 7). Demnach ist die Methode ein Bestandteil und eine Konsequenz der Methodologie.

374 Vgl. *Raffée, H.* (1989), S. 11 f.

375 Vgl. z. B. *Pickerd, J. et al.* (2011); *Stephens, N. M. et al.* (2011); *Coyne, J. G. et al.* (2010); *Oler, D. K. / Oler, M. J. / Skousen, C. J.* (2010).

376 Auch hier gilt, dass mithilfe dieser Kategorisierung zwar eine überwiegende Mehrheit der Arbeiten im Behavioral Accounting zugeordnet werden kann, sich allerdings auch einige Arbeiten dieser Einordnung entziehen.

377 Zu den Untersuchungsmethoden der verhaltensorientierten Forschung im Rechnungswesen vgl. *Holzer, H. P. / Lück, W.* (1978), S. 511 f. Ähnlich *Hoffjan, A.* (1998), S. 89.

378 *Wild, J.* (1975), Sp. 2662.

379 Vgl. *Preuß, R. K.* (1991), S. 7; *Holzer, H. P. / Lück, W.* (1978), S. 512.

380 Vgl. *Schnell, R. / Hill, P. B. / Esser, E.* (2011), S. 2 f.; *Schanz, G.* (1993b), Sp. 2006; *Schönbrunn, N.* (1988), S. 88 f.; *Holzer, H. P. / Lück, W.* (1978), S. 511 f. Siehe Abschnitt 1.3.

381 Als empirische Sozialforschung wird die Menge an Techniken und Methoden bezeichnet, die zur wissenschaftlichen Untersuchung und Beschreibung menschlichen Verhaltens und gesellschaftlicher Phänomene geeignet ist. Ihr Ziel besteht im Wesentlichen darin, systematisch Theorien über diese sozialen Sachverhalte an der Realität zu überprüfen, um dadurch soziale Ereignisse prognostizieren und erklären zu können. Sie versucht, die Vorteile empirischer Forschung in einen zunächst deduktiven Ansatz zu integrieren. Vgl. *Schnell, R. / Hill, P. B. / Esser, E.* (2011), S. 1-3, S. 130 und S. 201.

keit,[382] also an dem tatsächlich zu beobachtenden menschlichen Verhalten.[383] Die vielfältigen (Datenerhebungs-)Methoden der empirischen Forschung können nach der Aktivität des Forschers sowie nach dem Ort der Forschung differenziert werden. Bei Ersterem stellen die Befragung und die Beobachtung, bei Letzterem das Labor und das Feld jeweils die konträren Extremausprägungen auf einem Kontinuum dar.[384]

Folgende Darstellungen sollen einen Überblick über die im (Behavioral) Accounting und seinen Teildisziplinen verwendeten Untersuchungsmethoden vermitteln. In Ermangelung von Darstellungen, die das Behavioral Accounting exklusiv untersuchen, werden hierzu elf Literaturstudien[385] analysiert, die jeweils einen Ausschnitt des Forschungsgebietes betrachten. Acht dieser Studien stammen aus dem englischsprachigen Raum, drei davon aus dem deutschsprachigen. *Tabelle 1* listet deren Charakteristika auf, während in *Tabelle 2* die Ergebnisse zusammengetragen sind. Die dort genannten Methoden entsprechen nicht deckungsgleich einer spezifischen, vollständigen Klassifikation, vielmehr umfassen sie in pragmatischer Weise die von den jeweiligen Autoren der Literaturanalysen identifizierten Methoden.

Zunächst zeigt eine Zusammenfassung der Klassen aus *Tabelle 2*, dass ein Großteil der Forschungsarbeiten im (Behavioral) Accounting entweder analytische (1.)[386] oder empirische Methoden (2. bis 6.)[387] verwendet.[388] Während in der englischsprachigen Literatur zum (Be-

---

382 Vgl. *Grochla, E.* (1978), S. 78; *Kubicek, H.* (1975), S. 34 f.

383 Vgl. *Preuß, R. K.* (1991), S. 7 f.

384 Vgl. *Bortz, J. / Döring, N.* (2006), S. 58; *Schönbrunn, N.* (1988), S. 88.
Eine weitere häufig vorgenommene Differenzierungsmöglichkeit, auf die hier nicht weiter eingegangenen werden soll, besteht darin, die Methoden der empirischen Sozialforschung in qualitative und quantitative Instrumente zu ordnen. Qualitative Forschung verzichtet auf eine Zuordnung der empirischen Relationen zu einem numerischen Relativ während der Datenerhebung. Quantitative Methoden ordnen das Datenmaterial dagegen typischerweise bereits im Rahmen der Erhebung einem numerischen Relativ zu. Auf der Ebene der Datenanalyse ist die Unterscheidung in qualitative und quantitative Erhebungsmethoden unerheblich, da auch qualitativ erhobene Daten über den Zwischenschritt der Codierung quantitativer Analyse – und sei es auf nominalem Datenniveau – zugänglich ist. Vgl. z. B. *Möller, K.* (2005), S. 167 und die dort angegebene Literatur.

385 Die Termini Literaturanalyse und -studie werden im Rahmen dieser Arbeit synonym verwendet. Zur Methode der Literaturanalyse siehe Abschnitt 4.2.1.

386 Die dieser Gruppe zugeordneten Forschungsarbeiten beinhalten theoretische, modellgestützte Analysen, die im Wesentlichen die oben kurz umrissene Untersuchungsmethode der Deduktion anwenden.

387 Eine weiterführende Erläuterung von *Experimenten* findet insbesondere in Abschnitt 3.1 statt.
Bei *Case Studies* bzw. *Feldstudien*, die auch als sogenannte „Vor-Ort"-Studien bezeichnet werden (vgl. *Holzer, H. P. / Lück, W.* (1978), S. 512), gelangen gegebenenfalls mehrere Methoden zum Einsatz, indem die Untersuchungssubjekte in einem Unternehmen (Case Study) oder über mehrere Unternehmen hinweg (Feldstudie) systematisch ohne manipulativen Einfluss des Forschers beobachtet oder befragt werden sowie Archivdaten herangezogen werden (vgl. *Brownell, P.* (1995), S. 59-78; *Birnberg, J. G. / Shields, M. D. / Young, S. M.* (1990), S. 35 und die dort angegebene Literatur; *Eisenhardt, K. M.* (1989), S. 545; *Holzer, H. P. / Lück, W.* (1978), S. 512). Ein Beispiel für eine ausführliche Darstellung der Methode anhand eines Beispiels aus dem Management Accounting liefert *Lillis, A. M.* (1999).

Studie	(Teil-)Disziplin	Anzahl Publikationen	Zeitraum	Journals
Klemstine, C. F. / Maher, M. W. (1984)	Management Accounting	642	1926-1983	AAA Research Studies, Abacus, AOS, JAR, TAR
Burgstahler, D. / Sundem, G. L. (1989)	Behavioral Accounting	450	1968-1987	AOS, JAR, TAR
Küpper, H.-U. (1993)	Management Accounting	230	1980-1990	BFuP, Controlling, DBW, DB, krp, ZfB, ZfbF
Shields, M. D. (1997)	Management Accounting	152	1990-1996	AOS, CAR, JAE, JAR, JMAR, TAR
Meyer, M. / Rigsby, J. T. (2001)	Behavioral Accounting	134	1989-1998	BRiA
Scapens, R. W. / Bromwich, M. (2001)	Management Accounting	178	1990-1999	MAR
Solomon, I. / Trotman, K. T. (2003)	JDM in Auditing	670	1976-2000	AOS, CAR, JAE, JAR, TAR
Binder, C. / Schäffer, U. (2005)	Management Accounting	2.529	1970-2003	BFuP, CM, Controlling, DB, DBW, DU, krp / ZfCM, ZfB, ZfbF, ZP
Wagenhofer, A. (2006)	Management Accounting	240	1998-2004	Sample l: BFuP, DBW, DU, JfB, ZfB, ZfbF / sbr; Sample 2: AOS, CAR, EAR, JAE, JAR, JMAR, MAR, RAS, TAR
Hesford, J. W. et al. (2007)	Management Accounting	916	1981-2000	AOS, BRiA, CAR, JAE, JAL, JAR, JMAR, MAR, RAS, TAR
Evans, J. H. (2013); *Evans, J. H.* (2012); *Kachelmeier, S. J.* (2011); *Kachelmeier, S. J.* (2010); *Kachelmeier, S. J.* (2009)	Accounting	332	2009-2013	TAR

Tabelle 1: Synopse der Charakteristika der methodenbezogenen Literaturstudien im (Behavioral) Accounting[389]

Bei einem *Survey* handelt es sich um einen standardisierten Ansatz zur Informationsgewinnung, bei dem der Forscher selbst nicht das Forschungsfeld betritt, sondern in der Regel Wirtschaftsprüfer, Entscheidungsträger oder Ersteller von Rechnungsweseninformationen schriftlich befragt (vgl. *Brownell, P.* (1995), S. 31-58; *Birnberg, J. G. / Shields, M. D. / Young, S. M.* (1990), S. 34 f. und die dort angegebene Literatur; *Holzer, H. P. / Lück, W.* (1978), S. 512). Ein Beispiel für eine ausführliche Darstellung der Methode anhand eines Beispiels aus dem Management Accounting liefert *Roberts, E. S.* (1999).
Archivstudien (Archival Reserach) sind eine Form der Sekundäranalyse, bei der Archivdaten von vorangegangenen empirischen Studien oder aus Datenbanken von Unternehmen, Regierungsstellen oder privaten Anbietern herangezogen werden, um diese mithilfe statistischer Verfahren auf Regelmäßigkeiten zu untersuchen. Vgl. *Bonner, S. E.* (2008), S. 20; *Koonce, L. / Mercer, M.* (2005), S. 175, FN 1; *Shields, M. D.* (1997), S. 9.

388 Vgl. *Obermaier, R. / Müller, F.* (2008), S. 332.

389 In Anlehnung an: *Obermaier, R. / Müller, F.* (2008), S. 330.

[%]	*Klemstine, C. F. / Maher, M. W.* (1984)	*Burgstahler, D. / Sundem, G. L.* (1989)	*Küpper, H.-U.* (1993)	*Shields, M. D.* (1997)	*Meyer, M. / Rigsby, J. T.* (2001)	*Scapens, R. W. / Bromwich, M.* (2001)	*Solomon, I. / Trotman K. T.* (2003)	*Binder, C. / Schäffer, U.* (2005)	*Wagenhofer, A.* (2006)	*Hesford, J. W. et al.* (2007)	*Evans, J. H.* (2013); *Evans, J. H.* (2012); *Kachelmeier, S. J.* (2011); *Kachelmeier, S. J.* (2010); *Kachelmeier, S. J.* (2009)
1. Analytical (Conceptual, Framework, Formal)	9	38	85	78	12	25	25	32	76	22	51
2. Experiment - Laboratory - Field	15	13			29	4	51	14 (14) (0)		50	8
3. Field Research (Case Study, Field Study)	71	19	14	10		37	2	7	12	8	9
4. Survey		16	1	6	6	15	22	18	5	20	3
5. Archival		9		2	21	1		14			1
6. Action Research				2		2					
7. Historical Analysis						6					
8. Simulation								1			28
9. Literature Review		5				8		9	2		
10. Methodological Discussion						2					
11. Multiple Research Methods				2				5			
12. Other	5				32				5		
Total	100	100	100	100	100	100	100	100	100	100	100

Tabelle 2: Synopse der Untersuchungsmethoden im (Behavioral) Accounting[390]

[390] In Anlehnung an: *Obermaier, R. / Müller, F.* (2008), S. 331; *Shields, M. D.* (1997), S. 9.

havioral) Accounting allgemein sowie in den Teildisziplinen (Behavioral) Financial Accounting (bzw. hier nur JDM in Auditing) und (Behavioral) Management Accounting der Schwerpunkt über den Untersuchungszeitraum hinweg zunehmend auf den empirischen Methoden liegt,[391] sind diese bisher in der deutschsprachigen Forschung eher selten anzutreffen: Auf Basis der Analysen von KÜPPER, BINDER / SCHÄFFER und WAGENHOFER beträgt ihr Anteil durchschnittlich nur etwa 20%.[392] Betrachtet man die Anteile an experimentellen Arbeiten, ergibt sich ein noch wesentlich größerer Kontrast: In der englischsprachigen Literatur können im Durchschnitt über 20 % der Artikel der experimentellen Forschung zugeordnet werden, in den drei deutschen Studien kann nicht ein einziger veröffentlichter Artikel mit dieser Methode gefunden werden.[393]

Ein Grund für diese Ergebnisse ist darin zu sehen, dass in der angloamerikanischen Rechnungswesenforschung bereits seit langem eine Integration verhaltenswissenschaftlicher Erkenntnisse nicht nur gefordert, sondern auch umgesetzt wird.[394] Dabei haben sich experimentelle Methoden als wichtige Forschungsmethode herausgestellt.[395] Im deutschsprachigen Raum ist der Trend zur Verhaltensorientierung im Rechnungswesen allgemein bzw. hier am Beispiel des Management Accountings noch relativ jung und hat sich daher auch noch nicht im Einsatz experimenteller Methoden niedergeschlagen.[396]

---

391 Vgl. *Abernethy, M. A. et al.* (1999), S. 2.

392 Inhalt dieser empirischen Arbeiten sind u. a. konkrete, auf Problemstellungen aus der Unternehmenspraxis bezogene Handlungsempfehlungen, die Zuordnung von Aufgaben bzw. Aufgabenbündeln zum Controllingbereich, die organisatorische Verankerung von Controllingbereichen oder aber die Verhaltenswirkungen ausgewählter Controllinginstrumente. Vgl. *Lange, C. / Schaefer, S.* (2008), S. 148 f.; *Wagenhofer, A.* (2006), S. 11; *Binder, C. / Schäffer, U.* (2005), S. 614 und die jeweils dort angegebene Literatur.
Auf ein ähnliches Ergebnis kommt auch HAUSCHILDT, der die 165 empirischen Beiträge in den Zeitschriften ZfB, ZfbF / sbr und DBW aus den Jahren 1997-2000 im Wesentlichen den Bereichen Marketing (29 %), Finanz- und Kapitalmarktforschung (25 %) sowie Organisationswissenschaften und Personalwirtschaft (21 %) zuordnet. Die empirische Rechnungswesenforschung ist demnach mit einem Anteil von 12 % noch eher unterrepräsentiert (vgl. *Hauschildt, J.* (2003), S. 10). Für ähnliche Aussagen vgl. z. B. *Homburg, C.* (2007), S. 33 f.; *Homburg, C. / Klarmann, M.* (2003), S. 73 f.; *Krafft, M. / Haase, K. / Siegel, A.* (2003), S. 90 f. und die jeweils dort angegebene Literatur.

393 Vgl. *Lange, C. / Schaefer, S.* (2008), S. 154; *Obermaier, R. / Müller, F.* (2008), S. 229-332; *Binder, C. / Schäffer, U.* (2005), S. 615 f.; *Küpper, H.-U. / Weber, J. / Zünd, A.* (1990), S. 289 f.
Es sei an dieser Stelle angemerkt, dass dies nicht bedeutet, dass sich im deutschsprachigen Raum niemand mit experimentellen Methoden auseinandersetzt. Lediglich Veröffentlichungen in den untersuchten einschlägigen Zeitschriften konnten in den Literaturanalysen nicht identifiziert werden.

394 Vgl. *Hirsch, B.* (2007), S. 119. Siehe Abschnitt 2.4.1.

395 Werden die eingesetzten Forschungsmethoden den jeweils zugrunde liegenden Theorien zugeordnet, zeigt sich, dass Experimente zumeist in solchen Studien durchgeführt werden, die psychologische Theorien verwenden. Dies verdeutlicht nochmals den dominanten Einfluss der Psychologie auf die verhaltenswissenschaftliche Rechnungswesenforschung. Vgl. *Trotman, K. T. / Tan, H. C. / Ang, N.* (2011), S. 280; *Hesford, J. W. et al.* (2007), S. 10. Siehe Abschnitt 2.4.1.

396 Vgl. *Hirsch, B.* (2007), S. 1. Für einen frühen Zeitpunkt vgl. z. B. *Heinen, E.* (1975), S. 13.

2.5 Zusammenfassung des Kapitels und Eingrenzung der Forschungsfrage

Die voranstehenden Ausführungen zeigen, dass ausgehend von der verhaltenswissenschaftlichen Öffnung der Betriebswirtschaftslehre und der damit verbundenen Abkehr vom Modell des Homo oeconomicus hin zu einem realistischeren Menschenbild mit dem Behavioral Accounting „ein Paradigmenwechsel“[397] in der Rechnungswesenforschung eingeleitet worden ist. Seitdem wird zwar die Notwendigkeit der Einbeziehung verhaltenswissenschaftlicher Erkenntnisse in die Rechnungswesenforschung immer wieder betont, damit sie „zu inhaltlich valideren Beschreibungen, Erklärungen und Vorhersagen über Forschungsgegenstände wie reale Entscheidungsträger gelangen“[398] kann. Bei dieser Umsetzug dieser Forderung bestehen allerdings – vor allem im deutschen Sprachraum – erhebliche Defizite.[399] Dies trifft im Besonderen auf die deutschsprachige Management Accounting-Forschung zu.[400]

Im deutschen Sprachraum wird sowohl in der Controllingforschung (erstmals durch GAULHOFER 1989[401]) als auch aus der Controllingpraxis[402] schon seit geraumer Zeit explizit auf das bestehende Missverhältnis zwischen der Berücksichtigung technisch-sachbezogener und der Aufnahme verhaltenswissenschaftlicher Erkenntnisse in die Controllingliteratur hingewiesen. Es wird zwar mittlerweile weitgehend das Potenzial, das eine stärkere Orientierung am realen Verhalten von Menschen zur Beantwortung von Fragestellungen, „für die die entscheidungsorientierte Sichtweise des Controllings (und der Betriebswirtschaftslehre insgesamt) keine Lösung bereithält“[403], (an-)erkannt.[404] Nichtsdestotrotz existieren bisher nur sehr wenige Versuche, dieser Sichtweise konsequent gerecht zu werden:[405] „In der einschlägigen Literatur

---

397 *Hoffjan, A.* (1998), S. 92.

398 *Lingnau, V. / Walter, K.* (2011), S. 2.

399 Vgl. *Wielpütz, A. U.* (1996), S. 11; *Preuß, R. K.* (1991), S. 11; *Gaulhofer, M.* (1989), S. 144 und S. 151; *Macharzina, K.* (1981), Sp. 1635 f.

400 Vgl. z. B. *Wielpütz, A. U.* (1996), S. 51; *Gaulhofer, M.* (1989), S. 141; *Holzer, H. P. / Lück, W.* (1978), S. 509.

401 Vgl. *Gaulhofer, M.* (1989).

402 Vgl. z. B. *Siegwart, H. et al.* (1990).

403 *Hirsch, B. / Schäffer, U. / Weber, J.* (2008), S. 5.

404 Vgl. z. B. *Bramsemann, U. / Heineke, C. / Kunz, J.* (2004), S. 550; *Nerdinger, F. W. / Horsmann, C.* (2004), S. 711; *Weber, J. / Riesenhuber, M.* (2002), S. 7 f.
SCHÄFFER und WEBER (*Schäffer, U. / Weber, J.* (2013), S. 1) konstatieren: „Menschliches Verhalten und Controlling gehören zusammen wie ein Fisch und das Wasser.“ Durch eine konsequente Berücksichtung verhaltenswissenschaftlicher Erkenntnisse könne dem Controlling aus seiner „Orientierungslosigkeit“ (*Hirsch, B.* (2007), S. 5) herausgeholfen werden (vgl. *Lingnau, V.* (2009)).

405 Vgl. *Weber, J. / Schäffer, U.* (2014), S. 29 f.; *Hirsch, B. / Schäffer, U. / Weber, J.* (2008), S. 6; *Lange, C. / Schaefer, S.* (2008), S. 141; *Bramsemann, U. / Heineke, C. / Kunz, J.* (2004), S. 564; *Littkemann, J.* (2004), S. 23; *Becker, A.* (2003), S. 48 f.

finden sich bisher nur sehr vage Vorstellungen darüber, was überhaupt unter dem Terminus ‚Verhaltensorientiertes Controlling' verstanden werden kann. [...] Die ‚Projektionsfläche' der verhaltenswissenschaftlichen Betrachtung ist somit noch in Bewegung."[406]

Demzufolge nimmt die vorliegende Arbeit dezidiert eine verhaltensorientierte Perspektive durch die Integration von im Wesentlichen kognitionspsychologischen Erkenntnissen[407] in das Management Accounting als Gegenstandsbereich ein. Wie oben schon deutlich geworden ist, werden im Behavioral Management Accounting insbesondere die Entscheidungsunterstützungs- sowie die Verhaltensbeeinflussungsfunktion der internen Unternehmensrechnung untersucht.[408] Untersuchungssubjekte sind (in den meisten Fällen) damit konsequenterweise v. a. Manager, deren Urteile und Entscheidungen als Empfänger von Informationen aus dem Rechnungswesen im Fokus der Betrachtung stehen.[409] Verhaltenswissenschaftliche Controllingforschung berücksichtigt folglich die Interaktion zwischen kontextspezifischen Merkmalen der Urteils- und Entscheidungssituation aus dem Management Accounting (Untersuchungsobjekt) und dem ökologisch rationalen Manager mit seinen begrenzten kognitiven Kapazitäten (Untersuchungssubjekt). „Die empirische Analyse der Auswirkungen von Controllinginformationen auf das Entscheidungsverhalten von Akteuren stellt sich somit als höchst relevantes Forschungsfeld dar."[410]

Besondere Bedeutung bei der wissenschaftlichen Untersuchung dieser Interaktion wird der Methode der laborexperimentellen Forschung eingeräumt (Untersuchungsmethode), da ihr großes Potenzial im Hinblick auf die Gewinnung neuer Erkenntnisse beigemessen wird.[411] Laborexperimente haben zwar maßgeblich zur Entwicklung des Behavioral Accountings beigetragen und können im Behavioral Management Accounting als etabliert angesehen werden,[412] allerdings ist ihr Erklärungsbeitrag, speziell im deutschsprachigen gegenüber dem ang-

---

Für Umsetzungen einer Verhaltensorientierung vgl. z. B. *Hirsch, B.* (2007); *Bramsemann, U. / Heineke, C. / Kunz, J.* (2004); *Karlowitsch, M.* (1997); *Wielpütz, A. U.* (1996); *Gaulhofer, M.* (1989); *Höller, H.* (1978); *Holzer, H. P. / Lück, W.* (1978).

406 *Reimer, M. / Orth, M.* (2008), S. 186 mit Verweis auf *Nerdinger, F. W. / Horsmann, C.* (2004), S. 711.

407 Siehe Kapitel 5.

408 Siehe Abschnitt 2.4.3.

409 Siehe Abschnitt 2.4.2.

410 *Hirsch, B.* (2009), S. 169.

411 Vgl. z. B. *Birnberg, J. G.* (2011), S. 5; *Hirsch, B.* (2009), S. 167-172; *Gillenkirch, R. M. / Arnold, M. C.* (2008), S. 130; *Lange, C. / Schaefer, S.* (2008), S. 154; *Stefani, U.* (2008), S. 12; *Hirsch, B.* (2007), S. 119; *Sprinkle, G. B. / Williamson, M. G.* (2007), S. 415 f.; *Schulz, A. K.-D.* (1999), S. 29; *Birnberg, J. G. / Shields, J. F.* (1989), S. 24; *Holzer, H. P. / Lück, W.* (1978), S. 511 f.; *Heinen, E.* (1975), S. 15.

412 Vgl. *Gillenkirch, R. M. / Arnold, M. C.* (2008), S. 130; *Hirsch, B.* (2007), S. 119; *Birnberg, J. G. / Shields, M. D. / Young, S. M.* (1990), S. 33; *Swieringa, R. J. / Weick, K. E.* (1982), S. 56.

loamerikanischen Sprachraum, trotzdem verhältnismäßig noch sehr gering, denn es existieren bisher nur wenige Beispiele für ihre Anwendung:[413]

> „Im Zuge der Besinnung auf die Notwendigkeit der empirischen Komponente im Forschungsprozeß wird in jüngster Zeit auch im deutschen Sprachraum immer häufiger die Forderung erhoben, neben die in der Mehrzahl verwendeten empirischen Forschungsverfahren [...] solle auch das [Labor-]Experiment treten und einen gewichtigeren Platz im Methodenrepertoire empirischer Sozialforschung erhalten."[414]

Die Ursachen für den zurückhaltenden Einsatz von Laborexperimenten als Untersuchungsmethode im (deutschsprachigen) Behavioral Management Accounting liegen vor allem in Erfahrungsdefiziten in der Anwendung dieser Methode und in teils mangelndem Vertrauen in die (externe) Validität des Instrumentariums begründet.[415] Da dennoch eine stärkere Verwendung dieser Methode gefordert wird,[416] setzt sich diese Arbeit explizit mit den methodenbezogenen Herausforderungen auseinander, um dadurch das Feld für einen vermehrten Einsatz von Laborexperimenten in der Controllingforschung zu ebnen. *Abbildung 14* greift die oben dargestellte Typologie auf und nimmt, indem die Fülle möglicher Verhaltenswirkungen auf eine ausgewählte Zielgruppe (Empfänger von Informationen aus dem Management Accounting) reduziert und gleichzeitig der Weg zur Erkenntnis (Laborexperiment) aufzeigt werden, abschließend eine präzise Einordnung der weiteren Ausführungen in den Kontext des Behavioral Accountings vor.

Die Struktur der folgenden Ausführungen orientiert sich dabei im Wesentlichen an diesen drei Dimensionen, wobei einerseits die relevante Untersuchungsmethode (Setting), die Untersuchungsobjekte (Tasks) und die Untersuchungssubjekte (Subjects) jeweils isoliert analysiert sowie andererseits deren Interdependenzen aufgezeigt werden.[417] *Abbildung 15* gibt einen Überblick.

---

413 Siehe Abschnitt 2.4.4.

414 *Picot, A.* (1975), S. 17. Im Original zum Teil hervorgehoben.

415 Vgl. z. B. *Obermaier, R. / Müller, F.* (2008), S. 327; *Brownell, P.* (1995), S. 5.

416 Vgl. z. B. *Fehrenbacher, D. D.* (2010), S. 506; *Hirsch, B.* (2009), S. 182; *Lange, C. / Schaefer, S.* (2008), S. 154; *Liyanarachchi, G. A.* (2007), S. 49; *Sprinkle, G. B. / Williamson, M. G.* (2007), S. 416; *Binder, C. / Schäffer, U.* (2005), S. 621; *Schulz, A. K.-D.* (1999), S. 29; *Brownell, P.* (1995), S. 5; *Swieringa, R. J. / Weick, K. E.* (1982), S. 56.

417 Die englischsprachigen Bezeichnungen der jeweiligen Dimensionen werden in den folgenden Kapiteln ausführlich erläutert.

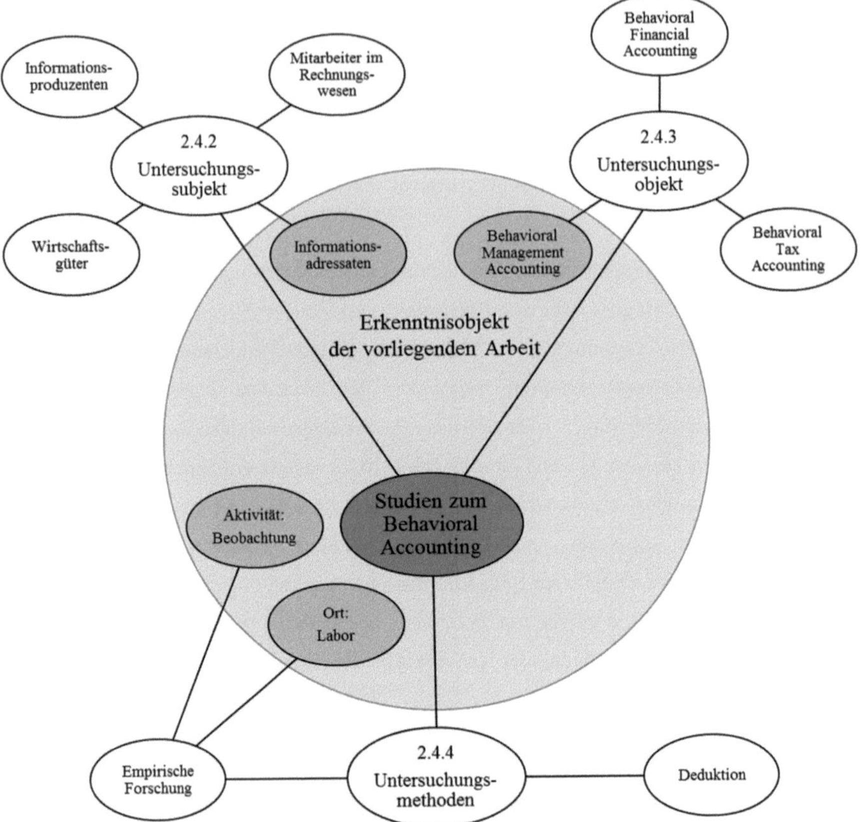

Abbildung 14: Einordnung der vorliegenden Arbeit in die Klassifizierungsdimensionen der Studien zum Behavioral Accounting[418]

418 Eigene Darstellung. Siehe *Abbildung 11* und *Abbildung 12*.

Klassifizierungsdimensionen / Kapitel	Untersuchungsmethode (Setting)	Untersuchungsobjekt (Task)	Untersuchungssubjekt (Subject)
3. Laborexperimente	3.1 Methodenbeschreibung 3.3.1 Potenziale und Limitationen	3.3.2 Potenziale und Limitationen 3.4.1 Kritische Auseinandersetzung	3.3.3 Potenziale und Limitationen 3.4.2 Kritische Auseinandersetzung
4. Subjekt-Surrogation	4.1 Konzept der Surrogation	4.4 Einflussfaktoren	4.3 Forschungsstand
5. Erklärungsbeiträge der verhaltenswissenschaftlichen Forschung	5.6 Forschungshypothesen	5.2 Problemlösen und Entscheiden 5.3 Qualität der laborexperimentellen Subjekt-Surrogation 5.4 Task-Charakteristika	5.5 Subjekt-Charakteristika
6. 1. Studie	Laborexperimente (Vergleichsstudien)	Unterschiedliche Vernetztheit	Professionals, Studierende der Wirtschaftswissenschaften, Studierende anderer Fachbereiche
7. 2. Studie	Laborexperiment	Geringe Vernetztheit	(Professionals), Studierende der Wirtschaftswissenschaften, Studierende anderer Fachbereiche
8. 3. Studie	Internetbasiertes Experiment	Geringe, mittlere, hohe Vernetztheit	Professionals, Studierende der Wirtschaftswissenschaften, Studierende anderer Fachbereiche
9. Zusammenfassung und Ausblick	9.2 Gestaltungsempfehlungen 9.3 Alternative Settings und Tasks		

Abbildung 15: Nutzung der Klassifizierungsdimensionen für den weiteren Verlauf der Arbeit[419]

419 Eigene Darstellung.

3 Laborexperimente als Methode verhaltenswissenschaftlicher Rechnungswesenforschung

„Real people motivated by real money make real decisions, real mistakes and suffer real frustrations and delights because of their real talents and real limitations."[420]

Während Laborexperimente in der Psychologie, den Natur- und den Sozialwissenschaften eine seit langem etablierte Forschungsmethode sind, sind die Wirtschaftswissenschaften lange Zeit als nicht zugänglich für diese Methode erachtet worden.[421] In den letzten Jahrzehnten haben Laborexperimente zwar in den Wirtschaftswissenschaften allgemein und speziell, wie im zweiten Kapitel dargelegt, auch im Rechnungswesen vor dem Hintergrund einer zunehmenden Forderung nach verhaltenswissenschaftlicher Forschung immer mehr an Bedeutung gewonnen.[422] Allerdings behindert das fehlende fundierte Wissen über das Potenzial und die Grenzen der Methode deren Anwendung.[423] Im vorliegenden Kapitel werden daher zunächst das (Labor-)Experiment als solches (3.1) und Gütekriterien zur Bewertung (labor-)experimenteller Forschung (3.2) vorgestellt. Anhand dieser Gütekriterien erfolgt eine ausführliche kritische Auseinandersetzung mit der Forschungsmethode im Kontext des verhaltensorientierten Rechnungswesens (3.3). Das aus dieser Bewertung resultierende Forschungsdefizit wird in Abschnitt 3.4 systematisch deduziert.

3.1 Darstellung und Abgrenzung experimenteller Forschung

Aufgrund einer Vielzahl an Diskussionen und Argumentationen, die um Intension (Inhalt) und Extension (Umfang) des Experimentbegriffs[424] in den Verhaltenswissenschaften geführt worden sind, ist es an dieser Stelle nicht möglich, diese vollständig nachzuzeichnen.[425] Gemeinsames Charakteristikum aller Definitionsversuche der experimentellen Methode sind die

---

420 *Plott, C. R.* (1991), S. 905.

421 Vgl. *Stefani, U.* (2008), S. 12; *Langer, T.* (2007), Sp. 422 und die dort angegebene Literatur für einen Überblick über die ersten wirtschaftswissenschaftlichen Laborexperimente.
Seit 1998 existiert mit EXPERIMENTAL ECONOMICS eine wissenschaftliche Fachzeitschrift, in der ausschließlich experimentelle Forschung zu ökonomisch relevanten Themen publiziert wird. Vgl. *Langer, T.* (2007), Sp. 422; *Birnberg, J. G.* (1993), S. 18.

422 Vgl. *Küpper, H.-U. et al.* (2013), S. 116 f.; *Rack, O. / Christophersen, T.* (2009), S. 17 und S. 30; *Stefani, U.* (2008), S. 12; *Homburg, C.* (2007), S. 27.

423 Siehe Abschnitt 2.5.

424 Zur historischen Entwicklung des Experiments vgl. z. B. *Zimmermann, E.* (1972), S. 15 und die dort angegebene Literatur.

425 Diskrepanzen entstehen u. a. durch die verschiedenen fachlichen Hintergründe der Autoren. Für eine Zusammenfassung unterschiedlicher Definitionen siehe z. B. *Stapf, K.* (1999), S. 230-233; *Picot, A.* (1975), S. 70; *Zimmermann, E.* (1972), S. 32-34 und die jeweils dort angegebene Literatur.

auf WUNDT zurückgehenden Prinzipien *Willkürlichkeit*, *Variierbarkeit der Versuchsbedingungen* und *Wiederholbarkeit*.[426] Stellvertretend wird hier auf die Definition von PICOT zurückgegriffen, da sie sowohl mit der naturwissenschaftlichen Begriffsfassung als auch den wissenschaftstheoretischen Vorstellungen vom Charakter sozialwissenschaftlicher Experimente im Einklang steht und folglich alle drei relevanten Merkmale von Experimenten aufgreift:

> „Ein Experiment ist eine Methode, mit deren Hilfe Hypothesen in der unmittelbaren Realität überprüft werden sollen. Dabei werden von Anfang an die Auswirkungen einer bewußten, der Hypothese entsprechenden Manipulation der experimentellen Variablen (oder Variablengruppe) bei gleichzeitiger, planvoller Kontrolle von anderen relevanten Variablen zu beobachten und zu messen versucht, um dadurch auf empirischer Basis den in der Hypothese zwischen verschiedenen Größen behaupteten Wirkungszusammenhang beurteilen zu können."[427]

Bei einem Experiment handelt es sich also um ein wissenschaftliches Instrument, mit dessen Hilfe aus Theorien abgeleitete Hypothesen über in der Realität existierende oder nicht existierende Kausal- bzw. Ursache-Wirkungs-Zusammenhänge überprüft werden können (*Willkürlichkeit* in der Wahl der Experimentalbedingungen durch den Forscher, wie z. B. Situation und Ort).[428] Zu diesem Zweck wird der Effekt (Wirkung) einer Manipulation *unabhängiger Variablen*[429] (Ursache, UV), die aktiv und planmäßig vom Forscher variiert werden,[430] auf die zu beobachtenden *abhängigen Variablen* (AV) untersucht[431] (*Variierbarkeit der Versuchsbedingungen*).[432] Hinzu treten bekannte oder auch unbekannte Variablen, sogenannte *Störvariablen* oder auch *intervenierende Variablen*[433] (IV), die die Ausprägung der abhängigen Vari-

---

426 Vgl. *Guski, R.* (1987), S. 406 mit Verweis auf *Wundt, W.* (1862).

427 *Picot, A.* (1975), S. 74. Im Original hervorgehoben.

428 Vgl. *Küpper, H.-U. et al.* (2013), S. 116; *Trotman, K. T.* (2011), S. 205; *Rack, O. / Christophersen, T.* (2009), S. 17; *Gillenkirch, R. M. / Arnold, M. C.* (2008), S. 130; *Sprinkle, G. B. / Williamson, M. G.* (2007), S. 417; *Gächter, S. / Königstein, M.* (2002), Sp. 504 und die dort angegebene Literatur; *Libby, R. / Bloomfield, R. / Nelson, M. W.* (2002), S. 778; *Stapf, K.* (1999), S. 236; *Libby, R. / Luft, J. L.* (1993), S. 428 f.; *Birnberg, J. G. / Shields, M. D. / Young, S. M.* (1990), S. 38.

429 Diese Manipulation unabhängiger Variablen wird auch als „Treatmentvariation", die Versuchsanordnung als „Treatment" bezeichnet. Vgl. *Gächter, S. / Königstein, M.* (2002), Sp. 506; *Cook, T. D. / Campbell, D. T.* (1976), S. 224.

430 Vgl. *Huber, O.* (2013), S. 70; *Reiß, S. / Sarris, V.* (2012), S. 45.

431 Vgl. *Reiß, S. / Sarris, V.* (2012), S. 45.

432 Vgl. *Sprinkle, G. B. / Williamson, M. G.* (2007), S. 417; *Trotman, K. T.* (1996), S. 11-14; *Birnberg, J. G. / Shields, M. D. / Young, S. M.* (1990), S. 35; *Zimmermann, E.* (1972), S. 37; *Campbell, D. T. / Stanley, J. C.* (1966), S. 1.

433 Vgl. *Atteslander, P.* (2010), S. 180.
Häufig werden diese intervenierenden Variablen auch in Abhängigkeit ihrer Beziehung zu den unabhängigen und abhängigen Variablen als Moderator- („[A] moderator is a qualitative (e. g., sex, race, class) or quantitative (e. g., level of reward) variable that affects the direction and / or strength of the relation between an independent or predictor variable and a dependent or criterion variable.") oder Mediatorvariablen („[A] given variable may be said to function as a mediator to the extent that it accounts for the relation between the predictor and the criterion.") bezeichnet (*Baron, R. / Kenny, D. A.* (1986), S. 1174 und S. 1176).

ablen zu beeinflussen drohen und nicht erwünscht bzw. nicht manipulierbar sind (z. B. zwischen den Versuchspersonen variierende Faktoren, wie Intelligenz, Alter, Geschlecht, Motivation oder auch Lärm in der Umgebung).[434] Verhaltenswissenschaftliche Rechnungswesenforschung erhebt die abhängigen Variablen an menschlichen Versuchspersonen: „In business research, the values of the dependent variables are usually observed on human subjects."[435] Damit ermöglichen es Experimente festzustellen, ob, wann bzw. unter welchen Bedingungen, wie und weshalb ein Effekt auftritt.[436] *Wiederholbarkeit* bedeutet schließlich, das Experiment zu jedem beliebigen Zeitpunkt erneut durchführen zu können,[437] wobei es sich dabei nie um dasselbe, sondern allenfalls um das gleiche Experiment handeln kann und eine exakte Kopie deshalb ausgeschlossen werden muss.[438]

Die Manipulation der unabhängigen Variablen ermöglicht es dem Experimentator zudem, einzelne Effekte, die in realen Situationen nur kombiniert in Erscheinung treten, isoliert zu beobachten, sodass durch die Kontrollmöglichkeit in der Messung der Variablen sowohl eine spezifischere Bestimmung als auch erhöhte Messpräzision und Objektivität vermutet werden darf.[439] Werden Experimente der Problemstellung adäquat gestaltet, stellen diese eine nützliche Analysemethode zur Untersuchung von Ursache-Wirkungs-Zusammenhängen unter „unverschmutzten" Bedingungen dar.[440] Schließlich können durch das Messen der Variablen, d. h. durch die Zuordnung von Zahlen („Messwerten") zu Objekten gemäß festgelegter Regeln,[441] Daten generiert werden.[442]

Nach der vorgenommenen inhaltlichen Präzisierung des Experimentbegriffs kann nun der Umfang des Experimentbegriffs, d. h. die konkreten Anwendungsformen des Experiments, identifiziert werden.[443] Typischerweise werden Experimente – so auch in der Betriebswirt-

---

434 Vgl. *Reiß, S. / Sarris, V.* (2012), S. 45 f.; *Rack, O. / Christophersen, T.* (2009), S. 19.

435 *Obermaier, R. / Müller, F.* (2008), S. 333.

436 Vgl. *Trotman, K. T.* (2011), S. 205.
Originalzitat: „Experiments can be designed that enable us to determine whether there is an effect, when there is an effect (under what circumstances), and how and why there is an effect (e.g., the cognitive processes involved)."

437 Vgl. *Guski, R.* (1987), S. 406.

438 Vgl. *Obermaier, R. / Müller, F.* (2008), S. 339.

439 Vgl. *Hirsch, B.* (2007), S. 117 f.; *Sprinkle, G. B. / Williamson, M. G.* (2007), S. 416; *Gächter, S. / Königstein, M.* (2002), Sp. 505 f.

440 Vgl. *Gillenkirch, R. M. / Arnold, M. C.* (2008), S. 130; *Sprinkle, G. B. / Williamson, M. G.* (2007), S. 416; *Swieringa, R. J. / Weick, K. E.* (1982), S. 77.
Originalzitat: „Properly designed experiments are thus useful mechanisms for studying cause-effect relations under pure and uncontaminated conditions." (*Sprinkle, G. B. / Williamson, M. G.* (2007), S. 416)

441 Vgl. *Schnell, R. / Hill, P. B. / Esser, E.* (2011), S. 130.

442 Vgl. *Hirsch, B.* (2007), S. 117.

443 Vgl. *Picot, A.* (1975), S. 74.

schaftslehre[444] – nach dem Kriterium „Eigenschaft der Umgebung“[445], d. h. inwieweit die Versuchspersonen (Untersuchungssubjekte) die experimentelle Umwelt als ihre alltägliche, normale Lebenswelt wahrnehmen, bzw. dem daraus resultierenden Ausmaß der ausübbaren Kontrolle in Feld- und Laborexperimente differenziert.[446]

Bei einem Feldexperiment, einem sogenannten „‚natürliche[n]‘ Experiment“[447], wird die Versuchsperson nicht aus ihrer natürlichen Umgebung herausgelöst.[448] Der Experimentator kann und will die experimentelle Situation hierbei nur geringfügig verändern, sodass eine vollständige Kontrolle der Störvariablen und somit eine Messung der reinen Effekte der Variablenmanipulation auf die abhängigen Größen nicht möglich ist.[449] Demgegenüber werden im Laborexperiment, dem sogenannten „‚reine[n]‘ Experiment“[450], vom Experimentator bewusst besondere, der Hypothesenprüfung adäquat erscheinende vereinfachte, kontrollierte und künstliche Bedingungen geschaffen, die eine weitgehende Ausschaltung oder Kontrolle von Störgrößen ermöglichen.[451] Ziel eines solchen Laborexperiments ist es, „die Umweltbedingungen [...] zu simulieren und auf ihrer Grundlage das Verhalten der Objekte in Abhängigkeit von den gewählten Stimuli zu erfassen.“[452]

Sowohl aus administrativ-organisatorischen als auch ökonometrischen Gründen werden Feldexperimente in der empirischen Rechnungswesenforschung vergleichsweise selten durchgeführt,[453] wohingegen Laborexperimente diese Schwachpunkte klassischer Feldexperimente zu überwinden vermögen und dementsprechend den Großteil der experimentellen Forschung auf diesem Gebiet ausmachen.[454] Um, wie weithin gefordert, mit Laborexperimenten zusätzliche Erkenntnisbeiträge für die verhaltenswissenschaftliche Rechnungswesenfor-

---

444 Vgl. z. B. *Chmielewicz, K.* (1994), S. 111; *Picot, A.* (1975), S. 75.

445 *Picot, A.* (1975), S. 74. Im Original hervorgehoben.

446 Vgl. z. B. *Bortz, J. / Döring, N.* (2006), S. 57; *Birnberg, J. G. / Shields, M. D. / Young, S. M.* (1990), S. 35; *Holzer, H. P. / Lück, W.* (1978), S. 511 f.; *Picot, A.* (1975), S. 75.

447 *Stapf, K.* (1999), S. 232.

448 Vgl. *Gächter, S. / Königstein, M.* (2002), Sp. 505; *Birnberg, J. G. / Shields, M. D. / Young, S. M.* (1990), S. 34; *Picot, A.* (1975), S. 75.

449 Vgl. *Sprinkle, G. B. / Williamson, M. G.* (2007), S. 416.

450 *Stapf, K.* (1999), S. 232.

451 Vgl. *Bortz, J. / Döring, N.* (2006), S. 57; *Gächter, S. / Königstein, M.* (2002), Sp. 505; *Holzer, H. P. / Lück, W.* (1978), S. 511 f.
„Labor“ bezeichnet hierbei nicht einen spezifischen Ort, sondern verdeutlicht die Künstlichkeit der Situation, in die die Teilnehmer versetzt werden, und dient dabei auch als Abgrenzung gegenüber Feldexperimenten. Vgl. *Gächter, S. / Königstein, M.* (2002), Sp. 505.

452 *Bronner, R. / Witte, E. / Wossidlo, P. R.* (1972), S. 166.

453 Vgl. *Sprinkle, G. B. / Williamson, M. G.* (2007), S. 416.

454 Vgl. *Küpper, H.-U. et al.* (2013), S. 116; *Sprinkle, G. B. / Williamson, M. G.* (2007), S. 416; *Gächter, S. / Königstein, M.* (2002), Sp. 505. Siehe *Tabelle 2*.
Demgegenüber setzen die Befürworter von Feldexperimenten – in der Regel außerhalb der Rechnungswesenforschung – stattdessen an den im weiteren Fortgang formulierten Kritikpunkten an Laborexperimenten an, um das Potenzial der Methode zu verdeutlichen. Vgl. z. B. *Langer, T.* (2007), Sp. 422 f.

schung generieren zu können, werden im Folgenden aufbauend auf den Gütekriterien experimenteller Forschung (3.2) die Potenziale den Limitationen dieser Methode (3.3) gegenübergestellt.

3.2 Gütekriterien experimenteller Forschung

Grundsätzlich sollte es das Bestreben jeder empirischen Forschungstätigkeit sein, eine möglichst hohe Güte dabei sicherzustellen.[455] Die Güte eines Experiments bemisst sich im Allgemeinen anhand von drei Gütekriterien: der *Objektivität*, der *Reliabilität* (Zuverlässigkeit) und der *Validität* (Gültigkeit).[456] Objektivität liegt vor, wenn die Ergebnisse des Experiments vom Forscher unabhängig und somit intersubjektiv vergleichbar sind, d. h. unterschiedliche Experimentatoren können unter identischen Bedingungen identische Ergebnisse erzielen.[457] Reliabilität wird bei einem Experiment erreicht, wenn die Ergebnisse bei einer wiederholten Durchführung unter gleichen Bedingungen reproduzierbar sind.[458] Die Validität eines Experiments bemisst schließlich die Güte der Operationalisierung, wobei man hierunter die „Spezifikation der unabhängigen und abhängigen Variablen derart, dass sie einer Beobachtung, Erfassung und Messung zugänglich werden“[459], versteht.[460] Ein Messinstrument ist folglich in dem Maße valide, „in dem das Messinstrument tatsächlich das misst, was es messen sollte.“[461] Da die Validität eines Experiments von den oben genannten drei Kriterien die meiste Aufmerksamkeit erfahren hat und mitunter als wichtigstes Kriterium für die Auswahl der Forschungsmethode angesehen wird,[462] wird sie an dieser Stelle in ihrer inhaltlichen Differenziertheit ausführlicher dargestellt.

455 Vgl. *Himme, A.* (2009), S. 485; *Rack, O. / Christophersen, T.* (2009), S. 27.

456 Vgl. *Schnell, R. / Hill, P. B. / Esser, E.* (2011), S. 146; *Himme, A.* (2009), S. 485; *Bortz, J. / Döring, N.* (2006), S. 195-206; *Möller, K.* (2005), S. 172; *Witte, E.* (1974), Sp. 1270.

457 Vgl. *Rack, O. / Christophersen, T.* (2009), S. 27.

458 Vgl. *Rack, O. / Christophersen, T.* (2009), S. 27.

459 *Rack, O. / Christophersen, T.* (2009), S. 19.

460 Vgl. *Huber, O.* (2013), S. 145; *Himme, A.* (2009), S. 491; *Rack, O. / Christophersen, T.* (2009), S. 27; *Bortz, J. / Döring, N.* (2006), S. 3 und S. 53; *Witte, E.* (1974), Sp. 1270.
Zur historischen Entwicklung des Validitätskonzepts vgl. *Compeau, D. et al.* (2012), S. 1096 f.; *Heukelom, F.* (2011).

461 *Schnell, R. / Hill, P. B. / Esser, E.* (2011), S. 146.

462 Vgl. z. B. *Himme, A.* (2009), S. 491 f.; *Bortz, J. / Döring, N.* (2006), S. 53 und S. 502-504; *Friedman, D. / Cassar, A.* (2004b), S. 29 f.; *Calder, B. J. / Phillips, L. W. / Tybout, A. M.* (1982), S. 240.
Eine kritische wissenschaftstheoretische Diskussion dieses Kriteriums liefern z. B. *Patry, J.-L.* (1991); *Moser, K.* (1986).

Mittlerweile hat sich eine Reihe von spezifischen Formen der Validität herausgebildet, wovon die neueren allerdings bisher kaum Eingang in die Literatur gefunden haben.[463] Da diese auch im Kontext dieser Untersuchung nur geringe Relevanz besitzen, genügt für einen Erkenntnisgewinn die Betrachtung der auf CAMPBELL und Kollegen[464] zurückgehenden „klassischen" Differenzierung in interne und externe Validität.[465]

Die interne Validität (innere Gültigkeit) ist Grundlage, ohne die ein Experiment nicht zu interpretieren ist,[466] bzw. die „*sine qua non*"[467] experimenteller Forschung. Ein Experiment kann als intern valide bezeichnet werden, wenn das Ergebnis eine eindeutige kausale Interpretation zulässt.[468] Dies ist dann gewährleistet, „wenn Veränderungen in den abhängigen Variablen eindeutig auf den Einfluss der unabhängigen Variablen zurückzuführen sind bzw. wenn es neben der Untersuchungshypothese keine besseren Alternativerklärungen gibt."[469] Eine Vielzahl an Einflussfaktoren („Confounder" bzw. Artefakte) kann den Aussagezusammenhang zwischen der unabhängigen und der abhängigen Variablen gefährden.[470] Die interne Validität ist somit von der Möglichkeit der Kontrolle der Störvariablen abhängig, sodass keine der Einflussgrößen interferiert und dadurch systematische Fehler bei der Messung verhindert werden.[471]

---

463 Vgl. *Cook, T. D. / Shadish, W. R.* (1994), S. 553 f.
COOK und CAMPBELL ergänzen die externe Validität um die Konstruktvalidität (= Güte der Operationalisierung von unabhängiger und abhängiger Variable) und die interne Validität um die inferenzstatistische Validität (= Eignung der Stichprobengröße, Messinstrumente oder angewandten statistischen Verfahren) (vgl. *Cook, T. D. / Campbell, D. T.* (1976), S. 224-246; *Cook, T. D. / Campbell, D. T.* (1979), S. 39-50 und S. 59-70). Da diese jedoch die Pragmatik der experimentellen Forschung kaum tangieren (vgl. *Schnell, R. / Hill, P. B. / Esser, E.* (2011), S. 209 und die dort angegebene Literatur) und auch für den weiteren Verlauf dieser Arbeit nur eine geringere Bedeutung haben, soll hier nicht weiter darauf eingegangen werden. Für eine weiterführende Diskussion vgl. z. B. *Huber, O.* (2013), S. 88 und S. 146 f.; *Schnell, R. / Hill, P. B. / Esser, E.* (2011), S. 209; *Bortz, J. / Döring, N.* (2006), S. 53; *Shadish, W. R. / Cook, T. D. / Campbell, D. T.* (2002), S. 33-102; *Birnberg, J. G. / Shields, M. D. / Young, S. M.* (1990), S. 38 f.; *Calder, B. J. / Phillips, L. W. / Tybout, A. M.* (1982), S. 240 und die jeweils dort angegebene Literatur.

464 Vgl. z. B. *Campbell, D. T.* (1986); *Cook, T. D. / Campbell, D. T.* (1979); *Cook, T. D. / Campbell, D. T.* (1976); *Campbell, D. T. / Stanley, J. C.* (1966); *Campbell, D. T.* (1957).

465 Für einen Überblick über die weiteren Formen der Validität vgl. z. B. *Shadish, W. R. / Cook, T. D. / Campbell, D. T.* (2002), S. 33-102; *Campbell, D. T.* (1986), S. 69-71.

466 Vgl. *Campbell, D. T. / Stanley, J. C.* (1966), S. 5.
Originalzitat: „Internal validity is the basic minimum without which any experiment is uninterpretable [...]." (Im Original zum Teil hervorgehoben)

467 *Cook, T. D.* (2000), S. 4; *Campbell, D. T. / Stanley, J. C.* (1966), S. 5.

468 Vgl. *Bortz, J. / Döring, N.* (2006), S. 53; *Libby, R. / Bloomfield, R. / Nelson, M. W.* (2002), S. 794; *Cook, T. D. / Campbell, D. T.* (1979), S. 37; *Picot, A.* (1975), S. 110 f.; *Zimmermann, E.* (1972), S. 78 f.; *Campbell, D. T. / Stanley, J. C.* (1966), S. 5.

469 *Bortz, J. / Döring, N.* (2006), S. 53.

470 Vgl. z. B. *Schnell, R. / Hill, P. B. / Esser, E.* (2011), S. 207-209; *Bortz, J. / Döring, N.* (2006), S. 502 f.; *Cook, T. D. / Campbell, D. T.* (1979), S. 51-55 und S. 73 f.; *Zimmermann, E.* (1972), S. 76-78; *Campbell, D. T. / Stanley, J. C.* (1966), S. 5.

471 Vgl. *Huber, O.* (2013), S. 146; *Reiß, S. / Sarris, V.* (2012), S. 56; *Picot, A.* (1975), S. 110; *Zimmermann, E.* (1972), S. 78.

An die Betrachtung der internen Validität schließt sich die nicht weniger relevante[472] zweite Frage nach der externen Validität (äußere Gültigkeit)[473] eines Experiments an. Damit ein Experiment auch äußere Gültigkeit besitzt, muss zunächst die Bedingung der internen Validität erfüllt sein; die interne Validität ist somit eine notwendige, aber nicht hinreichende Bedingung für das Auftreten von externer Validität.[474] Nach SHADISH, COOK und CAMPBELL umfasst diese Rückschlüsse über das Ausmaß, in dem die kausalen Zusammenhänge Variationen der Personen (Subjects), Umgebungen (Settings), Situationen (Treatments bzw. Tasks) oder Operationalisierungen (Outcomes) standhalten.[475] Die Bewertung der externen Validität eines Experiments muss sich folglich daran orientieren, ob die untersuchten Kausalbeziehungen lediglich für die tatsächlich untersuchten Personen, Umgebungen, Situationen oder Operationalisierungen Gültigkeit besitzen sollen oder ob die Ergebnisse darüber hinaus auf nicht im Experiment berücksichtigte Personen, Umgebungen, Situationen oder Operationalisierungen generalisiert werden sollen.[476] Generalisierung bedeutet, Schlussfolgerungen für einen unbeobachteten Vorgang aus einem beobachteten Vorgang zu ziehen.[477] Die äußere Gültigkeit beruht somit im Wesentlichen auf vier „Interaktionseffekten", die sich aus der Interaktion zwi-

---

472 Vgl. *Cook, T. D.* (2000), S. 4.
Von einigen Autoren wird demgegenüber die externe Validität gar nicht mehr als klassisches Gütemerkmal von Laborexperimenten angesehen, da der Untersuchung von Ursache-Wirkungs-Zusammenhängen, d. h. der internen Validität, absolute Priorität eingeräumt wird (vgl. *Rack, O. / Christophersen, T.* (2009), S. 27; *Obermaier, R. / Müller, F.* (2008), S. 336; *Birnberg, J. G. / Shields, M. D. / Young, S. M.* (1990), S. 39). In diesem Sinne lässt sich auch das Zitat CAMPBELLS interpretieren: „the psychology of the college sophomore is better than no psychology at all" (Campbell, zitiert nach: *Brownell, P.* (1995), S. 15). Abseits der Plakativität der Aussage verdeutlicht das Zitat, dass psychologische bzw. verhaltenswissenschaftliche Forschung allgemein in der Lage sein muss, kausale Aussagen formulieren zu können.

473 Eine intensive wissenschaftliche Diskussion über das Verständnis von externer Validität im Bereich der Konsumentenforschung findet sich im JOURNAL OF CONSUMER RESEARCH. Vgl. auf der einen Seite *Calder, B. J. / Phillips, L. W. / Tybout, A. M.* (1983); *Calder, B. J. / Phillips, L. W. / Tybout, A. M.* (1982); *Calder, B. J. / Phillips, L. W. / Tybout, A. M.* (1981) und auf der anderen Seite *Lynch, J. G.* (1983); *Lynch, J. G.* (1982). Einen Überblick über den Dialog liefern *McGrath, J. E. / Brinberg, D.* (1983).

474 Vgl. *Zimmermann, E.* (1972), S. 79.

475 Vgl. *Shadish, W. R. / Cook, T. D. / Campbell, D. T.* (2002), S. 83.
Originalzitat: „External validity concerns inferences about the extent to which a causal relationship holds over variations in persons, settings, treatments, and outcomes."

476 Vgl. *Reiß, S. / Sarris, V.* (2012), S. 56; *Schnell, R. / Hill, P. B. / Esser, E.* (2011), S. 257; *Rack, O. / Christophersen, T.* (2009), S. 27; *Bortz, J. / Döring, N.* (2006), S. 53; *Libby, R. / Bloomfield, R. / Nelson, M. W.* (2002), S. 794; *Shadish, W. R. / Cook, T. D. / Campbell, D. T.* (2002), S. 83; *Cook, T. D.* (2000), S. 4 f.; *Trotman, K. T.* (1996), S. 84; *Birnberg, J. G. / Shields, M. D. / Young, S. M.* (1990), S. 39; *Runkel, P. J. / McGrath, J. E.* (1972), S. 22.
CAMPBELL und STANLEYS (*Campbell, D. T. / Stanley, J. C.* (1966), S. 5, im Original teilweise hervorgehoben) ursprüngliches Verständnis von externer Validität berücksichtigt dabei lediglich den zweiten Aspekt: „External validity asks the question of generalizability: To what populations, settings, treatment variables, and measurement variables can this effect be generalized?"

477 Vgl. *Runkel, P. J. / McGrath, J. E.* (1972), S. 120.
Originalzitat: „The logic of coming to some sort of conclusion about something one did *not* observe as an inference from something one did observe"

schen einer Variation innerhalb dieser vier Dimensionen und der Kausalbeziehung ergeben, sowie einer kontextabhängigen Mediation:[478]

- Zusammenspiel von Personenwahl und Kausalbeziehung („Population Validity"[479] bzw. „Stichprobenvalidität"): Ist das Verhalten der Versuchspersonen „repräsentativ" für das Verhalten anderer Personengruppen?
- Zusammenspiel von Versuchsumgebung und Kausalbeziehung: Kann sich eine in einer bestimmten Versuchsumgebung (z. B. im Labor) untersuchte Kausalbeziehung auch in einer anderen Umgebung als gültig erweisen?
- Zusammenspiel von Treatment und Kausalbeziehung („Ecological Validity"[480] bzw. „ökologische Validität" oder „Situationsvalidität"): Tritt ein bei einem bestimmten Treatment nachgewiesener Effekt auch bei anderen Treatmentvariationen auf? Ist die gewählte Forschungsumgebung „repräsentativ" für andere Situationen?
- Zusammenspiel von Outcome und Kausalbeziehung: Tritt ein mit einer bestimmten Operationalisierung der abhängigen Variablen nachgewiesener Effekt auch bei einer anderen Operationalisierung der abhängigen Variable auf?
- Kontextabhängige Mediation: Tritt ein Mediator, der die Kausalbeziehung erklärt, in jedem Untersuchungskontext auf? Am Beispiel der Zeit als Mediator („Temporal Validity"): Lässt sich der an einem bestimmten Tag gefundene Zusammenhang auch für beliebige Tage in der Zukunft erwarten?

Externe Validität ist demnach erreicht, wenn eine Übereinstimmung von tatsächlichem und intendiertem Untersuchungsgegenstand vorliegt.[481] Ähnlich wie die interne Validität ist die Gewährleistung der externen Validität allerdings auch von einigen Störfaktoren beeinträchtigt, die an den Interaktionseffekten anknüpfen und die Generalisierung[482] der Ergebnisse behindern.[483]

---

478 Vgl. *Schnell, R. / Hill, P. B. / Esser, E.* (2011), S. 210; *Shadish, W. R. / Cook, T. D. / Campbell, D. T.* (2002), S. 86 f.; *Abernethy, M. A. et al.* (1999), S. 21; *Brownell, P.* (1995), S. 12-15.

479 *Trotman, K. T.* (1996), S. 84.

480 *Trotman, K. T.* (1996), S. 86; *Brunswik, E.* (1956), S. 48.

481 Vgl. *Huber, O.* (2013), S. 146; *Schnell, R. / Hill, P. B. / Esser, E.* (2011), S. 209.

482 Weiterführende allgemeine Diskussionen zur Generalisierung von laborexperimentellen Forschungsergebnissen finden sich z. B. bei *Lee, A. S. / Baskerville, R. L.* (2003); *Cook, T. D.* (2000); *Cook, T. D. / Shadish, W. R.* (1994); *Dipboye, R. L.* (1990); *Cronbach, L. J.* (1982).

483 Vgl. z. B. *Schnell, R. / Hill, P. B. / Esser, E.* (2011), S. 210; *Bortz, J. / Döring, N.* (2006), S. 504; *Shadish, W. R. / Cook, T. D. / Campbell, D. T.* (2002), S. 87; *Cook, T. D. / Campbell, D. T.* (1979), S. 73 f.; *Zimmermann, E.* (1972), S. 81; *Campbell, D. T. / Stanley, J. C.* (1966), S. 5 f.

Interne und externe Validität sind voneinander abhängig, sie stehen in einem „asymmetrischen Verhältnis"[484], einem „Spannungsverhältnis"[485] oder auch einer „wechselseitigen Abhängigkeit"[486] zueinander.[487] Beide Gültigkeitskriterien in gleicher Weise zu erfüllen, ist daher nur äußerst selten möglich.[488] Wird vom Experimentator die interne Validität erhöht,[489] hat dies durch eine stärkere Abstraktion von der Wirklichkeit zumeist eine Reduzierung der externen Validität zur Folge; wird stattdessen die externe Validität erhöht, reduziert sich in der Regel die interne Validität.[490] Daher liegt es im Ermessen des Forschenden, anhand sachlogischer Kriterien bzw. im Hinblick auf das Ziel der Untersuchung zu entscheiden, welche dieser beiden Validitätsformen für relevanter erachtet werden.[491]

3.3 Potenziale und Limitationen laborexperimenteller Forschung

Laborexperimente zeichnen sich einerseits durch einige methodische Vorteile gegenüber anderen Forschungsmethoden aus, ohne diese jedoch zwingend auszuschließen; andererseits wird zum Teil massive Kritik an der Methode formuliert.[492] Wenn auch aufgrund diskutierter Interdependenzen zwischen den jeweiligen Dimensionen nicht immer vollständig überschneidungsfrei, so beziehen sich die Argumente beider Positionen nach RUNKEL und MCGRATHS Trichotomie[493] jeweils entweder auf die Forschungsmethode selbst (Setting), d. h. auf ihr administrativ-konzeptionelles Potenzial, auf die mit der Methode durchgeführten Forschungsaufgaben (Tasks), d. h. die im Laborexperiment konstruierten Situationen, oder auf die rekrutierten Versuchspersonen (Subjects).[494] Daher erfolgt die differenzierte Auseinandersetzung mit den Vor- und Nachteilen der Forschungsmethode anhand dieser drei Dimensionen.[495]

---

484 *Zimmermann, E.* (1972), S. 79.
485 *Hussy, W. / Jain, A.* (2002), S. 139.
486 *Rack, O. / Christophersen, T.* (2009), S. 28.
487 Vgl. *Rack, O. / Christophersen, T.* (2009), S. 28.
488 Vgl. *Bortz, J. / Döring, N.* (2006), S. 53.
489 Zu den Methoden zur versuchsplanerischen Kontrolle von Störeffekten siehe Abschnitte 7.1.9 und 8.1.3.
490 Vgl. *Rack, O. / Christophersen, T.* (2009), S. 28; *Bortz, J. / Döring, N.* (2006), S. 53; *Picot, A.* (1975), S. 111 f.
491 Vgl. *Rack, O. / Christophersen, T.* (2009), S. 28.
492 Vgl. überblicksartig z. B. *Hirsch, B.* (2007), S. 118-125; *Birnberg, J. G. / Shields, M. D. / Young, S. M.* (1990).
493 Für eine ausführliche Explikation siehe Abschnitt 4.1.
494 Vgl. *Birnberg, J. G. / Shields, M. D. / Young, S. M.* (1990); *Dipboye, R. L. / Flanagan, M. F.* (1979), S. 142; *Runkel, P. J. / McGrath, J. E.* (1972), S. 21 f. und S. 407 f.; *Birnberg, J. G. / Nath, R.* (1968), S. 42.
495 Vgl. *Dipboye, R. L. / Flanagan, M. F.* (1979), S. 143.

3.3.1 Setting

Ein wesentlicher Vorteil von Laborexperimenten liegt in der Möglichkeit, die drei von WUNDT für Experimente im Allgemeinen formulierten Prinzipien Willkürlichkeit, Variierbarkeit der Versuchsbedingungen und Wiederholbarkeit umzusetzen.[496]

Durch die *Kontrollmöglichkeit* unerwünschter Störeinflüsse auf den Versuchsaufbau durch den Experimentator ist es möglich, streng kausale Rückschlüsse hinsichtlich der Wirkungsbeziehungen zwischen den für die Problemstellung relevanten unabhängigen und abhängigen Variablen unter sonst gleichen Bedingungen zu ziehen sowie zusätzlich die begleitenden Prozesse, die diesen Beziehungen zugrunde liegen, zu analysieren.[497] Laborexperimente ermöglichen somit eine konsequente Überprüfung aus der verhaltenswissenschaftlichen Theorie abgeleiteter Hypothesen hinsichtlich der Gültigkeit von Verhaltensannahmen.[498] Begünstigt wird dies insbesondere durch die hohe Qualität der erhobenen Daten, die durch eine objektive Messung des Verhaltens der Versuchspersonen entstehen.[499]

Eine weitere Stärke von Laborexperimenten liegt in ihrer *Replizierbarkeit*. Ein Laborexperiment kann unter den gleichen Bedingungen an einem anderen Ort und zu einer anderen Zeit erneut durchgeführt werden. Die zu untersuchenden Hypothesen können somit durch die Verwendung neuer Versuchsteilnehmer unter sonst gleichen Bedingungen mehrfach untersucht werden, wodurch es auch möglich ist, die Ergebnisse der vorangegangenen Laborexperimente auf ihre Gültigkeit zu überprüfen.[500]

Gegner der laborexperimentellen Forschung bemängeln die enorme *Komplexität* der korrelativen Beziehungen zwischen den getesteten Beeinflussungsgrößen des Verhaltens sowie zwischen den untersuchenden Experimentatoren und den untersuchten Versuchsteilnehmern.[501] Die nicht lösbare *Konfundierung exogener Variablen* lasse es nicht zu, die Ursache-Wirkungs-Beziehungen eindeutig zu bestimmen.[502] Dies kann dazu führen, dass der Anspruch der Allgemeingültigkeit verletzt wird und die aus einer Vielzahl an spezifischen *Einzelhypo-*

---

496 Vgl. *Guski, R.* (1987), S. 406.

497 Vgl. *Atteslander, P.* (2010), S. 181; *Gillenkirch, R. M. / Arnold, M. C.* (2008), S. 130; *Stefani, U.* (2008), S. 12; *Hirsch, B.* (2007), S. 118; *Langer, T.* (2007), Sp. 423; *Sprinkle, G. B. / Williamson, M. G.* (2007), S. 416 f.; *Gächter, S. / Königstein, M.* (2002), Sp. 506; *Kerlinger, F. N. / Lee, H. B.* (2000), S. 579; *Birnberg, J. G. / Shields, M. D. / Young, S. M.* (1990), S. 42; *Cook, T. D. / Campbell, D. T.* (1979), S. 7 f.

498 Vgl. *Hirsch, B.* (2007), S. 118; *Sprinkle, G. B. / Williamson, M. G.* (2007), S. 417; *Kerlinger, F. N. / Lee, H. B.* (2000), S. 581; *Birnberg, J. G. / Shields, M. D. / Young, S. M.* (1990), S. 42.

499 Vgl. *Birnberg, J. G. / Shields, M. D. / Young, S. M.* (1990), S. 49.

500 Vgl. *Gächter, S. / Königstein, M.* (2002), Sp. 506.

501 Vgl. *Hirsch, B.* (2007), S. 120 und die dort angegebene Literatur.

502 Vgl. *Guski, R.* (1987), S. 410.

thesen gezogenen Schlüsse nicht für die Bildung oder Integration von Theorien genutzt werden können.[503]

Folglich stellt die Menge an untersuchten Einzelhypothesen auch eine wesentliche Ursache für die teils *widersprüchlichen Resultate* im Kontext verhaltenswissenschaftlicher Rechnungswesenforschung dar.[504] Des Weiteren wird die Einbeziehung von Erkenntnissen der laborexperimentellen Forschung in die ökonomische Theoriebildung durch *Verständigungsprobleme* dieser Disziplinen aufgrund abweichender Vorgehens-, Ausdrucks- und Darstellungsweisen erschwert.[505]

Findet durch die Manipulation der laborexperimentellen Stimuli zugleich eine Manipulation der Versuchspersonen statt, so sehen sich Experimentatoren häufig mit *ethischen Problemen* konfrontiert.[506]

3.3.2 Task

Die Laborexperimenten inhärente *Künstlichkeit* des Versuchsaufbaus, d. h. die Beobachtung der Untersuchungssubjekte in einer nicht natürlichen Umgebung, ermöglicht einen hohen *Flexibilitätsgrad* bei der Gestaltung der Forschungsaufgabe, sodass unter kontrollierten Versuchsbedingungen (Entscheidungs-)Situationen geschaffen werden, die außerhalb des Labors in der realen Welt (noch) nicht existieren („Was-wäre-wenn-Fragen").[507] Einzige Limitationen sind die Kreativität des Forschers, die Verfügbarkeit von Versuchspersonen und die (finanziellen) Ressourcen.[508] Dadurch können die Grenzen und Potenziale theoretischer Modelle erprobt, die Leistungsfähigkeit konkurrierender Theorien getestet und die Konstruktion neuer Theorien unterstützt werden.[509] Außerdem muss nicht zwangsläufig eine Generalisierung der Erkenntnisse vorgenommen werden.[510]

---

503 Vgl. *Hirsch, B.* (2007), S. 120; *Becker, J.* (2003), S. 58; *Guski, R.* (1987), S. 409.

504 Siehe Abschnitt 2.4.1.

505 Vgl. *Hirsch, B.* (2007), S. 120; *Heide, T.* (2001), S. 60. Siehe Abschnitt 2.1.2 zu den wissenschaftstheoretischen Herausforderungen, die aus diesen „Verständigungsproblemen" resultieren.

506 Vgl. *Zimmermann, E.* (1972), S. 270-274.

507 Vgl. *Trotman, K. T.* (2011), S. 205; *Hirsch, B.* (2007), S. 118; *Langer, T.* (2007), Sp. 423; *Dobbins, G. H. / Lane, I. M. / Steiner, D. D.* (1988), S. 284 f.; *Mook, D. G.* (1983), S. 381 f. und S. 385; *Swieringa, R. J. / Weick, K. E.* (1982), S. 57 und S. 84-86; *Henshel, R. L.* (1980), S. 466 und S. 471 f.

508 Vgl. *Birnberg, J. G. / Shields, M. D. / Young, S. M.* (1990), S. 42.

509 Vgl. *Obermaier, R. / Müller, F.* (2008), S. 337; *Stefani, U.* (2008), S. 12; *Arnold, M. C.* (2007), S. 71 f.; *Hirsch, B.* (2007), S. 118 f.; *Henshel, R. L.* (1980), S. 471.
Theorien können mit dieser Methode nach ARNOLD (*Arnold, M. C.* (2007), S. 72) „einer Art Stresstest" unterzogen werden.

510 Vgl. *Berkowitz, L. / Donnerstein, E.* (1982), S. 256; *Swieringa, R. J. / Weick, K. E.* (1982), S. 84.

Die Künstlichkeit des Versuchsaufbaus ist dagegen häufig auch ein Ansatzpunkt für Kritik an der Methode, da Ergebnisse, die unter nicht realen, also künstlichen und damit *nicht repräsentativen Bedingungen*, gewonnen werden, nur bedingt auf in der „realen Welt“ existierende Situationen übertragen werden können (Situationsvalidität):[511]

> „Inwiefern lassen sich die in einer klinischen Laborumgebung gewonnenen Erkenntnisse auf reale Entscheidungsszenarien übertragen? Ist zu erwarten, dass sich das von den Probanden in einer abstrakten und bewusst einfach gehaltenen Experimentalsituation gezeigte Verhalten auch in der so viel komplexeren Wirklichkeit wiederfindet?“[512]

Schwierigkeiten bei der Generalisierung ergeben sich folglich, wenn Versuchspersonen in Versuchsanordnungen getestet werden, die nur geringe Ähnlichkeiten zu „realen“, den Versuchspersonen vertrauten Handlungen besitzen.[513] Versuchspersonen können sich innerhalb von künstlichen Laborsituationen anders verhalten als sie es unter realen Bedingungen tun würden, sodass dieses Verhalten für die reale Welt keine bzw. nur eine geringere Gültigkeit besitzt.[514] So merken beispielsweise HARRÉ und SECOND an:

> „Surely the actions of participants in experiments are in part a function of the laboratory structure. To the extent that this is radically different from the social structure outside the laboratory [...] we are unlikely to discover anything that can be transferred to life situations.“[515]

Aus ökonomischer Perspektive wird in diesem Kontext insbesondere die Anreizeffektivität der Laborsituation kritisch hinterfragt.[516]

3.3.3 Subject

Ein zentraler Kritikpunkt an der laborexperimentellen Forschung bezieht sich auf die *mangelnde Repräsentativität* der rekrutierten Probanden, die die Möglichkeit zur Generalisierung

---

511 Vgl. *Dobbins, G. H. / Lane, I. M. / Steiner, D. D.* (1988), S. 284 f.; *Berkowitz, L. / Donnerstein, E.* (1982), S. 245 f.; *Henshel, R. L.* (1980), S. 466 f.; *Zimmermann, E.* (1972), S. 48-50.

512 *Langer, T.* (2007), Sp. 425.

513 Vgl. *Hirsch, B.* (2007), S. 119; *Birnberg, J. G. / Nath, R.* (1968), S. 41.

514 Vgl. *Walters-York, L. M. / Curatola, A. P.* (2000), S. 249; *Berkowitz, L. / Donnerstein, E.* (1982), S. 245 f.; *Lynch, J. G.* (1982), S. 226; *Henshel, R. L.* (1980), S. 474; *Dipboye, R. L. / Flanagan, M. F.* (1979), S. 141.

515 *Harré, R. / Second, P. F.* (1972), S. 60.

516 Vgl. *Gillenkirch, R. M. / Arnold, M. C.* (2008), S. 130; *Hirsch, B.* (2007), S. 120; *Langer, T.* (2007), Sp. 425; *Friedman, D. / Cassar, A.* (2004b), S. 28; *Gächter, S. / Königstein, M.* (2002), Sp. 509 f.
Denkbar sind hierbei sowohl materielle als auch immaterielle Anreize. Für spezielle Beispiele vgl. *Birnberg, J. G. / Shields, M. D. / Young, S. M.* (1990), S. 46.

der Ergebnisse einschränkt (Stichprobenvalidität).[517] Die Gründe für die fehlende Repräsentativität der Versuchspersonen liegen in deren Auswahl und Motivation.[518] So werden in der Regel homogene Versuchspersonensamples aus Studierenden verwendet (sogenannte „convenience samples“[519]), obwohl Aussagen über das Verhalten von Personengruppen formuliert werden sollen, die eine höhere Varianz sowie studentenuntypische Merkmale aufweisen.[520]

Unabhängig davon, ob eine Generalisierung auf die gesamte interessierende Population (z. B. Manager) vorgenommen werden soll, zeigt sich außerdem, dass häufig die ausgewählten Subjekte nicht einmal ihre eigene Population adäquat repräsentieren.[521] Nach COOK / CAMPBELL sind die Repräsentativität einer Versuchsgruppe und damit auch die externe Validität abhängig von einer formalen, zufälligen Auswahl der Subjekte aus der jeweiligen Gesamtpopulation und einer formalen, zufälligen Zuordnung der Subjekte zu den Experimentbedingungen.[522] Demnach liegt eine „Zufallsauswahl [...] vor, wenn die Ziehung der Stichprobeneinheiten nach dem Zufallsprinzip erfolgt und jede Auswahleinheit der zugrundeliegenden Gesamtheit eine echte (d. h. positive) Auswahlchance besitzt.“[523] Nur wenn die Auswahl der Subjekte mittels einer solchen Zufallsauswahl stattfindet, können statistisch gesicherte Übertragungen auf die Gesamtpopulation vorgenommen werden.[524] Für Experimentatoren ist es meist sehr schwierig, die Versuchspersonen zufällig auszuwählen, da logistische und finanzielle Bedin-

517 Vgl. *Druckman, J. N. / Kam, C. D.* (2011), S. 41 f.; *Langer, T.* (2007), Sp. 424; *Bortz, J. / Döring, N.* (2006), S. 395-398; *Remus, W. E.* (1996), S. 93; *Cook, T. D. / Campbell, D. T.* (1979), S. 73; *Birnberg, J. G. / Nath, R.* (1968), S. 38 f.
Auch wenn Feldexperimenten eine wesentlich höhere Stichprobenvalidität beigemessen wird (vgl. z. B. *Schnell, R. / Hill, P. B. / Esser, E.* (2011), S. 218), zeigt die Literaturanalyse von DIPBOYE / FLANAGAN, dass diese Methode in Bezug auf die Auswahl der Subjekte, die Tasks und das zu untersuchende Urteils- und Entscheidungsverhalten ebenso pragmatisch ausgerichtet ist wie die Laborforschung: „Indeed, if laboratory research can be described as having developed a psychology of the college sophomore, then field research can be described as having produced a psychology of the self-report by male, professional, technical, and managerial personnel in productive-economic organizations.“ (*Dipboye, R. L. / Flanagan, M. F.* (1979), S. 146) Daher ist auch diese Methode mit Restriktionen behaftet: „Contrary to the common belief that field settings provide for more generalization of research findings than laboratory settings do, field research appeared as narrow as laboratory research in the actors, settings, and behaviors sampled.“ (*Dipboye, R. L. / Flanagan, M. F.* (1979), S. 141, im Original hervorgehoben)

518 Vgl. *Trotman, K. T.* (1996), S. 84 f.; *Guski, R.* (1987), S. 408; *Runkel, P. J. / McGrath, J. E.* (1972), S. 408.

519 *Birnberg, J. G. / Shields, M. D. / Young, S. M.* (1990), S. 47.

520 Vgl. *Langer, T.* (2007), Sp. 425; *Liyanarachchi, G. A.* (2007), S. 49; *Bortz, J. / Döring, N.* (2006), S. 75; *Bean, D. F. / D'Aquila, J. M.* (2003), S. 189; *Gächter, S. / Königstein, M.* (2002), Sp. 509; *Walters-York, L. M. / Curatola, A. P.* (2000), S. 244; *Birnberg, J. G. / Shields, M. D. / Young, S. M.* (1990), S. 46; *McNemar, Q.* (1946), S. 333.

521 Vgl. *Walters-York, L. M. / Curatola, A. P.* (2000), S. 246.

522 Vgl. *Cook, T. D. / Campbell, D. T.* (1979), S. 75.

523 *Krug, W. / Nourney, M. / Schmidt, J.* (2001), S. 82. Im Original zum Teil hervorgehoben.

524 Vgl. *Schnell, R. / Hill, P. B. / Esser, E.* (2011), S. 298; *Bortz, J. / Döring, N.* (2006), S. 504 und die dort angegebene Literatur; *Krug, W. / Nourney, M. / Schmidt, J.* (2001), S. 82; *Cook, T. D. / Campbell, D. T.* (1979), S. 75.

gungen ihre Möglichkeiten einschränken:[525] „In accounting and auditing, random selection is rarely if ever possible.“[526] Bei den Subjekten handelt es sich daher konsequenterweise um zweckmäßige Subjekte und damit nicht um formal repräsentative Versuchspersonen.[527] So ist es in den meisten Fällen nur möglich, mit denjenigen Subjekten zu arbeiten, die zur notwendigen Zeit am betreffenden Ort zur Verfügung stehen und gleichzeitig bereit sind, am Laborexperiment teilzunehmen (z. B. Studierende einer Vorlesung oder Professionals, die an einem Programm teilnehmen, in das der Forschende eingebunden ist).[528]

Zusätzlich zur generellen Frage nach der Repräsentativität der Versuchspersonen in Laborexperimenten ist zu beachten, dass bei der Rekrutierung von Versuchspersonen deren Motivation zur ernsthaften Teilnahme häufig fragwürdig ist.[529] Da die Teilnahme an Laborexperimenten in der Regel freiwillig ist, bedeutet dies, dass es sich bei den Versuchspersonengruppen nicht um zufällige, repräsentative Samples handelt.[530] Allerdings sind Experimentatoren auf freiwillige Subjekte angewiesen, da letztlich niemand zur Teilnahme an einem Laborexperiment gezwungen werden kann.[531] Bei einer freiwilligen Teilnahme kann jedoch nicht ausgeschlossen werden, dass dieser Umstand die Ergebnisse verfälscht.[532]

ROSNOW / ROSENTHAL untersuchen meta-analytisch, inwiefern sich typische freiwillige Versuchspersonen, die sich im Labor einfinden, von nicht-freiwilligen Versuchspersonen, d. h. Personen, die eine Experimentteilnahme verweigern, unterscheiden. Nach ihren Ergebnissen besitzen freiwillige gegenüber nicht-freiwilligen Subjekten u. a. eine bessere Erziehung und Ausbildung, ein stärkeres Anerkennungsbedürfnis, eine höhere Intelligenz und eine geringere autoritäre Haltung. Außerdem scheinen sie auch tendenziell freundlicher, gefühlsbetonter, unkonventioneller und jünger als unfreiwillige Versuchspersonen zu sein.[533] Zudem zählen sie Neugier, das Gefühl der Wichtigkeit ihrer Person, finanzielle Entlohnung, wissenschaft-

---

525 Vgl. *Choo, F. / Tan, K.* (2005), S. 155, FN 1; *Walters-York, L. M. / Curatola, A. P.* (2000), S. 246; *Elschen, R.* (1982), S. 203; *Cook, T. D. / Campbell, D. T.* (1979), S. 75.

526 *Trotman, K. T.* (1996), S. 85.
Dies gilt auch über den Accounting-Kontext hinaus: „In light of mundane limitations on logistics, financial resources, and uncontrollable attritional factors, it may seem unduly harsh to criticize any study based on a lack of formal representativeness.“ (*Walters-York, L. M. / Curatola, A. P.* (2000), S. 246)

527 Vgl. *Lynch, J. G.* (1982), S. 226; *Cook, T. D. / Campbell, D. T.* (1979), S. 71 und S. 75; *Ferber, R.* (1977), S. 57.

528 Vgl. *Birnberg, J. G. / Shields, M. D. / Young, S. M.* (1990), S. 46; *Rosenthal, R. / Rosnow, R. L.* (1969), S. 110.

529 Vgl. *Guski, R.* (1987), S. 408; *Rosenthal, R. / Rosnow, R. L.* (1969), S. 59 f.

530 Vgl. z. B. *Walters-York, L. M. / Curatola, A. P.* (1998); *Ashton, R. H. / Kramer, S. S.* (1980); *Abdel-khalik, A. R.* (1974).
Bei Studierenden gilt das z. B. im Hinblick auf die gesamte Studierendenschaft einer jeweiligen Vorlesung, eines Studiengangs oder einer Universität.

531 Vgl. *Bortz, J. / Döring, N.* (2006), S. 44 und S. 72 f.; *Picot, A.* (1975), S. 182.

532 Vgl. *Bortz, J. / Döring, N.* (2006), S. 44.

533 Vgl. *Rosenthal, R. / Rosnow, R. L.* (1969), S. 97 f.

liches Interesse und, insbesondere in Bezug auf Studierende, den Ausfall von Lehrveranstaltungen, den Wunsch, dem Lehrenden zu gefallen, oder eine Anpassung an das Verhalten von Kommilitonen als mögliche Motive auf, die in einer freiwilligen Teilnahme münden.[534] Welche Auswirkungen unterschiedliche Motive der Experimentteilnehmer, unabhängig davon, dass es sich um nicht-repräsentative Subjekte handelt, auf die Untersuchungen haben, ist bisher jedoch noch nicht genauer untersucht worden.[535] Es wird lediglich der Effekt einer finanziellen Entlohnung der Versuchspersonen diskutiert (u. a. in Bezug zur oben diskutierten fehlenden Anreizeffektivität der laborexperimentellen Situation[536]).[537]

Folgende Aussage fasst die vielfältigen Ausprägungen fehlender Stichprobenrepräsentativität abschließend zusammen:

> „Die Fragwürdigkeit humanwissenschaftlicher Forschungsergebnisse, die überwiegend in Untersuchungen mit Studenten ermittelt werden, erhöht sich um ein Weiteres, wenn man in Rechnung stellt, dass an diesen Untersuchungen nur ‚freiwillige' Studierende teilnehmen. Die Ergebnisse gelten damit nicht einmal für studentische Populationen generell, sondern eingeschränkt nur für solche Studenten, die zur freiwilligen Untersuchungsteilnahme bereit sind."[538]

Somit wird deutlich, dass Verallgemeinerungen der Ergebnisse auf die Gesamtpopulation daher immer als statistisch nicht valide und damit als potenziell fehlbar angesehen werden müssen.[539]

3.3.4 Zusammenfassende Bewertung von Laborexperimenten

Tabelle 3 gibt zunächst einen Überblick über die in Bezug auf die Dimensionen Setting, Task und Subjects geführte Argumentation um die Leistungsfähigkeit von Laborexperimenten als Methode der verhaltenswissenschaftlichen Rechnungswesenforschung. Eine abschließende

---

534 Vgl. *Rosenthal, R. / Rosnow, R. L.* (1969), S. 111.

535 Vgl. *Bortz, J. / Döring, N.* (2006), S. 75.

536 Vgl. *Obermaier, R. / Müller, F.* (2008), S. 338.

537 Vgl. z. B. *Langer, T.* (2007), Sp. 425; *Guala, F.* (2005), S. 231-249; *Bonner, S. E. / Sprinkle, G. B.* (2002); *Hertwig, R. / Ortmann, A.* (2001), S. 390-396; *Bonner, S. E. et al.* (2000); *Camerer, C. / Hogarth, R. M.* (1999); *Libby, R. / Lipe, M. G.* (1992); *Birnberg, J. G. / Nath, R.* (1968), S. 44.

538 *Bortz, J. / Döring, N.* (2006), S. 75. Vgl. *Rosenthal, R. / Rosnow, R. L.* (1969), S. 110.

539 Vgl. *Birnberg, J. G. / Shields, M. D. / Young, S. M.* (1990), S. 46; *Cook, T. D. / Campbell, D. T.* (1979), S. 75; *Ferber, R.* (1977), S. 57.

Beurteilung erfolgt auf Grundlage der oben diskutierten Güte der Operationalisierung (Validität) als wichtigstem Gütekriterium experimenteller Forschung.[540]

	Vorteile	Nachteile
Setting	- Kontrolle (Variierbarkeit) - Replizierbarkeit (Wiederholbarkeit)	- Einzelhypothesen, Konfundierung exogener Variablen, Komplexität der Beziehungen - Widersprüche, „Verständigungsprobleme“ - ethische Probleme
Task	- Künstlichkeit (Willkürlichkeit) - Flexibilität	- mangelnde Repräsentativität (Künstlichkeit; mangelnde Anreizeffektivität)
Subject		- mangelnde Repräsentativität (homogene, studentische Versuchspersonen; Motivation)

Tabelle 3: Synopse der Vor- und Nachteile laborexperimenteller Forschung[541]

Aufgrund der Kontrollmöglichkeiten von Störfaktoren wird die interne Validität von Laborexperimenten grundsätzlich als hoch eingeschätzt, die allerdings durch das Auftreten von Artefakten gefährdet sein kann.[542] Demgegenüber wird häufig die mangelnde externe Validität laborexperimenteller Untersuchungen als deren zentraler Nachteil identifiziert.[543] SPRINKLE / WILLIAMSON bezeichnen die externe Validität sogar als Achillesferse laborexperimenteller Forschung.[544] Die Ursachen für die Gefährdung der externen Validität von Laborexperimenten im Rechnungswesen liegen im Wesentlichen in der Repräsentativität der Versuchspersonen (Subjekte) und in der Repräsentativität bzw. dem Realismus der durchzuführenden Forschungsaufgabe (Task) im gewählten Setting (Laborexperiment) begründet.[545]

Trotz einiger mit der Künstlichkeit der geschaffenen Situation einhergehender positiver Aspekte, reduzieren eine wachsende Unnatürlichkeit der Untersuchungsbedingungen (Situati-

540 Die Bewertung einer Forschungsmethode anhand dieses Kriteriums unter Nichtbeachtung der Objektivität und Reliabilität entspricht der üblichen Vorgehensweise. Vgl. z. B. *Schnell, R. / Hill, P. B. / Esser, E.* (2011), S. 218 f.; *Hirsch, B.* (2007), S. 121; *Schulz, A. K.-D.* (1999), S. 29 f.

541 Eigene Darstellung.

542 Vgl. z. B. *Schnell, R. / Hill, P. B. / Esser, E.* (2011), S. 218 f.; *Libby, R. / Bloomfield, R. / Nelson, M. W.* (2002), S. 806; *Abernethy, M. A. et al.* (1999), S. 17 f.; *Schulz, A. K.-D.* (1999), S. 29 f.; *Birnberg, J. G. / Shields, M. D. / Young, S. M.* (1990), S. 40.
Bei der Artefaktforschung handelt es sich um ein Forschungsgebiet, das die Relevanz von Störeffekten jeder Art in experimentellen Studien thematisiert. Vgl. *Schnell, R. / Hill, P. B. / Esser, E.* (2011), S. 219; *Bungard, W.* (1987).

543 Vgl. z. B. *Langer, T.* (2007), Sp. 425; *Abernethy, M. A. et al.* (1999), S. 21; *Stapf, K.* (1999), S. 237 f.; *Birnberg, J. G. / Shields, M. D. / Young, S. M.* (1990), S. 40 f.; *Kaplan, R. S.* (1986), S. 441; *Berkowitz, L. / Donnerstein, E.* (1982), S. 245; *Swieringa, R. J. / Weick, K. E.* (1982), S. 79; *Runkel, P. J. / McGrath, J. E.* (1972), S. 108.

544 Vgl. *Sprinkle, G. B. / Williamson, M. G.* (2007), S. 417, FN 6.
Originalzitat: „External validity often is thought to be the Achilles heel of experimentation.“

545 Vgl. *Mortensen, T. / Fisher, R. / Wines, G.* (2012), S. 253; *Obermaier, R. / Müller, F.* (2008), S. 337 f.; *Calder, B. J. / Phillips, L. W. / Tybout, A. M.* (1981), S. 204; *Hofstedt, T. R.* (1972), S. 680. Siehe Abschnitt 3.2.

onsvalidität[546]) und eine abnehmende Repräsentativität der untersuchten Stichproben (Stichprobenvalidität[547]) die externe Validität.[548] Die Generalisierung der Erkenntnisse über diese künstliche Forschungsaufgabe und die darin untersuchten Versuchspersonen hinaus wird daher in Frage gestellt.[549] Es wird angenommen, dass Ergebnisse, die in nicht-realen, künstlichen und somit nicht-repräsentativen Situationen mit nicht-realen, nicht-repräsentativen Versuchspersonen gewonnen werden, nicht auf die „reale Welt"[550], d. h. reale Umgebungen außerhalb des Labors, reale Aufgaben und reale Personen, übertragen werden können.[551]

3.4 Zusammenfassung des Kapitels und Eingrenzung der Forschungsfrage

Obwohl aufgrund der eingeschränkten bzw. fehlenden externen Validität (Situations- und Stichprobenvalidität) zum Teil massive methodische Kritik an Laborexperimenten formuliert worden ist,[552] wird der Methode ein großes Potenzial zur Erklärung realer Phänomene beigemessen.[553] Daher sollten diese Zweifel auch nicht zu einer konsequenten Ablehnung laborexperimenteller Forschung führen, sondern stattdessen eine differenzierte Auseinandersetzung über ihre Anwendungsvoraussetzungen bedingen.

Nur wenn es, wie in der verhaltenswissenschaftlichen Rechnungswesenforschung üblich, das Ziel ist, Aussagen über die im Laborexperiment untersuchten Aspekte hinaus generalisieren zu wollen und möglicherweise sogar konkrete Handlungsempfehlungen abzuleiten, muss geklärt werden, für welche Tasks und Subjects die Repräsentativität gewährleistet ist.[554] Dabei ist zu berücksichtigen, dass weder interne noch externe Validität als quantifizierbare Konzep-

546 Siehe Abschnitt 3.3.2.

547 Siehe Abschnitt 3.3.3.

548 Vgl. *Bortz, J. / Döring, N.* (2006), S. 53.

549 Vgl. *Kroeber-Riel, W. / Weinberg, P. / Gröppel-Klein* (2009), S. 501; *Sprinkle, G. B. / Williamson, M. G.* (2007), S. 417, FN 6; *Becker, J.* (2003), S. 58; *Schönbrunn, N.* (1988), S. 89; *Libby, R. / Lewis, B. L.* (1977), S. 254; *Picot, A.* (1975), S. 75 f.

550 Vgl. *Aronson, E. / Brewer, M. B. / Carlsmith, J. M.* (1985), S. 482; *Calder, B. J. / Phillips, L. W. / Tybout, A. M.* (1981), S. 197. Siehe Abschnitt 4.1.

551 Vgl. *Obermaier, R. / Müller, F.* (2008), S. 337; *Hirsch, B.* (2007), S. 119; *Sprinkle, G. B. / Williamson, M. G.* (2007), S. 417; *Shields, M. D.* (1997), S. 12; *Berkowitz, L. / Donnerstein, E.* (1982), S. 245; *Birnberg, J. G. / Nath, R.* (1968), S. 38.

552 In den Anfangsjahren der Behavioral Accounting-Forschung wird diese Kritik mitunter so vehement geäußert, dass dieser Forschungsrichtung die Validität ihrer Ergebnisse mitunter gänzlich abgesprochen wird: „[B]ehavioral research has so far failed to generate internally and / or externally valid results to any significant extent." (*Hofstedt, T. R.* (1976), S. 44)

553 Vgl. *Hirsch, B.* (2007), S. 124.

554 Vgl. *Langer, T.* (2007), Sp. 425 f.; *Patry, J.-L.* (1991), S. 223; *Mook, D. G.* (1983), S. 381; *Picot, A.* (1975), S. 111. Siehe Abschnitt 1.3.

te zu begreifen sind und damit kein allgemeiner Maßstab zur Bewertung existiert, bei welchem Grad von Übereinstimmung zwischen Laborexperiment und Unternehmensrealität externe Validität vorhanden ist.[555]

Stattdessen basiert die Einschätzung häufig auf „guesses"[556]. Daher wird vielfach gefordert, dass Laborexperimente realistisch, lebensnah und nicht künstlich sein sollen, um deren Ergebnisse auf die reale Welt übertragen zu können.[557] Allgemein wird dabei angenommen, dass je besser eine Laborsituation die reale Umgebung abbildet, desto höher die externe Validität der Resultate ist.[558] Um dies zu gewährleisten, ist „zu differenzieren, welche Dimensionen der Realität relevant sind und im Laborexperiment ihre Entsprechung finden müssen, und welche Aspekte der Realität als nebensächlich beiseitegelassen werden können."[559] Somit stellt die Unmöglichkeit der naturgetreuen Abbildung der Komplexität der Realität im Labor keine grundsätzliche Einschränkung der externen Validität dar.[560] Finden sich daher im Laborexperiment nur Unterschiede von der außerexperimentellen Realität hinsichtlich irrelevanter Dimensionen und eine Übereinstimmung bezüglich aller relevanten Merkmale, sind diese Abweichungen für die externe Validität unschädlich.[561] Demnach lässt sich nicht a priori beurteilen, ob bzw. inwiefern sich die von den Versuchspersonen auszuführenden experimentellen Aufgaben sowie die Versuchspersonen selbst in den relevanten Merkmalen von den repräsentativen Äquivalenten unterscheiden.[562] „Die Schwierigkeit liegt indessen in der Identifikation von relevanten und der Aussonderung irrelevanter Dimensionen."[563]

3.4.1 Task

Zur Bewertung der Situationsvalidität unterscheiden ARONSON und Kollegen zunächst zwei Arten von Realismus, die in Laborexperimenten relevant sind: weltlichen (mundane) und ex-

555 Vgl. *Schnell, R. / Hill, P. B. / Esser, E.* (2011), S. 219; *Preuß, R. K.* (1991), S. 37 f.; *Locke, E. A.* (1986), S. 4.

556 *Campbell, D. T. / Stanley, J. C.* (1966), S. 17.

557 Vgl. *Henshel, R. L.* (1980), S. 467.
Dieser weit verbreiteten Annahme halten SWIERINGA und WEICK (*Swieringa, R. J. / Weick, K. E.* (1982), S. 57) gegenüber, dass die Diskussion zum Thema Realismus „the most overwrought topic in experimentation" darstellt.

558 Vgl. *Bortz, J. / Döring, N.* (2006), S. 727; *Walters-York, L. M. / Curatola, A. P.* (2000), S. 249; *Mook, D. G.* (1983), S. 386; *Lynch, J. G.* (1982), S. 231.

559 *Preuß, R. K.* (1991), S. 38.

560 Vgl. *Preuß, R. K.* (1991), S. 38; *Swieringa, R. J. / Weick, K. E.* (1982), S. 81; *Zimmermann, E.* (1972), S. 52.

561 Vgl. *Preuß, R. K.* (1991), S. 38; *Locke, E. A.* (1986), S. 4-8; *Hofstedt, T. R. / Kinard, J. C.* (1970), S. 51.

562 Vgl. *Preuß, R. K.* (1991), S. 38; *Locke, E. A.* (1986), S. 5; *Picot, A.* (1975), S. 186.

563 *Preuß, R. K.* (1991), S. 39.

perimentellen (experimental) Realismus.[564] In späteren Publikationen ergänzen sie diese beiden Formen um den davon weitgehend unabhängigen psychologischen (psychological) Realismus.[565] Der weltliche Realismus bezieht sich auf die Abbildung der Realität innerhalb der Laborsituation.[566] Diese Art des Realismus ist erreicht, wenn die Laborsituation dem natürlichen Umfeld, also der „realen Welt“ entspricht.[567] Experimenteller Realismus hingegen berücksichtigt die Wahrnehmung des Laborexperiments durch die Subjekte.[568] Demnach wird experimenteller Realismus erreicht, wenn die Versuchspersonen die experimentelle Situation ernst nehmen, diese glaubhaft ist und sie damit als realistisch empfunden wird.[569] Psychologischer Realismus fokussiert auf die beim Individuum während der Experimentteilnahme ablaufenden psychologischen Prozesse und wird erreicht, wenn diese Prozesse mit denjenigen identisch sind, die außerhalb der Laborsituation im alltäglichen Leben ablaufen.[570]

Weltlicher Realismus ist innerhalb von Laborexperimenten einerseits niemals völlig möglich, anderseits aber auch nicht in vollem Ausmaß erwünscht. Jeder Versuch, alle Aspekte der realen Umgebung im Labor nachzubilden, wird fehlerhaft und damit unvollkommen sein.[571] Experimenteller Realismus dagegen ist innerhalb von Laborexperimenten wesentlich wichtiger, um die Generalisierbarkeit der Ergebnisse zu sichern.[572] Nur wenn die Versuchspersonen der experimentellen Situation und Aufgabe die gleiche Aufmerksamkeit widmen, wie sie es in einer realen Situation tun würden, kann davon ausgegangen werden, dass sie auch das gleiche Verhalten an den Tag legen.[573] So merken BERKOWITZ und DONNERSTEIN an:

> „The meaning the subjects assign to the [experimental] situation they are in and the behavior they are carrying out plays a greater part in determining the generalizability of an experiment's outcome than does the sample's demographic representativeness or the setting's surface realism.“[574]

Schließlich können Untersuchungen ein hohes Maß an psychologischem Realismus aufweisen, auch wenn weder weltlicher noch experimenteller Realismus vorliegen, indem sie die in

---

564 Vgl. *Aronson, E. / Brewer, M. B. / Carlsmith, J. M.* (1985), S. 482.
565 Vgl. *Wilson, T. D. / Aronson, E. / Carlsmith, K.* (2010), S. 57.
566 Vgl. *Aronson, E. / Brewer, M. B. / Carlsmith, J. M.* (1985), S. 485.
567 Vgl. *Brownell, P.* (1995), S. 83.
568 Vgl. *Aronson, E. / Brewer, M. B. / Carlsmith, J. M.* (1985), S. 485.
569 Vgl. *Brownell, P.* (1995), S. 83; *Aronson, E. / Brewer, M. B. / Carlsmith, J. M.* (1985), S. 482; *Swieringa, R. J. / Weick, K. E.* (1982), S. 79-81; *Birnberg, J. G. / Nath, R.* (1968), S. 41.
570 Vgl. *Wilson, T. D. / Aronson, E. / Carlsmith, K.* (2010), S. 57. Siehe Abschnitt 9.3.
571 Vgl. *Walters-York, L. M. / Curatola, A. P.* (2000), S. 249; *Lynch, J. G.* (1982), S. 231; *Swieringa, R. J. / Weick, K. E.* (1982), S. 80 f.
572 Vgl. *Druckman, J. N. / Kam, C. D.* (2011), S. 44 f.; *Liyanarachchi, G. A.* (2007), S. 48; *Locke, E. A.* (1986), S. 6.
573 Vgl. *Walters-York, L. M. / Curatola, A. P.* (2000), S. 250; *Birnberg, J. G. / Nath, R.* (1968), S. 40.
574 *Berkowitz, L. / Donnerstein, E.* (1982), S. 249.

der Realität ablaufenden psychologischen Prozesse im Labor in gleicher Art und Weise hervorrufen.[575]

Der Vorwurf einer eingeschränkten Situationsvalidität lässt sich folglich dann entkräften, wenn bei den von den Versuchspersonen auszuführenden experimentellen Aufgaben eine Übereinstimmung bezüglich relevanter Variablen vorhanden ist, sodass experimenteller und / oder psychologischer Realismus insoweit gegeben ist, dass Verhaltensweisen hervorgerufen werden bzw. psychologische Prozesse ablaufen, wie sie auch außerhalb des Labors im ökonomischen Kontext auftreten.[576] Es existieren beispielsweise zahlreiche Belege dafür, dass das Verhalten von Versuchspersonen im Labor sowie in der ökonomischen Realität außerhalb der künstlichen Umgebung übereinstimmen.[577] Auch der Aspekt der mangelhaften Anreizeffektivität ist empirisch mehrfach untersucht worden, wobei zahlreiche Studien zum Ergebnis kommen, dass die Höhe der Anreize kaum Einfluss auf das Verhalten der Versuchspersonen hat und abweichendes Verhalten gegenüber realen Situationen dadurch kaum reduziert werden kann.[578]

3.4.2 Subject

Demgegenüber ist die Verwendung von Studierenden als Versuchspersonen, obwohl die zu prüfende Hypothese auf eine nicht-studentische Gruppe angewandt werden soll, Auslöser des Vorwurfs mangelnder Stichprobenvalidität von Laborexperimenten.[579] Im Gegensatz zur Argumentation hinsichtlich der fehlenden Situationsvalidität wird in den Verhaltenswissenschaften allgemein und speziell im Accounting bislang weitgehend nur normativ, jeweils unter Hervorhebung der jeweiligen Vorteile oder Schwierigkeiten studentischer Versuchspersonen, über deren Angemessenheit diskutiert.[580] So wird der Beitrag von SEARS[581], in dem dieser aufbauend auf einer rein konzeptionellen Argumentation ohne empirische Befunde die Verwendung von studentischen Versuchsteilnehmern massiv kritisiert, nach dem SOCIAL SCIENCE CITATION INDEX bis zum Jahr 2008 446 Mal zitiert.[582]

575 Vgl. *Wilson, T. D. / Aronson, E. / Carlsmith, K.* (2010), S. 57 und die dort angegebene Literatur.
576 Vgl. *Preuß, R. K.* (1991), S. 39; *Locke, E. A.* (1986), S. 5 f.; *Swieringa, R. J. / Weick, K. E.* (1982), S. 63.
577 Vgl. *Hirsch, B.* (2007), S. 120 f. und die dort angegebene Literatur.
578 Vgl. *Hirsch, B.* (2007), S. 122 und die dort angegebene Literatur.
579 Siehe Abschnitt 3.3.3.
580 Vgl. *Walters-York, L. M. / Curatola, A. P.* (2000), S. 257; *Hughes, C. T. / Gibson, M. L.* (1991), S. 154 und S. 158; *Barr, S. H. / Hitt, M. A.* (1986), S. 599 f.
581 Vgl. *Sears, D. O.* (1986).
582 Vgl. *Druckman, J. N. / Kam, C. D.* (2011), S. 42.

Allgemein kann festgehalten werden, dass einerseits experimentelle Untersuchungen, die auf Studierende zurückgreifen, in der Regel implizit von deren Eignung ausgehen bzw. als Arbeitshypothese akzeptieren, dass das Verhalten der Studierenden nicht von demjenigen der interessierenden Population abweicht.[583] Andererseits existiert eine Vielzahl an Studien, die entweder Unterschiede zwischen Studierenden und Professionals aufzeigen oder diese zumindest vermuten und dementsprechend dazu tendieren, studentische Versuchspersonen abzulehnen oder diese zumindest als problematisch anzusehen.[584] Damit lässt sich konstatieren, dass die Inkonsistenz und Ergebnislosigkeit bisheriger empirischer Forschung zur Subjekt-Surrogation wesentlich zur Widerspenstigkeit dieser Thematik beigetragen hat.[585] Auch hierzu durchgeführte Literaturanalysen außerhalb (z. B. im Marketing[586] und der Organisationsforschung[587]) und innerhalb[588] des Accountings können aufgrund ähnlich heterogener Resultate nur wenige Ansätze zur Überwindung dieser Widerspenstigkeit liefern.[589]

---

583 Vgl. *Walters-York, L. M. / Curatola, A. P.* (2000), S. 244 f.; *Birnberg, J. G. / Nath, R.* (1968), S. 39; *Ashton, R. H. / Kramer, S. S.* (1980), S. 1.

584 Vgl. *Walters-York, L. M. / Curatola, A. P.* (2000), S. 257.

585 Vgl. *Walters-York, L. M. / Curatola, A. P.* (2000), S. 244. Zum Konzept der Surrogation siehe Kapitel 4. Originalzitat: „[T]he inconsistency and inconclusiveness of past empirical findings on subject surrogation have contributed to the seeming intractability of the surrogation problem."

586 Innerhalb des Marketings werden Studierende insbesondere zu Zwecken der Konsumentenforschung in Laborexperimenten eingesetzt (vgl. *Peterson, R. A.* (2001), S. 451). Auch hierbei werden Stimmen laut, dass sie eine Gefahr für die externe Validität der Ergebnisse darstellen. Es scheint jedoch, dass der Gefahr des Verlustes an externer Validität durch studentische Versuchspersonen innerhalb der Marketingliteratur geringere Aufmerksamkeit zukommt als beispielsweise der Diskussion über die interne Validität von Laborexperimenten (vgl. *Vinson, D. E. / Lundstrom, W. J.* (1978), S. 114 f.). Laborexperimente zur Bestimmung der Angemessenheit von Studierenden sind überwiegend Anfang der 1970er bis Ende der 1980er Jahre durchgeführt worden. Neuere Untersuchungen sind auch hier selten geworden und die vorhandenen Studien zur Problematik insgesamt eher spärlich (vgl. *Peterson, R. A.* (2001), S. 451-453). Aufgrund der unterschiedlichen Ergebnisse wird daher auch im Marketing zur Vorsicht im Umgang mit Resultaten von Studien, die Studierendensamples verwenden, gemahnt (vgl. *Burnett, J. J. / Dunne, P. M.* (1986), S. 342).

587 Auch in der Organisationsforschung ist sowohl die Verwendung von studentischen Versuchspersonen als auch die Kritik daran weit verbreitet. GORDON, SLADE und SCHMITT führen eine Literaturanalyse in den Bereichen Industrie- / Organisationspsychologie und Organisationsverhalten durch, in der sie nach laborexperimentellen Studien suchen, die sowohl studentische als auch nicht-studentische Versuchspersonen unter gleichen Bedingungen untersuchen (Vergleichsstudien, siehe Abschnitt 4.3.4). Insgesamt können sie 32 solcher Studien mit 33 unabhängigen Vergleichen finden, die sie danach einteilen, ob Gruppenunterschiede anhand statistischer Tests oder qualitativ, ohne die Verwendung direkter statistischer Tests ermittelt wurden. Innerhalb der statistischen Kategorie können bei 12 der 22 Studien (55 %) statistisch bedeutsame Differenzen festgestellt werden. In der qualitativen Kategorie werden nur bei drei der elf Studien (27 %) signifikante Unterschiede zwischen der studentischen und nicht-studentischen Gruppe ausgemacht (vgl. *Gordon, M. E. / Slade, L. A. / Schmitt, N.* (1986), S. 191-200). Somit zeigt sich, dass auch in der Organisationsforschung bisher noch kein Konsens darüber herrscht, wann und in welchen Situationen Studierende angemessene Versuchspersonen darstellen.

588 Vgl. z. B. die Übersichten bei *Mortensen, T. / Fisher, R. / Wines, G.* (2012); *Liyanarachchi, G. A.* (2007); *Walters-York, L. M. / Curatola, A. P.* (2000).

589 Vgl. z. B. *Liyanarachchi, G. A.* (2007), S. 54; *Chang, C. J. / Ho, J. L. Y.* (2004), S. 99 f.

Es existieren zwar einige theoriebasierte Leitfäden mit unterschiedlichen Empfehlungen,[590] jedoch liegt trotz der Bedeutung der Thematik für die laborexperimentelle Forschung bisher wenig empirische Evidenz zur Beurteilung der Angemessenheit studentischer Surrogate vor.[591] WALTERS-YORK und CURATOLA sehen hierfür drei mögliche Gründe: erstens eine allgemeine Akzeptanz der Argumente gegen Studierende, zweitens die scheinbare Unlösbarkeit der Problematik und drittens die Unerreichbarkeit einer allgemeinen Definition über die Angemessenheit studentischer Versuchspersonen in Laborexperimenten.[592]

Da nach COMPEAU ET AL. die Zeit gekommen zu sein scheint, festgefahrene Argumente hinter sich zu lassen und die Thematik kritischer als bislang zu behandeln,[593] ist es deshalb das Ziel nachfolgender Ausführungen, diejenigen Bedingungen zu ermitteln, unter denen Studierende im (Management) Accounting als mögliche angemessene Versuchspersonen für die eigentlich interessierende Population (z. B. Manager) innerhalb von Laborexperimenten agieren können bzw. wann deren Verwendung zu Problemen hinsichtlich der Generalisierung der Ergebnisse führt.

590 Vgl. z. B. *Bello, D. et al.* (2009), S. 363, für die internationale Wirtschaftsforschung; *Gordon, M. E. / Slade, L. A. / Schmitt, N.* (1987), S. 164; *Gordon, M. E. / Slade, L. A. / Schmitt, N.* (1986), S. 203; *Weick, K. E.* (1967), S. 11-13, für die Organisationsforschung.

591 Vgl. *Mortensen, T. / Fisher, R. / Wines, G.* (2012), S. 251; *Liyanarachchi, G. A.* (2007), S. 62; *Peterson, R. A.* (2001), S. 450; *Walters-York, L. M. / Curatola, A. P.* (2000), S. 243 f.; *Walters-York, L. M. / Curatola, A. P.* (1998), S. 124; *Ashton, R. H. / Kramer, S. S.* (1980), S. 1; *Abdel-khalik, A. R.* (1974), S. 743.

592 Vgl. *Walters-York, L. M. / Curatola, A. P.* (2000), S. 244.

593 Vgl. *Compeau, D. et al.* (2012), S. 1094.
Originalzitat: „[T]he time has come to move beyond scripted arguments and treat the topic more critically."

4 Subjekt-Surrogation in der laborexperimentellen Rechnungswesenforschung

„The idea [...] came from arguments and discussions I have had over the years with journal editors in my role as an author and with authors in my role as a reviewer. In these discussions one issue came up repeatedly when laboratory experiments were being reviewed. It was expressed typically as follows: ‚You can't generalize from a simple five-minute task performed by college sophomores in a laboratory to the real world.' [...] I began to wonder: How do we know that we can't make such generalizations?"[594]

Seitdem MILLER als einer der ersten innerhalb des Accountings in einem Kommentar zu einem Artikel von BRUNS[595] die Surrogation „realer" Entscheider durch Studierende hinterfragt hat,[596] werden die Argumente diskutiert, die für und gegen studentische Versuchspersonen sprechen.[597] Zur Erläuterung der angeführten Begründungen wird zunächst in Abschnitt 4.1 als Grundlage das Konzept der Surrogation vorgestellt, bei dem die Subjekt-Surrogation den Teilaspekt darstellt, der in den Verhaltenswissenschaften am kontroversesten diskutiert wird.[598] Vor diesem modelltheoretischen Hintergrund wird daraufhin der Stand der Subjekt-Surrogation im Accounting empirisch erarbeitet (4.3). In Abschnitt 4.4 wird aufgezeigt, dass eine Strukturierung dieser bisherigen Forschungsarbeiten mithilfe des aufgezeigten Surrogations-Modells die inkonsistenten Aussagen zur Angemessenheit studentischer Versuchspersonen zu überwinden vermag. Anhand dieser potenziell relevanten Einflussfaktoren wird abschließend in Abschnitt 4.5 das resultierende Forschungsdefizit aufgezeigt.

4.1 Konzept der Surrogation

4.1.1 Begriff der Surrogation

Zu Beginn jeder empirischen Forschungstätigkeit steht die Herausforderung hinsichtlich der Wahl der empirischen Operationalisierung der Forschungsfrage.[599] Da in der Regel nicht die gesamte interessierende Population bei interessierender Tätigkeit in interessierender Umge-

594 *Locke, E. A.* (1986), S. 3. Im Original zum Teil hervorgehoben.
595 Vgl. *Bruns, W. J.* (1966).
596 Vgl. *Miller, H. E.* (1966), S. 15 f.
597 Vgl. *Liyanarachchi, G. A.* (2007), S. 51.
Ähnliches gilt auch für das Marketing und die Organisationsforschung.
598 Ein Exkurs zum Persönlichkeitsprofil von Studierenden der Wirtschaftswissenschaften in Abschnitt 4.2 arrondiert die Argumentation.
599 Vgl. *Rack, O. / Christophersen, T.* (2009), S. 19; *Bortz, J. / Döring, N.* (2006), S. 3; *Bonner, S. E.* (1999), S. 392.

bung beobachtet werden kann, muss auf sogenannte Surrogate zurückgegriffen werden.[600] Der Begriff Surrogation beinhaltet allgemein die Substituierung eines Artefakts (Objekts) durch ein anderes unter der Annahme, dass durch das substituierende Artefakt, das Surrogat, vereinfacht die Eigenschaften oder Prozesse, die beim „realen"[601] Artefakt relevant oder speziell von Interesse sind, reproduziert oder approximiert werden können.[602] Eine valide Surrogation erfordert damit folglich keine Deckungsgleichheit aller Eigenschaften oder Prozesse beider Artefakte.[603] Mögliche Surrogate, über die dementsprechend simultan zu Beginn der empirischen Untersuchung entschieden werden muss, betreffen die Wahl des Forschungssettings (Umgebung bzw. Setting oder Contexts; z. B. Labor-, Feldexperiment, Survey), die durchzuführende Forschungsaufgabe (Tätigkeit bzw. Task oder Behaviors; z. B. Experimentaufgabe, Belohnungsstruktur) sowie die zu rekrutierenden Versuchspersonen (Population bzw. Subjects oder Actors).[604]

4.1.2 Surrogation in den Verhaltenswissenschaften

Wird das zugrunde liegende ökologische Rationalitätsverständnis expliziert, zeigt sich, dass dessen Dimensionen nicht isoliert voneinander analysiert werden können, sondern die zwischen diesen bestehenden Interdependenzen berücksichtigt werden müssen (siehe *Abbildung 16*, Teil 1):

> „We argue that to discover how the mind works, and how well, we need to understand how the mind functions under its own constraints [...] and how it exploits the structure of the social and physical environments in which it must reach its goals"[605].

So beeinflusst die Umgebung (Environment) einerseits die Aufgabenstruktur (Task) (c_1) und andererseits formt sie die kognitiven Kapazitäten (Cognitive Capacities) der Individuen (b_1); gleichzeitig treffen in jeder Urteils- und Entscheidungssituation situationsspezifische Charak-

600 Vgl. *Huber, O.* (2013), S. 111-113; *Dipboye, R. L. / Flanagan, M. F.* (1979), S. 142; *Runkel, P. J. / McGrath, J. E.* (1972), S. 407 f.

601 „Real" bedeutet in diesem Zusammenhang, dass es sich jeweils um das tatsächlich interessierende Pendant des Surrogats handelt. Vgl. *Locke, E. A.* (1986), S. 3 f.

602 Vgl. *Walters-York, L. M. / Curatola, A. P.* (2000), S. 244; *Watson, D. J. H.* (1974), S. 533. Etymologisch lässt sich der Terminus auf das Lateinische „surrogare", d. h. „nachwählen lassen, wählen, erheben", zurückführen. Vgl. *Menge, H.* (1964), S. 510.

603 Vgl. *Walters-York, L. M. / Curatola, A. P.* (2000), S. 244 f.; *Locke, E. A.* (1986), S. 6; *Watson, D. J. H.* (1974), S. 533.

604 Vgl. *Dipboye, R. L. / Flanagan, M. F.* (1979), S. 142; *Dickhaut, J. W. / Livingstone, J. L. / Watson, D. J. H.* (1972), S. 458 f.; *Runkel, P. J. / McGrath, J. E.* (1972), S. 21 f. und S. 407 f.; *Birnberg, J. G. / Nath, R.* (1968), S. 42.

605 *Chase, V. M. / Hertwig, R. / Gigerenzer, G.* (1998), S. 212. Vgl. *Bonner, S. E.* (1999), S. 390.

teristika auf die vorhandenen kognitiven Kapazitäten (a_1).[606] Die Anwendung dieser Trichotomie auf den in der Arbeit behandelten Kontext der verhaltenswissenschaftlichen Management Accounting-Forschung[607] hat zur Konsequenz, dass zum einen die gewählte Forschungsumgebung (Untersuchungsmethoden) die Gestaltung der Forschungsaufgabe determiniert (c_2), zum anderen aber auch zu den beschränkten kognitiven Kapazitäten des Managers ein wechselseitiges Abhängigkeitsverhältnis besteht (b_2). Gleichzeitig interagieren die kontextspezifischen Merkmale der Urteils- und Entscheidungssituation aus dem Management Accounting (Untersuchungsobjekt) mit dem Entscheidungsträger (Untersuchungssubjekt) (a_2).[608] Da eine vollständige Untersuchung der gesamten interessierenden Population bei interessierender Tätigkeit in interessierender Umgebung in der Regel nicht vorgenommen werden kann, wird für alle drei Dimensionen typischerweise auf Surrogate zurückgegriffen, deren Ausprägung simultan zu Beginn jeder empirischen Untersuchung festgelegt werden muss (siehe *Abbildung 16*, Teil 2).[609] RUNKEL / MCGRATH merken diesbezüglich an; „No study can encompass all conceivable actors, behaviors, and contexts, for this would be to claim the universe of events related to living systems."[610] Vielmehr müsse der Forscher theoriegeleitet eine Entscheidung darüber treffen, welche Setting-Task-Subject-Kombination den größten Beitrag zur Beantwortung der Forschungsfragen leistet.[611]

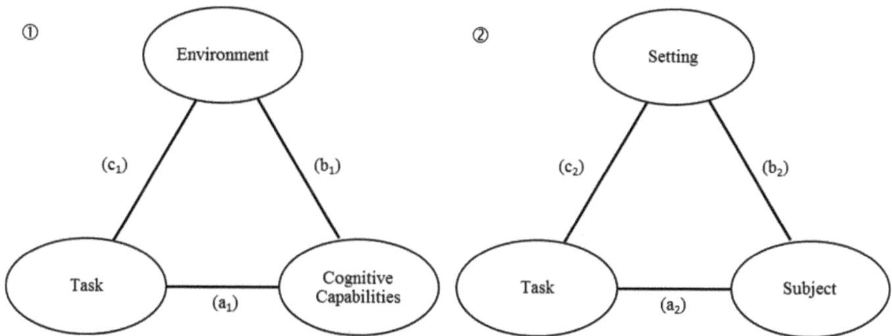

Abbildung 16: Explikation von SIMONs Schere und Surrogate empirischer Forschung[612]

606 Vgl. *Basel, J. S.* (2012), S. 69.

607 Analog kann diese Trichotomie auf alle weiteren potenziellen Kombinationen aus Untersuchungsobjekt, -subjekt und -methode angewandt werden, die entweder in der verhaltenswissenschaftlichen Rechnungswesenforschung (siehe Abschnitt 2.5) oder allgemein in den Verhaltenswissenschaften untersucht werden. Vgl. *Runkel, P. J. / McGrath, J. E.* (1972), S. 21 f.

608 Siehe Abschnitt 2.5.

609 Siehe Abschnitte 3.2, 3.3, 3.4 und 4.1.1.

610 *Runkel, P. J. / McGrath, J. E.* (1972), S. 21.

611 Vgl. *Runkel, P. J. / McGrath, J. E.* (1972), S. 407.

612 In Anlehnung an: *Basel, J. S.* (2012), S. 70.

Für Laborexperimente bedeutet dies, dass in der Regel sowohl die Forschungsaufgabe[613] (Task) als auch die Versuchspersonen Surrogate (Subject) für das jeweilige „reale" Pendant darstellen. Bestimmungsgrößen individuellen Verhaltens sind bei dem feststehenden Setting (Laborexperiment) in Anlehnung an das in *Abbildung 17* dargestellte S-O-R-Modell demnach der durch die laborexperimentelle Forschungsaufgabe hervorgerufene sensorische Input (Stimulus), der durch die gewählten Versuchspersonen umgesetzt, reduziert, weiter verarbeitet, gespeichert, wieder hervorgeholt und schließlich benutzt wird (Organismus).[614] Somit ist das resultierende „Verhalten [...] Ergebnis des Zusammenspiels von Persönlichkeits- und Umweltmerkmalen."[615]

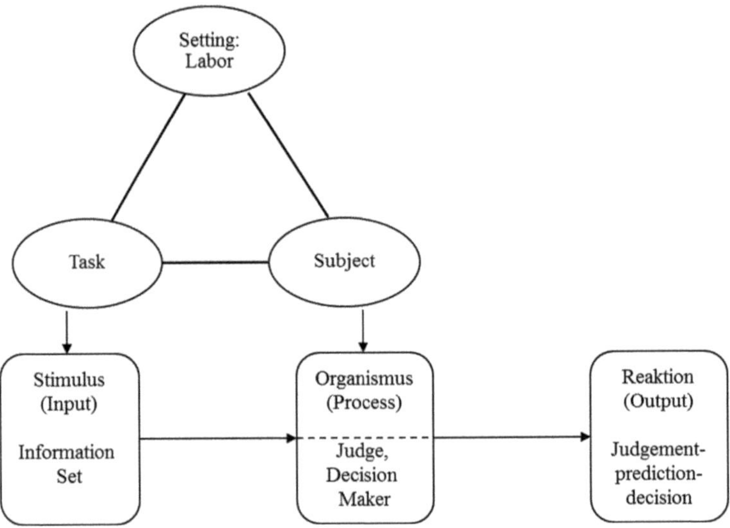

Abbildung 17: Integration der Surrogations-Trichotomie in das S-O-R-Modell[616]

4.1.3 Subjekt-Surrogation in den Verhaltenswissenschaften

Besonders der Aspekt der Auswahl geeigneter Versuchspersonen wird in den Verhaltenswissenschaften, v. a. in der (Sozial-)Psychologie, schon seit fast sieben Jahrzehnten kontrovers

613 Ein anschauliches Beispiel hierzu findet sich bei *Dickhaut, J. W. / Livingstone, J. L. / Watson, D. J. H.* (1972), S. 455.

614 Siehe Abschnitte 2.2.5 und 2.4.3.

615 *Schanz, G.* (1993b), Sp. 2006.

616 Eigene Darstellung. Siehe *Abbildung 9*, *Abbildung 13* und *Abbildung 16*.

diskutiert.[617] So bemerkt MCNEMAR schon 1946: „The existing science of human behavior is largely the science of the behavior of sophomores."[618] Bezugnehmend auf obiges Surrogationsverständnis liegt dann eine valide Subjekt-Surrogation vor, wenn davon ausgegangen werden kann, dass sich die verwendeten Versuchspersonen im untersuchten Effekt nicht von demjenigen ihrer „realen" Pendants unterscheiden.[619] ZELDITCH und EVAN stellen dies anschaulich dar:

> „The geneticist finds the fruit-fly a strategic and convenient research subject because the relevant process is run through so rapidly, there are so many replicates, and they are so readily confined and observed. But what is so important about the fruit-fly is that its genetic process is not fundamentally different from the human genetic process. Neither its size nor its structure is correlated with the process investigated."[620]

Insbesondere die Verwendung von Studierenden als Surrogate hat sich hierbei weitgehend innerhalb laborexperimenteller Verhaltensforschung etabliert:[621]

> „Die humanwissenschaftliche Forschung leidet darunter, dass sich viele Untersuchungsleiter die Auswahl ihrer Untersuchungsteilnehmer sehr leicht machen, indem sie einfach anfallende Studentengruppen wie z. B. die Teilnehmer eines Seminars oder zufällig in der Mensa angetroffene Kommilitonen um ihre Mitwirkung bitten."[622]

---

617 Siehe Abschnitt 3.4.2.

618 *McNemar, Q.* (1946), S. 333.
ROSENTHAL / ROSNOW (*Rosenthal, R. / Rosnow, R. L.* (1969), S. 59 f.) präzisieren dies zwei Jahrzehnte später: „The existing science of human behavior may be largely the science of those sophomores who both (a) enroll in psychology courses and (b) volunteer to participate in behavioral research."

619 Vor dem Hintergrund der Konsumentenforschung stellen *Cunningham, W. A. / Anderson, W. T. / Murphy, J. H.* (1974) im Titel eines Aufsatzes die Frage „Are students real people?". 15 Jahre zuvor kommt TOLMAN schon zum Fazit, dass „college sophomores are obviously not real people" (*Tolman, E. C.* (1959), S. 7). Mit ähnlicher Vehemenz bestreitet auch HOVLAND (*Hovland, C. I.* (1959), S. 10.) die Eignung studentischer Surrogate: „College sophomores may not be people."

620 *Zelditch, M. / Evan, W. M.* (1962), S. 59.
Ein weiteres anschauliches Beispiel findet sich bei DICKHAUT, LIVINGSTON und WATSON. Danach sind die Töchter von RICHARD M. NIXON angemessene Surrogate für die Töchter von LYNDON B. JOHNSON, wenn die untersuchte Eigenschaft deren Verwandtschaftsverhältnis zu US-amerikanischen Präsidenten betrifft. Ist allerdings die interessierende Eigenschaft das Verwandtschaftsverhältnis zu einem Mitglied der Demokratischen Partei, stellen die Töchter von NIXON keine angemessenen Surrogate dar. Vgl. *Dickhaut, J. W. / Livingstone, J. L. / Watson, D. J. H.* (1972), S. 458.

621 Vgl. z. B. *Bean, D. F. / D'Aquila, J. M.* (2003), S. 189; *Walters-York, L. M. / Curatola, A. P.* (1998), S. 124; *Swieringa, R. J. / Weick, K. E.* (1982), S. 58; *Dickhaut, J. W. / Livingstone, J. L. / Watson, D. J. H.* (1972), S. 457; *Birnberg, J. G. / Nath, R.* (1968), S. 39, für die Rechnungswesenforschung; *Dobbins, G. H. / Lane, I. M. / Steiner, D. D.* (1988), S. 282 f.; *Barr, S. H. / Hitt, M. A.* (1986), S. 599, für die Managementforschung; *Gordon, M. E. / Slade, L. A. / Schmitt, N.* (1986), S. 191, für die Organisationsforschung; *Burnett, J. J. / Dunne, P. M.* (1986), S. 329; *Dipboye, R. L. / Flanagan, M. F.* (1979), S. 145; *Rosenthal, R. / Rosnow, R. L.* (1969), S. 95, für die Psychologie oder *Bornstein, B. H.* (1999), S. 76 f., für die Rechtswissenschaften.

622 *Bortz, J. / Döring, N.* (2006), S. 74. Vgl. *Wintre, M. G. / North, C. / Sugar, L. A.* (2001), S. 216 f.; *Schultz, D. T.* (1969), S. 217.

Die bisherigen Erkenntnisse über menschliches Verhalten stammen also in hohem Maße aus laborexperimentellen Untersuchungen mit studentischen Teilnehmern:[623]

> „Man stelle sich einmal vor, statt Generationen von Studenten wären Generationen von Arbeitern oder Rentnern durch die Labore geschleust worden. Vielleicht sähe die Sozialpsychologie dann heute anders aus. (Oder vielleicht auch nicht?)"[624]

So greifen auch betriebswirtschaftliche Forschungsbereiche wie das Marketing, die Organisationsforschung und das Accounting häufig auf Studierende zurück.[625] Sie werden dabei als Surrogate für beispielsweise Einkäufer[626], Finanzanalysten[627], Hausfrauen[628], Investoren[629], Manager[630], Militärpersonal[631] oder auch Wirtschaftsprüfer[632] verwendet. Da diese Laborexperimente bislang größtenteils im angloamerikanischen Sprachraum durchgeführt worden sind, wird im Folgenden analog die substituierte Populationsgruppe als „Businessmen" oder „Professionals" bezeichnet.

4.1.4 Potenziale und Limitationen studentischer Versuchspersonen

Obwohl in Laborexperimenten im Accounting zumeist das Verhalten von Professionals untersucht werden soll, werden aus unterschiedlichen Gründen Studierende diesen bei der Rekrutierung vorgezogen.[633] Ein Vorteil in der Verwendung studentischer Surrogate besteht in der Möglichkeit, hierdurch die „experimentelle Effizienz" zu erhöhen.[634] Diese entsteht durch die geringeren Kosten, die im Wesentlichen aus der einfacheren Erreichbarkeit bzw. Rekrutierbarkeit und einer hohen Teilnahmebereitschaft der Studierenden im Vergleich zu den nichtstudentischen Versuchspersonen resultieren.[635] Im Gegensatz zu Professionals müssen Studierende nicht erst ausfindig gemacht werden und mit hohem Aufwand zu der Zeit und an dem

623 Vgl. *Sears, D. O.* (1986), S. 515.
624 *Zimmermann, E.* (1972), S. 80.
625 Vgl. *Peterson, R. A.* (2001), S. 450; *Walters-York, L. M. / Curatola, A. P.* (2000), S. 244; *Birnberg, J. G. / Shields, M. D. / Young, S. M.* (1990), S. 45; *Burnett, J. J. / Dunne, P. M.* (1986), S. 333; *Craswell, A. T.* (1978), S. 81.
626 Vgl. z. B. *Khera, I. P. / Benson, J. D.* (1970).
627 Vgl. z. B. *Hewitt, M.* (2009).
628 Vgl. z. B. *Hawkins, D. I. / Albaum, G. / Best, R.* (1977); *Park, C. W. / Lessig, V. P.* (1977); *Shuptrine, F. K.* (1975); *Cunningham, W. A. / Anderson, W. T. / Murphy, J. H.* (1974); *Enis, B. M. / Cox, K. K. / Stafford, J. E.* (1972).
629 Vgl. z. B. *Elliott, W. B. et al.* (2007).
630 Vgl. z. B. *Remus, W. E.* (1996).
631 Vgl. z. B. *Alpert, B.* (1967).
632 Vgl. z. B. *Abdolmohammadi, M. J. / Wright, A. M.* (1987); *Frederick, D. M. / Libby, R.* (1986).
633 Vgl. *Elliott, W. B. et al.* (2007), S. 140; *Birnberg, J. G. / Nath, R.* (1968), S. 472 f.
634 Vgl. *Mortensen, T. / Fisher, R. / Wines, G.* (2012), S. 251.
635 Vgl. *Mortensen, T. / Fisher, R. / Wines, G.* (2012), S. 251; *Liyanarachchi, G. A.* (2007), S. 50.

Ort des Laborexperiments verfügbar sein.[636] Ein weiterer Grund für die Verwendung einer studentischen Versuchspersonengruppe ist in deren Homogenität zu sehen, die Fehlervarianzen reduziert und die Stärke statistischer Tests erhöht.[637] Mithilfe dieser „pragmatic"[638], „convenience"[639] oder „sophisticated"[640] anstatt „probability"[641] Samples wird außerdem zusätzlich eine „Übernutzung" realer Versuchspersonen verhindert. Da im Vergleich zur Anzahl verfügbarer Studierender nur Zugang zu einer geringeren Anzahl an Professionals vorhanden ist,[642] wird empfohlen, deren Teilnahmebereitschaft auf solche Laborexperimente zu konzentrieren, in denen der Forschende nicht auf die Verwendung von Professionals verzichten kann.[643] LIBBY, BLOOMFIELD und NELSON merken daher an, dass Experimentatoren zur Erhöhung der experimentellen Effizienz

> „should avoid using professional subjects unless it is necessary to achieve their research goals. In addition to increasing the experimenters' own time and expense, inappropriate use of professional subjects has negative externalities – they may make it more difficult for other experimenters to gain access to this very valuable resource."[644]

Trotz dieser Vielzahl an Vorteilen, die sich aus einer studentischen Surrogation ergeben, dominieren innerhalb des Accountings kritische Aussagen, die die Eignung in Frage stellen.[645] Diese weitverbreitete kritische Sichtweise führe beispielsweise laut TROTMAN sogar so weit, dass es extrem schwierig sei, Studien, die mit studentischen Surrogaten durchgeführt worden sind, in angesehenen Accounting-Zeitschriften zu publizieren.[646] Nach BELLO ET AL. sei es die

---

636 Vgl. *Brandon, D. M. et al.* (2014), S. 1 f.; *Langer, T.* (2007), Sp. 424 f.; *Liyanarachchi, G. A.* (2007), S. 50; *Bean, D. F. / D'Aquila, J. M.* (2003), S. 189; *Peterson, R. A.* (2001), S. 451; *Walters-York, L. M. / Curatola, A. P.* (1998), S. 140; *Abdolmohammadi, M. J. / Wright, A. M.* (1987), S. 2; *Abdel-khalik, A. R.* (1974), S. 743; *Zimmermann, E.* (1972), S. 80; *Birnberg, J. G. / Nath, R.* (1968), S. 40.

637 Vgl. *Peterson, R. A.* (2001), S. 458; *Birnberg, J. G. / Shields, M. D. / Young, S. M.* (1990), S. 45; *Greenberg, J.* (1987), S. 159; *Calder, B. J. / Phillips, L. W. / Tybout, A. M.* (1981), S. 199.

638 *Liyanarachchi, G. A.* (2007), S. 50.

639 *Walters-York, L. M. / Curatola, A. P.* (2000), S. 244; *Walters-York, L. M. / Curatola, A. P.* (1998), S. 140; *Birnberg, J. G. / Shields, M. D. / Young, S. M.* (1990), S. 47.

640 *Zimmermann, E.* (1972), S. 80.

641 *Ferber, R.* (1977), S. 57. Siehe Abschnitt 3.3.3.

642 Vgl. *Birnberg, J. G. / Nath, R.* (1968), S. 40.

643 Vgl. *Libby, R. / Bloomfield, R. / Nelson, M. W.* (2002), S. 802 f.
Zusätzliche Unterstützung erfährt dieses Argument dadurch, dass durch die immer größer werdende Themenvielfalt, die im Rahmen der Behavioral Accounting-Forschung untersucht wird, zusätzliche (professionelle) Versuchspersonen benötigt werden. Vgl. *Birnberg, J. G.* (2011), S. 5 f.

644 *Libby, R. / Bloomfield, R. / Nelson, M. W.* (2002), S. 803.

645 Vgl. *Liyanarachchi, G. A.* (2007), S. 48; *Walters-York, L. M. / Curatola, A. P.* (2000), S. 244.

646 Vgl. *Trotman, K. T.* (1996), S. 93.
Möglicherweise lässt sich mit diesem Argument die im Vergleich zu Beiträgen mit anderen Forschungsmethoden unterdurchschnittliche Acceptance Rate von nur 10,5 % für Beiträge (2 von 19 Submissions), die das Laborexperiment als Methode verwenden, beim JOURNAL OF MANAGEMENT ACCOUNTING RESEARCH für die Jahre 2009 und 2010 begründen (vgl. *Balakrishnan, R.* (2010), S. 304). Ähnlich argumentiert auch REMUS (vgl. *Remus, W. E.* (1996), S. 94), der aufbauend auf der Untersuchung von DIPBOYE (vgl. *Dipboye, R. L.* (1990)) zum Ergebnis kommt, dass Feldexperimente und Feldstudien aufgrund des Verzichts an stu-

Beweislast des Forschers, die Generalisierbarkeit von mit Studierenden erzielten Studienergebnissen zu belegen.[647]

Basis dieser Kritik an einer studentischen Surrogation bildet vor allem eine damit einhergehende erhebliche Gefahr bzw. Einschränkung für die externe Validität der Untersuchungsergebnisse:[648]

> „While laboratory experiments done with young [...] students are neat, convenient, and relatively cheap to execute, the very simplicity of those environments means that for many problems the insights are highly suspect if one seeks to generalize from them to administrative practice."[649]

Diese mangelnde Möglichkeit zur Generalisierung der Erkenntnisse beruht dabei auf der Annahme, dass Studierende die eigentlich interessierende Population nicht ausreichend repräsentieren und damit auch nicht deren Verhalten widerspiegeln.[650] Die fehlende Repräsentativität wird vor allem an bestimmten Faktoren wie Erfahrung, sozialem Hintergrund, Alter, ökonomischer Situation oder weiteren Persönlichkeitsmerkmalen (z. B. kognitive Fähigkeiten, emotionale Charakteristika, Einstellungen) festgemacht, die zwischen Studierenden und Professionals divergieren.[651] Obwohl davon ausgegangen werden kann, dass Manager in der Regel einmal Studierende gewesen sind und diesen damit in einigen Dimensionen gleichen müssten,[652] wird angenommen, dass es durch die Nutzung von studentischen Surrogaten nicht möglich sei, die im Laborexperiment abgeleiteten Ursache-Wirkungs-Zusammenhänge über die experimentelle Aufgabe, die experimentelle Umgebung und über die verwendeten Subjek-

---

dentischen Surrogaten doppelt so häufig publiziert werden wie Laborexperimente. Eine ähnliche Vermutung äußert auch SNOWBALL (vgl. *Snowball, D.* (1986), S. 50).

647 Vgl. *Bello, D. et al.* (2009), S. 363.

648 Vgl. z. B. *Druckman, J. N. / Kam, C. D.* (2011), S. 42; *Liyanarachchi, G. A.* (2007), S. 49; *Walters-York, L. M. / Curatola, A. P.* (2000), S. 245; *Brownell, P.* (1995), S. 5; *Wells, W. D.* (1993), S. 492; *Gordon, M. E. / Slade, L. A. / Schmitt, N.* (1987), S. 160; *Greenberg, J.* (1987), S. 157; *Gordon, M. E. / Slade, L. A. / Schmitt, N.* (1986), S. 192; *Sears, D. O.* (1986), S. 520; *Swieringa, R. J. / Weick, K. E.* (1982), S. 79; *Dipboye, R. L. / Flanagan, M. F.* (1979), S. 141; *Copeland, R. M. / Francia, A. J. / Strawser, R. H.* (1973), S. 365; *Dickhaut, J. W. / Livingstone, J. L. / Watson, D. J. H.* (1972), S. 456; *Oakes, W.* (1972), S. 959; *Birnberg, J. G. / Nath, R.* (1968), S. 40 f.; *Miller, H. E.* (1966), S. 15 f.; *Dill, W. R.* (1964), S. 52. Siehe Abschnitte 3.3.3 und 3.4.2.

649 *McFarlan, F. W.* (1986), S. i.

650 Vgl. *Liyanarachchi, G. A.* (2007), S. 55; *Brownell, P.* (1995), S. 5; *Dickhaut, J. W. / Livingstone, J. L. / Watson, D. J. H.* (1972), S. 459.
Somit seien die daraus gewonnenen Ergebnisse „flat out wrong [...]. [...] [T]hey may give quite a distorted portrait of human nature." (*Sears, D. O.* (1986), S. 516.) Deshalb wird der Einsatz Studierender von Kritikern lediglich toleriert, um innerhalb von Pilot-Studien mitzuwirken oder wenn etwas über allgemeines menschliches Verhalten bzw. speziell das studentische Verhalten selbst herausgefunden werden soll (vgl. *Bello, D. et al.* (2009), S. 362; *Miller, H. E.* (1966), S. 15 f.).

651 Vgl. *Liyanarachchi, G. A.* (2007), S. 49; *Schulz, A. K.-D.* (1999), S. 45; *Burnett, J. J. / Dunne, P. M.* (1986), S. 330; *Ashton, R. H. / Kramer, S. S.* (1980), S. 4 f.; *Taylor, R. N.* (1975), S. 74; *Enis, B. M. / Cox, K. K. / Stafford, J. E.* (1972), S. 72; *Birnberg, J. G. / Nath, R.* (1968), S. 40 f.

652 Vgl. *Locke, E. A.* (1986), S. 5; *Campbell, J. P. et al.* (1970), S. 334 f.

te hinaus verallgemeinern zu können.[653] Exemplarisch für eine daraus resultierende extreme Ablehnung studentischer Surrogate (innerhalb der experimentellen Organisationsforschung) steht DILL:

> „What college sophomores do, alas, may not be much more relevant than the behavior of monkeys for predicting how executives, nurses, or research scientists will perform.“[654]

Insgesamt führt diese Kritik nach ALPERT zu folgendem Schluss: „[T]he best subjects for tests designed to reflect the businessman's behavior [...] is the businessman himself.“[655]

In *Tabelle 4* sind die genannten Argumente überblicksartig zusammengefasst.

Vorteile studentischer Surrogate	Nachteile studentischer Surrogate
- geringere Kosten gegenüber Professionals - einfache Erreichbarkeit und Rekrutierbarkeit - hohe Teilnahmebereitschaft - Homogenität des Samples - Verhinderung der „Übernutzung“ realer Versuchspersonen	- Publikationsschwierigkeiten - mangelnde Möglichkeit zur Generalisierung aufgrund fehlender Repräsentativität

Tabelle 4: Synopse der Vor- und Nachteile einer studentischen Surrogation[656]

4.2 Exkurs: Persönlichkeitsprofil von Studierenden der Wirtschaftswissenschaften

Für Laborexperimente, die im Accounting-Kontext durchgeführt werden und studentische Surrogate verwenden, werden die notwendigen Versuchspersonen in der Regel in wirtschaftswissenschaftlichen Fakultäten rekrutiert.[657] Dies hat nicht nur den pragmatischen Grund, dass der Experimentator selbst dieser Fakultät angehört, sondern liegt auch daran, dass sich Studierende dieser Population von Studierenden anderer Disziplinen bzw. der Durchschnittsbevölkerung abgrenzen.[658] Sowohl LOUNSBURY ET AL. als auch SHAHZAD, AHMED und GHAFFAR weisen durch die Anwendung von Persönlichkeitsfragebögen zum Fünf-

653 Vgl. *Walters-York, L. M. / Curatola, A. P.* (2000), S. 245-247; *Cook, T. D. / Campbell, D. T.* (1979), S. 37; *Craswell, A. T.* (1978), S. 81.
654 *Dill, W. R.* (1964), S. 52.
655 *Alpert, B.* (1967), S. 207.
656 Eigene Darstellung.
657 Siehe v. a. Abschnitte 4.3 und 4.4.
658 Vgl. z. B. *Honert, M.* (2007).

Faktoren-Modell[659] Unterschiede in der Persönlichkeit zwischen Wirtschaftsstudierenden und Nicht-Wirtschaftsstudierenden nach.[660]

In beiden Studien erzielen Studierende der Wirtschaftswissenschaften einen höheren Wert beim Faktor *Extraversion*.[661] Diese Erkenntnis deckt sich mit den Anforderungen, die der spätere Arbeitsplatz an den Absolventen hat. So werden Wirtschaftswissenschaftler für solche Berufe rekrutiert, bei denen in etwa 80 Prozent der Fälle Extravertiertheit benötigt wird.[662] Umgekehrt zeigt sich dies auch daran, dass mehr extravertierte Persönlichkeiten in Berufen, die eine wirtschaftswissenschaftliche Ausbildung erfordern, arbeiten als in anderen.[663] Diese Arbeitsgebiete drücken sich zum einen durch hohe soziale Interaktionen aus (z. B. im Vertrieb) und zum anderen durch die Eigenschaft der Dominanz, die in Managementpositionen von Nöten ist.[664]

Beim Faktor *Verträglichkeit* erzielen Nicht-Wirtschaftsstudierende einen höheren Wert.[665] Eine potenzielle Ursache liegt, aufgrund einer stark begrenzten Anzahl an Managementstellungen, im – gegenüber anderen Disziplinen – hohen Konkurrenzkampf bezüglich Noten und individuellen Erfolgen in den wirtschaftswissenschaftlichen Fachbereichen begründet.[666] Außerdem wird angenommen, dass eine hohe Verträglichkeit das Treffen von Entscheidungen, die möglicherweise Mitarbeiter betreffen oder der eigenen Karriere bzw. dem eigenen Erfolg im Weg stehen, behindert.[667]

Bezüglich der Dimension *Neurotizismus* erweisen sich Studierende der Wirtschaftswissenschaften als ruhiger und zufriedener als Nicht-Wirtschaftsstudierende.[668] Stressresistenz gilt als ein zentraler Faktor in der Wirtschaftswelt, da Arbeitnehmer einem ständigen Konkurrenzkampf ausgesetzt sind und weitreichende Entscheidungen treffen müssen, was wiederum zu hohem Stress führen kann.[669] LAZARUS spricht von drei wesentlichen Stressfaktoren: Unsicherheiten in Ergebnissen von Situationen, Rollenambiguitäten und Kontrollverlusten.[670] Je-

---

659 Ausführliche Erläuterungen zu diesem Modell und den fünf Faktoren finden sich z. B. bei *Asendorpf, J. B. / Neyer, F. J.* (2012), S. 107; *Amelang, M. / Bartussek, D.* (2001), S. 364-384; *McCrae, R. R. / John, O. P.* (1992); *Goldberg, L. R.* (1981).

660 Vgl. *Shahzad, K. / Ahmed, F. / Ghaffar, A.* (2013), S. 3-5; *Lounsbury, J. W. et al.* (2009), S. 202 f.

661 Vgl. *Shahzad, K. / Ahmed, F. / Ghaffar, A.* (2013), S. 3; *Lounsbury, J. W. et al.* (2009), S. 202.

662 Vgl. *Briggs Myers, I. / McCaulley, M. H.* (1985), S. 77-93.

663 Vgl. *Lounsbury, J. W. et al.* (2003), S. 295 f.

664 Vgl. *Shahzad, K. / Ahmed, F. / Ghaffar, A.* (2013), S. 5.

665 Vgl. *Shahzad, K. / Ahmed, F. / Ghaffar, A.* (2013), S. 3; *Lounsbury, J. W. et al.* (2009), S. 202.

666 Vgl. *Shahzad, K. / Ahmed, F. / Ghaffar, A.* (2013), S. 5; *Lounsbury, J. W. et al.* (2009), S. 202.

667 Vgl. *Zhao, H. / Seibert, S. E.* (2006), S. 263.

668 Vgl. *Shahzad, K. / Ahmed, F. / Ghaffar, A.* (2013), S. 3; *Lounsbury, J. W. et al.* (2009), S. 202.

669 Vgl. *Shahzad, K. / Ahmed, F. / Ghaffar, A.* (2013), S. 5.

670 Vgl. *Lazarus, R. S.* (1966), S. 1-9.

der dieser Stressfaktoren ist in Berufen mit wirtschaftswissenschaftlichem Schwerpunkt stark vertreten, sodass eine emotionale Stabilität zwingend erforderlich ist. Der ständige Wandel des Umfelds durch eine zunehmende Globalisierung lässt die Wichtigkeit einer emotionalen Stabilität in Zukunft sogar noch steigen.[671] Diese Eigenschaft wird folglich enorm bedeutungsvoll und unvermeidlich.[672] Hinzu kommt, dass diese Charaktereigenschaft positiv mit der Arbeits- und der Karrierezufriedenheit in Wirtschafts- oder wirtschaftsnahen Berufen korreliert.[673]

Trotz einer aus oben genannten Gründen unerlässlichen Notwendigkeit der Anpassung an die veränderte Wirtschaftsumwelt weisen Studierende der Wirtschaftswissenschaften im Faktor *Offenheit* vorwiegend negative Ladungen auf.[674] Einerseits liegt das daran, dass das berufliche Umfeld als eher konservativ eingeschätzt wird,[675] was sich nicht zuletzt im äußeren Erscheinungsbild dieser Berufsgruppe ausdrückt.[676] Andererseits bedingt das universitäre Curriculum, dass Studierende der Wirtschaftswissenschaften nur bedingt ermutigt werden, neue, kreative Ideen zu entfalten und deren Entwicklungen voranzutreiben, da es häufig nicht das Ziel ist, Sinnfragen zu beantworten, sondern stattdessen Probleme durch mathematische Modelle zu lösen.[677]

Zu konträren Ergebnissen kommen die beiden betrachteten Studien nur beim Faktor *Gewissenhaftigkeit*. Nach LOUNSBURY ET AL. sind Studierende der Wirtschaftswissenschaften gewissenhafter als Studierende anderer Fachbereiche. Dies wird dadurch begründet, dass annähernd jeder Arbeitsplatz in der Wirtschaft, jedes Unternehmen und jede Karriere gewissenhafte Aktivitäten zwingend erfordern. Dazu zählen unter anderem strukturiertes Organisieren, das Setzen von Zielen, ein angemessenes Zeitmanagement, das Beachten von Details sowie ein striktes Befolgen von Regeln.[678] Die gegenteiligen Resultate von SHAHZAD, AHMED und GHAFFAR werden durch den Wandel der Gegebenheiten in der Wirtschaftsumwelt begründet. Dort komme es zu einer Verschiebung von Chaosvermeidung und Sicherung der Kontrolle, zu mehr Flexibilität, Innovationen und Risiken. Außerdem sei es unwahrscheinlich, dass die

671 Vgl. *Lounsbury, J. W. et al.* (2009), S. 202.
672 Vgl. *Shahzad, K. / Ahmed, F. / Ghaffar, A.* (2013), S. 5.
673 Vgl. *Lounsbury, J. W. et al.* (2003), S. 295 f.
674 Vgl. *Shahzad, K. / Ahmed, F. / Ghaffar, A.* (2013), S. 3; *Lounsbury, J. W. et al.* (2009), S. 202.
675 Vgl. *Feldman, K. / Newcomb, T. M.* (1969), S. 209.
676 Vgl. *Hiel, A. v. / Mervielde, I.* (2004), S. 668 f.
677 Vgl. *Shahzad, K. / Ahmed, F. / Ghaffar, A.* (2013), S. 5.
678 Vgl. *Lounsbury, J. W. et al.* (2009), S. 202.

beiden Dimensionen Extraversion und Gewissenhaftigkeit gleichlaufend sind, denn Abenteuerlust korreliere nur bedingt mit einem Charakter, der bevorzugt im Voraus plant.[679]

Tabelle 5 gibt einen Überblick über das mithilfe von Persönlichkeitstests ermittelte Persönlichkeitsprofil von typischen Studierenden der Wirtschaftswissenschaften. Einigkeit besteht demnach darüber, dass diese extravertierte Individuen sind, die eher als kalt und hartherzig gelten, emotional stabil und nicht übermäßig offen sind.

Persönlichkeitsfaktor	Ausprägung
Extraversion	+
Verträglichkeit	-
Neurotizismus	-
Offenheit	-
Gewissenhaftigkeit	?

Tabelle 5: Persönlichkeitsprofil nach dem Fünf-Faktoren-Modell von Studierenden der Wirtschaftswissenschaften[680]

4.3 Forschungsstand der Subjekt-Surrogation im Rechnungswesen

4.3.1 Literaturanalyse als Methode zur Darstellung des Forschungsstandes

Um zu einem Überblick über den Forschungsstand zu einer wissenschaftlichen Fragestellung zu gelangen, bietet es sich an, bisherige Forschungsarbeiten zu identifizieren, auszuwerten und zu synthetisieren.[681] Dies entspricht der Vorgehensweise bei einer Literaturanalyse.[682] FINK definiert diese als

> „a systematic, explicit, and reproducible method for identifying, evaluating, and synthesizing the existing body of completed and recorded work produced by researchers, scholars, and practitioners."[683]

679 Vgl. *Shahzad, K. / Ahmed, F. / Ghaffar, A.* (2013), S. 5.
680 Eigene Darstellung. Pluszeichen (Minuszeichen) symbolisieren eine positive (negative) Ausprägung des jeweiligen Persönlichkeitsfaktors.
681 Vgl. *Bortz, J. / Döring, N.* (2006), S. 522; *Fink, A.* (2005), S. 6.
Zu weiteren Gründen für eine Literaturanalyse vgl. *Fink, A.* (2005), S. 6.
682 Vgl. *Zühlke, J. P.* (2007), S. 93.
683 *Fink, A.* (2005), S. 3.

Nach COOPER besteht die Literaturanalyse mindestens daraus, dass sie Primärquellen als Datenbasis nutzt und versucht, deren Inhalte zu beschreiben, zusammenzufassen, zu evaluieren, zu erläutern und / oder zu integrieren (induktives Vorgehen).[684] Somit handelt es sich bei der Methode um eine Form der Sekundäranalyse, da zur Hypothesenüberprüfung auf bereits vorhandene Datenbestände rekurriert wird.[685] In der Regel umfasst die Literaturanalyse sieben sequenzielle Ablaufschritte.[686]

Entstammen die Primärquellen aus einer großen literarischen Grundgesamtheit (z. B. Medizin, Psychologie, Wirtschaftswissenschaften oder Recht[687]), die im Rahmen der Literaturanalyse systematisch erfasst und mit mathematischen und statistischen Verfahren quantitativ ausgewertet werden, kann die Methode dem wissenschaftlichen Forschungsansatz der Bibliometrie („bibliometrics“[688]) zugeordnet werden.[689] Häufig schließen sich daran inhaltsanalytische Methoden an, die die Ausprägungen inhaltlicher Merkmale der Datenbasis analysieren.[690] Da keine Erhebung von Primärdaten notwendig ist, bietet die Literaturanalyse Einsparmöglichkeiten an finanziellen Ressourcen und persönlicher Lebenszeit, jedoch gestaltet sich die Beschaffung von adäquaten Primärdaten häufig als große Schwierigkeit.[691]

Während derartige Analysen mit unterschiedlichem Fokus im englischsprachigen Raum in größerer Anzahl vorliegen, finden sich für die Controllingforschung im deutschsprachigen Raum nur wenige Studien, die diese Methode anwenden.[692]

4.3.2 Überblick zur Subjekt-Surrogation

Um die Bedeutung studentischer Surrogate für die laborexperimentelle Controllingforschung hervorzuheben, werden zunächst analog zur Vorgehensweise in Abschnitt 2.4.4 diejenigen

---

684 Vgl. *Cooper, H.* (1998), S. 3.

685 Vgl. *Schnell, R. / Hill, P. B. / Esser, E.* (2011), S. 243.

686 Diese lauten: 1. Definition der Forschungsfragen; 2. Auswahl der Datenbasis; 3. Definition der Suchbegriffe; 4. Anwendung von praktischen Auswahlverfahren; 5. Anwendung von methodologischen Auswahlverfahren; 6. Durchführung der Literaturdurchsicht und 7. Synthetisieren der Ergebnisse. Vgl. *Fink, A.* (2005), S. 5 f.

687 Vgl. *Zühlke, J. P.* (2007), S. 10; *Fink, A.* (2005), S. 3 und die jeweils dort angegebene Literatur.

688 Vgl. z. B. *Ball, R. / Tunger, D.* (2005).

689 Vgl. *Zühlke, J. P.* (2007), S. 10 und S. 93 und die dort angegebene Literatur.
Vor dem Hintergrund dieser Arbeit vgl. insbesondere die Literaturanalysen von *Fülbier, R. U. / Weller, M.* (2011); *Binder, C.* (2006); *Binder, C. / Schäffer, U.* (2005) zur deutschsprachigen Rechnungswesenforschung sowie die in FN 728 genannten Literaturanalysen zur Qualität von Accounting-Zeitschriften.

690 Vgl. *Zühlke, J. P.* (2007), S. 93.

691 Vgl. *Schnell, R. / Hill, P. B. / Esser, E.* (2011), S. 243.

692 Vgl. *Fülbier, R. U. / Weller, M.* (2011), S. 4 f.; *Binder, C. / Schäffer, U.* (2005), S. 604.
Im Wesentlichen sind dies die Studien *Wagenhofer, A.* (2006); *Binder, C. / Schäffer, U.* (2005); *Hess, T. et al.* (2005); *Küpper, H.-U.* (1993).

Literaturstudien zu einer Synopse verdichtet, die jeweils den relevanten Ausschnitt dieses Forschungsgebietes betrachten und darüber hinaus eine Differenzierung hinsichtlich der rekrutierten Versuchspersonen vornehmen. Obwohl das Hauptaugenmerk auf dem Untersuchungsobjekt des Management Accountings liegt, so werden hier zunächst alle Studien zur laborexperimentellen Rechnungswesenforschung zusammengetragen. Dies erscheint gerechtfertigt, da die Vorgehensweisen und Herausforderungen in der laborexperimentellen Controllingforschung weitgehend deckungsgleich mit denjenigen in den anderen Teilbereichen des Behavioral Accountings sind.[693] Außerdem bietet der Vergleich oder die Gegenüberstellung von Forschungsergebnissen aus den unterschiedlichen Teilbereichen des Behavioral Accountings die Möglichkeit zum Lernen.[694]

Von den in Abschnitt 2.4.4 genannten Studien treffen die Voraussetzungen lediglich auf die Arbeiten von BURGSTAHLER / SUNDEM und MEYER / RIGSBY zu. Darüber hinaus existieren einige Studien, die sich explizit mit der Methode des Laborexperiments auseinandersetzen und eine Differenzierung der Subjekte vornehmen. Einige der sechs relevanten Beiträge, die alle in englischsprachigen Zeitschriften publiziert worden sind, nehmen eine zeitliche Differenzierung vor, andere hingegen unterscheiden nach den jeweiligen Untersuchungsobjekten des Behavioral Accountings. Typischerweise werden die Subjekte jeweils den Kategorien „Professionals" (eventuell weiter aufgegliedert nach dem konkreten beruflichen Hintergrund), „Studierende" (eventuell weiter aufgegliedert nach dem jeweiligen Studienabschnitt), Samples, die sowohl Professionals als auch Studierende gemeinsam verwenden, sowie sonstigen bzw. unbekannten Versuchspersonengruppen zugeordnet. *Tabelle 6* listet die Charakteristika der Literaturstudien auf, während in *Tabelle 7* die Ergebnisse dieser Studien zusammengetragen sind.

Während beispielsweise für den Bereich des Marketings die angegebenen Prozentsätze an Laborexperimenten, die Studierende als Subjekte nutzen, je nach analysiertem Zeitraum zwischen 20 und 90 % schwanken, wobei der Prozentsatz steigt, je jünger die Analyse ist,[695] ist dahingegen im Accounting ein gegenläufiger Trend beobachtbar:[696] SNOWBALL ermittelt für

---

693 Vgl. *Sprinkle, G. B. / Williamson, M. G.* (2007), S. 428.
Originalzitat: „[T]he experimental research in managerial accounting is largely consistent with other experimental research in accounting and auditing."

694 Vgl. *Birnberg, J. G.* (2011), S. 2; *Hunton, J. E. / Wier, B. / Stone, D. N.* (2000), S. 752; *Bamber, E. M.* (1993), S. 2.

695 Vgl. *Peterson, R. A.* (2001), S. 451 (JOURNAL OF CONSUMER RESEARCH); *Cunningham, W. A. / Anderson, W. T. / Murphy, J. H.* (1974), S. 399 (JOURNAL OF ADVERTISING RESEARCH, JOURNAL OF BUSINESS, JOURNAL OF MARKETING, JOURNAL OF MARKETING RESEARCH); *Enis, B. M. / Cox, K. K. / Stafford, J. E.* (1972), S. 72 (JOURNAL OF MARKETING RESEARCH).

696 Vgl. *Birnberg, J. G.* (2011), S. 5.

den Zeitraum von 1964 bis 1975 einen Anteil von rund 81 %, der im Zeitraum von 1976 bis 1984 auf etwa 65 % fällt.[697] SWIERINGA / WEICK berechnen für die gleichen Zeitschriften für den Zeitraum von 1970 bis 1981 einen Anteil von rund 4 %, BURGSTAHLER / SUNDEM für den Zeitraum von 1968 bis 1987 einen Anteil von rund 36 % und KOTCHETOVA / SALTERIO geben für den Zeitraum von 1995 bis 2002 einen Wert von etwa 42 % an.[698] Diese Werte berücksichtigen allerdings die großen Divergenzen, die innerhalb der einzelnen Untersuchungsobjekte des Accountings vorliegen, nicht.[699]

Studie	(Teil-)Disziplin	Anzahl Publikationen	Zeitraum	Journals
Swieringa, R. J. / Weick, K. E. (1982)	Experimentelles Behavioral Accounting	113	1970-1981	AOS, JAR, TAR
Snowball, D. (1986)	Experimentelles Behavioral Accounting	120	1964-1984	AOS, JAR, TAR
Burgstahler, D. / Sundem, G. L. (1989)	Experimentelles Behavioral Accounting	226	1968-1987	AOS, JAR, TAR
Meyer, M. / Rigsby, J. T. (2001)	Experimentelles Behavioral Accounting	68	1989-1998	BRiA
Kotchetova, N. / Salterio, S. (2004)	Experimentelles Behavioral Accounting	264	1995-2002	AOS, Auditing, BRiA, CAR, JAR, JATA, JIS, JMAR, TAR
Obermaier, R. / Müller, F. (2008)	Experimentelles Behavioral Management Accounting	107	-2006	Abacus, A & F, AOS, BRiA, CAR, JAR, JF, JMAR, JMI, MAR, MISQ, TAR

Tabelle 6: Synopse der Charakteristika der subjektbezogenen Literaturstudien im laborexperimentellen Behavioral Accounting[700]

Besonders deutlich wird dies am Beispiel des Management Accountings: „An exception to the use of professionals as participants is found in [laboratory] experiments in management accounting."[701] Während im Auditing mittlerweile weitgehend auf eine studentische Surrogation verzichtet wird (1 bis 13 %), ist für das Management Accounting ein Anteil von 69 bis 77 % ermittelt worden. Der speziell im Management Accounting vergleichsweise hohe Anteil an Studien, die auf studentische Surrogate zurückgreifen, kann folglich als Indiz für die bislang geringe Verbreitung laborexperimenteller Untersuchungen gegenüber anderen Forschungsmethoden in diesen Zeitschriften gewertet werden.[702]

---

697 Vgl. *Snowball, D.* (1986), S. 50 f.
Die Berechnungen werden unter Berücksichtigung der in FN 703 dargestellten Anmerkungen durchgeführt.

698 Vgl. *Kotchetova, N. / Salterio, S.* (2004), S. 552; *Burgstahler, D. / Sundem, G. L.* (1989), S. 95-105; *Swieringa, R. J. / Weick, K. E.* (1982), S. 60.

699 Vgl. *Birnberg, J. G.* (2011), S. 5 f.

700 In Anlehnung an: *Obermaier, R. / Müller, F.* (2008), S. 330.

701 *Birnberg, J. G.* (2011), S. 6.

702 Vgl. *Liyanarachchi, G. A.* (2007), S. 47.

Studie	Professionals					Studierende			Gemeinsam	Sonstige	Unbekannt
	Σ	Non-Accountant Professionals / Managers	Bankers / Financial Analysts	Academics	Professional Accountants / Auditors / CPAs	Σ	Graduate Students	Undergraduate Students			
Swieringa, R. J. / Weick, K. E. (1982)	49					48			16		
1970-1973	7					11			8		
1974-1977	16					21			2		
1978-1981	26					16			6		
Snowball, D. (1986)	57	15	14		28	84				8	
1964-1975	19	9	7		3	29					
1976-1984	38	6	7		25	55				8	
Burgstahler, D. / Sundem, G. L. (1989)	120					81			24		1
Auditing	60					1			6		1
Financial	39					19			8		
Management Accounting	13					38			4		
Other	8					23			6		
Meyer, M. / Rigsby, J. T. (2001)	38	7	3	0	28	22	7	15	6	0	3
Kotchetova, N. / Salterio, S. (2004)	188	22	11		155	110	44	66	23		
Auditing	148	7	1		140	25	10	15		13	
Financial Accounting	14	5	8		1	18	13	5		5	
Management Accounting	9	7	1		1	32	10	22		1	
Taxation	15	2	0		13	14	7	7		2	
Other	2	1	1		0	21	4	17		2	
Obermaier, R. / Müller, F. (2008)	20					82			5		

Tabelle 7: Synopse der Versuchspersonen im laborexperimentellen Behavioral Accounting[703]

[703] In Anlehnung an: *Obermaier, R. / Müller, F.* (2008), S. 331.
Bei *Snowball, D.* (1986) verwenden 29 Studien mehr als eine Versuchspersonengruppe, bei *Meyer, M. / Rigsby, J. T.* (2001) werden in einer Studie sowohl Graduate als auch Undergraduate Students verwendet, bei *Kotchetova, N. / Salterio, S.* (2004) verwenden 57 Studien mehr als eine Versuchspersonengruppe.

4.3.3 Literaturanalytische Aktualisierung des Überblicks zur Subjekt-Surrogation

Mithilfe einer Literaturanalyse soll einerseits zunächst verdeutlicht werden, dass sich der Trend einer Zunahme an laborexperimenteller Controllingforschung, der von OBERMAIER / MÜLLER bis zum Jahr 2006 aufgezeigt worden ist,[704] auch im Zeitraum von 2007 bis 2012 fortsetzt. Andererseits soll in dieser Analyse untersucht werden, ob vor dem Hintergrund der Abnahme an studentischen Versuchspersonen in anderen Untersuchungsobjekten des Accountings für das Management Accounting weiterhin von einem Anteil von bis zu etwa vier Fünfteln[705] ausgegangen werden kann.

Um mit der Literaturanalyse von OBERMAIER / MÜLLER vergleichbare Aussagen erzielen zu können, werden deren Suchbegriffe und die in die Suche einbezogenen Journals aufgegriffen, allerdings setzt sie sich damit auch der gleichen Kritik aus.[706] *Tabelle 8* gibt einen Überblick über die verwendete Suchstrategie. In *Tabelle 9* werden die ermittelten Artikel den jeweiligen Journals zugeordnet und gleichzeitig eine Differenzierung hinsichtlich der in den Laborexperimenten untersuchten Versuchspersonengruppe vorgenommen.

Set 1	Set 2	Set 3
JMAR, MAR	AIS, AOS, BRiA, CAR, JAR, TAR	Abacus, A&F, JF, JMI, MISQ
Abstract beinhaltet „experiment“ oder „subjects“	Abstract beinhaltet „experiment“ oder „subject“, aber nicht „audit“	Titel, Abstract oder Keywords beinhalten „management accounting“, „cost management“ oder „control systems“, aber nicht „experiment“ oder „subjects“

Tabelle 8: Suchkriterien bei der Literaturanalyse zum Überblick zur Subjekt-Surrogation[707]

Die Literaturanalyse zeigt, dass dem Laborexperiment als Forschungsmethode im Management Accounting konsistent zu der formulierten Forderung sowohl absolut als auch relativ zu anderen Forschungsmethoden eine zunehmende Bedeutung zukommt. So sind im Zeitraum von 2007 bis 2012 72 Artikel mit dieser Methode in den zugrunde gelegten Zeitschriften publiziert worden, was einem Anteil von etwa 2,6 % an der Gesamtheit aller veröffentlichen Artikel in diesen Zeitschriften entspricht. Demgegenüber sind es im Zeitraum von 2000 bis

---

704 Vgl. *Obermaier, R. / Müller, F.* (2008), S. 341.
705 Siehe Abschnitt 4.3.2.
706 Vgl. *Obermaier, R. / Müller, F.* (2008), S. 341 und S. 348.
707 Quelle: *Obermaier, R. / Müller, F.* (2008), S. 341.

2006 nur etwa halb so viele gewesen (38 Artikel),[708] was relativ einem Anteil von 1,6 % entspricht.

	Studierende	Professionals	Gemeinsam	Gesamt
Abacus	0	0	0	0
Accounting & Finance	1	1	0	2
Accounting, Organizations and Society	9	1	0	10
Behavioral Research in Accounting	7	1	2	10
Contemporary Accounting Research	9	1	0	10
Journal of Accounting Research	6	2	1	9
Journal of Forecasting	0	0	0	0
Journal of Management Accounting Research	8	0	0	8
Journal of Managerial Issues	1	0	0	1
Management Accounting Research	0	0	0	0
Management Information Systems Quarterly	0	0	0	0
The Accounting Review	18	1	3	22
Summe	**59**	**7**	**6**	**72**
Prozent	**82 %**	**10 %**	**8 %**	**100 %**

Tabelle 9: Laborexperimente im Management Accounting 2007-2012[709]

Da der Anteil reiner Studierendensamples trotz der sehr umfangreich geäußerten Kritik daran weiterhin auf einem hohen Niveau verbleibt (82 %), legt zumindest die Vermutung nahe, dass die kritische Sichtweise TROTMANs durch den Beitrag von LIBBY, BLOOMFIELD und NELSON zum Teil relativiert worden ist und bei Editoren wieder zunehmende Akzeptanz für solche Samples entsteht.[710] Die wenigen Studien, die sich mit der Thematik der studentischen Surrogation auseinandersetzen, nehmen entweder das Vorwissen der Versuchspersonen als explizite experimentelle Bedingung[711] bzw. die relevante Berufserfahrung sogar als unabhängige Variable[712] auf, streben eine grobe Harmonisierung an[713] oder nehmen eine Randomisierung vor.[714] Andere Studien wiederum verweisen darauf, dass sich Studierende und Professionals im untersuchten Merkmal gemäß vorangegangener Studien nicht unterscheiden und deshalb

708 Vgl. *Obermaier, R. / Müller, F.* (2008), S. 341.

709 In Anlehnung an: *Obermaier, R. / Müller, F.* (2008), S. 341.

710 Vgl. *Liyanarachchi, G. A.* (2007), S. 48. Siehe Abschnitt 4.1.4.

711 Vgl. z. B. *Bailey, C. D. / Gupta, S.* (1999), S. 45, die die Versuchspersonen für ein „Forecasting"-Experiment aus einem „Forecasting"-Kurs rekrutieren.

712 Vgl. z. B. *Vera-Muñoz, S. C.* (1998), S. 49, bei der die Versuchspersonengruppen „likely [...] have distinctly different levels of accounting knowledge." Auch in Nachfolgeexperimenten wird diese Bedingung übernommen, vgl. z. B. *Vera-Muñoz, S. C. / Kinney, W. R. / Bonner, S. E.* (2001), S. 414.

713 Vgl. z. B. *Casey, C. / Selling, T. I.* (1986), S. 306, die die Versucherspersonen als „second-year MBA students" charakterisieren.

714 Vgl. *Obermaier, R. / Müller, F.* (2008), S. 346.

deren Verwendung angemessen sei.[715] Trotz der grundsätzlichen Bereitschaft der Journals, auch Studierendensamples weiterhin zu akzeptieren, zeigt sich insgesamt, dass die Frage nach der Beurteilung der Angemessenheit studentischer Surrogate weiterhin hohe Relevanz besitzt und genauer untersucht werden muss.

4.3.4 Vergleichsstudien zur Beurteilung der Angemessenheit studentischer Surrogate

Um der Forderung nach zusätzlicher (publizierbarer) laborexperimenteller Controllingforschung gerecht werden zu können, müssen, sofern weiterhin studentische Surrogate verwendet werden sollen bzw. müssen, diejenigen Bedingungen herausgearbeitet werden, unter denen ihre Verwendung als angemessen beurteilt werden kann.

Theoretische Überlegungen, Annahmen und Diskussionen zur Identifikation relevanter Dimensionen genügen allerdings nicht.[716] Letztlich kann nur durch empirische Untersuchungen geklärt werden, in welchen Situationen Studierende repräsentativ sind und die externe Validität der Ergebnisse nicht gefährdet ist:[717]

> „Von besonderem Interesse sind in diesem Zusammenhang Vergleichsstudien, die gleichzeitig mit studentischen und mit professionellen Teilnehmern arbeiten und Erkenntnisse dazu liefern […].“[718]

Nur anhand solcher Vergleichsstudien ist es möglich, unter identischem Forschungssetting und identischer Forschungsaufgabe Rückschlüsse auf Effekte zu ziehen, die nur durch die Wahl der Versuchspersonen bedingt sind (Subjekt-Surrogation).[719]

Daher werden diese Vergleichsstudien zunächst aus den oben dokumentierten Literaturanalysen destilliert, d. h. es wird diejenige Teilmenge, die gleichzeitig Studierende und Professionals als Versuchspersonen aufweist, als mögliche Menge an Vergleichsstudien identifiziert. Auch wenn hierfür potenziell 57 Studien[720] in Frage kämen, so können zunächst die 16 Stu-

---

715 Vgl. z. B. *Elliott, W. B. et al.* (2007), S. 140, oder *Kadous, K. / Sedor, L. M.* (2004), S. 76, die darauf verweisen, dass „escalation of commitment“ sowohl für MBA-Studierende als auch für Professionals dokumentiert worden ist.

716 Vgl. *Preuß, R. K.* (1991), S. 39; *Kubicek, H.* (1975), S. 89.

717 Vgl. *Liyanarachchi, G. A.* (2007), S. 49; *Walters-York, L. M. / Curatola, A. P.* (2000), S. 245; *Gordon, M. E. / Slade, L. A. / Schmitt, N.* (1986), S. 192; *Swieringa, R. J. / Weick, K. E.* (1982), S. 81.

718 *Langer, T.* (2007), Sp. 425. Vgl. *Birnberg, J. G. / Nath, R.* (1968), S. 39.

719 Vgl. *Barr, S. H. / Hitt, M. A.* (1986), S. 600; *Gordon, M. E. / Slade, L. A. / Schmitt, N.* (1986), S. 191 f.

720 Siehe *Tabelle 7* und *Tabelle 9*.

dien von SWIERINGA / WEICK eliminiert werden, da deren Untersuchungszeitraum und untersuchte Zeitschriften vollständig in BURGSTAHLER / SUNDEM enthalten sind, sodass hier eine Dopplung vorliegt. Außerdem kann im Rahmen der hier vorgenommenen Sekundäranalyse lediglich auf diejenigen Vergleichsstudien zurückgegriffen werden, die in den Literaturanalysen dokumentiert worden sind. Eine ausführliche Auflistung der hinter den aggregierten Summenwerten stehenden Quellen findet sich nur bei BURGSTAHLER / SUNDEM[721], OBERMAIER / MÜLLER[722] und konsequenterweise bei der in Abschnitt 4.3.3 durchgeführten Literaturanalyse, womit die 6 Studien von MEYER / RIGSBY keine weitere Betrachtung erfahren können. De facto liegen somit 35 Vergleichsstudien zur Analyse vor, die sowohl Studierende als auch Professionals in ihren Laborexperimenten als Versuchspersonen verwenden. Eine Reduktion auf 31 Vergleichsstudien kommt dadurch zustande, dass weitere vier Studien sowohl im Sample von BURGSTAHLER / SUNDEM als auch von OBERMAIER / MÜLLER enthalten sind.[723]

Aussagen zur Beurteilung der Angemessenheit einer studentischen Surrogation sind jedoch erst dann möglich, wenn Vergleiche zwischen den beiden Versuchspersonengruppen vorgenommen werden. Wie in *Tabelle 10* zu sehen ist, ist dies lediglich bei 19 dieser Artikel geschehen, da beispielsweise in einigen Fällen die Problematik der Subjekt-Surrogation gar nicht die primäre Forschungsfrage darstellt.

4.3.5 Design, Durchführung und Ergebnisse der Literaturanalyse zu Vergleichsstudien

Wie oben deutlich geworden ist, kann bei der Auswertung bestehender Literaturanalysen nur eine geringe Anzahl an Vergleichsstudien identifiziert werden, die zur Beantwortung der in dieser Arbeit behandelten Forschungsfrage beitragen können. Da die als Grundlage herangezogenen Literaturanalysen als Form der Sekundäranalyse die Primärdaten vor dem

721 Den dokumentierten Werten liegen Berechnungen des Autors anhand der Angaben aus dem Anhang zugrunde.

722 Den dokumentierten Werten liegen Berechnungen des Autors anhand der von OBERMAIER zur Verfügung gestellten Angaben zugrunde.

723 Dabei handelt es sich um *Vasarhelyi, M. A.* (1977); *Mock, T. J.* (1973); *Mock, T. J. / Estrin, T. L. / Vasarhelyi, M. A.* (1972) und *Mock, T. J.* (1969). Die Versuchspersonen bei *Becker, S. W. / Ronen, J. / Sorter, G. H.* (1974) werden im Gegensatz zu *Obermaier, R. / Müller, F.* (2008) bei *Burgstahler, D. / Sundem, G. L.* (1989) nur der Gruppe der Studierenden zugeordnet. Da allerdings eine Versuchspersonengruppe als „business executives" (S. 322) bezeichnet wird, erscheint die Zuordnung von OBERMAIER / MÜLLER zutreffender, sodass die Studie hier integriert wird.

Studie	Journal	Differenzierung	Keine Differenzierung
Burgstahler, D. / Sundem, G. L. (1989)			
Abdel-khalik, A. R. (1974)	TAR	X	
Abdolmohammadi, M. J. / Wright, A. M. (1987)	TAR	X	
Anderson, M. J. (1985)	JAR	X	
Ashton, R. H. / Kramer, S. S. (1980)	JAR	X	
Bailey, K. E. / Bylinski, J. H. / Shields, M. D. (1983)	JAR	X	
Barton, R. F. (1969)	JAR		X
Brownell, P. (1981)	TAR	X	
Danos, P. / Holt, D. L. / Imhoff, E. A. (1984)	TAR	X	
Dickhaut, J. W. (1973)	TAR	X	
Elias, N. (1972)	JAR	X	
Frederick, D. M. / Libby, R. (1986)	JAR	X	
Hamilton, R. E. / Wright, W. F. (1982)	JAR	X	
Haried, A. A. (1972)	JAR		X
Haried, A. A. (1973)	JAR		X
Hofstedt, T. R. (1972)	TAR	X	
Holt, D. L. (1987)	AOS	X	
Lusk, E. J. (1973)	JAR		X
Mock, T. J. (1969)	JAR	X	
Mock, T. J. (1973)	TAR		X
Mock, T. J. / Estrin, T. L. / Vasarhelyi, M. A. (1972)	JAR		X
Moriarity, S. (1979)	JAR	X	
Ramanathan, K. V. / Weis, W. S. (1981)	AOS		X
Uecker, W. C. (1977)	AOS		X
Vasarhelyi, M. A. (1977)	JAR		X
Obermaier, R. / Müller, F. (2008)			
Becker, S. W. / Ronen, J. / Sorter, G. H. (1974)	JAR		X
Mock, T. J. (1969)	JAR	s. o.	
Mock, T. J. (1973)	TAR		s. o.
Mock, T. J. / Estrin, T. L. / Vasarhelyi, M. A. (1972)	JAR		s. o.
Vasarhelyi, M. A. (1977)	JAR		s. o.
Literaturanalyse in Abschnitt 4.3.3			
Bailey, W. J. / Sawers, K. M. (2012)	BRiA		X
Clor-Proell, S. M. / Nelson, M. W. (2007)	JAR	X	
Elliott, W. B. et al. (2007)	TAR	X	
Hewitt, M. (2009)	TAR	X	
Magro, A. M. / Nutter, S. E. (2012)	TAR		X
Pinsker, R. (2011)	BRiA	X	

Tabelle 10: Differenzierbarkeit zwischen Versuchspersonengruppen[724]

[724] Eigene Darstellung.

Hintergrund ihrer jeweiligen Fragestellung verdichtet haben, verwundert dies wenig, wenn mithilfe der gleichen Synthese eine abweichende Fragestellung bearbeitet werden soll. Deshalb erscheint es zweckmäßig, eine Literaturanalyse, die konkret die Thematik der Subjekt-Surrogation berücksichtigt, durchzuführen.[725]

Da die hier gestellte Forschungsfrage per se keine Einschränkung des Umfangs der in die Literaturanalyse einzubeziehenden Datenbasis zulässt, wird, um den Aufwand auf ein sinnvolles Maß zu begrenzen, auf eine Vollerhebung verzichtet. Stattdessen muss ein geeigneter Umfang an Primärquellen abgegrenzt werden.[726] Diese Eingrenzung wird hier einerseits durch Verwendung entsprechender Suchtermini sowie andererseits dadurch vorgenommen, dass nur ein limitiertes Set an englischsprachigen Zeitschriften in die Analyse einbezogen wird. Der vollständige Ausschluss deutschsprachiger Zeitschriften erscheint dabei gerechtfertigt, da in diesen die Anwendung analytischer, normativer und konzeptioneller Methoden dominiert.[727]

Als Datengrundlage werden die gleichen Journals wie bei OBERMAIER / MÜLLER (Set 1), erweitert um die Zeitschriften ACCOUNTING FORUM und ADVANCES IN ACCOUNTING BEHAVIORAL RESEARCH (Set 2), für den Gesamtzeitraum bis 2012 herangezogen. Obwohl die Auswahl der Zeitschriften alle internationalen Top-Accounting-Journals berücksichtigt,[728] ist auch hier kritisch zu beachten, dass es sich trotz der Vielzahl an inkludierten Zeitschriften und Suchtermini bei dieser Auswahl lediglich um einen Ausschnitt aus einer jeweils größeren Menge handelt.[729] Die Literaturbasis ist anhand der Datenbanken BUSINESS SOURCE PREMIER (EBSCO HOST WEB INTERFACE) und ELSEVIER SCIENCEDIRECT zusammengetragen.

Der Suchvorgang erfolgt analog mit den in *Tabelle 11* dargestellten Suchtermini, die die in der englischsprachigen Literatur am häufigsten verwendeten Begrifflichkeiten für Surrogation im Allgemeinen sind. Einschränkend ist daher zu berücksichtigen, dass nur solche Artikel weiter analysiert werden, die einen Bezug zur Subjekt-Surrogation aufweisen und eine Ver-

---

725 Zur Motivation einer Literaturanalyse vgl. z. B. *Zühlke, J. P.* (2007), S. 95 und die dort angegebene Literatur.

726 Vgl. *Zühlke, J. P.* (2007), S. 99; *Hess, T. et al.* (2005), S. 39.

727 Vgl. *Wagenhofer, A.* (2006), S. 10; *Hess, T. et al.* (2005), S. 42; *Wielpütz, A. U.* (1996), S. 11. Siehe Abschnitt 2.4.4.

728 Rankings englischsprachiger Accounting-Zeitschriften finden sich u. a. bei *Schrader, U. / Hennig-Thurau, T.* (2009), S. 192; *Bonner, S. E. et al.* (2006), S. 671; *Lowe, A. / Locke, J.* (2005), S. 87; *Hasselback, J. R. / Reinstein, A. / Schwan, E. S.* (2003), S. 101; *Shields, M. D.* (1997), S. 3; *Brinn, T. / Jones, M. J. / Pendlebury, M.* (1996), S. 271-274; *Brown, L. D. / Huefner, R. J.* (1994), S. 230-232.

729 Vgl. *Obermaier, R. / Müller, F.* (2008), S. 348.

gleichsstudie mithilfe des Laborexperiments als Methode durchgeführt haben.[730] In *Tabelle 12* werden diese Artikel den Zeitschriften zugeordnet.

Set 1	Set 2
Abacus, AIS, AOS, A&F, BRiA, CAR, JAR, JF, JMAR, JMI, MAR, MISQ, TAR	AABR, AF
Titel, Abstract oder Text beinhalten „surrogate/s", „surrogation" oder „sophomore/s" mit Bezug auf Subject-Surrogation und Laborexperiment	

Tabelle 11: Suchkriterien bei der Literaturanalyse zu Vergleichsstudien[731]

Journal	Studie	Anzahl an Artikeln
Abacus	*Chang, C. J. / Ho, J. L. Y.* (2004)	1
Accounting & Finance	*Houghton, K. A. / Hronsky, J. J. F.* (1993)	1
Accounting Forum	*Liyanarachchi, G. A. / Milne, M. J.* (2005) *Mortensen, T. / Fisher, R. / Wines, G.* (2012)	2
Advances in Accounting Behavioral Research	*Walters-York, L. M. / Curatola, A. P.* (1998)	1
Journal of Accounting Research	*Ashton, R. H. / Kramer, S. S.* (1980) *Hamilton, R. E. / Wright, W. F.* (1982) *Mock, T. J.* (1969) *Zimmer, I.* (1980)[732]	4
The Accounting Review	*Abdel-khalik, A. R.* (1974) *Abdolmohammadi, M. J. / Wright, A. M.* (1987) *Hofstedt, T. R.* (1972)	3
Summe		**12**

Tabelle 12: Vergleichsstudien im Accounting bis 2012[733]

Da die Beiträge von ABDEL-KHALIK, ABDOLMOHAMMADI / WRIGHT, ASHTON / KRAMER, HAMILTON / WRIGHT, HOFSTEDT und MOCK schon in den Samples in Abschnitt 4.3.3 vorhanden sind, erhöht sich die Gesamtzahl der Artikel, bei denen innerhalb eines Laborexperiments Studierende und Professionals vergleichend gegenübergestellt werden, um sechs auf nunmehr 25. Diese 25 Artikel bilden die Grundlage für die Untersuchung der Eignung studentischer Surrogate im laborexperimentellen Accounting. Sie umfassen dabei aus methodischen Gründen zum einen Laborexperimente, die ausschließlich zum Zweck der Untersuchung der Angemessenheit studentischer Surrogate durchgeführt worden sind, und zum anderen Laborex-

730 Eine ähnliche Vorgehensweise findet sich bei *Dipboye, R. L. / Flanagan, M. F.* (1979), S. 143 f.

731 Eigene Darstellung. Zeitschriften mit keinem relevanten Beitrag sind nicht in der Tabelle aufgeführt.

732 Die Studie *Zimmer, I.* (1980) ist bei *Burgstahler, D. / Sundem, G. L.* (1989) als Studie mit Professionals klassifiziert, da das wesentliche Laborexperiment mit Professionals durchgeführt worden ist. Allerdings existiert eine Ergänzung, die explizit auf den Aspekt der Subjekt-Surrogation eingeht und das Laborexperiment mit studentischen Versuchspersonen repliziert, sodass die Studie die Kriterien einer Vergleichsstudie erfüllt.

733 Eigene Darstellung.

perimente mit davon unabhängigen Forschungsfragen, die allerdings Studierende und Professionals gleichzeitig als Versuchspersonen verwenden und deren (Entscheidungs-)Verhalten gegenüberstellen.

Die Auswertung der 25 Vergleichsstudien, die sich innerhalb des Accountings mit dem Thema der studentischen Surrogation auseinandergesetzt haben, liefert zunächst aufgrund unterschiedlicher Experimentbedingungen und Variablen inkonsistente Erkenntnisse. Auch wenn dadurch Studierende nicht per se schlechte Surrogate sind und damit auch nicht zwangsläufig eine Gefahr für die externe Validität der Ergebnisse darstellen, scheint der fehlende Konsens indirekt sogar eher den Diskurs über die Nichtverwendbarkeit von studentischen Surrogaten noch verstärkt zu haben.[734] Deshalb ist es notwendig, die gefundenen Studien zu systematisieren und mögliche Gründe bzw. Ursachen für eine gelungene oder misslungene Surrogation näher zu untersuchen.

4.4 Einflussfaktoren auf Urteile und Entscheidungen

4.4.1 Entwurf eines Analyserahmens

Es ist davon auszugehen, dass die Inkonsistenz der Ergebnisse hinsichtlich der Bewertung der Qualität der Surrogation verringert werden kann, wenn Strukturierungskriterien für die Vergleichsstudien herausgearbeitet und folglich die Vergleichsstudien jeweiligen Teilmengen zugewiesen werden können.[735] Nach WALTERS-YORK und CURATOLA eignet sich hierfür eine Differenzierung in drei Vergleichstypen.[736] Diese Einteilung ist zwar nicht vollständig überschneidungsfrei auf die bisherigen Studien übertragbar, scheint jedoch aufgrund der Vielfältigkeit der Studien eine gute Möglichkeit, diese zu systematisieren. Die Grundlage hierfür liefert das S-O-R-Modell.[737]

Dem *Vergleichstyp I* werden all diejenigen Studien zugeordnet, die Unterschiede in potenziell intervenierenden Variablen zwischen den beiden Versuchspersonengruppen auszumachen versuchen (Organismus). Zu solchen potenziell intervenierenden sozialpsychologischen oder demografischen Variablen zählen unter anderem der Bildungsstand, der soziale Hintergrund, individuelle Einstellungen und Meinungen, kognitive Fähigkeiten, Erfahrung oder auch das

---

[734] Vgl. *Chang, C. J. / Ho, J. L. Y.* (2004), S. 99 f.; *Walters-York, L. M. / Curatola, A. P.* (2000), S. 244.
[735] Vgl. *Walters-York, L. M. / Curatola, A. P.* (1998), S. 124.
[736] Vgl. *Walters-York, L. M. / Curatola, A. P.* (2000), S. 252-257; *Walters-York, L. M. / Curatola, A. P.* (1998), S. 125.
[737] Siehe Abschnitt 2.2.5.

Alter der Subjekte.[738] Dabei wird davon ausgegangen, dass diese Unterschiede mit dem innerhalb des Laborexperiments interessierenden Ursache-Wirkungs-Zusammenhang interagieren.[739]

Eine weitere Methode, die genutzt wird, um die Angemessenheit zu beurteilen, ist die Überprüfung der Konsistenz der Antworten bzw. Entscheidungen (Reaktion), die Studierende und Professionals in bestimmten laborexperimentellen Urteils- und Entscheidungssituationen treffen. Diese Vergleichsstudien, die den *Vergleichstyp II* beschreiben, beruhen im Allgemeinen auf dem Vergleich des Mittelwertes, der Varianz und / oder der Verteilung der Antworten.[740]

Der *Vergleichstyp III* umfasst die Gruppe der Studien, die untersuchen, ob Unterschiede in Urteilen und Entscheidungen (wie in Typ II, Reaktion) auf systematische Unterschiede innerhalb der intervenierenden Variablen (wie in Typ I, Organismus) zurückgeführt werden können. Dies wird durch die Suche nach Verknüpfungen zwischen den unterschiedlichen Gruppencharakteristika und Unterschieden im Reaktionsverhalten auf die laborexperimentelle Manipulation erreicht. Damit stellt dieser Vergleichstyp die Verbindung zwischen den beiden ersten Vergleichstypen her.[741]

Anhand dieser drei unterschiedlichen Vergleichstypen wird im Folgenden eine Zuordnung der 25 Vergleichsstudien vorgenommen. Dies ermöglicht es, innerhalb der jeweiligen Teilmenge eines Vergleichstyps die Angemessenheit studentischer Surrogate differenziert beurteilen zu können. *Abbildung 18* gibt einen abschließenden Überblick über die drei Vergleichstypen und die Zuordnung der Studien.

4.4.2 Vergleich potenziell intervenierender Variablen (Typ I)

Studierende und Professionals anhand dieser Methode zu vergleichen, ist vor allem in der Konsumentenforschung weit verbreitet.[742] Wie die Tabelle in Anhang I zeigt, erfüllen dagegen nur drei Studien die hier für das Accounting definierten Anforderungen. Die dabei unter-

---

738 Siehe Abschnitt 2.2.5.

739 Vgl. *Walters-York, L. M. / Curatola, A. P.* (2000), S. 252; *Walters-York, L. M. / Curatola, A. P.* (1998), S. 125.

740 Vgl. *Walters-York, L. M. / Curatola, A. P.* (2000), S. 254; *Walters-York, L. M. / Curatola, A. P.* (1998), S. 125.

741 Vgl. *Walters-York, L. M. / Curatola, A. P.* (2000), S. 255-257; *Walters-York, L. M. / Curatola, A. P.* (1998), S. 125.

742 Vgl. z. B. *Hawkins, D. I. / Albaum, G. / Best, R.* (1977); *Shuptrine, F. K.* (1975); *Enis, B. M. / Cox, K. K. / Stafford, J. E.* (1972).

suchten intervenierenden Variablen betreffen in allen drei Fällen im weiteren Sinne die kognitiven Strukturen bzw. Problemlösungsstrategien der Versuchspersonengruppen.

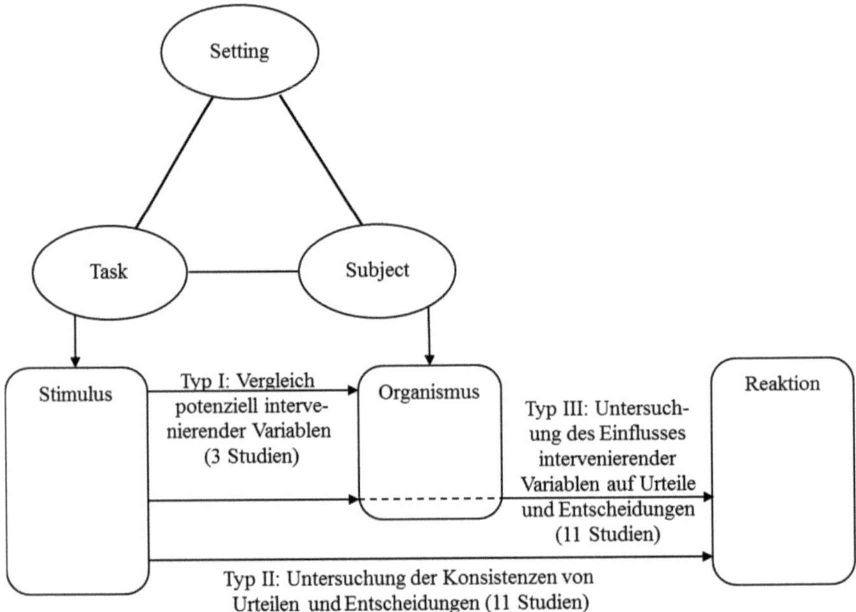

Abbildung 18: Überblick über die drei verwendeten Vergleichstypen und Zuordnung der Vergleichsstudien[743]

Unabhängig davon, in welcher Domäne Untersuchungen (potenziell) intervenierender Variablen durchgeführt worden sind, zeigt sich tendenziell das Ergebnis, dass sich Studierende und reale Personen im Hinblick auf unterschiedlichste intervenierende Variablen unterscheiden.[744] So nimmt SEARS z. B. an, dass Studierende im Vergleich zu älteren Erwachsenen unter anderem

> „have incompletely formulated senses of self, rather uncrystallized sociopolitical attitudes, unusually strong cognitive skills, strong needs for peer approval, tendencies to be compliant to authority, quite unstable group relationships, little material self-interest in public affairs, and unusual egocentricity."[745]

[743] Eigene Darstellung. Siehe *Abbildung 17*.
[744] Vgl. z. B. *Peterson, R. A.* (2001), S. 451; *Walters-York, L. M. / Curatola, A. P.* (2000), S. 252; *Burnett, J. J. / Dunne, P. M.* (1986), S. 330.
[745] *Sears, D. O.* (1986), S. 527.

Im Kontext des Rechnungswesens zeigen HOUGHTON / HRONSKY auf, dass Studierende und Professionals zwar gleiche kognitive Strukturen aufweisen, innerhalb dieser aber verschiedene Accounting-Konzepte in völlig unterschiedlicher Art und Weise integrieren.[746] Auch WALTERS-YORK / CURATOLA heben die Fragwürdigkeit einer studentischen Surrogation hervor, da sie unterschiedliche Strategien bei der Problemlösung identifizieren.[747] Ähnlich argumentiert HOFSTEDT in der unter Typ II subsumierten Studie, in der er im ersten Experiment zeigt, dass sich Studierende und Professionals bei ihrer Informationsverarbeitung unterscheiden.[748] Lediglich ELLIOTT ET AL. verweisen darauf, dass sich Studierende und nichtprofessionelle Investoren in einigen Aspekten der Informationsverarbeitung gleichen.[749]

Auch in weiteren Studien aus dem Accounting (z. B. in Feldexperimenten), die nicht in die Literaturanalyse integriert sind, können Unterschiede im Hinblick auf z. B. die Einstellung zu Rechnungslegungspraktiken, Einstellungen zu ethischem Verhalten, der Risikobereitschaft und der Erfahrungen ermittelt werden.[750] Anhand solcher zwischen den Gruppen divergierenden Variablen schlussfolgern einige Autoren, dass Studierende als Surrogate die reale interessierende Population nicht repräsentieren und damit auch keine adäquaten Surrogate darstellen.[751]

Obwohl es kaum verwunderlich ist, dass sich Studierende und Professionals hinsichtlich bestimmter Variablen unterscheiden, bedeutet dies jedoch nicht, dass diese Unterschiede einen Einfluss auf die Ausprägung der jeweiligen abhängigen Variable(n) haben.[752] Folglich kann aus der alleinigen Betrachtung intervenierender Variablen weder geschlossen werden, dass Studierende angemessene Surrogate sind, noch dass sie es nicht sind; vielmehr zeigen solche Unterschiede lediglich, dass die Möglichkeit eines Surrogations-Problems besteht.[753] Nichtsdestotrotz scheinen gerade Vergleiche vom Typ I, unabhängig vom Forschungsbereich, einen

746 Vgl. *Houghton, K. A. / Hronsky, J. J. F.* (1993), S. 143.

747 Vgl. *Walters-York, L. M. / Curatola, A. P.* (1998), S. 131.

748 Vgl. *Hofstedt, T. R.* (1972), S. 687 (Experiment 1).
Die Studie wird, obwohl im ersten Experiment die Informationsverarbeitung der beiden Versuchspersonengruppen untersucht wird, als Studie vom Typ II klassifiziert, da zum einen das Entscheidungsverhalten im Vordergrund der Betrachtung steht und zum anderen keine statistisch-inhaltliche Verknüpfung zwischen den beiden Experimenten hergestellt wird.

749 Vgl. *Elliott, W. B. et al.* (2007), S. 142.

750 Vgl. z. B. *Bean, D. F. / D'Aquila, J. M.* (2003), S. 193 f.; *Copeland, R. M. / Francia, A. J. / Strawser, R. H.* (1973), S. 372; *Alderfer, C. P. / Bierman, H.* (1970), S. 345 f.; *Alpert, B.* (1967), S. 207.

751 Vgl. *Walters-York, L. M. / Curatola, A. P.* (2000), S. 254.

752 Vgl. *Liyanarachchi, G. A.* (2007), S. 49.

753 Vgl. *Walters-York, L. M. / Curatola, A. P.* (2000), S. 254; *Walters-York, L. M. / Curatola, A. P.* (1998), S. 125.

erheblichen Einfluss auf die allgemeine Beurteilung von studentischen Surrogaten zu haben.[754]

4.4.3 Untersuchung der Konsistenzen von Urteilen und Entscheidungen (Typ II)

Anstatt einen Vergleich intervenierender Variablen zur Beurteilung der Adäquanz einer studentischen Surrogation durchzuführen, versuchen die diesem Vergleichstypen zugeordneten elf Studien eine Überprüfung der Konsistenz der Antworten bzw. Entscheidungen, die Studierende und Professionals in bestimmten experimentellen Urteils- und Entscheidungssituationen treffen, vorzunehmen (siehe Anhang II).

Im Gegensatz zu den Vergleichen des Typs I führen Vergleiche vom Typ II sowohl außerhalb[755] als auch innerhalb des Accountings zu einem tendenziellen Zuspruch bei der Beurteilung studentischer Surrogate.[756] Bis auf wenige Ausnahmen[757] zeigen die Studien, dass Studierende und Professionals bei vielen laborexperimentellen Aufgaben mit Rechnungswesenbezug ähnliche (Investitions-)Entscheidungen[758] treffen bzw. die Qualität der getroffenen Entscheidungen[759] identisch ist sowie ähnliche Wahrscheinlichkeits-[760] oder Einstellungsurteile[761] abgeben.

Jedoch sind auch diese Vergleiche nicht in der Lage, diejenigen Bedingungen zu identifizieren, bei denen Studierende adäquate Surrogate darstellen. Da Laborexperimente kausale Beziehungen zwischen unabhängigen und abhängigen Variablen untersuchen (Ursache-Wirkungs-Beziehungen), genügt eine alleinige vergleichende Betrachtung der abhängigen Variablen zur Beurteilung nicht, sodass auch hier Potenzial für Fehleinschätzungen besteht.[762]

---

754 Vgl. *Walters-York, L. M. / Curatola, A. P.* (2000), S. 254; *Walters-York, L. M. / Curatola, A. P.* (1998), S. 137.

755 Vgl. z. B. *Burnett, J. J. / Dunne, P. M.* (1986), S. 330.

756 Vgl. *Walters-York, L. M. / Curatola, A. P.* (2000), S. 254; *Ashton, R. H. / Kramer, S. S.* (1980), S. 2.

757 Vgl. *Liyanarachchi, G. A. / Milne, M. J.* (2005), S. 131; *Abdel-khalik, A. R.* (1974), S. 750.

758 Vgl. *Pinsker, R.* (2011), S. 177; *Clor-Proell, S. M. / Nelson, M. W.* (2007), S. 723; *Zimmer, I.* (1980), S. 635; *Moriarity, S.* (1979), S. 223; *Hofstedt, T. R.* (1972), S. 687 (Experiment 2); *Mock, T. J.* (1969), S. 146.

759 Vgl. *Brownell, P.* (1981), S. 855.

760 Vgl. *Holt, D. L.* (1987), S. 577.

761 Vgl. *Ashton, R. H. / Kramer, S. S.* (1980), S. 11.

762 Vgl. *Walters-York, L. M. / Curatola, A. P.* (2000), S. 254 f.

4.4.4 Untersuchung des Einflusses intervenierender Variablen auf Urteile und Entscheidungen (Typ III)

Aufgrund der an den ersten beiden Vergleichstypen formulierten Kritik beschränkt sich die Beurteilung der Angemessenheit studentischer Surrogate auf Studien zum Typ III, da hier explizit der Einfluss der intervenierenden auf die abhängige(n) Variable(n) berücksichtigt wird, sodass Aussagen zur externen Validität und somit zur Generalisierbarkeit der Untersuchung über die studentischen Surrogate hinweg möglich sind.[763] Zu berücksichtigen ist allerdings, dass auch Vergleiche dieses Typs von der Vollständigkeit von Vergleichen des Typs I abhängig sind.[764] Die Tabelle in Anhang III gibt einen Überblick über die elf Studien, die diesem Vergleichstyp zugeordnet werden können.

Die Berücksichtigung intervenierender Variablen bei der Beurteilung von Urteilen und Entscheidungen zeigt gegenüber den vorangegangenen Vergleichstypen recht inkonsistente Ergebnisse. Insbesondere scheinen hierbei die Faktoren „Wissen" bzw. „Expertise", „(Berufs-) Erfahrung" und „Problemlösungsfähigkeit" für die Beurteilung der Angemessenheit eine entscheidende Rolle zu spielen.[765]

Während einerseits beispielsweise bei ABDOLMOHAMMADI / WRIGHT die fehlende berufliche Erfahrung von Studierenden als Ursache für unterschiedliche Urteile und Entscheidungen der Versuchspersonen ausgemacht wird, führt andererseits Berufserfahrung, obwohl diese offensichtlich nicht vorhanden ist, bei HAMILTON / WRIGHT zu keinen signifikanten Unterschieden.[766] Vor allem im Auditing verwenden einige Studien explizit das Vorwissen bzw. die Expertise als unabhängige Variable und operationalisieren diese durch Studierende (niedriges Vorwissen bzw. Novizen) sowie Professionals (großes Vorwissen bzw. Experten) als Versuchspersonen.[767] Exemplarisch formuliert ANDERSON: „The subjects were chosen to represent differing levels of experience in dealing with valuation (price-setting) problems."[768] Im Ergebnis zeigt sich in allen Fällen, dass diese unabhängige Variable die (Wahrscheinlichkeits-)Urteile und Entscheidungen beeinflusst.[769] Bei MORTENSEN / FISHER / WINES wird deut-

---

763 Vgl. *Walters-York, L. M. / Curatola, A. P.* (2000), S. 255 f.

764 Vgl. *Walters-York, L. M. / Curatola, A. P.* (1998), S. 137.

765 Vgl. *Mortensen, T. / Fisher, R. / Wines, G.* (2012), S. 252.

766 Vgl. *Abdolmohammadi, M. J. / Wright, A. M.* (1987), S. 12; *Hamilton, R. E. / Wright, W. F.* (1982), S. 764 f.

767 Vgl. z. B. *Frederick, D. M. / Libby, R.* (1986); *Anderson, M. J.* (1985); *Bailey, K. E. / Bylinski, J. H. / Shields, M. D.* (1983).

768 *Anderson, M. J.* (1985), S. 846.

769 Vgl. *Frederick, D. M. / Libby, R.* (1986), S. 288 f.; *Anderson, M. J.* (1985), S. 850 f.; *Bailey, K. E. / Bylinski, J. H. / Shields, M. D.* (1983), S. 369.

lich, dass nur Accounting-Studierende im Gegensatz zu Studierenden der Ingenieurwissenschaften in der Lage sind, das Verhalten von Accounting-Professionals zu approximieren.[770] Insgesamt lässt sich somit festhalten, dass „these findings from different decision contexts [...] suggest that the adequacy of student surrogates depends on the type of decision being investigated, perhaps because different decisions require different types of experience and expertise.“[771]

4.5 Zusammenfassung des Kapitels und Eingrenzung der Forschungsfrage

Die vorgestellten Studien verdeutlichen, weshalb bisher Uneinigkeit bezüglich der Angemessenheit studentischer Surrogate im Accounting herrscht. So ist es bislang nicht gelungen, die Angemessenheit der Verwendung von Studierenden weder gänzlich zu bestätigen noch sie vollständig auszuschließen. Der bisher fehlende Konsens hinsichtlich der Eignung studentischer Surrogate für Laborexperimente im (Management) Accounting kann, zumindest zu einem Teil, auf die fehlende Berücksichtigung der Tauglichkeit der durchgeführten Vergleiche zurückgeführt werden.[772] Von den drei vorgestellten Vergleichstypen ist nur der dritte aufgrund der expliziten Berücksichtigung von Ursache-Wirkungs-Beziehungen in der Lage, die relevanten aussagekräftigen Kriterien zur Beurteilung der Angemessenheit einer studentischen Surrogation zu identifizieren (siehe *Tabelle 13* zur Zusammenfassung).[773]

Die unterschiedlichen Ergebnisse, zu denen die Untersuchungen des dritten Vergleichstyps kommen, deuten darauf hin, dass neben der Auswahl der Versuchspersonen insbesondere den taskspezifischen Variablen eine kritische Rolle für das Gelingen einer studentischen Surrogation zukommt. Somit genügt es aufgrund der oben erläuterten Interdependenzen zwischen Task- und Subjekt-Charakteristika (innerhalb eines Laborsettings) nicht, lediglich unterschiedliche Ausprägungen der subjektbezogenen Faktoren zu berücksichtigen. Stattdessen gilt es simultan zu untersuchen, welcher mögliche Erklärungsbeitrag in der Unterschiedlichkeit der jeweiligen experimentellen Aufgabe (Task) liegt.[774] Ziel der nachfolgenden Ausführungen ist deshalb eine theoriegeleitete Strukturierung sowohl der subjekt- als auch der taskspezifi-

---

770 Vgl. *Mortensen, T. / Fisher, R. / Wines, G.* (2012), S. 263.
771 *Chang, C. J. / Ho, J. L. Y.* (2004), S. 100.
772 Vgl. *Walters-York, L. M. / Curatola, A. P.* (2000), S. 251.
Ähnliches gilt auch für das Marketing und die Organisationsforschung.
773 Vgl. *Walters-York, L. M. / Curatola, A. P.* (2000), S. 255 f.
774 Vgl. *Mortensen, T. / Fisher, R. / Wines, G.* (2012), S. 254; *Schulz, A. K.-D.* (1999), S. 44 f.

schen Einflussfaktoren und deren Synthese in einem Modell, das die vorhandenen Interdependenzen berücksichtigt.

Synopse
Typ I: Vergleich potenziell intervenierender Variablen - Studierende tendenziell nicht geeignet - Unterschiede bei bestimmten Variablen nur relevant, wenn diese Einfluss auf die Ergebnisse haben - lediglich Aufzeigen der Möglichkeit eines Surrogations-Problems
Typ II: Vergleich der Konsistenz von Urteilen und Entscheidungen - Studierende tendenziell geeignet - alleinige Betrachtung der Antwortkonsistenz kann zu falschen Schlussfolgerungen führen - Effekt der Variablenmanipulation muss betrachtet werden
Typ III: Einfluss intervenierender Variablen auf Urteile und Entscheidungen - unterschiedliche Ergebnisse - Zusammenhang zwischen Variablen und Urteilen / Entscheidungen

Tabelle 13: Synopse der drei verwendeten Vergleichstypen[775]

[775] Eigene Darstellung.

5 Erklärungsbeitrag der verhaltenswissenschaftlichen Forschung zur Herleitung der Forschungshypothesen

„In addition to examining empirical research results that compare the adequacy of students and real subjects, [...] a careful examination of certain features in human information processing that are invariant across individuals is also necessary for researchers' subject selection decisions.“[776]

Die voranstehenden Ausführungen verdeutlichen, dass zur Beurteilung der Angemessenheit einer studentischen Surrogation in einem Laborexperiment simultan Subjekt- und Task-Charakteristika berücksichtigt werden müssen. Daher rückt die Modellierung der Interaktion zwischen dem rechnungswesenspezifischen Kontext der Entscheidungssituation und dem Individuum in den Fokus der Betrachtung:[777]

> „Since decision-making behavior is a function of task characteristics, decision-maker characteristics and the interaction among these characteristics, accounting decision-making theories should include both decision-maker and task characteristics and their interactions if they are to predict effectively human behavior on accounting tasks.“[778]

Dies erfordert eine systematische, kontextspezifische Analyse sowohl der durchzuführenden Forschungsaufgaben als auch des Sets an individuellen Voraussetzungen, die die Versuchspersonen in die Laborsituation einbringen.[779] Großes Potenzial zur Anwendung auf die Frage nach der Eignung studentischer Surrogate wird den grundlegenden Ausführungen SIMONs zur ökologischen Rationalität von realen Entscheidungsträgern[780] beigemessen.[781] Diese sind zwar bis heute in der verhaltenswissenschaftlichen betriebswirtschaftlichen Forschung mehrfach auf unterschiedliche Fragestellungen adaptiert worden,[782] nicht jedoch konkret auf die vorliegende Fragestellung.[783]

Da für diese Arbeit insbesondere die studentische Surrogation von Managern im Fokus steht, wird in Abschnitt 5.1 die Managerial and Organizational Cognition Theory als eine dieser Verfeinerungen[784] vorgestellt, die dezidiert einerseits die kognitiven Beschränkungen realer

---

776 *Liyanarachchi, G. A.* (2007), S. 58.
777 Vgl. *Gerling, P. G.* (2007), S. 115; *Gibbins, M. / Jamal, K.* (1993), S. 458-464; *Peters, J. M.* (1993), S. 383. Dies entspricht dem Anliegen der JDM-Forschung. Siehe Abschnitt 2.4.3.
778 *Peters, J. M.* (1993), S. 383.
779 Vgl. *Gerling, P. G.* (2007), S. 114 f.
780 Siehe Abschnitte 2.3.2 und 2.3.3.
781 Vgl. *Liyanarachchi, G. A.* (2007), S. 58.
782 Vgl. *Lingnau, V.* (2001), S. 426.
783 Vgl. *Liyanarachchi, G. A.* (2007), S. 58.
784 Vgl. *Schreyögg, G.* (1992), Sp. 1750.

Entscheidungsträger sowie andererseits die in realen Umwelten vorhandenen Kontextspezifika berücksichtigt.[785] Die in Abschnitt 5.2 vorgestellte „Performance Equation" führt diese beiden „Klingen" von SIMONs Schere zusammen und strukturiert die dahinterstehenden Einflussfaktoren in Relation zu deren Implikationen auf das Problemlösen und Entscheiden von Individuen. Diese „Performance Equation" wird in Abschnitt 5.3 auf die Thematik der studentischen Surrogation angewandt. Dabei können als Erklärungsbeiträge des Modells für die vorliegende Fragestellung sowohl das taskspezifische Entscheidungsumfeld (5.4) als auch das subjektspezifische Wissen des Entscheidungsträgers (5.5) identifiziert werden. Diese Charakteristika stellen im Folgenden die Grundlage für die in Abschnitt 5.6 formulierten Forschungshypothesen zur empirischen Untersuchung der Angemessenheit einer studentischen Surrogation dar.

5.1 Managerial and Organizational Cognition Theory

Die Managerial and Organizational Cognition Theory[786] fokussiert im Wesentlichen auf Basis entscheidungstheoretischer und kognitionswissenschaftlicher, d. h. insbesondere kognitionspsychologischer, Erkenntnisse auf die Subjektivität und die Limitationen der menschlichen Informationsverarbeitung.[787] Im Einklang mit der dieser Arbeit zugrunde liegenden kognitiven Perspektive wird dabei das menschliche Gedächtnis als Informationsverarbeitungssystem und menschliches Verhalten als Resultat der Informationsverarbeitung verstanden.[788] Das Betrachtungsobjekt der Managerial and Organizational Cognition Theory ist das kognitiv beschränkte Individuum „Manager" im sozialen Kontext eines Unternehmens, das aufgrund seiner Haupttätigkeit als Problemlöser und Entscheider[789] und der damit verbundenen Aufnahme, Analyse und Weitergabe von Informationen als „information worker"[790] modelliert

---

Weiterhin lassen sich außerdem die verhaltenswissenschaftliche Theorie der Unternehmung, das Modell der organisierten Anarchie, die Theorie der X-Effizienz sowie die Evolutionstheorie der Unternehmung als solche „Verfeinerungen" nennen. Vgl. *Lingnau, V.* (2001), S. 426-432 und die dort angegebene Literatur.

785 Vgl. *Gerling, P. G.* (2007), S. 18.

786 Einen guten Überblick über die Kernaspekte der Managerial and Organizational Cognition Theory sowie weitere Primärquellen liefern *Gerling, P. G.* (2007), S. 15-20; *Lingnau, V.* (2001), S. 432 f.

787 Vgl. z. B. *Hodgkinson, G. P. / Jenkins, M.* (2002), S. 177; *Lingnau, V.* (2001), S. 432; *Garud, R. / Porac, J. F.* (1999); *Walsh, J. P.* (1995).
Originalzitat: „Managerial and organizational cognition draws on concepts, theories and methods from cognitive science (especially cognitive psychology, cognitive anthropology and social cognition) to create a perspective that focuses on the subjectivity and limitations of human information processing." (*Hodgkinson, G. P. / Jenkins, M.* (2002), S. 177)

788 Vgl. *Lord, R. G. / Maher, K. J.* (1990), S. 11; *Newell, A. / Simon, H. A.* (1972), S. 788.

789 Vgl. *Walsh, J. P.* (1995), S. 281.

790 *McCall, M. W. / Kaplan, R. E.* (1990), S. 16.

werden kann.[791] Typischerweise werden diese individuellen Manager dabei mit der Herausforderung konfrontiert, sich in komplexen und anspruchsvollen Umwelten zu bewähren.[792]

5.2 Problemlösen und Entscheiden

In diesen Umwelten besteht die Herausforderung darin, einen (offenen[793]) Ausgangszustand (Ist-Zustand) in einen davon divergierenden Zielzustand (Soll-Zustand) zu überführen.[794] Häufig liegt auf diesem Weg allerdings eine Barriere vor, da die zur Überwindung einzusetzenden Mittel unbekannt sind.[795] Im Rückgriff auf DUNCKER, wonach „ein Lebewesen ein Ziel hat und nicht ‚weiß', wie es dieses Ziel erreichen soll"[796], ist einer Vielzahl heterogener Definitionsversuche[797] gemeinsam, dass eben jenes Vorhandensein von Zielen und das Fehlen von Mitteln zur Zielerreichung ein sogenanntes Problem charakterisieren.[798] Sind dagegen die Mittel zur Überführung des Ausgangszustandes in den Zielzustand bekannt, d. h. diese Barriere ist nicht existent, verliert die Situation ihren Problemcharakter und wird zur Aufgabe.[799] Der vom Individuum durchlaufene Prozess zur Überwindung der Barriere wird als Problem-

791 Vgl. *Gerling, P. G.* (2007), S. 18; *Lingnau, V.* (2001), S. 432; *Oelsnitz, D. v. d.* (1999), S. 169 f.; *Walsh, J. P.* (1995), S. 280; *Lord, R. G. / Maher, K. J.* (1991), S. 13 f. und die jeweils dort angegebene Literatur. Neben dieser bis heute dominierenden individuellen Sichtweise („Informationsverarbeitungsparadigma", *Süß, H.-M.* (1996), S. 61, im Original hervorgehoben) thematisiert die Managerial and Organizational Cognition Theory, inwiefern der soziale Kontext einer Organisation, in der das jeweilige Individuum tätig ist, die Konstruktion der wahrgenommenen Realität determiniert (interpretatives Forschungsparadigma, vgl. *Lant, T. K. / Shapira, Z.* (2001), S. 2-4) (vgl. *Oelsnitz, D. v. d.* (1999), S. 169). Obwohl die Tatsache, dass Individuen ihre Umwelt interpretieren, nicht ignoriert werden soll, wird für die Beantwortung der vorliegenden Fragestellung im Wesentlichen die Perspektive des Managers als Informationsverarbeiter (innerhalb eines Laborexperiments) eingenommen (vgl. ähnlich *Gerling, P. G.* (2007), S. 16 f.).

792 Vgl. *Garud, R. / Porac, J. F.* (1999), S. xiv.
Originalzitat: „[T]he managerial cognition literature locates an organization's intellective processes in the minds of individual managers who are confronted with the task of making sense of very complex and ambiguous environments."

793 Vgl. *Funke, J.* (2003), S. 14.

794 Vgl. *Brander, S. / Kompa, A. / Peltzer, U.* (1989), S. 121 f.
Zu berücksichtigen ist, dass es sich bei diesem Zielzustand nicht um einen starren Zustand handeln muss. Wie die Ausführungen im Abschnitt 5.4 zeigen werden, kann sich dieser Zielzustand aufgrund von Eigendynamik ohne Zutun des Problemlösers im Zeitablauf verändern. Außerdem können (in der unternehmerischen Realität) Fälle auftreten, in denen diese Ziele entweder gar nicht vorgegeben sind, in einem Konflikt zueinander stehen (Polytelie) oder erst durch Verhandlungs-, Kontroll- und Anpassungsprozesse zwischen den einzelnen unternehmensinternen und -externen Anspruchsgruppen (Stakeholdern) entstehen (vgl. *Lingnau, V. / Willenbacher, P.* (2014), S. 1 und S. 21-25 und die dort angegebene Literatur).

795 Vgl. *Funke, J.* (2010), S. 134; *Lingnau, V.* (2006), S. 2; *Dörner, D.* (1987), S. 10.

796 *Duncker, K.* (1966), S. 1.

797 Vgl. z. B. *Matlin, M. W.* (2009), S. 357 f.; *Medin, D. L. / Ross, B. H. / Markman, A. B.* (2005), S. 390; *Arbinger, R.* (1997), S. 5-7; *Dörner, D.* (1987), S. 10.

798 Vgl. *Gerling, P. G.* (2007), S. 20 f.

799 Vgl. *Lingnau, V.* (2006), S. 3 und die dort angegebene Literatur; *Arbinger, R.* (1997), S. 13; *Brander, S. / Kompa, A. / Peltzer, U.* (1989), S. 111 f.; *Dörner, D.* (1987), S. 10 f.

lösen oder Problemlösungsprozess[800] bezeichnet, das Ergebnis ist die Problemlösung. Die Bearbeitung eines laborexperimentellen Tasks entspricht damit in der Regel einer solchen Problemlösung, da die laborexperimentellen Versuchsteilnehmer typischerweise mit einem Task konfrontiert werden, bei dem zwar die Ziele vorgegeben sind[801] und deren Erreichung von den Probanden angestrebt wird, allerdings häufig der Weg vom Ausgangszustand dorthin bzw. die zur Überwindung einzusetzenden Mittel unbekannt sind.

Aufbauend auf Forschungsergebnissen aus dem Bereich Auditing,[802] wobei explizit auf deren Anwendbarkeit in anderen Bereichen der verhaltenswissenschaftlichen Rechnungswesenforschung hingewiesen wird,[803] setzt sich die Behavioral Accounting-Forschung seit Anfang der 1990er Jahre mit den Determinanten der Qualität von Problemlösungen (JDM-Performance) auseinander.[804] Während in der Regel die Beurteilung dieser Qualität in Bezug zur Problemlösung bzw. Entscheidung erfolgt, so kann sie sich auch auf den vom Individuum durchgeführten Problemlösungsprozess beziehen.[805] Der Maßstab ist entweder ein auf Theorien oder statistischen Modellen basierendes normatives Kriterium der Genauigkeit oder für den Fall, dass ein solches wie beispielsweise bei komplexen Problemen nicht vorliegt, die Übereinstimmung mit frühen Urteilen und Entscheidungen eines Individuums oder denjenigen von Referenzpersonen, die benötigte Zeit zur Problemlösung oder die dabei verursachten Kosten.[806]

Zur Strukturierung der Vielzahl an bisher durchgeführten (meist auf einzelne, wenige Determinanten fokussierten) Studien sind verschiedene Systematisierungen entstanden, die mehr oder weniger umfangreich sind und ineinander überführt werden können.[807] Der Zusammen-

---

800 Für eine ausführliche Darstellung des Problemlösungsprozesses, die über den Inhalt dieser Arbeit hinausgeht, vgl. *Sternberg, R. J. / Sternberg, K.* (2012), S. 444-446; *Gerling, P. G.* (2007), S. 29-32.

801 Dies geschieht in der Regel aus pragmatischen Gründen, da auf diese Art und Weise die Ausprägung der abhängigen Variable mit einem vorher definierten Ziel abgeglichen werden kann.

802 Vgl. z. B. *Ashton, R. H.* (1999); *Libby, R. / Luft, J. L.* (1993).
„[W]e know a great deal about the individual JDM of external auditors across a wide variety of tasks. We know somewhat less about analysts' and tax professionals' JDM. And we know fairly little about the individual JDM of managerial accountants, investors, managers, investment advisors, brokers, mutual fund managers, internal auditors, corporate directors, standard-setters, and regulators and other evaluators of accountants' work (e. g., judges and juries)." (*Bonner, S. E.* (2008), S. 370)

803 Vgl. *Ashton, R. H. / Hubbart Ashton, A.* (1995), S. 21

804 Vgl. z. B. *Sprinkle, G. B. / Williamson, M. G.* (2007), S. 428; *Tan, H.-T. / Kao, A.* (1999); *Tan, H.-T. / Libby, R.* (1997); *Bonner, S. E. / Pennington, N.* (1991); *Bonner, S. E. / Lewis, B. L.* (1990); *Libby, R. / Frederick, D. M.* (1990); *Frederick, D. M. / Libby, R.* (1986).
Die Bedeutung dieser Forschungsrichtung zeigt sich daran, dass auch heute noch eine Vielzahl an Studien zu diesem Thema publiziert wird. Vgl. z. B. *Stuart, I. C. / Prawitt, D. F.* (2012).

805 Vgl. *Bonner, S. E.* (2008), S. 26-29.

806 Vgl. *Hirsch, B.* (2009), S. 168; *Bonner, S. E.* (2008), S. 29-46; *Bonner, S. E.* (1999), S. 386; *Trotman, K. T.* (1996), S. 63.

807 Vgl. z. B. *Bonner, S. E.* (1999); *Tan, H.-T. / Kao, A.* (1999); *Libby, R. / Luft, J. L.* (1993).

hang der Einflussgrößen wird im Rückgriff auf LIBBY / LUFT im Weiteren als „Performance Equation“[808] bezeichnet. Angelehnt an die in dieser Arbeit verwendete Trichotomie RUNKEL / MCGRATHS setzt sich nach BONNER die JDM-Performance aus einer Funktion von Subject- („person“), Task- („task“) und Setting-Spezifika („environment“) zusammen:[809]

JDM-Performance = f (Subject; Task; Setting)

Während sich die Subjekt-Variablen auf alle Charakteristika beziehen, die der Entscheider in die Entscheidungssituation einbringt, umfassen die Task-Variablen alle Dimensionen des JDM-Tasks. Zu den Setting-Variablen zählen schließlich all die Variablen, die unabhängig von der Person und dem durchzuführenden JDM-Task die Bedingungen und das Umfeld gestalten.[810] Alle drei Variablen haben einen direkten Einfluss auf die Qualität der Problemlösung, allerdings erschweren wechselseitige Abhängigkeiten der Determinanten untereinander die Analyse, sodass von komplexen Verflechtungen zwischen den Determinanten der JDM-Performance ausgegangen werden muss.[811] Die Ergebnisse einer großen Anzahl empirischer Untersuchungen in der verhaltenswissenschaftlichen Rechnungswesenforschung, die in den letzten zweieinhalb Jahrzehnten durchgeführt worden sind, weisen große Übereinstimmung mit denjenigen der (Kognitions-)Psychologie auf.[812] In *Abbildung 19* sind einerseits diese wechselseitigen Beziehungen dargestellt, zum anderen gibt die Abbildung einen Überblick über die Vielzahl an bisher untersuchten rechnungswesen- und nicht-rechnungswesenspezifischen Determinanten der Qualität der Problemlösung.

---

808 *Libby, R. / Luft, J. L.* (1993), S. 427.

809 Vgl. *Bonner, S. E.* (2008), S. 14.
Die von LIBBY / LUFT vorgeschlagenen vier Bestandteile (vgl. *Libby, R. / Luft, J. L.* (1993), S. 426) der „Performance Equation“ lassen sich in die im Rahmen der Arbeit verwendete Dreiteilung überführen (vgl. *Bonner, S. E.* (2008)). Während die allgemeinen kognitiven Fähigkeiten („cognitive abilities“), das Wissen („knowledge“) und die intrinsische Motivation („intrinsic motivation“) dem Subjekt zugeordnet werden können, stellen die Determinanten des Entscheidungsumfeldes („environment“) sowie die extrinsische Motivation („extrinsic motivation“) Bestandteile des Settings dar.

810 Vgl. *Bonner, S. E.* (2008), S. 14.

811 Vgl. *Libby, R. / Luft, J. L.* (1993), S. 426 f.

812 Vgl. *Bonner, S. E.* (2008), S. 374.
Ähnlich lässt sich die Aussage von ORNE (*Orne, M. T.* (1962), S. 783) interpretieren, wonach „the subject’s behavior in an experiment is a function of the totality of the situation“.

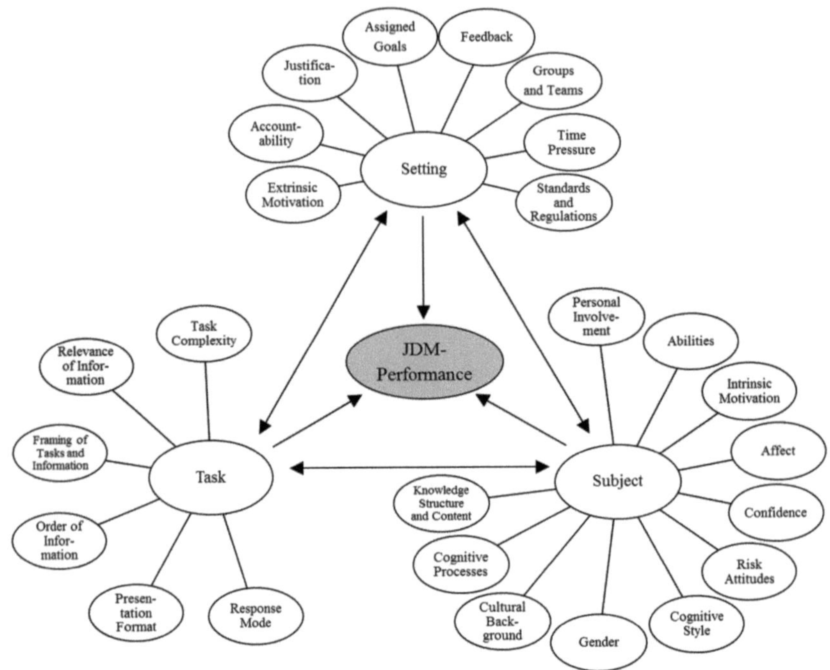

Abbildung 19: Determinanten der JDM-Performance[813]

5.3 Kontribution der Qualität der Problemlösung zur Qualität der laborexperimentellen Subjekt-Surrogation

5.3.1 Begriff der Qualität der laborexperimentellen Subjekt-Surrogation

Um die JDM-Performance eines Individuums oder einer Versuchspersonengruppe beurteilen zu können, muss grundsätzlich eine Referenz festgelegt werden, zu der die jeweilige Problemlösungsqualität in Beziehung gesetzt wird.[814] Bei der Beurteilung der Angemessenheit studentischer Surrogate handelt es sich um den Vergleich der JDM-Performance der jeweiligen Versuchspersonengruppen.[815] Auch hier können entweder der Problemlösungsprozess oder das Ergebnis dessen Maßstab zur Bewertung sein. Die Qualität der Surrogation kann

813 In Anlehnung an: *Bonner, S. E.* (2008). Zum Zwecke der Übersichtlichkeit wird in der Abbildung auf die Verknüpfungen zwischen den einzelnen Determinanten verzichtet. In den weiteren Ausführungen wird, sofern notwendig, darauf verwiesen. Ein Beispiel stellen die im „Expertise Paradigm“ untersuchten Zusammenhänge zwischen „Experience“, „Ability“ und „Knowledge“ dar. Siehe Abschnitt 5.5.

814 Siehe Abschnitt 5.2.

815 Vgl. *Bonner, S. E.* (2008), S. 41.

somit als eine Funktion der JDM-Performance von Professionals und der JDM-Performance von Studierenden dargestellt werden:

$$\text{Qualität der Subjekt-Surrogation} = f\,(\text{JDM-Performance}_{Professionals};\ \text{JDM-Performance}_{Studierende})$$

Eine erfolgreiche studentische Surrogation liegt dann vor, wenn die JDM-Performance der Professionals statistisch nicht von derjenigen der Studierenden abweicht, d. h. eine Korrelation zwischen den jeweiligen Problemlösungsprozessen bzw. Entscheidungen besteht, die Anzahl der jeweiligen Problemlösungsprozesse bzw. Entscheidungen übereinstimmt oder der relative bzw. absolute Abstand zwischen den Urteilen und Entscheidungen gering ist:[816]

> „If conclusions about the effects of treatments are the same for student and nonstudent groups, the experimenter may then tentatively conclude that the student subjects were reasonable surrogates within the particulars of the experimental setting. If, however, conclusions concerning treatment effects differ across groups, a surrogation problem exists.“[817]

Bei dieser Vorgehensweise muss beachtet werden, dass damit keine Aussage über die absolute Qualität einer Problemlösung getroffen werden kann. So können einerseits beispielsweise beide Versuchspersonengruppen trotz übereinstimmender JDM-Performance in Bezug auf ein normatives Kriterium eine schlechte Problemlösungsqualität aufweisen. Andererseits ist bei einer unterschiedlichen JDM-Performance zwischen den beiden Versuchspersonengruppen mit dieser Vorgehensweise nicht zu beurteilen, welche Versuchspersonengruppe eine höhere Problemlösungsqualität besitzt.[818]

5.3.2 Vorgehensweise zur Identifikation relevanter Determinanten der Qualität der laborexperimentellen Subjekt-Surrogation

Da nicht alle Variablen der „Performance Equation“ gleichermaßen die Qualität einer studentischen Surrogation in der laborexperimentellen Controllingforschung beeinflussen, müssen im Folgenden in KINNEYs Terminologie die „Big Potatoes“ identifiziert werden.[819] Dies sind

816 Vgl. *Bonner, S. E.* (2008), S. 41 f.
817 *Walters-York, L. M. / Curatola, A. P.* (1998), S. 125.
818 Vgl. *Bonner, S. E.* (2008), S. 43.
819 Vgl. *Bonner, S. E.* (2008), S. 17.

diejenigen Determinanten, die den größten Anteil an Variation in der JDM-Performance der beiden Versuchspersonengruppen erklären können:[820]

> „*Jede* wissenschaftliche (und auch nichtwissenschaftliche) Auseinandersetzung mit dem Menschen oder ähnlich komplexen Lebewesen, Objekten, etc., zwingt dazu, aus den praktisch unendlich vielen Variablen, die zur Beschreibung möglich sind, einige herauszugreifen (zu selegieren), sich auf diese zu konzentrieren und die anderen zu vernachlässigen."[821]

Den Ausgangspunkt zur Identifikation dieser potenziell relevanten Determinanten bilden alle mit der in Abschnitt 4.3 dokumentierten Vorgehensweise destillierten Vergleichsstudien (insgesamt 25 Laborexperimente) sowie diejenigen Studien, die entweder auf Studierenden (insgesamt 168 Laborexperimente) oder auf Professionals (insgesamt 36 Laborexperimente) als Versuchsteilnehmer basieren.[822] Diese Studien sind in einem weiteren Schritt auf die dort untersuchten Variablen, die jeweils Kontributionen zu unterschiedlichen Bestandteilen der „Performance Equation" leisten, untersucht worden. Die Zuordnung zu den jeweiligen Variablenkategorien erfolgt auf der Grundlage der oben vorgestellten Determinanten der JDM-Performance nach BONNER.[823] Einen Überblick über die Häufigkeit der einzelnen Variablen in den jeweiligen Samples gibt *Tabelle 14*.

Da es an dieser Stelle aufgrund der Zielsetzung der Arbeit nicht notwendig ist, alle Variablen weiter zu berücksichtigen, sollen im Folgenden nur solche Variablen besonderes Interesse erfahren, für die zum einen allgemein umfassende empirische Evidenz vorliegt und die zum anderen im Kontext von Vergleichsstudien berücksichtigt worden sind und folglich zu den unterschiedlichen Ergebnissen hinsichtlich der Eignung studentischer Surrogate beigetragen haben. Der Überblick zeigt, dass diese Anforderungen im Wesentlichen auf die Variablen „Framing of Tasks and Information", die über alle Samples hinweg breiten Raum in der laborexperimentellen Controllingforschung einnimmt, und „Knowledge Structure and Content", die insbesondere in den Vergleichsstudien untersucht wird, zutreffen. Aufgrund der vielfach in der verhaltenswissenschaftlichen Rechnungswesenforschung unterstrichenen Bedeutung der taskspezifischen Determinante „Task Complexity"[824] wird diese ebenfalls in die Untersuchung integriert.

---

820 Vgl. *Bonner, S. E.* (2008), S. 17.

821 *Huber, O.* (2013), S. 24.

822 Für eine ausführliche Darstellung der Vorgehensweise zur Identifizierung der 36 Studien mit Professionals siehe Abschnitt 7.1.1 und zur Dokumentation siehe Anhänge I, II, III, IV und V.

823 Siehe *Abbildung 19*.

824 Die Bedeutung dieses Einflussfaktors wird durch folgende beiden Aussagen unterlegt: „Understanding […] task complexity and its effects on judgment performance is important[.]" (*Bonner, S. E.* (1994), S. 213)

	Vergleichsstudien (n = 25)		Studierenden-samples (n = 168)		Professionals-samples (n = 36)	
	%	∑	%	∑	%	∑
Task						
Task Complexity	8	2	8	14	8	3
Relevance of Information	0	0	1	2	0	0
Framing of Tasks and Information	64	16	59	99	67	24
Order of Information	8	2	5	8	0	0
Presentation Format	20	5	10	17	19	7
Response Mode	4	1	2	3	0	0
Subject						
Knowledge Structure and Content	56	14	4	7	11	4
Personal Involvement	0	0	5	8	0	0
Abilities	0	0	2	4	3	1
Intrinsic Motivation	0	0	1	2	6	2
Affect	0	0	1	2	0	0
Confidence	0	0	1	2	0	0
Risk Attitudes	4	1	4	7	3	1
Cognitive Style	0	0	6	10	3	1
Gender	0	0	0	0	0	0
Cultural Background	0	0	2	4	3	1
Cognitive Processes	0	0	2	3	6	2
Setting						
Extrinsic Motivation	0	0	26	43	3	1
Accountability	0	0	3	5	8	3
Justification	0	0	2	3	0	0
Assigned Goals	0	0	7	11	11	4
Feedback	0	0	11	18	6	2
Groups and Teams	0	0	5	9	3	1
Time Pressure	0	0	1	1	0	0
Standards and Regulations	4	1	14	24	6	2

Tabelle 14: Übersicht über die in den Laborexperimenten zum Management Accounting untersuchten Determinanten[825]

Um die Relevanz der drei ausgewählten Determinanten für die vorliegende Fragestellung zu beurteilen, werden diese nachfolgend hinsichtlich ihrer Wirkung auf die Qualität der Subjekt-Surrogation analysiert, d. h. es wird untersucht, inwiefern der Status der Versuchsperson in

„Recent literature has emphasized the need for consideration of task structure in behavioral research.“ (*Abdolmohammadi, M. J.* (1999), S. 51, vgl. auch die dort angegebene Literatur)

825 Eigene Darstellung. Da die meisten Studien mehrere Variablen untersuchen, übersteigt die Summe der einzelnen Prozentwerte 100 % pro Sample.

diesen Studien einen moderierenden Effekt auf die JDM-Performance ausübt. Die dabei zu prüfende (Null-)Hypothese geht demnach davon aus, dass der Versuchspersonengruppenstatus für alle drei Variablen die JDM-Performance nicht moderiert.

Als ein hierfür geeignetes Verfahren bietet sich die Meta-Analyse an.[826] Dabei handelt es sich um eine Form der Sekundäranalyse, bei der eine große Anzahl an bisher durchgeführten Primäruntersuchungen mithilfe statistischer Maße integriert werden kann.[827] Oftmals, so auch hier, werden die Ergebnisse einer Meta-Analyse als Ausgangsbasis weiterer (laborexperimenteller) Primärforschung genutzt.[828] Unter der Voraussetzung, dass die interessierende Moderatorvariable in dichotomer Ausprägung vorliegt (hier: Studierende vs. Professionals als Versuchspersonen),[829] ist es neben der Untersuchung potenzieller Haupteffekte eines der Hauptziele der Meta-Analyse, die Wirkung des Moderators auf die Stärke und Richtung von Effekten offenzulegen.[830]

Vor dem Hintergrund des Untersuchungsziels werden im vorliegenden Fall die Analysen mit dem am häufigsten eingesetzten Verfahren nach HUNTER und SCHMIDT durchgeführt.[831] Dieses verwendet als Maß der (korrigierten) Effektstärke den von störenden Einflüssen (z. B. Stichprobenfehler) befreiten Korrelationskoeffizienten $\bar{r}$.[832] Das bedeutet, dass, sofern in der Primärquelle statt Korrelationen andere statistische Maße dokumentiert sind (z. B. t- oder χ^2-Werte), diese zunächst in r-Werte transformiert werden müssen.[833] Mithilfe der von BOSCO zur Verfügung gestellten Software[834] werden im Folgenden jeweils für alle drei Zusammenhänge zwischen der unabhängigen Variablen und der JDM-Performance als AV das 95 %-

826 Eine umfassende Einführung in das Verfahren der Meta-Analyse liefern z. B. *Aguinis, H. et al.* (2011); *Borenstein, M. et al.* (2009); *Geyskens, I. et al.* (2009).

827 Vgl. *Glass, G. V.* (1976), S. 3.
Es zeigt sich, dass die Anzahl an durchgeführten Meta-Analysen in vielen Teilbereichen der verhaltenswissenschaftlichen Forschung in den vergangenen Jahrzehnten stark zugenommen hat. Vgl. *Aytug, Z. G. et al.* (2012), S. 103.

828 Vgl. *Aguinis, H. et al.* (2011), S. 306 und S. 317.
Damit wird auch die oftmals formulierte Kritik, wonach Meta-Analysen ein Substitut für empirische Primärforschung seien, entkräftet. Vgl. *Aguinis, H. et al.* (2011), S. 324.

829 Vgl. *Rauch, A. et al.* (2009), S. 776 und die dort angegebene Literatur.

830 Vgl. *Aguinis, H. et al.* (2011), S. 310 und die dort angegebene Literatur.

831 Zum Verfahren vgl. *Schmidt, F. L. / Hunter, J. E.* (2015); *Borenstein, M. et al.* (2009), S. 341-352.
Eine über den Rahmen dieser Arbeit hinausgehende Erläuterung der dabei ablaufenden neun Schritte liefern z. B. *Guzzo, R. A. / Jackson, S. E. / Katzell, R. A.* (1987), S. 415.

832 Vgl. *Borenstein, M. et al.* (2009), S. 341 f.

833 Eine ausführliche Darstellung der Vorgehensweise zur Kodierung unterschiedlicher statistischer Ausgangsgrößen in Korrelationen zeigen *Borenstein, M. et al.* (2009), Kapitel 4, 7 und 22-26. Im vorliegenden Fall ist hierzu das von LIPSEY und WILSEN (vgl. *Lipsey, M. W. / Wilson, D. B.* (2001)) empfohlene Programm zur Umrechnung von Effektstärken verwendet worden (vgl. *Wilson, D. B.* (2015)). Die gegenüber der Gesamtanzahl an Publikationen, die die jeweilige Variable untersuchen, geringere Anzahl verwertbarer Untersuchungen (siehe *Tabelle 15*) beruht darauf, dass die dort dokumentierten statistischen Kenngrößen nicht ausgereicht haben, um eine Transformation in r vorzunehmen.

834 Vgl. *Bosco, F. A.* (2013).

Konfidenzintervall berechnet,[835] d. h. es wird getestet, ob die Effektstärke signifikant von null abweicht.[836] Zum Test der Homogenität der Stichprobenvarianz rekurriert dieses Tool zum einen auf die Q-Statistik, die eine χ^2-Verteilung aufweist, und zum anderen auf die Lage des 95 %-Glaubwürdigkeitsintervalls. Wird die Q-Statistik signifikant und das 95 %-Glaubwürdigkeitsintervall beinhaltet die Null, kann von Heterogenität und damit dem Vorliegen eines Moderators ausgegangen werden.[837] Der statistische Nachweis des Versuchspersonengruppenstatus als Moderator erfolgt anhand der Zwischengruppenvarianz (Q_B) zwischen den beiden Versuchspersonengruppen. Abgeschlossen werden die Analysen jeweils durch einen Egger-Test,[838] der Hinweise auf das Vorliegen eines Publikationsfehlers liefert, d. h. inwiefern die aufgenommenen Studien einer aufgrund von „positiven" bzw. signifikanten Ergebnissen bevorzugten und damit nicht-repräsentativen Menge an Veröffentlichungen entstammen.[839]

5.3.3 Ergebnisse der Meta-Analysen zur Identifikation relevanter Determinanten der Qualität der laborexperimentellen Subjekt-Surrogation

Eine zusammenfassende Übersicht der im vorangegangenen Abschnitt erläuterten statistischen Kenngrößen für die drei durchgeführten Meta-Analysen liefert *Tabelle 15*.[840] Über alle drei Meta-Analysen hinweg zeigt sich, dass aufgrund unterschiedlicher fehlender statistischer Angaben in den Primärquellen jeweils nur ein Anteil aller potenziell möglichen Studien, die die interessierende Variable untersuchen, in die Auswertung aufgenommen werden kann. Grundsätzlich ist die untersuchte Korrelation im Sample der Professionals größer als im Studierendensample. Da das berechnete 95 %-Konfidenzintervall in allen drei Fällen die Null nicht enthält, ist davon auszugehen, dass die Effektstärke von null abweicht und somit Aussagen aus den Meta-Analysen abgeleitet werden können. Ebenfalls kann die dem Egger-Test

835 Bei der Variable „Knowledge Structure and Content" ist zu berücksichtigen, dass nur die Vergleichsstudien, die diesen Einflussfaktor untersuchen, in die Meta-Analyse integriert werden können, da aus reinen Studierenden- oder Professionalssamples für die hier vorliegende Fragestellung keine Aussagen gewonnen werden können.

836 Vgl. *Borenstein, M. et al.* (2009), S. 5.

837 Vgl. *Borenstein, M. et al.* (2009), S. 350.

838 Vgl. *Borenstein, M. et al.* (2009), S. 387 f.; *Sterne, J. A. C. / Egger, M. / Davey Smith, G.* (2001), S. 102-104.

839 Vgl. *Aguinis, H. et al.* (2011), S. 313.

840 Die vollständigen Datensets, die angewandten Kodierungen sowie alle berechneten statistischen Maße können den Anhängen VI, VII und VIII entnommen werden.

zugrunde liegende Nullhypothese nicht verworfen werden, sodass hier jeweils kein Publikationsfehler vorliegt (alle $p > ,05$).

	Task Complexity	**Framing of Tasks and Information**	**Knowledge Structure and Content**
Anzahl verwertbarer Datensets	3 Studierendensamples (100 %); 9 Professionalssamples (64 %); 0 Vergleichsstudien (0 %)	47 Studierendensamples (47 %); 13 Professionalssamples (54 %); 4 Vergleichsstudien (25 %)	11 Vergleichsstudien (79 %)
k	28 Korrelationen mit Studierenden; 5 Korrelationen mit Professionals	107 Korrelationen mit Studierenden; 31 Korrelationen mit Professionals	11 Korrelationen mit Studierenden; 12 Korrelationen mit Professionals
N	1.019 Studierende; 202 Professionals	10.339 Studierende; 2.307 Professionals	922 Studierende; 753 Professionals
95 %-Konfidenzintervall	,114 bis ,317	,115 bis ,220	,230 bis ,359
95 %-Glaubwürdigkeitsintervall	-,279 bis ,709	-,416 bis ,751	,067 bis ,552
$\bar{r}$	,215	,168	,295
$\bar{r}_{Studierende}$	,175	,154	,250
$\bar{r}_{Professionals}$	,417	,230	,349
Q (p-Wert)	115,994 (,000)	1.313,359 (,000)	49,647 (,001)
$Q_{Studierende}$ (p-Wert)	95,716 (,000)	995,805 (,000)	17,192 (,070)
$Q_{Professionals}$ (p-Wert)	8,715 (,069)	312,396 (,000)	28,922 (,002)
Q_B (p-Wert)	9,858 (,002)	11,024 (,001)	4,018 (,045)
Egger-Test t (p-Wert)	1,184 (,245)	-1,691 (,093)	,260 (,798)

Tabelle 15: Zusammenfassung der Ergebnisse der Meta-Analysen[841]

Obwohl bei der „Task Complexity" das 95 %-Glaubwürdigkeitsintervall die Null enthält, weist der Q-Wert ($Q = 115,994$; $p = ,000$) darauf hin, dass der Zusammenhang zwischen der Determinante und der JDM-Performance von einem Moderator beeinflusst wird. Sowohl die fast überschneidungsfreie Lage der Konfidenzintervalle beider Versuchspersonengruppen ($\bar{r}_{Studierende} = ,175$; $\bar{r}_{Professionals} = ,417$), die Zwischengruppenvarianz ($Q_B = 9,858$; $p = ,002$) als auch der Q-Wert innerhalb der Gruppe der Professionals ($Q_{Professionals} = 8,715$; $p = ,069$) bestätigen, dass der Status eine die Qualität der Subjekt-Surrogation beeinflussende Größe darstellt.

Die Lage des 95 %-Glaubwürdigkeitsintervalls sowie der Q-Wert ($Q = 1.313,359$; $p = ,000$) bei der Variablen „Framing of Tasks and Information" lassen ebenfalls das Vorhandensein

841 Eigene Darstellung.

eines Moderators vermuten. Auch wenn ein signifikanter Q_B-Wert für den getesteten Moderator (Versuchspersonengruppenstatus) vorliegt (Q_B = 11,024; p = ,001), deuten die jeweiligen Q-Werte innerhalb der beiden Versuchspersonengruppen darauf hin (beide p = ,000), dass hier noch ein oder mehrere weitere Moderatoren vorhanden sind. Bei der Interpretation dieses Ergebnisses ist zu berücksichtigen, dass „Framing of Tasks and Information" eine Vielzahl mitunter sehr heterogener Variablen umfasst, die gegebenenfalls weiter differenziert werden müssten. Insgesamt wird jedoch aufgrund dieser Ergebnisse auf eine weitere Diskussion dieser Variablen als Determinante der Qualität der Subjekt-Surrogation im Folgenden verzichtet.

Eine korrigierte Effektstärke von $\bar{r}$ = ,295 für die „Knowledge Structure and Content" bedeutet, dass zwischen dieser Variablen und der JDM-Performance ein positiver Zusammenhang besteht, der bei den Professionals ($\bar{r}_{Professionals}$ = ,349) stärker ausgeprägt ist als bei den Studierenden ($\bar{r}_{Studierende}$ = ,250). Analog zum vorangegangen Fall zeigen die Lage des 95 %-Glaubwürdigkeitsintervalls sowie des Q-Werts, dass dieser Effekt moderiert wird. Die Analyse dieser Werte in den beiden jeweiligen Versuchspersonengruppen zeigt, dass insbesondere die Studierenden einen solchen Moderator darstellen ($Q_{Studierende}$ = 17,192; p = ,070). Demnach kann folglich die Annahme, es liege keine Zwischengruppenvarianz vor, verworfen werden (Q_B = 4,018; p = ,045).

5.3.4 Zusammenfassende Bewertung der Determinanten der Qualität der laborexperimentellen Subjekt-Surrogation

Als „Big Potatoes", also als diejenigen Determinanten, denen großes Potenzial zur Erklärung der Varianz in der Problemlösungsqualität zwischen den beiden interessierenden Versuchspersonengruppen beigemessen werden kann, können somit die taskspezifische Problemkomplexität („Task Complexity") und das Wissen („Knowledge Structure and Content"), das die Versuchspersonen in die laborexperimentelle Versuchsumgebung einbringen, identifiziert werden. Auch außerhalb des Accountings, z. B. in der Organisationsforschung, zeigt sich Evidenz für die tragende Rolle, die dem Faktor Expertise bei der Beurteilung der Angemessenheit studentischer Surrogate zukommt.[842] Deshalb werden in den folgenden beiden Abschnitten sowohl die vorliegenden Problemstrukturen (5.4) als auch das Wissen von Individuen mit eingeschränkter Informationsverarbeitungskapazität (5.5) ausführlich thematisiert. In

842 Vgl. *Gordon, M. E. / Slade, L. A. / Schmitt, N.* (1986), S. 201 f.

Abbildung 20 sind die Determinanten in das der Arbeit zugrunde liegende S-O-R-Modell integriert.

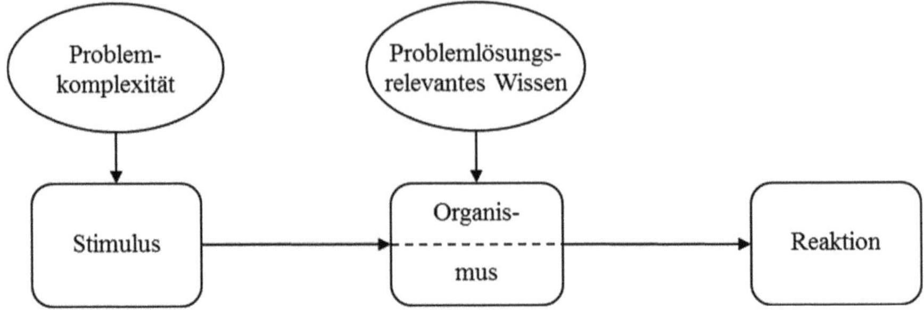

Abbildung 20: Determinanten der Qualität der laborexperimentellen Subjekt-Surrogation[843]

5.4 Task: Problemkomplexität

Eine vielfach vorgenommene Klassifikation von Problemen orientiert sich an der Klarheit der Definition des Ziels („Klarheit der Zieldimension") und des Weges („Bekanntheitsgrad der Mittel"),[844] wobei aufgrund der Kontinuität beider Dimensionen eine klare Abgrenzung in vielen Fällen kaum durchführbar ist.[845] Ist die Bestimmtheit bzw. die Klarheit des Zielzustandes Gegenstand der Klassifizierung, wird in der Regel nach McCarthy zwischen *wohldefinierten* (well-defined; z. B. „streiche das Wohnzimmer himmelblau") und *schlechtdefinierten* Problemen (ill-defined; z. B. „verschönere die Wohnung") differenziert.[846] Nach dieser Abgrenzung handelt es sich bei den meisten laborexperimentellen Untersuchungen um wohldefinierte Probleme.[847] Vielmehr von Relevanz für den weiteren Fortgang der Arbeit ist jedoch die Unterscheidung in wohlstrukturierte und schlechtstrukturierte Probleme, die die konträren Dimensionen bezüglich des Bekanntheitsgrades der Mittel darstellen.[848] Als *wohlstrukturiert* bzw. *einfach* gelten diejenigen Probleme, die mathematisch beschreib- und lösbar sind (z. B.

843 Eigene Darstellung.
844 Vgl. *Dörner, D.* (1987), S. 14.
Einen Überblick über verschiedene weitere Klassifikationsaspekte liefern z. B. *Arbinger, R.* (1997), S. 9-16; *Brander, S. / Kompa, A. / Peltzer, U.* (1989), S. 123.
845 Vgl. *Funke, J.* (2003), S. 30; *Fernandes, R. / Simon, H. A.* (1999), S. 226.
846 Vgl. *Gerling, P. G.* (2007), S. 22; *Funke, J.* (2003), S. 29; *McCarthy, J.* (1972), S. 177.
847 Vgl. *Brander, S. / Kompa, A. / Peltzer, U.* (1989), S. 121 f.
848 Vgl. *Gerling, P. G.* (2007), S. 22 f.

Schach), während dies bei *schlechtstrukturierten* bzw. *komplexen* Problemen nicht möglich ist (z. B. „reale“ BWL).[849]

Die Schwierigkeit des Auffindens geeigneter Mittel zur Problemlösung kann mit der Komplexität[850] eines Problems gleichgesetzt werden.[851] Komplexitätsmerkmale sind nach DÖRNER ET AL. die vom jeweiligen Problemlöser unabhängigen Einflussfaktoren Komplexität, Vernetztheit und Dynamik (5.4.1) sowie die vom jeweiligen Problemlöser abhängigen Einflussfaktoren Intransparenz und Polytelie (5.4.2) (siehe *Abbildung 21*).[852] Folgende Ausführungen verdeutlichen, dass die einzelnen Merkmale Verbindungen aufweisen.

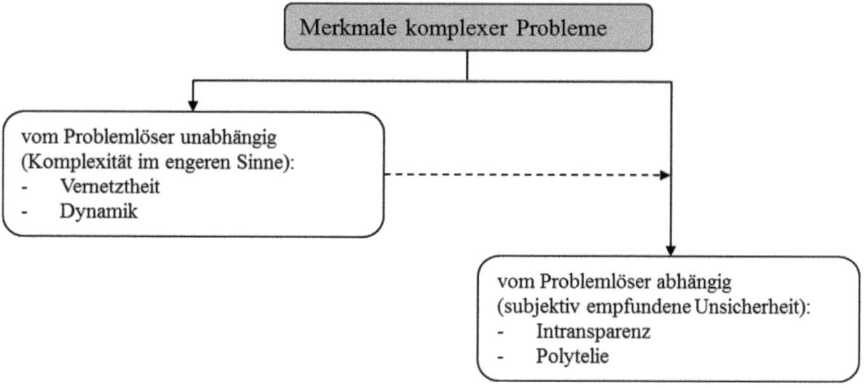

Abbildung 21: Merkmale komplexer Probleme[853]

5.4.1 Problemlöserunabhängige Merkmale komplexer Probleme

Die *Komplexität* erfasst alle in einem Problem vorhandenen Variablen quantitativ.[854] Da jedoch zwischen diesen Interdependenzen auftreten können, indem die Veränderung der Ausprägung einer Variablen die Ausprägung einer anderen Variablen beeinflusst, genügt die reine

---

849 Vgl. *Kirsch, W.* (1998), S. 69 f.

850 „The literature proposing definitions of task complexity is quite extensive and diverse.“ (*Bonner, S. E.* (1994), S. 214)

851 Vgl. *Gerling, P. G.* (2007), S. 23; *Putz-Osterloh, W.* (1992), Sp. 586.
Die etymologischen Ursprünge des Begriffs Komplexität liegen im Griechischen und Lateinischen. Der griechische Terminus „πλέκω“ bedeutet „flechten, stricken“ (vgl. *Henrich, G. S. / Chrisomalli-Henrich, K.* (1992), S. 221), das aus dem Lateinischen stammende „complicare“ kann mit „zusammenfalten, -wickeln“ übersetzt werden (vgl. *Menge, H.* (1964), S. 113).

852 Vgl. *Dörner, D. et al.* (1983), S. 19-26.

853 Quelle: *Gerling, P. G.* (2007), S. 25.
Da die Komplexität im Folgenden als Bestandteil der Vernetztheit interpretiert wird, findet sie in der Abbildung keine Berücksichtigung.

854 Vgl. *Dörner, D. et al.* (1983), S. 19.

Anzahl der Variablen nicht, um die Schwierigkeit eines Problems abzubilden.[855] Daher berücksichtigt die *Vernetztheit* gegenüber der Komplexität neben der Anzahl der beteiligten Variablen zusätzlich deren Struktur bzw. Vernetzung untereinander, sodass die Komplexität als solche bereits im Merkmal der Vernetztheit enthalten ist.[856] Vernetztheit besteht folglich, wenn die Systemvariablen voneinander abhängig sind und daher nicht isoliert voneinander beeinflusst werden können.[857] Hinzu kommt, dass die Vernetztheit besser zu operationalisieren ist,[858] sodass im Folgenden ausschließlich die Vernetztheit der Variablen als Ausdruck für deren Vernetzung und Anzahl herangezogen wird.[859] In der Regel wird eine hohe Vernetztheit als komplexitätssteigernd bzw. problemverschärfend interpretiert, wobei zusätzliche Strukturen und Interdependenzen durchaus auch die individuellen Freiheitsgrade der einzelnen Variablen einschränken können, sodass eine erhöhte Vernetztheit auf diese Weise zu einer Komplexitätsreduktion beiträgt.[860] Wird der typische Fall zugrunde gelegt, hat die zunehmende Vernetztheit eines Problems für den Problemlöser die Konsequenz, dass die Notwendigkeit zur Modellbildung und Informationsstrukturierung besteht, um die (wechselseitigen) Abhängigkeiten zwischen den beteiligten Variablen berücksichtigen zu können.[861]

Weiterhin können solche Probleme, die sich ohne aktive Einflussnahme des Entscheiders im Laufe der Zeit selbst verändern, zu einem Anstieg der Komplexität führen.[862] Während in statischen Situationen theoretisch unbegrenzte Zeit zur Problemlösung vorhanden ist, findet in *(eigen-)dynamischen* Situationen auch unabhängig von gezielten Eingriffen des Problemlösers eine Veränderung statt, sodass eine Unsicherheit mit in das Problem integriert wird, die diesem eine Art Prognosecharakter verleiht.[863] Die Dynamik bindet also den zeitlichen Aspekt mit in die Problemlösung ein.[864] Für den Problemlöser steht in Situationen mit zunehmender Dynamik somit nur eine begrenzte Zeit zum Nachdenken zur Verfügung, sodass Entscheidungen unter Zeitdruck und zuweilen aufgrund oberflächlicher Informationsverarbeitung getroffen werden müssen.[865]

---

855 Vgl. *Funke, J.* (2006), S. 399; *Dörner, D. et al.* (1983), S. 19 f.

856 Vgl. *Funke, J.* (2006), S. 380; *Funke, J.* (2003), S. 134.

857 Vgl. *Funke, J.* (2003), S. 127.
„Ist bei einem System von 100 Variablen jede Variable mit genau einer anderen verbunden, so ist die Vernetztheit niedriger, als wenn alle Variablen mit allen anderen verbunden sind.“ (*Funke, J.* (2003), S. 127)

858 Vgl. *Funke, J.* (2003), S. 134. Siehe Abschnitt 8.1.1.

859 Vgl. ähnlich *Gerling, P. G.* (2007), S. 24.

860 Vgl. *Kirsch, W.* (1998), S. 143 und S. 146.

861 Vgl. *Lingnau, V.* (2008), S. 128 f.

862 Vgl. *Dörner, D. et al.* (1983), S. 20.

863 Vgl. *Putz-Osterloh, W.* (1992), Sp. 588. Für Beispiele vgl. z. B. *Hubig, L. / Lingnau, V.* (2008), S. 397.

864 Vgl. *Funke, J.* (2003), S. 130-132.

865 Vgl. *Betsch, T. / Funke, J. / Plessner, J.* (2011), S. 156.

Zusammenfassend lässt sich festhalten, dass zur Gruppe der problemlöserunabhängigen Merkmale komplexer Probleme mit der Vernetztheit, die strukturelle Aspekte eines Systems abbildet, sowie mit der Dynamik, die prozessuale Aspekte im Sinne einer zeitlichen Entwicklung umfasst, systeminhärente Einflussfaktoren zählen, die unabhängig vom Problemlöser betrachtet werden können.[866] Diese Merkmale werden deshalb auch als „Komplexität im engeren Sinne" bezeichnet (siehe *Abbildung 21*).[867]

5.4.2 Problemlöserabhängige Merkmale komplexer Probleme

Situationen sind transparent, wenn alle Variablen bekannt und vom Problemlöser intern repräsentiert werden.[868] *Intransparenz* wird dagegen ausgelöst, wenn demgegenüber unvollständige Informationen, die eine vollständige Repräsentation des Problems erschweren oder gar verhindern, vorliegen, die Qualität der Informationen in Frage gestellt wird oder das Problem überhaupt nicht als solches identifiziert wird.[869] Da der Entscheider die Zustände einiger Systemvariablen nicht direkt feststellen kann, besteht als Reaktion auf vorliegende Intransparenz die Notwendigkeit für eine aktive Informationsbeschaffung.[870]

Unter dem Merkmal der *Polytelie* ist die gleichzeitige Verfolgung mehrerer widersprüchlicher Ziele zur Lösung eines Problems zu verstehen.[871] Dies führt zu einer Zunahme der Problemkomplexität, da mit steigender Anzahl an (möglicherweise konfligierenden) Zielen die Menge an potenziellen Lösungswegen geringer wird oder sogar das Erreichen eines Zieles dazu führen kann, dass ein anderes nicht oder nur limitiert erfüllt werden kann.[872] Als Folge vorliegender Polytelie muss der Problemlöser eine Absenkung des Anspruchsniveaus vornehmen und darüber entscheiden, welche Ziele und Ansprüche zur Lösung des Problems anzustreben sind, um eine möglichst akzeptable Problemlösung zu erzielen.[873]

Zusammenfassend lässt sich festhalten, dass zur Gruppe der problemlöserabhängigen Merkmale komplexer Probleme mit der Intransparenz sowie mit der Polytelie nicht-system-

[866] Vgl. *Gerling, P. G.* (2007), S. 24 f.
[867] Vgl. *Gerling, P. G.* (2007), S. 25.
[868] Vgl. *Putz-Osterloh, W.* (1992), Sp. 587.
[869] Vgl. *Hubig, L. / Lingnau, V.* (2008), S. 397; *Funke, J.* (2003), S. 133. Für Beispiele vgl. z. B. *Putz-Osterloh, W.* (1992), Sp. 588.
[870] Vgl. *Dörner, D. et al.* (1983), S. 19.
[871] Vgl. *Funke, J.* (2006), S. 409 f.
[872] Vgl. *Gerling, P. G.* (2007), S. 24.
[873] Vgl. *Funke, J.* (2003), S. 133 f.
Dies entspricht den Annahmen der Theorie der ökologischen Rationalität („Satisficing"). Siehe Abschnitte 2.3.2 und 2.3.3.

inhärente Einflussfaktoren zählen, da der Grad, inwiefern ein Problem als intransparent empfunden wird und welche Ziele in welcher Weise verfolgt werden, von den interindividuell unterschiedlichen kognitiven Fähigkeiten abhängt.[874] Diese Merkmale bestimmen deshalb die „subjektiv empfundene Unsicherheit“ des Problemlösers.[875] Außerdem ist der Einfluss der Komplexität im engeren Sinne zu berücksichtigen, da eine Erhöhung dieser zusätzliche kognitive Anforderungen an den Problemlöser stellt und damit die mit der Problemlösung verbundenen Unsicherheiten verstärkt (siehe *Abbildung 21*).[876]

FUNKE weist jedoch darauf hin, dass nur die Situationsmerkmale der Vernetztheit und Dynamik spezifische Charakteristika eines komplexen Problems sein können, da Intransparenz und Polytelie ebenso bei einfachen Aufgabenstellungen vorliegen können.[877] Außerdem zeigen die durchgeführten Literaturanalysen, dass die meisten Laborsettings statischer Natur sind, sodass der Dynamik zur Beantwortung der vorliegenden Fragestellung keine große Rolle zukommt.[878] Daher wird im Folgenden die Vernetztheit als komplexitätsdiskriminierendes Merkmal eines laborexperimentellen Tasks interpretiert („Problemkomplexität im engsten Sinne“).[879]

5.5 Subjekt: Wissen und Expertise

Die Betrachtung der taskspezifischen Charakteristika verdeutlicht, dass sich aus der Problemkomplexität unmittelbare Konsequenzen für den Problemlöser ergeben.[880] Die Bewältigung einer Entscheidungssituation, also in diesem Kontext die Durchführung eines laborexperimentellen Tasks, erfordert grundsätzlich vom Individuum deren interne Abbildung.[881] Hierzu benötigt der Problemlöser „eine ganz bestimmte ‚geistige Ausstattung‘“[882] in Form von Wissen.[883] Daher können „Problemlösen und Wissen [...] als einander ergänzende Determinanten zielgerichteten menschlichen Verhaltens angesehen werden.“[884] So ist beispielsweise auch die

874 Vgl. *Gerling, P. G.* (2007), S. 25; *Funke, J.* (2003), S. 134.
875 Vgl. *Gerling, P. G.* (2007), S. 25.
876 Vgl. *Gerling, P. G.* (2007), S. 25.
877 Vgl. *Funke, J.* (2001), S. 90 f.
878 Siehe Abschnitte 4.4 und 5.3 sowie Anhänge I, II, III, IV und V.
879 Für eine ähnliche Vorgehensweise vgl. z. B. *Wood, R. E.* (1986), S. 62.
880 Vgl. *Funke, J.* (2003), S. 126.
881 Vgl. *Putz-Osterloh, W.* (1992), Sp. 588 f.
882 *Arbinger, R.* (1997), S. 17.
883 Vgl. *Arbinger, R.* (1997), S. 17; *Brander, S. / Kompa, A. / Peltzer, U.* (1989), S. 119.
884 *Lingnau, V.* (2006), S. 2.

Unterscheidung von Problem und Aufgabe von der Person abhängig, die mit der Situation konfrontiert ist.[885]

Aufgrund einer Vielzahl an unterschiedlichen Wissensbegriffen[886] wird in den folgenden Abschnitten zunächst die für diese Arbeit herangezogene Differenzierung von Wissensarten herausgearbeitet und deren Einbettung in die kognitive Architektur erläutert (5.5.1). Aufbauend auf der unterschiedlichen Anwendungsbreite von Wissen stellt die Expertise eine besondere Form bereichsspezifischen Wissens dar (5.5.2).

5.5.1 Wissen

Die Philosophie[887] differenziert in Abhängigkeit der Funktion der jeweiligen Wissensstruktur deklaratives [DW] und prozedurales [PW] Wissen.[888] Alle gespeicherten Strukturen über die Realität (Fakten, Handlungen, Verfahren oder Prozesse), die einem Individuum potenziell bewusst sind und gegebenenfalls auch verbalisiert werden können, sind Inhalt des *deklarativen Wissens*.[889] Diese Form des Wissens entspricht der Kompetenz, Fragen zu beantworten.[890] Im Gegensatz dazu wird unter dem Terminus *prozedurales Wissen* jenes nicht direkt verbalisierbare Wissen verstanden, das dem Individuum hilft, motorische Handlungen oder kognitive Prozesse vollbringen zu können,[891] ohne dass es sich direkt bewusst ist, wie es diese ausführt.[892] In der sehr häufig verwendeten Terminologie POLANYIs entspricht das dem implizi-

---

885 Vgl. *Arbinger, R.* (1997), S. 13.

886 Für eine umfassende Übersicht über die Vielzahl an Wissensbegriffen vgl. z. B. *Amelingmeyer, J.* (2004), S. 41 f. Zur Abgrenzung des Wissens- vom Informationsbegriff vgl. z. B. *Krcmar, H.* (2010), S. 15-29. Für eine weitere Ausführung des Informationsbegriffs im Kontext der Betriebswirtschaftslehre vgl. z. B. *Bode, J.* (1997).

887 Vgl. *Sternberg, R. J. / Sternberg, K.* (2012), S. 271.
So wird in der Expertiseforschung häufig auf die Unterteilung von „Knowing How“ und „Knowing That“ des Philosophen RYLE rekurriert. Vgl. z. B. *Bromme, R.* (2014), S. 128 f.; *Anderson, J. R. / Lebiere, C.* (1998), S. 20 und die jeweils dort angegebene Literatur.

888 Vgl. *Schnotz, W.* (1994), S. 36.
Eine über den Rahmen dieser Arbeit hinausgehende Auseinandersetzung mit Wissensarten und deren Organisation liefern z. B. *Anderson, J. R.* (2013), S. 159 f.; *Lingnau, V.* (2006), S. 4-8 und die jeweils dort angegebene Literatur. In der bestehenden Literatur wird darüber hinaus teilweise eine Unterscheidung bezüglich des Wissensträgers nach individuellem und kollektivem Wissen vorgenommen (vgl. *Amelingmeyer, J.* (2004), S. 67-69; *Bode, J.* (1997), S. 458 f.). Aus der Individualperspektive wird angenommen, dass Wissen stets an menschliche Individuen als Wissensträger gebunden ist (vgl. *Schreiber, D.* (2010), S. 41). Demgegenüber existieren jedoch auch synthetische Wissensträger wie Produkte, Prozesse oder Strukturen, durch die Wissen verkörpert wird (vgl. *Amelingmeyer, J.* (2004), S. 58; *Bode, J.* (1997), S. 458 f.).

889 Vgl. *Lingnau, V.* (2006), S. 4; *Medin, D. L. / Ross, B. H. / Markman, A. B.* (2005), S. 184; *Süß, H.-M.* (1996), S. 63; *Schnotz, W.* (1994), S. 36.

890 Vgl. *Lingnau, V.* (2006), S. 4.

891 Vgl. *Arbinger, R.* (1997), S. 20 f.

892 Vgl. *Matlin, M. W.* (2009), S. 121; *Lingnau, V.* (2006), S. 4.

ten Wissen (tacit knowledge).[893] Es dient als Grundlage, um in bestimmten Situationen erfolgreich handeln zu können.[894]

Um eine Aufnahme, Analyse und Weitergabe von Informationen zu ermöglichen, werden mithilfe kognitiver Strukturen die Informationen im kognitiven System repräsentiert.[895] Dieser Vorgang wird als Wissensorganisation oder kognitive Architektur bezeichnet.[896] Obwohl unterschiedliche Formate der Repräsentation der diversen Wissensarten in verschiedenen Bereichen des menschlichen Gedächtnisses existieren,[897] sollen an dieser Stelle nur die gebräuchlichsten Repräsentationsformate betrachtet werden.[898] Deklaratives Wissen wird durch sogenannte *Chunks* organisiert, wobei je nach Eigenschaft dieser Wissenselemente die Komplexität der repräsentierten Wissenseinheit variiert.[899] Demgegenüber findet die Organisation von prozeduralem Wissen durch ein Produktionensystem statt,[900] das aus einer Vielzahl einzelner *Produktionsregeln bzw. Produktionen* besteht.[901] Dabei handelt es sich um Wenn-Dann-Regeln bzw. Bedingungs-Aktions-Beziehungen,[902] die, wenn sie beherrscht werden, der Fähigkeit zum Lösen (komplexer) Probleme entsprechen und üblicherweise mit einem sehr effizienten und automatisierten Verhalten korrespondieren.[903]

Neben einer funktionalen Abgrenzung von Wissen kann ebenso dessen Inhalt unterschieden werden.[904] *Sach-, Zustands- oder Faktenwissen* beinhaltet Informationen über die Gegebenheiten einer Sachlage:[905] „Sachwissen ist Wissen darüber, daß etwas der Fall ist."[906] Demgegenüber umfasst das *Handlungs-, Veränderungs-, Verfahrens- oder Methodenwissen* das Wissen über adäquate Handlungen bzw. kognitive Operationen zur Zielerreichung:[907] „Handlungswissen ist Wissen darüber, daß – in einer gegebenen Situation bei einem gegebenen Ziel

893 Vgl. *Polanyi, M.* (1985), S. 14.
894 Vgl. *Wittmann, W. W. / Süß, H.-M. / Oberauer, K.* (1996), S. 5.
895 Vgl. *Sternberg, R. J. / Sternberg, K.* (2012), S. 271 und S. 469 f. Siehe Abschnitt 2.2.5.
896 Vgl. *Lingnau, V.* (2006), S. 6; *Lingnau, V.* (2005), S. 236.
897 Vgl. *Lingnau, V.* (2006), S. 6 und die dort angegebene Literatur.
898 Für eine ähnliche Vorgehensweise vgl. *Lingnau, V.* (2006), S. 6.
899 Vgl. *Anderson, J. R.* (2013), S. 205 f.
Für eine ausführliche Darstellung der kognitiven Architektur deklarativen Wissens vgl. *Lingnau, V.* (2006), S. 6 f.; *Lingnau, V.* (2005), S. 236 und die jeweils dort angegebene Literatur.
900 Vgl. *Sternberg, R. J. / Sternberg, K.* (2012), S. 475.
901 Vgl. *Schnotz, W.* (1994), S. 95.
Für eine ausführliche Darstellung der kognitiven Architektur prozeduralen Wissens vgl. *Lingnau, V.* (2006), S. 7; *Lingnau, V.* (2005), S. 236 und die jeweils dort angegebene Literatur.
902 Vgl. *Arbinger, R.* (1997), S. 21.
903 Vgl. *Anderson, J. R.* (2013), S. 165; *Harvey, L. / Anderson, J. R.* (1996), S. 71.
904 Vgl. *Lingnau, V.* (2006), S. 5.
Eine kritische Auseinandersetzung in Bezug auf die Unterteilung von Sach- und Handlungswissen findet sich bei *Schnotz, W.* (1994), S. 37.
905 Vgl. *Süß, H.-M.* (1996), S. 64 f.
906 *Wittmann, W. W. / Süß, H.-M. / Oberauer, K.* (1996), S. 4.
907 Vgl. *Süß, H.-M.* (1996), S. 64 f.; *Wittmann, W. W. / Süß, H.-M. / Oberauer, K.* (1996), S. 4 f.

– etwas bestimmtes zu tun ist.“[908] Sachwissen wird häufig auch als „Know-that“ („Wissen, dass“) und Handlungswissen als „Know-how“ („Wissen, wie“) bezeichnet.[909] Diese Differenzierung entspricht im Wesentlichen der (häufig auch in der Umgangssprache vorgenommenen) Unterscheidung von „Wissen“ und „Können“.[910]

Eine letzte Unterscheidung kann hinsichtlich der Breite des Anwendungsbereichs der Wissenselemente in *allgemeines* und *bereichsspezifisches Wissen* vorgenommen werden, wobei es sich nicht um zwei distinkte Wissensarten handelt, sondern vielmehr der Grad der Allgemeinheit des Wissens kontinuierlicher Ausprägung ist.[911] Gegenüber dem allgemeinen Wissen beschränkt sich bereichsspezifisches Wissen nur auf einen abgrenzbaren Bereich der Realität (Domäne).[912]

5.5.2 Expertenwissen

In der Expertiseforschung, deren Ursprünge in der Regel auf die in den 1930er Jahren von DE GROOT[913] begonnenen Studien zurückgeführt werden, wird zwischen einer differential- und einer wissenspsychologischen Betrachtungsweise von Expertise unterschieden.[914] Aus differenzialpsychologischer Perspektive sind Experten „truly exceptional people“[915] bzw. „individuals who have achieved exceptional skill in one particular domain“[916], die dadurch andere regelmäßig in ihren Leistungen übertreffen. Die Definition des Grenzwertes, ab dem diese Expertise vorliegt, erscheint jedoch recht willkürlich.[917] Daher wird Expertise im Rahmen dieser Arbeit im Einklang mit der wissenspsychologischen Betrachtungsweise weniger durch (absolute) individuelle Spitzenleistungen charakterisiert, sondern (relativ) durch den Einsatz von umfangreichem Wissen zur Bewältigung komplexer Probleme.[918] Demnach stellt das Expertenwissen eine besondere Ausprägung des bereichsspezifischen Wissens zur Lösung

908 *Wittmann, W. W. / Süß, H.-M. / Oberauer, K.* (1996), S. 4 f.

909 Vgl. *Gruber, H.* (2007), S. 14; *Lingnau, V.* (2006), S. 5, FN 46; *Süß, H.-M.* (1996), S. 63; *Schnotz, W.* (1994), S. 37. Siehe FN 887.

910 Vgl. *Süß, H.-M.* (1996), S. 63.

911 Vgl. *Süß, H.-M.* (1996), S. 66.

912 Vgl. *Arbinger, R.* (1997), S. 17.

913 Vgl. *Groot, A. D. d.* (1965).

914 Vgl. *Bromme, R.* (2014), S. 15 f.
Gute Überblicke über verschiedene Expertisestudien in verschiedenen Disziplinen liefern z. B. *Chi, M. T. H.* (2006); *Farrington-Darby, T. / Wilson, J. R.* (2006).

915 *Chi, M. T. H.* (2006), S. 21.

916 *Phillips, J. K. / Klein, G. / Sieck, W. R.* (2004), S. 299.

917 Vgl. *Bonner, S. E.* (2008), S. 46 f.; *Reimann, P.* (1998), S. 337.

918 Dieser wissenschaftlichen Stoßrichtung sind auch die „klassischen“ Expertisestudien verpflichtet. Vgl. z. B. *Voss, J. F. / Tyler, S. W. / Yengo, L. A.* (1983); *Chi, M. T. H. / Feltovich, P. J. / Glaser, R.* (1981); *Chase, W. G. / Simon, H. A.* (1973); *Groot, A. D. d.* (1965).

von Entscheidungsproblemen dar.[919] Es handelt sich dabei um umfangreiches „[b]ereichsspezifisches Wissen und Können, das durch langjährige Erfahrung in einer komplexen, wissensintensiven Domäne erworben wurde.“[920]

Auch wenn Experten als Träger dieses Expertenwissens zwar grundsätzlich ebenfalls als Informationsverarbeiter mit begrenzter Kapazität anzusehen sind,[921] so unterscheiden sie sich jedoch gegenüber Nicht-Experten (Novizen) im Wesentlichen anhand dreier Kriterien.[922] Erstens unterscheiden sie sich im Ausmaß, in dem ein Rückgriff auf deklaratives und prozedurales Wissen bei der Problemlösung vorgenommen wird (*Vorhandensein von Wissen*).[923] Zweitens gelingt es Experten, (komplexe) Probleme durch stark verknüpfte Strukturen von relativ komplexen Chunks höherer Ordnung (sogenannter Schemata),[924] die den Einsatz effektiver bereichsspezifischer Methoden ermöglichen, zu repräsentieren,[925] während Nicht-Experten Informationen mit allgemeinen Wissensstrukturen verarbeiten (*Modus der Repräsentation*).[926] Drittens wird bei Experten die explizite Anwendung deklarativen Wissens durch die unmittelbare Anwendung prozeduralen Wissens ersetzt (bessere Wissensorganisation),[927] sodass die begrenzte Kapazität des Arbeitsgedächtnisses weniger belastet wird.[928] Demnach kann Expertenwissen als hochentwickeltes, domänenspezifisches System von Produktionsregeln aufgefasst werden (*Strategie der Problembearbeitung*).[929] Zusammenfassend lässt sich festhalten, dass Experten im Vergleich zu Nicht-Experten mehr wissen (deklaratives Wissen) und mehr können (prozedurales Wissen), d. h. mehr Wissen erworben haben und dieses auch besser organisiert vorliegt.[930] HACKER bezeichnet sie als „Spitzenkönner“[931]. Ähnlich formuliert bei-

---

919 Vgl. *Lingnau, V.* (2005), S. 237.

920 *Opwis, K.* (2000), S. 85, zitiert nach: *Lingnau, V.* (2005), S. 237. Vgl. *Gruber, H. / Mandl, H.* (1996), S. 587.
Diese Zeitspanne wird in der Regel mit etwa zehn Jahren angegeben. Vgl. *Phillips, J. K. / Klein, G. / Sieck, W. R.* (2004), S. 306.

921 Vgl. *Shanteau, J.* (1992), S. 253 f.

922 Vgl. *Putz-Osterloh, W.* (1987), S. 73-79.
Die Bezeichnung „Novize“ wird in dieser Arbeit generisch für „Nicht-Experten“ verwendet. Diese Nicht-Experten umfassen nach HOFFMAN (vgl. *Hoffman, R. R.* (1998), S. 84 f.) „Naivettes“, „Novices“, „Initiates“, „Apprentices“ und „Journeymen“. „Experten“ wiederum stehen synonym für „Experts“ und „Masters“. Für eine ähnliche Vorgehensweise vgl. *Chi, M. T. H.* (2006), S. 22.

923 Vgl. *Anderson, J. R.* (2013), S. 199; *Gruber, H. / Mandl, H.* (1996), S. 603; *Lord, R. G. / Maher, K. J.* (1990), S. 13.

924 Vgl. *Betsch, T. / Funke, J. / Plessner, J.* (2011), S. 31 f. und S. 169; *Putz-Osterloh, W.* (1992), Sp. 589.

925 Vgl. *Anderson, J. R.* (2013), S. 207; *Sternberg, R. J. / Sternberg, K.* (2012), S. 475.

926 Vgl. *Libby, R. / Luft, J. L.* (1993), S. 429; *Lord, R. G. / Maher, K. J.* (1991), S. 23.

927 Vgl. *Anderson, J. R.* (2013), S. 199; *Gruber, H. / Mandl, H.* (1996), S. 603.

928 Vgl. *Anderson, J. R.* (2013), S. 207 f.; *Reimann, P.* (1998), S. 344 f.

929 Vgl. *Gruber, H. / Mandl, H.* (1996), S. 599.

930 Vgl. *Anderson, J. R.* (2013), S. 199 f.; *Matlin, M. W.* (2009), S. 141; *Gruber, H.* (2007), S. 6; *Chi, M. T. H.* (2006), S. 23; *Zimmerman, B. J. / Campillo, M.* (2003), S. 236; *Walsh, J. P.* (1995), S. 282; *Libby, R. / Luft, J. L.* (1993), S. 429.

spielsweise das „Expertise Paradigm“[932], dass die überlegene JDM-Performance von Experten durch Wissen („Knowledge“) und Können („Ability“) determiniert wird, wobei Wissen wiederum vom Können und der Erfahrung („Experience“) abhängt.[933]

Ausdruck dieser Spitzenleistungen sind meist schnellere und effektivere Problemlösungen (insbesondere bei komplexen Problemen[934]) als dies mit durchdachten, analytischen Vorgehensweisen unter Zuhilfenahme von Allgemeinwissen der Fall ist (kognitive Heuristiken).[935] Auch gelingt es Experten im Gegensatz zu Nicht-Experten, fehlende Informationen durch vorhandenes Wissen zu rekonstruieren.[936] Die bisherigen Ergebnisse der Expertiseforschung legen jedoch nahe, dass diese überlegene Problemlösefähigkeit von Experten (speziell in schlechtstrukturierten Domänen wie der Betriebswirtschaftslehre)[937] nur auf einen sehr engen Bereich beschränkt und nicht auf andere Domänen übertragbar ist,[938] sodass Expertenwissen nicht zu einer generell überlegenen Problemlösefähigkeit führt.[939]

5.6 Zusammenfassung des Kapitels und Formulierung der Forschungshypothesen

5.6.1 Zentrale Theoriederivate

Typischerweise werden die laborexperimentellen Versuchsteilnehmer mit einem Task konfrontiert, bei dem zwar die Ziele vorgegeben sind und deren Erreichung von den Probanden angestrebt wird, allerdings liegt häufig eine Barriere vor, da der Weg vom Ausgangszustand dorthin bzw. die zur Überwindung einzusetzenden Mittel unbekannt sind.[940] Die voranstehenden Ausführungen verdeutlichen, dass die „Handhabung eines komplexen Problems [...] im

Für detaillierte Überblicke zu psychologischen Charakteristika und Strategien beim Problemlösen von Experten, die über den Umfang dieser Arbeit hinausgehen, vgl. z. B. *Reimann, P.* (1998), S. 340; *Shanteau, J.* (1992).

931 *Hacker, W.* (1992), S. 12.

932 Vgl. z. B. *Ashton, R. H.* (1999); *Libby, R. / Luft, J. L.* (1993).
Unter diesem Schlagwort lassen sich alle JDM-Studien subsumieren, die Expertise als Prädiktor für eine überlegene JDM-Performance untersuchen.

933 Vgl. *Ashton, R. H.* (1999), S. 3 f.

934 Vgl. *Anderson, J. R.* (2013), S. 195.

935 Vgl. z. B. *Eisenhardt, K. M.* (1989), S. 570 f. Siehe Abschnitt 2.3.3.

936 Vgl. *Chi, M. T. H.* (2006), S. 23 f.

937 Der Schwerpunkt der Expertiseforschung in der verhaltenswissenschaftlichen Rechnungswesenforschung liegt im Financial Accounting und Auditing. Für gute Überblicke vgl. z. B. *Koonce, L. / Mercer, M.* (2005), S. 183-185; *Nelson, M. W. / Tan, H.-T.* (2005), S. 48; *Ashton, R. H. / Hubbart Ashton, A.* (1995), S. 20 f. und die jeweils dort angegebene Literatur.

938 Vgl. *Chi, M. T. H.* (2006), S. 24; *Gruber, H. / Mandl, H.* (1996), S. 585; *Shanteau, J.* (1992), S. 254.

939 Vgl. *Zimmerman, B. J. / Campillo, M.* (2003), S. 236.

940 Siehe Abschnitt 5.2.

Zusammenspiel von realem Problem, Problemlöser bzw. Gruppe von Problemlösern und Umwelt [erfolgt].“[941] Somit ist der Problemlösungsprozess bzw. die getroffene Entscheidung grundsätzlich gemäß der „Performance Equation“ eine Funktion einer Vielzahl task-, subjekt- und settingspezifischer Einflussfaktoren.[942]

Im Sinne ökologischer Rationalität kommt bei einem Laborexperiment dann eine überlegene Problemlösung zustande, wenn ein „Fit“ bzw. „Match“ zwischen den task- und subjektspezifischen Charakteristika unter Berücksichtigung der Charakteristika des Settings vorliegt.[943] Eine Reihe von Aussagen belegt diese Annahme:

> „The prior literature highlights the importance of matching subject knowledge with the knowledge requirements of experimental tasks.“[944]

> „A fundamental principle is that knowledge and skills must match task requirements for successful performance of a task. Mismatches lead to compromises in performance. Choice of task and subjects must, therefore, take this principle into account. [...] Knowledge and task requirements may also interact with other environmental or motivational variables to determine performance.“[945]

> „Prior research indicates that decision quality is eroded when there is a lack of fit between the knowledge structures recalled from memory and the given problem-solving situation.“[946]

> „[T]here is now sufficient evidence to claim that if task and experience levels are appropriately matched, experienced auditors will outperform inexperienced subjects due to their domain-specific knowledge.“[947]

> „Accounting decision making is a function of the requirements of the decision task; the knowledge, goals and information processing limitations of the decision maker; and the interaction between task and decision-maker characteristics.“[948]

> „Researchers who have developed definitions of task complexity note specifically that, as task complexity increases, the requirements for skill and knowledge increase.“[949]

> „The more complex [...] [the task], the greater the knowledge and skill an individual must have to be able to perform the task.“[950]

941 *Hubig, L. / Lingnau, V.* (2008), S. 395.
942 Siehe Abschnitt 5.2.
943 Siehe Abschnitte 2.3.2, 2.3.3 und 5.3.3.
944 *Mortensen, T. / Fisher, R. / Wines, G.* (2012), S. 255.
945 *Tan, H.-T.* (2001), S. 222.
946 *Vera-Muñoz, S. C.* (1998), S. 51.
947 *Bamber, E. M.* (1993), S. 1 f.
948 *Peters, J. M.* (1993), S. 385.
949 *Bonner, S. E. et al.* (2000), S. 22.

„Performance will be determined by the fit of the accountant's ability and knowledge to those required by the task."[951]

Überlegene JDM-Performance in Laborexperimenten ist folglich eine Funktion in Abhängigkeit des „Fits" von Task- und Subjekt-Charakteristika:

JDM-Performance
= f („Fit" von Task- und Subjekt-Charakteristika; Setting = Laborexperiment)

Für die Beurteilung der Qualität der studentischen Surrogation besitzen insbesondere diejenigen Determinanten Relevanz, die eine unterschiedliche JDM-Performance zwischen den beiden Versuchspersonengruppen, Professionals und Studierenden, erklären können. Als solche „Big Potatoes" können die Vernetztheit des laborexperimentellen Tasks sowie das von der Versuchsperson in das Setting eingebrachte problemlösungsrelevante Wissen identifiziert werden.[952] Die zentralen Fragen, die diese theoretischen Überlegungen aufwerfen, können somit folgendermaßen formuliert werden:

- Welchen Einfluss hat die Vernetztheit der laborexperimentellen Aufgabe auf das von den Versuchspersonen in das Laborexperiment eingebrachte problemlösungsrelevante Wissen?
- Welchen Einfluss hat die Vernetztheit der laborexperimentellen Aufgabe auf das Gelingen einer studentischen Surrogation?
- Welchen Einfluss hat das von den Versuchspersonen in das Laborexperiment eingebrachte problemlösungsrelevante Wissen auf das Gelingen einer studentischen Surrogation?
- Welchen Einfluss hat die Vernetztheit der laborexperimentellen Aufgabe unter Berücksichtigung der Charakteristika der studentischen Surrogate auf das Gelingen einer studentischen Surrogation?

Abbildung 22 stellt zusammenfassend das theoretische Konstrukt der Arbeit dar.

950 *Wood, R. E.* (1986), S. 69.
951 *Libby, R. / Luft, J. L.* (1993), S. 433.
952 Siehe Abschnitte 5.3, 5.4 und 5.5.

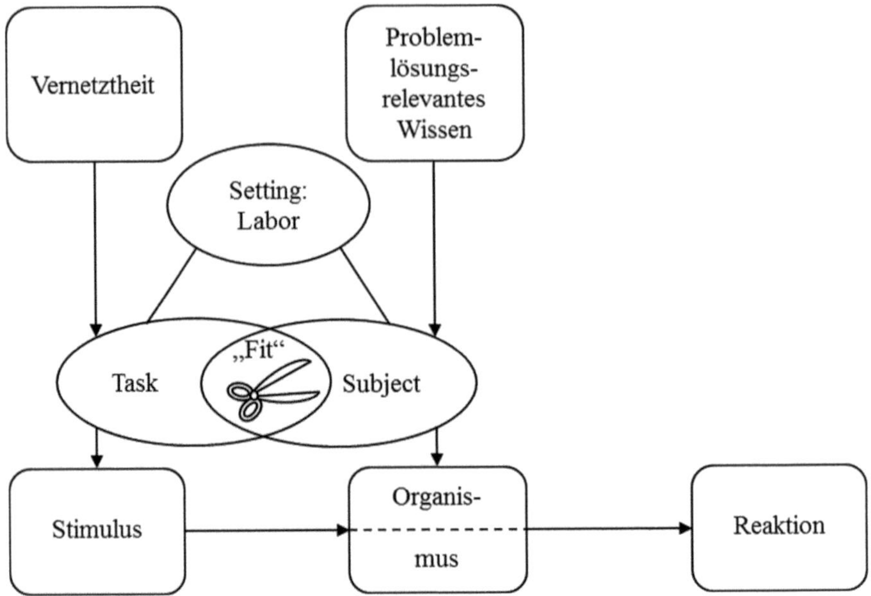

Abbildung 22: Synthese des theoretischen Fundaments der Arbeit[953]

5.6.2 Formulierung der Forschungshypothesen

Ausgehend von dem in *Abbildung 22* dargestellten theoretischen Konstrukt und den vier Kernfragen lassen sich entsprechend der oben vorgestellten drei unterschiedlichen Vergleichstypen Hypothesen über den Zusammenhang zwischen den involvierten Variablen formulieren.[954] Fragestellungen, die dem Typ I zugeordnet werden können, betreffen den Zusammenhang zwischen der unabhängigen Task-Variablen (hier: Vernetztheit) und der intervenierenden, das Subjekt betreffenden Moderatorvariablen (hier: problemlösungsrelevantes Wissen- bzw. Versuchspersonengruppe). Inhalt des Vergleichstyps II sind die Verknüpfungen von unabhänger oder intervenierender Variable mit der abhängigen Variable (hier: Qualität der Subjekt-Surrogation). Der Vergleichstyp III integriert demgegenüber die beiden ersten Vergleichstypen und untersucht simultan den Effekt von unabhängiger und Moderatorvariable auf die abhängige Variable. *Tabelle 16* gibt einen Überblick über die beschriebenen Zusammenhänge, für die im Folgenden die Forschungshypothesen, die die jeweilige Art des Zusammenhangs beschreiben, hergeleitet werden.

953 Eigene Darstellung.
954 Siehe *Abbildung 18*.

Fragestellung	Zusammenhang	Vergleichstyp
Welchen Einfluss hat die Vernetztheit der laborexperimentellen Aufgabe auf das von den Versuchspersonen in das Laborexperiment eingebrachte problemlösungsrelevante Wissen?	Vernetztheit (UV) → Problemlösungsrelevantes Wissen der Versuchspersonengruppe (IV)	Typ I
Welchen Einfluss hat die Vernetztheit der laborexperimentellen Aufgabe auf das Gelingen einer studentischen Surrogation?	Vernetztheit (UV) → Qualität der Subjekt-Surrogation (AV)	Typ II
Welchen Einfluss hat das von den Versuchspersonen in das Laborexperiment eingebrachte problemlösungsrelevante Wissen auf das Gelingen einer studentischen Surrogation?	Problemlösungsrelevantes Wissen (IV) → Qualität der Subjekt-Surrogation (AV)	Typ II
Welchen Einfluss hat die Vernetztheit der laborexperimentellen Aufgabe unter Berücksichtigung der Charakteristika der studentischen Surrogate auf das Gelingen einer studentischen Surrogation?	Vernetztheit (UV) → Versuchspersonengruppe (IV) → Qualität der Subjekt-Surrogation (AV)	Typ III

Tabelle 16: Zuordnung der hypothetisierten Zusammenhänge zu den Vergleichstypen

Es ist davon auszugehen, dass Studierende durch ihre universitäre Ausbildung – beschränkt auf ihr jeweiliges Studienfach und ihren Studienfortschritt – ein hohes Maß an (bereichsspezifischem) deklarativem Wissen besitzen, sie jedoch über wenig prozedurales Wissen verfügen.[955] Manager, die durch Studierende als Surrogate ersetzt werden, sind zwar typischerweise ebenfalls keine Experten auf dem Gebiet des Rechnungswesens,[956] was darin zum Ausdruck kommt, dass sie bei Problemen mit hoher Vernetztheit und / oder Dynamik (hohe problemlöserunabhängige Komplexität) zusätzlich zu ihrem eigenen bereichsspezifischen (Experten-)Wissen, das auch als primäres Wissen bezeichnet wird, auf problemlösungsrelevantes Wissen aus benachbarten Domänen (sekundäres Wissen) angewiesen sind (dyadisches Problemlösen).[957] Nichtsdestotrotz kann angenommen werden, dass sie aufgrund ihrer in der Regel langjährigen (beruflichen) Erfahrung prozedurales Wissen beim Lösen von betriebswirt-

955 Vgl. *Mortensen, T. / Fisher, R. / Wines, G.* (2012), S. 252; *Libby, R. / Bloomfield, R. / Nelson, M. W.* (2002), S. 803; *Stone, D. N. / Hunton, J. E. / Wier, B.* (2000), S. 699 f.

956 Dies unterscheidet die Gruppe der Manager von den anderen Professionals, für die in der verhaltenswissenschaftlichen Rechnungswesenforschung Studierende als Surrogate rekrutiert werden. So verfügen beispielsweise Finanzanalysten oder Wirtschaftsprüfer in den Tasks in der Regel über Expertise.

957 Vgl. *Lingnau, V.* (2008), S. 128 f.; *Lingnau, V.* (2005), S. 239; *Kirsch, W.* (1998), S. 81.
Als einer dieser Träger von sekundärem Wissen kann das Controlling identifiziert werden (vgl. *Lingnau, V.* (2009), S. 23 f.) Andere Sekundärwissensträger könnten z. B. technische Bereiche oder das Marketing sein (vgl. *Lingnau, V.* (2009), S. 26). Das Controlling institutionalisiert das Wissen „über die (formalzielorientierten) Ansprüche der Eigenkapitalgeber und bringt dieses (aus Sicht des Managements sekundäre) Wissen in die Problemlösungsprozesse innerhalb der Organisation ein." (*Lingnau, V. et al.* (2012), S. 2, im Original hervorgehoben) Die Funktion und der Inhalt des zur Verfügung gestellten sekundären Wissens sind im Wesentlichen von der Problemkomplexität im engeren Sinne der Entscheidungssituation abhängig (vgl. *Lingnau, V.* (2008), S. 128; *Gerling, P. G.* (2007), S. 149). Sie reichen von der Bereitstellung deklarativen Faktenwissens in Form von Berichten über den Aufbau von prozeduralem Wissen, was allerdings aufgrund von zeit- und kostspieligen Trainings nur bedingt möglich ist (vgl. *Lingnau, V. / Steinmann, J.-C. / Koffler, U.* (2012); *Phillips, J. K. / Klein, G. / Sieck, W. R.* (2004), S. 306; *Libby, R. / Luft, J. L.* (1993), S. 434), bis zur persönlichen Begleitung des Problemlösungsprozesses durch den Controller („Manager-Controller-Dyade"), wenn bei hoher Vernetztheit und Dynamik nicht explizierbares prozedurales Wissen benötigt wird (vgl. *Gerling, P. G.* (2007), S. 150-156).

schaftlichen bzw. rechnungswesenspezifischen Problemen erworben haben.[958] Demnach kann folgende erste Arbeitshypothese [AH] formuliert werden:

AH_{Wissen}: Manager verfügen gegenüber Studierenden über ein höheres bereichsspezifisches Wissen, das sich aus einem deklarativen und einem prozeduralen Bestandteil zusammensetzt.

Da die von den Versuchspersonen zu bearbeitenden laborexperimentellen Tasks in der verhaltenswissenschaftlichen Rechnungswesenforschung typischerweise „bereichs- bzw. domänenspezifische Probleme dar[stellen], die mit allgemeinem Wissen allein nicht mehr zu lösen sind"[959], werden zur studentischen Surrogation in der Regel Studierende der Wirtschaftswissenschaften eingesetzt. Es ist anzunehmen, dass Studierende ohne wirtschaftswissenschaftliche Ausbildung, die in dieser Domäne über gar kein bereichsspezifisches Wissen verfügen, gegenüber Studierenden der Wirtschaftswissenschaften, die zumindest entsprechendes deklaratives Wissen besitzen, unabhängig von der vorliegenden Problemkomplexität schlechtere Surrogate darstellen.[960] Erste empirische Erkenntnisse hierzu liefern MORTENSEN / FISHER / WINES, die zeigen, dass für den Erfolg einer studentischen Surrogation die jeweilige Fachrichtung der Studierenden relevant ist.[961] Daraus ergibt sich folgende zweite Arbeitshypothese:

$AH_{Studienrichtung}$: Studierende der Wirtschaftswissenschaften stellen gegenüber Studierenden anderer Fachbereiche bessere Surrogate für Manager in laborexperimentellen Tasks in der verhaltenswissenschaftlichen Rechnungswesenforschung dar.

Auch wenn für die Untersuchung Studierende der entsprechenden Fachrichtung rekrutiert werden, können sich diese im jeweiligen Studienfortschritt unterscheiden („Undergraduates" vs. „Graduates"). Innerhalb wie außerhalb der Rechnungswesenforschung wird daher der Studienfortschritt der studentischen Surrogate als kritische Variable angesehen.[962] So steht

---

958 Vgl. *Mortensen, T. / Fisher, R. / Wines, G.* (2012), S. 254; *Birnberg, J. G.* (2011), S. 5; *Phillips, J. K. / Klein, G. / Sieck, W. R.* (2004), S. 299; *Stone, D. N. / Hunton, J. E. / Wier, B.* (2000), S. 704.

959 *Lingnau, V.* (2006), S. 6.
Ein Beispiel für ein allgemeines Problem sind die „Türme von Hanoi". Vgl. *Anderson, J. R.* (2013), S. 175-177.

960 Vgl. z. B. *Libby, R. / Bloomfield, R. / Nelson, M. W.* (2002), S. 803.
„No one can be expected to answer questions about accounting without some prior understanding of accounting." (*Birnberg, J. G. / Nath, R.* (1968), S. 40)

961 Vgl. *Mortensen, T. / Fisher, R. / Wines, G.* (2012), S. 263. Siehe Abschnitt 4.2.

962 Vgl. z. B. *Wintre, M. G. / North, C. / Sugar, L. A.* (2001); *Remus, W. E.* (1996); *Gordon, M. E. / Slade, L. A. / Schmitt, N.* (1986), S. 204; *Hofstedt, T. R.* (1972), S. 691 f.

beispielsweise in der Editorial Policy des JOURNAL OF INTERNATIONAL BUSINESS STUDIES: „Empirical submissions utilizing undergraduate student samples are usually discouraged.“[963] Aus diesen Überlegungen resultiert die dritte Arbeitshypothese:

$AH_{Studienfortschritt}$: Der Studienfortschritt von Studierenden der Wirtschaftswissenschaften hat einen Einfluss auf deren Eignung als Surrogate.

Die drei weitgehend unabhängig voneinander formulierten Arbeitshypothesen zu den Aspekten Wissen, Studienrichtung und Studienfortschrift müssen nun zusammengeführt werden, um daraus die Forschungshypothesen, die im Folgenden empirisch getestet werden, zu bilden. Weist der laborexperimentelle Task eine geringe Vernetztheit auf,[964] d. h. zur Problemlösung ist zwar bereichsspezifisches deklaratives (Fakten-)Wissen, jedoch kein bzw. geringes prozedurales Wissen, notwendig,[965] können Manager zumindest durch Studierende der Wirtschaftswissenschaften mit geringem (Undergraduates) und größerem (Graduates) Studienfortschritt substituiert werden.[966] Der Verwendung Studierender anderer Fachbereiche wird aufgrund des gänzlich fehlenden bereichsspezifischen Wissens kritisch begegnet.[967] Liegt ein laborexperimenteller Task mit mittlerer Vernetztheit vor, wird zur Problemlösung im Wesentlichen deklaratives (Methoden-)Wissen benötigt.[968] Während einige Studien die Eignung studentischer Versuchspersonen pauschal kritisch beurteilen,[969] wird im Folgenden im Einklang mit MORTENSEN / FISHER / WINES davon ausgegangen,[970] dass zumindest fortgeschrittene Studierende der Wirtschaftswissenschaften angemessene Surrogate darstellen können. Zur Lösung von Problemen mit hoher Vernetztheit bedarf es (Rechnungswesen-)Expertise,[971] über

---

Nichtsdestotrotz finden sich speziell im Accounting bisher kaum belastbare experimentelle Ergebnisse, die auf eine schlechtere JDM-Performance von Undergraduates gegenüber Graduates hinweisen. Vgl. z. B. *Krische, S. D.* (2005), S. 255; *Luft, J. L. / Shields, M. D.* (2001), S. 527; *Lipe, M. G.* (1998), S. 632.

963 *Bello, D. et al.* (2009), S. 361.

964 Grundsätzlich ist die Vernetztheit kontinuierlicher Natur. Zum Zwecke der Operationalisierung wird im Folgenden näher darauf eingegangen. Siehe Abschnitte 6.1, 7.1.1, 7.1.2 und 8.1.1.

965 Demnach steht für das Controlling bei Problemen mit geringer Vernetztheit die standardisierte Informationsversorgung mit deklarativem Faktenwissen durch Standard- und Abweichungsberichte im Mittelpunkt. Vgl. *Lingnau, V.* (2008), S. 128.

966 Vgl. z. B. *Mortensen, T. / Fisher, R. / Wines, G.* (2012), S. 254 f.; *Elliott, W. B. et al.* (2007), S. 166 f.; *Remus, W. E.* (1996), S. 94.

967 Vgl. z. B. *Mortensen, T. / Fisher, R. / Wines, G.* (2012).

968 Controllingunterstützung bei mittlerer Vernetztheit kann durch die Einführung von standardisierten Verfahrensweisen für bestimmte Entscheidungsprobleme erfolgen. Vgl. *Lingnau, V.* (2008), S. 128 f.

969 Vgl. z. B. *Abdolmohammadi, M. J. / Wright, A. M.* (1987), S. 12; *Bailey, K. E. / Bylinski, J. H. / Shields, M. D.* (1983), S. 369; *Dickhaut, J. W.* (1973), S. 79.

970 Vgl. *Mortensen, T. / Fisher, R. / Wines, G.* (2012), S. 263.

971 Im Falle hoher Vernetztheit wird eine Einbindung des Controllers als Träger sekundären Wissens in den Problemlösungsprozess erforderlich. Damit kommt dem Controlling eine persönliche Mitwirkungsfunktion bei allen Entscheidungsproblemen zu, für deren Lösung neben dem bereichsspezifischen Wissen des Managements auch aus dessen Sicht sekundäres, nicht explizierbares (prozedurales) Wissen benötigt wird. Vgl. *Lingnau, V.* (2008), S. 129.

die weder Studierende noch Manager verfügen, d. h. die JDM-Performance beider Versuchspersonengruppen verringert sich.[972] Bisherige Ergebnisse legen jedoch nahe, dass diese Verringerung bei Managern aufgrund ihrer allgemeinen Problemlösungsexpertise wesentlich geringer ausfällt, sodass Studierende mit und ohne wirtschaftswissenschaftliche Ausbildung bei Tasks mit hoher Vernetztheit nicht in der Lage sind, angemessene Surrogate für Professionals darzustellen.[973]

Aus den oben formulierten elementaren Fragen resultieren unter Berücksichtigung der skizzierten Zuordnung zu den drei Vergleichstypen für diese Arbeit zunächst diese den Typ I betreffenden Forschungshypothesen:[974]

H_{1a}: Bei einer *niedrigen Vernetztheit* des laborexperimentellen Tasks verfügen Graduates der Wirtschaftswissenschaften gegenüber Managern über *identisches problemlösungsrelevantes Wissen.*

H_{1b}: Bei einer *niedrigen Vernetztheit* des laborexperimentellen Tasks verfügen Undergraduates der Wirtschaftswissenschaften gegenüber Managern über *identisches problemlösungsrelevantes Wissen.*

H_{1c}: Bei einer *niedrigen Vernetztheit* des laborexperimentellen Tasks verfügen Studierende anderer Fachbereiche gegenüber Managern über *unterschiedliches problemlösungsrelevantes Wissen.*

H_{2a}: Bei einer *mittleren Vernetztheit* des laborexperimentellen Tasks verfügen Graduates der Wirtschaftswissenschaften gegenüber Managern über *identisches problemlösungsrelevantes Wissen.*

---

972 Siehe Abschnitt 5.2.

973 Vgl. z. B. *Mortensen, T. / Fisher, R. / Wines, G.* (2012), S. 254 f.; *Trotman, K. T.* (1996), S. 93; *Libby, R. / Frederick, D. M.* (1990), S. 364; *Hamilton, R. E. / Wright, W. F.* (1982), S. 765.

974 Alle im Folgenden formulierten Forschungshypothesen, die die Gleichheit von Merkmalen hypothetisieren, entsprechen formal der *Nullhypothese*. Alle anderen Hypothesen sind *Alternativhypothesen*, d. h. hier wird von einem Effekt innerhalb der Grundgesamtheit ausgegangen. Während es im zweiten Fall darum geht, den Fehler 1. Art mithilfe eines kleinen Alphaniveaus zu kontrollieren, sollte im ersten Fall die Alternativhypothese so lange wie möglich beibehalten werden, d. h. der Fehler 2. Art sollte mithilfe eines kleinen Betaniveaus kontrolliert werden. In der sozialwissenschaftlichen Forschung ist es üblich, für den Test der Alternativhypothesen eine Irrtumswahrscheinlichkeit von maximal 5 % zugrunde zu legen. Um den Fehler 2. Art und damit die Gefahr einer fälschlicherweise vorgenommenen Ablehnung der Nullhypothese zu minimieren und gleichzeitig eine hohe Teststärke sicherzustellen, wird das Alphaniveau auf 20 % verschärft. Vgl. *Bühner, M. / Ziegler, M.* (2009), S. 201-203.
Alle Alternativhypothesen sind ungerichtet formuliert, da es für das oben definierte Maß der Qualität der Subjekt-Surrogation unerheblich ist, welche der beiden jeweils verglichenen Versuchspersonengruppen eine höhere JDM-Performance aufweist. Siehe Abschnitt 5.3.1.

H_{2b}: Bei einer *mittleren Vernetztheit* des laborexperimentellen Tasks verfügen Undergraduates der Wirtschaftswissenschaften gegenüber Managern über *unterschiedliches problemlösungsrelevantes Wissen.*

H_{2c}: Bei einer *mittleren Vernetztheit* des laborexperimentellen Tasks verfügen Studierenden anderer Fachbereiche gegenüber Managern über *unterschiedliches problemlösungsrelevantes Wissen.*

H_{3a}: Bei einer *hohen Vernetztheit* des laborexperimentellen Tasks verfügen Graduates der Wirtschaftswissenschaften gegenüber Managern über *unterschiedliches problemlösungsrelevantes Wissen.*

H_{3b}: Bei einer *hohen Vernetztheit* des laborexperimentellen Tasks verfügen Undergraduates der Wirtschaftswissenschaften gegenüber Managern über *unterschiedliches problemlösungsrelevantes Wissen.*

H_{3c}: Bei einer *hohen Vernetztheit* des laborexperimentellen Tasks verfügen Studierenden anderer Fachbereiche gegenüber Managern über *unterschiedliches problemlösungsrelevantes Wissen.*

Entsprechend des Typs II können folgende Zusammenhänge zwischen Vernetztheit bzw. problemlösungsrelevantem Wissen und der Qualität der Subjekt-Surrogation hypothetisiert werden:

H_{4a}: Die *Qualität der Subjekt-Surrogation verschlechtert sich* von *niedriger auf mittlere Vernetztheit* des laborexperimentellen Tasks.

H_{4b}: Die *Qualität der Subjekt-Surrogation verschlechtert sich* von *mittlerer auf hohe Vernetztheit* des laborexperimentellen Tasks.

H_5: Die *Qualität der Subjekt-Surrogation* ist *hoch*, wenn sich Manager und die studentischen Versuchspersonen im *problemlösungsrelevanten Wissen nicht voneinander unterscheiden.*

Durch die Integration der unabhängigen und der intervenierenden Variable lassen sich folgende Zusammenhänge vom Typ III hypothetisieren:

H_{6a}: Bei einer *niedrigen Vernetztheit* des laborexperimentellen Tasks ist die *Qualität der Subjekt-Surrogation hoch*, wenn *Graduates der Wirtschaftswissenschaften* die studentischen Surrogate für Manager sind.

H_{6b}: Bei einer *niedrigen Vernetztheit* des laborexperimentellen Tasks ist die *Qualität der Subjekt-Surrogation hoch*, wenn *Undergraduates der Wirtschaftswissenschaften* die studentischen Surrogate für Manager sind.

H_{6c}: Bei einer *niedrigen Vernetztheit* des laborexperimentellen Tasks ist die *Qualität der Subjekt-Surrogation niedrig*, wenn *Studierende anderer Fachbereiche* die studentischen Surrogate für Manager sind.

H_{7a}: Bei einer *mittleren Vernetztheit* des laborexperimentellen Tasks ist die *Qualität der Subjekt-Surrogation hoch*, wenn *Graduates der Wirtschaftswissenschaften* die studentischen Surrogate für Manager sind.

H_{7b}: Bei einer *mittleren Vernetztheit* des laborexperimentellen Tasks ist die *Qualität der Subjekt-Surrogation niedrig*, wenn *Undergraduates der Wirtschaftswissenschaften* die studentischen Surrogate für Manager sind.

H_{7c}: Bei einer *mittleren Vernetztheit* des laborexperimentellen Tasks ist die *Qualität der Subjekt-Surrogation niedrig*, wenn *Studierende anderer Fachbereiche* die studentischen Surrogate für Manager sind.

H_{8a}: Bei einer *hohen Vernetztheit* des laborexperimentellen Tasks ist die *Qualität der Subjekt-Surrogation niedrig*, wenn *Graduates der Wirtschaftswissenschaften* die studentischen Surrogate für Manager sind.

H_{8b}: Bei einer *hohen Vernetztheit* des laborexperimentellen Tasks ist die *Qualität der Subjekt-Surrogation niedrig*, wenn *Undergraduates der Wirtschaftswissenschaften* die studentischen Surrogate für Manager sind.

H_{8c}: Bei einer *hohen Vernetztheit* des laborexperimentellen Tasks ist die *Qualität der Subjekt-Surrogation niedrig*, wenn *Studierende anderer Fachbereiche* die studentischen Surrogate für Manager sind.

In *Abbildung 23* sind die Forschungshypothesen abschließend schematisch dargestellt.

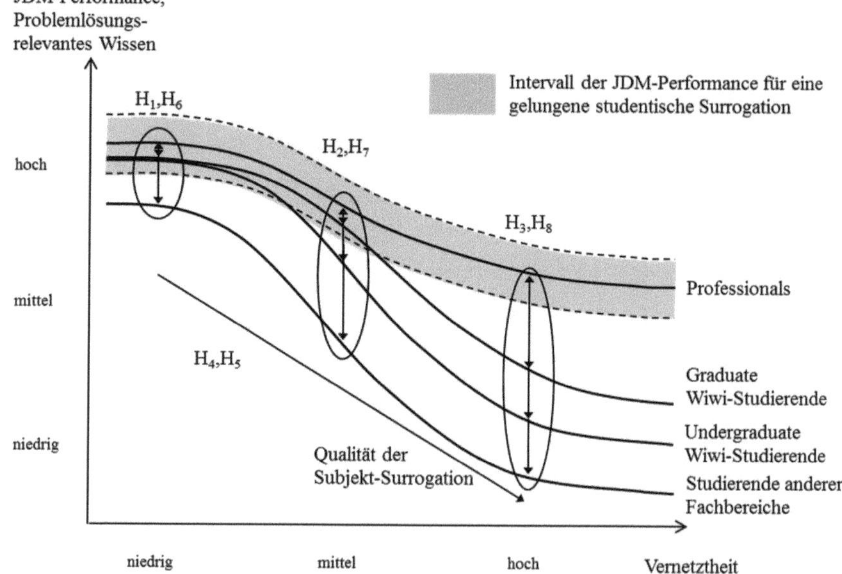

Abbildung 23: Schematische Darstellung der Forschungshypothesen[975]

Im weiteren Verlauf der Arbeit werden unterschiedliche Zugänge zur empirischen Überprüfung dieser Hypothesen gewählt: Zunächst werden im sechsten Kapitel die Hypothesen an den bestehenden elf Vergleichsstudien vom Typ III[976] getestet, sofern es das Design dieser Studien zulässt. Um weitere Vergleichsstudien zu erhalten, wird vielfach empfohlen, Replikationen mit unterschiedlichen Subjekttypen durchzuführen.[977] Da erste empirische Erkenntnisse darauf hindeuten, dass es sich im Bereich mittlerer Vernetztheit um eine Art Übergangsbereich für das Gelingen einer studentischen Surrogation handelt, kann die Überprüfung der Hypothese H_7 am meisten zur Diskussion um die externe Validität von Resultaten, die mit Studierenden gewonnen werden, beitragen.[978] Somit muss zur Replikation ein Task mit mittlerer Vernetztheit identifiziert werden. Aufgrund der leichteren Zugänglichkeit von Studierenden dient deshalb im siebten Kapitel eine Studie aus der Menge an Laborexperimenten, die

975 In Anlehnung an: *Spence, M. T. / Brucks, M.* (1997), S. 235; *Bonner, S. E.* (1994), S. 219.

976 Siehe Abschnitt 4.4.4.

977 Vgl. z. B. *Mortensen, T. / Fisher, R. / Wines, G.* (2012), S. 263; *Rack, O. / Christophersen, T.* (2009), S. 31; *Langer, T.* (2007), Sp. 426; *Liyanarachchi, G. A.* (2007), S. 50; *Hussy, W. / Jain, A.* (2002), S. 140; *Peterson, R. A.* (2001), S. 450; *Shields, M. D.* (1997), S. 28; *Gordon, M. E. / Slade, L. A. / Schmitt, N.* (1987), S. 161; *Berkowitz, L. / Donnerstein, E.* (1982), S. 254; *Dipboye, R. L. / Flanagan, M. F.* (1979), S. 147 f.; *Zimmermann, E.* (1972), S. 125.

978 Siehe Abschnitte 3.4.2, 4.1 und 4.5.
Gleichzeitig ermöglicht eine solche Vorgehensweise eine Überprüfung der Hypothesen H_2 und H_5.

im Kontext des Management Accountings Professionals als Versuchspersonen verwenden,[979] als Grundlage der Replikation.[980] Die Überprüfung der weiteren Forschungshypothesen erfolgt im achten Kapitel, wo ausgehend vom replizierten Ursprungslaborexperiment die Auswirkungen der Manipulation der Vernetztheit an Managern, Studierenden der Wirtschaftswissenschaften und Studierenden anderer Fachbereiche untersucht werden. *Tabelle 17* gibt einen Überblick über die weitere empirische Vorgehensweise zur Überprüfung der Forschungshypothesen.

<table>
<tr><td colspan="2" rowspan="2"></td><td colspan="6">Vernetztheit</td></tr>
<tr><td colspan="2">niedrig</td><td colspan="2">mittel</td><td colspan="2">hoch</td></tr>
<tr><td rowspan="3">Versuchspersonen</td><td>Graduate Studierende der Wirtschaftswissenschaften</td><td colspan="2">H_{1a}, H_{6a}
(Kapitel 6, 8)
+</td><td colspan="2">H_{2a}, H_{7a}
(Kapitel 6, 7, 8)
+</td><td colspan="2">H_{3a}, H_{8a}
(Kapitel 6, 8)
–</td></tr>
<tr><td>Undergraduate Studierende der Wirtschaftswissenschaften</td><td colspan="2">H_{1b}, H_{6b}
(Kapitel 6, 8)
+</td><td colspan="2">H_{2b}, H_{7b}
(Kapitel 6, 7, 8)
–</td><td colspan="2">H_{3b}, H_{8b}
(Kapitel 6, 8)
–</td></tr>
<tr><td>Studierende anderer Fachbereiche</td><td colspan="2">H_{1c}, H_{6c}
(Kapitel 6, 8)
–</td><td colspan="2">H_{2c}, H_{7c}
(Kapitel 6, 7, 8)
–</td><td colspan="2">H_{3c}, H_{8c}
(Kapitel 6, 8)
–</td></tr>
<tr><td colspan="2" rowspan="2">Qualität der Subjekt-Surrogation</td><td colspan="3">H_{4a}
(Kapitel 6, 8)
–</td><td colspan="3">H_{4b}
(Kapitel 6, 8)
–</td></tr>
<tr><td colspan="6">H_5
(Kapitel 6, 7, 8)
+</td></tr>
</table>

Tabelle 17: Vorgehensweise zur empirischen Überprüfung der Forschungshypothesen[981]

[979] Siehe Abschnitte 4.3.2 und 4.3.3.

[980] Siehe Abschnitt 4.1.4.

[981] Eigene Darstellung. Ein „+" in der Abbildung bedeutet, dass in den Hypothesen von der Gleichheit der Mittelwerte ausgegangen wird, d. h. die Nullhypothese getestet wird. Bei einem „–" wird demgegenüber die Alternativhypothese angenommen. Siehe FN 974.

6 Forschungsdesign und Ergebnisse der 1. Studie

„Datenerhebung ist zeitaufwendig und häufig auch teuer. Deswegen ist es oft unökonomisch, wenn reichhaltige Datensätze nur von einer Person – oder einem Forschungsteam – genutzt werden. Da sich ein Datensatz häufig auf mehrere Fragestellungen bezieht, ist die Nutzung vorhandener Datensätze in Kooperation mit anderen Forschenden besonders unter ökonomischen Gesichtspunkten wünschenswert."[982]

Eine Möglichkeit zur empirischen Überprüfung der im vorangegangenen Kapitel erarbeiteten Forschungshypothesen zur Qualität der laborexperimentellen Subjekt-Surrogation in der Controllingforschung besteht darin, existierende Forschungsarbeiten entsprechend der vorliegenden Fragestellung neu auszuwerten.[983] Diese Vorgehensweise wird hier auf die vorliegenden elf Vergleichsstudien vom Typ III[984] angewandt. Hierfür werden in Anlehnung an das zu Beginn der Arbeit vorgestellte Ablaufschema einer wissenschaftlichen Untersuchung nach REIß / SARRIS[985] in Abschnitt 6.1 das Design der Untersuchung und in Abschnitt 6.2 die Ergebnisse und Datenanalyse präsentiert.[986] Abschließend werden in Abschnitt 6.4 die Beiträge dieser Studie zur interessierenden Fragestellung diskutiert.

6.1 Design

Um die oben aufgestellten Forschungshypothesen empirisch überprüfen zu können, müssen diese operationalisiert werden: „Eine Hypothese ist operationalisierbar, wenn den Begriffen, die in ihr vorkommen, beobachtbare Daten zugeordnet werden können."[987] Hierzu wird in Anlehnung an die Vorgehensweise von BONNER die Ausprägung der betroffenen Variablen in den elf Vergleichsstudien (subjektiv) anhand einer Drei-Punkt-Skala bewertet.[988] Die Vernetztheit [V] wird mit „1" („3") bewertet, wenn das zu bearbeitende Problem eine geringe (hohe) Anzahl beteiligter Variablen und Vernetzung untereinander aufweist. Die Einschätzungen beruhen sowohl auf einer Analyse des laborexperimentellen Tasks als auch auf Informationen aus den Studien selbst. HAMILTON / WRIGHT merken beispielsweise an, dass „our

982 *Bortz, J. / Döring, N.* (2006), S. 369.
983 Vgl. *Bortz, J. / Döring, N.* (2006), S. 369 f.
984 Siehe Abschnitt 4.4.4.
985 Siehe Abschnitt 1.2.
986 Der Exkurs in Abschnitt 6.3, in dem die in den Abschnitten 6.1 und 6.2 vorgestellten Ergebnisse auf das Modell von BONNER angewandt werden, arrondiert die Argumentation.
987 *Huber, O.* (2013), S. 59. Im Original zum Teil hervorgehoben.
988 Vgl. *Bonner, S. E.* (1994), S. 225-227.
Elliott, W. B. et al. (2007), S. 143-148, wählen für die Differenzierung der Komplexität eine ähnliche Vorgehensweise mit zwei unterschiedlichen Ausprägungen (hohe vs. niedrige „integrative task complexity").

experiment used a fairly simple and well-structured decision setting.“[989] Das von den Versuchspersonen eingebrachte problemlösungsrelevante Wissen [W], d. h. der Bestandteil des Wissens, der zur Bearbeitung des laborexperimentellen Tasks relevant ist, setzt sich aus dem Mittelwert von deklarativem [DW] und prozeduralem Wissen [PW] zusammen. Eine „1“ bedeutet hier, dass die Versuchspersonen nur über ein geringes problemlösungsrelevantes Wissen verfügen. Liegt demgegenüber ausreichendes Wissen vor, wird dieses mit einer „3“ bewertet. Die Einschätzungen basieren unter Berücksichtigung des „Expertise Paradigm“ auf dem Umfang an (Berufs-)Erfahrung der Versuchspersonen[990] und der (beruflichen) Weiterbildung, die notwendig sind, um den Task auszuführen,[991] sowie auf Informationen aus den Studien selbst, wenn diese das Wissen direkt erhoben haben. Schließlich wird die Qualität der Subjekt-Surrogation [QSS] ebenfalls auf einer Drei-Punkt-Skala erhoben. Eine „3“ entspricht einer erfolgreichen, eine „1“ einer misslungenen Surrogation. Grundlage der Einschätzungen sind die Ergebnisse der Vergleichsstudien und die von den jeweiligen Autoren gezogenen Schlussfolgerungen. Anzumerken ist, dass diese Vorgehensweise im Hinblick auf die Handhabbarkeit eine Vereinfachung darstellt, da alle beteiligten Variablen grundsätzlich nicht in dichotomer, sondern in kontinuierlicher Form vorliegen. Am Beispiel der Vernetztheit wird jedoch in Abschnitt 7.1.2 gezeigt, dass diese Approximation möglich ist. *Tabelle 18* gibt abschließend einen Überblick über die Operationalisierungen der unabhängigen, moderierenden und abhängigen Variablen zur Überprüfung der postulieren Zusammenhänge. *Abbildung 24* visualisiert alle relevanten Elemente des Forschungsdesigns.

Variable(n)	Operationalisierung der Variable(n)	Quelle(n)	Hypothese(n)
Vernetztheit	Rating	*Bonner, S. E.* (1994)	H_1, H_2, H_3, H_4, H_6, H_7, H_8
Problemlösungsrelevantes Wissen	Mittelwert aus Rating von problemlösungsrelevantem deklarativem und prozeduralem Wissen	*Bonner, S. E.* (1994); *Bonner, S. E. / Pennington, N.* (1991)	H_1, H_2, H_3, H_5
Versuchspersonen	Manager, Graduates der Wirtschaftswissenschaften, Undergraduates der Wirtschaftswissenschaften, Studierende anderer Fachbereiche	-	H_1, H_2, H_3, H_4, H_5, H_6, H_7, H_8
Qualität der Subjekt-Surrogation	Rating	*Bonner, S. E.* (2008)	H_4, H_5, H_6, H_7, H_8

Tabelle 18: Operationalisierung der Variablen zur 1. Studie[992]

[989] *Hamilton, R. E. / Wright, W. F.* (1982), S. 765.
[990] Siehe Abschnitt 5.5.
[991] Vgl. *Bonner, S. E. / Pennington, N.* (1991), S. 2-12.
[992] Eigene Darstellung.

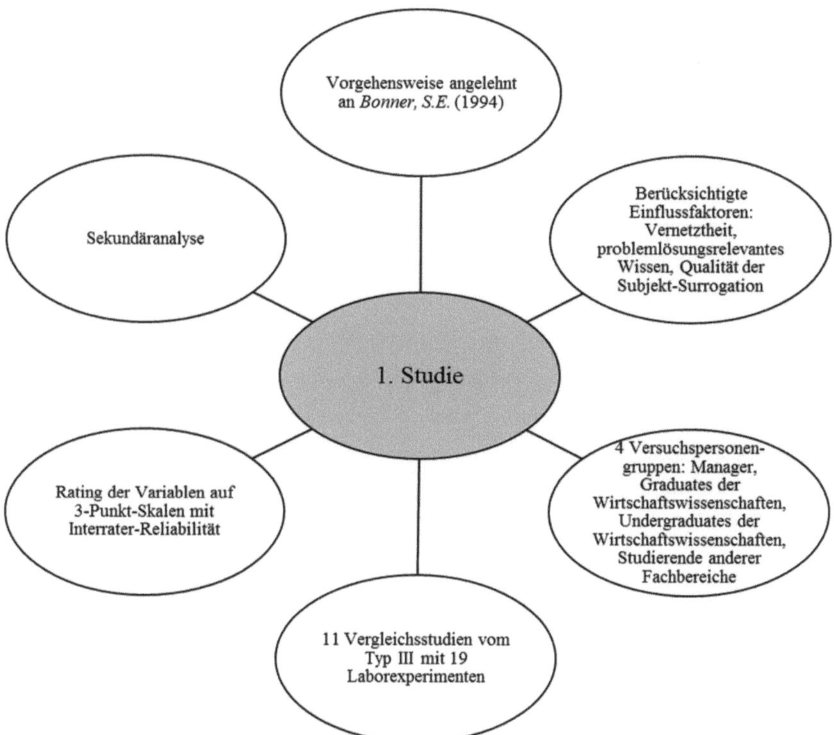

Abbildung 24: Zentrale Aspekte des Untersuchungsdesigns zur 1. Studie[993]

6.2 Ergebnisse und statistische Datenanalyse

6.2.1 Methodische Vorgehensweise

Grundsätzlich ist bei der statistischen Auswertung empirischer Daten zu berücksichtigen, dass diese durch die Gestaltung des Experimentdesigns determiniert werden.[994] In der sozialwissenschaftlichen Forschung ist die einfaktorielle[995] Varianzanalyse [ANOVA] ein weit verbreitetes inferenzstatistisches Verfahren, um die Variation der unabhängigen Variable(n) auf die unterschiedliche Ausprägung der abhängigen Variable anhand systematischer Unterschiede

993 Eigene Darstellung.

994 Vgl. *Gächter, S. / Königstein, M.* (2002), Sp. 507.

995 Als einfaktoriell wird die Varianzanalyse bezeichnet, wenn nur eine einzige UV vorliegt. Demgegenüber wird von einer zweifaktoriellen Varianzanalyse bei zwei UVs gesprochen, usw. Vgl. *Backhaus, K. et al.* (2011), S. 159.

zwischen den Mittelwerten der Versuchsgruppen (Treatments) zurückführen zu können.[996] Die einfaktorielle ANOVA ist die Verallgemeinerung des t-Tests[997], der aus diesem Grund hier nicht weiter erläutert wird. Gegenüber dem t-Test erweist sich die ANOVA als besonders geeignetes Analyseinstrument, wenn mehr als zwei Treatments vorliegen.[998]

Grundlage der Varianzanalyse ist die Annahme, dass sich die Gesamtvarianz der Messwerte in einen unsystematischen (Residualvarianz) und einen systematischen (Effektvarianz) Bestandteil aufspalten lässt.[999] Während sich die Residualvarianz auf unterschiedliche, nicht durch das Laborexperiment fassbare Ursachen zurückführen lässt, ist die Effektvarianz demgegenüber Resultat der Manipulation der laborexperimentellen Bedingungen.[1000] Erstere wird über die durchschnittliche Varianz innerhalb der Bedingungen geschätzt.[1001] Letztere ist Teil der Varianz zwischen den Bedingungen, die die Residualvarianz und die systematische Varianz additiv miteinander verknüpft.[1002] Um schließlich Aussagen über die Größe der Effektvarianz treffen zu können, nutzt die ANOVA den sogenannten „F-Bruch", den Quotienten aus Zwischenvarianz und Residualvarianz:[1003]

$$F_{(df_{Zähler};\, df_{Nenner})} = \frac{\sigma^2_{zwischen}\ (Effektvarianz; Residualvarianz)}{\sigma^2_{innerhalb}\ (Residualvarianz)}$$

Die Nullhypothese zur statistischen Überprüfung besagt in diesem Fall, dass sich die Mittelwerte μ der einzelnen Treatments nicht systematisch voneinander unterscheiden:[1004]

$$H_0\colon \mu_1 = \mu_2 = \ldots = \mu_n$$

Unter dieser Nullhypothese beträgt die systematische Varianz null, sodass der F-Bruch den Wert eins annimmt, da die Zwischenvarianz nur auf Residualvarianz zurückführbar ist. Übersteigt der F-Bruch dagegen signifikant den Wert eins, besteht die Zwischenvarianz zusätzlich

---

996 Vgl. z. B. *Backhaus, K. et al.* (2011), S. 158, *Rasch, B. et al.* (2010b), S. 1.
Auch in vielen der oben dokumentierten Vergleichsstudien ist dieses Instrument eingesetzt worden, um systematische Zusammenhänge bzw. Unterschiede in den Eigenschaftsmerkmalen von Studierenden und Professionals und deren JDM-Performance auf die experimentelle Manipulation zurückzuführen. Vgl. z. B. *Mortensen, T. / Fisher, R. / Wines, G.* (2012); *Hewitt, M.* (2009); *Chang, C. J. / Ho, J. L. Y.* (2004); *Hamilton, R. E. / Wright, W. F.* (1982).

997 Vgl. *Bühner, M. / Ziegler, M.* (2009), S. 236-268.

998 Grundsätzlich könnten diese Fragestellungen auch anhand mehrerer t-Tests überprüft werden. Dieser Vorgehensweise wird jedoch aufgrund einer potenziellen Alphafehlerkumulierung weitgehend kritisch begegnet. Vgl. *Bortz, J. / Schuster, C.* (2010), S. 471; *Rasch, B. et al.* (2010b), S. 6.

999 Vgl. *Rasch, B. et al.* (2010b), S. 11 f.

1000 Vgl. *Rasch, B. et al.* (2010b), S. 11.

1001 Vgl. *Rasch, B. et al.* (2010b), S. 13-16.

1002 Vgl. *Rasch, B. et al.* (2010b), S. 17-19.

1003 Vgl. *Rasch, B. et al.* (2010b), S. 21.

1004 Vgl. *Rasch, B. et al.* (2010b), S. 23.

aus Effektvarianz, sodass die Nullhypothese abgelehnt werden kann.[1005] Es existieren demnach systematische Intragruppenunterschiede, da sich mindestens ein Treatment von mindestens einem anderen im untersuchten Merkmal statistisch bedeutsam unterscheidet.[1006]

Liegen mehr als zwei Treatments vor, genügt diese Aussage zur Interpretation des Ergebnisses häufig nicht. Stattdessen ist darüber hinaus zur Beantwortung der Forschungsfragen das Muster der Ergebnisstruktur von Interesse. Hierzu können sogenannte Post-Hoc-Tests eingesetzt werden, die darüber Aufschluss geben, zwischen welchen Treatments und in welche Richtung signifikante Mittelwertunterschiede bestehen.[1007]

Die einfaktorielle Varianzanalyse gehört zu den parametrischen Verfahren der Statistik, sodass die Intervallskalenqualität der abhängigen Variable(n) eine erste Grundvoraussetzung für deren Anwendung bildet.[1008] Es wird kontrovers diskutiert, ob Rating-Daten, die in der vorliegenden ersten Studie bei allen untersuchten abhängigen Variablen vorliegen, das geforderte Skalenniveau erfüllen.[1009] Pragmatischerweise wird im Folgenden in Anlehnung an BORTZ / DÖRING davon ausgegangen, dass eventuelle Verletzungen der Intervallskaleneigenschaften nicht zwangsläufig zu einem Verzicht auf parametrische Verfahren führen müssen.[1010]

Zusätzlich müssen die untersuchten Merkmale normalverteilt sein und es muss Varianzhomogenität vorliegen.[1011] In der Praxis werden beide Kriterien jedoch häufig verletzt. So können in der vorliegenden Studie die beiden Voraussetzungen auch nur teilweise bestätigt werden.[1012] Sind die notwendigen Prämissen (zum Teil) nicht erfüllt, wirkt sich dieser Umstand jedoch in der Regel nicht auf die Anwendbarkeit des Verfahrens aus, da sich die einfaktorielle Varianzanalyse gegenüber kleineren Verletzungen dieser Prämissen relativ robust verhält.[1013]

1005 Vgl. *Rasch, B. et al.* (2010b), S. 22.
1006 Vgl. *Rasch, B. et al.* (2010b), S. 24 f.
1007 Vgl. *Rasch, B. et al.* (2010b), S. 27 f. und S. 45.
1008 Vgl. *Rasch, B. et al.* (2010b), S. 48.
1009 Zur Diskussion vgl. z. B. *Bortz, J. / Döring, N.* (2006), S. 181.
1010 Vgl. *Bortz, J. / Döring, N.* (2006), S. 182.
1011 Vgl. *Rasch, B. et al.* (2010b), S. 49.
1012 Siehe die Ergebnisse des Kolmogorov-Smirnov-Lilliefors-Tests in Anhang IX.
1013 Vgl. *Backhaus, K. et al.* (2011), S. 97; *Rasch, B. et al.* (2010b), S. 49.
Problematisch wird die Verletzung der Normalverteilungsannahme bei der ANOVA in solchen Fällen, in denen der Stichprobenumfang sehr klein ist oder sich stark ungleich auf die untersuchten Gruppen verteilt. Bei einer mittleren (Teil-)Stichprobengröße von $n > 30$ (vgl. z. B. *Rasch, B. et al.* (2010a), S. 59) und gleicher Versuchspersonenanzahl pro Treatment ergeben sich dagegen selten Probleme (vgl. *Rasch, B. et al.* (2010b), S. 49). Außerdem ermöglichen entsprechende Post-Hoc-Tests sowie robustere Testverfahren zur Prüfung auf Gleichheit der Mittelwerte (z. B. Welch-Test) ein reliables Testen auch bei Nichtexistenz homogener Varianzen (vgl. *Volnhals, M.* (2010), S. 179 f., FN 575).

Darüber hinaus müssen die Messwerte verschiedener Versuchspersonen voneinander unabhängig zustande gekommen sein.[1014]

Tabelle 19 fasst überblicksartig zusammen, wie die einzelnen Forschungshypothesen für diese Studie operationalisiert worden sind und welches inferenzstatistische Instrument zum Einsatz kommt.

Hypothese	Operationalisierung der Forschungshypothesen	Testinstrument
H_1 H_2 H_3	Unterschiedliches problemlösungsrelevantes Wissen zwischen Professionals und drei studentischen Versuchspersonengruppen je nach Vernetztheit - $\mid W_{P, Vernetztheit}$ und $W_{S, Versuchspersonengruppe, Vernetztheit} \mid$ weicht (nicht) von 0 ab - $\mid DW_{P, Vernetztheit}$ und $DW_{S, Versuchspersonengruppe, Vernetztheit} \mid$ weicht (nicht) von 0 ab - $\mid PW_{P, Vernetztheit}$ und $PW_{S, Versuchspersonengruppe, Vernetztheit} \mid$ weicht (nicht) von 0 ab	Einstichproben-t-Test (zweiseitig)
H_4	Geringere Qualität der Subjekt-Surrogation durch zunehmende Vernetztheit - Mittelwertunterschiede bei QSS in Abhängigkeit von V	Einfaktorielle Varianzanalyse
H_5	Hohe Qualität der Subjekt-Surrogation, wenn bei Managern und studentischen Versuchspersonen identisches problemlösungsrelevantes Wissen vorliegt - QSS weicht bei Abstand Wissen $\leq 0{,}5$ nicht von 3 ab	Einstichproben-t-Test (zweiseitig)
H_6 H_7 H_8	Unterschiedliche Qualität der Subjekt-Surrogation je nach Vernetztheit und studentischen Versuchspersonen - $QSS_{Versuchspersonengruppe, Vernetztheit}$ weicht (nicht) von 1 (niedrige Qualität der Subjekt-Surrogation) bzw. 3 (hohe Qualität der Subjekt-Surrogation) ab	Einstichproben-t-Test (zweiseitig)

Tabelle 19: Operationalisierung der Forschungshypothesen zur 1. Studie[1015]

6.2.2 Ergebnisse der deskriptiven Statistik

Tabelle 20 zeigt zunächst überblicksartig die Einschätzungen der Vernetztheit, des problemlösungsrelevanten Wissens der beiden Versuchspersonengruppen und der Qualität der Subjekt-Surrogation sowie die daraus errechneten Werte für die aus den elf Vergleichsstudien extrahierten 19 Laborexperimente.[1016] In *Tabelle 21* sind diese Werte anhand deskriptiver, statistischer Maße zusammengefasst.[1017]

1014 Vgl. *Rasch, B. et al.* (2010b), S. 49.

1015 Eigene Darstellung.

1016 Die Werte sind von zwei unabhängigen Personen erfasst worden (vgl. z. B. *Atteslander, P.* (2010), S. 206). Der Kappa-Koeffizient, der ein Maß für die Interrater-Reliabilität darstellt, beträgt $\kappa = {,}592$ ($p = {,}000$). Bei allen Unterschieden wurde im Diskurs ein gemeinsamer Wert festgelegt.

1017 In der vorliegenden Arbeit ist für die statistische Datenanalyse das Programm SPSS in der Version 23 eingesetzt worden.

	Nr.	Vpn. Gruppen	V	DW_P	PW_P	W_P	DW_S	PW_S	W_S	$DW_P - DW_S$	$PW_P - PW_S$	$W_P - W_P$	QSS
Abdolmohammadi, M. J. / Wright, A. M. (1987) unstructured task	1	2	3	3	3	3	2	1	1,5	1	2	1,5	1
semi-structured task	2	2	2	3	3	3	2	1	1,5	1	2	1,5	1
well-structured task	3	2	1	3	3	3	2	1	1,5	1	2	1,5	2
Anderson, M. J. (1985) CFAs vs. Studierende	4	1	3	3	3	3	2	1	1,5	1	2	1,5	1
Stockbrokers vs. Studierende	5	1	3	3	2	2,5	2	1	1,5	1	1	1	1
Bailey, K. E. / Bylinski, J. H. / Shields, M. D. (1983) Experiment 1	6	2	2	3	3	3	2	2	2	1	1	1	2
Experiment 2	7	2	2	3	3	3	2	2	2	1	1	1	1
Chang, C. J. / Ho, J. L. Y. (2004)	8	2	2	3	3	3	3	1	2	0	2	1	1
Danos, P. / Holt, D. L. / Imhoff, E. A. (1984)	9	2	3	3	3	3	3	1	2	0	2	1	1
Dickhaut, J. W. (1973)	10	2	2	3	2	2,5	2	1	1,5	1	1	1	2
Elias, N. (1972)	11	2	1	3	3	3	3	2	2,5	0	1	0,5	3
Frederick, D. M. / Libby, R. (1986) Szenario M1	12	2	1	3	3	3	3	1	2	0	2	1	1
Szenario M2	13	1	1	3	3	3	3	1	2	0	2	1	1
Hamilton, R. E. / Wright, W. F. (1982) Mehr als 3 Jahre Berufserfahrung	14	2	1	3	3	3	3	2	2,5	0	1	0,5	3
Weniger als 3 Jahre Berufserfahrung	15	2	1	3	2	2,5	3	2	2,5	0	0	0	3
Hewitt, M. (2009)	16	1	1	3	3	3	2	2	2	1	1	1	3
Mortensen, T. / Fisher, R. / Wines, G. (2012) Manager vs. Wiwi Studierende	17	2	2	3	3	3	3	3	3	0	0	0	3
Manager vs. Studierende anderer Fachbereiche mit Erfahrung	18	3	2	3	3	3	2	1	1,5	1	2	1,5	1
Manager vs. Studierende anderer Fachbereiche ohne Erfahrung	19	3	2	3	3	3	1	1	1	2	2	2	1

Tabelle 20: Übersicht über die Einschätzungen der Vernetztheit, des problemlösungsrelevanten Wissens und der Qualität der Subjekt-Surrogation für die Vergleichsstudien vom Typ III[1018]

[1018] Eigene Darstellung. Studentische Versuchspersonen: 1 = Accounting Graduates; 2 = Accounting Undergraduates; 3 = Engineering Undergraduates mit und ohne Accountingwissen.

	N	Minimum	Maximum	Mittelwert	Standardabweichung	Varianz
V	19	1,00	3,00	1,8421	,76472	,585
DW_P	19	3,00	3,00	3,0000	,00000	,000
PW_P	19	2,00	3,00	2,8421	,37463	,140
W_P	19	2,50	3,00	2,9211	,18732	,035
DW_S	19	1,00	3,00	2,3684	,59726	,357
PW_S	19	1,00	3,00	1,4211	,60698	,368
W_S	19	1,00	3,00	1,8947	,48816	,238
Abstand DW	19	,00	2,00	,6316	,59726	,357
Abstand PW	19	,00	2,00	1,4211	,69248	,480
Abstand W	19	,00	2,00	1,0263	,51299	,263
QSS	19	1,00	3,00	1,6842	,88523	,784

Tabelle 21: Deskriptive Statistik zur 1. Studie[1019]

Mithilfe der deskriptiven Statistik lassen sich bereits erste Aussagen über die Struktur des Datensatzes treffen.[1020] Es zeigt sich insbesondere, dass das deklarative Wissen von Professionals immer und deren prozedurales Wissen bis auf drei Ausnahmen mit dem Höchstwert 3 bewertet worden sind. Demgegenüber wird das Wissen der jeweiligen Studierenden deutlich geringer eingeschätzt. Für verbindliche Aussagen über die statistische Bedeutsamkeit der Messwerte müssen allerdings im Folgenden inferenzstatistische Analysen durchgeführt werden.[1021] Die Ergebnisse des Kolmogorov-Smirnov-Lilliefors-Tests [K-S-L-Test] für alle 19 Fälle zeigen zwar eine Verletzung der Normalverteilungsannahme, diese kann jedoch aufgrund obiger Prämissen und des (vergleichsweise) geringen Stichprobenumfangs als unkritisch beurteilt werden.[1022]

6.2.3 Ergebnisse der schließenden Statistik

Die ersten drei Hypothesen beschreiben den Zusammenhang zwischen der vorliegenden Vernetztheit und dem Unterschied im problemlösungsrelevanten Wissen der Professionals und ihrer studentischen Surrogate. Die zugrunde liegende Nullhypothese geht davon aus, dass in Abhängigkeit der Vernetztheit kein Wissensabstand zwischen der professionellen und der

---

1019 Eigene Darstellung.

1020 Vgl. *Bühner, M. / Ziegler, M.* (2009), S. 27.

1021 Vgl. *Rasch, B. et al.* (2010a), S. 29.

1022 Siehe Anhang IX.

studentischen Versuchspersonengruppe vorliegt (Mittelwert weicht nicht signifikant vom Testwert null ab). Aufgrund der geringen Stichprobenumfänge in den jeweiligen Gruppen können an dieser Stelle nicht alle Hypothesen getestet werden. In *Tabelle 22*, *Tabelle 23* und *Tabelle 24* sind die Ergebnisse, die sich aus dem Datensatz berechnen lassen, nach den drei Versuchspersonengruppen differenziert dargestellt.[1023]

Vernetztheit	Variable	T	df	Signifikanz (2-seitig)	Mittlere Differenz	95% Konfidenzintervall der Differenz	
						Untere	Obere
Niedrig	Abstand DW (Testwert = 0)	1,000	1	,500	,50000	-5,8531	6,8531
	Abstand PW (Testwert = 0)	3,000	1	,205	1,50000	-4,8531	7,8531
	Abstand W (Testwert = 0)	T kann nicht berechnet werden, da die Standardabweichung gleich 0 ist (Mittelwert = ,500)					
Hoch	Abstand DW (Testwert = 0)	T kann nicht berechnet werden, da die Standardabweichung gleich 0 ist (Mittelwert = 1,000)					
	Abstand PW (Testwert = 0)	3,000	1	,205	1,50000	-4,8531	7,8531
	Abstand W (Testwert = 0)	5,000	1	,126	1,25000	-1,9266	4,4266

Tabelle 22: Einstichproben-t-Test für Vernetztheit (AV: Abstand Wissen) bei Graduates der Wirtschaftswissenschaften (H_{1a}, H_{2a} und H_{3a})[1024]

Vernetztheit	Variable	T	df	Signifikanz (2-seitig)	Mittlere Differenz	95% Konfidenzintervall der Differenz	
						Untere	Obere
Niedrig	Abstand DW (Testwert = 0)	1,000	4	,374	,20000	-,3553	,7553
	Abstand PW (Testwert = 0)	3,207	4	,033	1,20000	,1611	2,2389
	Abstand W (Testwert = 0)	2,746	4	,052	,70000	-,0079	1,4079
Mittel	Abstand DW (Testwert = 0)	3,162	5	,025	,66667	,1247	1,2086
	Abstand PW (Testwert = 0)	3,796	5	,013	1,16667	,3767	1,9567
	Abstand W (Testwert = 0)	4,568	5	,006	,91667	,4008	1,4326
Hoch	Abstand DW (Testwert = 0)	1,000	1	,500	,50000	-5,8531	6,8531
	Abstand PW (Testwert = 0)	T kann nicht berechnet werden, da die Standardabweichung gleich 0 ist (Mittelwert = 2,000)					
	Abstand W (Testwert = 0)	5,000	1	,126	1,25000	-1,9266	4,4266

Tabelle 23: Einstichproben-t-Test für Vernetztheit (AV: Abstand Wissen) bei Undergraduates der Wirtschaftswissenschaften (H_{1b}, H_{2b} und H_{3b})[1025]

1023 Aufgrund der sehr geringen Stichprobenumfänge und der daraus resultierenden geringen Aussagekraft wird hier auf die Angabe einer Effektstärke, z. B. COHENs d beim Einstichproben-t-Test, verzichtet.

1024 Eigene Darstellung.

1025 Eigene Darstellung.

<table>
<tr><th rowspan="2">Ver-netztheit</th><th rowspan="2">Variable</th><th rowspan="2">T</th><th rowspan="2">df</th><th rowspan="2">Signifi-kanz (2-seitig)</th><th rowspan="2">Mittlere Diffe-renz</th><th colspan="2">95% Konfidenzintervall der Differenz</th></tr>
<tr><th>Untere</th><th>Obere</th></tr>
<tr><td rowspan="3">Mittel</td><td>Abstand DW (Testwert = 0)</td><td>3,000</td><td>1</td><td>,205</td><td>1,50000</td><td>-4,8531</td><td>7,8531</td></tr>
<tr><td>Abstand PW (Testwert = 0)</td><td colspan="6">T kann nicht berechnet werden, da die Standardabweichung gleich 0 ist (Mittelwert = 2,000)</td></tr>
<tr><td>Abstand W (Testwert = 0)</td><td>7,000</td><td>1</td><td>,090</td><td>1,75000</td><td>-1,4266</td><td>4,9266</td></tr>
</table>

Tabelle 24: Einstichproben-t-Test für Vernetztheit (AV: Abstand Wissen) bei Studierenden anderer Fachbereiche (H_{1c}, H_{2c} und H_{3c})[1026]

Erwartungsgemäß liegt die Wahrscheinlichkeit, (mindestens) den t-Wert unter der Nullhypothese („Die Mittelwerte sind gleich null“) zu erreichen, bei niedriger Vernetztheit für Graduates der Wirtschaftswissenschaften für das deklarative Wissen und das Wissen allgemein oberhalb des Alphaniveaus von 20 %[1027], sodass die Nullhypothese nicht verworfen werden kann. Demnach liegen bei niedriger Vernetztheit keine signifikanten Unterschiede im Wissen von Professionals und Graduates vor (H_{1a}). Die Undergraduates der Wirtschaftswissenschaften verfügen demgegenüber nur über identisches deklaratives Wissen, in Kombination mit dem prozeduralen Wissen kann auf dem verschärften Signifikanzniveau von keiner Gleichheit ausgegangen werden, d. h. die Alternativhypothese muss beibehalten werden (H_{1b}). Bei mittlerer Vernetztheit unterschreitet die Wahrscheinlichkeit das Alphaniveau bei allen drei Variablen bei den Undergraduates, sodass die Nullhypothese verworfen werden muss und von signifikanten Wissensunterschieden ausgegangen werden muss (H_{2b}). Bei den Studierenden anderer Fachbereiche liegt hingegen auch bei mittlerer Vernetztheit der Wahrscheinlichkeitswert für das deklarative Wissen sowie das Wissen insgesamt über 5 %, der Abstand beim prozeduralen Wissen wird dagegen maximal, sodass insgesamt von gleichem problemlösungsrelevantem Wissen ausgegangen werden muss (H_{2c}). Wird ein Alphaniveau von 10 % angelegt, kann dagegen die Nullhypothese für die Studierenden anderer Fachrichtungen verworfen werden. Liegt eine hohe Vernetztheit vor, unterscheiden sich die mit der t-Statistik berechenbaren Ratingwerte sowohl der Graduates als auch der Undergraduates der Wirtschaftswissenschaften nicht signifikant von denjenigen der Manager (H_{3a}, H_{3b}). Auch hier ist jedoch zu berücksichtigen, dass der Abstand im prozeduralen Wissen der Graduates bei beiden Studien 1 und bei beiden Studien der Undergraduates sogar 2 beträgt.

In Hypothese H_4 wird angenommen, dass sich die Qualität der Subjekt-Surrogation mit zunehmender Vernetztheit verringert. Da die unabhängige Variable eine dreistufige Ausprägung

[1026] Eigene Darstellung.
[1027] Siehe FN 974.

aufweist, wird der Hypothesentest mit einer einfaktoriellen Varianzanalyse und einem anschließenden Post-Hoc-Test durchgeführt. Wie im vorangegangenen Abschnitt ausführlich erläutert worden ist, stellt die Varianzhomogenität eine zentrale Anwendungsvoraussetzung dar. Der dafür durchgeführte Levene-Test wird signifikant (p = ,003), sodass von keiner Varianzhomogenität ausgegangen werden kann und prinzipiell die F-Werte eines robusten Testverfahrens als Entscheidungskriterium hinsichtlich der Signifikanzprüfung herangezogen werden müssten. Aufgrund fehlender Varianz im Treatment mit hoher Vernetztheit ist dies jedoch nicht möglich, sodass trotz fehlender Varianzhomogenität der F-Wert der (diesbezüglich weitgehend unempfindlichen) ANOVA interpretiert werden muss.[1028]

Für die Vernetztheit sind in *Tabelle 25* die Werte der deskriptiven Statistik, in *Tabelle 26* die Werte der Varianzanalyse sowie in *Tabelle 27* die Ergebnisse des Post-Hoc-Tests[1029] dokumentiert. Zusätzlich ist das Gütemaß der Varianzanalyse (R^2) angegeben.[1030]

Vernetztheit	N	Mittelwert	Standard-abweichung	Standard-fehler	95%-Konfidenzintervall für den Mittelwert		Minimum	Maximum
					Untergrenze	Obergrenze		
Niedrig	7	2,2857	,95119	,35952	1,4060	3,1654	1,00	3,00
Mittel	8	1,5000	,75593	,26726	,8680	2,1320	1,00	3,00
Hoch	4	1,0000	,00000	,00000	1,0000	1,0000	1,00	1,00
Gesamt	19	1,6842	,88523	,20308	1,2575	2,1109	1,00	3,00

Tabelle 25: Deskriptive Statistik für Vernetztheit (AV: QSS) (H_4)[1031]

	Quadrat-summe	df	Mittel der Quadrate	F	Signifikanz	R^2 (korrigiertes R^2)
Zwischen den Gruppen	4,677	2	2,338	3,968	,040	,332 (,248)
Innerhalb der Gruppen	9,429	16	,589			
Gesamt	14,105	18				

Tabelle 26: Einfaktorielle Varianzanalyse für Vernetztheit (AV: QSS) (H_4)[1032]

[1028] Die Argumentation kann dadurch gestützt werden, dass für den Fall, wenn nur die beiden Treatments mit niedriger und mittlerer Vernetztheit analysiert werden, die Gegenüberstellung der F-Werte von ANOVA und Welch-Test keine signifikanten Unterschiede zeigt.

[1029] Bei der Wahl des Post-Hoc-Verfahrens kann wiederum berücksichtigt werden, dass keine Varianzhomogenität vorliegt. Entsprechend der Empfehlungen von FIELD wird hierfür die Prozedur nach Games-Howell (Annahme: ungleiche Varianzen und gleiche / ungleiche Fallzahlen) berechnet. Vgl. *Field, A.* (2009), S. 374 f.

[1030] Zur ausführlichen Diskussion dieses Gütemaßes im Kontext des zur Datenanalyse verwendeten Programms SPSS vgl. *Volnhals, M.* (2010), S. 198 f., FN 595 und FN 596 und die jeweils dort angegebene Literatur.

[1031] Eigene Darstellung.

[1032] Eigene Darstellung.

(I) Vernetztheit	(J) Vernetztheit	Mittlere Differenz (I-J)	Standardfehler	Signifikanz	95%-Konfidenzintervall	
					Untergrenze	Obergrenze
mittel	niedrig	-,78571	,44797	,228	-1,9884	,4170
	hoch	,50000	,26726	,217	-,2871	1,2871

Tabelle 27: Auszug Post-Hoc-Test nach Games-Howell für Vernetztheit (AV: QSS) (H_4)[1033]

Die Wahrscheinlichkeit in der vorletzten Spalte der *Tabelle 26*, (mindestens) den F-Wert unter der Nullhypothese („Die Mittelwerte sind gleich") zu erreichen, liegt unterhalb des Alphaniveaus von 5 %. Somit zeigt die ANOVA, dass signifikante Unterschiede in den Mittelwerten bei der Qualität der Subjekt-Surrogation zwischen den Gruppen existieren. Obwohl sich die Richtung dieser Mittelwertveränderung hypothesenkonform verhält und ein signifikanter Abfall der Qualität der Subjekt-Surrogation bei einer Erhöhung der Vernetztheit von einem niedrigen auf ein hohes Niveau gezeigt werden kann, werden die Mittelwertunterschiede für die Schritte von niedriger zu mittlerer (H_{4a}) und von mittlerer auf hohe (H_{4b}) Vernetztheit aufgrund der geringen Fallzahlen nicht durch Effektvarianz erklärt. Demnach müssen die Hypothesen verworfen werden. Der Determinationskoeffizient, der für eine Varianzanalyse als ein Maß für die Effektgröße interpretiert werden kann, erreicht mit ,332 (korrigiert ,248) einen Wert, der im Kontext psychologischer Untersuchungen auf einen sehr hohen Anteil erklärter Varianz an der Gesamtvarianz hindeutet.[1034]

Inhalt der Hypothese H_5 ist die Annahme, dass das problemlösungsrelevante Wissen eine zentrale intervenierende Variable für den Erfolg einer studentischen Surrogation darstellt. Demnach wird hypothetisiert, dass die Qualität der Subjekt-Surrogation hoch ist, wenn sich Manager und die studentische Versuchspersonengruppe in ihrem problemlösungsrelevanten Wissen nicht unterscheiden. Es wird angenommen, dass ein geringer Abstand vorliegt, wenn die Differenz im problemlösungsrelevanten Wissen 0,5 nicht überschreitet, alle größeren Differenzen sprechen für einen Unterschied.[1035] Bei allen vier Studien, auf die diese Anforderung zutrifft, wird die Qualität der Subjekt-Surrogation mit 3 eingeschätzt, sodass zur Bestätigung

1033 Eigene Darstellung.

1034 Vgl. *Rasch, B. et al.* (2010b), S. 38.

1035 Um die Anwendungsvoraussetzungen von t-Tests bzw. der Varianzanalyse weiterhin zu erfüllen, ist es in den Verhaltenswissenschaften üblich, die Messwerte anhand pragmatischer Verfahrensregeln wie z. B. Mediansplits zu einzelnen Gruppen zusammen zu fassen. Vgl. z. B. *Tan, H.-T. / Kao, A.* (1999), S. 218.

der formulieren Hypothese keine weiteren statistischen Tests durchgeführt werden müssen.[1036]

Die Hypothesen H_6 bis H_8 beschreiben den Zusammenhang zwischen der Vernetztheit als unabhängige Variable und der Qualität der Subjekt-Surrogation als abhängige Variable unter Berücksichtigung der Wahl der studentischen Surrogate als moderierende Variable. Die zugrunde liegende Nullhypothese geht davon aus, dass in Abhängigkeit der Vernetztheit der Mittelwert der Qualität der Subjekt-Surrogation der jeweils mit unterschiedlichen studentischen Versuchspersonengruppen durchgeführten Vergleichsstudien entweder nicht signifikant vom Testwert drei (H_{6a}, H_{6b} und H_{7a}) oder vom Testwert eins (H_{6c}, H_{7b}, H_{7c} und H_8) abweicht. Aufgrund der geringen Stichprobenumfänge in den jeweiligen Gruppen können an dieser Stelle ebenfalls nicht alle Hypothesen getestet werden.[1037] In *Tabelle 28* sind die Ergebnisse, die sich aus dem Datensatz berechnen lassen, nach den drei Versuchspersonengruppen differenziert dargestellt.

<table>
<tr><th rowspan="2">Vernetztheit</th><th rowspan="2">Variable</th><th rowspan="2">T</th><th rowspan="2">df</th><th rowspan="2">Signifikanz (2-seitig)</th><th rowspan="2">Mittlere Differenz</th><th colspan="2">95% Konfidenzintervall der Differenz</th></tr>
<tr><th>Untere</th><th>Obere</th></tr>
<tr><td rowspan="2">Niedrig</td><td>Graduates der Wirtschaftswissenschaften (Testwert = 3)</td><td>-1,000</td><td>1</td><td>,500</td><td>-1,00000</td><td>-13,7062</td><td>11,7062</td></tr>
<tr><td>Undergraduates der Wirtschaftswissenschaften (Testwert = 3)</td><td>-1,500</td><td>4</td><td>,208</td><td>-,60000</td><td>-1,7106</td><td>,5106</td></tr>
<tr><td rowspan="2">Mittel</td><td>Undergraduates der Wirtschaftswissenschaften (Testwert = 1)</td><td>2,000</td><td>5</td><td>,102</td><td>,66667</td><td>-,1902</td><td>1,5235</td></tr>
<tr><td>Studierende anderer Fachbereiche (Testwert = 1)</td><td colspan="6">T kann nicht berechnet werden, da die Standardabweichung gleich 0 ist, jedoch für beide Studien QSS gleich 1</td></tr>
<tr><td rowspan="2">Hoch</td><td>Graduates der Wirtschaftswissenschaften (Testwert = 1)</td><td colspan="6">T kann nicht berechnet werden, da die Standardabweichung gleich 0 ist, jedoch für beide Studien QSS gleich 1</td></tr>
<tr><td>Undergraduates der Wirtschaftswissenschaften (Testwert = 1)</td><td colspan="6">T kann nicht berechnet werden, da die Standardabweichung gleich 0 ist, jedoch für beide Studien QSS gleich 1</td></tr>
</table>

Tabelle 28: Einstichproben-t-Test für Vernetztheit und Versuchspersonengruppe (AV: QSS) (H_6, H_7 und H_8)[1038]

Wie in den Hypothesen angenommen, liegt die Wahrscheinlichkeit, bei allen drei berechenbaren Bedingungen oberhalb des Alphaniveaus von 5 %, sodass die Nullhypothese nicht verworfen werden kann. Demnach können bei niedriger Vernetztheit sowohl Graduates (H_{6a}) als

---

1036 Werden zusätzlich diejenigen Studien, bei denen der Abstand im problemlösungsrelevanten Wissen zwischen den professionellen und studentischen Versuchspersonen groß ist, im Rahmen einer ANOVA als zweite Gruppe aufgenommen, zeigt sich, dass sich die Qualität der Subjekt-Surrogation bei dieser Gruppe signifikant verschlechtert (F = 27,961; p = ,000).

1037 Auch hier wird auf die Berechnung von Effektstärken verzichtet. Zur Begründung siehe FN 1023.

1038 Eigene Darstellung.

auch Undergraduates der Wirtschaftswissenschaften (H_{6b}) angemessene Surrogate für Professionals darstellen. Bei einem mittleren Vernetztheitsniveau weicht dagegen die Qualität der Subjekt-Surrogation bei Professionals und Undergraduates der Wirtschaftswissenschaften nicht signifikant vom Testwert eins (niedrige Qualität der Subjekt-Surrogation) ab, sodass ceteris paribus in diesem Fall die JDM-Performance der beiden Versuchspersonengruppen unterschiedlich ist. Folglich kann auch die Hypothese H_{7b} angenommen werden. Die Hypothesen H_{7c}, H_{8a} und H_{8b} können ebenfalls akzeptiert werden, da in allen drei Fällen die Qualität der Subjekt-Surrogation der jeweils zwei relevanten Studien dem Testwert eins entspricht. Auch hier ist zu beachten, dass in die inferenzstatistische Auswertung mit insgesamt 19 Laborexperimenten nur ein sehr geringer Stichprobenumfang einbezogen wird.

6.3 Exkurs: Modell zur Qualität der laborexperimentellen Subjekt-Surrogation

In Anlehnung an BONNER kann mithilfe des obigen Datensatzes eine Erweiterung deren Modells auf die Qualität der Subjekt-Surrogation vorgenommen werden. Eine Bewertung der Angemessenheit studentischer Surrogate kann nur durch den Vergleich der JDM-Performance der jeweiligen Versuchspersonengruppen vorgenommen werden.[1039] Somit stellt die Qualität der Subjekt-Surrogation eine Funktion der JDM-Performance von Professionals und der JDM-Performance von Studierenden dar:[1040]

$$\textit{Qualität der Subjekt-Surrogation} \\ = f\,(\textit{JDM-Performance}_{\textit{Professionals}};\ \textit{JDM-Performance}_{\textit{Studierende}})$$

Wird, wie bei allen Vergleichsstudien vom Typ III, jeweils die Ausprägung der abhängigen Variable(n) zur Beurteilung der Surrogation herangezogen, können die Surrogate als angemessen eingeschätzt werden, wenn die Entscheidungen der Professionals statistisch nicht von denjenigen der Studierenden abweichen, d. h. der relative bzw. absolute Abstand zwischen den Urteilen und Entscheidungen gering ist.[1041] Umgekehrt misslingt die Surrogation, wenn die Entscheidungen der beiden Versuchspersonen auseinanderfallen, wobei es dabei irrelevant ist, welche von beiden Versuchspersonengruppen eine absolut höhere JDM-Performance auf-

[1039] Siehe Abschnitt 5.3.
[1040] Siehe Abschnitt 5.3.
[1041] Siehe Abschnitt 5.3.

weist.[1042] Daraus folgt, dass die Qualität der Subjekt-Surrogation negativ mit dem Abstand zwischen der JDM-Performance der beiden Versuchspersonengruppen korreliert:

$$\textit{Qualität der Subjekt-Surrogation} = -f\left(\left| \textit{JDM-Performance}_{\textit{Professionals}} - \textit{JDM-Performance}_{\textit{Studierende}} \right| \right)$$

Als kritische Determinanten der jeweiligen JDM-Performance, die gegebenenfalls zwischen den beiden Versuchspersonengruppen variieren, sind die Vernetztheit sowie das Wissen des Problemlösers, das sich aus einem deklarativen und einem prozeduralen Bestandteil zusammensetzt, identifiziert worden.[1043] Die oben dargestellten empirischen Erkenntnisse der JDM-Forschung zeigen, dass sich bei einer zunehmenden Vernetztheit die JDM-Performance reduziert bzw. ceteris paribus eine verringerte Vernetztheit die JDM-Performance steigert.[1044] Gleichzeitig wird dieser Effekt durch das von der Versuchsperson eingebrachte problemlösungsrelevante Wissen moderiert.[1045] BONNER weist empirisch einen signifikant negativen Zusammenhang zwischen der JDM-Performance und dem Quotienten dieser beiden Variablen nach:[1046]

$$\textit{JDM-Performance} = -f\left(\frac{\textit{Vernetztheit (V)}}{\textit{Problemlösungsrelevantes Wissen (W)}}\right)$$

Demnach kann zur Ermittlung der Qualität der Subjekt-Surrogation die JDM-Performance der Professionals und der Studierenden durch diese Relation ausgedrückt werden, die simultan die Wirkung der Vernetztheit als unabhängige Variable und des problemlösungsrelevanten Wissens als Moderator berücksichtigt:

$$\textit{Qualität der Subjekt-Surrogation} = -f\left(\left| \frac{\textit{Vernetztheit (V)}}{\textit{Problemlösungsrelevantes Wissen Professionals } (W_P)} - \frac{\textit{Vernetztheit (V)}}{\textit{Problemlösungsrelevantes Wissen Studierende } (W_S)} \right| \right)$$

Aufgrund fehlender Treatments kann die Hypothese nicht mit einer ANOVA getestet werden. Daher muss eine einfache, lineare Regressionsanalyse als alternatives Auswertungsverfahren für eine kontinuierliche Messwertverteilung eingesetzt werden.[1047] Die Grundidee dieses Instruments beruht darauf, dass in den empirischen Sozialwissenschaften über die mathema-

1042 Für eine ähnliche Argumentation vgl. *Elliott, W. B. et al.* (2007), S. 140.
1043 Siehe Abschnitte 5.3, 5.4 und 5.5.
1044 Siehe Abschnitte 5.3.1 und 5.4.
1045 Siehe Abschnitte 5.3.2 und 5.5.
1046 Vgl. *Bonner, S. E.* (1994), S. 218 und S. 227.
In der allgemeinen Form dieser Relation nennt BONNER im Zähler die Komplexität, die in Anlehnung an obige Ausführungen bei Laborexperimenten im Wesentlichen durch die Vernetztheit bestimmt wird.
1047 Für ähnliche Schwierigkeiten vgl. z. B. *Bonner, S. E.* (1994), S. 227. Siehe Abschnitt 6.3.

tische Beschreibung des Zusammenhangs zweier Variablen mithilfe der Korrelation hinaus häufig auch Vorhersagen über die Ausprägung von Variablen interessieren.[1048] Liegen für zwei Merkmale, eine unabhängige Variable (Prädiktor) und eine intervallskalierte abhängige Variable (Kriterium), eine Reihe von Wertepaaren vor, lässt sich eine Regressionsgleichung zur Vorhersage des Kriteriums aus dem Prädiktor bestimmen.[1049] Diese Regressionsgleichung repräsentiert die Verteilung der Messwertpaare nach dem Kriterium der kleinsten Quadrate bestmöglich und dient der Vorhersage neuer Messwerte.[1050]

Da bei der linearen Regressionsanalyse, bedingt durch die empirische Herkunft der Messwerte, eine nicht optimale Messwertverteilung (Punkteschwarm) in eine exakte Funktion (Gerade) transformiert wird, sind die Vorhersagen der Regressionsgeraden mit einem Fehler behaftet.[1051] Daher ist zu überprüfen, wie gut sie zur Abbildung der Realität geeignet ist.[1052] Die Güte des Zusammenhangs bemisst sich demnach am Ausmaß der Abweichungen dieser Vorhersagen von den empirischen Werten.[1053] Hierfür müssen einerseits die Qualität des gesamten Modells zur Erklärung der abhängigen Variable[1054] sowie andererseits der Beitrag der Regressionskoeffizienten zur Erklärung der abhängigen Variable[1055] getestet werden.[1056] Bei einer einfachen Regressionsanalyse sind diese beiden Kriterien nicht unabhängig voneinander, da das Regressionsmodell nur aus einem einzigen Prädiktor besteht.[1057]

Die Nullhypothese zur statistischen Überprüfung besagt in diesem Fall, dass kein linearer Zusammenhang zwischen Prädiktor und Kriterium besteht und folglich der Regressionskoeffizient β null beträgt:

1048 Vgl. *Rasch, B. et al.* (2010a), S. 146.
Die Anzahl der in die Regressionsfunktion eingehenden unabhängigen Variablen bestimmt die sprachliche und methodische Unterscheidung der Regressionsanalysen. Eine einfache Regression beruht auf einer einzigen unabhängigen Variablen, bei mehreren unabhängigen Variablen wird das Verfahren als multiple Regression bezeichnet. Wird angenommen, dass der Zusammenhang zwischen UV und AV linearer Natur ist, wird die Regression als linear bezeichnet. Vgl. *Rasch, B. et al.* (2010a), S. 146.

1049 Vgl. *Rasch, B. et al.* (2010a), S. 146.

1050 Vgl. *Rasch, B. et al.* (2010a), S. 157.

1051 Vgl. *Rasch, B. et al.* (2010a), S. 157.

1052 Vgl. *Backhaus, K. et al.* (2011), S. 72.

1053 Vgl. *Rasch, B. et al.* (2010a), S. 157.

1054 Als Gütemaß zur Prüfung der Regressionsfunktion wird das Bestimmtheitsmaß R^2 („goodness of fit") verwendet, das den Anteil der Regressionsvarianz an der gesamten Varianz ausdrückt, d. h. es gibt an, wie viel Prozent der Gesamtvarianz durch die Regression erklärbar ist (vgl. *Backhaus, K. et al.* (2011), S. 72 f.; *Rasch, B. et al.* (2010a), S. 161). Dazu wird eine einfaktorielle Varianzanalyse berechnet, in der der Anteil der erklärten Varianz am Anteil der Fehlervarianz relativiert wird. Ist der durch die Regression erklärte Varianzanteil deutlich höher als der Fehlervarianzanteil, wird die Varianzanalyse signifikant (vgl. *Backhaus, K. et al.* (2011), S. 76-80).

1055 Ergibt die globale Prüfung der Regressionsfunktion durch die Varianzanalyse, dass nicht alle Regressionskoeffizienten gleich null sind, sind im Folgenden die Regressionskoeffizienten einzeln zu überprüfen. Ein geeignetes Prüfkriterium ist der t-Test. Vgl. *Backhaus, K. et al.* (2011), S. 81-84.

1056 Vgl. *Backhaus, K. et al.* (2011), S. 72.

1057 Vgl. *Backhaus, K. et al.* (2011), S. 72.

$$H_0: \beta = 0$$

Die Ablehnung dieser Nullhypothese führt zu dem Schluss, dass ein systematischer Zusammenhang zwischen unabhängiger und abhängiger Variable besteht.[1058] Wie auch die einfaktorielle Varianzanalyse gehört die lineare Regressionsanalyse zu den parametrischen Verfahren der Statistik, sodass die untersuchten Merkmale normalverteilt sein müssen. Außerdem muss Homoskedastizität vorliegen, d. h. die Varianzen der zu einem x-Wert gehörenden y-Werte müssen über den ganzen Wertebereich von x homogen sein.[1059]

Bei der inferenzstatistischen Prüfung des oben beschriebenen korrelativen Zusammenhangs mithilfe einer einfachen, linearen Regressionsanalyse wird angenommen, dass sich die Qualität der Subjekt-Surrogation mit größer werdendem Abstand der JDM-Performance von Professionals und den drei studentischen Versuchspersonengruppen reduziert. Dies entspricht einer fallenden Regressionsgeraden für die Qualität der Subjekt-Surrogation in Abhängigkeit der betragsmäßigen Differenz der jeweiligen JDM-Performance.

In *Tabelle 29* sind die aus dem obigen Datensatz berechneten Werte dieses Modells dokumentiert. Die errechneten Werte für die JDM-Performance liegen bei einer solchen Vorgehensweise im Intervall von 1/3 (entspricht einer niedrigen Vernetztheit und einem hohen problemlösungsrelevanten Wissen) und 3 (entspricht einer hohen Vernetztheit und einem niedrigen problemlösungsrelevanten Wissen). Demnach bewegt sich der Betrag der Differenz, d. h. der Abstand der JDM-Performance zwischen Professionals [P] und Studierenden [S], im Intervall von 0 (JDM-Performance der beiden Versuchspersonengruppen ist unabhängig von der Vernetztheit identisch) und 2 (JDM-Performance der beiden Versuchspersonengruppen weicht bei hoher Vernetztheit maximal voneinander ab) (siehe *Tabelle 30*).

Eine grafische Darstellung des Punkteschwarms mit der Regressionsgeraden findet sich in *Abbildung 25*. In *Tabelle 31* sind die Ergebnisse der Regressionsanalyse für den vorliegenden Datensatz dargestellt.[1060]

1058 Vgl. *Backhaus, K. et al.* (2011), S. 77 und S. 80.

1059 Vgl. *Bortz, J. / Schuster, C.* (2010), S. 193; *Rasch, B. et al.* (2010a), S. 163.
Darüber hinaus müssen analog zur Varianzanalyse die Messwerte verschiedener Versuchspersonen voneinander unabhängig zustande gekommen sein. Vgl. *Rasch, B. et al.* (2010a), S. 163.

1060 Die grafische Analyse der Varianz der Residuen deutet darauf hin, dass für den vorliegenden Datensatz Heteroskedastizität vorliegt (siehe Anhang X, vgl. *Backhaus, K. et al.* (2011), S. 106 f.).

	Nr.	Versuchs-personen-gruppe	$\frac{V}{W_P}$	$\frac{V}{W_S}$	$\left\lvert \frac{V}{W_P} - \frac{V}{W_S} \right\rvert$
Abdolmohammadi, M. J. / Wright, A. M. (1987)					
unstructured task	1	2	1,000	2,000	1,000
semi-structured task	2	2	,667	1,333	,667
well-structured task	3	2	,333	,667	,333
Anderson, M. J. (1985)					
CFAs vs. Studierende	4	1	1,000	2,000	1,000
Stockbrokers vs. Studierende	5	1	1,200	2,000	,800
Bailey, K. E. / Bylinski, J. H. / Shields, M. D. (1983)					
Experiment 1	6	2	,667	1,000	,333
Experiment 2	7	2	,667	1,000	,333
Chang, C. J. / Ho, J. L. Y. (2004)	8	2	,667	1,000	,333
Danos, P. / Holt, D. L. / Imhoff, E. A. (1984)	9	2	,000	1,500	,500
Dickhaut, J. W. (1973)	10	2	,800	1,333	,533
Elias, N. (1972)	11	2	,333	,400	,067
Frederick, D. M. / Libby, R. (1986)					
Szenario M1	12	2	,333	,500	,167
Szenario M2	13	1	,333	,500	,167
Hamilton, R. E. / Wright, W. F. (1982)					
Mehr als 3 Jahre Berufserfahrung	14	2	,333	,400	,067
Weniger als 3 Jahre Berufserfahrung	15	2	,400	,400	,000
Hewitt, M. (2009)	16	1	,333	,500	,167
Mortensen, T. / Fisher, R. / Wines, G. (2012)					
Manager vs. Wiwi Studierende	17	2	,667	,667	,000
Manager vs. Studierende anderer Fachbereiche mit Erfahrung	18	3	,667	1,333	,667
Manager vs. Studierende anderer Fachbereiche ohne Erfahrung	19	3	,667	2,000	1,333

Tabelle 29: Errechnete Werte der JDM-Performance von Professionals und Studierenden[1061]

	N	Minimum	Maximum	Mittelwert	Standardabweichung	Varianz
V / W_P	19	,33	1,20	,6351	,27444	,075
V / W_S	19	,40	2,00	1,0807	,60142	,362
Abstand	19	,00	2,00	1,0263	,51299	,263

Tabelle 30: Deskriptive Statistik für die JDM-Performance von Professionals und Studierenden[1062]

1061 Eigene Darstellung.

1062 Eigene Darstellung.

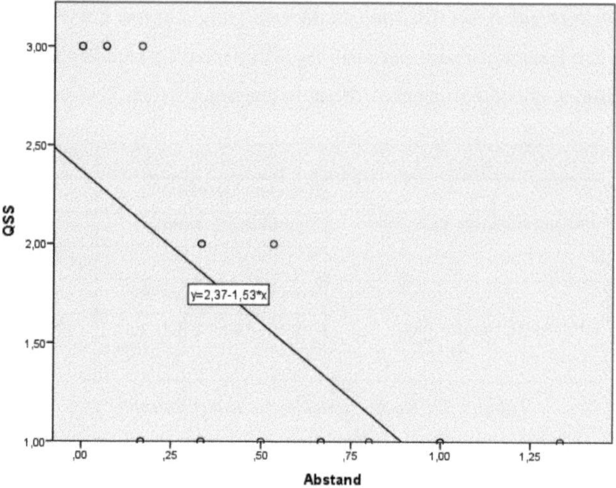

Abbildung 25: Grafische Darstellung der Merkmalsverteilungen für Abstand (AV: QSS)[1063]

Modell, N = 19	Nicht standardisierte Koeffizienten		Standardisierte Koeffizienten	T	Signifikanz	R^2 (korrigiertes R^2)
	Regressionskoeffizient β	Standardfehler	Beta			
(Konstante)	2,367	,246		9,622	,000	,434
Abstand	-1,533	,425	-,659	-3,610	,002	(,401)

Tabelle 31: Regressionsanalyse für Abstand (AV: QSS)[1064]

Die Nullhypothese kann wie erwartet verworfen werden, sodass von einem signifikanten linearen Zusammenhang zwischen dem Abstand der jeweiligen JDM-Performance von Professionals und Studierenden und der Qualität der Subjekt-Surrogation ausgegangen werden kann. Das negative Vorzeichen der Regressionskoeffizienten β signalisiert, dass es sich erwartungsgemäß um eine negative Korrelation handelt.

Obwohl sich, wie bereits erläutert, die Methode der linearen Regressionsanalyse relativ robust gegenüber Verletzungen der Normalverteilungsannahme[1065] verhält, werden zusätzlich mit Kendalls Tau und Spearmans Rangkorrelationskoeffizient (Spearmans Rho) zwei nonparametrische Testverfahren eingesetzt, denen keine Normalverteilungsannahme zugrunde liegt. Ohne Annahmen über die Wahrscheinlichkeitsverteilung der Messwerte zu treffen, messen

1063 Eigene Darstellung.
1064 Eigene Darstellung.
1065 Siehe Anhang IX.

die beiden Rangkorrelationskoeffizienten stattdessen lediglich, wie gut eine beliebige monotone Funktion den Zusammenhang zwischen zwei Variablen beschreiben kann.[1066] *Tabelle 32* gibt einen Überblick über die Ergebnisse dieser nonparametrischen Testverfahren.

		QSS
Abstand (Kendalls Tau)	Korrelationskoeffizient	-,619
	Signifikanz (2-seitig)	,002
	N	19
Abstand (Spearmans Rho)	Korrelationskoeffizient	-,718
	Signifikanz (2-seitig)	,001
	N	19

Tabelle 32: Nonparametrische Korrelationen[1067]

Der Korrelationskoeffizient nimmt in Abhängigkeit der Stärke des Zusammenhangs zwischen zwei Variablen Werte zwischen -1 und +1 an.[1068] Positive (negative) Werte bedeuten, dass ein Anstieg der einen Variablen mit einem Anstieg (Abfallen) der anderen Variablen korrespondiert.[1069] Je größer der Koeffizient betragsmäßig ist, desto stärker ist der Zusammenhang zwischen den beiden Variablen.[1070] Die berechneten Werte zeigen, dass auch die beiden nonparametrischen Tests die Ergebnisse der Regressionsanalyse bestätigen. So liegt auch hier für die Korrelation des Abstands mit der Qualität der Subjekt-Surrogation ein starker negativer Zusammenhang vor,[1071] der sogar auf einem verschärften Alphaniveau von 1 % signifikant wird.

6.4 Zusammenfassung des Kapitels und Interpretation der Ergebnisse

Die Ergebnisse der Studie liefern erste Erkenntnisse über die Angemessenheit studentischer Surrogate in der verhaltenswissenschaftlichen Rechnungswesenforschung. Die zur Beantwortung der Forschungsfragen formulierten Hypothesen mit den dazugehörigen Ergebnissen sind in *Tabelle 33* überblicksartig zusammengefasst.

1066 Vgl. *Bühner, M. / Ziegler, M.* (2009), S. 268 f.
1067 Eigene Darstellung.
1068 Vgl. *Rasch, B. et al.* (2010a), S. 125.
1069 Vgl. *Rasch, B. et al.* (2010a), S. 125.
1070 Vgl. *Rasch, B. et al.* (2010a), S. 125.
1071 Ab einem betragsmäßigen Schwellwert von 0,5 kann von einer starken Korrelation gesprochen werden (vgl. *Rasch, B. et al.* (2010a), S. 133 mit Verweis auf *Cohen, J.* (1988)).

Hypothese	Inhalt				Status
	Vernetztheit	Versuchspersonengruppe	Abstand problemlösungsrelevantes Wissen zu Professionals	Qualität der Subjekt-Surrogation	
H_{1a}	niedrig	Graduates der Wirtschaftswissenschaften	niedrig		✓
H_{1b}	niedrig	Undergraduates der Wirtschaftswissenschaften	niedrig		(×)
H_{1c}	niedrig	Studierende anderer Fachbereiche	hoch		-
H_{2a}	mittel	Graduates der Wirtschaftswissenschaften	niedrig		-
H_{2b}	mittel	Undergraduates der Wirtschaftswissenschaften	hoch		✓
H_{2c}	mittel	Studierende anderer Fachbereiche	hoch		(×)
H_{3a}	hoch	Graduates der Wirtschaftswissenschaften	hoch		×
H_{3b}	hoch	Undergraduates der Wirtschaftswissenschaften	hoch		×
H_{3c}	hoch	Studierende anderer Fachbereiche	hoch		-
H_{4a}	Erhöhung von niedrig auf mittel			Verringerung	×
H_{4b}	Erhöhung von mittel auf hoch			Verringerung	×
H_{5}		versuchspersonengruppen-unabhängig	niedrig	hoch	✓
H_{6a}	niedrig	Graduates der Wirtschaftswissenschaften		hoch	✓
H_{6b}	niedrig	Undergraduates der Wirtschaftswissenschaften		hoch	✓
H_{6c}	niedrig	Studierende anderer Fachbereiche		niedrig	-
H_{7a}	mittel	Graduates der Wirtschaftswissenschaften		hoch	-
H_{7b}	mittel	Undergraduates der Wirtschaftswissenschaften		niedrig	✓
H_{7c}	mittel	Studierende anderer Fachbereiche		niedrig	✓
H_{8a}	hoch	Graduates der Wirtschaftswissenschaften		niedrig	✓
H_{8b}	hoch	Undergraduates der Wirtschaftswissenschaften		niedrig	✓
H_{8c}	hoch	Studierende anderer Fachbereiche		niedrig	-

Tabelle 33: Zusammenfassung der Hypothesentests zur 1. Studie[1072]

Der zur Untersuchung verwendete Datensatz enthält nur 19 Laborexperimente, die eine Vergleichsstudie vom Typ III darstellen. Dies führt zunächst dazu, dass nicht für alle hypotheti-

1072 Eigene Darstellung. Häkchen (Kreuze) symbolisieren eine bestätigte (abgelehnte) Hypothese.

sierten Merkmalskombinationen auswertbares Datenmaterial vorliegt. Im konkreten Fall betrifft dies die Hypothesen H_{1c}, H_{2a}, H_{3c}, H_{6c}, H_{7a} und H_{8c}. Hinzu kommt, dass der Hypothesentest aller anderen Hypothesen auf jeweils sehr wenigen Studienergebnissen basiert, sodass Ausreißer einen großen Einfluss auf das Ergebnis haben. Im Folgenden wird der Erkenntnisbeitrag der durchgeführten statistischen Auswertung der verbleibenden Forschungshypothesen für die zugrunde liegenden Fragestellungen diskutiert.

Die Hypothesen H_1 bis H_3 beschreiben den Zusammenhang zwischen der Vernetztheit der laborexperimentellen Aufgabe und dem von den Versuchspersonen in das Laborexperiment eingebrachten problemlösungsrelevanten Wissen. Hier zeigt sich, dass bei einer niedrigen Vernetztheit Graduates über identisches problemlösungsrelevantes Wissen sowie Undergraduates der Wirtschaftswissenschaften über identisches deklaratives Wissen wie ihre professionellen Pendants verfügen. Wie oben beschrieben, wird für das Lösen solcher Probleme im Wesentlichen deklaratives Wissen benötigt, das die Studierenden im Rahmen ihrer universitären Ausbildung erwerben.[1073] Liegt dem Laborexperiment eine mittlere Vernetztheit zugrunde, zeigen die Ergebnisse, dass das von Undergraduates in Grundlagenvorlesungen erworbene (deklarative) Wissen nicht mehr ausreicht, um über ein mit Professionals vergleichbares problemlösungsrelevantes Wissen zu verfügen. Entgegen der formulierten Annahme entspricht demgegenüber das aus deklarativem und prozeduralem Wissen gemittelte problemlösungsrelevante Wissen bei den Graduates (hohe Vernetztheit), bei den Undergraduates (hohe Vernetztheit) und den Studierenden anderer Fachbereiche (mittlere Vernetztheit) demjenigen der Professionals. In allen drei Fällen ist jedoch hervorzuheben, dass insbesondere das prozedurale Wissen mitunter massive Abweichungen aufweist. Dadurch können die Hypothesen zwar nicht bestätigt werden, jedoch liegt empirische Evidenz für die Grundannahme vor, dass den studentischen Versuchspersonen mit steigender Vernetztheit zunehmend prozedurales Wissen fehlt. Die Argumentation kann zusätzlich dadurch gestützt werden, dass bei allen abgelehnten Hypothesen ein sehr geringer Stichprobenumfang von jeweils zwei Studien vorliegt.

Der in der Hypothese H_4 formulierte negative Zusammenhang zwischen Vernetztheit der laborexperimentellen Aufgabe und der Qualität der Subjekt-Surrogation kann mit dem vorliegenden Datensatz nur für den Abfall von niedriger auf hohe Vernetztheit nachgewiesen werden, d. h. erwartungsgemäß weicht die JDM-Performance von Professionals und ihren studentischen Surrogaten weiter voneinander ab. Auch wenn die Mittelwerte zwar darauf hindeuten,

[1073] Siehe Abschnitte 5.4, 5.5 und 5.6.

dass dies ebenso für eine zweistufige Betrachtung der Fall ist, werden diese Zusammenhänge aufgrund niedriger Fallzahlen nicht signifikant. Welche der beiden Versuchspersonengruppen eine höhere JDM-Performance aufweist, lässt sich zwar hier grundsätzlich nicht beurteilen. Jedoch sprechen die Ergebnisse einer Vielzahl an Studien sowie die weiteren Auswertungen dafür, dass Professionals (aufgrund ihres überlegenen problemlösungsrelevanten Wissens) den studentischen Versuchspersonen in ihrer JDM-Performance überlegen sind.[1074]

Des Weiteren kann gezeigt werden, dass das von den Versuchspersonen in das Laborexperiment eingebrachte problemlösungsrelevante Wissen das Gelingen einer studentischen Surrogation maßgeblich beeinflusst (H_5). Unabhängig von der studentischen Versuchspersonengruppe ist das zur Bearbeitung des laborexperimentellen Tasks notwendige Wissen eine zentrale moderierende Variable. Eine hohe Qualität der Subjekt-Surrogation ist nur dann möglich, wenn das problemlösungsrelevante Wissen der beiden Versuchspersonengruppen einen identischen Umfang aufweist.

Um letztendlich belastbare Aussagen über die Eignung studentischer Surrogate in der verhaltenswissenschaftlichen Rechnungswesenforschung zu erhalten, muss simultan der Einfluss der Vernetztheit der laborexperimentellen Aufgabe unter Berücksichtigung der Charakteristika der studentischen Surrogate auf die Qualität der Subjekt-Surrogation untersucht werden (H_6 bis H_8). Die statistische Datenanalyse zeigt, dass erwartungsgemäß Graduates und Undergraduates der Wirtschaftswissenschaften in Laborexperimenten, deren Task eine geringe Vernetztheit aufweist, geeignete Versuchspersonen darstellen können, wenn über deren Urteils- und Entscheidungsverhalten hinaus generalisierbare Aussagen zum Verhalten von beispielsweise Managern formuliert werden sollen. Schon bei einer mittleren Vernetztheit sind dagegen zumindest Undergraduates der Wirtschaftswissenschaften nicht mehr in der Lage, angemessene Surrogate darzustellen. Wie oben beschrieben, wird dieser Effekt wesentlich durch den zunehmenden Abstand im problemlösungsrelevanten Wissen dieser studentischen Versuchspersonengruppe moderiert.

Zusammenfassend lässt sich festhalten, dass diese Studie erste empirische Evidenz für die vermuteten Zusammenhänge zur Beurteilung der Angemessenheit studentischer Surrogate in der verhaltenswissenschaftlichen Rechnungswesenforschung liefert. Die nochmalige Auswertung von Forschungsergebnissen stellt damit eine pragmatische Methode dar, um quer zu einer Vielzahl an bisherigen Forschungsarbeiten hinweg neue Fragestellungen zu bearbeiten.[1075]

[1074] Siehe Abschnitt 4.4.

[1075] Vgl. *Bortz, J. / Döring, N.* (2006), S. 38.

Diese Methode stößt dort an ihre Grenzen, wo keine oder nur eine geringe Anzahl an auswertbaren Primärarbeiten zur Beantwortung dieser neuen Fragestellungen vorliegen.[1076] Daher werden zur weiteren Fundierung der Forschungshypothesen im Folgenden zwei Primärdaten erhebende Untersuchungen durchgeführt, anhand derer durch die entsprechende Berücksichtigung im Design auch die bisher nicht testbaren Hypothesen einer Prüfung unterzogen werden können.

[1076] Vgl. *Bortz, J. / Döring, N.* (2006), S. 673 f.

7 Forschungsdesign und Ergebnisse der 2. Studie

„Die Methode der Wahl zur Ermöglichung von Generalisierungen stellt [...] die Replikation dar.“[1077]

Liegt es im Interesse des Forschers, Aussagen zur Allgemeingültigkeit von Forschungsergebnissen zu treffen, kann mithilfe der Replikation von Forschungsarbeiten der Geltungsbereich dieser Ergebnisse systematisch überprüft werden.[1078] Typischerweise werden zwei Formen der Replikation unterschieden: Während das Ziel der direkten Replikation darin besteht, eine Untersuchung möglichst identisch zu wiederholen, um die Reliabilität der Ergebnisse zu überprüfen und dadurch die interne Validität zu erhöhen, wird die systematische Replikation eingesetzt, um sukzessive den Anwendungsbereich von Forschungshypothesen zu überprüfen und dadurch die externe Validität zu steigern.[1079] Da im Rahmen der Arbeit die externe Validität von Laborexperimenten, die mit studentischen Versuchspersonen durchgeführt worden sind, kritisch hinterfragt wird, stellt somit die systematische Replikation eine weitere geeignete Methode dar, um die im fünften Kapitel erarbeiteten Forschungshypothesen zur Qualität der laborexperimentellen Subjekt-Surrogation in der Controllingforschung empirisch zu überprüfen.

Bei der Durchführung einer systematischen Replikation wird in der Regel nur ein Merkmal wie beispielsweise Charakteristika der Stichprobe (Subject), Operationalisierungen von Variablen (Task) oder die Forschungsumgebung (Setting) gegenüber der Ursprungsuntersuchung modifiziert.[1080] Werden dementsprechend laborexperimentelle Tasks, die bisher nur von einer Versuchspersonengruppe (Professionals oder Studierenden) bearbeitet worden sind, vom jeweiligen Pendant durchgeführt, können Intragruppenunterschiede zwischen professionellen und studentischen Versuchspersonen und deren Auswirkungen auf den Geltungsbereich von Forschungshypothesen ausfindig gemacht werden.[1081]

Da insbesondere eine Bestätigung der Hypothese H_7 die Diskussion um die externe Validität von Resultaten, die mit Studierenden gewonnen werden, befruchten kann, bildet im Folgenden ein Task mit einer mittleren Vernetztheit die Grundlage des durchgeführten Laborexperiments. Aufgrund der leichteren Zugänglichkeit von Studierenden wird zur Replikation eine

---

1077 *Hussy, W. / Jain, A.* (2002), S. 140.
1078 Vgl. *Hussy, W. / Jain, A.* (2002), S. 140.
1079 Vgl. *Hussy, W. / Jain, A.* (2002), S. 140.
1080 Vgl. *Hussy, W. / Jain, A.* (2002), S. 140.
1081 Vgl. z. B. *Hussy, W. / Jain, A.* (2002), S. 140; *Gordon, M. E. / Slade, L. A. / Schmitt, N.* (1987), S. 161.

Studie aus der Menge an Laborexperimenten eingesetzt, die im Kontext des Management Accountings Professionals als Versuchspersonen verwendet.[1082]

Analog zur Vorgehensweise im voranstehenden Kapitel werden auch hier in Anlehnung an das Ablaufschema einer wissenschaftlichen Untersuchung die folgenden Abschnitte gegliedert.[1083] Die Ausgestaltung der Phasen drei (Versuchsplan), vier (Versuchsaufbau) und fünf (Versuchsdurchführung) hängt dabei im Wesentlichen von der Wahl der Forschungsmethode ab. Werden diese Phasen für ein Laborexperiment konkretisiert, entspricht dies nach SCHULZ der Diskussion der folgenden fünf in *Abbildung 26* dargestellten Elemente.[1084]

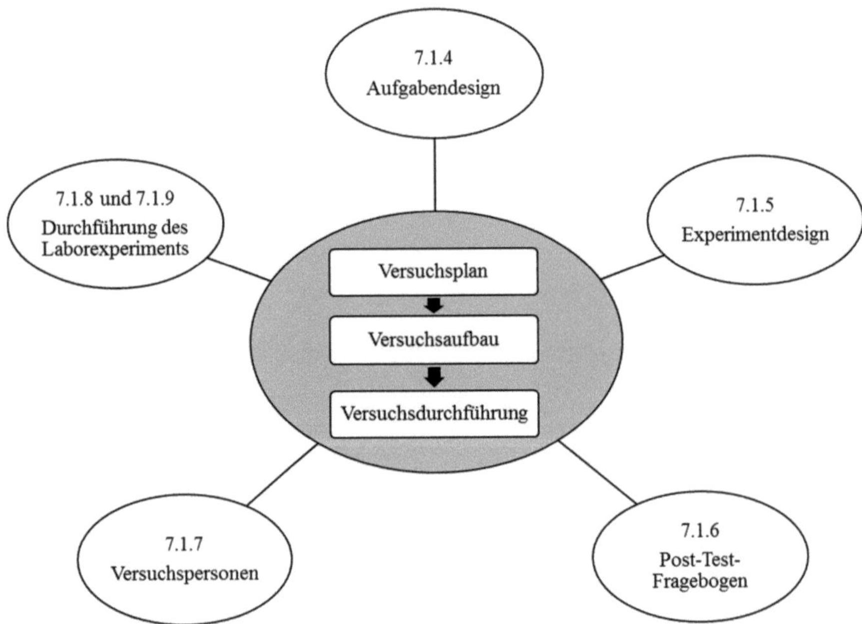

Abbildung 26: Bestandteile von Versuchsplan, -aufbau und -durchführung bei Laborexperimenten[1085]

Neben der Vorgehensweise zur Identifikation einer geeigneten Studie zur Replikation[1086] werden in Abschnitt 7.1 insbesondere die Ausgestaltungen dieser fünf Bestandteile eines La-

1082 Siehe Abschnitte 4.1.4, 4.3.2 und 4.3.3.
1083 Siehe Abschnitt 1.2.
1084 Die ausführliche Erläuterung dieser Elemente erfolgt in den jeweiligen Passagen des Abschnitts 7.1.
1085 In Anlehnung an: *Schulz, A. K.-D.* (1999), S. 30.
1086 Die Verwendung des Begriffs „Replikation“ bezieht sich fortan auf die systematische Replikation von Forschungsarbeiten.

borexperiments präsentiert. Die Ergebnisse und Datenanalyse des Laborexperiments folgen in Abschnitt 7.2. Abgeschlossen wird das Kapitel durch die Diskussion der Erkenntnisbeiträge dieser Untersuchung zur interessierenden Fragestellung in Abschnitt 7.3.

7.1 Design

7.1.1 Auswahl der zu replizierenden Studie

Als potenzielle Studien zur Replikation kommen zunächst alle Studien in Betracht, die im Kontext des Management Accountings Professionals als Versuchspersonen verwenden. Diese Menge wird im Folgenden aus den in Kapitel 4 dokumentierten Literaturanalysen destilliert, wobei auch hier analog zur obigen Vorgehensweise[1087] nur diejenigen weiter analysiert werden können, die einerseits eindeutig dem Untersuchungsobjekt des Management Accountings zuordenbar sind und andererseits in den Literaturanalysen dokumentiert worden sind. Da bei KOTCHETOVA / SALTERIO keine Dokumentation vorhanden ist, verbleiben nur die 13 bei BURGSTAHLER / SUNDEM aufgelisteten Studien sowie die 27 Studien aus den explizit vor dem Hintergrund des Management Accountings durchgeführten Literaturanalysen von OBERMAIER / MÜLLER (20 Studien) und deren Aktualisierung in Abschnitt 4.2.3 (sieben Studien). Insgesamt kommen somit potenziell 40 Studien in Frage. Nach der Eliminierung von Dopplungen und falschen Eingruppierungen in den drei Samples verbleiben 36 Studien, die sich zur Beantwortung der Fragestellung mithilfe einer Replikation anbieten. Die Tabelle im Anhang V gibt einen Überblick über diese Veröffentlichungen. Die Ratings der Vernetztheit sind nach der gleichen Vorgehensweise wie in Abschnitt 6.1.2 vorgenommen worden.[1088]

Um ein Laborexperiment mit Studierenden als Versuchspersonen nachstellen zu können,[1089] werden die vollständigen Bearbeitungsmaterialien der Laborexperimente benötigt. Da viele Untersuchungen nur auszugsweise in den wissenschaftlichen Zeitschriften aufgeführt und veröffentlicht sind, sind die fehlenden Darstellungen der Tasks bei den jeweiligen Autoren angefragt worden.[1090] Der ursprüngliche Pool von 36 potenziell in Frage kommenden Studien reduziert sich dadurch auf insgesamt 14 Manageruntersuchungen, für die die vollständigen

---

1087 Siehe *Tabelle 7* und Abschnitt 4.2.4.

1088 Auch hierfür sind die Werte von zwei unabhängigen Personen erfasst worden. Der Kappa-Koeffizient beträgt κ = ,563 (p = ,000). Bei allen Unterschieden wurde im Diskurs ein gemeinsamer Wert festgelegt.

1089 Für die in Abschnitt 7.1.2 vorgestellte Vorgehensweise zur Einschätzung der Vernetztheit ist ebenfalls eine vollständig vorhandene Darstellung der Forschungsaufgabe notwendig.

1090 Neben einer Vielzahl positiver Rückmeldungen ist festzustellen, dass manche Autoren, insbesondere bei den älteren Studien, aufgrund von Universitätswechseln, Emeritierung oder Krankheit nicht mehr im Besitz der Materialien sind.

Unterlagen zur Verfügung stehen.[1091] Für eine weitere, kleine Gruppe von fünf Studien[1092] sind die laborexperimentellen Aufgabenstellungen nur weitestgehend vorhanden. Hier fehlen entweder die Instruktionen, wichtige Beschreibungen oder es sind nicht alle Treatments des jeweiligen Laborexperiments vorhanden. Folglich ist es weder möglich, diese in ihrer Vernetztheit vollständig zu beurteilen,[1093] noch eignen sie sich für die angestrebte Replikation.

Entsprechend der zu prüfenden Hypothese muss die zur Replikation auszuwählende Studie eine mittlere Vernetztheit aufweisen. Sowohl nach der in diesem Abschnitt durchgeführten Einschätzung der Vernetztheit als auch der im Abschnitt 7.1.2 angewandten Methode erfüllt in etwa die Hälfte der Studien diese Anforderung. Aufgrund pragmatischer Überlegungen zur Durchführbarkeit der Replikation wird im Folgenden das Laborexperiment von LUFT / LIBBY entsprechend der Forschungsfragen modifiziert und durchgeführt.

Hier haben die Experimentmaterialien einen Umfang, der von den Versuchspersonen zur Bearbeitung nur einen überschaubaren Zeitbedarf erfordert, sodass davon ausgegangen werden kann, dass von den Versuchspersonen eine grundlegende Bereitschaft zur Teilnahme gewährleistet ist. Außerdem kann der Task entweder in Papierform oder in einer wenig aufwendig zu gestaltenden digitalen Darstellung präsentiert werden, was vor allem die Administration des im nachfolgenden Kapitel durchgeführten Experiments erleichtert. Ein weiterer, nicht zu unterschätzender Vorteil in der Auswahl dieser Studie liegt im Design begründet. Da sich die Anzahl der benötigten Versuchspersonen an der Anzahl der Treatments bemisst, werden für die Replikation des Originalexperiments im 2 x 2-Design deutlich weniger Probanden benötigt als bei umfangreicheren Designs.

7.1.2 Exkurs: Alternative Vorgehensweise zur Quantifizierung der Vernetztheit in Laborexperimenten

Liegt die vollständige Darstellung eines laborexperimentellen Tasks vor, kann gegenüber der in Abschnitt 6.1 angewandten approximativen Vorgehensweise eine zwar weiterhin subjektive, jedoch ausführlichere Analyse der Vernetztheit erfolgen. Auf diese Weise können außerdem mögliche Zweifel an der Intervallskaliertheit von Ratingdaten mit wenigen Ratingstufen

---

1091 Siehe die grau unterlegten Studien in Anhang V.

1092 Vgl. *Vera-Muñoz, S. C. / Kinney, W. R. / Bonner, S. E.* (2001); *Zanibbi, L. / Pike, R.* (1996); *Blocher, E. / Moffie, R. P. / Zmud, R. W.* (1986); *Firth, M.* (1980); *Harrell, A. M. / Klick, H. D.* (1980).

1093 Siehe Abschnitt 7.1.2.

überwunden werden.[1094] Vielmehr wird durch diese ausführliche Vernetztheitsbewertung dem Umstand, dass sich die Studien entlang eines „Vernetztheitskontinuums“ strukturieren lassen, Rechnung getragen. Um sprachliche Verwechslungen der Problemvariablen, d. h. der Bestandteile eines (komplexen) Problems, mit den experimentellen Variablen vorzubeugen, werden im Folgenden die Problemvariablen als „Faktoren“ bezeichnet.[1095]

Ein solcher Faktor wird bei dieser Vorgehensweise als jegliche neue, relevante Information interpretiert. Nach DÖRNER ET AL. umfasst das Merkmal der Vernetztheit neben der reinen Anzahl solcher Faktoren auch deren Verknüpfung untereinander,[1096] sodass nachfolgende Auswertung der Managerstudien sowohl die absolute Faktorenzahl als auch die Anzahl der miteinander verbundenen Faktoren in sogenannten Vernetztheitssystemen berücksichtigt. Alle Informationen, die einem thematisch abgrenzbaren Bereich angehören, bilden ein solches Vernetztheitssystem. Je mehr Faktoren in einem Vernetztheitssystem enthalten sind, desto größer ist die Vernetztheit der Tasks einzuschätzen, da die Versuchsperson eventuelle Interdependenzen der Faktoren abwägen und alle relevanten Faktoren des Vernetztheitssystems bei ihrer Entscheidung berücksichtigen muss.

Zum besseren Verständnis dieser Vorgehensweise sollen die folgenden Auszüge aus verschiedenen Studien exemplarisch die Vorgehensweise bei der Zählung der Faktoren verdeutlichen. *Abbildung 27* zeigt ein Beispiel für die Zählweise bei textueller Darstellung des Tasks.

> Assume you are the manager of the ASSEMBLY division of XYZ company. XYZ has two divisions:
>
> (1) PARTS, which manufactures parts for use by ASSEMBLY and also for sale to outside customers,
>
> and
>
> (2) ASSEMBLY, which buys parts from the PARTS division or from outside suppliers, and assembles them into final products for sale to outside customers.
>
> You can buy parts either from XYZ's PARTS division or from outside suppliers. But it is more convenient for you both if you trade with each other rather than outsiders, and your relationship has been reasonably good in the past.
>
> The transfer price that you pay when you buy from PARTS is negotiated by the two divisions, who can choose whatever transfer price is satisfactory to both of them. Both of you are free to consider whatever factors seem appropriate to you in setting the price.

Abbildung 27: Beispiel zur Faktorenzählweise bei textueller Darstellung[1097]

[1094] Siehe Abschnitt 6.2.1.

[1095] Liegen bei einer Studie Treatments mit unterschiedlicher Faktorenanzahl vor, wird in der Auswertung das Treatment mit der höchsten Faktorenanzahl berücksichtigt.

[1096] Siehe Abschnitt 5.4.1.

[1097] Quelle: *Luft, J. L. / Libby, R.* (1997), S. 224.

Im ersten Satz erhält der Leser die Information, dass er die hypothetische Stellung eines Managers der Abteilung „Montage“ im Unternehmen „XYZ“ einnimmt. Diese Information wird als ein Faktor gewertet. Die anschließende Information, dass „XYZ“ aus zwei Abteilungen besteht, kennzeichnet folglich einen weiteren auf den Probanden wirkenden Faktor. In der Folge werden die Aufgaben- und Funktionsbereiche der beiden Abteilungen beschrieben. Diese Aussagen charakterisieren die Abteilungen näher und stellen dahingehend wiederum neue Informationsquellen für den Leser dar.

Es kann allerdings auch möglich sein, dass zwei oder mehrere Faktoren in einem Satz auftreten. Ein Beispiel hierfür repräsentiert folgender Satz: „But it is more convenient for you both if you trade with each other rather than with outsiders, and your relationship has been reasonably good in the past.“[1098] Demnach erhält der Leser die Information, dass ein unternehmensinterner Handel für beide Abteilungen zu präferieren ist und daher die Lösung der Studie im besten Fall auf eine Einigung beider Abteilungen abzielt. Der Hinweis, dass die geschäftlichen Beziehungen zwischen beiden Abteilungen aus vergangenen Transaktionen gut und erfolgreich waren, wird als ein neuer Faktor gewertet. Er charakterisiert in diesem Zusammenhang neues, noch nicht vorhandenes Informationsgut. Insgesamt sind dem obigen Ausschnitt zehn Faktoren zu entnehmen.

Sich wiederholende, bereits vorhandene Informationen werden nicht als neue Faktoren gewertet. Beispielsweise ist die Information „you can always buy these parts from outside customers“[1099], die im späteren Textverlauf der Studie erwähnt wird, bereits in dem Textauszug „ASSEMBLY, which buys parts from the PARTS division or from outside suppliers“[1100] enthalten.

Die Behandlung einer Datenquelle in tabellarischer Form soll anhand des folgenden Beispiels aus der gleichen Studie verdeutlicht werden (siehe *Tabelle 34*).

Transfer Price for Parts	20	30	35	40	45	50	55	60	65	70	80
PARTS Profit	0	10	15	20	25	30	35	40	45	50	60
ASSEMBLY Profit	60	50	45	40	35	30	25	20	15	10	0

Tabelle 34: Beispiel zur Faktorenzählweise in einer Tabelle[1101]

[1098] *Luft, J. L. / Libby, R.* (1997), S. 224.
[1099] *Luft, J. L. / Libby, R.* (1997), S. 224.
[1100] *Luft, J. L. / Libby, R.* (1997), S. 224.
[1101] Quelle: *Luft, J. L. / Libby, R.* (1997), S. 224.

Um der Übergewichtung von Informationen aus einer Tabelle entgegenzuwirken, werden die Spalten und Zeilen der Tabelle jeweils als ein Faktor gewertet. Demnach sind der obigen Tabelle 13 Faktoren zu entnehmen. Diese Systematik wurde für alle Studien angewandt, sodass eine bessere Vergleichbarkeit gewährleistet wird.

Grafiken werden entweder individuell bewertet oder, soweit es möglich ist, gedanklich in Tabellen umfunktioniert. Als Beispiel dient hierfür die Studie von FIRTH, der den Unterschied an Informationsgewinnen zwischen Tabellen und Grafiken untersucht.[1102] Demnach enthalten die nachfolgende Grafik und Tabelle dieselben Informationen und somit auch dieselbe Anzahl an Faktoren (siehe *Tabelle 35*).

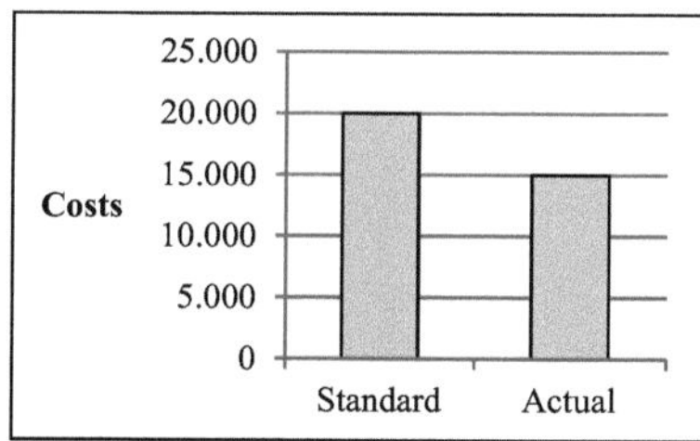

	Standard	Actual	Variance
Costs	20.000	15.000	5.000

Tabelle 35: Faktorenvergleich zwischen einer Grafik und einer Tabelle[1103]

Die nachfolgende *Tabelle 36* fasst die Werte aller genannten Kriterien für die Gruppe der 14 Managerstudien, für die das komplette Datenmaterial vorhanden ist, zusammen.[1104] Sie zeigt für jede Studie die Anzahl der Faktoren sowie die Vernetztheitssysteme inklusive der Anzahl der darin enthaltenen Faktoren.[1105] Außerdem sind die vergebenen dreistufigen Ratings der Vernetztheit zur besseren Übersicht den hier ermittelten Werten gegenübergestellt.

1102 Vgl. *Firth, M.* (1980).

1103 Quelle: *Firth, M.* (1980), S. 48.

1104 Diese Vorgehensweise zur Einschätzung der Vernetztheit ist im Wesentlichen mit drei Schwächen behaftet: So wird jeder Faktor gleich bewertet, auch wenn manche Informationen als durchaus wichtiger oder tiefgreifender einzuschätzen sind. Weiterhin ist auch auf Ungenauigkeiten in der Handhabung bezüglich der Bewertung von Tabellen hinzuweisen. Diese erfolgt bewusst nach dem oben geschilderten Prinzip, um keine Überbewertung von Tabellen für Studien zu generieren. Demnach würde eine Wertung aller einzelnen Zellen als jeweils alleinstehende Faktoren in diesem Zusammenhang keine bessere Lösung darstellen. Allerdings kann der Fall in einer Studie auftreten, dass Zeilen oder Spalten hinzugefügt werden. Für die Tabelle aus der Studie von LUFT / LIBBY würde somit in beiden Fällen die Anzahl an Faktoren auf 14 ansteigen. Es macht allerdings einen Unterschied, ob die Tabelle durch eine zusätzliche Zeile oder durch eine zusätzliche Spalte erweitert wird, da dadurch auch eine unterschiedliche Anzahl an Zellen, die als Informationsquellen auf den Probanden wirken, hinzukommt. Auch an der Einteilung in die Vernetztheitssysteme kann Kritik geübt werden, da die Abgrenzungen nicht immer eindeutig auszumachen sind.

1105 Analog zur obigen Vorgehensweise sind auch hier die Werte von zwei unabhängigen Personen erfasst worden. Bei allen Unterschieden ist im Diskurs ein gemeinsamer Wert festgelegt worden.

Studie	Anzahl Faktoren	Anzahl Vernetztheitssysteme	Umfang Vernetztheitssysteme	Vernetztheit aus Anhang V
Bol, J. C. / Smith, S. D. (2011)	60	4	Hintergrund (9); Bewertung (5); Leistungsdaten (17); Persönlichkeit (29)	2
Coram, P. J. (2010)	98	4	Unternehmen (16); Balanced Scorecard (21); Financial Statements (53); Audit Report (8)	2
Davis, S. / DeZoort, F. T. / Kopp, L. S. (2006)	23	2	Hintergrund (9); Budgetverantwortung (14)	1
Ghosh, D. / Boldt, M. N. (2006)	30	1	Transferpreis (30)	1
Hales, J. / Kuang, X. J. / Venkataraman, S. (2011)	100	4	Auszahlungssystem (18); Nachrichtenmeldungen (39); Einkommensinformationen (32); Prognose (11)	2
Holder-Webb, L. / Sharma, D. S. (2010)	78	4	Hintergrund (5); Board of Directors (30); Financial Highlights (29); Wichtige Finanzkennzahlen (14)	3
Libby, R. et al. (2008)	25	3	Hintergrundinformation (4); Einnahmen (15); Szenarios (6)	1
Lipe, M. G. / Salterio, S. E. (2000)	113	6	Firmenstruktur (14); Balanced Scorecard (18); Bike Wear (14); Work Wear (17); Balanced Scorecard Tochtergesellschaft (39); Gesamtperformance (11)	2
Luft, J. L. / Libby, R. (1997)	26	2	Unternehmen (10); Transferpreis (16)	2
Rowe, C. (2004)	37	3	Position (4); Auszahlungssystem Prior Study (21); Hintergrundinformationen Prior Study (12)	1
Rutledge, R. W. / Karim, K. E. (1999)	28	2	Projektdaten (20); Eigene Stellung (8)	2
Tan, H.-T. / Libby, R. / Hunton, J. E. (2010)	30	3	Hintergrund (5); Einkommen (15), Szenarios (10)	2
Tongtharadol, V. / Reneau, J. H. / West, S. G. (1991)	30	2	Szenario (16); Antwortmöglichkeiten (14)	1
Webb, R. A. (2004)	150	5	Hintergrund (18); Strategieplan E-Commerce (23); Strategieplan Home Banking (27); Kennzahlen (24); Strategisches Performance Management System (58)	3

Tabelle 36: Übersicht über die Vernetztheit aller vollständig vorhandenen Managerstudien[1106]

1106 Eigene Darstellung.

Um zu überprüfen, inwiefern die beiden Vorgehensweisen zur Einschätzung der Vernetztheit des laborexperimentellen Tasks übereinstimmende Aussagen treffen, werden im Folgenden die Korrelationen zwischen den Merkmalen der Vernetztheit beider Methoden berechnet (siehe *Tabelle 37*).

		Anzahl Faktoren	Anzahl Venetztheits-systeme	Größtes Venetztheits-system	Rating
Anzahl Faktoren	Korrelation nach Pearson	1	,856	,927	,751
	Signifikanz (2-seitig)		,000	,000	,002
	N	14	14	14	14
Anzahl Vernetztheits-systeme	Korrelation nach Pearson	,856	1	,675	,685
	Signifikanz (2-seitig)	,000		,008	,007
	N	14	14	14	14
Größtes Vernetztheits-system	Korrelation nach Pearson	,927	,675	1	,652
	Signifikanz (2-seitig)	,000	,008		,012
	N	14	14	14	14
Rating	Korrelation nach Pearson	,751	,685	,652	1
	Signifikanz (2-seitig)	,002	,007	,012	
	N	14	14	14	14

Tabelle 37: Korrelationen der Merkmale der Vernetztheit[1107]

Die Ergebnisse zeigen, dass sowohl zwischen der Anzahl an Faktoren (Menge) und dem Rating als auch zwischen der Anzahl an Vernetztheitssystemen (Vernetzung untereinander) und dem vorgenommenen Rating signifikante Zusammenhänge bestehen.[1108] Damit ist die Zulässigkeit der auf der dreistufigen Ratingskala basierenden approximativen Vorgehensweise gewährleistet. Da diese gegenüber der hier vorgestellten Methode zum einen mit wesentlich geringerem Aufwand für den Forscher verbunden ist und zum anderen auch unabhängig von der absoluten Vollständigkeit der Darstellungen des laborexperimentellen Tasks durchgeführt werden kann, ist sie für die Anwendung im Rahmen dieser Arbeit vorzuziehen.

7.1.3 Einordnung der zu replizierenden Studie

Die thematische Ausrichtung der Studie „Profit Comparisons, Market Prices and Managers' Judgments About Negotiated Transfer Prices" von LUFT / LIBBY ist stark an den früheren

[1107] Eigene Darstellung.

[1108] Die Ergebnisse eines K-S-L-Anpassungstests für alle Variablen legen nahe, dass alle untersuchten Variablen normalverteilt sind, sodass die Anwendung des parametrischen Verfahrens robuste Ergebnisse erwarten lässt.

Veröffentlichungen von CHALOS / HAKA[1109] oder auch GHOSH[1110] angelehnt und behandelt die Verhandlungspolitik über Transferpreise unter bestimmten Marktbedingungen.[1111] Im Allgemeinen werden Transferpreise für innerbetriebliche Leistungen zwischen Konzerngesellschaften oder Unternehmensabteilungen ausgehandelt.[1112] Transferpreise werden im wirtschaftswissenschaftlichen Kontext auch als Verrechnungspreise bezeichnet, da sie sich grundsätzlich nicht durch das Angebot und die Nachfrage am Markt bilden lassen.[1113] Allerdings zeigt die Studie von CHALOS / HAKA, dass, falls eine Partei bei der Verhandlung des Transferpreises zusätzlich die Alternative besitzt, auch direkt am Markt operieren zu können, das Ergebnis sich zu Gunsten dieser Partei verschiebt.[1114]

Nach LUFT / LIBBY liefert dieser Befund aber noch keinen Beleg für eine dominante Rolle des Marktpreises in einem solchen Verhandlungsprozess. Zum Beispiel berücksichtigen die Analysen nur die Resultate und nicht den Prozess, sodass kaum Rückschlüsse auf unterschiedliche Bedingungen gezogen werden können. Weiterhin steht es den Probanden frei, sich den Informationsstand über die Auswirkung des Transferpreises auf ihren Gewinn gegenseitig mitzuteilen. Somit lasse sich bisher nicht eindeutig klären, ob ausschließlich der Marktpreis für das Zustandekommen des Transferpreises verantwortlich ist oder ob andere Rahmenbedingungen ebenfalls einen Einfluss ausüben.[1115]

7.1.4 Aufgabendesign: Darstellung der zu replizierenden Studie

Die Entwicklung eines Aufgabendesigns (*experimental task*) stellt eine wesentliche Herausforderung der laborexperimentellen Forschung dar.[1116] Um eine inhaltliche Prüfung der formulierten Forschungshypothesen zu ermöglichen, erfordert sie einerseits das Abwägen zwischen experimentellem, weltlichem und psychologischem Realismus zur Erhöhung der externen Validität sowie andererseits das von den unterschiedlichen Versuchspersonen möglicherweise differenziert wahrgenommene Konstanthalten aller nicht manipulierten Variablen zur Gewährleistung interner Validität.[1117] Außerdem sollte im Aufgabendesign genügend Variationspotenzial für eine unterschiedliche JDM-Performance der Versuchspersonen enthalten

---

1109 Vgl. *Chalos, P. / Haka, S. F.* (1990).
1110 Vgl. *Ghosh, D.* (1994).
1111 Vgl. *Luft, J. L. / Libby, R.* (1997), S. 219.
1112 Vgl. *Weber, J. / Schäffer, U.* (2014), S. 211.
1113 Vgl. *Weber, J. / Schäffer, U.* (2014), S. 211 f.; *Hoitsch, H.-J. / Lingnau, V.* (2007), S. 278.
1114 Vgl. *Chalos, P. / Haka, S. F.* (1990), S. 638-640.
1115 Vgl. *Luft, J. L. / Libby, R.* (1997), S. 219 f.
1116 Vgl. *Schulz, A. K.-D.* (1999), S. 33.
1117 Vgl. *Schulz, A. K.-D.* (1999), S. 33. Siehe Abschnitt 3.2.

sein, um statistischen Signifikanztests standhalten zu können (Effektstärke der Manipulation).[1118] Da es sich im Rahmen dieser zweiten Studie um eine Replikation handelt, kann an dieser Stelle das von LUFT / LIBBY gewählte Aufgabendesign lediglich wiedergegeben und evaluiert werden,[1119] eventuelle Anpassungen hinsichtlich der oben genannten Kriterien sind dagegen über die Veränderung eines Merkmals (hier: Wahl der Versuchspersonen) hinaus nicht möglich.

Im vorliegenden Laborexperiment ist die Darstellung des Tasks für alle Versuchspersonen identisch gestaltet. Sie werden in der Studie mit einem innerbetrieblichen Verhandlungsprozess in einem Produktionsunternehmen „XYZ" konfrontiert.[1120] Die Bezeichnungen für das Unternehmen, seiner Abteilungen und Produkte sind allgemein gehalten, sodass der Leser bemerken soll, dass technische oder produktspezifische Aspekte für diesen Problemfall zur Bearbeitung der Studie nicht von Interesse sind. Das Unternehmen besteht aus den zwei Abteilungen „Einzelteile" und „Montage", wobei jede Abteilung von einem Manager geführt wird, der über die vollständige Entscheidungsbefugnis bei den Preisverhandlungen der eigenen Abteilung verfügt.

Die Abteilung „Einzelteile" fertigt ihre Produkte einerseits für die weiterverarbeitende Abteilung „Montage", kann diese diese andererseits aber auch am externen Markt veräußern. Analog dazu ist die Abteilung „Montage" nicht auf den Bezug der Produkte von der anderen Abteilung angewiesen, da auch sie die Möglichkeit besitzt, am externen Markt zu operieren. Allerdings fallen bei externen Bezügen oder Veräußerungen jeweils für beide Abteilungen zusätzliche Anschaffungskosten bzw. Marketingkosten an, die jeweils den Gewinn der einzelnen Abteilungen schmälern. Diese Kosten werden explizit als unbekannt angegeben, sodass von den Probanden nur Vermutungen über deren Höhe angestellt werden können.

Weiterhin steht den Probanden eine tabellarische Auflistung zur Verfügung, die den resultierenden Gewinn der beiden Abteilungen in Abhängigkeit vom Transferpreis darstellt (siehe *Tabelle 38*). Darüber hinaus erhalten sie zusätzlich die Information über die Höhe des Preises,

---

1118 Vgl. *Schulz, A. K.-D.* (1999), S. 37 f. mit Verweis auf *Cohen, J.* (1988).

1119 Siehe Abschnitt 7.1.9.

1120 Da das Laborexperiment im deutschsprachigen Raum nachgestellt worden ist, ist die Studie zum einen ins Deutsche übersetzt und zum anderen ist die verwendete Währung von Dollar [$] auf Euro [€] umgeändert worden. Um die Verständlichkeit der Übersetzung sicherzustellen, ist diese im Pretest anhand einer offenen Frage getestet worden. Aufgrund der Anmerkungen der Teilnehmer des Pretests sind leichte sprachliche Anpassungen vorgenommen worden. Die Zahlenwerte der Geldbeträge sind aus dem Original übernommen. Da allerdings keine Vermischung der Währungen stattgefunden hat und sich diese zum Zeitpunkt der Durchführung nicht wesentlich in ihrem aktuellen Wechselkurs unterschieden haben, ist von keinem Einfluss auf die Ergebnisse der Studie auszugehen. Die Resultate der beiden Untersuchungen können also diesbezüglich ohne größere Anpassungen verglichen werden.

den die Abteilung „Einzelteile“ am freien Markt erzielen würde bzw. den die Abteilung „Montage“ am freien Markt bezahlen müsste.

Transferpreis für Einzelteile	**20**	**30**	**35**	**40**	**45**	**50**	**55**	**60**	**65**	**70**	**80**
Gewinn Abteilung „EINZELTEILE“	0	10	15	20	25	30	35	40	45	50	60
Gewinn Abteilung „MONTAGE“	60	50	45	40	35	30	25	20	15	10	0

Tabelle 38: Verteilung des Gesamtgewinns in Abhängig des Transferpreises[1121]

Während der Bearbeitung der Studie nimmt jeder Versuchsteilnehmer die hypothetische Stellung einer der beiden Manager ein und soll am Ende zum einen entscheiden, mit welchem finalen Transferpreis er generell rechnet, und zum anderen eine Prognose über den Reservationspreis, d. h. den niedrigsten akzeptierten Preis, des Managers der Abteilung „Einzelteile“ abgeben.[1122]

7.1.5 Experimentdesign: Operationalisierung der unabhängigen und abhängigen Variablen

Die zentralen Herausforderungen beim Experimentdesign (*experimental design*) stellen die Operationalisierung der unabhängigen Variablen bzw. der verschiedenen Treatments, die Messung der abhängigen Variable(n) sowie die Zuordnung der Versuchspersonen zu den Treatments dar.[1123] Die Manipulation der Treatmentvariablen muss so gestaltet sein, dass die Probanden zwischen den Treatments systematische Unterschiede in der Ausprägung dieser Variablen wahrnehmen (Ursachenisolation).[1124] Auftretende Unterschiede in der Ausprägung der abhängigen Variable(n) sind demnach entweder auf die Wirkung der Treatmentvariation oder auf zufällige Faktoren („Noise“) zurückzuführen.[1125] Zur Erhebung dieser abhängigen Variablen, die eine Überprüfung der postulierten Zusammenhänge ermöglichen, stehen dem Forscher beim Laborexperiment grundsätzlich drei Möglichkeiten zur Verfügung: die für die Versuchspersonen sichtbare Beobachtung ihres Verhaltens, die versteckte Beobachtung ihres Verhaltens sowie die (subjektive) Befragung der Versuchspersonen zu ihren Urteilen, Einstellungen oder ihrem Verhalten.[1126] Unabhängig von der Wahl der Vorgehensweise zur Messung

1121 Quelle: *Luft, J. L. / Libby, R.* (1997), S. 224.
1122 Siehe Anhang XII.
1123 Vgl. *Schulz, A. K.-D.* (1999), S. 38.
1124 Vgl. *Gächter, S. / Königstein, M.* (2002), Sp. 506; *Schulz, A. K.-D.* (1999), S. 38. Siehe Abschnitt 7.1.6.
1125 Vgl. *Küpper, H.-U. et al.* (2013), S. 116 f.; *Gächter, S. / Königstein, M.* (2002), Sp. 506.
1126 Vgl. *Birnberg, J. G. / Shields, M. D. / Young, S. M.* (1990), S. 37.

der jeweiligen Variable sollte, sofern dies möglich ist, auf etablierte und bereits an anderer Stelle getestete Messinstrumente bzw. Operationalisierungen rekurriert werden.[1127]

Die Anzahl und die Beschaffenheit der involvierten Variablen beeinflussen unmittelbar den Versuchsaufbau eines Laborexperiments. Die Zuordnung der Versuchsteilnehmer zu den unterschiedlichen Treatments erfolgt typischerweise im *Between Subject Design*, im *Within Subject Design* oder einer Kombination aus beiden (*Mixed Design*).[1128] Während jeder Versuchsteilnehmer bei Ersterem nur einem einzigen Treatment ausgesetzt wird und somit die Auswirkungen der Treatmentvariation zwischen verschiedenen Individuen (oder Gruppen von Individuen) erhoben werden, absolvieren die Probanden bei einem Within Subject Design mehrere (meist alle) Versuchsbedingungen.[1129] Existiert mehr als eine unabhängige Variable, ermöglicht ein Mixed Design die Operationalisierung mindestens einer UV im Between Subject Design und mindestens einer UV im Within Subject Design, sodass die Versuchsperson zwar mehrere, jedoch nicht alle Treatments bearbeitet.[1130] Zu berücksichtigen ist, dass die Gestaltung des Experimentdesigns einerseits die Wahl des Stichprobenumfangs sowie andererseits die bei der Datenauswertung anzuwendenden statistischen Verfahren determiniert.[1131] Ein zentraler Vorteil eines Between Subject Designs liegt darin, dass dessen Bearbeitungszeit gegenüber einem Mixed Design geringer ist und dadurch eine Vielzahl potenzieller Artefakte reduziert werden kann.[1132] Daneben erzeugt ein solches Design keine hierarchischen Daten, deren inferenzstatistische Auswertung mitunter kritisch gesehen wird.[1133] Größter Nachteil eines Between Subject Designs ist die gegenüber den anderen Designs erhöhte Anzahl an Versuchspersonen, die benötigt wird, um aussagekräftige Resultate zu erhalten.[1134]

Gemäß dem Untersuchungsziel unterscheiden sich die den Versuchspersonen vorgelegten Originalmaterialien in zwei Dimensionen, die wiederum jeweils zwei Ausprägungen haben (2 x 2-Design). Der Marktpreis als erste unabhängige Variable beträgt entweder 50.000 € oder 70.000 €. Bei der zweiten unabhängigen Variablen handelt es sich um die hypothetische Rol-

---

1127 Vgl. *Steiners, D.* (2005), S. 99. Siehe Abschnitt 7.1.9.

1128 Vgl. *Gächter, S. / Königstein, M.* (2002), Sp. 507 f.; *Schulz, A. K.-D.* (1999), S. 38. Für eine ausführliche Diskussion der Vor- und Nachteile der jeweiligen Designs vgl. z. B. *Gächter, S. / Königstein, M.* (2002), Sp. 508; *Brownell, P.* (1995), S. 9 f.

1129 Vgl. *Gächter, S. / Königstein, M.* (2002), Sp. 507 f.; *Brownell, P.* (1995), S. 9 f.

1130 Vgl. *Brownell, P.* (1995), S. 10.

1131 Vgl. *Küpper, H.-U. et al.* (2013), S. 116 f.; *Gächter, S. / Königstein, M.* (2002), Sp. 507; *Libby, R. / Bloomfield, R. / Nelson, M. W.* (2002), S. 804 f.

1132 Siehe Abschnitt 7.1.9.

1133 Vgl. *Rack, O. / Christophersen, T.* (2009), S. 25 f.

1134 Vgl. *Libby, R. / Bloomfield, R. / Nelson, M. W.* (2002), S. 804.

le, die die Versuchsperson einnehmen soll (Manager der Abteilung „Einzelteile“ oder Manager der Abteilung „Montage“).

Im Gegensatz zur Originalstudie von LUFT / LIBBY, bei denen jeder Proband nacheinander sowohl die Rolle des Käufers als auch des Verkäufers eingenommen hat (Mixed Design), bearbeitet in der vorliegenden Untersuchung jeder Versuchsteilnehmer nur eines dieser Treatments (Between Subject Design). Der Vorteil der kürzeren Bearbeitungszeit des laborexperimentellen Tasks wird insbesondere vor dem Hintergrund der dritten Studie, in der reale Manager mit begrenzten Zeitkapazitäten als Versuchspersonen rekrutiert werden, stärker gewichtet als der Nachteil, dass eine größere Anzahl dieser Probandengruppe benötigt wird.

Somit kann das multifaktorielle Design der Originalstudie über eine 2 x 2-Matrix beschrieben werden, die in der *Tabelle 39* dargestellt ist. Die Kennzeichnung der vier Treatments erfolgt über Buchstaben.

<table>
<tr><td colspan="2" rowspan="2"></td><td colspan="2">Managerrolle des Probanden</td></tr>
<tr><td>Abteilung „Montage“</td><td>Abteilung „Einzelteile“</td></tr>
<tr><td rowspan="2">Ausprägung Marktpreis</td><td>Marktpreis = 50 T€</td><td>A</td><td>C</td></tr>
<tr><td>Marktpreis = 70 T€</td><td>B</td><td>D</td></tr>
</table>

Tabelle 39: Überblick über die einzelnen Treatments zur 2. Studie[1135]

Neben diesen zwei unabhängigen Variablen beinhaltet die Originalstudie zwei abhängige Variablen: die Einschätzung des Transferpreises („Mit welchem final verhandelten Transferpreis würden Sie rechnen?“) und die Prognose über den Reservationspreis des Managers der Abteilung „Einzelteile“ (für Treatments A und B: „Was denken Sie, ist der Minimalpreis, den der Manager der Abteilung ‚EINZELTEILE‘ in diesem Fall noch akzeptieren würde?“; für Treatments C und D: „Was ist der Minimalpreis, den Sie als Manager der Abteilung ‚EINZELTEILE‘ in diesem Fall noch akzeptieren würden?“). Beide Werte werden am Ende der Darstellung des laborexperimentellen Tasks abgefragt und müssen von den Versuchspersonen in ein dafür vorgesehenes Feld eingetragen werden.

Da im Gegensatz zur Originalstudie im Rahmen der vorliegenden Arbeit nicht die Frage nach der Gestaltung von Transferpreisen im Mittelpunkt steht, sondern das dargestellte Laborexperiment als Grundlage zur Beantwortung der Forschungsfragen zur Angemessenheit studen-

1135 Eigene Darstellung.

tischer Surrogate eingesetzt wird, müssen geringfügige Modifikationen am Originaldesign vorgenommen werden. Zum einen muss das Treatment, um die JDM-Performance von professionellen und studentischen Probanden miteinander vergleichen zu können, um den Versuchspersonengruppenstatus als dritte unabhängige Between Subject Variable erweitert werden. Deren Ausprägung wird im Post-Test-Fragebogen erhoben. Diese zusätzliche unabhängige Variable weist aufgrund des theoretischen Unterbaus vier Stufen auf (Professionals, Graduates der Wirtschaftswissenschaften, Undergraduates der Wirtschaftswissenschaften und Studierende anderer Fachbereiche), wobei in der vorliegenden Studie auf die Rekrutierung der Professionals verzichtet wird und stattdessen für die Professionals auf das Originaldatenmaterial von LUFT / LIBBY zurückgegriffen wird.[1136] Folglich erweitert sich das Design der Studie auf ein 4 x 2 x 2-Laborexperiment.

Die von den Versuchspersonen getroffenen Einschätzungen des Transferpreises und des Reservationspreises stellen die Operationalisierung der JDM-Performance dar. Die JDM-Performance wird ähnlich wie in den bisher analysierten Vergleichsstudien als Output-Performance interpretiert.[1137] Entsprechend der zugrunde liegenden theoretischen Annahmen kann demnach der Abstand der JDM-Performance von Professionals und derjenigen einer studentischen Probandengruppe als Maß für die Qualität der Subjekt-Surrogation interpretiert werden. Die zusätzlich in das Design integrierte unabhängige Variable ermöglicht es somit, die jeweilige JDM-Performance in die neue abhängige Variable QSS, die nicht unmittelbar an der Versuchsperson erhoben werden kann, zu überführen, indem die jeweiligen Mittelwerte der JDM-Performance miteinander verglichen werden. Werden auf diese Weise explizit die Einflüsse der unabhängigen (Task) und der intervenierenden Variable (Subjekt) auf die beiden abhängigen Variablen berücksichtigt, liegt eine gelungene studentische Surrogation vor, wenn die getroffene Entscheidung von Studierenden und Professionals identisch ausfällt.[1138]

7.1.6 Post-Test-Fragebogen: Operationalisierung weiterer Variablen

Im Anschluss an die Durchführung des Laborexperiments folgt in der Regel ein von den Versuchspersonen zu beantwortender Post-Test-Fragebogen (*post-test questionnaire design*). Die Hauptfunktionen dieses Fragebogens sind der Manipulationscheck sowie die Erhebung inter-

---

1136 Siehe Abschnitt 7.1.7.
1137 Siehe Abschnitte 5.2 und 5.3.
1138 Siehe Abschnitt 4.4.4.

venierender Variablen.[1139] Ersteres dient der Überprüfung, inwiefern die Versuchspersonen die verschiedenen Treatments als unterschiedlich wahrgenommen haben.[1140] Neben aus der Theorie deduzierten potenziellen intervenierenden Variablen werden im Post-Test-Fragebogen typischerweise demografische Angaben wie das Alter, das Geschlecht, der Ausbildungshintergrund sowie die Erfahrung der Versuchspersonen mit der laborexperimentellen Aufgabe erhoben, um deren Einfluss auf die Ausprägung der abhängigen Variablen untersuchen zu können.[1141]

In der durchgeführten Studie erhalten die Versuchspersonen gleichzeitig mit der Darstellung der laborexperimentellen Aufgabe einen einheitlichen Post-Test-Fragebogen.[1142] Neben der Erhebung demografischer Angaben (Alter, Geschlecht, Studiengang, Semesterzahl, bisherige Berufserfahrung) enthält der Fragebogen vier Kriterien (Komplexität, Anzahl an Faktoren, Vernetztheit, problemlösungsrelevantes Wissen), die über Skalen operationalisiert worden sind.

Die Ergebnisse der Originalstudie legen nahe, dass die Versuchspersonen die Treatments unterschiedlich wahrgenommen haben.[1143] Um den Umfang des Post-Test-Fragebogens zu begrenzen, wird daher im vorliegenden Experiment auf einen expliziten Manipulationscheck verzichtet. In Analogie zur Originalstudie werden nichtsdestotrotz alle Antworten aus dem Sample eliminiert, die aufgrund von Inkonsistenzen auf einen Mangel an Verständnis hinweisen.[1144] Dies ist der Fall, wenn der final verhandelte Transferpreis niedriger als der Reservationspreis eingeschätzt wird, Werte von null vorhergesagt werden, Intervallantworten gegeben werden oder gar keine Einschätzung vorgenommen wird.[1145]

Als zusätzliche Kontrolle, auch um diese als potenziellen Manipulationscheck in der dritten Studie einsetzen zu können, wird im Post-Test-Fragebogen die anliegende subjektiv wahrgenommene Vernetztheit erhoben, die, wie bereits dargestellt, die komplexitätsdiskriminierende Variable darstellt. Hierzu wird zum einen die wahrgenommene Menge an zu berücksichtigenden Einflussgrößen abgefragt („Beurteilen Sie bitte anhand einer Skala von 1 (sehr wenige) bis 5 (sehr viele), wie viele Faktoren für Ihr subjektives Empfinden beachtet werden müssen, um die Aufgaben dieser Fallstudie zu lösen."). Zum anderen werden die Probanden um eine

1139 Vgl. *Schulz, A. K.-D.* (1999), S. 42.
1140 Vgl. *Schulz, A. K.-D.* (1999), S. 42.
1141 Vgl. *Abernethy, M. A. et al.* (1999), S. 18; *Schulz, A. K.-D.* (1999), S. 43 f.
1142 Siehe Anhang XIII.
1143 Vgl. *Luft, J. L. / Libby, R.* (1997), S. 225 f.
1144 Vgl. *Luft, J. L. / Libby, R.* (1997), S. 225, FN 9.
1145 Siehe Abschnitt 7.2.3.

Einschätzung der gegenseitigen Verknüpfung dieser Faktoren gebeten („Wie stark beeinflussten sich diese Faktoren Ihrer Meinung nach gegenseitig? Bewerten Sie es bitte anhand einer Skala von 1 (sehr gering) bis 5 (sehr stark)."). Zusätzlich wird die gesamte subjektiv empfundene Komplexität des laborexperimentellen Tasks mithilfe des Items „Wie schwer ist Ihnen die Bearbeitung der beiden Aufgaben zur Studie gefallen? Bewerten Sie es bitte anhand einer Skala von 1 (sehr leicht) bis 5 (schwer schwer)." abgefragt. Da in der Literatur wie auch in der Umgangssprache häufig die Komplexität eines Problems mit dem Schwierigkeitsgrad gleichgesetzt wird, scheint es gerechtfertigt, die Versuchspersonen nach der von ihnen wahrgenommenen „Schwierigkeit" anstatt „Komplexität" zu befragen.[1146] Alle Antworten der Probanden werden auf einer fünfstufigen Likert-Skala erhoben. Diese wird in empirischen Erhebungen bevorzugt, da sie einerseits eine gewisse Variationsbreite der Antworten zulässt, andererseits aber gegenüber einer noch differenzierteren Skala das Urteilsvermögen der Probanden nicht überfordert.[1147]

Neben diesen weitgehend zum Zweck der Kontrolle integrierten Variablen enthält der Post-Test-Fragebogen eine Skala zum eingebrachten problemlösungsrelevanten Wissen der Versuchspersonen, um den in den Forschungshypothesen angenommenen Effekt dieser moderierenden Variable untersuchen zu können. Aufgrund der mittleren zugrunde liegenden Vernetztheit kann davon ausgegangen werden, dass zur Lösung dieses Problems im Wesentlichen deklaratives Wissen notwendig ist.[1148] In Anlehnung an eine in der verhaltenswissenschaftlichen Rechnungswesenforschung häufig gewählte Vorgehensweise wird das problemlösungsrelevante Wissen anhand der Richtigkeit der Antworten auf (hypothetische) Prüfungsfragen zum entsprechenden inhaltlichen Themengebiet erfasst.[1149] Im konkreten Fall sind zwei Aussagen zum Thema Verrechnungspreise formuliert worden, deren Richtigkeit von den Versuchspersonen einzuschätzen war: „Bei der Auswahl des Transferpreises kann generell, also unabhängig zu den Angaben in der Studie, der Marktpreis vollkommen ignoriert werden." sowie „Der Reservationspreis des Anbieters ist derjenige Minimalpreis, den er gerade noch akzeptieren würde.". Die Ränder der fünfstufigen Likert-Skala sind jeweils mit „trifft auf jeden Fall zu (1)" und „trifft auf keinen Fall zu (5)" beschriftet. Als korrekt wird eine

---

1146 Vgl. *Bassler, A.* (2010), S. 147 f.
„*Task complexity* typically is thought to be synonymous with [...] *task difficulty*" (*Bonner, S. E.* (2008), S. 159).

1147 Vgl. *Bortz, J. / Döring, N.* (2006), S. 224.

1148 Siehe Abschnitte 5.4 und 5.5.

1149 Vgl. z. B. *Stuart, I. C. / Prawitt, D. F.* (2012), S. 201; *Stone, D. N. / Hunton, J. E. / Wier, B.* (2000), S. 710 f.; *Tan, H.-T. / Kao, A.* (1999), S. 216; *Tan, H.-T. / Libby, R.* (1997), S. 105 f.; *Bonner, S. E. / Walker, P. L.* (1994), S. 167; *Bonner, S. E. / Davis, J. S. / Jackson, B. R.* (1992), S. 7; *Bonner, S. E. / Lewis, B. L.* (1990), S. 9 f.; *Wagner, R. K. / Sternberg, R. J.* (1987), S. 305 f.

Antwort beurteilt, wenn die Versuchsperson beim ersten Item zur Bewertung 4 oder 5 bzw. beim zweiten Item zur Bewertung 1 oder 2 optiert. In Analogie zur ersten Studie entsteht durch die Summation der richtigen Antworten eine dreistufige Einteilung des problemlösungsrelevanten Wissens der Probanden (keine, eine oder zwei richtige Antworten). Wird diese Abstufung durch die Addition von eins verschoben, ermöglicht sie außerdem einen Vergleich mit den professionellen Versuchspersonen des Originalexperiments. Deren problemlösungsrelevantes Wissen wird analog zur in Abschnitt 6.1 dargestellten Vorgehensweise auf einer dreistufigen Skala subjektiv vom Forscher eingeschätzt.

7.1.7 Versuchspersonen

Wie nicht zuletzt die dieser Arbeit zugrunde liegende Fragestellung verdeutlicht, stellt die Auswahl und Rekrutierung der *Versuchsteilnehmer* einen weiteren essenziellen Bestandteil des Designs von Laborexperimenten dar.[1150] Um mithilfe der hier durchgeführten systematischen Replikation eines Laborexperiments, in dessen Originalfassung 55 Professionals („managers participating in executive education programs at two major universities“[1151]) als Probanden partizipiert haben, Aussagen zur Qualität der Subjekt-Surrogation formulieren zu können, müssen Graduates und Undergraduates der Wirtschaftswissenschaften sowie Studierende anderer Fachbereiche rekrutiert werden. Zur Gewährleistung der inhaltlichen Aussagekraft der statistischen Datenauswertung stellt die Stichprobenumfangsplanung einen elementaren Schritt vor der Durchführung (a priori-Planung) einer empirischen Erhebung dar.[1152] Die Anzahl der zu untersuchenden Versuchspersonen hängt dabei wesentlich von dem eingesetzten Testinstrument, dem zugrunde liegenden Alphaniveau sowie der gewünschten zu erzielenden Teststärke ab.[1153] Anekdotische Evidenz sowie die Stichprobenumfänge vergleichbarer Untersuchungen legen nahe, dass für die vorliegende Untersuchung eine aussagekräftige Teststärke erzielt wird, wenn in etwa 30 Versuchspersonen pro Treatment rekrutiert werden können.[1154]

1150 Vgl. *Schulz, A. K.-D.* (1999), S. 44 f.

1151 *Luft, J. L. / Libby, R.* (1997), S. 223.

1152 Vgl. *Rasch, B. et al.* (2010b), S. 43.

1153 Vgl. *Bühner, M. / Ziegler, M.* (2009), S. 203-213; *Gross, C. / Kriwy, P.* (2009); *Faul, F. et al.* (2007).

1154 Eine mit der Software G* POWER (vgl. z. B. *Faul, F. et al.* (2007)) durchgeführte Stichprobenumfangsplanung bestätigt dies. Je nach Effektstärke (f = ,25 für einen mittleren Effekt vs. ,40 für einen starken Effekt) schwankt die Anzahl der benötigten Versuchspersonen zwischen 28 und 40.

7.1.8 Durchführung des Laborexperiments: Administration

Nach der grundlegenden Gestaltung des Forschungsdesigns gilt es, sowohl die Administration des Laborexperiments zu planen als auch dessen Einflüsse auf die an Laborexperimente angelegten Gütekriterien Objektivität, Reliabilität und Validität zu berücksichtigen und kritisch zu bewerten (*experimental procedures*).[1155] Um die benötigte Anzahl an Versuchspersonen rekrutieren zu können, wird das Laborexperiment in mehreren Sitzungen durchgeführt. Die Dauer einer solchen Session beträgt 20 Minuten. Die Ergebnisse des Pretests[1156] haben gezeigt, dass die meisten Probanden für die Bearbeitung des laborexperimentellen Tasks ca. zehn Minuten benötigt haben, sodass für die anschließende Beantwortung des Post-Test-Fragenbogens in etwa weitere zehn Minuten zur Verfügung stehen. Damit kann Zeitdruck als weitere potenziell intervenierende Variable ausgeschlossen werden.

Vor der Durchführung des Laborexperiments wird allen Versuchspersonen eine einheitliche schriftliche Instruktion[1157] verlesen, in denen ihnen insbesondere mitgeteilt wird, dass ihre Teilnahme freiwillig und die Anonymisierung der Daten gewährleistet sei.[1158] Außerdem werden die Probanden über den Ablauf des Laborexperiments informiert (Versuchsdauer, Bearbeitungsreihenfolge). Um mögliche Störeffekte zu vermeiden, wird der Zweck der Untersuchung möglichst allgemein gehalten, sodass die Versuchspersonen lediglich darüber informiert werden, dass sie an einer Studie zum Thema Transferpreise teilnehmen. Abschließend enthält die Instruktion eine Dankesformel für die Teilnahme. Die Zuordnung der Bearbeitungsmaterialien zu den einzelnen Treatments erfolgt über eine Kennzeichnung in der Fußzeile der Bögen.

7.1.9 Durchführung des Laborexperiments: Herausforderungen

Da die Validität in der Diskussion empirischer Erhebungen die größte Aufmerksamkeit erfährt,[1159] wird im folgenden Abschnitt für das vorliegende Laborexperiment der Umgang mit potenziellen Störgrößen beleuchtet:

1155 Vgl. *Schulz, A. K.-D.* (1999), S. 40.

1156 Siehe Abschnitt 7.2.2.

1157 Diese Vorgehensweise wird zur Kontrolle potenzieller Artefakte empfohlen. Siehe Abschnitt 7.1.9.

1158 Siehe Anhang XI.
Ausführliche Hinweise zur Gestaltung einer Instruktion finden sich beispielsweise bei *Huber, O.* (2013), S. 134-138; *Schulz, A. K.-D.* (1999), S. 40.

1159 Siehe Abschnitt 3.2.

> „Die Güte eines Designs bemisst sich [...] daran, inwieweit solche Alternativerklärungen bzw. der Einfluss von Störfaktoren möglichst weitgehend ausgeschlossen werden können.“[1160]

Zunächst werden einige zentrale die interne Validität von Laborexperimenten beeinflussende Faktoren diskutiert, die, sofern sie nicht kontrolliert werden, zu Effekten führen, die mit den Wirkungen der experimentellen Manipulation konfundieren.[1161] Da es sich bei der vorliegenden Studie um eine systematische Replikation handelt, können die hier dargelegten Argumente weitgehend auch auf die Validitätsbeurteilung der Originalstudie übertragen werden.

Zeiteinflüsse treten immer dann auf, wenn zwischen der ersten und der zweiten Messung spezielle Ereignisse außerhalb des Einflussbereichs der Versuchspersonen zusätzlich zur experimentellen Variable auftauchen.[1162] Während bei der Originaluntersuchung, bei der die Probanden beide Marktpreisbedingungen absolviert haben, nicht ausgeschlossen werden kann, dass zwischen den beiden Tasks solche Ereignisse aufgetreten sind, ist bei dem hier eingesetzten Between Subject Design dieses Artefakt konsequent reduziert.[1163]

Ebenfalls wird durch ein Between Subject Design die Wahrscheinlichkeit, dass bei den Versuchspersonen *biologisch-psychologische Veränderungen bzw. Reifungsprozesse* stattfinden, gegenüber allen anderen Designs gesenkt, da es das experimentelle Design mit der kürzesten Bearbeitungsdauer darstellt.[1164] Auch wenn hierbei in der Regel Verhaltensänderungen aufgrund von Alterungsprozessen oder Erfahrungsgewinnen ausgeschlossen werden können, können nichtsdestotrotz bei entsprechender Dauer der Durchführung Änderungen im Verhalten beispielsweise durch Hunger oder zunehmende Müdigkeit nicht ausgeschlossen werden.[1165] Daher ist der Post-Test-Fragebogen kurz gehalten worden, um die Bearbeitungszeit für das gesamte Laborexperiment so gering wie möglich zu halten.[1166] Das bedeutet, dass nur wenige Kriterien erhoben werden, für die außerdem kurze Skalen eingesetzt werden. Zusätz-

---

1160 *Schnell, R. / Hill, P. B. / Esser, E.* (2011), S. 207.

1161 Vgl. *Obermaier, R. / Müller, F.* (2008), S. 337.
Aufgrund der Reichhaltigkeit an dargestellten Artefakten beschränkt sich die hier vorgenommene Analyse im Wesentlichen auf die „klassischen“ (*Schnell, R. / Hill, P. B. / Esser, E.* (2011), S. 207) Artefakte der internen Validität nach CAMPBELL und Kollegen (vgl. z. B. *Campbell, D. T. / Stanley, J. C.* (1966), S. 5) sowie die in der Literatur sehr umfangreich behandelten Effekte, die aus dem sozialen Charakter eines Laborexperiments resultieren. Eine wesentlich umfangreichere Liste potenzieller Störeffekte findet sich beispielsweise in der Neuauflage des Sammelbandes von *Rosenthal, R. / Rosnow, R. L.* (2009).

1162 Vgl. *Schnell, R. / Hill, P. B. / Esser, E.* (2011), S. 207; *Bortz, J. / Döring, N.* (2006), S. 502; *Shadish, W. R. / Cook, T. D. / Campbell, D. T.* (2002), S. 56; *Brownell, P.* (1995), S. 11.

1163 Vgl. *Trotman, K. T.* (1996), S. 72.

1164 Vgl. *Schnell, R. / Hill, P. B. / Esser, E.* (2011), S. 207 f.

1165 Vgl. *Bortz, J. / Döring, N.* (2006), S. 503; *Shadish, W. R. / Cook, T. D. / Campbell, D. T.* (2002), S. 57; *Brownell, P.* (1995), S. 10.

1166 Vgl. *Trotman, K. T.* (1996), S. 72; *Brownell, P.* (1995), S. 11.

lich werden die äußeren Bedingungen, unter denen der Task durchgeführt wird, so gestaltet, dass Ermüdungseffekte zumindest nicht unterstützt werden (z. B. durch eine helle Forschungsumgebung).

Potenziell auftretenden *Messeffekten*, die dadurch entstehen, dass das Untersuchungsinstrument das zu Messende beeinflusst (z. B. Einstellungsänderung, die durch das Ausfüllen eines Einstellungsfragebogens verursacht wird),[1167] wird zum einen dadurch begegnet, indem die Erhebung der abhängigen Variablen zeitlich vor der Erhebung der Kriterien des Post-Test-Fragebogens stattfindet. Dort wiederum werden die Kontroll- bzw. Moderatorvariablen vor den demografischen Angaben erfasst. Zum anderen tragen die im Post-Test-Fragebogen eingesetzten kurzen Skalen ebenfalls dazu bei, Messeffekten vorzubeugen. Zwar kann dieses Artefakt nie vollständig eliminiert werden, wenn mehr als eine Variable erhoben wird, jedoch unterstützt die hier gewählte Anordnung, diesen Effekt weitgehend zu reduzieren.

Instrumentelle Reliabilität ist dann gewährleistet, wenn das Untersuchungsinstrument das zu Messende genau erfasst.[1168] Dies ist dann möglich, wenn zur Erhebung der Variablen auf Skalen zurückgegriffen werden kann, die bereits in verschiedenen Untersuchungen von gegebenenfalls unterschiedlichen Forschern validiert worden sind.[1169] Im Rahmen des hier vorgenommen Laborexperiments wird versucht, das Auftreten dieses Artefakts einerseits dadurch zu verhindern, dass die Skalen zur Erhebung der abhängigen Variablen von LUFT / LIBBY (übersetzt) übernommen werden. Andererseits sind die im Post-Test-Fragebogen abgefragten Skalen aufgrund fehlender adäquater deutschsprachiger Erhebungsformen maßgeblich an vorhandenen englischsprachigen Skalen orientiert und auf die vorliegende Problemstellung adaptiert.[1170] Zusätzlich kann ein Pretest einer potenziellen Einschränkung der instrumentellen Reliabilität entgegenwirken.

Statistische Regressionseffekte treten dann auf, wenn Veränderungshypothesen mit nicht zufällig ausgewählten Stichproben überprüft werden.[1171] Dabei kann es zu Veränderungen kommen, die artifiziell bzw. statistisch bedingt sind. Veränderungshypothesen sind solche Hypothesen, die eine Veränderung in der Ausprägung von Variablen im Laufe der Zeit postu-

---

1167 Vgl. *Schnell, R. / Hill, P. B. / Esser, E.* (2011), S. 208; *Zimmermann, E.* (1972), S. 268 f.

1168 Vgl. *Bortz, J. / Döring, N.* (2006), S. 503; *Brownell, P.* (1995), S. 11.

1169 Vgl. *Brownell, P.* (1995), S. 12.
Dabei ist jedoch zu beachten, dass die Validität eines Untersuchungsinstruments wesentlich davon abhängt, in welchem zeitlichen und kulturellen Kontext es verwendet wird. Eine Pazifismusskala beispielsweise, die vor einigen Jahrzehnten in den USA erfolgreich eingesetzt wurde, kann heute für deutsche Verhältnisse völlig unbrauchbar sein. Vgl. *Bortz, J. / Döring, N.* (2006), S. 504.

1170 Vgl. *Trotman, K. T.* (1996), S. 73 f.

1171 Vgl. *Bortz, J. / Döring, N.* (2006), S. 502 f.

lieren.[1172] Da es sich bei den hier formulierten Hypothesen um Zusammenhangs- und Unterschiedshypothesen[1173] handelt, kann dieses die interne Validität beeinträchtigende Artefakt ausgeschlossen werden.

Durch Selbstselektion der Versuchspersonen können *Auswahlverzerrungen* auftreten, die zu Gruppenunterschieden führen, die keinen Zusammenhang mit der geprüften Intervention oder Maßnahme aufweisen.[1174] Um Selektionseffekten vorzubeugen, werden die Experimentmaterialien vom Forscher in randomisierter Form an die Probanden ausgegeben („echtes" Experiment).[1175] Diese Randomisierung gewährleistet außerdem, dass keine *Interaktionen zwischen Auswahlverzerrungen und biologisch-psychologischen Veränderungen* auftreten können.

Wenn die Bereitschaft, an der Untersuchung teilzunehmen und sie auch zu Ende zu führen, nicht unter allen Untersuchungsbedingungen gleich ist, kann es zu erheblichen Ergebnisverfälschungen kommen. Diesem als *experimentelle Mortalität* bezeichneten Artefakt kann dadurch entgegengewirkt werden, dass alle Treatments der Untersuchung einen identischen Umfang und eine identische Struktur aufweisen.[1176] Indem im Experimentdesign in Abhängigkeit der Treatments jeweils nur unterschiedliche Marktpreise bzw. Bezeichnungen der Abteilung verwendet werden, die sich wiederum nicht in ihrem Umfang unterscheiden, und die Versuchspersonen randomisiert diesen zugeordnet werden, kann ausgeschlossen werden, dass sich über die Treatments hinweg Unterschiede im Ausfall der Versuchspersonen ergeben.[1177] Hinzu kommt die Verwendung eines für alle Treatments einheitlich gestalteten Post-Test-Fragebogens. Generell wird außerdem angestrebt, die Anzahl an Ausfällen unter den Versuchspersonen im Verlauf des Laborexperiments so gering wie möglich zu halten. Dazu soll insbesondere der gering gehaltene Umfang des Post-Test-Fragebogens beitragen. Zusätzlich wird im Rahmen der Datenauswertung die Gleichverteilung der experimentellen Mortalität der Versuchspersonen über die vier Treatments statistisch kontrolliert.

1172 Vgl. *Bortz, J. / Döring, N.* (2006), S. 547.

1173 Vgl. *Bortz, J. / Döring, N.* (2006), S. 506 und S. 523 f.

1174 Vgl. *Schnell, R. / Hill, P. B. / Esser, E.* (2011), S. 208; *Shadish, W. R. / Cook, T. D. / Campbell, D. T.* (2002), S. 56.

1175 Vgl. *Obermaier, R. / Müller, F.* (2008), S. 334 f.; *Bortz, J. / Döring, N.* (2006), S. 503; *Schulz, A. K.-D.* (1999), S. 39; *Trotman, K. T.* (1996), S. 74.
Durch die zufällige Zuweisung der Versuchspersonen zu den einzelnen Treatments, im konkret vorliegenden Fall nur zu einem einzigen Treatment, wird gleichzeitig die Anwendungsvoraussetzung der Varianzanalyse erfüllt, wonach die Messwerte in allen Bedingungen voneinander unabhängig sein müssen. Vgl. *Rasch, B. et al.* (2010b), S. 49.

1176 Vgl. *Trotman, K. T.* (1996), S. 73; *Brownell, P.* (1995), S. 11.

1177 Vgl. *Bortz, J. / Döring, N.* (2006), S. 503.

Ergänzend zu den bereits erläuterten Effekten, die im Wesentlichen durch die Gestaltung der Experimentmaterialien beeinflusst werden können, sind insbesondere diejenigen Störeinflüsse zu kontrollieren, die aus der sozialen Situation des Laborexperiments resultieren:

> „Ein besonderes Problem entsteht [...] durch den Ablauf dynamischer, sozialpsychologischer Prozesse zwischen Versuchsleiter und Versuchspersonen im Rahmen des Experiments, wodurch sich Ergebnisverzerrungen, sogenannte Artefakte oder Kunstprodukte, ergeben können."[1178]

Biosoziale *Merkmale des Versuchsleiters* wie beispielsweise Alter, Geschlecht, Nationalität, psychosoziale Merkmale des Versuchsleiters wie etwa Angst, Anerkennungsbedürfnis, Status oder situative Merkmale wie z. B. Erfahrung, Bekanntheit und Offenheit können unmittelbar das Verhalten der Versuchspersonen beeinflussen.[1179] Außerdem können weitere Verzerrungen im Verhalten der Versuchspersonen durch die eingebrachte *Erwartungshaltung des Versuchsleiters* (Versuchsleiter-Erwartungseffekte) entstehen.[1180] Dieser als ROSENTHAL-Effekt bezeichnete Einfluss äußert sich beispielsweise darin, dass der Experimentator unter Berücksichtigung der erwarteten Bestätigung oder Falsifizierung seiner Forschungshypothesen das Laborexperiment durchführt („sich selbst erfüllende Prophezeiung") und den Versuchspersonen unbewusst verbale oder nonverbale Hinweise auf das potenziell erwünschte Verhalten liefert (z. B. durch spontane Äußerungen, durch Sprechpausen und unterschiedliche Betonung bestimmter Wörter bei der Instruktion der Versuchspersonen oder durch Gestik, Mimik und Körperhaltung).[1181] Kann der Versuchsleiter nicht vollständig aus dem Setting eliminiert werden, wie dies der Fall ist, wenn die Probanden persönlich rekrutiert werden und ein Versuchsleiter bei der Durchführung des Laborexperiments anwesend sein muss, so können Reaktionen auf die Nationalität, das Geschlecht oder das Alter des Experimentators nie vollständig ausgeschaltet werden können.[1182] Zur Kontrolle der beschriebenen Versuchsleitereffekte können beispielsweise die Versuchsbedingungen so standardisiert wie möglich gestaltet werden (z. B. durch auf Video aufgezeichnete Instruktionen), der Versuchsleiter kann spezielle Trainings zur Anwendung nonverbaler Verhaltensweisen absolvieren oder es werden mehrere Versuchsleiter eingesetzt.[1183] Da die potenziellen Auswirkungen von Versuchsleitereffekten vor dem Hintergrund, dass es im vorliegenden Laborexperiment keine „richtigen" und „fal-

---

1178 *Preuß, R. K.* (1991), S. 34.

1179 Vgl. *Preuß, R. K.* (1991), S. 34; *Birnberg, J. G. / Shields, M. D. / Young, S. M.* (1990), S. 44; *Picot, A.* (1975), S. 164-169.

1180 Vgl. *Huber, O.* (2013), S. 182 f.; *Birnberg, J. G. / Shields, M. D. / Young, S. M.* (1990), S. 43.

1181 Vgl. *Preuß, R. K.* (1991), S. 34 f.; *Picot, A.* (1975), S. 171; *Rosenthal, R.* (1969).

1182 Vgl. *Bortz, J. / Döring, N.* (2006), S. 84.

1183 Vgl. *Huber, O.* (2013), S. 185-187; *Bortz, J. / Döring, N.* (2006), S. 84 f.; *Zimmermann, E.* (1972), S. 255-259.

schen" Preisschätzungen gibt, als verhältnismäßig gering eingeschätzt werden, treten zur Kontrolle lediglich aus pragmatischen Gründen für die in mehreren Sitzungen durchgeführte Studie in randomisierter Reihenfolge neben dem Forscher selbst zusätzlich zwei mit der Thematik vertraute studentische Versuchsleiter auf.[1184] Außerdem werden alle Probandengruppen durch eine schriftlich abgefasste und in jeder der Sitzungen verlesene Instruktion angeleitet.[1185]

Die erläuterten Auswirkungen von Merkmalen des Versuchsleiters und der Versuchsleiter-Erwartungseffekte finden in den *Anforderungsmerkmalen bzw. Aufforderungsmerkmalen* („perceived demand characteristics of the experimental situation"[1186]) ihr versuchspersonenbezogenes Äquivalent.[1187] Diese Merkmale umfassen alle Hinweise, die den Probanden im Laufe der Experimentdurchführung Anhaltspunkte für die zugrunde liegende(n) Hypothese(n) geben.[1188] So sind sich die Teilnehmer eines Laborexperiments darüber bewusst, dass ihr Verhalten Gegenstand einer Untersuchung ist und sie bringen unterschiedliche Motive in die Experimentsituation ein.[1189] Typischerweise stellen die Teilnehmer eigenständige Vermutungen über das Experimentziel an, um sich daraufhin unter dessen Berücksichtigung in einer bestimmten Weise zu verhalten.[1190] ROSENBERG bezeichnet das Bestreben der Versuchsperson, eine positive Bewertung vom Experimentator zu erfahren bzw. diesem zumindest keinen Anlass zu einer negativen Einschätzung zu liefern, als „evaluation apprehension"[1191].[1192] Haben Versuchspersonen den vermeintlichen Versuchszweck identifiziert, so können sie als „gute Versuchspersonen" bestrebt sein, im Sinne einer sozialen Erwünschtheit die Erwartungen des Versuchsleiters zu erfüllen und seine Hypothese zu bestätigen.[1193] Zu berücksichtigen ist, dass die „guten" Versuchsteilnehmer die Anforderungsmerkmale mitunter nicht richtig interpretieren, sodass deren Streben nach der vermeintlichen Hypothese der tatsächlichen Hypo-

---

1184 Für eine ähnliche Vorgehensweise vgl. *Trotman, K. T. / Wright, A.* (1996).

1185 Siehe Abschnitt 7.1.8.

1186 *Orne, M. T.* (1962), S. 779.

1187 Vgl. *Huber, O.* (2013), S. 188-191; *Preuß, R. K.* (1991), S. 35; *Birnberg, J. G. / Shields, M. D. / Young, S. M.* (1990), S. 43 *Berkowitz, L. / Donnerstein, E.* (1982), S. 250 f.; *Elschen, R.* (1982), S. 188 f.; *Zimmermann, E.* (1972), S. 259-261.

1188 Vgl. *Orne, M. T.* (1962), S. 779.

1189 Vgl. *Picot, A.* (1975), S. 193; *Zimmermann, E.* (1972), S. 259.

1190 Vgl. *Preuß, R. K.* (1991), S. 35.

1191 *Rosenberg, M. J.* (1969), S. 279.

1192 Vgl. *Huber, O.* (2013), S. 193; *Birnberg, J. G. / Shields, M. D. / Young, S. M.* (1990), S. 47; *Berkowitz, L. / Donnerstein, E.* (1982), S. 251; *Zimmermann, E.* (1972), S. 26.

1193 Vgl. *Huber, O.* (2013), S. 193; *Picot, A.* (1975), S. 199; *Orne, M. T.* (1962), S. 778.
Nach ORNE (*Orne, M. T.* (1962), S. 778) teilen die Probanden „(with the experimenter) the hope and expectation that the study in which they are participating will in some material way contribute to science and perhaps ultimately to human welfare in general."

these entgegenläuft bzw. diese überhaupt nicht getestet wird.[1194] Ebenso können Versuchspersonen versucht sein, das vermutete Ziel des Experiments bewusst zu unterlaufen („negativistische Versuchsperson“).[1195] Aus der Vielzahl möglicher Techniken zur Kontrolle von Artefakten, die durch die Versuchspersonen verursacht werden,[1196] werden für das vorliegende Laborexperiment insbesondere folgende angewandt: Außer dass es sich im weitesten Sinne um eine Fragestellung zum Thema Transferpreise handelt, erhalten die Versuchspersonen bei der Kontaktaufnahme zur Rekrutierung kaum Informationen über den Inhalt der zu untersuchenden Fragestellung.[1197] Des Weiteren wird den Probanden Anonymität zugesichert, um das Phänomen der „sozialen Erwünschtheit“ zu vermeiden.[1198] Zuletzt soll eine möglichst neutrale Formulierung der Items Störeffekte verhindern.[1199]

Insgesamt zeigt die voranstehende Diskussion, dass (potenziell) alle diese zehn Artefakte die zu untersuchende Kausalität zwischen unabhängiger und abhängiger Variable, d. h. die interne Validität der Untersuchung, beeinträchtigen können.[1200] Um vor der Durchführung des Laborexperiments, unabhängig von der Kenntnis der wirkenden Artefakte, deren Wirkungen zu begrenzen und damit „unverschmutzte“ Versuchsbedingungen zu schaffen, kommen der Elimination durch Randomisierung und der Kontrolle hervorgehobene Bedeutung zu.[1201] Diese kann im Gegensatz zu quasi-experimentellen Versuchsplänen im hier gewählten „true experiment“ vollständig umgesetzt werden.[1202] Da bei kleineren Samples keine vollständige Garantie für eine erfolgreiche Randomisierung besteht,[1203] werden im Post-Test-Fragebogen demografische Angaben erhoben.[1204] Sofern diese keine signifikanten Unterschiede zwischen den Treatments aufweisen, kann von einer Annäherung an die angestrebte Randomisierung ausgegangen werden.[1205]

In *Tabelle 40* sind abschließend die unterschiedlichen Gefährdungen der internen Validität sowie der Umgang mit diesen im vorliegenden Laborexperiment zusammengefasst.

1194 Vgl. *Elschen, R.* (1982), S. 189.
1195 Vgl. *Huber, O.* (2013), S. 192; *Preuß, R. K.* (1991), S. 35 f.
1196 Vgl. *Zimmermann, E.* (1972), S. 264-267.
1197 Für eine ähnliche Vorgehensweise vgl. z. B. *Mortensen, T. / Fisher, R. / Wines, G.* (2012), S. 256.
1198 Vgl. *Bortz, J. / Döring, N.* (2006), S. 45.
1199 Vgl. *Bortz, J. / Döring, N.* (2006), S. 254 f.
1200 Siehe Abschnitt 3.2.
1201 Vgl. *Huber, O.* (2013), S. 72 f.; *Schnell, R. / Hill, P. B. / Esser, E.* (2011), S. 213 f.; *Obermaier, R. / Müller, F.* (2008), S. 337; *Schulz, A. K.-D.* (1999), S. 39; *Trotman, K. T.* (1996), S. 76-80; *Birnberg, J. G. / Shields, M. D. / Young, S. M.* (1990), S. 42.
1202 Vgl. *Brownell, P.* (1995), S. 6 f.
1203 Vgl. *Gächter, S. / Königstein, M.* (2002), Sp. 508; *Schulz, A. K.-D.* (1999), S. 44.
1204 Für eine ähnliche Vorgehensweise vgl. *Volnhals, M.* (2010), S. 139.
1205 Vgl. *Schulz, A. K.-D.* (1999), S. 44.

Gefährdung	Relevanz und Berücksichtigung im Laborexperiment
Zeiteinflüsse („history“)	Durch Einsatz eines Between Subject Designs reduziert.
Biologisch-psychologische Veränderungen bzw. Reifungsprozesse („maturation“)	Durch Einsatz eines Between Subject Designs und wenige Variablen mit kurzen Skalen reduziert.
Messeffekte („testing“)	Durch Anordnung der Variablen und kurze Skalen reduziert.
Instrumentelle Reliabilität („instrumentation“)	Durch Verwendung validierter Skalen soweit wie möglich reduziert, Durchführung eines Pretests.
Statistische Regressionseffekte („statistical regression“)	Durch Formulierung der Forschungshypothesen reduziert.
Auswahlverzerrungen bzw. Selektionseffekte („selection“)	Durch randomisiertes Ausgeben der Experimentmaterialien reduziert.
Interaktion zwischen Auswahlverzerrungen und biologisch-psychologischen Veränderungen („selection-maturation interaction“)	Durch Randomisierung der Versuchspersonen und experimentelles Design reduziert.
Ausfälle unter den Vpn im Verlauf des Experiments bzw. experimentelle Mortalität („experimental mortality“)	Durch Operationalisierung der unabhängigen Variablen sowie einheitlichen Post-Test-Fragebogen reduziert, statistische Kontrolle möglich.
Versuchsleitereffekte („experimenter effects“)	Durch unterschiedliche Versuchsleiter und schriftlich abgefasste Instruktion reduziert.
Anforderungseffekte („demand characteristics“)	Durch restriktives Informationsverhalten zum Inhalt der Studie, Zusicherung von Anonymität und neutrale Skalen reduziert.

Tabelle 40: Gefährdungen der internen Validität[1206]

Während die generellen Störgrößen der externen Validität in den Abschnitten 3.2, 3.3 und 3.4 sehr umfassend diskutiert worden sind, sollen an dieser Stelle nochmals kurz deren Ausprägung für das konkret durchgeführte Laborexperiment beleuchtet werden.[1207] Insbesondere dem *Zusammenspiel von Personenwahl und Kausalbeziehung* (Stichprobenvalidität) kommt bei diesem in Form einer systematischen Replikation gestalteten Laborexperiment besondere Relevanz zu, da die Beurteilung dieser Interaktion die Motivation für dessen Durchführung darstellt.[1208] Da bei der hier replizierten Wiederholung das Urteils- und Entscheidungsverhalten von insgesamt drei unterschiedlichen Versuchspersonengruppen untersucht wird, trägt das Experiment wesentlich zur Verallgemeinerung der mit dem Managersample gewonnenen Erkenntnisse bei. Auch wenn dadurch Hinweise auf die Generalisierbarkeit der Ergebnisse auf studentische Versuchspersonen gewonnen werden können, bleibt zu berücksichtigen, dass es diesem Sample möglicherweise aufgrund oben genannter Einflussfaktoren (z. B. die Freiwilligkeit der Teilnahme) trotzdem an Repräsentativität mangelt.

1206 In Anlehnung an: *Schnell, R. / Hill, P. B. / Esser, E.* (2011), S. 207-209; *Bortz, J. / Döring, N.* (2006), S. 502 f.; *Stapf, K.* (1999), S. 238 f.; *Cook, T. D. / Campbell, D. T.* (1979), S. 50-55; *Zimmermann, E.* (1972), S. 76-78; *Campbell, D. T. / Stanley, J. C.* (1966), S. 5. In Klammern stehen jeweils die englischsprachigen Originalbezeichnungen von CAMPBELL und STANLEY.

1207 Vgl. z. B. *Schnell, R. / Hill, P. B. / Esser, E.* (2011), S. 210; *Shadish, W. R. / Cook, T. D. / Campbell, D. T.* (2002), S. 86 f.; *Abernethy, M. A. et al.* (1999), S. 21; *Brownell, P.* (1995), S. 12-15.

1208 Siehe Abschnitt 3.4.2.

Aufgrund der Beschränkung der zugrunde liegenden Fragestellung auf die Eignung studentischer Surrogate in Laborexperimenten erfährt das *Zusammenspiel von Versuchsumgebung und Kausalbeziehung* in der hier durchgeführten Studie keine Berücksichtigung. Stehen jedoch die Erkenntnisse zur Transferpreisproblematik im Mittelpunkt der Untersuchung, so sollten die beobachteten Kausalbeziehungen zum Zweck der Generalisierung in weiteren Settings (z. B. Feldexperiment) getestet werden. Je nach eingesetzter Methode schließt sich hier unmittelbar wieder die Frage nach dem Potenzial studentischer Surrogate an, die zur Verallgemeinerung der außerhalb des Laborsettings erzielten Ergebnisse bisher unbeantwortet bleibt.

Da die hier durchgeführte systematische Replikation auf die Erhöhung der Stichprobenvalidität fokussiert und demnach zunächst keinerlei Modifikationen am Task vorgenommen werden, sind die Originaluntersuchung und das hier durchgeführte Laborexperiment den gleichen Limitationen hinsichtlich des *Zusammenspiels von Treatment und Kausalbeziehung* (Situationsvalidität) ausgesetzt. Unter dem Aspekt der Künstlichkeit ist zu berücksichtigen, dass „reale“ Tasks in der Regel eine höhere Problemkomplexität aufweisen als dies generell in Laborexperimenten abgebildet werden kann bzw. zum Zweck der Gewährleistung interner Validität umgesetzt wird.[1209] Da bei der hier durchgeführten Studie aufgrund der Prämissen explizit eine mittlere Vernetztheit vorliegt, kann deren Repräsentativität für andere Situationen zunächst als eingeschränkt eingeschätzt werden. Um trotzdem eine Kontribution zur Frage nach der Eignung studentischer Surrogate über diesen Task hinaus leisten können, wird durch die experimentelle Manipulation der Vernetztheit beim im folgenden achten Kapitel dokumentierten zweiten Experiment die Situationsvalidität erhöht.

Sowohl das *Zusammenspiel von Outcome und Kausalbeziehung* als auch eine *potenziell kontextabhängige Mediation* können bei den hier durchgeführten beiden Experimenten keine Berücksichtigung finden, da diese zur Beantwortung der eigentlich interessierenden Fragestellungen von untergeordneter Relevanz sind. So kann es zwar durchaus von Interesse sein, ob die ermittelten Erkenntnisse zur Qualität der Subjekt-Surrogation durch die Verwendung anderer Maße für die JDM-Performance (z. B. andere Operationalisierung der abhängigen Variablen) gegebenenfalls differieren würden. Um dies zu gewährleisten, müsste diese Operationalisierung jedoch zusätzlich sowohl an professionellen als auch studentischen Versuchspersonen getestet werden, da die Ergebnisse nur bei identischer Operationalisierung zur Beantwortung der Forschungsfrage beitragen können. Der dadurch zusätzlich entstehende Erkennt-

1209 Siehe Abschnitte 3.3.2 und 5.4.

nisgewinn ist allerdings vor dem Hintergrund (zeit-)ökonomischer Abwägungen kritisch zu hinterfragen.

Insgesamt zeigt sich auch bei der Betrachtung der potenziellen Störgrößen der externen Validität, dass das hier durchgeführte Laborexperiment einerseits der generell für Laborexperimente formulierten Kritik unterliegt, andererseits aber insbesondere aufgrund der der Arbeit zugrunde liegenden Fragestellungen gegenüber der Originaluntersuchung zur Erhöhung der Stichproben- sowie Situationsvalidität beiträgt. In *Tabelle 41* sind die Gefährdungen der externen Validität sowie deren Berücksichtigung überblicksartig dargestellt.

Gefährdung	**Relevanz und Berücksichtigung im Laborexperiment**
Subject: Zusammenspiel von Personenwahl und Kausalbeziehung (Stichprobenvalidität)	Durch Rekrutierung von drei unterschiedlichen studentischen Versuchspersonengruppen Erhöhung der Stichprobenvalidität gegenüber Originalexperiment.
Setting: Zusammenspiel von Versuchsumgebung und Kausalbeziehung	Für vorliegende Fragestellung irrelevant.
Task: Zusammenspiel von Treatment und Kausalbeziehung (Situationsvalidität)	Durch Manipulation der Vernetztheit im zweiten Experiment erhöht.
Outcome: Zusammenspiel von Outcome und Kausalbeziehung	Für vorliegende Fragestellung von untergeordneter Relevanz.
Kontextabhängige Mediation	Für vorliegende Fragestellung von untergeordneter Relevanz.

Tabelle 41: Gefährdungen der externen Validität[1210]

7.1.10 Zusammenfassung des Forschungsdesigns

Bei der vorliegenden zweiten Studie handelt es sich um die systematische Replikation eines Laborexperiments mit mittlerer Vernetztheit, das in seiner Originalfassung mit Managern als Probanden durchgeführt worden ist.[1211] Um die Angemessenheit studentischer Surrogate beurteilen zu können, werden unterschiedliche studentische Versuchspersonengruppen den Originaltreatments ausgesetzt und deren JDM-Performance mit derjenigen der Professionals verglichen. Die hierbei zu untersuchenden Hypothesen sowie die jeweiligen Operationalisierungen der unabhängigen und abhängigen Variablen zur Überprüfung der postulierten Zusammenhänge können *Tabelle 42* entnommen werden. Die vollständige Darstellung der laborexperimentellen Materialien für das Treatment A findet sich in den Anhängen XI, XII und XIII.

1210 In Anlehnung an: *Schnell, R. / Hill, P. B. / Esser, E.* (2011), S. 210; *Bortz, J. / Döring, N.* (2006), S. 504; *Shadish, W. R. / Cook, T. D. / Campbell, D. T.* (2002), S. 87; *Cook, T. D. / Campbell, D. T.* (1979), S. 73 f.; *Zimmermann, E.* (1972), S. 81; *Campbell, D. T. / Stanley, J. C.* (1966), S. 5 f.

1211 Siehe Abschnitt 7.1.3.

Variable(n)	Operationalisierung der Variable(n)	Quelle(n)	Hypothese(n)
Vernetztheit	Durch Auswahl der zu replizierenden Studie	*Luft, J. L. / Libby, R.* (1997)	H_2, H_7
Problemlösungs-relevantes Wissen	Professionals: Rating; Studierende: Messung im Post-Test-Fragebogen	*Stuart, I. C. / Prawitt, D. F.* (2012); *Stone, D. N. / Hunton, J. E. / Wier, B.* (2000); *Tan, H.-T. / Kao, A.* (1999); *Tan, H.-T. / Libby, R.* (1997); *Bonner, S. E.* (1994); *Bonner, S. E. / Walker, P. L.* (1994); *Bonner, S. E. / Davis, J. S. / Jackson, B. R.* (1992); *Bonner, S. E. / Lewis, B. L.* (1990); *Wagner, R. K. / Sternberg, R. J.* (1987)	H_2, H_5
Versuchs-personen	(Manager aus Originalstudie), Graduates der Wirtschaftswissenschaften, Undergraduates der Wirtschaftswissenschaften, Studierende anderer Fachbereiche	*Mortensen, T. / Fisher, R. / Wines, G.* (2012); *Luft, J. L. / Libby, R.* (1997); *Remus, W. E.* (1996); *Gordon, M. E. / Slade, L. A. / Schmitt, N.* (1986); *Hofstedt, T. R.* (1972)	H_2, H_5, H_7
Qualität der Subjekt-Surrogation	Abstand in der JDM-Performance bei Einschätzung des Transferpreises und Prognose des Reservationspreises von Professionals und Studierenden	*Bonner, S. E.* (2008); *Luft, J. L. / Libby, R.* (1997)	H_5, H_7
Komplexität, Anzahl an Faktoren, Vernetztheit	Studierende: Messung im Post-Test-Fragebogen	*Bassler, A.* (2010); *Bonner, S. E.* (2008); *Dörner, D. et al.* (1983)	Kontrolle
Alter, Geschlecht, Studiengang, Semesterzahl, bisherige Berufserfahrung	Studierende: Messung im Post-Test-Fragebogen	-	Kontrolle

Tabelle 42: Operationalisierung der Variablen zur 2. Studie[1212]

In der nachstehenden *Abbildung 28* sind abschließend alle relevanten Elemente des Forschungsdesigns überblicksartig skizziert.

1212 Eigene Darstellung.

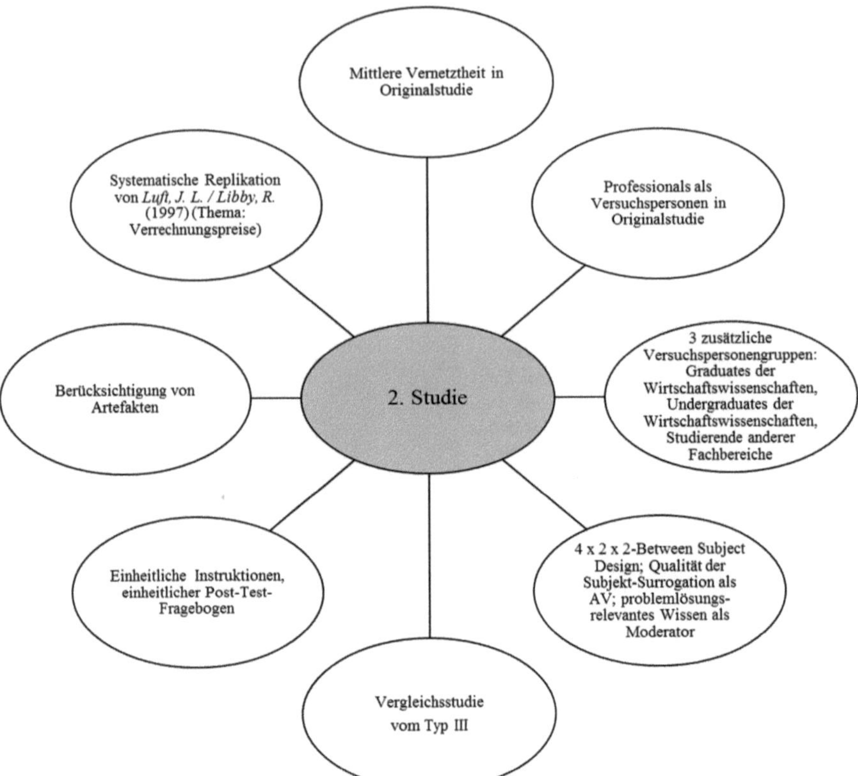

Abbildung 28: Zentrale Aspekte des Untersuchungsdesigns zur 2. Studie[1213]

7.2 Ergebnisse und statistische Datenanalyse

7.2.1 Methodische Vorgehensweise

Hypothesen können nur dann empirisch untersucht werden, wenn im Forschungsdesign die entsprechenden Bestandteile operationalisiert worden sind. Demnach kann im Gegensatz zur ersten Studie aufgrund der diskutierten Limitationen einer systematischen Replikation im Rahmen dieser zweiten Studie nur ein Teil der formulierten Forschungshypothesen laborexpe-

[1213] Eigene Darstellung. Während die beiden abhängigen Variablen des Originalexperiments indirekt zur Berechnung der Qualität der Subjekt-Surrogation beitragen, spielen die beiden manipulierten unabhängigen Variablen keine Rolle für die hier formulierten Hypothesen. Siehe *Tabelle 49*.

rimentell überprüft werden (H_2, H_5 und H_7). Liegt eine Operationalisierung vor, determiniert diese die anzuwendende statistische Auswertungsmethodik.[1214]

Eingeschränkt wird die Datenauswertung dadurch, dass für das Managersample nur die in der Veröffentlichung von LUFT / LIBBY dokumentierten Mittelwerte und Standardabweichungen für die JDM-Performance sowie die Stichprobengrößen zur Verfügung stehen.[1215] Dies hat zur Konsequenz, dass das problemlösungsrelevante Wissen der Manager, das Bestandteil der Hypothesen H_2 und H_5 ist, subjektiv eingeschätzt und trotz der Homogenität der Versuchspersonen des Originalsamples auf die Berücksichtigung individueller Varianzen verzichtet werden muss. Ebenso müssen aus diesem Grund für das Managersample auf die Durchführung eines K-S-L-Tests auf Normalverteilung und eines Levene-Tests auf Varianzhomogenität verzichtet werden. Außerdem muss für die Untersuchung der Mittelwertunterschiede in der JDM-Performance der beiden Versuchspersonengruppen (Hypothesen H_5 und H_7) der empirische F-Wert [F_{emp}], der unter der Nullhypothese den kritischen F-Wert [F_{krit}] der F-Verteilung[1216] nicht übersteigt, anhand folgender Formel manuell berechnet werden:[1217]

$$H_0\text{: } F_{empirisch} = \frac{\frac{QSZ}{k-1}}{\frac{QSI}{N-k}} = \frac{\frac{\sum_{j=1}^{k} n_j * (\mu_j - \mu_{ges})^2}{k-1}}{\frac{\sum_{j=1}^{k} (n_j - 1) * \sigma_j^2}{N-k}} < F_{kritisch}$$

QSZ = Quadratsumme
QSI = Fehlerquadratsumme
k = Anzahl der Faktorstufen
j = Faktorstufe j
N = Anzahl aller Probanden

n_j = Anzahl der Probanden einer Gruppe j
μ_j = Gruppenmittelwert unter der Faktorstufe j
σ_j = Varianz unter der Faktorstufe j
μ_{ges} = Gesamtmittelwert

Außerdem muss berücksichtigt werden, dass der durch Hypothese H_5 beschriebene Zusammenhang aus zwei im Post-Test-Fragebogen gemessenen Variablen beschrieben wird. So kann nach PODSAKOFF ET AL. der Einsatz des gleichen Erhebungsinstruments zu Messfehlern führen, d. h. zu einer Verzerrung der Korrelation zwischen der unabhängigen und der abhängigen Variable, die nicht auf den tatsächlichen Zusammenhang zwischen diesen Variablen zurückzuführen ist.[1218] Dieses Phänomen wird synonym als Common Method Bias oder Common Method Variance bezeichnet.[1219] Liegt, wie im vorliegenden Fall, eine potenzielle

[1214] Siehe Abschnitt 6.2.1.
[1215] Die vollständigen Messwerte des Managersamples konnten von den Autoren und Editoren nicht mehr bereitgestellt werden.
[1216] Vgl. *Bortz, J. / Schuster, C.* (2010), S. 591-596.
[1217] Vgl. *Rasch, B. et al.* (2010b), S. 8-26.
[1218] Vgl. *Podsakoff, P. M. et al.* (2003), S. 879 f.
[1219] Vgl. *Söhnchen, F.* (2009), S. 139.

Quelle für diese Verzerrung vor, kann mithilfe des Harman-One-Factor-Tests deren Einfluss quantifiziert werden.[1220] Dabei werden zunächst alle Variablen anhand einer explorativen Faktorenanalyse verdichtet.[1221] Der Test nimmt nun an, dass ein Common Method Bias vorliegt, wenn ohne Rotation der Dimensionen ein einzelner Faktor extrahiert wird und dieser mehr als die Hälfte der Kovarianz zwischen den Variablen erklären kann.[1222]

In *Tabelle 43* ist dargestellt, wie die einzelnen Forschungshypothesen für diese Studie operationalisiert worden sind und welches inferenzstatistische Instrument zur Anwendung kommt.

Hypothese	Operationalisierung der Forschungshypothesen	Test-instrument
H_2	Unterschiedliches problemlösungsrelevantes Wissen zwischen Professionals und drei studentischen Versuchspersonengruppen bei mittlerer Vernetztheit - $W_{S,Versuchspersonengruppe}$ weicht (nicht) von W_P ab - treatmentunabhängig	Einstichproben-t-Test (zweiseitig)
H_5	Hohe Qualität der Subjekt-Surrogation, wenn bei Managern und studentischen Versuchspersonen identisches problemlösungsrelevantes Wissen vorliegt - Mittelwertgleichheit bei JDM-Performance, wenn $W_P = W_S$ - treatmentabhängig	Einfaktorielle Varianzanalyse
H_7	Unterschiedliche Qualität der Subjekt-Surrogation je nach studentischen Versuchspersonen bei mittlerer Vernetztheit - Mittelwertgleichheit bzw. -unterschied bei JDM-Performance in Abhängigkeit von der Versuchspersonengruppe bei mittlerer Vernetztheit - treatmentabhängig	Einfaktorielle Varianzanalyse

Tabelle 43: Operationalisierung der Forschungshypothesen zur 2. Studie[1223]

7.2.2 Ergebnisse des Pretests

Bevor das Hauptexperiment gestartet wird, werden in der empirischen Forschung in der Regel Probeläufe des eigentlichen Experiments mit einer reduzierten Anzahl an Probanden zum Zweck der Erprobung und Verbesserung der Durchführung des Experiments und der Operationalisierungen durchgeführt:[1224]

> „Nur so kann man testen, ob der Ablauf zufrieden stellend geplant wurde, ob man alles bedacht hat, was man benötigt, ob der Zeitplan realistisch ist, ob unvorhergesehene Probleme auftauchen, usw.“[1225]

Für einen Überblick über weitere Quellen von Common Method Bias vgl. *Podsakoff, P. M. et al.* (2003), S. 881-885.

1220 Vgl. *Söhnchen, F.* (2009), S. 141; *Homburg, C. / Klarmann, M.* (2003), S. 79 f.

1221 Vgl. *Podsakoff, P. M. et al.* (2003), S. 889.

1222 Vgl. *Söhnchen, F.* (2009), S. 142; *Podsakoff, P. M. et al.* (2003), S. 889 und die jeweils dort angegebene Literatur.

1223 Eigene Darstellung.

1224 Vgl. *Huber, O.* (2013), S. 74.

1225 *Huber, O.* (2013), S. 140.

Zudem erhöhen sie die Aussagekraft der aus dem Hauptexperiment gezogenen Schlussfolgerungen.[1226]

Der Pretest der Studie ist im Dezember 2013 und Januar 2014 mit 15 Studierenden der Wirtschaftswissenschaften (Studiengänge Wirtschaftsingenieurwesen, Betriebswirtschaftslehre mit technischer Qualifikation) und sechs Studierenden anderer Fachbereiche der TU Kaiserslautern durchgeführt worden. Zusätzlich haben 32 Studierende der Wirtschaftswissenschaften der Dualen Hochschule Baden-Württemberg, Standort Mannheim, (Studiengang Handel) am Pretest teilgenommen. Für das Vorexperiment genügt es, die Mittelwerte der JDM-Performance der Studierenden mit denen der Manager zu vergleichen. Diese Gegenüberstellung dient im Wesentlichen dem Zweck, den Erfolg der Treatmentvariation abzuschätzen und eventuelle Korrekturen an der Gestaltung der Treatments vorzunehmen. Weiterhin wird durch den Pretest das Ziel verfolgt, die Skalen zur Messung der intervenierenden und abhängigen Variablen zu testen, sprachliche Unklarheiten, die sich durch die Übersetzung ergeben, den Zeitbedarf zur Bearbeitung der Studie sowie weitere mögliche Störgrößen aufzudecken.[1227]

Die detaillierten Ergebnisse des Pretests können Anhang XIV entnommen werden. Sie deuten darauf hin, dass die Wirkungsrichtungen der Variablenmanipulation unter Berücksichtigung der Einschränkungen, die aus dem geringen Stichprobenumfang eines Pretests resultieren, einen Beitrag zur Beantwortung der Forschungsfragen leisten können. Das Design wird daher bis auf minimale sprachliche Änderungen in der Aufgabenbeschreibung unverändert für das Hauptexperiment eingesetzt.

7.2.3 Ergebnisse der deskriptiven Statistik des Hauptexperiments

An der Hauptuntersuchung haben im Zeitraum von Januar bis März 2014 insgesamt 250 Studierende der TU Kaiserslautern teilgenommen, von denen 53 aufgrund der oben beschriebenen Kriterien eliminiert worden sind (21,2 %),[1228] sodass letztendlich die Resultate von 197 Studierenden in die Auswertung aufgenommen werden.[1229] Deren Verteilung auf die Treat-

---

1226 Vgl. *Birnberg, J. G. / Nath, R.* (1968), S. 45.

1227 Siehe Abschnitt 7.1.9.

1228 Siehe Abschnitt 7.1.6.
Die aus dem Sample eliminierten Versuchsteilnehmer sind gleich auf alle vier Treatments verteilt (χ^2 = 1,717; p = ,633).

1229 Die 197 in die Untersuchung aufgenommenen Versuchspersonen sind ebenfalls gleich auf alle Treatments verteilt (χ^2 = ,299; p = ,960). Demgegenüber sind die einzelnen studentischen Versuchspersonengruppen nicht gleich groß (χ^2 = 13,107; p = ,001). Insgesamt wird der angestrebte Mindeststichprobenumfang einer Zelle nur annäherend erreicht.

ments und ihre demografischen Merkmale können *Tabelle 44* entnommen werden. Während die Studierenden der Wirtschaftswissenschaften aus den Studiengängen Wirtschaftsingenieurwesen und Betriebswirtschaftslehre mit technischer Qualifikation rekrutiert werden, entstammen die Studierenden anderer Fachbereiche den in *Abbildung 29* dargestellten Studiengängen.

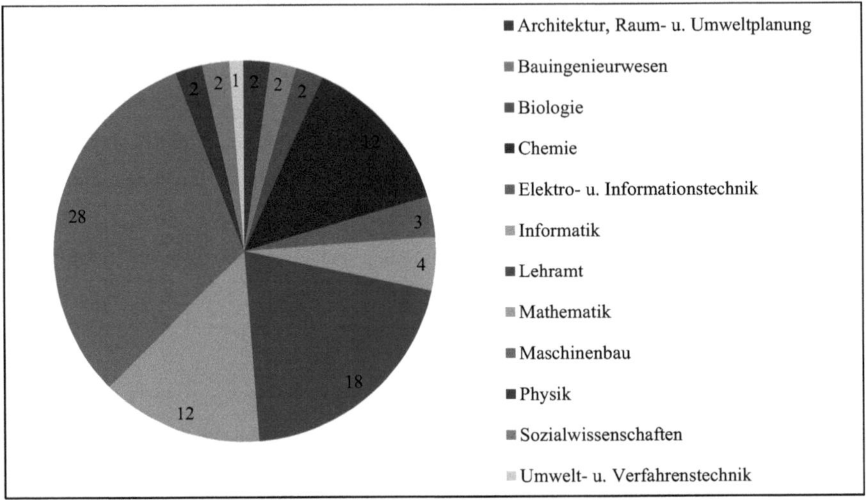

Abbildung 29: Studiengänge der Studierenden anderer Fachbereiche[1230]

Die Ausprägungen der beiden abhängigen Variablen sind differenziert nach den vier Treatments in den folgenden Tabellen dargestellt (siehe *Tabelle 45* und *Tabelle 46*). Die über den Post-Test-Fragebogen an der studentischen Population erhobenen Messwerte (subjektiv empfundene Problemkomplexität, subjektiv empfundene Menge an probleminhärenten Faktoren, subjektive Vernetztheit dieser Faktoren, problemlösungsrelevantes Wissen) unterscheiden sich über die einzelnen Treatments nicht signifikant voneinander (alle $p > ,07$), sodass die deskriptiven Maße dieser Messwerte in *Tabelle 47* zusammengefasst dargestellt werden können.

[1230] Eigene Darstellung.

Treatment	Stichprobengröße n		Alter (Ø in Jahren)	Geschlecht		Studiendauer (Ø in Semestern)	Berufserfahrung (Ø in Monaten)
				männlich	weiblich		
A	Graduates der Wirtschaftswissenschaften	15	22,07	13	2	8,67	8,27
	Undergraduates der Wirtschaftswissenschaften	15	21,40	12	3	3,33	12,27
	Studierende anderer Fachbereiche	21	22,62	15	6	6,14	4,10
B	Graduates der Wirtschaftswissenschaften	15	23,27	11	4	10,63	6,40
	Undergraduates der Wirtschaftswissenschaften	11	20,64	7	4	3,00	6,91
	Studierende anderer Fachbereiche	24	22,83	14	10	5,96	5,58
C	Graduates der Wirtschaftswissenschaften	15	23,07	10	5	7,89	5,33
	Undergraduates der Wirtschaftswissenschaften	11	21,18	10	1	3,36	5,18
	Studierende anderer Fachbereiche	20	22,70	15	5	6,16	4,80
D	Graduates der Wirtschaftswissenschaften	17	23,53	15	2	8,70	9,88
	Undergraduates der Wirtschaftswissenschaften	10	22,50	8	2	3,40	4,70
	Studierende anderer Fachbereiche	23	23,22	16	7	5,91	11,39
Gesamt	Graduates der Wirtschaftswissenschaften	62	23,00	49	13	8,97	7,55
	Undergraduates der Wirtschaftswissenschaften	47	21,40	37	10	3,28	7,74
	Studierende anderer Fachbereiche	88	22,85	60	28	5,78	6,57
A & B *C & D*	*Manager* *Manager*	*27* *24*	-	-	-	-	*181,2*

Tabelle 44: Demografische Angaben zur 2. Studie[1231]

[1231] Eigene Darstellung.

Treatment	Versuchspersonengruppe	N	Mittelwert	Standardabweichung	Standardfehler	95%-Konfidenzintervall für den Mittelwert		Minimum	Maximum
						Untergrenze	Obergrenze		
A	*Manager*	*27*	*45,19*	*7,00*	-	-	-	-	-
	Graduates der Wirtschaftswissenschaften	15	48,8000	8,71124	2,24923	43,9759	53,6241	30,00	60,00
	Undergraduates der Wirtschaftswissenschaften	15	45,0333	5,94759	1,53566	41,7397	48,3270	30,00	53,00
	Studierende anderer Fachbereiche	21	44,9524	7,59260	1,65684	41,4963	48,4085	27,00	50,00
	Gesamt	78	45,7901	7,34452	-	-	-	-	-
B	*Manager*	*27*	*57,41*	*10,77*	-	-	-	-	-
	Graduates der Wirtschaftswissenschaften	15	55,1333	9,27259	2,39417	49,9983	60,2683	40,00	70,00
	Undergraduates der Wirtschaftswissenschaften	11	54,4091	10,93348	3,29657	47,0639	61,7543	30,00	70,00
	Studierende anderer Fachbereiche	24	56,9583	9,81339	2,00315	52,8145	61,1022	30,00	73,00
	Gesamt	77	56,3970	10,08686	-	-	-	-	-
C	*Manager*	*24*	*48,08*	*6,39*	-	-	-	-	-
	Graduates der Wirtschaftswissenschaften	15	51,5000	3,51019	,90633	49,5561	53,4439	45,00	60,00
	Undergraduates der Wirtschaftswissenschaften	11	51,3636	6,74200	2,03279	46,8343	55,8930	40,00	60,00
	Studierende anderer Fachbereiche	20	49,6250	6,19183	1,38454	46,7271	52,5229	40,00	60,00
	Gesamt	70	49,7703	5,94229	-	-	-	-	-
D	*Manager*	*24*	*63,33*	*8,68*	-	-	-	-	-
	Graduates der Wirtschaftswissenschaften	17	58,8235	10,68431	2,59133	53,3302	64,3169	30,00	70,00
	Undergraduates der Wirtschaftswissenschaften	10	56,5000	10,01388	3,16667	49,3365	63,6635	40,00	70,00
	Studierende anderer Fachbereiche	23	56,1087	11,84556	2,46997	50,9863	61,2311	30,00	70,00
	Gesamt	74	59,1273	10,63266	-	-	-	-	-

Tabelle 45: Deskriptive Statistik zur 2. Studie (Transferpreis)[1232]

[1232] Eigene Darstellung.

Treat-ment	Versuchspersonengruppe	N	Mittel-wert	Stan-dard-abwei-chung	Stan-dard-fehler	95%-Konfidenzinter-vall für den Mittelwert		Mini-mum	Maxi-mum
						Unter-grenze	Ober-grenze		
A	*Manager*	*27*	*39,63*	*9,90*	-	-	-	-	-
	Graduates der Wirtschaftswissenschaften	15	39,6667	10,08299	2,60342	34,0829	45,2504	15,00	50,00
	Undergraduates der Wirtschaftswissenschaften	15	33,6000	10,30118	2,65975	27,8954	39,3046	20,00	50,00
	Studierende anderer Fachbereiche	21	37,8095	8,32838	1,81740	34,0185	41,6006	20,00	50,00
	Gesamt	78	37,9873	9,70271	-	-	-	-	-
B	*Manager*	*27*	*49,19*	*14,33*	-	-	-	-	-
	Graduates der Wirtschaftswissenschaften	15	41,0000	11,21224	2,89499	34,7909	47,2091	20,00	60,00
	Undergraduates der Wirtschaftswissenschaften	11	47,3636	13,47051	4,06151	38,3140	56,4132	25,00	65,00
	Studierende anderer Fachbereiche	24	43,7083	14,33900	2,92694	37,6535	49,7632	20,00	63,00
	Gesamt	77	45,6251	13,77832	-	-	-	-	-
C	*Manager*	*24*	*44,08*	*8,07*	-	-	-	-	-
	Graduates der Wirtschaftswissenschaften	15	45,1667	6,01090	1,55201	41,8379	48,4954	30,00	50,00
	Undergraduates der Wirtschaftswissenschaften	11	41,3636	8,68646	2,61907	35,5280	47,1993	20,00	50,00
	Studierende anderer Fachbereiche	20	40,5000	7,59155	1,69752	36,9470	44,0530	20,00	50,00
	Gesamt	70	42,8631	7,71305	-	-	-	-	-
D	*Manager*	*24*	*59,29*	*10,63*	-	-	-	-	-
	Graduates der Wirtschaftswissenschaften	17	45,8235	18,31064	4,44098	36,4091	55,2380	10,00	70,00
	Undergraduates der Wirtschaftswissenschaften	10	41,0000	13,49897	4,26875	31,3434	50,6566	15,00	55,00
	Studierende anderer Fachbereiche	23	49,0435	12,12240	2,52770	43,8014	54,2856	22,00	70,00
	Gesamt	74	50,5400	14,81100	-	-	-	-	-

Tabelle 46: Deskriptive Statistik zur 2. Studie (Reservationspreis)[1233]

[1233] Eigene Darstellung.

AV	Versuchspersonengruppe	N	Mittelwert	Standardabweichung	Standardfehler	95%-Konfidenzintervall für den Mittelwert		Minimum	Maximum
						Untergrenze	Obergrenze		
Komplexität	Wiwi Graduates	62	3,52	,695	,088	3,34	3,69	2	5
	Wiwi Undergraduates	47	3,60	,825	,120	3,35	3,84	2	5
	Studierende anderer Fachbereiche	88	3,49	1,083	,115	3,26	3,72	1	5
	Gesamt	197	3,52	,912	,065	3,39	3,65	1	5
Faktoren	Wiwi Graduates	62	3,66	,788	,100	3,46	3,86	1	5
	Wiwi Undergraduates	47	3,55	,951	,139	3,27	3,83	1	5
	Studierende anderer Fachbereiche	88	3,45	1,082	,115	3,23	3,68	1	5
	Gesamt	197	3,54	,966	,069	3,41	3,68	1	5
Vernetzt heit	Wiwi Graduates	62	3,68	,647	,082	3,51	3,84	2	5
	Wiwi Undergraduates	47	3,53	,654	,095	3,34	3,72	2	5
	Studierende anderer Fachbereiche	88	3,63	,821	,088	3,45	3,80	2	5
	Gesamt	197	3,62	,730	,052	3,52	3,72	2	5
Wissen	Wiwi Graduates	62	2,32	,742	,094	2,13	2,51	1	3
	Wiwi Undergraduates	47	2,19	,680	,099	1,99	2,39	1	3
	Studierende anderer Fachbereiche	88	2,01	,719	,077	1,86	2,16	1	3
	Gesamt	197	2,15	,726	,052	2,05	2,25	1	3

Tabelle 47: Deskriptive Statistik zur 2. Studie (Post-Test-Items)[1234]

Um die formulierten Forschungshypothesen testen zu können, muss zusätzlich zu diesen Messwerten eine Einschätzung des problemlösungsrelevanten Wissens der Manager vorgenommen werden. Nach LUFT / LIBBY ist die Transferpreisthematik in den Kursen, aus denen sie ihre Probanden rekrutiert haben, zum Zeitpunkt der Experimentdurchführung noch nicht behandelt worden. Außerdem verfügt in etwa die Hälfte der Manager über praktische Erfahrung mit Transferpreisen: „Consequently, subjects were not aware of what would constitute a ‚right answer' to a transfer pricing problem from the instructor's point of view."[1235] Daher wird das problemlösungsrelevante Wissen der Professionals nach der in Abschnitt 6.1 dargestellten Methode mit 2,5 geratet. Dieser Wert liegt theoriekonform oberhalb aller studenti-

[1234] Eigene Darstellung.
[1235] *Luft, J. L. / Libby, R.* (1997), S. 223.

schen Mittelwerte, jedoch noch innerhalb des Konfidenzintervalls der Graduates der Wirtschaftswissenschaften.

Mithilfe der deskriptiven Statistik lassen sich schon vor der inferenzstatistischen Datenauswertung Aussagen über die Richtung der Mittelwerte sowie deren Streuung formulieren. So ist aus den obigen Tabellen ersichtlich, dass der Mittelwert der Manager in der Transferpreisbedingung mit Ausnahme der Graduates der Wirtschaftswissenschaften im Treatment C und den Studierenden anderer Fachrichtungen im Treatment D innerhalb des 95 %-Konfidenzintervalls der studentischen Versuchspersonengruppe liegt. Für den Reservationspreis trifft dies mit Ausnahme der Undergraduates der Wirtschaftswissenschaften im Treatment A, der Graduates der Wirtschaftswissenschaften in Treatment B, der Studierenden anderer Fachbereiche im Treatment C sowie für alle drei Gruppen im Treatment D zu. Außerdem ist zu beobachten, dass die Standardabweichungen der Studierenden diejenigen des Managersamples ohne zentrale Tendenz zum Teil über- und zum Teil unterschreiten. Alles in allem können diese Indikatoren auf eine potenziell erfolgreiche studentische Surrogation hindeuten.

Die Lage der Konfidenzintervalle der subjektiv wahrgenommenen Komplexität, der Anzahl an Faktoren und der Vernetztheit zwischen 3 und 4 bestätigt die schon im Pretest vermutete moderate Problemkomplexität des laborexperimentellen Tasks. Zusätzliche Unterstützung erfährt die Argumentation dadurch, dass die Vernetztheit von allen, die Komplexität mit Ausnahme von zwei und die Anzahl an Faktoren mit Ausnahme von fünf Versuchspersonen größer als 1 („sehr niedrig") eingeschätzt werden. Aufgrund der Lage der Konfidenzintervalle der drei Versuchspersonengruppen lassen sich keine Unterschiede in der individuellen Wahrnehmung des Tasks vermuten. Demnach kann davon ausgegangen werden, dass, wie durch das Laborexperiment beabsichtigt, der Task keine Aufgabe, sondern ein Problem mit mittlerer Vernetztheit darstellt.

Das problemlösungsrelevante Wissen der Versuchspersonen streut zwar für alle studentischen Versuchspersonengruppen zwischen dem Minimal- und dem Maximalwert. Da sich jedoch die Untergrenze des Konfidenzintervalls der Graduates der Wirtschaftswissenschaften und die Obergrenze des Konfidenzintervalls der Studierenden anderer Fachbereiche nur geringfügig überschneiden, deutet sich hier empirische Evidenz für das in der Theorie vermutete reduzierte problemlösungsrelevante Wissen von fachfremden Studierenden an.

Die Ergebnisse des K-S-L-Tests zeigen für die Transfer- und Reservationspreiseinschätzungen der Studierenden, dass die Normalverteilungsannahme in vielen Treatments verletzt worden ist.[1236] Den weiteren erhobenen Variablen (subjektiv eingeschätzte Problemkomplexität, Anzahl an Faktoren, Vernetztheit, individuelles problemlösungsrelevantes Wissen) liegt ebenfalls keine Normalverteilung zugrunde.[1237] Da die in der Originalstudie für das Managersample formulierten Aussagen im Wesentlichen auf den Ergebnissen parametrischer Testverfahren (t-Test und Varianzanalyse) beruhen, kann davon ausgegangen werden, dass für diese Versuchspersonengruppe über alle vier Treatments hinweg die Messwerte beider abhängiger Variablen normalverteilt sind.[1238] In allen Fällen, bei denen von einer Normalverteilung ausgegangen werden kann, können im Folgenden zur inferenzstatistischen Datenauswertung verteilungsgebundene Testverfahren eingesetzt werden. Wird diese Annahme verletzt, muss auf nonparametrische Verfahren zurückgegriffen werden.[1239]

Das Fehlen der einzelnen Messwerte des Managersamples hat außerdem zur Konsequenz, dass kein Levene-Test zur Überprüfung von Varianzgleichheit zwischen den Versuchspersonengruppen vorgenommen werden kann. Aufgrund der im Originalexperiment gewählten Auswertungsmethodik und der Tatsache, dass die Varianzanalyse einerseits relativ robust gegenüber Verletzungen der Varianzgleichheit reagiert und andererseits die Stichprobenumfänge der einzelnen Gruppen die Mindeststichprobengröße fast erreichen, sind die Anwendungsvoraussetzungen der ANOVA weitgehend erfüllt.

7.2.4 Ergebnisse der schließenden Statistik des Hauptexperiments

Die randomisierte Zuordnung der Versuchspersonen zu den einzelnen Treatments gewährleistet, dass keine signifikanten Unterschiede in der demografischen Struktur der Versuchspersonen zwischen den drei studentischen Versuchsbedingungen bestehen (alle $p > ,200$). Intragruppenvergleiche zeigen, dass Graduates der Wirtschaftswissenschaften gegenüber Undergraduates der Wirtschaftswissenschaften signifikant älter ($p = ,002$) sowie signifikant weiter im Studium fortgeschritten ($p = ,000$) sind. Hinsichtlich des Umfangs an Berufserfahrung unterscheiden sich die drei studentischen Versuchspersonengruppen nicht, gegenüber den Managern verfügen sie jedoch allesamt über signifikant geringere Berufserfahrung. Außerdem bestätigt die inferenzstatistische Datenauswertung mithilfe eines parameterfreien

1236 Siehe Anhang XV.

1237 Siehe Anhang XV.

1238 Vgl. *Luft, J. L. / Libby, R.* (1997), S. 225-227.
Es wird zwar bei jedem Hypothesentest zusätzlich das Ergebnis des jeweiligen parameterfreien Pendants zu den parametrischen Testverfahren dokumentiert, die Argumentation stützt sich aufgrund der Gleichheit der Ergebnisse auf die Resultate der verteilungsgebundenen Verfahren.

1239 Siehe Abschnitt 6.2.1.

Kruskal-Wallis-Tests für drei unabhängige Stichproben die oben vermutete Gleichheit der subjektiv empfundenen Problemkomplexität (χ^2 = ,279; p = ,870), der Anzahl an Faktoren (χ^2 = 1,262; p = ,532) sowie der Vernetztheit (χ^2 = 1,512; p = ,470) zwischen den studentischen Versuchspersonengruppen, wobei für alle drei Variablen der Mittelwert signifikant größer als drei (alle p = ,000) und kleiner als vier (alle p = ,000) ist. Eine multivariate Kovarianzanalyse [MANCOVA] bestätigt außerdem, dass zwischen den an den Versuchspersonen erhobenen demografischen Daten und den Einschätzungen des Transferpreises sowie des Reservationspreises kein Zusammenhang besteht. Der beim Harman-One-Factor-Test extrahierte Faktor erklärt im vorliegenden Fall lediglich 27,2 % der Varianz, sodass davon auszugehen ist, dass kein bzw. nur ein geringer Common Method Bias vorliegt.

Die in Anhang XVIII dokumentierten Korrelationsanalysen zeigen zudem, dass innerhalb der drei studentischen Versuchspersonengruppen Zusammenhänge zwischen den im Post-Test-Fragebogen erhobenen Kriterien bestehen. Da bei allen Kriterien die Normalverteilungsannahme verletzt ist, werden die Korrelationen mit dem verteilungsfreien Verfahren nach Spearman berechnet. Um dem Problem der Alphafehlerkumulierung zu umgehen, das durch das multiple Testen mehrerer Hypothesen am gleichen Sample entsteht, werden im Anschluss die ermittelten Korrelationen mithilfe der sequenziellen Bonferroni-Holm-Prozedur korrigiert.[1240] Danach verbleiben noch folgende Korrelationen der drei Probandengruppen auf einem globalen Signifikanzniveau von 5 % (zweiseitig) signifikant:[1241]

- Alter und Semesterzahl (positiv): Graduates der Wirtschaftswissenschaften, Undergraduates der Wirtschaftswissenschaften, Studierende anderer Fachbereiche
- Alter und Berufserfahrung (positiv): Studierende anderer Fachbereiche
- Semester und Berufserfahrung (positiv): Graduates der Wirtschaftswissenschaften
- Semesterzahl und problemlösungsrelevantes Wissen (positiv): Undergraduates der Wirtschaftswissenschaften
- Subjektiv empfundene Vernetztheit und subjektiv wahrgenommene Anzahl an Faktoren (positiv): Graduates der Wirtschaftswissenschaften, Undergraduates der Wirtschaftswissenschaften, Studierende anderer Fachbereiche
- Subjektiv empfundene Komplexität und subjektiv wahrgenommene Anzahl an Faktoren (positiv): Studierende anderer Fachbereiche

1240 Vgl. *Holm, S.* (1979).

1241 Alle für die einzelnen Gruppen berechneten signifikanten Korrelationen sind so stark, dass sie auch dem korrigierten Alphaniveau standhalten.

Die Hypothese H_2 formuliert Aussagen über die Gleichheit bzw. Unterschiedlichkeit des problemlösungsrelevanten Wissens der Professionals und ihrer studentischen Surrogate bei mittlerer Vernetztheit. Zunächst kann die oben anhand deskriptiver Maße vermutete Unterschiedlichkeit im problemlösungsrelevanten Wissen zwischen den studentischen Versuchspersonengruppen durch einen Kruskal-Wallis-Tests für drei unabhängige Stichproben bestätigt werden (χ^2 = 7,184; p = ,028). Da zur Überprüfung der Hypothese H_2 kein verteilungsfreies Testverfahren vorhanden ist, muss auf einen Einstichproben-t-Test zurückgegriffen werden. Dieser erweist sich analog zur ANOVA bei den vorliegenden Stichprobengrößen jedoch weitestgehend robust gegenüber der Verletzung der Normalverteilungsannahme,[1242] sodass dessen Einsatz als inferenzstatistisches Testinstrument gerechtfertigt werden kann. Die dem Einstichproben-t-Test zugrunde liegende Nullhypothese geht davon aus, dass kein Abstand im Wissen der professionellen und studentischen Versuchspersonengruppe besteht (Mittelwert der Studierenden weicht nicht signifikant vom Testwert 2,5 ab). In *Tabelle 48* sind die Ergebnisse, die sich aus dem Datensatz berechnen lassen, nach den drei Versuchspersonengruppen differenziert dargestellt.

Versuchspersonengruppe	**T**	**df**	**Signifikanz (2-seitig)**	**Mittlere Differenz**	**95% Konfidenzintervall der Differenz**		**Effektstärke d**
					Untere	**Obere**	
Graduates der Wirtschaftswissenschaften (Testwert = 2,5)	-1,884	61	,064	-,1774	-,366	,011	,2387
Undergraduates der Wirtschaftswissenschaften (Testwert = 2,5)	-3,110	46	,003	-,3085	-,508	-,109	,4543
Studierende anderer Fachbereiche (Testwert = 2,5)	-6,374	87	,000	-,4886	-,641	-,336	,6800

Tabelle 48: Einstichproben-t-Test für Versuchspersonengruppe (AV: Wissen) (H_2)[1243]

Die Wahrscheinlichkeit, (mindestens) den t-Wert unter der Nullhypothese („Die Mittelwerte sind gleich 2,5“) zu erreichen, liegt für die Graduates der Wirtschaftswissenschaften unterhalb des Alphaniveaus von 20 %, sodass hier die Nullhypothese verworfen werden muss.[1244] Bei den beiden anderen Versuchspersonengruppen unterschreitet der Wahrscheinlichkeitswert das gewählte Alphaniveau von 5 %, d. h. in diesen Fällen muss die Nullhypothese zugunsten der Alternativhypothese („Die Mittelwerte sind ungleich 2,5“) verworfen werden. Dies hat zur Konsequenz, dass die für mittlere Vernetztheit formulierte Hypothese H_2 in ihren Ausprägungen H_{2b} (Undergraduates der Wirtschaftswissenschaften) und H_{2c} (Studierende anderer Fach-

1242 Siehe Abschnitt 6.2.1.
1243 Eigene Darstellung.
1244 Siehe FN 974.

bereiche) erwartungsgemäß empirische Bestätigung findet. Entgegen der in H_{2a} hypothetisierten Annahme ist bei mittlerer Vernetztheit im vorliegenden Laborexperiment das problemlösungsrelevante Wissen der Graduates der Wirtschaftswissenschaften nicht identisch mit demjenigen der Professionals.

Inhalt der Hypothese H_5 ist die Annahme, dass das problemlösungsrelevante Wissen eine zentrale intervenierende Variable für den Erfolg einer studentischen Surrogation darstellt. Demnach wird hypothetisiert, dass die Qualität der Subjekt-Surrogation hoch ist, wenn sich Manager und die studentische Versuchspersonengruppe in ihrem problemlösungsrelevanten Wissen nicht unterscheiden. Zur Operationalisierung dieser Hypothese wird im Folgenden die JDM-Performance der Manager mit der JDM-Performance von denjenigen Studierenden verglichen, deren erhobenes problemlösungsrelevantes Wissen den Höchstwert drei erreicht. Dabei handelt es sich in Addition über alle Treatments hinweg um 69 Studierende. Aus den oben erläuterten Gründen kann kein Levene-Test auf Varianzhomogenität durchgeführt werden,[1245] sodass zunächst keine Auswahlentscheidung darüber getroffen werden kann, inwiefern die Gültigkeit der Hypothese H_5 mit einem auf Varianzhomogenität basierenden Instrument (z. B. ANOVA) oder einem robusten Testverfahren (z. B. Welch-Test) getestet werden muss. Da sich jedoch gegebenenfalls die Varianzanalyse relativ robust gegenüber Verletzungen der Annahme von Varianzhomogenität verhält,[1246] wird hier dieses Verfahren und dessen in Abschnitt 7.2.1 vorgestellte Berechnungsvorschrift angewandt. Für alle vier Treatments wird im Folgenden die JDM-Performance von Managern und Studierenden, die über identisches problemlösungsrelevantes Wissen verfügen, auf Intragruppenunterschiede verglichen (siehe Anhang XVI). Die zugrunde liegende Nullhypothese geht von der Gleichheit der Mittelwerte aus.

Erwartungsgemäß kann die bei einer ANOVA getestete Nullhypothese für vier der acht Treatments auf einem verschärften Betaniveau (Alphaniveau von 20 %) nicht verworfen werden, da der errechnete empirische F-Wert den kritischen F-Wert unterschreitet. In den Treatments A und C der Transferpreisbedingung sowie in den Treatments B und D für den Reservationspreis muss die Gegenhypothese, die von der Ungleichheit der Mittelwerte ausgeht, angenommen werden. Insgesamt kann damit, insbesondere vor dem Hintergrund nur minimal höherer empirischer F-Werte gegenüber den korrespondierenden kritischen F-Werten in zwei der vier

1245 Siehe Abschnitt 7.2.1.
1246 Siehe Abschnitt 6.2.1.

beschriebenen Treatments, die Hypothese H_5 mit dem vorliegenden Datensatz (weitgehend) bestätigt werden.[1247]

Die Hypothese H_7 beschreibt den Zusammenhang zwischen mittlerer Vernetztheit als unabhängige Variable und der Qualität der Subjekt-Surrogation als abhängige Variable unter Berücksichtigung der Wahl der studentischen Surrogate als moderierende Variable. Bezugnehmend auf die oben erläuterten Schwierigkeiten, die aus den fehlenden Messwerten der Manager resultieren, wird auch diese Hypothese pragmatischerweise mit einer einfaktoriellen Varianzanalyse getestet. Deren zugrunde liegende Nullhypothese geht davon aus, dass die Mittelwerte der JDM-Performance der Manager und der studentischen Versuchspersonengruppen nicht voneinander divergieren. Da die Ergebnisse der deskriptiven Statistik dieses Hypothesentests schon in *Tabelle 45* und *Tabelle 46* dargestellt sind, werden in den Tabellen in Anhang XVII nur noch die Ergebnisse der Varianzanalysen dokumentiert.

Die Resultate der F-Statistik zeigen deutlich auf, dass sich die Mittelwerte aller drei Probandengruppen in fast allen Fällen nicht signifikant voneinander unterscheiden, da der empirische F-Wert den kritischen F-Wert unterschreitet. Einzige Ausnahme bilden die Reservationspreisschätzungen des Treatments D. Hier schätzen die Studierenden den erwarteten Preis wesentlich geringer ein als die Manager. Für diese Bedingung muss demnach zwar die Nullhypothese der ANOVA aufgrund genereller Mittelwertunterschiede verworfen werden, jedoch ist es nicht möglich, darüber hinausgehend die exakte Ergebnisstruktur zu analysieren, sodass unklar ist, welche Versuchspersonengruppen sich in ihrer JDM-Performance in diesem Treatment unterscheiden.

Anstatt mithilfe mehrerer t-Tests für den paarweisen Vergleich zweier Versuchspersonengruppen werden zur Vermeidung der Alphafehlerkumulierung sogenannte Post-Hoc-Verfahren eingesetzt, die unter Berücksichtigung einer Alphafehlerkorrektur simultan Mehrfachvergleiche vornehmen.[1248] Die Eignung der Prozeduren ist insbesondere an die vorhandene Datenstruktur geknüpft. Daher werden für den vorliegenden Fall, bei dem kein Nachweis der Varianzhomogenität der beiden abhängigen Variablen vorgenommen werden kann, aufbauend auf den Empfehlungen von FIELD sowohl ein Post-Hoc-Test nach Gabriel (Annahme: gleiche Varianzen und leicht unterschiedliche Fallzahlen) als auch die Prozedur nach Games-

---

1247 Zusätzlich durchgeführte Varianzanalysen mit der Gruppe der Studierenden mit Wissen, dessen Umfang ungleich demjenigen der Manager ist, zeigen anhand von Mehrfachvergleichen, dass insbesondere im Treatment D die JDM-Performance der Gruppe mit identischem Wissen wesentlich näher an der JDM-Performance der Manager ist.

1248 Vgl. *Field, A.* (2009), S. 372-374.

Howell (Annahme: ungleiche Varianzen und gleiche / ungleiche Fallzahlen) berechnet.[1249] Eine Übersicht über die Mehrfachvergleiche findet sich in Anhang XVII.

Anhand dieser Mehrfachvergleiche wird ersichtlich, zwischen welchen Versuchspersonengruppen und in welche Richtung sich jeweils die Mittelwerte unterscheiden. Die Ergebnisse der ANOVA in Verbindung mit den beiden Post-Hoc-Tests für die vier Versuchspersonengruppen im Treatment D zeigen für den Reservationspreis unterschiedliche Ergebnisse. Die auf Varianzhomogenität ausgerichtete Prozedur nach Gabriel zeigt systematische Mittelwertunterschiede zwischen der JDM-Performance der Manager und der Undergraduates der Wirtschaftswissenschaften auf, d. h. es liegt nicht nur Residual-, sondern auch Effektvarianz vor. Demgegenüber kann das ANOVA-Resultat mit dem Post-Hoc-Verfahren nach Games-Howell durch den Mittelwertunterschied der JDM-Performance von Managern und Undergraduates der Wirtschaftswissenschaften sowie Studierenden anderer Fachbereiche begründet werden. Trotz dieser zum Teil widersprüchlichen Ergebnisse zeigen beide Verfahren keine Mittelwertunterschiede zwischen den jeweiligen studentischen Versuchspersonengruppen. Deshalb kann insgesamt davon ausgegangen werden, dass im vorliegenden Datensatz nur die JDM-Performance von Managern und Studierenden für die Einschätzung des Reservationspreises im Treatment D divergiert.[1250] Da jedoch die Ergebnisse für alle weiteren sieben Treatments keine systematischen Mittelwertunterschiede nahelegen, kann unter Berücksichtigung der vorhandenen Ausnahme von einer möglichen studentischen Surrogation durch alle drei Versuchspersonengruppen ausgegangen werden. Das bedeutet, dass die Teilhypothesen H_{7a} angenommen werden kann und die Teilhypothesen H_{7b} und H_{7c} abgelehnt werden müssen.

7.2.5 Exkurs: Hypothesentests der Originalstudie

Zusätzlich zur hier im Mittelpunkt stehenden Untersuchung der Forschungsfragen zur studentischen Surrogation können mithilfe einer systematischen Replikation die Originalhypothesen mit einer neuen Versuchspersonengruppe getestet sowie mit der ursprünglich rekrutierten Versuchspersonengruppe verglichen werden. Je nach Struktur der Originalhypothesen lässt sich der Vergleich der abhängigen Variablen der beiden Samples den Vergleichstypen I, II oder III zuordnen. Im Folgenden werden diese Hypothesen zunächst kurz vorgestellt und daraufhin anhand des vorhandenen Datensatzes ausgewertet.

1249 Vgl. *Field, A.* (2009), S. 374 f.

1250 Da dieses Phänomen im Kontext der dritten Studie ebenfalls auftritt, finden sich dort potenzielle Erklärungsansätze. Siehe Abschnitt 8.3.

In der Originalstudie erwarten LUFT / LIBBY, dass der Marktpreis eine dominante Rolle bei Transferpreisverhandlungen einnimmt.[1251] Daraus resultiert folgende Hypothese:[1252]

H_I: Wenn sich der Marktpreis und der Transferpreis unterscheiden, bei dem beide Verhandlungspartner den gleichen Gewinn erzielen, werden die Prognosen der Manager bezüglich des verhandelten Transferpreises und des Reservationspreises des Anbieters signifikant vom Marktpreis in Richtung des Transferpreises, bei dem beide Verhandlungspartner den gleichen Gewinn erzielen, abweichen.

Als Begründung führen LUFT / LIBBY an, dass sowohl Manager als auch die anderen Verhandlungsparteien keine indifferente Einstellung bezüglich ihres eigenen Gewinns besitzen. Keine Partei würde sich nur aus Fairnessgründen vollumfänglich der anderen Partei unterordnen. Allerdings sollte auch nicht das andere Extrem des ausschließlichen Eigennutzmaximierers angenommen werden. LUFT / LIBBY erwarten vielmehr eine Kompromisslösung, die sowohl die Attraktivität einer gleichen Gewinnverteilung als auch die Berücksichtigung der Marktpreise aus Gewinnmaximierungsgründen vorsieht.[1253]

Andere Experimente haben gezeigt, dass solche Ergebnisse aus Preisschätzungen in Verhandlungssituationen durch eine selbstwertdienliche Verzerrung (self-serving bias) geprägt sind.[1254] Falls also mehrere Möglichkeiten von „fairen“ Vorschlägen zur Verfügung stehen, tendieren die individuellen Verhandlungsparteien jeweils zu der Lösung, die für sie zu einem größeren individuellen Gewinn führt. Darüber hinaus gehen sie außerdem davon aus, dass die andere Partei dieser Transaktion zustimmt. Dadurch steigt die Wahrscheinlichkeit für Verzögerungen und Fehlurteile in Verhandlungsprozessen, die oftmals auch mit zusätzlichen Kosten verbunden sind. Basierend auf diesen Vorüberlegungen wollen LUFT / LIBBY im Sinne des self-serving bias in ihrer Studie testen, ob Manager bei Transferpreisverhandlungen solche Verhaltenszüge aufweisen. Das würde bedeuten, dass Manager in einer Käufersituation sowohl die Preisvorstellung als auch den Reservationspreis des Managers in der Verkäuferrolle systematisch unterschätzen. Dieser Effekt würde sogar verstärkt werden, je mehr der Markt-

1251 Vgl. *Luft, J. L. / Libby, R.* (1997), S. 220 f.
1252 Vgl. *Luft, J. L. / Libby, R.* (1997), S. 221.
1253 Vgl. *Luft, J. L. / Libby, R.* (1997), S. 221.
1254 Vgl. *Luft, J. L. / Libby, R.* (1997), S. 221 und die dort angegebene Literatur.

preis und der „Gleiche-Gewinn Preis“[1255] voneinander divergieren. Demnach lauten die weiteren Hypothesen:[1256]

H_{IIa}: Die Preisschätzungen eines Käufers sind systematisch geringer als die eines Verkäufers.

H_{IIb}: Die systematischen Differenzen zwischen den Preisschätzungen von Käufern und Verkäufern sind größer, falls sich der Marktpreis und der Transferpreis unterscheiden, bei dem beide Parteien den gleichen Gewinn erzielen als wenn sie gleich sind.

LUFT / LIBBY führen weiter an, dass, je berechenbarer die selbstwertdienliche Verzerrung ist, desto einfacher sollte dessen Korrektur sein. Wird beispielsweise angenommen, dass der Verkäufer mit dem Marktpreis kalkuliert und im Gegensatz dazu der Käufer vom Transferpreis ausgeht, bei dem beide Parteien denselben Gewinn generieren, kann viel Zeit gespart werden, indem mehrere Transferpreismöglichkeiten erst gar nicht in Betracht gezogen werden müssen.[1257]

Nach KAHNEMAN, KNETSCH und THALER ist die Entscheidung bezüglich eines fairen Preises nicht ausschließlich von den Eigeninteressen geprägt.[1258] Beispielsweise ist es möglich, dass der Verkäufer nicht zwangsläufig mit dem Marktpreis als ausgehandeltem Transferpreis rechnet. Je größer die Differenz zwischen Marktpreis und Reservationspreis des Verkäufers ist, desto schwieriger wird es für den Käufer, den Verhandlungsspielraum des Transferpreises des Verkäufers einzuschätzen. Umgekehrt gilt das auch, wenn der Verkäufer nicht notwendigerweise mit dem Preis plant, bei dem er den identischen Gewinn wie der Verkäufer erzielt.[1259]

Aus diesem Grund wird vermutet, dass einerseits aus einer größeren Abweichung zwischen Marktpreis und „Gleichem-Gewinn Preis“ größere Unterschiede bezüglich der erwarteten Preise zwischen Verkäufer und Käufer resultieren. Andererseits wird ebenfalls erwartet, dass sich auch die Varianz bei den Erwartungen der Käufer vergrößert, sodass eine größere Streuung entsteht.[1260] Demnach lauten die letzten beiden Hypothesen:[1261]

[1255] Dieser Ausdruck ist eine wörtliche Übersetzung aus der Originalstudie von LUFT / LIBBY (engl.: „equal-profit price“). Darunter wird der Transferpreis verstanden, bei dem beide Abteilungen den gleichen Gewinn erzielen.

[1256] Vgl. *Luft, J. L. / Libby, R.* (1997), S. 221 f.

[1257] Vgl. *Luft, J. L. / Libby, R.* (1997), S. 222.

[1258] Vgl. *Kahneman, D. / Knetsch, J. L. / Thaler, R. H.* (1986), S. 299.

[1259] Vgl. *Luft, J. L. / Libby, R.* (1997), S. 222.

[1260] Vgl. *Luft, J. L. / Libby, R.* (1997), S. 222.

[1261] Vgl. *Luft, J. L. / Libby, R.* (1997), S. 222.

H_{IIIa}: Die Varianzen in den Preisschätzungen der Verkäufer werden größer, wenn sich der Marktpreis von dem Preis unterscheidet, bei dem beide Parteien den gleichen Gewinn erzielen.

H_{IIIb}: Die Varianzen in den Preisschätzungen der Käufer werden größer, wenn sich der Marktpreis von dem Preis unterscheidet, bei dem beide Parteien den gleichen Gewinn erzielen.

Die Operationalisierungen der unabhängigen und abhängigen Variablen der Originalstudie können *Tabelle 49* entnommen werden.

Variable(n)		Operationalisierung der Variable(n)	Quelle
UV	Managerrolle des Probanden	Zweistufige Variation in der Formulierung (Einzelteile vs. Montage)	*Luft, J. L. / Libby, R.* (1997)
	Ausprägung Marktpreis	Zweistufige Variation in der Formulierung (50.000 € vs. 70.000 €)	*Luft, J. L. / Libby, R.* (1997)
AV	Transferpreis-einschätzung	Messung im Post-Test-Fragebogen	*Luft, J. L. / Libby, R.* (1997)
	Reservations-preiseinschätzung	Messung im Post-Test-Fragebogen	*Luft, J. L. / Libby, R.* (1997)

Tabelle 49: Operationalisierung der Variablen zur Originalstudie[1262]

Da entsprechend der inferenzstatistischen Datenauswertung im Abschnitt 7.2.4 kaum Unterschiede in der JDM-Performance der drei unterschiedlichen studentischen Versuchspersonengruppen offengelegt worden sind, werden diese für diesen Exkurs zweckmäßig zu einem Studierendensample zusammengefasst. In *Tabelle 50* sind die Mittelwerte und Standardabweichungen der beiden Populationsgruppen optisch analog zur Basisstudie dargestellt. Die Tabelle gliedert die Untersuchungsergebnisse in drei Abschnitte (Panels). Panel A enthält die Ergebnisse der ersten Aufgabenstellung der Studie, in der die Probanden eine Preisschätzung bezüglich des final verhandelten Transferpreises abgeben sollten. Dementsprechend fasst Panel B die Werte der Reservationspreisschätzungen der Abteilung „Einzelteile“ zusammen. Für jede der beiden Panels werden aus den Treatment-Kombinationen A/B und C/D sowie A/C und B/D Durchschnittswerte gebildet (Panel C). Hierzu werden die gebildeten Durchschnittswerte aus den Panels A und B jeweils vom entsprechend zugehörigen Marktpreis abgezogen. Panel C enthält somit die durchschnittlichen Abweichungen der aggregierten Schätzungen der Käufer und Verkäufer vom Marktpreis.

1262 Eigene Darstellung.

	Gleiche Gewinne: Marktpreis = 50 T€		Ungleiche Gewinne: Marktpreis = 70 T€		Durchschnitt	
	Manager	Studierende	Manager	Studierende	Manager	Studierende
Panel A: Mit welchem final verhandelten Transferpreis würden Sie rechnen?						
Käufer Schätzungen	45,19 T€ σ = 7,00	46,11 T€ σ = 7,57	57,41 T€ σ = 10,77	55,85 T€ σ = 9,77	51,30 T€	50,93 T€
Stichproben-umfang	n = 27	n = 51	n = 27	n = 50		
Verkäufer Schätzungen	48,08 T€ σ = 6,39	50,65 T€ σ = 5,56	63,33 T€ σ = 8,68	57,11 T€ σ = 10,97	55,71 T€	54,01 T€
Stichproben-umfang	n = 24	n = 46	n = 24	n = 50		
Durchschnitt	46,55 T€ σ = 6,39	48,26 T€ σ = 7,04	60,20 T€ σ = 10,20	56,48 T€ σ = 10,35	55,38 T€	52,43 T€
Panel B: Was denken Sie, ist der Minimalpreis, den der Manager der Abteilung „EINZELTEILE“ in diesem Fall noch akzeptieren würde?						
Käufer Schätzungen	39,63 T€ σ = 9,90	37,11 T€ σ = 9,58	49,19 T€ σ = 14,33	43,70 T€ σ = 13,22	44,41 T€	40,37 T€
Verkäufer Schätzungen	44,08 T€ σ = 8,07	42,23 T€ σ = 7,53	59,29 T€ σ = 10,63	46,34 T€ σ = 14,77	51,69 T€	44,37 T€
Durchschnitt	41,73 T€ σ = 9,27	39,54 T€ σ = 9,00	53,95 T€ σ = 13,59	45,02 T€ σ = 14,00	47,84 T€	42,32 T€
Panel C: Durchschnittliche Abweichung der Schätzungen vom Marktpreis (Käufer und Verkäufer vereinigt)						
Final verhandelter Preis (Antwort 1)	3,45 T€	1,74 T€	9,80 T€	13,51 T€		
Reservationspreis des Verkäufers (Antwort 2)	8,27 T€	10,46 T€	16,06 T€	24,98 T€		

Tabelle 50: Zusammenfassung der Durchschnittswerte der Studierenden im Vergleich zu den Managern[1263]

Die erste Hypothese vermutet eine größer werdende Abweichung der Preisschätzungen vom Marktpreis für Käufer und Verkäufer bei einem Anstieg des Marktpreises von 50 T€ auf 70 T€. Zu diesem Zweck sollen die Werte aus Panel C von *Tabelle 50* betrachtet werden. Im Falle eines Marktpreises von 50 T€ beträgt die durchschnittliche Abweichung für den final verhandelten Transferpreis für Studierende 1,74 T€ (Vergleich Manager: 3,45 T€). Es ist zu erkennen, dass dieser Wert analog zu LUFT / LIBBY im Treatment „Marktpreis = 70 T€“ auf 13,51 T€ (Vergleich Manager: 9,80 T€) ansteigt. Gleichlaufende Erkenntnisse liefern die

[1263] In Anlehnung an: *Luft, J. L. / Libby, R.* (1997), S. 226.

durchschnittlichen Abweichungen des Reservationspreises vom Marktpreis. Hier ist ebenso ein deutlicher Anstieg des Wertes von 10,46 T€ auf 24,98 T€ (Vergleich Manager: 8,27 T€ auf 16,06 T€) festzustellen. Diese rein deskriptiven Beobachtungen müssen nun anhand eines Testverfahrens auf deren statistische Aussagekraft überprüft werden.

In der Originalstudie hat jeder Proband in beiden Treatments eine bestimmte Rolle bearbeitet („mixed design").[1264] Daher greifen LUFT / LIBBY zur Auswertung auf einen t-Test für verbundene Stichproben (matched-pairs t-Test) sowie den nonparametrischen Wilcoxon-Test zurück. Für die Analyse der Studierendenuntersuchung können diese beiden Testverfahren aufgrund der zu einem Between Subject Design modifizierten Studie nicht durchgeführt werden, da jeder Proband unabhängig voneinander nur ein Treatment bearbeitet.[1265] Die diesem Design äquivalenten Untersuchungsinstrumente stellen der t-Test für unabhängige Stichproben sowie der nonparametrische Mann-Whitney-U-Test dar.[1266]

Da der durchgeführte Levene-Test sowohl für die Preisschätzungen des Transferpreises ($p = ,000$) als auch für den Reservationspreis ($p = ,000$) signifikant wird und somit keine Varianzgleichheit angenommen werden kann, müssen die U- bzw. Z-Werte des Mann-Whitney-U-Tests als Entscheidungsgrundlage zur Hypothesenprüfung dienen. Die entsprechende Wahrscheinlichkeit für die Untersuchung der Transferpreisschätzungen beträgt $p = ,000$ mit $Z = -6,556$ und für die Reservationspreisschätzungen $p = ,000$ mit $Z = -7,483$. Somit kann die erste Hypothese für das Studierendensample bestätigt werden.

Die zweite Originalhypothese der Studie besteht aus zwei Bestandteilen. Zunächst wird die Vermutung aufgestellt, dass die Preisschätzungen eines Käufers systematisch geringer sind als die eines Verkäufers. Bei Betrachtung der Mittelwerte aus *Tabelle 50* kann ein solcher Befund allerdings nicht uneingeschränkt attestiert werden. Sowohl die Transferpreis- als auch die Reservationspreisschätzungen im Falle eines Marktpreises von 50 T€ zeigen, wie auch in der Teilhypothese H_{IIa} prognostiziert, deutlich höhere Werte seitens der Verkäufer (50,65 T€ zu 46,11 T€ sowie 42,23 T€ zu 37,11 T€). Für die Bedingung des höheren Marktpreises von 70 T€ trifft dies annahmegemäß ebenfalls zu (57,11 T€ zu 55,85 T€ sowie 46,34 T€ zu 43,70 T€).

Analog zu der Manageruntersuchung werden anhand einer Varianzanalyse die jeweiligen Preisschätzungen der Käufer bzw. Verkäufer auf signifikante Unterschiede untersucht. Die

---

[1264] Siehe Abschnitt 7.1.4.

[1265] Siehe Abschnitt 7.1.4.

[1266] Vgl. *Bühner, M. / Ziegler, M.* (2009), S. 236 und S. 281.

Annahme der Varianzhomogenität kann für diesen Fall beibehalten werden (Levene-Test für Käufer: p = ,984; für Verkäufer: p = ,356). Wie sich durch die obige Mittelwertanalyse bereits vermuten lässt, zeigen sowohl die Werte für den final verhandelten Transferpreis (F = 5,013; p = ,026) als auch die für den Reservationspreis (F = 5,487; p = ,020) eine Signifikanz. Demnach kann die Teilhypothese H_{IIa} auch durch das Studierendensample bestätigt werden.

Im zweiten Teil der zweiten Hypothese wird vermutet, dass die zuvor gezeigten divergierenden Preisschätzungen der Käufer und Verkäufer bei der Änderung der Marktpreisbedingung von 50 T€ auf 70 T€ zunehmen. Beim Transferpreis verringert sich entgegen der Originaluntersuchung der Abstand von 4,54 T€ bei einem Marktpreis von 50 T€ auf 1,26 T€ bei einem Marktpreis von 70 T€ (Vergleich Manager: 2,90 T€ auf 5,92 T€). Gleiches gilt für den Reservationspreis (5,12 T€ auf 2,54 T€; Vergleich Manager: 4,45 T€ auf 10,10 T€).

Nach LUFT / LIBBY kann die Teilhypothese H_{IIb} durch den Interaktionsterm einer zweifaktoriellen Varianzanalyse mit der Abteilung und dem Marktpreis als unabhängigen Variablen getestet werden.[1267] Während dieser im Managersample nur für den Reservationspreis marginal signifikant wird, kann der in dieser Hypothese angenommene Effekt im Studierendensample weder für den Transferpreis (F = 1,726; p = ,190) noch für den Reservationspreis (F = ,549; p = ,460) nachgewiesen werden.

Die dritte Hypothese des Originalexperiments bezieht sich auf die Varianzen der Schätzwerte von Käufern (Hypothese H_{IIIa}) und Verkäufern (Hypothese H_{IIIb}). Nach den theoretischen Basisannahmen von LUFT / LIBBY sollen diese bei Änderung der Marktpreisbedingung von 50 T€ auf 70 T€ zunehmen. Dies bedeutet, dass im Falle des höheren Marktpreises die Werte größere Streuungen vom Mittelwert aufzeigen. Im vorliegenden Datensatz erhöhen sich die Standardabweichungen (und damit auch die Varianzen als deren Quadrat) der Käufer beim Transferpreis von 7,57 auf 9,77 und beim Reservationspreis von 9,58 auf 13,22 (Vergleich Manager: 7,00 auf 10,77 bzw. 9,90 auf 14,33). Gleiches gilt für die Standardabweichungen der Verkäufer, die beim Transferpreis von 5,56 auf 10,97 und beim Reservationspreis von 7,53 auf 14,77 steigen (Vergleich Manager: 6,39 auf 8,68 bzw. 8,07 auf 10,63).

Da die dazugehörigen Levene-Tests nur für den Transferpreis der Käufer auf Varianzhomogenität hindeuten (p = ,143; alle anderen p < ,005), werden die Veränderungen der Varianzen anhand einer einfaktoriellen Varianzanalyse sowie eines Mann-Whitney-U-Tests hinsichtlich ihrer statistischen Bedeutsamkeit getestet. Dabei stellen jeweils die für jede Versuchsperson

[1267] Vgl. *Luft, J. L. / Libby, R.* (1997), S. 225, FN 10.

berechneten Einzelvarianzen die abhängigen Variablen und der Marktpreis die unabhängige Variable dar, auf die der systematische Unterschied zurückgeführt werden soll. Während in der Originalstudie der Varianzanstieg bei den Käufern stark und bei den Verkäufern marginal signifikant wird, können für das Studierendensample bei den Käufern für den Reservationspreis ($Z = -2{,}896$; $p = {,}004$) sowie bei den Verkäufern für den Transfer- ($Z = -3{,}402$; $p = {,}001$) und Reservationspreis ($Z = -3{,}154$; $p = {,}002$) signifikante Varianzanstiege gezeigt werden. Lediglich der Varianzanstieg der Käufer beim Transferpreis ist nicht auf die Marktpreisänderung zurückzuführen ($F = 2{,}651$; $p = {,}107$).

Zur besseren Übersicht sind in der folgenden *Tabelle 51* nochmals alle Testergebnisse der beiden Probandensamples gegenübergestellt.

Hypothese		**Status Studierendensample**	**Status Managersample**
H_{I}	Finaler Transferpreis	✓	✓
	Reservationspreis	✓	✓
H_{IIa}	Finaler Transferpreis	✓	✓
	Reservationspreis	✓	✓
H_{IIb}	Finaler Transferpreis	×	×
	Reservationspreis	×	✓ (marginal)
H_{IIIa}	Finaler Transferpreis (Käufer)	×	✓
	Reservationspreis (Käufer)	✓	✓
H_{IIIb}	Finaler Transferpreis (Verkäufer)	✓	✓ (marginal)
	Reservationspreis (Verkäufer)	✓	✓ (marginal)

Tabelle 51: Zusammenfassung der Testergebnisse für Studierende und Manager[1268]

Im Einklang mit dem im Abschnitt 7.2.4 dokumentierten Potenzial einer studentischen Surrogation für diesen laborexperimentellen Task zeigen die Tests der Originalhypothesen am Studierendensample weitgehend gleichlaufende Resultate gegenüber dem Managersample. Die Befürchtung von LUFT / LIBBY, wonach studentische – wie sie beispielsweise von CHALOS / HAKA[1269] für ähnliche Fragestellungen rekrutiert worden sind – im Vergleich zu professionellen Versuchsteilnehmern eine unterschiedliche Vorstellung über eine faire Verteilung des Gewinns besitzen, kann durch das zugrunde liegende Studierendensample nicht vollständig ausgeräumt werden.[1270]

1268 Eigene Darstellung.

1269 Vgl. *Chalos, P. / Haka, S. F.* (1990), S. 628 f.

1270 Eine ausführliche Diskussion dieses Aspekts findet sich in Abschnitt 8.3.

7.3 Zusammenfassung des Kapitels und Interpretation der Ergebnisse

Die Ergebnisse der zweiten Studie liefern weitergehende Erkenntnisse über die Angemessenheit studentischer Surrogate in der verhaltenswissenschaftlichen Rechnungswesenforschung (siehe *Tabelle 52*).

Hypothese	Inhalt				Status
	Vernetztheit	**Versuchspersonengruppe**	**Abstand problemlösungsrelevantes Wissen zu Professionals**	**Qualität der Subjekt-Surrogation**	
H_{2a}	mittel	Graduates der Wirtschaftswissenschaften	niedrig		×
H_{2b}	mittel	Undergraduates der Wirtschaftswissenschaften	hoch		✓
H_{2c}	mittel	Studierende anderer Fachbereiche	hoch		✓
H_5		versuchspersonengruppen-unabhängig	niedrig	hoch	(✓)
H_{7a}	mittel	Graduates der Wirtschaftswissenschaften		hoch	✓
H_{7b}	mittel	Undergraduates der Wirtschaftswissenschaften		niedrig	×
H_{7c}	mittel	Studierende anderer Fachbereiche		niedrig	×

Tabelle 52: Zusammenfassung der Hypothesentests zur 2. Studie[1271]

Den Ausgangspunkt der zweiten Studie stellt das Laborexperiment von LUFT / LIBBY dar, dessen Task einerseits eine mittlere Vernetztheit aufweist und andererseits mit Managern als Probanden durchgeführt worden ist (Subject).[1272] Im Gegensatz zur Originaluntersuchung ist diese mit studentischen Versuchspersonen wiederholt worden, sodass die hier angewandte Vorgehensweise einer systematischen Replikation entspricht, bei der in der Regel nur ein Merkmal des Versuchsdesigns unter Konstanthaltung aller weiteren Merkmale gegenüber der Originaluntersuchung variiert wird.[1273] Der bereits an professionellen Probanden erhobene, existierende Datensatz aus der ursprünglichen Untersuchung kann auf diese Weise mit den Resultaten der Studierenden verglichen werden. Anhand der dadurch konzipierten Ver-

[1271] Eigene Darstellung. Häkchen (Kreuze) symbolisieren eine bestätigte (abgelehnte) Hypothese. Eingeklammerte Symbole weisen auf eine nur zum Teil bestätigte oder abgelehnte Hypothese hin.

[1272] Siehe Abschnitt 7.1.1.

[1273] Vgl. *Hussy, W. / Jain, A.* (2002), S. 140.

gleichsstudie wird eine Beurteilung der Angemessenheit studentischer Surrogate möglich, sodass eine weitere Kontribution zur Diskussion über deren Eignung entsteht.[1274]

Um die Abweichungen von der Originalstudie so gering wie möglich zu halten, ist die Darstellung des laborexperimentellen Tasks lediglich vom Englischen ins Deutsche übersetzt worden.[1275] Außerdem wird das Mixed Design der ursprünglichen Untersuchung durch ein Between Subject Design ersetzt, um den Zeitaufwand der Teilnehmer zur Bearbeitung zu reduzieren und damit eventuellen Ermüdungseffekten vorzubeugen.[1276] Weiterführend sind, um den Einfluss task- und subjektspezifischer Einflussfaktoren kontrollieren bzw. erheben zu können, im Post-Test-Fragebogen Skalen zur subjektiv empfundenen Problemkomplexität sowie zum problemlösungsrelevanten Wissen der Versuchspersonen integriert worden (H_2 und H_5).[1277] Die Ergebnisse der von den Probanden eingeschätzten Merkmale der Problemkomplexität deuten darauf hin, dass die unter Anwendung formaler Kriterien vorgenommene Einordnung auf einem „Vernetztheitskontinuum" über alle Versuchspersonengruppen hinweg bestätigt wird.[1278]

Da für das Managersample lediglich die Mittelwerte sowie Standardabweichungen der Einschätzungen des Transfer- und Reservationspreises dokumentiert sind, muss auf alle Verfahren zur Datenauswertung, die jeweils die einzelnen Messwerte in ihrer Berechnungsvorschrift berücksichtigen, verzichtet werden (z. B. K-S-L-Anpassungstests, Levene-Test).[1279] Dies hat für die Datenauswertung, deren Kerninhalte im Folgenden diskutiert werden, zur Konsequenz, dass die Anwendungsvoraussetzungen der gewählten Verfahren statistisch nicht abgesichert und diese nur aufgrund theoretischer Annahmen eingesetzt werden können. Die daraus resultierende Beeinträchtigung der Dateninterpretation wird insbesondere im Kontext der Durchführung der Post-Hoc-Prozeduren zur Überprüfung von H_7 offenkundig. Eine weitere methodische Herausforderung stellen die vier Treatments der Originaluntersuchung mit den zwei abhängigen Variablen dar. Dadurch können die die Qualität der Subjekt-Surrogation betreffenden Hypothesen (H_5 und H_7) für jede Versuchspersonengruppe nur in Form einer Gesamtinterpretation der jeweils acht einzelnen Hypothesentests untersucht werden.

Der Vergleich des problemlösungsrelevanten Wissens der Versuchspersonen zeigt zunächst, dass sich dieses theoriekonform zwischen den studentischen Probanden unterscheidet, wobei

[1274] Siehe Abschnitt 4.3.4.
[1275] Siehe Abschnitt 7.1.4.
[1276] Siehe Abschnitt 7.1.5.
[1277] Siehe Abschnitt 7.1.6.
[1278] Siehe Abschnitt 7.2.4.
[1279] Siehe Abschnitt 7.2.1.

das der Graduates der Wirtschaftswissenschaften am höchsten und das der Studierenden anderer Fachbereiche am geringsten ausfällt. Die Schwierigkeit im Test der Hypothese H_2 liegt darin, dass das problemlösungsrelevante Wissen der Manager auf keiner vergleichbaren Skala erhoben worden ist, sondern nur analog zu der in Abschnitt 6.1 vorgestellten Methode geratet werden kann. Daher beeinflusst dieses Rating unmittelbar die Ergebnisse des Hypothesentests. Aufgrund des hier mit 2,5 eingeschätzten problemlösungsrelevanten Wissens der Manager können die Hypothesen H_{2b} und H_{2c} bestätigt werden, d. h. das problemlösungsrelevante Wissen aller Studierenden ist gegenüber den professionellen Versuchspersonen geringer.

Auch die Hypothese H_5, in der davon ausgegangen wird, dass bei Deckungsgleichheit des problemlösungsrelevanten Wissens von Studierenden und Professionals deren JDM-Performance nicht voneinander divergiert, kann mit der vorliegenden Datenbasis (weitgehend) empirisch bestätigt werden. Die subjektiv vom Forscher vorgenommene Einstufung des problemlösungsrelevanten Wissens der Manager beeinflusst auch hier unmittelbar die Abgrenzung der zum Hypothesentest auszuwählenden Menge an studentischen Versuchspersonen. Bei einem wie hier vorgenommen Rating abseits der geradzahligen Scoring-Werte der Studierenden stellt sich zusätzlich die Frage nach dem zu berücksichtigenden Umfang studentischer Versuchspersonen durch eventuelles Auf- oder Abrunden. Unabhängig von der gewählten Vorgehensweise zur Abgrenzung Studierender mit identischem bzw. nicht identischem problemlösungsrelevantem Wissen ist anzumerken, dass bei mittlerer Vernetztheit insgesamt nur ein geringer Einfluss dieses Moderators auf die JDM-Performance der Versuchspersonen nachgewiesen werden kann. Dieser Effekt wird in ähnlicher Form auch von anderen Autoren dokumentiert.[1280]

Während die vorangegangenen Hypothesentests den Erfolg einer studentischen Surrogation bei diesem Task nicht abschließend beantworten können, deutet die inferenzstatistische Auswertung der Hypothese H_7 darauf hin. Entgegen der Annahme zeigt die Analyse, dass nicht nur die JDM-Performance der Studierenden der Wirtschaftswissenschaften, sondern auch die der fachfremden Studierenden nicht bzw. kaum von dem Urteils- und Entscheidungsverhalten der Manager abweicht.[1281] Unterstützung erfahren diese Ergebnisse durch die Anwendung der Hypothesen der Originalstudie auf das hier rekrutierte Studierendensample.[1282]

1280 Vgl. z. B. *Tan, H.-T. / Kao, A.* (1999), S. 219 f.

1281 Eine Ausnahme bilden die Einschätzungen des Reservationspreises im Treatment D. Dieser wird über alle studentischen Versuchspersonengruppen hinweg signifikant niedriger eingeschätzt.

1282 Siehe Abschnitt 7.2.5.

Unter Berücksichtigung aller methodischen Restriktionen, die einerseits aus der systematischen Replikation der Forschungsergebnisse von LUFT / LIBBY sowie andererseits aus der Tatsache, dass insgesamt eher kleine und über die Treatments hinweg ungleich große Stichprobenumfänge vorliegen, resultieren, liefert die hier vorgestellte zweite Studie weitere empirische Erkenntnisse über das Potenzial studentischer Surrogate bei mittlerer Vernetztheit. Insbesondere die Wirkung des hypothetisierten Moderators bei niedriger und erhöhter Vernetztheit kann jedoch nur vor dem Hintergrund des im folgenden Kapitel dokumentierten zweiten Experiments beurteilt werden.

8 Forschungsdesign und Ergebnisse der 3. Studie

„[R]esults based on students are likely to be ecologically valid if they are replicated or corroborated by results based on employees or managers.“[1283]

Mit dem im vorangegangenen Kapitel dokumentierten Laborexperiment ist gezeigt worden, dass bei einer mittleren Vernetztheit studentische Versuchspersonen, insbesondere Studierende der Wirtschaftswissenschaften, geeignete Surrogate für Manager darstellen können. Um den potenziellen Gültigkeitsbereich der Generalisierbarkeit erweitern zu können, muss die Untersuchung der Qualität der Subjekt-Surrogation bei niedriger und hoher Vernetztheit Gegenstand weiterer Forschung sein. Daher wird hier auf der Grundlage der zweiten Studie erneut eine systematische Replikation durchgeführt, wobei gegenüber der Ursprungsuntersuchung explizit die Bestandteile der Vernetztheit manipuliert werden.[1284] Dies trägt unmittelbar zur Erhöhung der Situationsvalidität der Forschungsergebnisse bei.[1285] Die neuen experimentellen Aufgaben werden daraufhin erneut an einem studentischen Sample getestet. Um deren JDM-Performance zur Einschätzung der Qualität der Subjekt-Surrogation mit der JDM-Performance von Professionals abgleichen zu können, wird für dieses Experiment zusätzlich eine professionelle Versuchspersonengruppe rekrutiert. Diese Intragruppenvergleiche ermöglichen einerseits eine Unterstützung der Ergebnisse des ersten Laborexperiments sowie andererseits die Überprüfung der im fünften Kapitel für eine niedrige und erhöhte Vernetztheit formulierten Forschungshypothesen. Analog zur Vorgehensweise im voranstehenden Kapitel wird auch hier zunächst das Forschungsdesign vorgestellt (8.1). Die Ergebnisse und die Datenanalyse des Experiments folgen in Abschnitt 8.2. Abgeschlossen wird das Kapitel durch die Diskussion der Erkenntnisbeiträge dieser Untersuchung zur interessierenden Fragestellung in Abschnitt 8.3.

[1283] *Bello, D. et al.* (2009), S. 363.
[1284] Vgl. *Hussy, W. / Jain, A.* (2002), S. 140.
[1285] Siehe Abschnitt 7.1.9.

8.1 Design

8.1.1 Aufgaben-, Experimentdesign und Versuchspersonen: Darstellung der Studie und Operationalisierung der unabhängigen und abhängigen Variablen

Das Aufgabendesign entspricht demjenigen des ersten Laborexperiments,[1286] d. h. die Versuchspersonen werden weiterhin mit einem innerbetrieblichen Verhandlungsprozess im Unternehmen „XYZ“ konfrontiert. Dieses Unternehmen besteht aus den zwei Abteilungen „Einzelteile“ und „Montage“. Die Abteilung „Einzelteile“ fertigt ihre Produkte einerseits für die weiterverarbeitende Abteilung „Montage“, kann andererseits diese aber auch am externen Markt veräußern. Analog dazu ist die Abteilung „Montage“ nicht auf den Bezug der Produkte von der anderen Abteilung angewiesen, da auch sie die Möglichkeit besitzt, am externen Markt zu operieren. Im Rahmen dieser Studie nimmt jeder Versuchsteilnehmer die hypothetische Position des Managers der Abteilung „Montage“ ein, um eine Einschätzung des zu erwartenden Transfer- sowie Reservationspreises vorzunehmen.

Um entsprechend des Untersuchungsziels das Urteils- und Entscheidungsverhalten von Studierenden und Managern bei unterschiedlicher Vernetztheit beobachten zu können, stellt neben der Versuchspersonengruppe die Vernetztheit die taskspezifische unabhängige Variable dar. Der Ausgangspunkt der Designüberlegungen ist die in der vorangegangenen Studie als „Treatment A“[1287] bezeichnete Versuchsbedingung, bei der mittlere Vernetztheit vorliegt.[1288] Beide unabhängigen Variablen sind in diesem Experiment aufgrund der oben diskutierten Argumente als Between Subject Variablen operationalisiert (4 x 3-Between Subject Design).[1289]

Ausgehend vom vorhandenen Treatment A_M sind zur Reduktion der Vernetztheit einige Faktoren aus dem Treatment eliminiert worden, wohingegen zur Erhöhung der Vernetztheit zusätzliche Faktoren und Vernetzungen integriert worden sind. Dies betrifft im Wesentlichen zusätzliche Informationen zur Kostenstruktur. *Tabelle 53* gibt exemplarisch ein Beispiel für eine derartig gestaltete Manipulation. Um den Effekt der Manipulation quantitativ darstellen

1286 Siehe Abschnitt 7.1.4.
1287 Der Marktpreis beträgt in diesem Treatment 50 T€ und die Versuchsperson nimmt die Rolle des Managers der Abteilung „Montage“ ein.
1288 Dieses Treatment wird im Folgenden als Treatment A_M bezeichnet. Entsprechend werden die beiden weiteren Treatments als A_N und A_H gekennzeichnet.
1289 Siehe Abschnitt 7.1.5.
Für die Stichprobenumfangsplanung gelten die gleichen Voraussetzungen und Annahmen wie beim vorangegangenen Laborexperiment. Siehe Abschnitt 7.1.7.

zu können, sind die drei Treatments entsprechend der in den Abschnitten 6.2.1 und 7.1.2 vorgestellten Verfahren bewertet worden (siehe *Tabelle 54*). Dabei zeigt sich, dass die Manipulation der Vernetztheit – auch in Relation zu den anderen untersuchten Studien – den intendierten Effekt bewirkt.

Niedrige Vernetztheit (A_N):	- entfällt -
Mittlere Vernetztheit (A_M):	Für die Abteilung „EINZELTEILE" würden bei Verkauf der Vorprodukte an den externen Markt zusätzliche Kosten (Inkassokosten, Werbung, etc.) entstehen, die sich bei unternehmensinterner Transaktion nicht ergeben würden. Für die Abteilung „MONTAGE" ergeben sich im Falle des externen Bezugs zusätzliche Anschaffungskosten (Qualitätstests, Einkaufskosten, etc.), die bei unternehmensinternem Kauf der Einzelteile nicht anfallen würden. Diese Kosten sind in ihrer Höhe schwierig einzuschätzen, woraus folgt, dass Ihnen niemand eine zuverlässige Kalkulation bereitstellen kann. Sie können jedoch annehmen, dass diese Kosten keinen Einfluss auf den Preis haben, sodass hier eine Unabhängigkeit besteht.
Hohe Vernetztheit (A_H):	Für die Abteilung „EINZELTEILE" würden bei Verkauf der Vorprodukte an den externen Markt zusätzliche Kosten (Inkassokosten, Werbung, etc.) entstehen, die sich bei unternehmensinterner Transaktion nicht ergeben würden. Für die Abteilung „MONTAGE" ergeben sich im Falle des externen Bezugs zusätzliche Anschaffungskosten (Qualitätstests, Einkaufskosten, etc.), die bei unternehmensinternem Kauf der Einzelteile nicht anfallen würden. Diese Kosten sind in ihrer Höhe nur zum Teil kalkulierbar und bestehen sowohl aus einem fixen als auch aus einem variablen Anteil. Diese nur teilweise kalkulierbaren Kosten haben einen indirekten Einfluss auf den Preis, da beispielsweise die zusätzlichen Kosten für Qualitätstests oder die Kosten für Werbemaßnahmen den Transferpreis erhöhen. Für die zusätzlich durchzuführenden Qualitätstests (Abteilung „MONTAGE") muss ein Mitarbeiter des Stammpersonals einmalig eine Qualitätsschulung besuchen. Zusätzlich wird er im Zeitraum der Prüfung dieser Einzelteile mit einem Stundenlohnzuschlag (abhängig vom Wert der Einzelteile) entlohnt. Für die bei unternehmensexternem Bezug notwendige Werbemaßnahme (Abteilung „EINZELTEILE") fallen ebenso einmalige Kosten für die Beauftragung eines Werbeexperten an, der zusätzlich eine umsatzabhängige Provision erhält (Provision pro 1.000 € Umsatz).

Tabelle 53: Beispiel zur Manipulation der Vernetztheit zur 3. Studie[1290]

	Niedrige Vernetztheit (A_N)	**Mittlere Vernetztheit (A_M)**	**Hohe Vernetztheit (A_H)**
Rating	1 - (2)	2	(2) - 3
Anzahl Faktoren	21	26	32
Anzahl Vernetztheitssysteme	2	2	2
Umfang Vernetztheitssysteme	Unternehmen (10); Transferpreis (11)	Unternehmen (10); Transferpreis (16)	Unternehmen (10); Transferpreis (22)

Tabelle 54: Einstufung der Vernetztheit der drei Treatments zur 3. Studie[1291]

1290 Eigene Darstellung.
1291 Eigene Darstellung.

Zusätzlich zu den drei bekannten Studierendensamples müssen für dieses Laborexperiment „reale" Manager rekrutiert werden. Daher müssen im Folgenden Kriterien festgelegt werden, die eine Abgrenzung dieser Probandengruppe ermöglichen.[1292] Nach STAEHLE ET AL. wird unter Management (aus einer institutionalen Perspektive) die „Beschreibung von Personen (-gruppen), die Managementaufgaben wahrnehmen"[1293], verstanden.[1294] Gemeinsames Charakteristikum dieser Individuen ist ihre Zugehörigkeit zu einer speziellen hierarchischen Ebene innerhalb eines Unternehmens. In der Regel wird dafür zwischen einem unteren, mittleren und oberen Management differenziert.[1295] Die zu rekrutierenden Manager müssen demnach Angehörige einer dieser Hierarchieebenen sein. Die entsprechende Zugehörigkeit wird im Post-Test-Fragebogen erhoben. Hinzu wird vorausgesetzt, dass sie entweder über Kosten-, Ergebnis und / oder Personalverantwortung verfügen. Auch diese Eigenschaft wird im Post-Test-Fragebogen abgefragt.

Die Wirkung der Treatmentvariation (outputorientierte JDM-Performance[1296]) wird identisch zum ersten Laborexperiment anhand der Einschätzung des Transferpreises sowie der Prognose des Reservationspreises erhoben. Der Abstand in der JDM-Performance von Professionals und Studierenden wird weiterhin als Maß für die Qualität der Subjekt-Surrogation verwendet.[1297]

8.1.2 Post-Test-Fragebogen: Operationalisierung weiterer Variablen

Nach der Durchführung der laborexperimentellen Aufgabe bearbeiten die Versuchspersonen einen Post-Test-Fragebogen.[1298] Dieser unterscheidet sich in den demografischen Angaben, die für die professionellen und studentischen Versuchspersonen erhoben werden. Während bei den Studierenden das Geschlecht, das Alter, der Studiengang, das Semester, die Hochschule / Universität, die bisherige Berufserfahrung sowie die Erfahrung mit Transferpreisen abgefragt werden, interessiert bei Professionals deren Geschlecht, Alter, Ausbildung / Studium, aktuelle Position im Unternehmen sowie ebenfalls die allgemeine Berufserfahrung und

1292 Für den Kontext der Wirtschaftsprüfung liefert *Grey, C.* (1998) ein anschauliches Beispiel.

1293 *Staehle, W. H.* (1999), S. 71.

1294 Diese umfassen im Wesentlichen Planungs- und Führungsaufgaben (vgl. *Staehle, W. H.* (1999), S. 72 f.). Im Sinne der Managerial and Organizational Cognition Theory hat das Management die unterschiedlichen, zum Teil konfligierenden Ansprüche zahlreicher Anspruchsgruppen innerhalb eines Unternehmens zu integrieren. Siehe Abschnitt 5.1.

1295 Vgl. *Staehle, W. H.* (1999), S. 89.

1296 Siehe Abschnitte 5.2 und 5.3.

1297 Exemplarisch ist in Anhang XIX das experimentelle Design des Treatments A_H dargestellt.

1298 Exemplarisch ist in Anhang XIX der Post-Test-Fragebogen für studentische Versuchsteilnehmer dargestellt.

die Berufserfahrung mit Transferpreisen. Außerdem müssen sie angeben, ob sie über Kosten-, Ergebnis- und / oder Personalverantwortung verfügen.

Der weitere Verlauf des Post-Tests ist für alle vier Versuchspersonengruppen identisch gestaltet und beinhaltet die vier bekannten Kriterien (Komplexität, Anzahl an Faktoren, Vernetztheit, problemlösungsrelevantes Wissen).[1299] Gegenüber dem vorangegangenen Experiment wird, da bei den unterschiedlichen Vernetztheitsgraden unterschiedliches problemlösungsrelevantes Wissen erforderlich ist, zusätzlich zum (problemlösungsrelevanten) deklarativen[1300] das (problemlösungsrelevante) prozedurale Wissen erhoben. Dieses ist jedoch nicht verbalisierbar und somit hier nicht unmittelbar zugänglich.[1301] Deshalb wird stattdessen pragmatischerweise davon ausgegangen, dass bei dessen Vorhandensein Merkmale von (relativer) Expertise erfüllt sein müssen. Es wird empfohlen, nicht nur eine dieser Eigenschaften zu erheben, sondern eine Kombination mehrerer Maße zu verwerden.[1302] In einer Vielzahl an Studien wird diese Expertise durch die (Berufs-)Erfahrung der Probanden operationalisiert.[1303] Der wesentliche Vorteil dieser Vorgehensweise liegt in der guten Messbarkeit. Daher wird im vorliegenden Fall zum einen der Grad an Expertise mit der vorliegenden Thematik über die konkrete Berufserfahrung mit Transferpreisen erhoben. Außerdem zeigen Untersuchungen, dass Individuen mit einem der Problemstellung adäquaten Wissen ein geringeres Überlastungsempfinden aufweisen.[1304] Zweite Maßgröße ist deshalb das individuelle Überlastungsempfinden. Als Erhebungsinstrument wird auf eine im deutschsprachigen Raum bereits erfolgreich eingesetzte fünfstufige Single-Item-Skala („Haben Sie sich durch die Menge der zur Verfügung gestellten Informationen überlastet gefühlt?") rekurriert.[1305]

Um für das problemlösungsrelevante prozedurale Wissen eine mit dem problemlösungsrelevanten deklarativen Wissen deckungsgleiche dreistufige Skalierung zu erhalten, wird jeweils für das Vorhandensein von mehr als zwölf Monaten Berufserfahrung mit Transferpreisen und ein individuelles Überlastungsempfinden von maximal 3 („indifferent") ein Punkt vergeben.

1299 Die Skalen der ersten drei Kriterien sind unverändert übernommen worden. Siehe Abschnitt 7.1.6.

1300 Im Unterschied zum vorangegangenen Experiment werden die Antworten der Versuchspersonen nicht mehr auf einer fünfstufigen Likert-Skala erhoben. Stattdessen können die Probanden zwischen den drei Antwortmöglichkeiten „ja", „nein" und „weiß ich nicht" auswählen, wobei sie nur für die korrekte Antwort einen Punkt erhalten.

1301 Siehe Abschnitt 5.5.

1302 Vgl. *Bromme, R.* (2014), S. 46-49; *Schwind, J.* (2011), S. 120 und die jeweils dort angegebene Literatur.

1303 Für eine ähnliche Vorgehensweise vgl. z. B. *Stuart, I. C. / Prawitt, D. F.* (2012), S. 199; *Schwind, J.* (2011), S. 119-122; *Stone, D. N. / Hunton, J. E. / Wier, B.* (2000), S. 703-705; *Tan, H.-T. / Kao, A.* (1999), S. 216; *Tan, H.-T. / Libby, R.* (1997), S. 105 f.

1304 Vgl. *Volnhals, M.* (2010), S. 114 und die dort angegebene Literatur; *Medin, D. L. / Ross, B. H. / Markman, A. B.* (2005), S. 428.

1305 Vgl. *Volnhals, M.* (2010), S. XXX (Anhang).

Aus der Addition und der Verschiebung um eins ergibt sich dadurch analog eine Abstufung von niedrigem (1), mittlerem (2) und hohem (3) problemlösungsrelevantem prozeduralem Wissen. Da dieses bei steigender Problemkomplexität zunehmend zur Lösung von Problemen benötigt wird,[1306] errechnet sich das von den Versuchsteilnehmern in die Experimentsituation eingebrachte problemlösungsrelevante Wissen aus der Summe des deklarativen Wissens und jeweils eines Anteils an prozeduralem Wissen.[1307] Dieser Anteil beträgt pragmatischerweise im Treatment A_N ein Drittel, im Treatment A_M zwei Drittel und im Treatment A_H drei Drittel. Um weiterhin mit einer Skala von 1 bis 3 operieren zu können, wird die Summe im Anschluss entsprechend durch vier Drittel, fünf Drittel und sechs Drittel dividiert.

8.1.3 Durchführung des Laborexperiments: Administration und Herausforderungen

Aufgrund der diskutierten Schwierigkeit, ein Laborexperiment mit Professionals zu einem oder mehreren Zeitpunkten an einen vorgegebenen Ort (Labor) mit der traditionellen „Paper-Pencil-Methode" durchzuführen,[1308] werden den Versuchsteilnehmern hier die Experimentmaterialien im Unterschied zur vorangegangenen Studie in digitaler Form präsentiert. Während die studentischen Probanden den laborexperimentellen Task weiterhin in einem „echten" Labor an der Universität bearbeiten können, ermöglicht die digitale Umsetzung des Laborexperiments eine Online-Distribution, die dem Forschenden einen Zugang zu bisher unerreichbaren Forschungsteilnehmern ermöglicht.[1309] Somit werden Professionals in die Lage versetzt, an einem von ihnen präferierten Ort am Experiment teilnehmen können.[1310] Diese als internetbasierte Experimente bezeichnete Methode kann folgendermaßen definiert werden:

> „We define a BAR Internet-based experiment as an experiment that investigates an accounting issue using the Internet to administer stimuli, collect data, and recruit participants. Our definition encapsulates two Internet technologies (i. e., email and the World Wide Web [WWW]), either or both of which can be used for administering, collecting, and recruiting purposes."[1311]

1306 Siehe Abschnitte 5.4 und 5.5.

1307 Für eine ähnliche Vorgehensweise siehe Abschnitt 6.1.

1308 Siehe Abschnitt 4.1.4.

1309 Vgl. *Bryant, S. M. / Hunton, J. E. / Stone, D. N.* (2004), S. 107.
Originalzitat: „Given the growth and significance of Internet use across global communities, academics have unprecedented access to heretofore inaccessible research populations."

1310 Vgl. *Brandon, D. M. et al.* (2014), S. 1-3; *Alexander, R. M. / Blay, A. D. / Hurtt, R. K.* (2006), S. 207-209; *Reips, U.-D.* (2000), S. 101 f.

1311 *Bryant, S. M. / Hunton, J. E. / Stone, D. N.* (2004), S. 109.

In der Behavioral Accounting-Forschung erfährt diese Form der Durchführung von Experimenten seit der Publikation von BRYANT / HUNTON / STONE aus dem Jahre 2004[1312] zunehmende Beliebtheit,[1313] da auf diese Art und Weise die Kosten, die durch die Rekrutierung von Professionals entstehen, signifikant gesenkt werden können.[1314] So sind im Zeitraum von 2000 bis 2012 in 13 führenden Accounting Journals insgesamt 115 Studien, die diese Methode der Datensammlung einsetzen, publiziert worden, wobei sich die Zahl von zwei Artikeln pro Jahr zu Beginn auf 24 pro Jahr am Ende des Untersuchungszeitraums kontinuierlich gesteigert hat.[1315] Als zentraler Treiber dieser Entwicklung kann das Aufkommen von kommerziellen wie nicht-kommerziellen Anbietern identifiziert werden,[1316] die die digitale Umsetzung und Distribution der Materialien auch für Anwender mit verhältnismäßig geringem technischen Verständnis bzw. Programmierfähigkeiten ermöglichen.[1317] COOK / LORAAS liefern ein Beispiel, wie anhand dieser Methode ein vollständiges 2 x 2-Design mit einer randomisierten Zuteilung der Versuchspersonen zu einem der vier Treatments umgesetzt werden kann.[1318] An ihre Grenzen stößt die Methode dann, wenn die Versuchsperson in physische Interaktion mit dem Forschenden oder anderen Experimentteilnehmern treten soll, was allerdings im Kontext der verhaltenswissenschaftlichen Rechnungswesenforschung bisher eine untergeordnete Rolle einnimmt.[1319]

Während in den Anfangsjahren die Distribution im Wesentlichen auf das Versenden von Emails mit Links limitiert gewesen ist, ermöglichen dem Forschenden heute die sozialen Medien vielversprechenden Zugang zu Professionals.[1320] BRANDON ET AL. verweisen auf über 1.000 bestehende Accounting-Gruppen bei FACEBOOK.[1321] Für eine neue FACEBOOK-Gruppe

---

1312 Vgl. *Bryant, S. M. / Hunton, J. E. / Stone, D. N.* (2004).

1313 In der psychologischen Forschung werden internetbasierte Experimente schon seit ca. 1995 eingesetzt (vgl. *Wilson, T. D. / Aronson, E. / Carlsmith, K.* (2010), S. 63; *Birnbaum, M. H.* (2000), S. xv). Auch hier wird konstatiert: „the method is thriving“ (*Reips, U.-D.* (2000), S. 89).

1314 Vgl. *Berinsky, A. J. / Huber, G. A. / Lenz, G. S.* (2012), S. 351; *Alexander, R. M. / Blay, A. D. / Hurtt, R. K.* (2006), S. 209.

1315 Vgl. *Brandon, D. M. et al.* (2014), S. 4.
Zu einem ähnlichen Ergebnis kommen auch BRYANT / HUNTON / STONE, die bis 2002 zwar viele Arbeitspapiere, die internetbasierte Experimente dokumentieren, identifizieren, jedoch nur fünf Zeitschriftenpublikationen. Vgl. *Bryant, S. M. / Hunton, J. E. / Stone, D. N.* (2004), S. 109 und die dort angegebene Literatur.

1316 Einen Überblick über die (im englischsprachigen Raum) am weitesten verbreiteten Anbieter sowie deren individuellen Vor- und Nachteile diskutieren *Brandon, D. M. et al.* (2014), S. 6-17.

1317 Vgl. *Brandon, D. M. et al.* (2014), S. 2; *Bryant, S. M. / Hunton, J. E. / Stone, D. N.* (2004), S. 108.
Diese Services bieten in der Regel neben umfangreichen Dokumentationen und Tutorials diverse weitere Möglichkeiten wie u. a. unterschiedliche Frageformate, das Nachverfolgen oder Blockieren von IP-Adressen, die randomisierte Zuteilung von Probanden zu einzelnen Treatments, Datenvalidierungen sowie die Möglichkeit zum Datenexport in gängige Statistikprogramme an. Vgl. *Brandon, D. M. et al.* (2014), S. 5.

1318 Vgl. *Cook, K. / Loraas, T.* (2013), zitiert nach: *Brandon, D. M. et al.* (2014), S. 5.

1319 Vgl. *Berinsky, A. J. / Huber, G. A. / Lenz, G. S.* (2012), S. 351, FN 4.

1320 Vgl. *Brandon, D. M. et al.* (2014), S. 3, FN 3.

1321 Vgl. *Brandon, D. M. et al.* (2014), S. 3, FN 3.

mit Mitgliedern, die ihre Forschungskriterien erfüllen, rekrutiert BRICKMAN BHUTTA innerhalb eines Monats in etwa 7.000 Personen, von denen wiederum 2.500 ihren Fragebogen in den ersten fünf Tagen und insgesamt über 3.500 im ersten Monat bearbeiten.[1322]

Um im Sinne der hier durchgeführten systematischen Replikation mit dem ersten Laborexperiment vergleichbare Ergebnisse erzielen zu können, muss sogenannte Konvergenzvalidität vorliegen. Diese stellt einen Teilaspekt der Konstrukt- bzw. allgemein der externen Validität dar und drückt aus, inwiefern die im Labor erzielten Ergebnisse mit denjenigen außerhalb eines „echten" Labors übereinstimmen.[1323] Auch wenn die Konvergenzvalidität von internetbasierten Experimenten häufig kritisch hinterfragt wird, zeigen Studien aus unterschiedlichen Disziplinen, dass diese in der Regel gewährleistet ist.[1324] Im vorliegenden Fall ermöglicht der Abgleich der an Studierenden erhobenen Variablen im Treatment mit mittlerer Vernetztheit (Treatment A im ersten bzw. A_M im zweiten Experiment) aus beiden Experimenten einen Test der Konvergenzvalidität.[1325]

Die technische Administration erfolgt über den Anbieter SOSCI SURVEY (OFB - DER ONLINE-FRAGEBOGEN). Hierbei können die Versuchspersonen durch Eingabe eines Links in ihren Browser auf das Experiment zugreifen. Dieser Link wird per Email, in sozialen Netzwerken (u. a. FACEBOOK und XING) sowie durch die persönliche Ansprache in Vorlesungen (bei Studierenden) den potenziellen Versuchspersonen übermittelt.

Die Experimentmaterialien entsprechen bis auf die neuen experimentellen Manipulationen im Experimentdesign und deren Kontrolle im Post-Test-Fragebogen dem vorangegangenen Laborexperiment. Um den Anreiz der Teilnahme zu steigern, wird im Rahmen der Instruktion auf ein Gewinnspiel mit der Aussicht auf den Gewinn von einem von drei AMAZON-Gutscheinen im Wert von je 50 € hingewiesen, an dem jede Versuchsperson teilnehmen kann, die das Experiment bis zum Ende bearbeitet. Die Bearbeitung erfolgt weiterhin anonym. Nach der Durchführung besteht für die Teilnehmer die Möglichkeit, per Eingabe ihrer Email-Adresse eine Kurzzusammenfassung der Studienergebnisse zu erbitten sowie davon unabhängig am Gewinnspiel teilzunehmen. Die gespeicherten Adressen werden losgelöst vom übrigen Datensatz gespeichert. Eine Begrenzung der zur Verfügung gestellten Zeit wird nicht vorgenommen.

1322 Vgl. *Brickman Bhutta, C.* (2012), S. 67.

1323 Vgl. *Alexander, R. M. / Blay, A. D. / Hurtt, R. K.* (2006), S. 211. Siehe Abschnitt 3.2.

1324 Vgl. z. B. *Berinsky, A. J. / Huber, G. A. / Lenz, G. S.* (2012), S. 361 f.; *Alexander, R. M. / Blay, A. D. / Hurtt, R. K.* (2006), S. 208 und die dort angegebene Literatur; *Krantz, J. H. / Dalal, R.* (2000), S. 42-48.

1325 Für eine ähnliche Vorgehensweise vgl. z. B. *Alexander, R. M. / Blay, A. D. / Hurtt, R. K.* (2006), S. 211. Siehe Abschnitt 8.2.5.

Wie im Abschnitt 7.1.9 erläutert, erhöht sich durch die Variation des laborexperimentellen Tasks die Situationsvalidität des Experiments gegenüber der Originalstudie. Dadurch erfährt die Repräsentativität der Erkenntnisse hinsichtlich des Zusammenspiels von Treatment und Kausalbeziehung einen größeren Geltungsbereich. Die Manipulation taskspezifischer Bestandteile ermöglicht es somit, die Angemessenheit studentischer Surrogate bei unterschiedlicher Problemkomplexität im engsten Sinne beurteilen zu können. Da das experimentelle Design den Vergleich mit Ergebnissen der zweiten Studie zulässt, können potenzielle Einschränkungen der Konvergenzvalidität kontrolliert werden.[1326]

8.1.4 Zusammenfassung des Forschungsdesigns

Die hier durchgeführte dritte Studie ist eine systematische Replikation des im siebten Kapitel dokumentierten Laborexperiments. Um die Angemessenheit studentischer Surrogate auch bei niedriger und hoher Vernetztheit beurteilen zu können, werden Manager sowie unterschiedliche studentische Versuchspersonengruppen Treatments mit variierter Vernetztheit ausgesetzt und deren JDM-Performance vergleichen. Die hierbei zu untersuchenden Hypothesen sowie die jeweiligen Operationalisierungen der unabhängigen und abhängigen Variablen zur Überprüfung der postulieren Zusammenhänge können *Tabelle 55* entnommen werden. In der nachstehenden *Abbildung 30* sind abschließend alle relevanten Elemente des Forschungsdesigns überblicksartig skizziert.

8.2 Ergebnisse und statistische Datenanalyse

8.2.1 Methodische Vorgehensweise

Da hier im Gegensatz zur vorangegangenen Untersuchung die einzelnen Messwerte für alle Versuchspersonengruppen vollständig vorliegen, können prinzipiell alle zum Testen der Hypothesen geeigneten statistischen Auswertungsmethoden zum Einsatz gebracht werden. Deren methodenspezifische Anwendungsvoraussetzungen stellen dabei die einzige Restriktion dar. Für die im vorliegenden Fall zu prüfenden acht Forschungshypothesen eignet sich die ausführlich in Abschnitt 6.2.1 erläuterte einfaktorielle Varianzanalyse, die die Gesamtvarianz der

[1326] Eine ausführliche Diskussion unterschiedlicher Validitätscharakteristika von internetbasierten Experimenten findet sich bei *Bryant, S. M. / Hunton, J. E. / Stone, D. N.* (2004), S. 116-121.

Variable(n)	Operationalisierung der Variable(n)	Quelle(n)	Hypothese(n)
Vernetztheit	3 unterschiedliche experimentelle Tasks mit unterschiedlicher Anzahl und Vernetzung der Faktoren (Vernetztheitsgrade)	*Luft, J. L. / Libby, R.* (1997)	H_1, H_2, H_3, H_4, H_6, H_7, H_8
Problemlösungsrelevantes Wissen	Messung im Post-Test-Fragebogen	*Stuart, I. C. / Prawitt, D. F.* (2012); *Schwind, J.* (2011); *Volnhals, M.* (2010); *Stone, D. N. / Hunton, J. E. / Wier, B.* (2000); *Tan, H.-T. / Kao, A.* (1999); *Tan, H.-T. / Libby, R.* (1997); *Bonner, S. E.* (1994); *Bonner, S. E. / Walker, P. L.* (1994); *Bonner, S. E. / Davis, J. S. / Jackson, B. R.* (1992); *Bonner, S. E. / Lewis, B. L.* (1990); *Wagner, R. K. / Sternberg, R. J.* (1987)	H_1, H_2, H_3, H_5
Versuchspersonen	Manager, Graduates der Wirtschaftswissenschaften, Undergraduates der Wirtschaftswissenschaften, Studierende anderer Fachbereiche	*Mortensen, T. / Fisher, R. / Wines, G.* (2012); *Luft, J. L. / Libby, R.* (1997); *Remus, W. E.* (1996); *Gordon, M. E. / Slade, L. A. / Schmitt, N.* (1986); *Hofstedt, T. R.* (1972)	H_1, H_2, H_3, H_4, H_5, H_6, H_7, H_8
Qualität der Subjekt-Surrogation	Abstand in der JDM-Performance bei Einschätzung des Transferpreises und Prognose des Reservationspreises von Professionals und Studierenden	*Bonner, S. E.* (2008); *Luft, J. L. / Libby, R.* (1997)	H_4, H_5, H_6, H_7, H_8
Komplexität, Anzahl an Faktoren, Vernetztheit	Messung im Post-Test-Fragebogen	*Bassler, A.* (2010); *Bonner, S. E.* (2008); *Dörner, D. et al.* (1983)	Kontrolle
Studierende: Geschlecht, Alter, Studiengang, Semesterzahl, Hochschule / Universität, allgemeine Berufserfahrung	Messung im Post-Test-Fragebogen	-	Kontrolle
Professionals: Geschlecht, Alter. Ausbildung / Studium, aktuelle Position im Unternehmen, allgemeine Berufserfahrung	Messung im Post-Test-Fragebogen	-	Kontrolle

Tabelle 55: Operationalisierung der Variablen zur 3. Studie[1327]

1327 Eigene Darstellung.

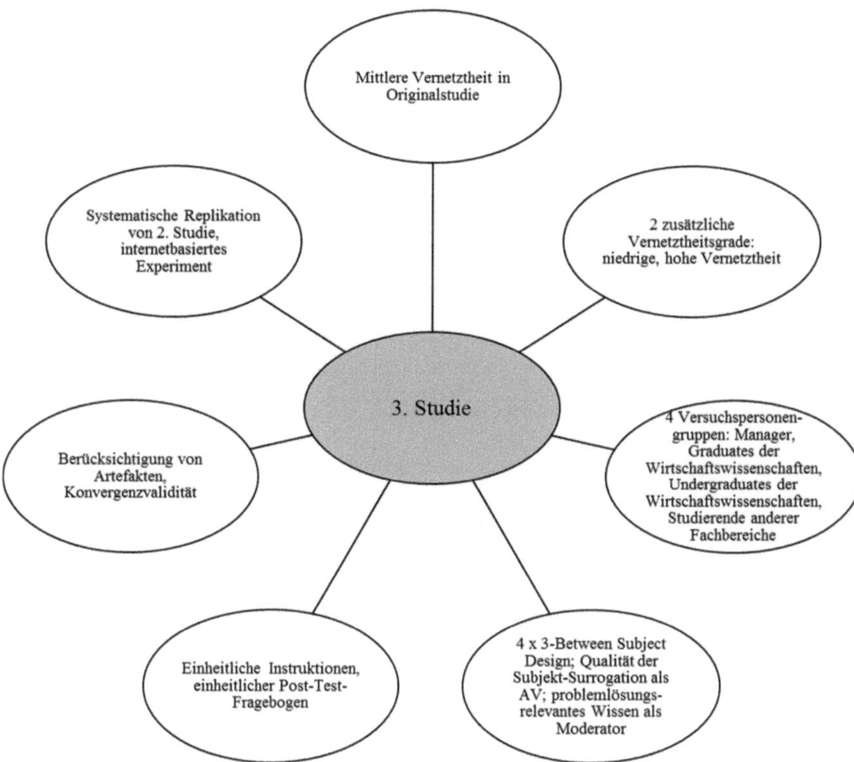

Abbildung 30: Zentrale Aspekte des Untersuchungsdesigns zur 3. Studie[1328]

Messwerte in einen systematischen (Effektvarianz) und einen unsystematischen (Residualvarianz) Bestandteil aufspaltet, in Kombination mit Post-Hoc-Prozeduren. Für den Fall, dass keine Varianzhomogenität in den Messwerten vorhanden ist, können alternativ robuste Testverfahren zur Untersuchung auf Mittelwertgleichheit eingesetzt werden.

In *Tabelle 56* ist dargestellt, wie die einzelnen Forschungshypothesen für diese Studie operationalisiert worden sind und welches inferenzstatistische Instrument zur Anwendung kommt.

[1328] Eigene Darstellung.

Hypothese	Operationalisierung der Forschungshypothesen	Test-instrument
H_1 H_2 H_3	Unterschiedliches problemlösungsrelevantes Wissen zwischen Professionals und drei studentischen Versuchspersonengruppen je nach Vernetztheit - Mittelwertgleichheit bzw. -unterschied bei problemlösungsrelevantem Wissen zwischen Professionals und studentischer Versuchspersonengruppe in Abhängigkeit der Vernetztheit - treatmentabhängig	Einfaktorielle Varianzanalyse
H_4	Geringere Qualität der Subjekt-Surrogation durch zunehmende Vernetztheit - Mittelwertunterschiede bei Qualität der Subjekt-Surrogation von niedriger auf mittlere Vernetztheit und von mittlerer auf hohe Vernetztheit - treatmentabhängig	Einfaktorielle Varianzanalyse
H_5	Hohe Qualität der Subjekt-Surrogation, wenn bei Managern und studentischen Versuchspersonen identisches problemlösungsrelevantes Wissen vorliegt - Mittelwertgleichheit bei JDM-Performance, wenn $W_P = W_S$ - treatmentabhängig	Einfaktorielle Varianzanalyse
H_6 H_7 H_8	Unterschiedliche Qualität der Subjekt-Surrogation je nach studentischen Versuchspersonen und Vernetztheit - Mittelwertgleichheit bzw. -unterschied bei JDM-Performance zwischen Professionals und studentischer Versuchspersonengruppe in Abhängigkeit der Vernetztheit - treatmentabhängig	Einfaktorielle Varianzanalyse

Tabelle 56: Operationalisierung der Forschungshypothesen zur 3. Studie[1329]

8.2.2 Ergebnisse des Pretests

Der Pretest der Studie ist im Juni 2015 mit zwei Professionals, sieben Studierenden der Wirtschaftswissenschaften (TU Kaiserslautern und Duale Hochschule Baden-Württemberg, Mannheim) und drei Studierenden anderer Fachbereiche (TU Kaiserslautern, Hochschule Kaiserslautern) durchgeführt worden. Die zentrale Zielsetzung dieses Pretests besteht darin, den Erfolg der gegenüber dem im vorangegangenen Kapitel dargestellten Experiment vorgenommenen Vernetztheitsmanipulation vorab abschätzen zu können und gegebenenfalls zu modifizieren. Außerdem können mithilfe des Pretests die neu hinzugefügten Skalen (z. B. prozedurales Wissen) getestet, sprachliche Unklarheiten eliminiert sowie technisch-administrative Herausforderungen, die sich aus der gewählten internetbasierten Umsetzung ergeben, identifiziert werden.

Die detaillierten Ergebnisse des Pretests können Anhang XX entnommen werden. In Kombination mit den von den Pretest-Teilnehmern verbal oder schriftlich geäußerten Anmerkungen deuten sie darauf hin, dass die Wirkungsrichtungen der Variablenmanipulation unter Berücksichtigung der Einschränkungen, die aus dem geringen Stichprobenumfang eines Pretests resultieren, einen Beitrag zur Beantwortung der Forschungsfragen leisten können. Zu beobach-

1329 Eigene Darstellung.

ten ist, dass die vorgenommene Erhöhung der Vernetztheit von einem niedrigen auf ein mittleres Niveau stärker als solche wahrgenommen wird als die von mittlerer auf hohe Vernetztheit. Das Design wird daher bis auf minimale sprachliche Änderungen in der Aufgabenbeschreibung unverändert für das Hauptexperiment eingesetzt.

8.2.3 Ergebnisse der deskriptiven Statistik des Hauptexperiments

An der Hauptuntersuchung haben im Zeitraum von Ende Juni bis Mitte August 2015 insgesamt 598 Personen teilgenommen, von denen 445 das Experiment vollständig bearbeitet haben. Aus dieser Menge sind wiederum 62 Teilnehmer aufgrund der oben beschriebenen Kriterien eliminiert worden.[1330] Aus dem Sample sind außerdem 24 Studierende anderer Fachbereiche exkludiert worden, da bei diesen aufgrund ihrer Angaben zur allgemeinen Berufserfahrung sowie der Berufserfahrung mit Transferpreisen davon auszugehen ist, dass sie über Erfahrung mit wirtschaftswissenschaftlichen Fragestellungen verfügen, die weit über diejenige, die sie im Studium erlangen können, hinausgeht. Anhand der Dokumentation der IP-Adressen sowie der gegebenenfalls von den Teilnehmern zu Gewinnspiel- und Informationszwecken hinterlegten Email-Adressen ist auf Mehrfachteilnahme kontrolliert worden. Im vorliegenden Sample ist auf diese Art und Weise eine Mehrfahrteilnahme identifiziert worden, die ebenfalls eliminiert worden ist.[1331] Letztendlich werden somit die Resultate von 358 Versuchsteilnehmern in die Auswertung aufgenommen.[1332]

Deren Verteilung auf die Treatments und ihre demografischen Merkmale sind in *Tabelle 57* zusammengefasst.[1333]

1330 Siehe Abschnitt 7.1.6.

1331 Diese Vorgehensweise kann jedoch potenziell weitere Mehrfachteilnahmen nicht vollständig ausschließen. Siehe Abschnitt 8.1.3.

1332 Die gesamte Mortalität beträgt demnach 40,1 %. Die aus dem Sample eliminierten Versuchsteilnehmer sind gleich auf alle drei Treatments verteilt (χ^2 = ,175; p = ,716). Anhand derjenigen 86 (von 240) Teilnehmer, die das Experiment bis zur Angabe ihres Versuchspersonenstatus bearbeitet haben, zeigt sich, dass hier Intragruppenunterschiede vorliegen (χ^2 = 10,564; p = ,001). Während aus dem Managersample nur 7,5 % eliminiert worden sind, sind es im Durchschnitt aller studentischen Probanden 22,5 %.

1333 Statistisch sind die Stichprobenumfänge innerhalb der einzelnen Zellen gleich groß (χ^2 = 7,272; p = ,296). Aufgrund der dem internetbasierten Experiment zugrunde liegenden Methode zur Randomisierung der Versuchspersonen wird nicht in jeder Zelle der errechnete Mindeststichprobenumfang von ca. 30 Versuchspersonen erreicht. Da sich jedoch die gesamten Versuchspersonen sowohl über alle Versuchspersonengruppen hinweg innerhalb der einzelnen Treatments als auch über alle Treatments hinweg innerhalb der einzelnen Versuchspersonengruppen auf ca. 120 bzw. ca. 90 summieren, kann der errechnete benötigte Stichprobenumfang als erreicht interpretiert werden.

Treatment	Stichprobengröße n		Alter (Ø in Jahren)	Geschlecht			Allgemeine Berufserfahrung (Ø in Monaten)	Berufserfahrung mit Transferpreisen (Ø in Monaten)	Wissen
				männlich	weiblich	keine Angabe			
A_N	Manager	37	40,46	29	8	0	168,32	56,11	2,0833
	Wiwi Graduates	28	25,43	21	7	0	8,54	,14	2,0179
	Wiwi Undergraduates	24	22,50	16	8	0	5,71	,00	1,9643
	Studierende anderer Fachbereiche	31	23,03	19	12	0	3,61	,00	1,6667
A_M	Manager	27	37,00	24	3	0	126,44	35,56	2,0615
	Wiwi Graduates	22	25,73	18	4	0	6,14	,27	1,9619
	Wiwi Undergraduates	28	22,18	20	8	0	5,75	,33	1,8370
	Studierende anderer Fachbereiche	36	23,39	21	15	0	2,44	,00	1,5813
A_H	Manager	22	34,29	14	8	0	104,18	20,73	2,0227
	Wiwi Graduates	32	25,19	26	5	1	12,61	,03	1,7419
	Wiwi Undergraduates	30	21,97	20	10	0	4,82	,00	1,7037
	Studierende anderer Fachbereiche	41	22,88	31	10	0	2,29	,05	1,5769
Gesamt	Manager	86	37,84	67	19	0	138,77	40,60	2,0599
	Wiwi Graduates	82	25,41	65	16	1	9,48	,13	1,8962
	Wiwi Undergraduates	82	22,20	56	26	0	5,40	,11	1,8247
	Studierende anderer Fachbereiche	108	23,09	71	37	0	2,72	,02	1,6050

Tabelle 57: Demografische Angaben zur 3. Studie[1334]

Tabelle 58 und *Tabelle 59* geben einen Überblick über die spezifischen Charakteristika des Managersamples und über diejenigen der drei unterschiedlichen Studierendensamples. Die Ausprägungen der beiden abhängigen Variablen sind differenziert nach den drei Treatments in den folgenden beiden Tabellen dargestellt (siehe *Tabelle 60* und *Tabelle 61*).

1334 Eigene Darstellung.

	Managersample (86 Vpn)
Studienabschluss:	55 Wirtschaftswissenschaften (63,9 %), 12 Ingenieurwissenschaften (13,9 %), 3 Physik (3,5 %), 2 Informatik (2,3 %), 2 Mathematik (2,3 %), 1 Biologie (1,2 %), 1 Chemie (1,2 %), 1 Medizin (1,2 %), 1 Sozialwissenschaften (1,2 %), 8 keine Angabe (9,3 %)
Aktuelle Position:	16 unteres Management (18,6 %), 20 mittleres Management (23,3 %), 19 oberes Management (22,1 %), 31 keine Angabe (36,0 %)
Personalverantwortung:	52 ja (60,5 %), 31 nein (36,0 %), 3 keine Angabe (3,5 %)
Kostenverantwortung:	46 ja (53,4 %), 36 nein (41,9 %), 4 keine Angabe (4,7 %)
Ergebnisverantwortung:	45 ja (52,3 %), 40 nein (46,5 %), 1 keine Angabe (1,2 %)

Tabelle 58: Spezifische Charakteristika des Managersamples zur 3. Studie[1335]

	Wiwi Graduates (82 Vpn)	Wiwi Undergraduates (82 Vpn)	Studierende anderer Fachbereiche (108 Vpn)
Studiengang:	62 Wirtschaftsingenieurwesen (75,6 %); 19 Betriebswirtschaftslehre mit technischer Qualifikation (23,2 %), 1 Wirtschaftsinformatik (1,2 %)	57 Wirtschaftsingenieurwesen (69,5 %); 24 Betriebswirtschaftslehre mit technischer Qualifikation (29,3 %), 1 Wirtschaftschemie (1,2 %)	24 Maschinenbau, Verfahrens- und Umwelttechnik (22,2 %), 17 Biologie (15,7 %), 17 Informatik (15,7 %), 12 Mathematik (11,1 %), 7 Chemie (6,5 %), 7 Elektro- und Informationstechnik (6,5 %), 7 Physik (6,5 %), 6 Lehramt (5,6 %), 5 Architektur, Raum- und Umweltplanung (4,6 %), 2 Bauingenieurwesen (1,9 %), 2 Sozialwissenschaften (1,9 %), 1 Facility Management (0,9 %), 1 Medizin (0,9 %)
Semester (Ø):	9,02	4,82	6,82
Hochschule / Universität:	81 TU Kaiserslautern (98,8 %), 1 Universität des Saarlandes (1,2 %)	80 TU Kaiserslautern (97,6 %), 2 Universität des Saarlandes (2,4 %)	103 TU Kaiserslautern (95,5 %), 1 Hochschule Rhein-Main (0,9 %), 1 Hochschule Kaiserslautern (0,9 %), 1 Universität des Saarlandes (0,9 %), 1 Universität Mainz (0,9 %), 1 Universität Trier (0,9 %)

Tabelle 59: Spezifische Charakteristika des Studierendensamples zur 3. Studie[1336]

Die in den obigen Tabellen ersichtliche Lage der 95 %-Konfidenzintervalle der beiden abhängigen Variablen des Managersamples zeigt, dass mit steigender Vernetztheit die Mittelwerte der studentischen Versuchspersonengruppe zunehmend außerhalb dieser Intervalle liegen. Eine Ausnahme bildet hier lediglich der Transferpreis im Treatment A_N. Außerdem ist zu beobachten, dass mit zunehmender Vernetztheit die Standardabweichung bei den Managern stark zurückgeht, während bei allen Studierendengruppen keine solche Veränderung vorliegt. Diese Indikatoren deuten darauf hin, dass die angenommene Verschlechterung der Qualität der Subjekt-Surrogation bei steigender Vernetztheit mit dem vorliegenden Datensatz nachgewiesen werden kann.

[1335] Eigene Darstellung.

[1336] Eigene Darstellung.

Treatment	Versuchspersonengruppe	N	Mittelwert	Standardabweichung	Standardfehler	95%-Konfidenzintervall für den Mittelwert		Minimum	Maximum
						Untergrenze	Obergrenze		
A_N	Manager	37	42,8378	9,54089	1,56851	39,6567	46,0189	20,00	60,00
	Wiwi Graduates	28	47,2857	8,86047	1,67447	43,8500	50,7214	30,00	60,00
	Wiwi Undergraduates	24	48,0000	10,70148	2,18443	43,4812	52,5188	30,00	75,00
	Studierende anderer Fachbereiche	31	48,1613	9,44845	1,69699	44,6956	51,6270	25,00	67,00
	Gesamt	120	46,2833	9,76891	,89178	44,5175	48,0491	20,00	75,00
A_M	Manager	27	46,5185	7,71298	1,48436	43,4674	49,5697	25,00	60,00
	Wiwi Graduates	22	47,6818	8,95697	1,90963	43,7105	51,6531	30,00	65,00
	Wiwi Undergraduates	28	42,6429	10,64656	2,01201	38,5146	46,7712	10,00	50,00
	Studierende anderer Fachbereiche	36	44,9722	9,55431	1,59239	41,7395	48,2049	25,00	62,00
	Gesamt	113	45,2920	9,37958	,88236	43,5438	47,0403	10,00	65,00
A_H	Manager	22	49,7273	4,54796	,96963	47,7108	51,7437	35,00	60,00
	Wiwi Graduates	32	47,3438	9,42751	1,66656	43,9448	50,7427	30,00	65,00
	Wiwi Undergraduates	30	46,4333	8,59705	1,56960	43,2231	49,6435	25,00	60,00
	Studierende anderer Fachbereiche	41	45,8780	9,50840	1,48496	42,8768	48,8793	30,00	70,00
	Gesamt	125	47,0640	8,60302	,76948	45,5410	48,5870	25,00	70,00

Tabelle 60: Deskriptive Statistik zur 3. Studie (Transferpreis)[1337]

Die deskriptiven Maße der über den Post-Test-Fragebogen erhobenen Messwerte (subjektiv empfundene Problemkomplexität, subjektiv empfundene Menge an probleminhärenten Faktoren, subjektive Vernetztheit dieser Faktoren, Überlastungsempfinden, problemlösungsrelevantes Wissen) sind separat für alle drei Treatments in Anhang XXI dargestellt. Die Lage der Mittelwerte für die drei subjektiv empfundenen Komplexitätsmerkmale weist weder zwischen den Versuchspersonengruppen noch zwischen den Treatments eine nach den Hypothesen erwartete Regelmäßigkeit auf.[1338] Es ist jedoch auch hier davon auszugehen, dass Mittelwerte von ca. 3 dahingehend zu interpretieren sind, dass alle drei Treatments von den Versuchspersonen als Problem und nicht als Aufgabe interpretiert worden sind. Als geeignetes Item, um die Abstufung der Vernetztheit zwischen den Treatments im Sinne eines Manipulationschecks zu demonstrieren, kann auf die von den Versuchspersonen empfundene Überlastung rekurriert

1337 Eigene Darstellung.

1338 Daher wird im Folgenden auch nicht weiter auf diese Items eingegangen.

werden. Dessen Mittelwerte steigen mit zunehmender Vernetztheit bei allen vier Versuchspersonengruppen kontinuierlich an.[1339] Hinzu kommt, dass alle Mittelwerte der an den studentischen Versuchspersonengruppen erhobenen Merkmalsausprägungen bei keinem Treatment innerhalb des 95 %-Konfidenzintervalls der Manager liegen.

Treatment	Versuchspersonengruppe	N	Mittelwert	Standardabweichung	Standardfehler	95%-Konfidenzintervall für den Mittelwert		Minimum	Maximum
						Untergrenze	Obergrenze		
A_N	Manager	37	36,0811	9,75072	1,60301	32,8300	39,3321	20,00	50,00
	Wiwi Graduates	28	36,6429	11,33730	2,14255	32,2467	41,0390	20,00	50,00
	Wiwi Undergraduates	24	39,2500	11,44077	2,33534	34,4190	44,0810	20,00	70,00
	Studierende anderer Fachbereiche	31	39,1613	11,40788	2,04892	34,9768	43,3457	15,00	62,00
	Gesamt	120	37,6417	10,86958	,99225	35,6769	39,6064	15,00	70,00
A_M	Manager	27	41,3333	8,36200	1,60927	38,0254	44,6412	20,00	54,00
	Wiwi Graduates	22	40,2727	8,24149	1,75709	36,6187	43,9268	25,00	50,00
	Wiwi Undergraduates	28	34,2500	11,44916	2,16369	29,8105	38,6895	10,00	50,00
	Studierende anderer Fachbereiche	36	36,6111	8,42879	1,40480	33,7592	39,4630	20,00	50,00
	Gesamt	113	37,8673	9,51738	,89532	36,0933	39,6412	10,00	54,00
A_H	Manager	22	44,1818	6,22312	1,32677	41,4226	46,9410	30,00	50,00
	Wiwi Graduates	32	35,8750	9,34897	1,65268	32,5043	39,2457	20,00	50,00
	Wiwi Undergraduates	30	37,0000	10,94500	1,99828	32,9131	41,0869	11,00	50,00
	Studierende anderer Fachbereiche	41	39,9756	10,04611	1,56894	36,8047	43,1466	20,00	65,00
	Gesamt	125	38,9520	9,87654	,88338	37,2035	40,7005	11,00	65,00

Tabelle 61: Deskriptive Statistik zur 3. Studie (Reservationspreis)[1340]

Beim treatmentunabhängig erhobenen deklarativen Wissen decken sich die 95 %-Konfidenzintervalle der Manager und der Studierenden der Wirtschaftswissenschaften, die der Manager und das der Studierenden anderer Fachbereiche sind dagegen fast vollständig überschneidungsfrei. Beim prozeduralen Wissen wiederum liegen die Mittelwerte aller studentischen Versuchspersonengruppen sehr nahe zusammen, während die Manager einen viel

[1339] Die einzige Ausnahme bilden die Graduates der Wirtschaftswissenschaften beim Übergang von niedriger auf mittlere Vernetztheit.

[1340] Eigene Darstellung.

höheren Wert auf dieser Skala erzielen. Außerdem ist hervorzuheben, dass kein studentischer Versuchsteilnehmer den Maximalwert 3 erzielt. Unter Berücksichtigung der oben erläuterten Berechnungsmethodik für das treatmentabhängige problemlösungsrelevante Wissen zeigt sich, dass sich die Struktur der 95 %-Konfidenzintervalle analog zum deklarativen Wissen verhält. Es ist allerdings zu erkennen, dass sich aufgrund der zunehmenden Bedeutung des prozeduralen Wissens die Mittelwerte zwischen den Managern und den Studierenden mit zunehmender Vernetztheit voneinander entfernen. Insgesamt deutet sich hier empirische Evidenz für das in der Theorie vermutete reduzierte Wissen fachfremder Studierender sowie ein mit steigender Vernetztheit gegenüber Professionals geringeres problemlösungsrelevantes Wissen von Studierenden allgemein an.

Die Ergebnisse der K-S-L-Tests zeigen, dass die Normalverteilungsannahme für fast alle Variablen verletzt wird. Die Ausnahme bilden die Reservationspreiseinschätzungen der Graduates in allen drei Treatments sowie der Undergraduates der Wirtschaftswissenschaften im Treatment A_N.[1341] Auch wenn sich die im Folgenden zum Hypothesentest eingesetzte Varianzanalyse ab einer Stichprobengröße von etwa 30 weitgehend robust gegenüber Verletzungen der Normalverteilungsannahme verhält, wird die inferenzstatistische Datenauswertung parallel mit den entsprechenden verteilungsfreien Verfahren durchgeführt.[1342] Da bei diesen softwarebedingt keine Post-Hoc-Tests durchgeführt werden können, müssen im Fall von mehr als zwei Stufen der jeweiligen unabhängigen Variablen als Ergänzung zu den paarweise durchgeführten Berechnungen mithilfe der Bonferroni-Holm-Prozedur eventuelle Fehlsignifikanzen eliminiert werden.[1343]

8.2.4 Ergebnisse der schließenden Statistik des Hauptexperiments

Die randomisierte Zuordnung der Versuchspersonen zu den einzelnen Treatments gewährleistet, dass mit Ausnahme der Altersstruktur der Manager ($p = ,029$) keine signifikanten Unterschiede in der demografischen Struktur (Alter, allgemeine Berufserfahrung, Berufserfahrung mit Transferpreisen, Semester bei Studierenden) der jeweiligen Versuchspersonengruppen in den drei Treatments vorliegen (alle $p > ,061$). Intragruppenvergleiche zeigen, dass die Manager gegenüber den Studierenden signifikant älter sind ($p = ,000$), über mehr allgemeine Berufserfahrung ($p = ,000$) sowie über mehr Berufserfahrung mit Transferpreisen ($p = ,000$) ver-

1341 Siehe Anhang XXII.
1342 Siehe Abschnitt 6.2.1.
1343 Diese Berechnungen werden aus Gründen der Übersichtlichkeit im Folgenden nicht weiter thematisiert.

fügen. Graduates der Wirtschaftswissenschaften sind sowohl gegenüber Undergraduates der Wirtschaftswissenschaften als auch gegenüber Studierenden anderer Fachbereiche signifikant älter sowie signifikant weiter im Studium fortgeschritten (alle p = ,000). Außerdem verfügen sie gegenüber den Studierenden anderer Fachbereiche über mehr allgemeine Berufserfahrung sowie Berufserfahrung mit Transferpreisen (alle p = ,000). Undergraduates der Wirtschaftswissenschaften sind darüber hinaus signifikant jünger als die Studierenden anderer Fachbereiche (p = ,022) sowie in einem geringeren Fachsemester (p = ,000). Hinsichtlich des Umfangs an Berufserfahrung mit Transferpreisen unterscheiden sich die drei studentischen Versuchspersonengruppen nicht (p = ,880). Außerdem bestätigt die inferenzstatistische Datenauswertung, dass im Sinne eines Manipulationschecks das Überlastungsempfinden der Versuchspersonen mit steigender Vernetztheit zunimmt (F = 6,576; p = ,000). Innerhalb dieser Versuchspersonen ist das Überlastungsempfinden der Manager treatmentunabhängig signifikant geringer als das der Studierenden (F = 41,126, p = ,000). Des Weiteren dokumentiert eine MANCOVA, dass zwischen den an den Versuchspersonen erhobenen demografischen Daten und den Einschätzungen des Transferpreises sowie des Reservationspreises kein Zusammenhang besteht.[1344] Der beim Harman-One-Factor-Test extrahierte Faktor erklärt im vorliegenden Fall lediglich 18,8 % der Varianz, sodass ein Common Method Bias mit hoher Wahrscheinlichkeit ausgeschlossen werden kann.

Die in Anhang XXVIII dokumentierten Korrelationsanalysen zeigen zudem, dass innerhalb der drei studentischen Versuchspersonengruppen und des Samples an Professionals Zusammenhänge zwischen den im Post-Test-Fragebogen erhobenen Kriterien bestehen. Da bei allen Kriterien die Normalverteilungsannahme verletzt ist, werden die Korrelationen mit dem verteilungsfreien Verfahren nach Spearman berechnet. Unter Anwendung der sequenziellen Bonferroni-Holm-Prozedur zur Verhinderung von Fehlsignifikanzen verbleiben folgende Korrelationen der vier Probandengruppen auf einem globalen Signifikanzniveau von 5 % (zweiseitig) signifikant:

- Alter und Semesterzahl (positiv): Graduates der Wirtschaftswissenschaften, Undergraduates der Wirtschaftswissenschaften, Studierende anderer Fachbereiche
- Alter und problemlösungsrelevantes Wissen (positiv): Undergraduates der Wirtschaftswissenschaften

1344 Eine Ausnahme bilden jeweils das Geschlecht bei Professionals (F = 4,893; p = ,032) und die Berufserfahrung bei Studierenden (F = 4,125; p = ,043) in der Reservationspreisbedingung.

- Berufserfahrung und problemlösungsrelevantes Wissen (negativ): Manager, Graduates der Wirtschaftswissenschaften, Undergraduates der Wirtschaftswissenschaften, Studierende anderer Fachbereiche
- Subjektiv empfundene Komplexität und subjektiv wahrgenommene Anzahl an Faktoren (positiv): Manager, Graduates der Wirtschaftswissenschaften, Studierende anderer Fachbereiche
- Subjektiv empfundene Komplexität und subjektiv empfundene Vernetztheit (positiv): Studierende anderer Fachbereiche
- Subjektiv empfundene Komplexität und Berufserfahrung (positiv): Manager, Graduates der Wirtschaftswissenschaften, Undergraduates der Wirtschaftswissenschaften, Studierende anderer Fachbereiche
- Subjektiv empfundene Vernetztheit und subjektiv wahrgenommene Anzahl an Faktoren (positiv): Studierende anderer Fachbereiche
- Subjektiv wahrgenommene Anzahl an Faktoren und Berufserfahrung (positiv): Studierende anderer Fachbereiche
- Subjektiv wahrgenommene Anzahl an Faktoren und problemlösungsrelevantes Wissen (negativ): Studierende anderer Fachbereiche

Die Hypothesen H_1 bis H_3 formulieren Aussagen über die Gleichheit bzw. Unterschiedlichkeit des problemlösungsrelevanten Wissens der Professionals und ihrer studentischen Surrogate bei niedriger, mittlerer und hoher Vernetztheit. Im Unterschied zur vorangegangenen Studie ist hier das problemlösungsrelevante Wissen aller vier interessierenden Versuchspersonengruppen erhoben worden, sodass die Hypothesentests mit einer Varianzanalyse bzw. ihren verteilungsfreien Pendants in Verbindung mit anschließenden Intragruppenvergleichen (Post-Hoc-Tests) durchgeführt werden können.[1345] Weiterhin ist zu berücksichtigen, dass nur bei H_1 und H_2 Varianzgleichheit vorhanden ist (Levene-Test: $p > ,186$), bei H_3 liegt keine Homogenität der Varianzen vor ($p = ,001$). In Anhang XXIII ist die vollständige statistische Datenauswertung dokumentiert.

Für den Fall niedriger Vernetztheit wird in H_1 lediglich ein Unterschied im problemlösungsrelevanten Wissen zwischen Managern und Studierenden anderer Fachbereiche vermutet. Während die Resultate der F-Statistik ($F = 3,113$; $p = ,029$) darauf hindeuten,[1346] dass Intragrup-

1345 Siehe Abschnitt 7.2.3.

1346 Die Ergebnisse sind identisch mit denjenigen des verteilungsfreien Kruskal-Wallis-Tests ($\chi^2 = 9,702$; $p = ,021$).

penunterschiede vorliegen, belegt die Post-Hoc-Prozedur nach Gabriel,[1347] dass die Ursache fast ausschließlich auf das gegenüber den anderen Versuchspersonengruppen geringere problemlösungsrelevante Wissen der fachfremden Studierenden zurückzuführen ist. So können unter Beachtung eines Alphaniveaus von 20 % die Hypothesen H_{1a} und H_{1b} akzeptiert werden (beide $p > ,973$). Da sich die Mittelwerte der Manager und der Studierenden anderer Fachbereiche auf einem 5 %-Alphaniveau unterscheiden ($p = ,029$), kann die Hypothese H_{1c} ebenfalls akzeptiert werden. Paarweise Vergleiche des Managersamples mit den drei studentischen Versuchspersonengruppen anhand des verteilungsfreien Mann-Whitney-U-Tests bestätigen die varianzanalytischen Ergebnisse.[1348]

Erhöht sich die Vernetztheit auf ein mittleres Niveau, wird in H_2 davon ausgegangen, dass nur noch die Graduates der Wirtschaftswissenschaften über ein mit den Managern identisches problemlösungsrelevantes Wissen verfügen. Sowohl der Post-Hoc-Test nach Gabriel als auch die Mann-Whitney-U-Tests zeigen erwartungsgemäß, dass sich einerseits Manager und Graduates der Wirtschaftswissenschaften in ihrem problemlösungsrelevanten Wissen nicht unterscheiden ($p_{Gabriel} = ,956$; $p_{Mann\text{-}Whitney} = ,426$) und dass andererseits der schon bei niedriger Vernetztheit vorhandene Wissensunterschied zwischen Managern und fachfremden Studierenden erhalten bleibt ($p_{Gabriel} = ,000$; $p_{Mann\text{-}Whitney} = ,000$). Demnach können die Teilhypothesen H_{2a} und H_{2c} akzeptiert werden. H_{2b} muss auf einem Alphaniveau von 5 % verworfen werden ($p_{Gabriel} = ,263$; $p_{Mann\text{-}Whitney} = ,064$). Auch wenn sich Manager und Undergraduates in ihrem prozeduralen Wissen unterscheiden ($p = ,000$), liegt aufgrund der getroffenen Annahme zur Zusammensetzung des problemlösungsrelevanten Wissens kein Unterschied vor.

In H_3 wird schließlich hypothetisiert, dass bei hoher Vernetztheit die Mittelwerte aller studentischen Versuchspersonengruppen vom Mittelwert der Manager differieren. Der aufgrund der fehlenden Homogenität der Varianzen angewandte Post-Hoc-Test nach Games-Howell belegt diese Abweichung lediglich für die Studierenden anderer Fachbereiche statistisch (H_{3c}). Demgegenüber bestätigen die Mann-Whitney-U-Tests sowohl für die Graduates ($Z = -2,052$; $p = ,040$) als auch für die Undergraduates der Wirtschaftswissenschaften ($Z = -2,251$; $p = ,024$) den erwarteten Zusammenhang. Von daher können auch die Teilhypothesen H_{3a} und H_{3b} zumindest eingeschränkt akzeptiert werden. Unterstützung erfährt diese Argumentation durch das in Bezug zu den Managern signifikant geringere prozedurale Wissen aller studenti-

[1347] Zur Auswahlbegründing siehe Abschnitt 7.2.4.

[1348] Für H_{1a} betragen $Z = -,344$ und $p = ,731$, für H_{1b} betragen $Z = -,737$ und $p = ,461$ und für H_{1c} betragen $Z = -3,069$ und $p = ,002$.

schen Versuchspersonengruppen (alle $p < ,002$), dem zur Lösung eines Problems mit hoher Vernetztheit große Relevanz zukommt.

Inhalt der zweigestuften Hypothese H_4 ist die Annahme, dass sich die Qualität der Subjekt-Surrogation mit steigender Vernetztheit des laborexperimentellen Tasks verringert. Hierfür sind ausgehend vom Mittelwert der Transfer- und Reservationspreiseinschätzungen der Professionals die Differenzen zu den Einschätzungen der Studierenden berechnet worden.[1349] Die F-Werte der ANOVA ($F_{Transferpreis} = 16{,}671$; $F_{Reservationspreis} = 18{,}757$) sowie die χ^2-Werte ($\chi^2_{Transferpreis} = 48{,}756$; $\chi^2_{Reservationspreis} = 31{,}291$) des Kruskal-Wallis-Tests für drei unabhängige Gruppen zeigen auf, dass innerhalb der drei Treatments Mittelwertunterschiede vorliegen (alle $p = ,000$). Widersprüchliche Ergebnisse hinsichtlich des Verlaufs der Qualität der Subjekt-Surrogation liefert die Erhöhung der Vernetztheit von einem niedrigen auf ein mittleres Niveau. Während der Abstand für die Qualität der Subjekt-Surrogation in der Transferpreisbedingung entgegen der Annahme sogar signifikant geringer wird, fällt diese in der Reservationspreisbedingung erwartungsgemäß ($p_{Gabriel} = ,000$; $p_{Mann\text{-}Whitney} = ,000$). Auch wenn anhand der deskriptiven Maße eine Erhöhung des Abstandes in der Qualität der Subjekt-Surrogation für beide abhängige Variablen bei einer Erhöhung von mittlerer auf hohe Vernetztheit deutlich wird, lässt sich dieser Unterschied nicht auf Effektvarianz zurückführen ($p_{Gabriel} = ,556$; $p_{Mann\text{-}Whitney} = ,071$). Obwohl bei dieser Gesamtbetrachtung die unterschiedliche Versuchspersonenanzahl in den einzelnen studentischen Gruppen missachtet wird, liefert die separate Analyse des paarweisen Vergleichs von Professionals und einem Studierendensample keine weiterführenden Erkenntnisse, sodass auf eine umfassende Darstellung dieser Ergebnisse verzichtet wird. Alles in allem liegt im vorliegenden Datensatz zumindest ansatzweise empirische Evidenz für den in H_{4a} formulierten Zusammenhang vor. H_{4b} muss konsequenterweise abgelehnt werden.

Aufgrund der Bedeutung, die dem problemlösungsrelevanten Wissen als intervenierende Variable für den Erfolg einer studentischen Surrogation beigemessen wird, wird in H_5 angenommen, dass die Qualität der Subjekt-Surrogation hoch ist, wenn sich Manager und die studentische Versuchspersonengruppe darin nicht unterscheiden. Da sich der Mittelwert des problemlösungsrelevanten Wissens der Professionals über alle Treatments hinweg im Intervall von 2,02 bis 2,08 bewegt, wird zum Zwecke der Operationalisierung dieser Hypothese pragmatischerweise die JDM-Performance der Manager der JDM-Performance von denjeni-

1349 Die Dokumentation der errechneten statistischen Messgrößen findet sich in Anhang XXIV. Da für beide abhängigen Variablen Varianzhomogenität vorliegt ($p_{QSS(Transferpreis)} = ,957$; $p_{QSS(Reservationspreis)} = ,378$), wird auf die Dokumentation des robusten Welch-Tests im Anhang verzichtet.

gen Studierenden gegenübergestellt, die treatmentunabhängig ein problemlösungsrelevantes Wissen zwischen 1,75 und 2,25 aufweisen.[1350] Dabei handelt es sich in Addition um 94 Studierende (36,7 %). Der Anteil dieser Studierenden innerhalb der einzelnen Treatments verringert sich von 45,6 % bei niedriger auf 33,6 % bei mittlerer respektive 34,1 % bei hoher Vernetztheit. Erwartungsgemäß hält die Hypothese im Treatment A_N sowohl für die Transfer- ($F = 1,414$; $p = ,239$) als auch für die Reservationspreiseinschätzung ($F = ,234$; $p =,630$) einem Alphaniveau von 20 % stand.[1351] In den Treatments A_M[1352] und A_H [1353] überschreitet nur noch die Wahrscheinlichkeit für die Gleichheit der Mittelwerte in der Transferpreisbedingung das verschärfte Alphaniveau ($F= ,867$; $p = ,356$ bzw. $F = ,873$; $p = ,355$). Demgegenüber sind die Mittelwerte für die Reservationspreiseinschätzungen der beiden Gruppen statistisch nicht identisch ($p < ,043$), wobei die Studierenden gegenüber den Managern niedrigere Einschätzungen abgeben. Vor dem Hintergrund, dass die Preisschätzungen der Studierenden, deren problemlösungsrelevantes Wissen nicht mit demjenigen der Professionals identisch ist, noch weiter von den Mittelwerten der Professionals divergieren, kann der empirische Nachweis der Bedeutung des problemlösungsrelevanten Wissens für die Qualität der Subjekt-Surrogation als erbracht angesehen werden.

Die letzten drei Hypothesen beschreiben den Zusammenhang zwischen niedriger (H_6), mittlerer (H_7) und hoher (H_8) Vernetztheit jeweils als unabhängige Variable und der Qualität der Subjekt-Surrogation als abhängige Variable unter Berücksichtigung der Wahl der studentischen Surrogate als moderierende Variable. Da die Ergebnisse der deskriptiven Statistik der Hypothesentests schon in *Tabelle 60* und *Tabelle 61* dargestellt sind, werden in den Tabellen in Anhang XXVI nur noch die Ergebnisse der Varianzanalysen, der robusten Testverfahren und der Post-Hoc-Tests dokumentiert.

Im Treatment A_N[1354] liegt die Wahrscheinlichkeit, (mindestens) den F-Wert unter der Nullhypothese zu erreichen, bei den beiden paarweisen Vergleichen von Managern und Studierenden der Wirtschaftswissenschaften sowohl für den Transfer- (beide $p > ,222$) als auch für den Reservationspreis (beide $p > ,841$) oberhalb des Alphaniveaus von 20 %, sodass die Nullhypothesen H_{6a} und H_{6b} akzeptiert werden können. Entgegen der in der Teilhypothese H_{6c} formulierten Annahme überschreitet die Wahrscheinlichkeit in beiden Bedingungen einen Alpha-

[1350] Für die Ergebnisse der Datenauswertung siehe Anhang XXV.

[1351] Der Levene-Test bestätigt in beiden Fällen die Homogenität der Varianzen (beide $p > ,497$).

[1352] Der Levene-Test bestätigt in beiden Fällen die Homogenität der Varianzen (beide $p > ,164$).

[1353] Der Levene-Test bestätigt in beiden Fällen die Verletzung der Varianzhomogenität (beide $p < ,009$).

[1354] Der Levene-Test bestätigt in beiden Fällen die Homogenität der Varianzen (beide $p > ,701$).

wert von 5 % (beide $p > ,137$),[1355] sodass von keinem Unterschied in der JDM-Performance von Managern und Studierenden anderer Fachbereiche bei niedriger Vernetztheit ausgegangen werden muss.

Unter Berücksichtigung homogener Varianzen in der Transferpreisbedingung ($p = ,339$) und heterogener Varianzen beim Reservationspreis ($p = ,045$) im Treatment A_M liegt die Wahrscheinlichkeit analog zum Treatment mit niedriger Vernetztheit für alle drei Teilhypothesen über dem jeweils zum Testen relevanten Alphaniveau.[1356] Das bedeutet, dass nur die Teilhypothese H_{7a}, in der von gleicher JDM-Performance von Managern und Graduates der Wirtschaftswissenschaften ausgegangen wird, angenommen werden kann. Demgegenüber müssen H_{7b} und H_{7c} verworfen werden.

In der letzten Hypothese wird schließlich angenommen, dass bei hoher Vernetztheit keine der drei studentischen Versuchspersonengruppen die JDM-Performance von Managern erzielt, d. h. die Hypothesentests werden auf einem Alphaniveau von 5 % geführt.[1357] Wie im Rahmen der Analyse der deskriptiven Statistik vermutet, bestätigt sich dies insbesondere für die Reservationspreiseinschätzungen der beiden wirtschaftswissenschaftlichen Studierendensamples (beide $p < ,022$). In der Transferpreisbedingung können allerdings weder die parametrischen noch die verteilungsfreien Testverfahren einen Unterschied in der JDM-Performance identifizieren, sodass H_{8a} und H_{8b} nur zum Teil bestätigt werden können. Für die Studierenden anderer Fachbereiche zwingen die Resultate beider Testverfahren bei den zwei abhängigen Variablen zur Ablehnung der Teilhypothese H_{8c} (beide $p_{Games\text{-}Howell} > ,143$; $p_{Mann\text{-}Whitney} > ,070$).

8.2.5 Ergebnis des Tests auf Konvergenzvalidität

Um mit dem hier als Forschungsdesign gewählten internetbasierten Experiment Ergebnisse erzielen zu können, die einen Beitrag zur Beantwortung der Frage nach der Eignung studentischer Surrogate in Laborexperimenten leisten können, ist das Vorliegen von Konvergenzvalidität unerlässlich. Nur dann können die Forschungsresultate über das Setting hinaus generali-

1355 In der Transferpreisbedingung deuten die Ergebnisse des Mann-Whitney-U-Tests auf den hypothetisierten Unterschied hin ($Z = -2,238$; $p = ,025$).

1356 In der Reservationspreisbedingung der Graduates der Wirtschaftswissenschaften sowie der Studierenden anderer Fachbereiche deuten die Ergebnisse der Mann-Whitney-U-Tests auf die hypothetisierten Unterschiede hin ($Z = -2,253$; $p = ,024$ bzw. $Z = -2,397$; $p = ,017$).

1357 Der Levene-Test bestätigt in beiden Fällen die Verletzung der Varianzhomogenität (beide $p < ,012$).

siert werden.[1358] Im vorliegenden Fall ermöglicht die gewählte systematische Replikation einen Abgleich, inwiefern die mit Studierenden im Labor erzielten Ergebnisse (2. Studie, Treatment A) mit denjenigen des internetbasierten Experiments (3. Studie, Treatment A_M) übereinstimmen. In der Literatur werden hierfür unterschiedliche statistische Verfahren eingesetzt (u. a. χ^2-Test, Korrelationsanalysen oder Mittelwertvergleiche).[1359] Aufgrund der hier vorliegenden Datenstruktur erfolgt der Test auf Konvergenzvalidität mithilfe von Mittelwertvergleichen aller an den Versuchspersonen erhobenen Variablen (multifaktorielle Varianzanalyse). Die beiden Tabellen in Anhang XXVII geben einen Überblick über die Ergebnisse der Datenauswertung.

Es ist ersichtlich, dass sich auf einem Alphaniveau von 20 %[1360] Haupteffekte für das Alter der Versuchspersonen ($F = 18{,}049$; $p = {,}000$), die subjektiv wahrgenommene Anzahl an Faktoren ($F = 3{,}526$; $p = {,}063$), die Berufserfahrung ($F = 2{,}578$; $p = {,}111$) sowie die subjektiv wahrgenommene Komplexität ($F = 2{,}400$; $p = {,}124$) ergeben.[1361] Hervorzuheben ist, dass alle drei für das Laborexperiment rekrutierten studentischen Versuchspersonengruppen jünger sind als die im internetbasierten Experiment, jedoch durchweg über mehr Berufserfahrung verfügen. Eine mögliche Ursache dieser widersprüchlichen Befunde kann darin liegen, dass in der zweiten Studie lediglich Studierende der TU Kaiserslautern am Versuch teilgenommen haben, während in der dritten Studie auch (in geringem Umfang) Studierende weiterer Universitäten mit anderen Curricula, die beispielsweise divergierende Regelungen bezüglich Praktika enthalten, partizipiert haben. Insgesamt zeigt sich anhand der großen Deckungsgleichheit bei den abhängigen und intervenierenden Variablen beider Samples, die fast ausnahmslos in identischen Ergebnissen bei den Hypothesentests resultieren, dass ein hohes Maß an Konvergenzvalidität gegeben ist.[1362]

8.3 Zusammenfassung des Kapitels und Interpretation der Ergebnisse

Die zur Beantwortung der Forschungsfragen formulierten Hypothesen mit den durch die dritte Studie gewonnenen Ergebnissen sind in *Tabelle 62* überblicksartig zusammengefasst. Die

---

1358 Siehe Abschnitt 8.1.3.

1359 Für einen Überblick vgl. *Krantz, J. H. / Dalal, R.* (2000), S. 42-48 und die dort angegebene Literatur.

1360 Siehe FN 974.

1361 Für die gleichen Variablen mit Ausnahme der Berufserfahrung kommen Interaktionseffekte hinzu.

1362 Unterschiedliche Ergebnisse liefern nur die Hypothesentests der Teilhypothesen H_{2a} und H_{2b}.

Hypothese	Inhalt				Status
	Vernetztheit	Versuchspersonengruppe	Abstand problemlösungsrelevantes Wissen zu Professionals	Qualität der Subjekt-Surrogation	
H_{1a}	niedrig	Graduates der Wirtschaftswissenschaften	niedrig		✓
H_{1b}	niedrig	Undergraduates der Wirtschaftswissenschaften	niedrig		✓
H_{1c}	niedrig	Studierende anderer Fachbereiche	hoch		✓
H_{2a}	mittel	Graduates der Wirtschaftswissenschaften	niedrig		✓
H_{2b}	mittel	Undergraduates der Wirtschaftswissenschaften	hoch		×
H_{2c}	mittel	Studierende anderer Fachbereiche	hoch		✓
H_{3a}	hoch	Graduates der Wirtschaftswissenschaften	hoch		(✓)
H_{3b}	hoch	Undergraduates der Wirtschaftswissenschaften	hoch		(✓)
H_{3c}	hoch	Studierende anderer Fachbereiche	hoch		✓
H_{4a}	Erhöhung von niedrig auf mittel			Verringerung	(✓)
H_{4b}	Erhöhung von mittel auf hoch			Verringerung	×
H_5		versuchspersonengruppen-unabhängig	niedrig	hoch	(✓)
H_{6a}	niedrig	Graduates der Wirtschaftswissenschaften		hoch	✓
H_{6b}	niedrig	Undergraduates der Wirtschaftswissenschaften		hoch	✓
H_{6c}	niedrig	Studierende anderer Fachbereiche		niedrig	×
H_{7a}	mittel	Graduates der Wirtschaftswissenschaften		hoch	✓
H_{7b}	mittel	Undergraduates der Wirtschaftswissenschaften		niedrig	×
H_{7c}	mittel	Studierende anderer Fachbereiche		niedrig	×
H_{8a}	hoch	Graduates der Wirtschaftswissenschaften		niedrig	(✓)
H_{8b}	hoch	Undergraduates der Wirtschaftswissenschaften		niedrig	(✓)
H_{8c}	hoch	Studierende anderer Fachbereiche		niedrig	×

Tabelle 62: Zusammenfassung der Hypothesentests zur 3. Studie[1363]

1363 Eigene Darstellung. Häkchen (Kreuze) symbolisieren eine bestätigte (abgelehnte) Hypothese. Eingeklammerte Symbole weisen auf eine nur zum Teil bestätigte oder abgelehnte Hypothese hin.

Motivation der hier dokumentierten dritten Studie ist es, einerseits den Gültigkeitsbereich der im vorangegangenen Laborexperiment aufgezeigten Effekte bei mittlerer Vernetztheit zu unterstützen und diesen andererseits durch die Erhöhung der Situationsvalidität[1364] auf ein größeres Spektrum an Vernetztheitsgraden auszuweiten. Daher wird auf der Basis dieser Studie aus dem siebten Kapitel erneut eine systematische Replikation durchgeführt, wobei explizit die Bestandteile der Vernetztheit so manipuliert werden, dass zu dem bestehenden Treatment zwei weitere Treatments mit niedriger und hoher Vernetztheit hinzugefügt werden. Hierfür werden in Anlehnung an die in den Abschnitten 7.1.1 und 7.1.2 erläuterten Möglichkeiten zur Quantifizierung der Vernetztheit der Originalstudie Faktoren, d. h. allgemeine Informationen, Tabellenelemente oder auch Kostenfunktionen, entnommen bzw. hinzugefügt.[1365] Auch wenn nachfolgende Analysen zeigen, dass die Versuchspersonen eine Abstufung in der Vernetztheit wahrgenommen haben, kann diese Untersuchung nicht klären, ob es auf dem „Vernetztheitskontinuum" quantifizierbare Schwellenwerte gibt, ab denen objektiv „niedrige", „mittlere" oder „hohe" Vernetztheit vorliegt.[1366] Dementsprechend sind nachfolgende Ergebnisse konsequenterweise auch ein Resultat der hier gewählten Vernetztheitsstufen.

Zur Einschätzung der Qualität der Subjekt-Surrogation wird an den zwei abhängigen Variablen, die als Maß der JDM-Performance dienen, aus Gründen der Vergleichbarkeit festgehalten, obwohl die vorangegangene Studie gezeigt hat, dass dies zu Schwierigkeiten bei der Interpretation der statistischen Datenauswertung der betreffenden Hypothesen (H_4 bis H_8) führen kann.[1367] Damit die JDM-Performance der studentischen Versuchspersonengruppen mit der JDM-Performance von Managern abgeglichen werden kann, wird in dieser Studie neben Graduates und Undergraduates der Wirtschaftswissenschaften sowie Studierenden anderer Fachbereiche eine professionelle Versuchspersonengruppe rekrutiert.[1368] Um den Herausforderungen zu begegnen, die sich stellen, wenn ein Laborexperiment mit Professionals zu einem oder mehreren Zeitpunkten an einem vorgegebenen Ort durchgeführt werden soll, werden den Versuchsteilnehmern in dieser Studie die Experimentmaterialien in Form eines sogenannten internetbasierten Experiments präsentiert.[1369] Übereinstimmend mit einer Vielzahl empirischer Belege für die Ähnlichkeit von in Labor- und in internetbasierten Experimenten erzielten Forschungsresultaten zeugen auch hier sowohl die inferenzstatistische Gegenüberstellung

1364 Siehe Abschnitt 8.1.3.
1365 Siehe Abschnitt 8.1.1.
1366 Siehe hierzu die Argumentationen in den Abschnitten 7.1.1 und 7.1.2.
1367 Erleichternd kommt hinzu, dass aufgrund des Neuarrangements der Treatments die Gesamtinterpretation nur noch auf der Grundlage von zwei statt acht einzelnen Hypothesentests erfolgt.
1368 Siehe Abschnitt 8.1.1.
1369 Siehe Abschnitt 8.1.3.

der Messwerte des Treatments A aus dem siebten Kapitel und der des Treatments A_M als auch die weitgehend gleichlaufenden Hypothesentests von hoher Konvergenzvalidität.[1370] Daher kann vermutet werden, dass die Ausprägungen der nur in der dritten Studie in den Treatments A_N und A_H erhobenen Variablen ebenfalls deckungsgleich innerhalb eines „klassischen" Laborexperiments gemessen worden wären.[1371] Wird der vorliegenden Studie diese Annahme zugrunde gelegt, ist das gesamte internetbasierte Experiment dazu in der Lage, den angestrebten Beitrag zur Generalisierung der Erkenntnisse hinsichtlich der Frage der laborexperimentellen Subjekt-Surrogation zu leisten. Da im hier angewandten Experimentdesign der Versuchspersonengruppenstatus eine unabhängige Variable darstellt, ist in diesem Kontext die Tatsache, dass aufgrund einer softwareseitig vorgegebenen randomisierten Zuordnung der Versuchsteilnehmer zu den einzelnen Treatments diese nicht gleichmäßig auf die einzelnen Zellen verteilt werden können, kritischer zu beurteilen.[1372]

Problemstellungen mit erhöhter Vernetztheit erfordern zur Lösung ein problemlösungsrelevantes Wissen, das sich aus deklarativem und prozeduralem Wissen zusammensetzt.[1373] Deshalb wird der Post-Test-Fragebogen um zwei Skalen gegenüber demjenigen im vorangegangenen Laborexperiment erweitert, die das subjektiv empfundene Überlastungsempfinden sowie die (Berufs-)Erfahrung der Versuchsteilnehmer mit Transferpreisen erheben.[1374] Insbesondere das empfundene Überlastungsempfinden, das theoriekonform bei Managern stets geringer ausgeprägt ist als bei Studierenden, deutet außerdem auf eine gelungene Vernetztheitsmanipulation hin. Die ursprünglich hierfür vorgesehenen Skalen entfalten kaum diskriminierende Wirkung zwischen den drei Treatments, sodass sich deren Aussagekraft darauf beschränkt, dass der experimentelle Task von den Probanden als Problem und nicht als Aufgabe wahrgenommen worden ist.[1375]

Die Tests der Hypothesen H_1 bis H_3 zeigen zunächst, dass das problemlösungsrelevante Wissen der Studierenden im Einklang mit den theoretischen Vorüberlegungen eine Funktion der Vernetztheit und des Studienfortschritts bzw. -fachs darstellt. So bestätigen die empirischen Resultate, dass Studierende anderer Fachbereiche unabhängig von der Vernetztheit bei diesem experimentellen Task nie über ein mit Managern identisches problemlösungsrelevantes Wissen verfügen. Demgegenüber haben Studierende der Wirtschaftswissenschaften mit zuneh-

1370 Siehe Abschnitt 8.2.5.
1371 Vgl. *Alexander, R. M. / Blay, A. D. / Hurtt, R. K.* (2006), S. 211.
1372 Siehe Abschnitt 8.2.3.
1373 Siehe Abschnitt 5.5.
1374 Siehe Abschnitt 8.1.2.
1375 Siehe Abschnitte 8.2.3 und 8.2.4.

mendem Studienfortschritt Teile des zur Lösung von Problemen mit erhöhter Vernetztheit benötigten prozeduralen Wissens in Theorie- und Praxisphasen innerhalb ihres Studiums erwerben können. Auch wenn Manager grundsätzlich keine Rechnungswesenexperten sind, übersteigt deren problemlösungsrelevantes Wissen bei hoher Vernetztheit aufgrund ihrer umfangreichen Berufs- und Problemlöseerfahrung nichtsdestotrotz dasjenige der Studierenden der Wirtschaftswissenschaften. Kritisch zu hinterfragen ist die im Rahmen der vorliegenden Untersuchung gewählte und in Abschnitt 8.1.2 erläuterte Methodik zur Berechnung des problemlösungsrelevanten Wissens. Die anteilige Berücksichtigung des als relevant erachteten Anteils prozeduralen Wissens erfolgt lediglich anhand pragmatischer und leicht operationalisierbarer Kriterien, eine exaktere Abgrenzung und Definition können umfassende theoretische und empirische Analysen des Tasks liefern.[1376]

Die dem Vergleichstyp II zuordenbare Hypothese H_4 untersucht den Einfluss der taskspezifischen Vernetztheit auf die Qualität der Subjekt-Surrogation. Damit unterliegt die Interpretation der Ergebnisse der oben erläuterten Problematik der Abgrenzung dichotomer Vernetztheitsstufen. Alles in allem deutet der vorliegende Datensatz zumindest ansatzweise auf empirische Evidenz für den in H_{4a} formulierten Zusammenhang bei der Steigerung der Vernetztheit von einem niedrigen auf ein mittleres Niveau hin. Die in H_{4b} beschriebene Kausalität muss, potenziell durch eine nicht ausreichende Vernetztheitssteigerung bedingt, konsequenterweise abgelehnt werden.

Die ebenfalls einen Vergleich vom Typ II vornehmende Hypothese H_5, in der davon ausgegangen wird, dass bei Deckungsgleichheit des problemlösungsrelevanten Wissens von Studierenden und Professionals deren JDM-Performance nicht voneinander divergiert, kann mit der vorliegenden Datenbasis (weitgehend) empirisch bestätigt werden. Zum einen beeinflusst auch hier ähnlich wie bei den Hypothesen H_1 bis H_3 die Vorgehensweise zur Ermittlung des problemlösungsrelevanten Wissens der Versuchspersonen unmittelbar die Resultate. Zum anderen wird augenscheinlich, dass insbesondere bei steigender Vernetztheit die Einschätzungen des Reservationspreises zwischen Studierenden (mit identischem problemlösungsrelevantem Wissen) und Managern voneinander divergieren.

Prinzipiell können die in den Hypothesen H_6 bis H_8, die sowohl die task- als auch subjektspezifischen Charakteristika simultan berücksichtigen, angenommenen Ursache-Wirkungs-Beziehungen für die beiden wirtschaftswissenschaftlichen Studierendensamples bestätigt

[1376] Für die exemplarische Analyse eines umfassenden Tasks in der Wirtschaftsprüfung vgl. z. B. *Abdolmohammadi, M. J.* (1999); *Bonner, S. E. / Pennington, N.* (1991).

werden, d. h. mit steigender Vernetztheit verringert sich die Qualität der Subjekt-Surrogation. Im Gegensatz dazu genügt die von den fachfremden Studierenden erzielte JDM-Performance auf keinem Vernetztheitsniveau dem Anspruch, signifikant von der JDM-Performance der Manager abzuweichen. Zu berücksichtigen ist hierbei, dass es sich bei diesem Sample trotz Eliminierung derjenigen Studierenden, die über umfassende Berufserfahrung verfügen, um eine sehr heterogene Menge Studierender handelt, deren Nähe bzw. Distanz zu wirtschaftswissenschaftlichen Problemstellungen unklar bleibt. Differenziertere Ergebnisse verspricht die Rekrutierung eines homogeneren Samples Studierender anderer Fachbereiche.[1377] Insbesondere das im Kontext der Hypothese H_5 aufgezeigte Phänomen, wonach Studierende und Manager bei steigender Vernetztheit zunehmend andere Einschätzungen des Reservationspreises abgeben, scheint unabhängig des problemlösungsrelevanten Wissens der Versuchsteilnehmer aufzutreten.[1378]

Dies bestätigt zumindest in Teilen die von LUFT / LIBBY vermutete Schwierigkeit, in Transferpreisverhandlungen von den Ergebnissen Studierender generalisieren zu können.[1379] In einer Vielzahl experimenteller Verhandlungsspiele ist dokumentiert worden, dass Studierende und Manager unterschiedliche Interpretationen von Fairness aufweisen. Studentische Versuchsteilnehmer streben im Wesentlichen eine Gleichverteilung der Gewinne an.[1380] Demgegenüber identifizieren Manager eher den Marktpreis als fairen Verhandlungspreis,[1381] sodass sie im vorliegenden Fall den Minimalpreis, den der Manager der Abteilung „Einzelteile" noch akzeptieren würde, höher als studentische Versuchsteilnehmer ansetzen. So sprechen auch die Resultate der in Abschnitt 5.3.3 dokumentierten Meta-Analyse für die Task Complexity dafür, dass insbesondere bei Studierenden eine weitere Variable die JDM-Performance moderiert. Auf der Grundlage der hier geführten Diskussion könnte es sich dabei um die bei BONNER unter der intrinsischen Motivation subsumierte Fairness[1382] handeln.[1383]

Alles in allem unterstreichen die hier vorgestellten Forschungsresultate der dritten Studie die Notwendigkeit, task- und subjektspezifische Einflussfaktoren bei der Anwendung studenti-

1377 Vgl. z. B. *Mortensen, T. / Fisher, R. / Wines, G.* (2012), die konkret Studierende der Ingenieurwissenschaften rekrutieren und zusätzlich deren rechnungswesenspezifisches Wissen kontrollieren.

1378 Auch im Treatment D der zweiten Studie schätzen alle studentischen Versuchspersonengruppen den Reservationspreis signifikant niedriger ein als die Manager der Originalstudie. Siehe Abschnitt 8.2.4.

1379 Vgl. *Luft, J. L. / Libby, R.* (1997), S. 220. Siehe Abschnitt 7.2.5.

1380 Vgl. z. B. *Bolton, G.* (1991); *Güth, W. / Tietz, R.* (1990); *Ochs, J. / Roth, A. E.* (1989); *Kahneman, D. / Knetsch, J. L. / Thaler, R. H.* (1986).

1381 Vgl. z. B. *Levine, D. I.* (1993); *Gorman, R. F. / Kehr, J. B.* (1992); *Kunreuther, H.* (1986).

1382 Vgl. *Bonner, S. E.* (2008), S. 89.

1383 Einen Überblick über Forschungsergebnisse, die diese Variable im Kontext der Behavioral Accounting Forschung explizit berücksichtigen, liefern z. B. *Trotman, K. T. / Tan, H. C. / Ang, N.* (2011), S. 336 f.

scher Surrogate im Kontext der experimentellen Controllingforschung zu berücksichtigen. Die erläuterten inhaltlichen, technisch-administrativen und methodischen Limitationen der vorliegenden Studie können als Anknüpfungspunkt für weitere empirische Forschungsarbeiten interpretiert werden, zu der die nachfolgenden Ausführungen im neunten Kapitel motivieren möchten.

9 Zusammenfassung und Ausblick

„Es ist [...] davon auszugehen, dass die ‚Zukunft der Betriebswirtschaftslehre' auch eine empirische Zukunft sein wird."[1384]

Aus dieser Aussage ergibt sich die Notwendigkeit, die Stärken und Schwächen der hierfür zur Verfügung stehenden Methoden kritisch zu hinterfragen. Im Rahmen der vorliegenden Arbeit sind daher vor dem Hintergrund der Rechnungswesenforschung im Wesentlichen zwei Forschungsziele verfolgt worden: Aufgrund des großen Potenzials zum Erkenntnisfortschritt, das dem Laborexperiment beigemessen wird, wurden zunächst unter Berücksichtigung kognitionspsychologischer Erkenntnisse diejenigen kritischen Einflussfaktoren, die das Gelingen einer studentischen Surrogation beeinflussen, theoretisch herausgearbeitet. Daran anknüpfend stellte die empirische Überprüfung der Wirkung dieser abgeleiteten Einflussfaktoren den Gegenstand der Untersuchung dar. In Anlehnung an die zur Motivation der Problematik in der Einleitung formulieren Leitfragen werden zunächst die Ergebnisse der Untersuchung zusammenfassend dargestellt (9.1). Anhand derer können einerseits Gestaltungsempfehlungen für die laborexperimentelle Rechnungswesenforschung abgeleitet werden (9.2) und andererseits Potenziale zur Überwindung der Schwierigkeiten, die studentischen Surrogaten in Laborexperimenten inhärent sind, aufgezeigt werden (9.3). Mit der Diskussion von zukünftigem Forschungsbedarf wird die Arbeit abgeschlossen (9.4).

9.1 Zusammenfassung der Ergebnisse der Arbeit

Die Ausführungen haben zunächst gezeigt, dass vor dem Hintergrund der immer häufiger geäußerten Forderung nach verhaltenswissenschaftlicher Controllingforschung Laborexperimenten eine zunehmende Bedeutung als Forschungsmethode beigemessen wird.[1385] Eine Vielzahl an Literaturanalysen insbesondere aus dem deutschsprachigen Raum dokumentiert allerdings eine große Zurückhaltung bei deren Einsatz.[1386] In Relation zu den an empirische Forschung gerichteten Gütekriterien Objektivität, Reliabilität und Validität konnte herausgearbeitet werden, dass insbesondere das mangelnde Vertrauen in die externe Validität deren weitere Verbreitung behindert.[1387] Dieses gründet im Wesentlichen darauf, dass bisher die Mehrheit an Laborexperimenten, obwohl das Urteils- und Entscheidungsverhalten von „rea-

[1384] *Homburg, C.* (2007), S. 52.
[1385] Siehe insbesondere Abschnitte 2.1, 2.4 und 2.5.
[1386] Siehe insbesondere Abschnitt 2.4.4.
[1387] Siehe insbesondere Abschnitte 3.1, 3.2 und 3.3.

len" Managern untersucht werden soll, aufgrund einer Vielzahl damit verbundener Vorteile (z. B. niedrigere Kosten, höhere Verfügbarkeit, höhere Teilnahmebereitschaft, höhere Homogenität) mit studentischen Versuchspersonen durchgeführt worden ist.[1388] Ob bzw. unter welchen Bedingungen Studierende als mögliche angemessene Surrogate in diesen Laborexperimenten agieren können, wird zwar schon seit einigen Jahrzehnten innerhalb sowie außerhalb der Disziplin kontrovers diskutiert.[1389] Aufgrund heterogener Argumentationsgrundlagen konnten jedoch bisher nur fragmentarisch Determinanten, d. h. intervenierende Variablen, herausgearbeitet werden, die eine Übertragbarkeit der mit Studierenden erzielten Ergebnisse auf die eigentlich interessierende Population ermöglichen.[1390]

Um die bisher geführten Diskussionen zusammenzuführen, wurde daher im weiteren Verlauf der Arbeit zunächst auf der Grundlage der sogenannten „Performance Equation" ein Bezugsrahmen aufgezeigt, der eine systematische, kontextspezifische Analyse sowohl der durchzuführenden Forschungsaufgaben als auch des Sets an individuellen Voraussetzungen, die die Versuchspersonen in die Laborsituationen einbringen, ermöglicht.[1391] Da nicht alle Variablen der „Performance Equation" gleichermaßen die Qualität einer studentischen Surrogation – definiert als eine Funktion des Abstands der JDM-Performance von Studierenden und Professionals[1392] – in der laborexperimentellen Controllingforschung beeinflussen, wurden 229 Laborexperimente meta-analytisch auf ihre Kontributionen hinsichtlich der zu untersuchenden Problemstellung ausgewertet.[1393] Als Determinanten, denen großes Potenzial zur Erklärung der Varianz in der JDM-Performance zwischen den beiden interessierenden Versuchspersonengruppen beigemessen werden kann, konnten auf diese Weise die taskspezifische Vernetztheit der Problemstellung[1394] und das subjektspezifische zur Lösung vorhandene problemlösungsrelevante Wissen[1395] identifiziert werden.[1396] Unter der Annahme, dass im Sinne ökologischer Rationalität[1397] dann eine überlegene JDM-Performance vorliegt, wenn ein „Fit" dieser Charakteristika zustande kommt, drücken die acht formulierten Forschungshypothesen Ursache-Wirkungs-Beziehungen zwischen diesen Determinanten unter Berücksichtigung unterschiedlicher Studierendensamples (Graduates und Undergraduates der Wirtschaftswissen-

---

[1388] Siehe insbesondere Abschnitte 4.1 und 4.3.
[1389] Siehe insbesondere Abschnitte 4.1 und 4.5.
[1390] Siehe insbesondere Abschnitte 4.4 und 4.5.
[1391] Siehe insbesondere Abschnitte 5.1 und 5.2.
[1392] Siehe insbesondere Abschnitt 5.3.1.
[1393] Siehe insbesondere Abschnitte 5.3.2 und 5.3.3.
[1394] Siehe insbesondere Abschnitt 5.4.
[1395] Siehe insbesondere Abschnitt 5.5.
[1396] Siehe insbesondere Abschnitte 5.3.4.
[1397] Siehe insbesondere Abschnitt 2.3.3.

schaften sowie Studierende anderer Fachbereiche) aus.[1398] Diese weitgehend durch eine sachlich-analytische Vorgehensweise gewonnenen Aussagen bilden den Ausgangspunkt für die nachfolgenden drei empirischen Untersuchungen, die jeweils einen unterschiedlichen Zugang (Sekundäranalyse, Laborexperiment, internetbasiertes Experiment) zur Beantwortung der Forschungsfrage verfolgen.[1399] In *Tabelle 63* sind sowohl die hypothetisierten Zusammenhänge als auch die Ergebnisse der Hypothesentests aller drei Studien zusammengefasst.

Die Übersicht der Ergebnisse der Hypothesentests verdeutlicht, dass über alle drei Studien hinweg unabhängig von der gewählten Methode im Wesentlichen die angenommenen Ursache-Wirkungs-Beziehungen bestätigt werden konnten. Damit unterstreichen die Resultate, dass weder die externe Validität per se die Achillesferse laborexperimenteller Forschung sein muss[1400] noch eine absolute Deckungsgleichheit von Setting, Task und Subjekten zur Erzielung von Generalisierung angestrebt werden muss.[1401] Vielmehr zeigt sich vor dem Hintergrund der hier untersuchten Determinanten, dass Expertise, d. h. hohes bereichsspezifisches Wissen, das zur Lösung komplexer Probleme benötigt wird, nicht laborexperimentell über studentische Surrogate zugänglich ist. Da diesem bei niedrigerer Vernetztheit eine geringere Relevanz zukommt, erscheint bei solchen laborexperimentellen Aufgabenstellungen der Einsatz studentischer Surrogate mit wirtschaftswissenschaftlichem Studienschwerpunkt aus forschungsökonomischen Gründen durchaus begrüßenswert.[1402]

Konzeptionsbedingt unterliegen die drei Studien diversen Limitationen, die vor dem Hintergrund der an empirische Forschungsarbeiten gerichteten Gütekriterien Reliabilität, Objektivität und Validität diskutiert werden können.[1403] Die *Reliabilität* aller drei Studien, d. h. die Wahrscheinlichkeit, dass eine erneute Durchführung unter identischen Bedingungen die gleichen Ergebnisse liefert, kann grundsätzlich als hoch eingestuft werden, da die Untersuchungen auf bestehende und vormals eingesetzte Designs rekurrieren. Insbesondere die Bestäti-

---

1398 Siehe insbesondere Abschnitt 5.6.

1399 Siehe insbesondere Abschnitte 1.3 und 5.6.

1400 Vgl. *Sprinkle, G. B. / Williamson, M. G.* (2007), S. 417, FN 6.

1401 Vgl. *Locke, E. A.* (1986), S. 6.

1402 Die Frage nach der Häufigkeit des Auftretens solcher Probleme in einer schlechtstrukturierten Domäne wie der Betriebswirtschaftslehre ist fraglich. Auch wenn eine Vielzahl der dokumentierten Laborexperimente einen Task mit niedriger Vernetztheit einsetzt (siehe Anhänge I, II, III, IV und V), liegt die Ursache hierfür möglicherweise nicht in dem tatsächlichen Anteil begründet, die solche Tasks in der Realität einnehmen, sondern vielmehr im Pragmatismus, der einer technischen Umsetzung im Labor und der Rekrutierung von (studentischen) Versuchspersonen geschuldet ist. Kapitel 9.3 liefert Ansätze, wie es möglich werden kann, die Handhabung von erhöhter Komplexität mit studentischen Versuchspersonen empirisch zugänglich zu machen.

1403 Siehe insbesondere Abschnitt 3.2.

Hypothese	Inhalt				Status 1. Studie	Status 2. Studie	Status 3. Studie
	Vernetztheit	**Versuchspersonengruppe**	**Abstand problemlösungsrelevantes Wissen zu Professionals**	**Qualität der Subjekt-Surrogation**			
H_{1a}	niedrig	Graduates der Wirtschaftswissenschaften	niedrig		✓	-	✓
H_{1b}	niedrig	Undergraduates der Wirtschaftswissenschaften	niedrig		(×)	-	✓
H_{1c}	niedrig	Studierende anderer Fachbereiche	hoch		-	-	✓
H_{2a}	mittel	Graduates der Wirtschaftswissenschaften	niedrig		-	×	✓
H_{2b}	mittel	Undergraduates der Wirtschaftswissenschaften	hoch		✓	✓	×
H_{2c}	mittel	Studierende anderer Fachbereiche	hoch		(×)	✓	✓
H_{3a}	hoch	Graduates der Wirtschaftswissenschaften	hoch		×	-	(✓)
H_{3b}	hoch	Undergraduates der Wirtschaftswissenschaften	hoch		×	-	(✓)
H_{3c}	hoch	Studierende anderer Fachbereiche	hoch		-	-	✓
H_{4a}	Erhöhung von niedrig auf mittel			Verringerung	×	-	(✓)
H_{4b}	Erhöhung von mittel auf hoch			Verringerung	×	-	×
H_5		versuchspersonengruppenunabhängig	niedrig	hoch	✓	(✓)	(✓)
H_{6a}	niedrig	Graduates der Wirtschaftswissenschaften		hoch	✓	-	✓
H_{6b}	niedrig	Undergraduates der Wirtschaftswissenschaften		hoch	✓	-	✓
H_{6c}	niedrig	Studierende anderer Fachbereiche		niedrig	-	-	×
H_{7a}	mittel	Graduates der Wirtschaftswissenschaften		hoch	-	✓	✓
H_{7b}	mittel	Undergraduates der Wirtschaftswissenschaften		niedrig	✓	×	×
H_{7c}	mittel	Studierende anderer Fachbereiche		niedrig	✓	×	×
H_{8a}	hoch	Graduates der Wirtschaftswissenschaften		niedrig	✓	-	(✓)
H_{8b}	hoch	Undergraduates der Wirtschaftswissenschaften		niedrig	✓	-	(✓)
H_{8c}	hoch	Studierende anderer Fachbereiche		niedrig	-	-	×

Tabelle 63: Zusammenfassung der Hypothesentests[1404]

[1404] Eigene Darstellung. Häkchen (Kreuze) symbolisieren eine bestätigte (abgelehnte) Hypothese. Eingeklammerte Symbole weisen auf eine nur zum Teil bestätigte oder abgelehnte Hypothese hin.

gung eines Teils der Forschungsergebnisse der zweiten mithilfe der dritten Studie untermauert diese Einschätzung. Kritischer zu hinterfragen ist die Reliabilität der Messwerte. Im Kontext der ersten Studie betrifft dies alle Parameter, da die Ratings vom Forschenden subjektiv vorgenommen wurden. Zur Gewährleistung einer möglichst hohen Reliabilität sind die Ratings parallel dazu von einer zweiten Person durchgeführt worden. Eine zufriedenstellende Interrater-Reliabilität konnte errechnet werden. Bei den beiden letzten, Primärdaten erhebenden Untersuchungen sind die im Post-Test-Fragebogen abgefragten Messwerte zur subjektiven Einschätzung der Komplexitätsmerkmale zu diskutieren. Diese entfalten weder treatment- noch versuchspersonengruppenbezogen eine diskriminierende Wirkung. Die in der dritten Studie primär aus Gründen der Erhebung prozeduralen Wissens integrierte Skala zum individuellen Überlastungsempfinden erweist sich zu diesem Zweck besser geeignet. Da die Abfrage im Post-Test erst nach der Erhebung der abhängigen Variablen erfolgt, kann davon kein die Ergebnisse verzerrender und damit die Reliabilität der Studie mindernder Effekt ausgeübt werden.

Objektivität liegt vor, wenn die Ergebnisse des Experiments vom Forscher unabhängig und somit intersubjektiv vergleichbar sind, d. h. unterschiedliche Experimentatoren sind in der Lage, unter identischen Bedingungen identische Ergebnisse zu erzielen. Während bei der zweiten und dritten Studie aufgrund einer vollständigen Standardisierung im Ablauf durch die Verwendung einheitlicher Experimentmaterialien und Instruktionen Einflüsse durch den Experimentator eliminiert werden konnten, könnten die im Rahmen der Reliabilität diskutierten subjektiven Ratings der ersten Studie deren Objektivität potenziell einschränken. Da jedoch sowohl die Vorgehensweise zur Durchführung der Ratings als auch die nachfolgenden Berechnungsvorschriften eine fundierte Literaturbasis aufweisen, ist dies nicht zu befürchten.

Wie in Abschnitt 3.2 schon ausgeführt wurde, erfährt von den drei genannten Gütekriterien die *Validität* in ihren vielfältigen Ausprägungen die größte Aufmerksamkeit in der empirischen Forschung. So können auch die hier vorliegenden inhaltlichen, technisch-administrativen und methodischen Restriktionen der drei Studien im Licht der internen und externen Validität diskutiert werden.[1405] Interne Validität ist dann gewährleistet, wenn das Ergebnis der Untersuchung eine eindeutige kausale Interpretation zulässt, d. h. Veränderungen der abhängigen Variablen können eindeutig auf den Einfluss von unabhängigen Variablen zurückge-

[1405] Diese Diskussion kann nur die zentralen Störfaktoren diskutieren. Es ist deshalb nicht auszuschließen, dass Effekte vorliegen und wirken, die weder in den Abschnitten 7.1.9 und 8.1.3 betrachtet und in den folgenden Untersuchungen reduziert und kontrolliert wurden noch unmittelbar an den Forschungsergebnissen offenkundig wurden.

führt werden. Trotz der versuchsplanerischen Reduzierung und Kontrolle könnten einige Störgrößen mit der experimentellen Manipulation konfundiert haben.[1406] Im vorliegenden Fall sind dies im Wesentlichen die Stichprobengröße, die instrumentelle Reliabilität bzw. der Erfolg der Treatmentvariation, die Berücksichtigung weiterer intervenierender Variablen sowie die Anwendung geeigneter statistischer Testverfahren.

Da der Stichprobenumfang in der ersten Studie konzeptionsbedingt sehr gering und in den beiden darauffolgenden Untersuchungen jeweils aus forschungsökonomischen Gründen an der unteren Grenze des geplanten Stichprobenumfangs liegt, könnte gegebenenfalls die statistische Aussagekraft eingeschränkt sein. Die weitgehende Bestätigung der Resultate von LUFT / LIBBY in der zweiten Studie und wiederum die Konfirmation eines Teils davon in der dritten Studie deuten auf eine ausreichende statistische Stärke hin. Weiterführende Forschungsarbeiten, die auf einem internetbasierten Experiment beruhen, können aus technisch-administrativer Perspektive beabsichtigen, eine Gleichverteilung der Versuchspersonen auf die einzelnen Treatments anzustreben.

Die instrumentelle Reliabilität greift die oben erläuterte Reliabilität der zum Manipulationscheck eingesetzten Skalen auf. Auch wenn die Abstufung der Vernetztheit im Rahmen dieser Untersuchung gelungen scheint, erfordern die unklaren Ergebnisse vor dem Hintergrund der internen Validität eine Auseinandersetzung mit der vorgenommenen Treatmentvariation. Da bislang unklar ist, welche quantitativen Größen auf einem „Vernetztheitskontinuum" Grenzen zwischen niedriger, mittlerer und hoher Vernetztheit darstellen können, kann die hier vorgenommene Abstufung lediglich vorläufiger Natur sein. Zukünftige Vergleichsstudien können dazu beitragen, die Abgrenzungen zu präzisieren.

Insbesondere die Resultate der dritten Studie verdeutlichen, dass die Ein- und Abgrenzung auf die im Rahmen der Arbeit untersuchten Einflussfaktoren auf den Erfolg einer studentischen Surrogation zwar gerechtfertigt war, allerdings zusätzlichen, hier nicht berücksichtigten Determinanten der JDM-Performance in diesem Kontext in Zukunft Aufmerksamkeit beigemessen werden muss.[1407] Im Kontext dieses experimentellen Tasks betrifft dies konkret den vermuteten Einflussfaktor Fairness.[1408] Darüber hinaus wurde hier die Problemkomplexität aus pragmatischen Gründen auf die Vernetztheit reduziert. „Echten" komplexen Problemen, wie sie in einer schlechtstrukturierten Domäne wie der Betriebswirtschaftslehre häufig auftreten,

[1406] Siehe insbesondere Abschnitt 7.1.9.
[1407] Siehe insbesondere Abschnitte 5.2 und 5.3.
[1408] Siehe insbesondere Abschnitt 8.3.

ist zusätzlich die bisher in Laborexperimenten nur wenig berücksichtigte[1409] Dynamik inhärent.[1410] Kann diese zusätzlich in empirische Untersuchungen eingebunden werden, ermöglicht das einerseits eine umfassendere Analyse der Problemkomplexität als taskspezifische Variable, die die Qualität der Subjekt-Surrogation beeinflusst, andererseits kann dadurch das Untersuchungsspektrum vom bereichsspezifischem Wissen (im Wesentlichen von Expertise), einer das Subjekt betreffenden Determinante, ausgeweitet werden.[1411]

Abschließend ist im Zusammenhang mit der internen Validität zu hinterfragen, inwiefern zum einen die Interpretation von Ratingskalen als intervallskaliertes Erhebungsinstrument und die daraus resultierende Anwendung varianzanalytischer Auswertungsverfahren einen die Ergebnisse verzerrenden Effekt ausüben. Zum anderen muss die Tragweite der Konsequenzen abgeschätzt werden, die aus einer häufig fehlenden Normalverteilung und Varianzhomogenität der Messwerte resultieren.[1412] Ersteres kann aufgrund der untergeordneten Bedeutung der betroffenen Variablen für die formulierten kausalen Aussagen als unkritisch interpretiert werden. Letzterem wird durch die Anwendung verteilungsgebundener sowie verteilungsfreier statistischer Testverfahren begegnet.

Die externe Validität, zu dessen Erhöhung in der laborexperimentellen Controllingforschung die vorliegenden Untersuchungen beitragen möchte, weist ebenfalls Anknüpfungspunkte auf, die zukünftige Forschungsarbeiten aufgreifen können. So wird ohne einen Vergleich aller Treatments von Konvergenzvalidität zwischen den im Labor und den im internetbasierten Experiment erzielten Resultaten ausgegangen.[1413] Auch regen die zum Teil sehr heterogenen Versuchspersonensamples, d. h. insbesondere die der Professionals und der Studierenden anderer Fachbereiche, dazu an, engere Abgrenzungen vorzunehmen.[1414] Aufgrund bisheriger Forschungsresultate wurde in den vorliegenden Untersuchungen die Motivation der Teilnehmer nicht berücksichtigt.[1415] Diese kann jedoch vor dem Hintergrund der oben erläuterten Untersuchung weiterer Determinanten der JDM-Performance ebenfalls Aufmerksamkeit erfahren.

Abschließend kann festgehalten werden, dass sich die Resultate der im Rahmen dieser Arbeit erstmals vor dem Hintergrund der verhaltenswissenschaftlichen Rechnungswesenforschung

---

1409 Siehe insbesondere Anhänge I, II, III und V.
1410 Siehe insbesondere Abschnitt 5.4.
1411 Siehe insbesondere Abschnitt 5.5.
1412 Siehe insbesondere Abschnitt 6.2.1.
1413 Siehe insbesondere Abschnitt 8.2.5.
1414 Siehe insbesondere Abschnitt 8.3.
1415 Siehe insbesondere Abschnitte 3.3 und 3.4.

durchgeführten Untersuchungen zur Eignung studentischer Surrogate in der laborexperimentellen Forschung nahtlos in die in anderen Disziplinen erzielten Ergebnisse einreihen.[1416] Die erläuterten Limitationen sollen dazu motivieren, die im Rahmen dieser Arbeit erzielten Resultate durch weitere empirische Forschungsarbeit auf ein breiteres Fundament zu stellen, um den potenziellen Anwendungsbereich studentischer Surrogate weiter einzugrenzen. Dadurch werden nicht nur die Betriebswirtschaftslehre, sondern darüber hinausgehend alle verhaltenswissenschaftlichen Disziplinen, die auf studentische Surrogate angewiesen sind, befruchtet.

Da es in den Verhaltenswissenschaften bislang kaum gelungen ist,[1417] die in der ursprünglichen Form des kritischen Rationalismus formulierte Forderung nach einem nomologischen Gültigkeitsbereich von Theorien herzustellen,[1418] erscheint es gerechtfertigt, die hier erzielten Erkenntnisse „als (heuristisch wichtige) Vorstadien“[1419] sowohl für praktische Gestaltungsempfehlungen (Abschnitt 9.2) als auch für weiterführende, die Falsifikation anstrebende empirische Forschung (Abschnitt 9.3) zu interpretieren.[1420]

9.2 Gestaltungsempfehlungen

Lehnt man aufgrund der potenziell eingeschränkten externen Validität Laborexperimente als Forschungsmethode nicht vollständig ab, steht der Forschende bei der Auswahl der Versuchspersonen vor der Herausforderung, inwiefern überhaupt eine Generalisierung der Ergebnisse angestrebt wird bzw. notwendig ist.[1421] Ist es das Ziel, die im Laborexperiment erzielten Ergebnisse zu generalisieren, können hier, im Gegensatz zu vielen der bisher formulierten „Guidelines“ zum Umgang mit studentischen Surrogaten, die zum Teil jeglicher empirischer Grundlage entbehren,[1422] unter Berücksichtigung empirisch belegter Erkenntnisse Gestaltungsempfehlungen abgeleitet werden. Um hinsichtlich der Auswahl der Versuchspersonen eine möglichst hohe experimentelle Effizienz zu erzielen und sich so oft wie möglich der Vorteile „pragmatischer“ Studierendensamples zu bedienen, sollte grundsätzlich, bevor per se aufwendige Laborexperimente mit Professionals durchgeführt werden, der maximal nötige

1416 Siehe insbesondere Abschnitte 4.1, 4.3 und 4.4.
1417 Vgl. *Witte, E.* (1974), Sp. 1275.
1418 Vgl. *Albert, H.* (1976), Sp. 4678; *Wild, J.* (1976), Sp. 3899. Siehe Abschnitt 1.3.
1419 *Wild, J.* (1976), Sp. 3902.
1420 Vgl. *Preuß, R. K.* (1991), S. 9 f. und S. 300 f.
1421 Vgl. *Birnberg, J. G. / Shields, M. D. / Young, S. M.* (1990), S. 39; *Greenberg, J.* (1987), S. 157. In diesem Sinne werfen DIPBOYE / FLANAGAN (*Dipboye, R. L. / Flanagan, M. F.* (1979), S. 149) folgende Frage auf: „Rather than asking, Is this study externally valid?, a more appropriate question is, To what actors, settings, and behaviors may we generalize the findings of this study?“
1422 Siehe Abschnitt 3.4.2.

Grad an „Professionalisierung“ der Probanden ermittelt werden.[1423] Demnach muss geklärt werden, ob bzw. wann diejenigen Charakteristika, in denen sich Manager und Studierende unterscheiden, das zu untersuchende Urteils- und Entscheidungsverhalten moderieren.[1424] Daher sollten zunächst unabhängig von der Art der Fragestellung und des durchzuführenden laborexperimentellen Tasks die Charakteristika des Versuchspersonensamples als Kovariate in die statistische Auswertung integriert werden.[1425]

Disziplinenübergreifend und im Einklang mit den in der Arbeit erzielten Ergebnissen wird argumentiert, dass für den Fall, dass lediglich allgemeine kognitive Fähigkeiten sowie allgemeine Problemstellungen, mit denen Studierende genauso vertraut sind wie ihre professionellen Pendants, im Fokus der Untersuchung stehen, die Verwendung von studentischen Surrogaten unkritisch ist.[1426] Stehen dagegen, wie zumeist in der verhaltenswissenschaftlichen Rechnungswesenforschung, spezifischere Fragestellungen im Forschungsinteresse, verdeutlichen die vorangegangenen Untersuchungen, dass sich die beiden Versuchspersonengruppen insbesondere bei steigender Vernetztheit der laborexperimentellen Aufgabe in ihrem problemlösungsrelevanten Wissen unterscheiden. Daher sollten Studierende nur dann in Laborexperimenten eingesetzt werden, wenn davon ausgegangen werden kann, dass sie entweder schon über das problemlösungsrelevante (deklarative) Wissen verfügen oder dieses im Rahmen von Trainings erwerben können.[1427] Ist die JDM-Performance dagegen abhängig von einer auf prozeduralem Wissen basierenden überlegenen Problemlösefähigkeit (Expertise), sollte auf die Verwendung von studentischen Surrogaten verzichtet werden.[1428] Um anhand dieses Kriteriums als Experimentator eine Auswahlentscheidung treffen zu können, muss a priori ein Abgleich des für die laborexperimentelle Aufgabe erforderlichen Wissens und des vorhandenen Wissens der studentischen Surrogate vorgenommen werden.[1429] Vergleichsstudien geben zwar einen ungefähren Anhaltspunkt, wo diese „Schwelle“ auf dem Vernetztheitskontinuum in etwa liegt,[1430] nichtsdestotrotz ist zu empfehlen, zur Gewährleistung hinrei-

---

1423 Vgl. *Libby, R. / Bloomfield, R. / Nelson, M. W.* (2002), S. 802; *Birnberg, J. G. / Nath, R.* (1968), S. 45.

1424 Vgl. *Liyanarachchi, G. A.* (2007), S. 49; *Zelditch, M. / Evan, W. M.* (1962), S. 59.

1425 Vgl. *Chan, C. / Landry, S. P. / Troy, C.* (2011), S. 60; *Peterson, R. A.* (2001), S. 459.

1426 Vgl. *Bello, D. et al.* (2009), S. 362; *Libby, R. / Bloomfield, R. / Nelson, M. W.* (2002), S. 803.

1427 Vgl. *Libby, R. / Bloomfield, R. / Nelson, M. W.* (2002), S. 802 f.

1428 Vgl. *Trotman, K. T.* (1996), S. 93.

1429 Vgl. *Mortensen, T. / Fisher, R. / Wines, G.* (2012), S. 252; *Libby, R. / Bloomfield, R. / Nelson, M. W.* (2002), S. 802 f.

1430 Unter Anwendung der in Abschnitt 7.1.2 vorgestellten Methodik zur Einschätzung der Vernetztheit liefert beispielsweise die Studie von *Hewitt, M.* (2009), bei der Studierende angemessene Surrogate darstellen, einen Referenzwert von 39 Faktoren. Aufgrund fehlender Experimentmaterialien bei den anderen Studien vom Typ III kann alternativ auf die vorgenommenen Ratings zurückgegriffen werden. Siehe Abschnitt 6.2.2.

chender Stichprobenvalidität vorab einen Pretest mit einer geringen Stichprobe „realer“ Versuchspersonen und Studierenden durchzuführen.[1431]

9.3 Alternative Untersuchungsmethoden und -objekte zur Überwindung der Problematik studentischer Surrogate

Die bisherigen Überlegungen gingen davon aus, dass ein gegebenes Setting (Laborexperiment) und ein gegebener Task die Auswahl der Versuchspersonen determinieren, d. h. die Versuchsteilnehmer auf die Setting-Task-Kombination angepasst werden müssen („Fit“).[1432] Wird die Annahme, dass diese beiden Elemente starr sind, aufgegeben, können stattdessen zur Erzielung einer hohen experimentellen Effizienz studentische Surrogate als invariantes Element der Setting-Task-Subject-Trichotomie festgelegt werden.[1433] Im Gegensatz zu den methodeninhärenten Limitationen des Laborexperiments, d. h. im Wesentlichen dessen Künstlichkeit,[1434] sollte es ein solches alternatives Design ermöglichen, vermehrt studentische Surrogate in der empirischen Forschung einsetzen zu können,[1435] ohne sich dabei unmittelbar dem Kritikpunkt mangelnder externer Validität der Ergebnisse aussetzen zu müssen:

> „While discussions of surrogation are often restricted to the problematic nature of relying on surrogate experimental subjects, it is important to note that the surrogation issue extends beyond subject selection. The artificiality of the experimental setting and tasks must also be considered. The artificiality or alternatively, realism of the setting / tasks may be discussed in terms of [...] mundane realism and experimental realism [and psychological realism].“[1436]

Große Relevanz kommt in diesem Kontext insbesondere der Erzeugung einer geeigneten „psychologischen Umwelt“ zu, d. h. einer „realistischen Umwelt“ mit hoher Situationsvalidität,[1437] in die die studentischen Versuchspersonen in der Setting-Task-Kombination versetzt werden. Als psychologische Umwelt kann grundsätzlich das Umfeld von Prämissen verstan-

---

1431 Vgl. *Chan, C. / Landry, S. P. / Troy, C.* (2011), S. 60; *Bello, D. et al.* (2009), S. 363; *Hughes, C. T. / Gibson, M. L.* (1991), S. 163; *Gordon, M. E. / Slade, L. A. / Schmitt, N.* (1987), S. 162 f.

1432 Siehe Abschnitt 5.2.

1433 Siehe Abschnitt 4.1.2.

1434 Siehe Abschnitte 3.3 und 3.4.

1435 Vgl. *Compeau, D. et al.* (2012), S. 1107; *Chan, C. / Landry, S. P. / Troy, C.* (2011), S. 60; *Liyanarachchi, G. A.* (2007), S. 49.

1436 *Walters-York, L. M. / Curatola, A. P.* (2000), S. 248. Vgl. auch die dort angegebene Literatur.

1437 Siehe Abschnitt 3.4.

den werden, in dem alle Urteils- und Entscheidungsprozesse von (Versuchs-)Personen stattfinden.[1438]

Vor dem Hintergrund der Herausforderung, die aus der Verwendung von studentischen Surrogaten resultiert, stellt sich folglich die Frage, wie diese psychologische Umwelt zu gestalten sein könnte, sodass diese zweckmäßigen Subjekte Setting-Task-Kombinationen ausgesetzt sind, die einen „Fit" zwischen allen drei Determinanten der Qualität der Problemlösung sicherstellen und dadurch zu einer Erhöhung der externen Validität beitragen (siehe *Abbildung 31*).[1439] Gelingt dieser Fit, bietet sich dadurch beispielsweise die Möglichkeit, die im Kontext der Rechnungswesenforschung oftmals notwendige Handhabung von erhöhter Problemkomplexität mit studentischen Versuchspersonen zugänglich zu machen.[1440]

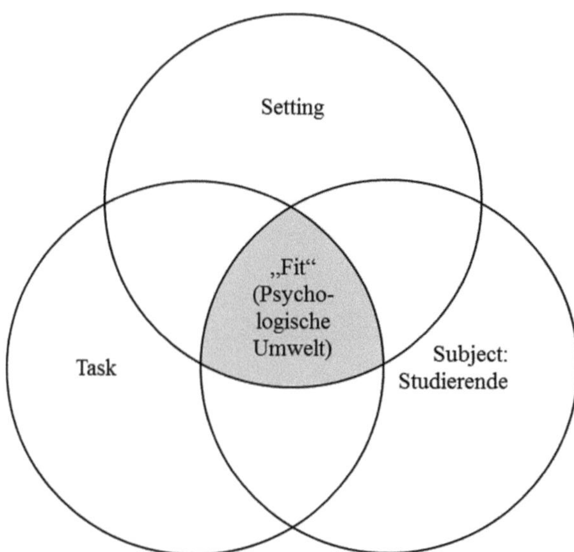

Abbildung 31: Psychologische Umwelt[1441]

Aufbauend auf den in Abschnitt 3.4.1 erläuterten drei Formen von Realismus, die einen Beitrag zur Situationsvalidität der experimentellen Erhebung leisten, kann eine Erhöhung des experimentellen (insbesondere für die Untersuchung von Verhalten) und / oder des psychologischen (insbesondere für die Untersuchung von psychologischen Prozessen) Realismus dazu

[1438] Vgl. *Lingnau, V.* (2006), S. 7; *Lingnau, V.* (2001), S. 424; *Simon, H. A.* (1997), S. 92.
[1439] Siehe Abschnitt 5.2.
[1440] Vgl. *Farrington-Darby, T. / Wilson, J. R.* (2006), S. 25; *Ericsson, K. A. / Smith, J.* (1991), S. 17 f.
[1441] Eigene Darstellung. Siehe *Abbildung 16*.

beitragen, studentische Versuchspersonen in eine hierfür geeignete psychologische Umwelt zu versetzen. Dabei ist zu berücksichtigen, dass es genügt, lediglich die als relevant identifizierten Aspekte in einer gegenüber der Realität komplexitätsreduzierten, interdependenten Setting-Task-Kombination realistisch abzubilden.[1442]

Als vielversprechendes Setting wird in den letzten Jahren vermehrt die aus der Marketingforschung stammende Methode des *Vignettenexperiments* diskutiert[1443] und angewandt[1444]. Deren Kernelement besteht aus konstruierten Situationsbeschreibungen, sodass Verhalten oder dessen (motivationale) Vorläufer in hypothetischen Situationen untersucht werden können.[1445] Bei der Gestaltung dieser sogenannten Vignetten eröffnen sich dem Forscher Möglichkeiten, beispielsweise unter Rückgriff auf Elemente der kognitiven Linguistik,[1446] die Situationsbeschreibungen für die Versuchspersonen so zu gestalten, dass diese als (experimentell) realistisch wahrgenommen werden.[1447] Wesentlich aufwendiger in der Umsetzung, jedoch mit ähnlich gelagerten Stärken, sind alle Methoden, die auf spielerische Elemente rekurrieren.[1448] Dies sind unter anderem *(Unternehmens-)Planspiele*, *Simulationen* oder Techniken, die unter dem Terminus *Gamification* subsumiert werden können.[1449] Auch hier werden die Versuchspersonen in eine (virtuelle) Realität versetzt, in der „[d]er Spieler [...] so tief ins Spiel involviert [ist], dass er die Welt um sich herum vergisst."[1450]

Da Expertise domänenspezifisch ist,[1451] muss für deren empirische Zugänglichkeit mittels Studierender der Task so gestaltet sein, dass hierfür auch (zumindest eine Teilmenge) studentischer Versuchspersonen als Experten klassifiziert werden kann. Um für den Rechnungswesenkontext anhand eines solchen Tasks relevante Aussagen formulieren zu können, muss die-

---

1442 Vgl. *Birnberg, J. G. / Nath, R.* (1968), S. 42.
Als potenziell hinderlich erweist sich dabei die Tatsache, dass hierfür keine allgemeingültigen Kriterien existieren. Vgl. *Dickhaut, J. W. / Livingstone, J. L. / Watson, D. J. H.* (1972), S. 469.

1443 Vgl. z. B. *Kunz, J. / Linder, S.* (2011); *Groß, J. / Börensen, C.* (2009); *Wallander, L.* (2009); *Jasso, G.* (2006); *Taylor, B. J.* (2006); *Rossi, P. H. / Anderson, A. B.* (1982); *Alexander, C. S. / Becker, H. J.* (1978).

1444 Im Gegensatz zu der Forschung in der Sozialwissenschaft, der Medizin oder der Kriminologie, in denen Vignettenexperimente zum Standardinstrument gehören, finden sich in der betriebswirtschaftlichen Literatur bisher vergleichsweise wenige Studien, die diese Methode einsetzen. Für die Wirtschaftswissenschaften vgl. z. B. *Monsen, E. / Patzelt, H. / Saxton, T.* (2010); *Weibel, A. / Rost, K. / Osterloh, M.* (2009); *Pierce, C. A. / Aguinis, H. / Adams, S. K. R.* (2000); *Reinsch, N. L. / Beswick, R. W.* (1990). Für die Sozialwissenschaften vgl. z. B. *Frings, C.* (2010).

1445 Vgl. *Kunz, J. / Linder, S.* (2011), S. 212.
Vignetten sind „besonders für die Erforschung menschlicher Entscheidungsprozesse und Handlungen in durch hohe Komplexität gekennzeichneten Umfeldern geeignet." (*Kunz, J. / Linder, S.* (2011), S. 213)

1446 Vgl. z. B. *Schnotz, W.* (2006).

1447 Vgl. *Eifler, S.* (2009), S. 15 f.

1448 Vgl. *Farrington-Darby, T. / Wilson, J. R.* (2006), S. 26.

1449 Vgl. z. B. *Walz, S. P. / Deterding, S.* (2014); *Knechel, W. R.* (1989); *Andlinger, G. R.* (1958).

1450 *Bolz, N.* (2015), S. 92.

1451 Siehe Abschnitt 5.5.2.

ses Task-Surrogat über ein hohes Maß an psychologischem Realismus verfügen, d. h. die bei der Problemlösung ablaufenden kognitiven Prozesse müssen denjenigen in der „realen" Situation entsprechen.[1452] So greift beispielsweise FREDERICK auf einen *abstrakten (Recall-)Task* zurück, um den Abruf von Wissen bei erfahrenen und weniger erfahrenen Wirtschaftsprüfern zu untersuchen.[1453] Denkbare weitere Tasks können *alltägliche Situationen* aus dem studentischen Leben aufgreifen (z. B. Klausuren, Hobbies wie Sport, Hochschulgruppen, usw.).

Die hier nur kursorisch aufgezeigten Settings und Tasks können im Spannungsfeld zwischen interner und externer Validität aufgrund empirischer oder anekdotischer Evidenz als potenzielle Untersuchungsmethoden und -objekte in Betracht gezogen werden, um die Problematik studentischer Surrogate in der verhaltenswissenschaftlichen Rechnungswesenforschung zu überwinden. Für die Zukunft gilt es daher, diese sowie weitere, bisher nur in anderen Gebieten der Verhaltenswissenschaften, diskutierte Settings und Tasks auf ihr Potenzial zur Erzeugung von experimentellem und psychologischem Realismus weiter zu erforschen.[1454]

9.4 Perspektive und weiterer Forschungsbedarf

Die vorliegende Arbeit liefert einen zweifachen Erkenntnisbeitrag: Erstens ergänzt sie die geringe Anzahl an bisher durchgeführten Laborexperimenten in der deutschsprachigen Controllingforschung. Zweitens setzt sie sich explizit mit den methodenbezogenen Herausforderungen auseinander. Dadurch ebnet sie das Feld für einen vermehrten Einsatz von Laborexperimenten in der Controllingforschung und liefert gleichzeitig eine Kontribution zu einer ähnlich geführten Diskussion in anderen Teilgebieten der verhaltensorientierten Betriebswirtschaftslehre. In der Terminologie der *Abbildung 32* wird dadurch ein Ausschnitt des noch unbearbeiteten Gebiets „Uncharted" kartografiert.[1455]

Angelehnt an die zentrale philosophische Maxime des Pragmatismusbegründers CHARLES SANDERS PEIRCE gilt auf dieser „Forschungsinsel" lediglich eine Regel:[1456] „Do Not Block the Path of Inquiry!" Aufbauend auf den Erkenntnissen dieser Arbeit erscheinen im Wesentlichen zwei „Pfade der Erkundigung" vielversprechend, die im Folgenden aufgezeigt werden.

1452 Vgl. *Birnberg, J. G. / Shields, M. D. / Young, S. M.* (1990), S. 49; *Birnberg, J. G. / Nath, R.* (1968), S. 42. Siehe Abschnitt 3.3.2.

1453 Vgl. *Frederick, D. M.* (1991), S. 248.

1454 Die Aussage von BIRNBERG / NATH, wonach „[l]ittle research has been done on how the nature of the task affects the results" (*Birnberg, J. G. / Nath, R.* (1968), S. 43), besitzt demnach auch heute noch hohe Aktualität.

1455 Vgl. ähnlich *Volnhals, M.* (2010), S. 242.

1456 Vgl. *Volnhals, M.* (2010), S. 242.

Abbildung 32: Forschungsinsel[1457]

Die Verbreitung von Laborexperimenten in der verhaltenswissenschaftlichen Rechnungswesenforschung im Speziellen sowie in der verhaltensorientierten Betriebswirtschaftslehre im Allgemeinen wird trotz potenzieller Einschränkungen der externen Validität, zu denen unter anderem die Verwendung studentischer Surrogate gezählt werden kann, aufgrund der sehr hohen internen Validität, d. h. der Möglichkeit, kausale Aussagen formulieren zu können, tendenziell weiter zunehmen.[1458] Daher erscheint es über den Rahmen dieser Arbeit hinaus angemessen, weiterführende Forschung durchzuführen, um systematisch weitere Determinanten zu untersuchen, die die Angemessenheit studentischer Surrogate beeinflussen können:[1459]

> „Future research is needed to determine which variables (education, knowledge, etc.) may affect the acceptability of student surrogates, to what extent such variables may limit the use of students as surrogate subjects, and under what conditions student surrogates are appropriate. Resolving the issue is an empirical issue which requires numerous *systematic* comparisons of treatment effects (Type II comparisons) across different areas of inquiry, tasks, settings, and subject groups as well as subsequent analysis of the relationships be-

[1457] Quelle: *Agnew, N. M. / Pyke, S. W.* (1969), Titelbild.

[1458] Siehe Abschnitte 2.4.4, 3.4, 4.1 und 4.3.

[1459] Vgl. *Liyanarachchi, G. A. / Milne, M. J.* (2005), S. 122; *Walters-York, L. M. / Curatola, A. P.* (2000), S. 244; *Hughes, C. T. / Gibson, M. L.* (1991), S. 164.

> tween intervening variables and treatment effects (Type III comparisons) in order to determine the particular qualifying conditions for using students as surrogate subjects."[1460]

Es ist jedoch davon auszugehen, dass weiterhin, bevor die Bedingungen konkretisiert worden sind, in denen Studierende angemessene Surrogate in Laborexperimenten darstellen, aufgrund der unübersehbaren Vorteile viele Laborexperimente innerhalb und außerhalb des (Management) Accountings mit Studierenden durchgeführt werden.[1461] Daher sollten die Ergebnisse von Studien, die nur auf studentischen Surrogaten beruhen, kritisch hinterfragt werden.[1462] ELSCHEN merkt hierzu an:

> „Bequemlichkeit und Status quo zu rechtfertigen, ist schon immer beliebt gewesen, besonders dann, wenn beides zusammenfällt. Weil der Projektleiter Manager nur schwer für Experimente gewinnen kann, sollte er nicht argumentieren: ‚Ich bekomme sie nicht und deshalb brauche ich sie nicht.' Redlicher ist es wohl zuzugeben, daß man leider aus forschungsökonomischen Gründen häufig mit Studenten vorlieb nehmen muß oder aus Bequemlichkeit auf diese Personengruppe zurückgreift."[1463]

Darüber hinaus verdeutlichen die voranstehenden Ausführungen, dass bei der Diskussion um zweckmäßige studentische Subjekte häufig vergessen wird, dass auch nicht-studentische Samples ebenfalls die Bedingungen für die Repräsentativität erfüllen müssen, um zu gewährleisten, dass die Ergebnisse auf ihre Population übertragen werden können.[1464] Das Argument, dass studentische Surrogate die realen Subjekte nicht angemessen repräsentieren und daher nur reale Subjekte verwendet werden sollten, ist daher nur bedingt gerechtfertigt:[1465]

> „Daß sich Studenten und Manager in der Versuchssituation unterscheiden, heißt jedoch nicht, daß der Student im Laborversuch das Entscheidungsverhalten des Managers im Unternehmen schlechter „repräsentiert" als der Manager selbst[.]"[1466]

> „Es ist z. B. nicht gesagt, daß ein echter Manager – oder gar *jeder* echte Manager – in einer ihm womöglich ungewohnten Spielsituation ein ‚typischeres' Managerverhalten zeigt als ein Betriebswirtschaftsstudent. Ein echter Kardinal, auf die Bühne gezerrt, muß auch nicht unbedingt den besseren Kardinaldarsteller abgeben."[1467]

1460 *Walters-York, L. M. / Curatola, A. P.* (1998), S. 140.

1461 Vgl. *Walters-York, L. M. / Curatola, A. P.* (1998), S. 140; *Burnett, J. J. / Dunne, P. M.* (1986), S. 329; *Gordon, M. E. / Slade, L. A. / Schmitt, N.* (1986), S. 191 und S. 203.

1462 Vgl. *Burnett, J. J. / Dunne, P. M.* (1986), S. 342; *Khera, I. P. / Benson, J. D.* (1970), S. 531.

1463 *Elschen, R.* (1982), S. 205 f. Im Original zum Teil hervorgehoben.

1464 Vgl. *Druckman, J. N. / Kam, C. D.* (2011), S. 53; *Walters-York, L. M. / Curatola, A. P.* (2000), S. 247; *Cook, T. D. / Campbell, D. T.* (1979), S. 73; *Birnberg, J. G. / Nath, R.* (1968), S. 39. Siehe Abschnitt 3.3.3.

1465 Vgl. *Walters-York, L. M. / Curatola, A. P.* (2000), S. 247 f.; *Dickhaut, J. W. / Livingstone, J. L. / Watson, D. J. H.* (1972), S. 459; *Birnberg, J. G. / Nath, R.* (1968), S. 38 f.

1466 *Elschen, R.* (1982), S. 204. Im Original zum Teil hervorgehoben.

1467 *Eisenführ, F.* (1974), S. 274. Vgl. *Elschen, R.* (1982), S. 204.

Die Repräsentativität ist folglich, unabhängig davon, welche Versuchspersonen verwendet werden, nicht immer gegeben und stellt damit ein allgemeines Problem für die externe Validität laborexperimenteller Ergebnisse und kein reines Problem studentischer Surrogate dar.[1468]

Daher kann die Problematik der Subjekt-Surrogation nicht isoliert betrachtet werden. Vielmehr müssen deren Interdependenzen mit dem gewählten Setting und Task in den Designüberlegungen empirischer Arbeiten Berücksichtigung finden.[1469] BIRNBERG und NATH merken jedoch an, dass bisher fast nur der Subjekt-Surrogation Aufmerksamkeit geschenkt worden ist.[1470] Daher werden für die Zukunft eine Triangulation der Forschungsmethoden (Methodenpluralismus bzw. „Multi-Method-Approach“) und die Durchführung von Replikationen, auch mithilfe unterschiedlicher Studierender und unterschiedlicher Tasks, als vielversprechend angesehen.[1471] Bei der Wahl der Forschungsmethode ist dabei grundsätzlich eine Abwägung zwischen interner und externer Validität vorzunehmen.[1472] Letztendlich kann „[e]ine empirische Methode [...] niemals für sich genommen gut oder schlecht [sein]; ihr Wert kann nur daran gemessen werden, inwieweit sie den inhaltlichen Erfordernissen einer Untersuchung gerecht wird.“[1473]

Um auf die Problematik der nicht-repräsentativen Versuchsumgebung aufmerksam zu machen, fragt ZELDITCH (*Zelditch, M.* (1980), S. 531) im Titel einer Publikation provokant: „Can You Really Study an Army in the Laboratory?“

1468 Vgl. *Walters-York, L. M. / Curatola, A. P.* (2000), S. 247 f.; *Cook, T. D. / Campbell, D. T.* (1979), S. 75; *Oakes, W.* (1972), S. 961 f.; *Birnberg, J. G. / Nath, R.* (1968), S. 38 f.

1469 Siehe Abschnitt 4.1.2.

1470 Vgl. *Birnberg, J. G. / Nath, R.* (1968), S. 42.

1471 Vgl. *Rack, O. / Christophersen, T.* (2009), S. 17 und S. 31; *Obermaier, R. / Müller, F.* (2008), S. 338; *Langer, T.* (2007), Sp. 426; *Liyanarachchi, G. A.* (2007), S. 50; *Peterson, R. A.* (2001), S. 450; *Atkinson, A. A. et al.* (1997), S. 81; *Shields, M. D.* (1997), S. 28; *Preuß, R. K.* (1991), S. 39; *Birnberg, J. G. / Shields, M. D. / Young, S. M.* (1990), S. 33 und S. 51-53; *Schönbrunn, N.* (1988), S. 29, FN 34; *Gordon, M. E. / Slade, L. A. / Schmitt, N.* (1987), S. 161; *Berkowitz, L. / Donnerstein, E.* (1982), S. 254; *Dipboye, R. L. / Flanagan, M. F.* (1979), S. 147 f.

1472 Vgl. *Liyanarachchi, G. A.* (2007), S. 55; *Hofstedt, T. R.* (1972), S. 692.
So argumentiert MCGRATH (*McGrath, J. E.* (1982), S. 70, im Original zum Teil hervorgehoben) beispielsweise, dass „all research strategies and methods are seriously flawed, often with their very strengths in regard to one desideratum functioning as serious weaknesses in regard to other, equally important, goals. Indeed, it is not possible, in principle, to do ‚good‘ (that is, methodologically sound) research.“

1473 *Bortz, J. / Döring, N.* (2006), S. 29 f. Vgl. *Kachelmeier, S. J. / King, R. R.* (2002), S. 221.

Anhang

Anhang I: Überblick über die Studien zum Vergleichstyp I

Autor(en), Journal	Untersuchungsgegenstand (Subjekt-Surrogation explizites Ziel?)	Task					Subjects		Eignung Subjekt-Surrogation?
		Unabhängige Variable(n)	Abhängige Variable(n)	Belohnung	Dynamik	Vernetztheit	Studierende (Anzahl, Geschlecht)	Businessmen (Anzahl, Geschlecht)	
Elliott, W. B. et al. (2007), TAR	Untersuchung, ob MBA-Studierende gute Surrogate für nicht-professionelle Investoren sind (ja)	(Framing of Tasks and Information); Knowledge Structure and Content	Urteil; Extrinsic Motivation	keine Angabe	keine	Exp. 1: 1; Exp. 2: 3	Exp. 1: 82 first-year MBA, 42 second-year MBA; Exp. 2: 124 first-year MBA, 31 second-year MBA	Exp. 1: 37 non-professional investors; Exp. 2: 58 non-professional investors	ja
Houghton, K. A. / Hronsky, J. J. F. (1993), A&F	Untersuchung, ob Accounting Studierende und praktizierende Accountants fundamentalen Accounting Konzepten die gleiche Bedeutung beimessen (ja)	(Framing of Tasks and Information); Knowledge Structure and Content	Cognitive Style	freiwillig	keine	1	138 third-year undergraduate accounting majors enrolled in a financial accounting course	52 accounting practitioners	nein
Walters-York, L. M. / Curatola, A. P. (1998), AABR	Untersuchung, ob das Problemlösungsverhalten von Studierenden demjenigen von Managern bei spezifischen Problemen entspricht (ja)	Knowledge Structure and Content	Urteil	freiwillig	keine	Exp. 2; Exp. 2: 1	84 (Exp. 1) und 77 (Exp. 2) undergraduate administration majors of an introductory financial or managerial accounting course	39 (Exp. 1) und 38 (Exp. 2) managers (zumeist mit background in communications or engineering)	Exp. 1: nein; Exp. 2: ja

Anhang II: Überblick über die Studien zum Vergleichstyp II

Autor(en), Journal	Untersuchungsgegenstand (Subjekt-Surrogation explizites Ziel?)	Task					Subjects		Eignung Subjekt-Surrogation?
		Unabhängige Variable(n)	Abhängige Variable(n)	Belohnung	Dynamik	Vernetztheit	Studierende (Anzahl, Geschlecht)	Businessmen (Anzahl, Geschlecht)	
Abdel-khalik, A. R. (1974), TAR	Untersuchung, inwiefern Studierende angemessene Surrogate für Professionals darstellen (ja)	Framing of Tasks and Information; Knowledge Structure and Content (Versuchspersonen)	Urteil	Professionals werden verpflichtet, Studierende freiwillig mit $ 2.50-9 je nach Performance	keine	2	mind. 150 MBA (weniger als Professionals)	mind. 150 Bank Loan Officers von mehr als 150 US-Banken	nein
Ashton, R. H. / Kramer, S. S. (1980), JAR	Untersuchung des Einflusses von unterschiedlicher Erfahrung auf Urteile bei hypothetischen internen Gehaltsabrechnungsprüfungen (ja)	Order of Information; Knowledge Structure and Content (Versuchspersonen)	Urteil	freiwillige Studierende	keine	1	keine Angabe (upper-division undergraduate auditing course)	63 Wirtschaftsprüfer	ja
Brownell, P. (1981), TAR	Untersuchung der Rolle der Persönlichkeitsvariablen „Locus of Control" als Moderator zwischen „budgetary participation" und „managerial performance" (jain)	Standards and Regulations; (Confidence); Knowledge Structure and Content (Versuchspersonen)	Leistung	keine Angabe	keine	2	46 students from an undergraduate accounting course	48 middle level managers from a large San Francisco Bay Area manufacturing company	ja
Clor-Proell, S. M. / Nelson, M. W. (2007), JAR	Untersuchung der Interpretation von Accounting Standards (jain)	Framing of Tasks and Information; Knowledge Structure and Content (Versuchspersonen)	Urteil	freiwillig	keine	Exp. 1; Exp. 2: 2	1. Exp.: 125 MBA students enrolled in an intermediate-accounting course (73% männlich)	2. Exp.: 166 practitioners working in accounting- and finance-related fields (82% männlich)	ja
Hofstedt, T. R. (1972), TAR	Untersuchung von Einflussfaktoren auf die Gestaltung von Financial Reports (ja)	Framing of Tasks and Information; Knowledge Structure and Content (Versuchspersonen)	Urteil	keine Angabe	keine	2	40 first-year MBA, 40 second-year MBA	40 executives (middle to upper management)	nein (Informationsverarbeitungsprozess); ja (Entscheidung)
Holt, D. L. (1987), AOS	Untersuchung des Entscheidungsverhaltens von Wirtschaftsprüfern und anderen Entscheidungsträgern unter Berücksichtigung des Kontexts (jain)	Framing of Tasks and Information; Presentation Format; Knowledge Structure and Content (Versuchspersonen)	Urteil	Exp. 1 & 2: Studierende freiwillig; Exp: 3-5: keine Angaben	keine	2	Exp. 1 & 2: insgesamt 44 different undergraduate students; Exp. 3: 30 senior accounting majors with at least one statistics course; Exp. 4 & 5: 48 (homogeneous) senior accounting students	Exp. 1 & 2: 33 auditors; Exp. 3 & 5: 78 auditors; Exp. 4 & 5: insgesamt 55 Joyce & Biddle auditors	ja

Autor(en), Journal	Untersuchungsgegenstand (Subjekt-Surrogation explizites Ziel?)	Task					Subjects		Eignung Subjekt-Surrogation?
		Unabhängige Variable(n)	Abhängige Variable(n)	Belohnung	Dynamik	Vernetztheit	Studierende (Anzahl, Geschlecht)	Businessmen (Anzahl, Geschlecht)	
Liyanarachchi, G. A. / Milne, M. J. (2005), AF	Untersuchung der Angemessenheit studentischer Surrogate bei Investitionsentscheidung (ja)	Risk Attitudes; Framing of Tasks and Information; Knowledge Structure and Content (Versuchspersonen)	Urteil	keine Angabe	keine	2	51 first-year undergraduate students in accounting course	76 practitioners	nein
Mock, T. J. (1969), JAR	Effekte unterschiedlicher Designs von Informationssystemen (jain)	Presentation Format; Knowledge Structure and Content (Versuchspersonen)	Urteil	alle freiwillig, Studierende $ 2 pro Stunde, Professionals nichts	keine	1	47 (26 PhD, 14 MBA, 7 undergraduate)	24 businessmen	ja
Moriarity, S. (1979), TAR	Untersuchung, ob „unsophisticated users" mithilfe von Grafiken bessere Finanzentscheidungen treffen (jain)	Framing of Tasks and Information; Presentation Format; Knowledge Structure and Content (Versuchspersonen)	Urteil	beste Studierende können $5 erhalten	keine	2	277 students enrolled in introductory accounting classes	19 practicing accountants	ja
Pinsker, R. (2011), BRiA	Untersuchung des Investitonsverhaltens von nicht-professionellen Investoren (jain)	Order of Information; Framing of Tasks and Information; Knowledge Structure and Content (Versuchspersonen)	Urteil	Extra-Credit-points für Studierende	keine	1	Exp. 2: 127	Exp. 3: 89 non-professional investors	ja
Zimmer, I. (1980), JAR	Prognose der Zahlungsunfähigkeit von Unternehmen und Einschätzung der Güte der Prognose (jain)	Framing of Tasks and Information; Knowledge Structure and Content (Versuchspersonen)	Urteil; Confidence	keine Angabe	keine	2	30 part-time second-stage financial accounting students	30 Kreditsachbearbeiter von 2 australischen Banken	ja

Anhang III: Überblick über die Studien zum Vergleichstyp III

Autor(en), Journal	Untersuchungsgegenstand (Subjekt-Surrogation explizites Ziel?)	Task					Subjects		Eignung Subjekt-Surrogation?
		Unabhängige Variable(n)	Abhängige Variable(n)	Belohnung	Dynamik	Vernetztheit	Studierende (Anzahl, Geschlecht)	Businessmen (Anzahl, Geschlecht)	
Abdolmohammadi, M. J. / Wright, A. M. (1987), TAR	Einfluss von Erfahrung auf Urteile bei unterschiedlich strukturierten Problemen (jain)	Task Complexity; Knowledge Structure and Content (Versuchspersonen)	Urteil	keine Angabe	keine	Structured Task: 1; Semi-Structured Task: 2; Unstructured Task: 3	146 (zum Experimentzeitpunkt mindestens zwei Drittel von Accounting-Kurs belegt)	128 (Junior, Senior, Supervisor, Manager, Partner)	nein
Anderson, M. J. (1985), JAR	Effekt des Verbalisierens auf den Entscheidungsprozess (jain)	Response Mode; Knowledge Structure and Content (Versuchspersonen)	Urteil; Abilities	finanziell (Studierende $ 5 pro Stunde; Analysten etc. $ 10, nach Performance bis zu $ 40)	keine	3	5 MBA students majoring in finance	5 CFAs, 5 Stockbrokers	nein
Bailey, K. E. / Bylinski, J. H. / Shields, M. D. (1983), JAR	Auswirkungen der Sprache (Wortwahl) von Prüfberichten auf die wahrgenommene Nachricht / Inhalt (jain)	Presentation Format; Knowledge Structure and Content (Versuchspersonen)	Urteil	finanziell (fix)	keine	2	Exp. 1: 44 fourth-year accounting students who had completed advanced accounting but had not yet taken auditing; Exp. 2: 38 students	Exp. 1: 27 CPAs; Exp. 2: 24 accountants	nein
Chang, C. J. / Ho, J. L. Y. (2004), Abacus	Untersuchung, ob Studierende geeignete Surrogate für erfahrene Manager bei Projektfortsetzungsentscheidungen sind (ja)	Framing of Tasks and Information; Knowledge Structure and Content (Versuchspersonen)	Urteil	keine Angabe	keine	2	146 undergraduate business students	229 managers with substential project planning and evaluation experience	nein
Danos, P. / Holt, D. L. / Imhoff, E. A. (1984), TAR	Einfluss von Prognosen auf die Bewertung von Anleihen (jain)	Framing of Tasks and Information; Knowledge Structure and Content (Versuchspersonen)	Urteil; Justification	Studierende freiwillig	keine	3	21 undergraduate students who had completed both accounting and finance courses	32 experienced industrial bond raters	nein
Dickhaut, J. W. (1973), TAR	Effekte alternativer Informationsstrukturen auf die Wahrscheinlichkeit von Revisionen	Task Complexity; Framing of Tasks and Information; Knowledge Structure and Content (Versuchspersonen)	Urteil	keine Angabe	keine	2	undergraduate students in an Business Administration Program	businessmen	jain (kein Haupteffekt, aber Interaktionseffekte)

Autor(en), Journal	Untersuchungsgegenstand (Subjekt-Surrogation explizites Ziel?)	Task					Subjects		Eignung Subjekt-Surrogation?
		Unabhängige Variable(n)	Abhängige Variable(n)	Belohnung	Dynamik	Vernetztheit	Studierende (Anzahl, Geschlecht)	Businessmen (Anzahl, Geschlecht)	
Elias, N. (1972), JAR	Untersuchung, ob zusätzliche Informationen aus Human Ressource Accounting System Einfluss auf Investitionsentscheidungen haben (ja)	Framing of Tasks and Information; Knowledge Structure and Content (Versuchspersonen)	Urteil	keine Angabe	keine	1	students enrolled in an intermediate accounting course, students in a senior class in an advanced accounting course, students in a senior finance course	CFAs, other Financial Analysts, CPAs	ja
Frederick, D. M. / Libby, R. (1986), JAR	Untersuchung, inwiefern Wirtschaftsprüfer ihr Wissen mit aktuellen Informationen in einem Beurteilungsprozess kombinieren (jain)	Framing of Tasks and Information; Knowledge Structure and Content (Versuchspersonen)	Urteil	freiwillig	keine	1	Exp. 3: 49 auditing students; Exp. 4: 22 undergraduate students currently enrolled in auditing courses und 18 MBA advanced accounting students	Exp. 1: 33 CPAs; Exp. 2: 31 experienced auditors	nein
Hamilton, R. E. / Wright, W. F. (1982), JAR	Replikation von *Ashton, R. H. / Kramer, S. S.* (1980) mit Berücksichtigung der Erfahrung, Urteilskonsistenz, Urteilsstabilität und internen Kontrolle (jain)	Framing of Tasks and Information; Knowledge Structure and Content (Versuchspersonen)	Urteil	keine Angabe	keine	1	keine Angabe (large student sample of auditing students)	73 auditing members of personal staffs from five firms	ja
Hewitt, M. (2009), TAR	Einfluss von Informationsaufnahme und -verarbeitung von Financial Statements auf Forecast Accuracy (jain)	Framing of Tasks and Information; Presentation Format; Knowledge Structure and Content (Versuchspersonen)	Urteil	keine Angabe	keine	1	128 first-year MBA students	74 financial analysts from four large investment advisory firms, two investment banks, and the treasury department of a large commercial bank	ja
Mortensen, T. / Fisher, R. / Wines, G. (2012), AF	Untersuchung des Effekts von Wissensunterschieden auf Accounting Urteile (ja)	Framing of Tasks and Information; Knowledge Structure and Content (Versuchspersonen)	Urteil	freiwillig mit Preisverlosung	keine	2	58 third-year accounting undergraduate students; 78 third-year undergraduate engineering students mit Accounting-Erfahrung; 60 third-year undergraduate engineering students ohne Accounting-Erfahrung	86 professionelle Accountants (NZ CAs)	ja

Anhang IV: Überblick über die mit Studierenden durchgeführten Studien im Management Accounting

Autor(en), Journal	Task					Subjects
	Unabhängige Variable(n)	Abhängige Variable(n)	Belohnung	Dynamik	Vernetztheit	
***Burgstahler, D. / Sundem, G. L.* (1989)**						
Ansari, S. L. (1976), JAR	Framing of Tasks and Information; Feedback; Time Pressure	Leistung; Affect	finanziell	unterschiedliche Produktionsperioden	2	48 Bachelor und Master Studierende, männlich, aus verschiedenen Studienrichtungen
Ashton, R. H. (1976), JAR	Framing of Tasks and Information	Urteil	keine Angabe	keine	1	106 MBA-Studierende (managerial accounting)
Barefield, R. M. (1972), JAR	Presentation Format; Framing of Tasks and Information	Urteil	finanziell ($ 0.15 pro korrekte Entscheidung)	keine	1	28 Master Studierende (Bachelor in Ingenieurwesen)
Becker, S. W. / Ronen, J. / Sorter, G. H. (1974), JAR	Framing of Tasks and Information	Urteil	keine Angabe	keine	1	79 MBA-Studierende
Benbasat, I. / Dexter, A. S. (1982), JAR	Feedback; Cognitive Style	Urteil	finanziell (leistungsabhängig) & akademische Note	keine	2	61 Bachelor und Master Studierende (fourth year undergraduates, second-year graduates of business administration in advanced logistics course)
Bloom, R. / Elgers, P. T. / Murray, D. (1984), AOS	Groups and Teams; Presentation Format	Urteil	keine Angabe	keine	2	96 Bachelor und MBA-Studierende (undergraduate accounting and first-or second-year MBA)
Brown, C. (1981), JAR	Framing of Tasks and Information	Urteil	finanziell (leistungsabhängig)	Zeitlimit: 20 Minuten	1	86 Bachelor und Master Studierende (senior year undergraduated, master's level graduated), 63 männlich, 23 weiblich
Brown, C. (1983), JAR	Framing of Tasks and Information; Presentation Format	Urteil	keine Angabe	Zeitlimit: 40 Minuten pro Phase	1	32 Bachelor und Master Studierende (senior year undergraduate, master's level graduate), 21 männlich, 11 weiblich
Brown, C. (1985), AOS	Framing of Tasks and Information	Cognitive Processes	finanziell	Zeitlimit: 45 Minuten pro Phase	2	40 Bachelor und Master Studierende
Brown, C. E. / Solomon, I. (1987), TAR	Framing of Tasks and Information; Personal Involvement	Accountability	freiwillig	Zeitlimit: 60 Minuten	1	96 Bachelor und Master Studierende
Chang, D. L. / Birnberg, J. G. (1977), JAR	Standards and Regulations; Feedback	Urteil	finanziell	keine	2	46 MBA-Studierende
Chen, K. H. / Summers, E. L. (1981), AOS	Groups and Teams; Framing of Tasks and Information	Urteil; Confidence; Affect; Relevance of Information	finanziell	keine	2	70 MBA-Studierende
Cherrington, D. J. / Cherrington, J. O. (1973), JAR	Extrinsic Motivation; Assigned Goals	Leistung; Affect	freiweillig	3x 6 Minuten Sessions	2	230 Bachelor Studierende
Chesley, G. R. (1977), JAR	Response Mode; Presentation Format	Urteil	keine Angabe	keine	3	28 MBA-Studierende
Chow, C. W. (1983), TAR	Standards and Regulations; Extrinsic Motivation	Leistung; Risk Attitudes	freiwillig	Zeitlimit: 30 Minuten	1	86 Bachelor Studierende (business classes)
Dalton, F. E. / Miner, J. B. (1970), TAR	Groups and Teams	Urteil	keine Angabe	keine	1	Exp. 1: 99 Bachelor Studierende (junior-level business administration); Exp. 2: 132 Bachelor Studierende (senior-level)

Autor(en), Journal	Task: Unabhängige Variable(n)	Task: Abhängige Variable(n)	Task: Belohnung	Task: Dynamik	Task: Vernetztheit	Subjects
Daroca, F. P. (1984), AOS	Groups and Teams; Framing of Tasks and Information; Response Mode	Urteil	finanziell	keine	2	120 Bachelor Studierende (advertising, engineering, marketing and science majors)
Dermer, J. / Siegel, J. P. (1974), TAR	Assigned Goals; Feedback	Urteil; Intrinsic Motivation; Extrinsic Motivation; Affect	50 % der Endnote	keine	2	65 MBA-Studierende
Driver, M. J. / Mock, T. J. (1975), TAR	Cognitive Style	Cognitive Processes; Justification; Urteil	keine Angabe	Zeitlimit: 3 Stunden	3	54 MBA-Studierende aus dem ersten Jahr
Dyckman, T. R. / Hoskin, R. E. / Swieringa, R. J. (1982), AOS	Framing of Tasks and Information	Urteil	keine Angabe	keine	1	68 Studierende (cost accounting)
Eggleton, I. R. C. (1976), JAR	Groups and Teams; Framing of Tasks and Information; Order of Information; Personal Involvement	Urteil; Justification	nicht-monetäre Vergütung	keine	2	30 Bachelor und Master Studierende
Foran, M. F. / deCoster, D. T. (1974), TAR	Standards and Regulations; Abilities; Feedback	Urteil; Affect; Cognitive Processes	finanziell	keine	2	32 Bachelor Studierende
Holstrum, G. L. (1971), JAR	Framing of Tasks and Information	Urteil	keine Angabe	keine	3	42 Studierende in Produktionsmanagement
Hoskin, R. E. (1983), JAR	Framing of Tasks and Information	Urteil; Risk Attitudes	finanziell (leistungsabhängig)	keine	3	61 Studierende (MBA, PhD)
Lewis, B. / Shields, M. D. / Young, S. M. (1983), JAR	Framing of Tasks and Information; Feedback	Cognitive Processes	finanziell	keine	2	10 MBA-Studierende
Licata, M. P. / Strawser, R. H. / Welker, R. B. (1986), TAR	Confidence	Accountability	finanziell	Zeitlimit: 15 Minuten	2	20 Bachelor Studierende (accounting)
Magee, R. P. / Dickhaut, J. W. (1978), JAR	Feedback; Extrinsic Motivation	Urteil; Cognitive Style	finanziell (leistungsabhängig)	keine	2	38 Studierende
Neumann, B. R. / Friedman, L. A. (1978), JAR	Framing of Tasks and Information	Urteil	keine Angabe	keine	1	48 MBA-Studierende
Otley, D. T. / Dias, F. J. B. (1982), JAR	Presentation Format; Task Complexity; Cognitive Style	Urteil; Leistung	finanziell (fix und leistungsbezogener Bonus)	keine	strukturierter Task: 1; unstrukturierterTask: 3	40 Studierende (School of Management and Organisational Science)
Rockness, H. O. (1977), TAR	Extrinsic Motivation; Assigned Goals; Feedback	Leistung; Affect; Confidence	finanziell (leistungsabhängig)	4x 2 Minuten Produktionsläufe	2	96 Bachelor Studierende (course in business administration)
San Miguel, J. G. (1976), AOS	Task Complexity; Cognitive Style; Cognitive Processes	Urteil	freiwillig	keine	niedrig (10 % / 90 %): 1; mittel (30 % / 70 %): 2; hoch (50 %): 3	73 Master oder sonstige fortgeschrittene Studierende, männlich
Shields, M. D. (1984), AOS	Framing of Tasks and Information	Cognitive Processes	finanziell	keine	3	36 Studierende (senior majoring in accounting)
Sorensen, J. E. / Franks, D. D. (1972), TAR	Abilities; Confidence; Feedback	Leistung	keine Angabe	keine	1	84 Bachelor Studierende (freshmen)
Tiller, M. G. (1983), JAR	Standards and Regulations; Assigned Goals; Extrinsic Motivation	Leistung; Affect	finanziell	3x 7 Minuten Läufe	2	150 Bachelor Studierende
Tomassini, L. A. (1977), TAR	Framing of Tasks and Information	Urteil	finanziell	keine	1	52 Master Students (upperdivision and graduate accounting majors)
Uecker, W. C. (1982), JAR	Framing of Tasks and Information; Extrinsic Motivation; Groups and Teams; Cognitive Style	Urteil	finanziell (leistungsabhängig und fix)	keine	2	45 Studierende (upperdivision students)

Autor(en), Journal	Task					Subjects
	Unabhängige Variable(n)	Abhängige Variable(n)	Belohnung	Dynamik	Vernetztheit	
Waller, W. S. / Chow, C. W. (1985), TAR	Standards and Regulations; Framing of Tasks and Information; Accountability	Leistung; Urteil	finanziell (leistungsabhängig)	Zeitlimit: 15 Minuten	2	61 Studierende (students upperlevel cost accounting course)
Young, S. M. (1985), JAR	Risk Attitudes; Knowledge Structure and Content; Standards and Regulations; Extrinsic Motivation	Confidence; Leistung	finanziell	Zeitlimit in jeder Phase	2	40 MBA-Studierende
***Obermaier, R. / Müller, F.* (2008)**						
Anctil, R. M. et al. (2004), JAR	Framing of Tasks and Information	Urteil	finanziell (leistungsabhängig und fix)	Zeitbegrenzung	3	107 Bachelor Studierende (accounting)
Ansari, S. L. (1976), JAR	s. o.	s. o.	s. o.	s. o.	s. o.	s. o.
Arunachalam, V. / Beck, G. (2002), AOS	Feedback; Order of Information; Framing of Tasks and Information	Urteil	Credits	keine	3	Exp. 1: 190 Studierende (upper-division business majors); Exp. 2:186 Studierende (upper-division business majors)
Awasthi, V. N. / Chow, C. W. / Wu, A. (1998), MAR	Task Complexity; Cultural Background; Groups and Teams	Urteil; Justification	finanziell (leistungsabhängig und fix)	keine	niedrige Interdependenzen: 2; hohe Interdependenzen: 3	150 MBA und Bachelor Studierende (50 % US, 50 % Taiwan)
Bailey, C. D. / Brown, L. D. / Cocco, A. F. (1998), JMAR	Extrinsic Motivation	Leistung; Abilities	finanziell	keine	1	72 Studierende
Bailey, C. D. / Gupta, S. (1999), JF	Framing of Tasks and Information	Urteil	gemischt	keine	1	79 (77 master-level cost accounting students, 2 Ehemalige)
Banker, R. D. / Chang, H. / Pizzini, M. J. (2004), TAR	Framing of Tasks and Information	Urteil	k. A.	keine	1	480 MBA-Studierende
Barefield, R. M. (1972), JAR	s. o.	s. o.	s. o.	s. o.	s. o.	s. o.
Bloomfield, R. J. / Libby, R. / Nelson, M. W. (2003), CAR	Framing of Tasks and Information	Urteil	finanziell	keine	1	18 MBA-Studierende (finance and accounting)
Bricker, R. / DeBruine, M. (1993), BRiA	Framing of Tasks and Information	Urteil	finanziell	keine	1	49 Studierende
Briers, M. / Luckett, P. / Chow, C. (1997), Abacus	Presentation Format	Urteil	finanziell (leistungsabhängig)	keine	2	39 Studierende (third-year management accounting course)
Brown, C. E. / Solomon, I. (1987), TAR	s. o.	s. o.	s. o.	s. o.	s. o.	s. o.
Buchheit, S. (2004), CAR	Presentation Format; Framing of Tasks and Information	Urteil	finanziell	keine	2	144 Master Studierende (business school)
Cardinaels, E. / Roodhooft, F. / Warlop, L. (2004), Abacus	Presentation Format; Task Complexity	Urteil	finanziell	keine	Schwierigkeitsstufe A: 1; Schwierigkeitsstufe B: 3	139 Master Studierende (management accounting)
Casey, C. / Selling, T. I. (1986), TAR (*)	Task Complexity; Framing of Tasks and Information	Confidence; Urteil	nicht-monetäre Preise	keine	hohe Vorhersehbarkeit: 1; niedrige Vorhersehbarkeit: 3	71 MBA-Studierende
Chan, C. W. (1998), MAR	Accountability; Cultural Background; Extrinsic Motivation	Confidence; Urteil	finanziell	Zeitlimit: 20 Minuten	2	400 Bachelor und Master Studierende (business / accounting students), 240 US vs. 160 Australian
Cherrington, D. J. / Cherrington, J. O. (1973), JAR	s. o.	s. o.	s. o.	s. o.	s. o.	s. o.
Chesley, G. R. (1976), JAR (**)	Response Mode; Knowledge Structure and Content	Leistung	finanziell	keine	3	56 Bachelor Studierende (28 junior & senior engineering undergraduates, 28 senior accounting undergraduates)

Autor(en), Journal	Task					Subjects
	Unabhängige Variable(n)	Abhängige Variable(n)	Belohnung	Dynamik	Vernetztheit	
Chow, C. W. (1983), TAR	s. o.	s. o.	s. o.	s. o.	s. o.	s. o.
Chow, C. W. / Lindquist, T. M. / Wu, A. (2001), BRiA	Cultural Background; Standards and Regulations	Leistung; Affect	finanziell (leistungsabhängig)	Zeitlimit: 2x 10 Minuten	keine Partizipation: 1; Partizipation: 2	36 (50 % US, 50 % Chinese)
Chow, C. W. / Cooper, J. C. / Waller, W. (1988), TAR	Framing of Tasks and Information	Leistung	finanziell (leistungsabhängig)	Zeitlimit: 30 Minuten	2	40 Bachelor Studierende
Coletti, A. L. / Sedatole, K. L. / Towry, K. L. (2005), TAR	Extrinsic Motivation	Affect; Urteil	finanziell (Exp. 1: feste Bezahlung, Exp. 2: leistungsabhängig)	keine	Exp. 1: 1; Exp. 2: 2	Exp. 1: 82 Bachelor Studierende (sophomore and junior students); Exp. 2: 62 Bachelor (junior / senior) und MBA-Studierende
Cook, D. M. (1967), JAR	Feedback	Leistung; Affect	finanziell (leistungsabhängig)	keine	1	120 Bachelor Studierende
Cooper, J. C. / Selto, F. H. (1993), JMAR	Risk Attitudes	Urteil	finanziell (leistungsabhängig)	keine	1	112 Bachelor und Master Studierende (junior / senior / graduate business course)
Daroca, F. P. (1984), AOS	s. o.	s. o.	s. o.	s. o.	s. o.	s. o.
Das, H. (1986), AOS (***)	Framing of Tasks and Information; Cognitive Processes; Cognitive Style	Extrinsic Motivation; Intrinsic Motivation	k. A.	keine	2	172 Studierende
Dejong, D. V. et al. (1989), AOS	Standards and Regulations	Urteil	finanziell (leistungsabhängig)	keine	1	keine Angabe
Dickhaut, J. W. / Eggleton, I. R. C. (1975), JAR (**)	Presentation Format; Order of Information; Framing of Tasks and Information	Urteil; Cognitive Style	Credits	keine	Exp. 1: 2; Exp. 2: 2	Exp. 1: 40 Studierende (advanced managerial accounting class); Exp. 2: 28 Studierende
Dilla, W. N. (1989), TAR	Framing of Tasks and Information; Task Complexity; Relevance of Information	Urteil	finanziell (fix und leistungsabhängig)	keine	Basic: 1; Informationsevaluationskontext: 3; Prozessentscheidung: 3	60 (21 fourth-year students, 34 MBA, 5 first-year accounting PhD)
Dilla, W. N. / Steinbart, P. J. (2005), BRiA	Framing of Tasks and Information	Urteil	Credits	keine	2	43 Bachelor Studierende (24 accounting majors, 19 information systems majors)
Evans, J. H. / Heiman-Hoffman, V. B. / Rau, S. E. (1994), JMAR	Framing of Tasks and Information	Urteil	finanziell	keine	1	28 MBA-Studierende
Evans, J. H. et al. (2001), TAR	Extrinsic Motivation	Intrinsic Motivation	finanziell	keine	Exp. 1: 1; Exp. 2: 1; Exp. 3: 2	Exp. 1: 28 MBA-Studierende; Exp. 2: 11 MBA-Studierende; Exp. 3: 28 MBA-Studierende
Fessler, N. J. (2003), JMAR	Extrinsic Motivation; Task Complexity	Leistung; Urteil	finanziell und Credits	Zeitlimit: 30 Minuten	2 (Zusatzexp.: 1)	98 Bachelor Studierende (Zusatzexp.: 94)
Fisher, J. G. et al. (2002), TAR	Framing of Tasks and Information; Assigned Goals	Confidence; Urteil; Leistung	finanziell (leistungsabhängig)	Zeitlimit (variabel, abhängig durch Entscheidung des Vorgesetzten)	2	174 Bachelor Studierende
Fisher, J. G. et al. (2005), TAR	Framing of Tasks and Information	Leistung; Extrinsic Motivation	finanziell	Zeitlimit	1	237 Bachelor Studierende
Fisher, J. G. / Frederickson, J. R. / Peffer, S. A. (2006), AOS	Framing of Tasks and Information	Leistung; Urteil	finanziell (leistungsabhängig)	Zeitlimit: 3 Minuten	2	58 Bachelor Studierende

Autor(en), Journal	Task					Subjects
	Unabhängige Variable(n)	Abhängige Variable(n)	Belohnung	Dynamik	Vernetztheit	
Frederickson, J. R. / Waller, W. (2005), JAR	Extrinsic Motivation; Framing of Tasks and Information	Urteil	finanziell	keine	3	144 Studierende (business)
Ghosh, D. (1994), JMAR	Standards and Regulations	Urteil; Affect	finanziell	keine	indirekter Ansatz: 1; direkter Ansatz: 2	82 Bachelor Studierende (senior level accounting class)
Greenberg, P. S. / Greenberg, R. H. / Mahenthiran, S. (1994), JMAR	Framing of Tasks and Information; Standards and Regulations; Extrinsic Motivation	Cognitive Processes; Leistung; Urteil	finanziell (leistungsabhängig)	Zeitlimit: 2 Minuten	Exp. 1: 3; Exp. 2: 2	84 Bachelor Studierende
Greenberg, P. S. / Greenberg, R. H. (1997), BRiA	Framing of Tasks and Information; Assigned Goals; Personal Involvement	Affect	Credits	keine	2	181 Bachelor Studierende
Gupta, M. / King, R. R. (1997), CAR	Framing of Tasks and Information; Task Complexity	Urteil	finanziell (leistungsabhängig)	keine	heterogene Produkte: 1; weniger heterogene Produkte: 2	60 Studierende (business and economic classes)
Hannan, R. L. / Rankin, F. W. / Towry, K. L. (2006), CAR	Framing of Tasks and Information	Intrinsic Motivation	finanziell (leistungsabhängig)	keine	1	130 Bachelor und Master Studierende (accounting / finance)
Harrell, A. / Harrison, P. (1994), AOS	Extrinsic Motivation; Knowledge Structure and Content	Urteil	keine Angabe	keine	2	122 MBA-Studierende
Hilton, R. W. / Swieringa, R. J. / Turner, M. J. (1988), TAR	Risk Attitudes; Framing of Tasks and Information	Urteil	finanziell (fix und leistungsabhängig)	keine	2	63 MBA-Studierende
Holstrum, G. L. (1971), JAR	s. o.	s. o.	s. o.	s. o.	s. o.	s. o.
Jermias, J. (2001), AOS	Framing of Tasks and Information; Extrinsic Motivation; Feedback	Affect	finanziell	keine	1	82 Bachelor Studierende
Kachelmeier, S. J. / Smith, J. R. / Yancey, W. F. (1994), JMAR	Framing of Tasks and Information	Urteil	finanziell (leistungsabhängig)	keine	2	120 Bachelor Studierende
Kadous, K. / Sedor, L. M. (2004), CAR	Assigned Goals	Urteil; Cognitive Processes; Confidence; Justification (Exp. 2)	keine Angabe	keine	2	Exp. 1: 82 Bachelor Studierende; Exp. 2: 71 Bachelor Studierende
King, R. R. / Wallin, D. E. (1991), CAR	Knowledge Structure and Content; Standards and Regulations	Urteil; Cognitive Style	finanziell (leistungsabhängig)	keine	2	mindestens 48 Studierende
Kirby, A. J. (1992), CAR	Risk Attitudes; Extrinsic Motivation; Framing of Tasks and Information	Urteil	finanziell	keine	1	30 Bachelor Studierende (accounting class)
Kren, L. (1990), JMAR	Extrinsic Motivation; Standards and Regulations	Affect; Intrinsic Motivation; Urteil	finanziell	keine	keine Partizipation: 1; Partizipation: 2	44 Studierende (business)
Krishnan, R. / Luft, J. L. / Shields, M. D. (2002), CAR	Framing of Tasks and Information	Urteil	finanziell (leistungsabhängig)	keine	1	34 (26 senior accounting majors, 8 master accounting students)
Lewis, B. L. / Bell, J. (1985), JAR (**)	Framing of Tasks and Information	Urteil	finanziell	keine	1	Exp. 1: 146 MBA-Studierende; Exp. 2: 115 MBA-Studierende; Exp. 3: 50 MBA-Studierende
Libby, R. / Lipe, M. G. (1992), JAR	Extrinsic Motivation; Cognitive Processes	Leistung	finanziell (fix und leistungsabhängig)	keine	1	134 Studierende (auditing)
Licata, M. P. / Strawser, R. H. / Welker, R. B. (1986), TAR	s. o.	s. o.	s. o.	s. o.	s. o.	s. o.

Autor(en), Journal	Task					Subjects
	Unabhängige Variable(n)	Abhängige Variable(n)	Belohnung	Dynamik	Vernetztheit	
Lindquist, T. M. (1995), JMAR	Framing of Tasks and Information	Leistung; Affect	finanziell (leistungsabhängig)	Zeitlimit: 10 Minuten	2	86 Bachelor Studierende
Lipe, M. G. (1993), TAR	Framing of Tasks and Information	Urteil	Credits	keine	1	Exp. 1: 142 Bachelor Studierende; Exp. 2: 116 Bachelor Studierende; Exp. 3: 59 gemischt (business people)
Luft, J. L. / Shields, M. D. (2001), TAR	Framing of Tasks and Information	Urteil	finanziell (leistungsabhängig)	keine	1	37 (31 MBA students, 6 undergraduate students)
McGhee, W. / Shields, M. D. / Birnberg, J. G. (1978), TAR (**)	Cognitive Style; Abilities	Confidence; Urteil	keine Angabe	keine	2	24 MBA-Studierende
Nelson, M. W. / Krische, S. D. / Bloomfield, R. J. (2003), JAR	Presentation Format; Feedback (Exp. 2)	Urteil	finanziell	keine	2	Exp. 1: 81 MBA-Studierende; Exp. 2: 54 Studierende (40 MBA, 14 non-MBA)
Rankin, F. W. / Schwartz, S. T. / Young, R. A. (2003), JMAR	Framing of Tasks and Information	Urteil	finanziell	keine	1	60 Bachelor Studierende
Roberts, M. L. / Albright, T. L. / Hibbets, A. R. (2004), BRiA	Framing of Tasks and Information	Urteil	keine Angabe	keine	2	79 MBA-Studierende
Savich, R. S. (1977), TAR (**)	Cognitive Style	Urteil	keine Angabe	keine	1	26 Studierende (senior-accounting majors)
Sayre, T. L. / Rankin, F. W. / Fargher, N. L. (1998), JMAR	Groups and Teams	Risk Attitudes	finanziell	keine	2	44 Bachelor Studierende
Schulz, A. K.-D. (1999), A & F (*****)	-	-	-	-	-	-
Schwartz, S. T. / Young, R. A. (2002), CAR	Personal Involvement; Framing of Tasks and Information	Urteil; Intrinsic Motivation	finanziell (leistungsabhängig)	keine	2	76 Bachelor Studierende
Shields, M. D. / Birnberg, J. G. / Hanson Frieze, I. (1981), AOS (****)	Framing of Tasks and Information; Assigned Goals	Urteil; Confidence	keine Angabe	keine	Exp. 1: 1; Exp. 2: 2	Exp. 1: 19 MBA-Studierende; Exp. 2: 96 MBA-Studierende
Shields, M. D. / Waller, W. S. (1988), AOS	Extrinsic Motivation	Leistung; Urteil	finanziell (leistungsabhängig)	Zeitlimit: 2x 5 Minuten	1	110 Bachelor und MBA-Studierende
Sprinkle, G. B. (2000), TAR	Extrinsic Motivation	Leistung	finanziell (leistungsabhängig)	Zeitlimit: 3 Minuten	1	40 Bachelor Studierende
Stevens, D. E. (2002), JMAR	Framing of Tasks and Information; Extrinsic Motivation	Intrinsic Motivation; Urteil	finanziell (fix und leistungsabhängig)	keine	1	52 Studierende (upperdivison accounting)
Turner, M. J. / Hilton, R. W. (1989), JAR	Risk Attitudes; Framing of Tasks and Information; Standards and Regulations	Urteil	finanziell	keine	2	94 MBA-Studierende
Uecker, W. C. (1978), JAR (**)	Framing of Tasks and Information	Urteil	finanziell (fix und leistungsabhängig)	keine	1	40 Bachelor Studierende (accounting)
Uecker, W. C. (1980), JAR (**)	Knowledge Structure and Content; Cognitive Style	Urteil; Confidence	finanziell (fix und leistungsabhängig)	keine	1	41 Bachelor Studierende (accounting)
Uecker, W. / Schepanski, A. / Shin, J. (1985), TAR (**)	Framing of Tasks and Information; Extrinsic Motivation	Urteil	finanziell	keine	Part 1 und 3: 2; Part 2 und 4: 3	32 Master Studierende und Doktoranden

Autor(en), Journal	Task					Subjects
	Unabhängige Variable(n)	Abhängige Variable(n)	Belohnung	Dynamik	Vernetztheit	
Vera-Muñoz, S. C. (1998), TAR	Knowledge Structure and Content; Framing of Tasks and Information	Urteil	finanziell (fix und leistungsabhängig)	keine	1	80 Master Studierende
Waller, W. S. / Bishop, R. A. (1990), TAR	Extrinsic Motivation	Urteil	finanziell (leistungsabhängig)	keine	2	Exp. 1: 72 Bachelor Studierende; Exp. 2: 72 Bachelor Studierende
Waller, W. S. / Chow, C. W. (1985), TAR	s. o.	s. o.	s. o.	s. o.	s. o.	s. o.
Waller, W. S. / Shapiro, B. / Sevcik, G. (1999), AOS	Framing of Tasks and Information; Feedback	Urteil	finanziell (fix und leistungsabhängig)	keine	2	10 Bachelor Studierende
Webb, R. A. (2002), AOS	Intrinsic Motivation; Standards and Regulations	Confidence; Leistung	finanziell (fix und Bonus)	Zeitlimit: 5 Minuten	1	90 Bachelor Studierende
Wright, W. F. (1988), CAR	Cognitive Style	Urteil	finanziell (fix und leistungsabhängig)	keine	2	22 Master Studierende
Young, S. M. (1985), JAR	s. o.	s. o.	s. o.	s. o.	s. o.	s. o.
Young, S. M. / Fisher, J. / Lindquist, T. M. (1993), TAR	Standards and Regulations; Feedback	Leistung; Confidence	finanziell und Credits	Zeitlimit: 15 Mintuen	2	96 Bachelor Studierende
Literaturanalyse in Abschnitt 4.3.3						
Abbeele, A. v. d. / Roodhooft, F. / Warlop, L. (2009), AOS	Framing of Tasks and Information; Standards and Regulations	Urteil; Cognitive Style	finanziell (leistungsabhängig)	keine	2	208 MBA-Studierende
Bailey, W. J. / Hecht, G. / Towry, K. L. (2011), CAR	Standards and Regulations; Framing of Tasks and Information	Cognitive Processes; Urteil	keine Angabe	keine	2	170 Master Studierende
Balakrishnan, R. / Sprinkle, G. B. / Williamson, M. G. (2011), TAR	Extrinsic Motivation	Intrinsic Motivation	finanziell	keine	2	130 Bachelor Studierende
Birnberg, J. G. / Zhang, Y. (2011), JMAR	Framing of Tasks and Information; Order of Information	Urteil	finanziell	keine	1	60 Studierende (business class)
Bloomfield, R. / Hales, J. (2009), TAR	Standards and Regulations; Order of Information; Extrinsic Motivation; Framing of Tasks and Information (Exp. 2)	Urteil	finanziell	keine	3	Exp. 1: 68 MBA-Studierende; Exp. 2: 34 MBA-Studierende
Brüggen, A. (2011), JMAR	Framing of Tasks and Information; Extrinsic Motivation; Abilities	Leistung	finanziell (leistungsabhängig oder fix)	Zeitlimit: 2 Minuten	2	75 Studierende (business)
Brüggen, A. / Moers, F. (2007), JMAR	Extrinsic Motivation; Intrinsic Motivation	Urteil	finanziell (leistungsabhängig oder fix)	keine	1	77 Studierende (business)
Cardinaels, E. / Veen-Dirks, P. M. G. v. (2010), AOS	Framing of Tasks and Information; Presentation Format (Exp. 2)	Urteil	Credits	keine	2	Exp. 1:144 Master Studierende; Exp. 2:144 Master Studierende
Chang, L. / Cheng, M. / Trotman, K. T. (2008), AOS	Framing of Tasks and Information; Assigned Goals	Urteil	keine	keine	2	96 Master Studierende (Master of Commerce or Master of Business Technology)
Cheng, M. M. / Humphreys, K. A. (2012), TAR	Task Complexity	Urteil	finanziell	keine	Exp. 1: 3; Exp. 2: 2	Exp. 1: 82 Master Studierende; Exp. 2: 44 Master Studierende
Choi, J. / Hecht, G. W. / Tayler, W. B. (2012), TAR	Extrinsic Motivation	Urteil	finanziell (leistungsabhängig)	keine	2	79 Master Studierende
Church, B. K. / Hannan, R. L. / Kuang, X. J. (2012), AOS	Standards and Regulations; Framing of Tasks and Information	Intrinsic Motivation	finanziell	keine	Exp. 1: 2; Exp. 2: 1	Exp. 1: 174 Bachelor Studierende; Exp. 2: 90 Bachelor Studierende

Autor(en), Journal	Task					Subjects
	Unabhängige Variable(n)	Abhängige Variable(n)	Belohnung	Dynamik	Vernetztheit	
Church, B. K. / Libby, T. / Zhang, P. (2008), JMAR	Extrinsic Motivation	Leistung	finanziell (fix und leistungsabhängig)	Zeitlimit: 5 Minuten	1	68 MBA-Studierende
Cianci, A. M. / Kaplan, S. E. (2010), AOS	Framing of Tasks and Information; Justification	Urteil	keine Angabe	keine	2	Exp. 1: 100 MBA-Studierende; Exp. 2: 100 MBA-Studierende
Clor-Proell, S. M. (2009), TAR	Task Complexity; Framing of Tasks and Information	Urteil	Credits	keine	Exp. 1: 3; Exp. 2: 1	Exp. 1: 172 MBA-Studierende; Exp. 2: 69 MBA und Master Studierende (accounting)
Ding, S. / Beaulieu, P. (2011), JAR	Affect; Extrinsic Motivation; Task Complexity	Urteil	finanziell (fix und Lotterie)	keine	Exp. 1: 2 (geringe Informationsmenge) bzw. 3 (hohe Informationsmenge); Exp. 2: 1	Exp. 1: 104 MBA-Studierende; Exp. 2: 32 MBA-Studierende
Falsetta, D. / Tuttle, B. (2011), CAR	Framing of Tasks and Information	Risk Attitudes	finanziell (fix und leistungsabhängig)	keine	1	Exp. 1: 74 Studierende; Exp. 2: 15 Studierende
Farrell, A. M. / Krische, S. D. / Sedatole, K. L. (2011), CAR	Feedback; Extrinsic Motivation; Framing of Tasks and Information	Urteil	finanziell (fix)	keine	3	196 Master Studierende
Ferreira, A. / Santoso, A. (2008), A & F	Affect	Leistung	keine Angabe	keine	1	380 Bachelor und Master Studierende (undergraduates and graduates with prior accounting experience)
Hales, J. (2007), JAR	Framing of Tasks and Information	Urteil	finanziell (fix und Lotterie)	keine	1	60 MBA-Studierende
Hales, J. W. / Venkataraman, S. / Wilks, T. J. (2012), TAR	Framing of Tasks and Information	Urteil	freiwillig	keine	1	42 Master Studierende (MBA and Master of Quantitative and Computional Finance Program)
Hales, J. / Williamson, M. G. (2010), JAR	Personal Involvement; Relevance of Information	Urteil	finanziell (fix und leistungsabhängig)	keine	2	72 Bachelor Studierende (business)
Han, J. / Tan, H.-T. (2010), JAR	Framing of Tasks and Information; Risk Attitudes; Task Complexity	Urteil; Confidence	finanziell (fix und leistungsabhängig)	keine	Punktabweichung: 2; Bereichabweichung: 3	157 (74 MBA, 87 Master of Finance)
Hobson, J. L. (2011), CAR	Presentation Format; Task Complexity	Cognitive Processes; Cognitive Style	finanziell (fix und leistungsabhängig)	keine	geringe Informationskomplexität: 2; hohe Informationskomplexität: 3	159 Bachelor und Master Studierende
Hobson, J. L. / Mellon, M. J. / Stevens, D. E. (2011), BRiA	Cultural Background; Extrinsic Motivation	Intrinsic Motivation; Urteil	finanziell (fix und leistungsabhängig)	keine	1	104 Bachelor Studierende (accounting course)
Humphreys, K. A. / Trotman, K. T. (2011), JMAR	Task Complexity; Framing of Tasks and Information; Assigned Goals	Urteil	keine Angabe	keine	Exp. 1: 2 (halbe Verknüpfung) bzw. 3 (vollständige Verknüpfung); Exp. 2: 2	Exp. 1: 92 MBA-Studierende; Exp. 2: 103 MBA-Studierende
Hyatt, T. A. / Taylor, M. H. (2008), BRiA	Knowledge Structure and Content; Extrinsic Motivation	Confidence; Urteil	finanziell	keine	1	49 Studierende (accounting)

Autor(en), Journal	Task					Subjects
	Unabhängige Variable(n)	Abhängige Variable(n)	Belohnung	Dynamik	Vernetztheit	
Jackson, K. E. (2008), CAR	Framing of Tasks and Information; Presentation Format	Urteil	finanziell (fix und Lotterie)	keine	1	127 MBA-Studierende
Jackson, S. B. (2008), TAR	Presentation Format; Order of Information; Framing of Tasks and Information (Exp. 2 & 3)	Urteil	finanziell (fix und Bonus)	keine	1	Exp. 1: 205 MBA-Studierende; Exp. 2: 204 MBA-Studierende; Exp. 3: 204 MBA-Studierende
Kachelmeier, S. J. / Reichert, B. E. / Williamson, M. G. (2008), JAR	Extrinsic Motivation	Leistung	finanziell (leistungsabhängig)	Zeitlimit: 20 Minuten	2	78 Bachelor Studierende (business class)
Kachelmeier, S. J. / Williamson, M. G. (2010), TAR	Extrinsic Motivation; Standards and Regulations	Leistung; Urteil	finanziell (leistungsabhängig)	Zeitlimit: 20 Minuten	2	90 Bachelor Studierende (business class)
Kadous, K. / Koonce, L. / Thayer, J. M. (2012), TAR	Framing of Tasks and Information	Urteil	finanziell	keine	2	Exp. 1: 129 MBA-Studierende; Exp. 2: 99 MBA-Studierende
Kadous, K. / Mercer, M. / Thayer, J. (2009), CAR	Framing of Tasks and Information	Urteil	keine Angabe	keine	2	500 MBA-Studierende
Kelly, K. O. (2007), CAR	Framing of Tasks and Information; Feedback; Extrinsic Motivation	Urteil	finanziell (fix und leistungsabhängig)	keine	2	122 MBA-Studierende
Kelly, K. O. (2010a), CAR	Framing of Tasks and Information	Urteil; Knowledge Structure and Content	finanziell (leistungsabhängig)	keine	1	47 MBA-Studierende
Kelly, K. O. (2010b), BRiA	Extrinsic Motivation	Urteil; Cognitive Processes	finanziell (fix und Lotterie)	keine	2	220 Bachelor Studierende
Koch, C. / Schmidt, C. (2010), AOS	Framing of Tasks and Information; Feedback; Personal Involvement	Urteil	finanziell (leistungsabhängig)	keine	2	256 Studierende
Koonce, L. / Lipe, M. G. (2010), JAR	Framing of Tasks and Information	Urteil	finanziell (fix)	keine	2	100 MBA-Studierende
Koonce, L. / Nelson, K. K. / Shakespeare, C. M. (2011), TAR	Framing of Tasks and Information	Urteil; Cognitive Processes	keine Angabe	keine	Exp. 1 & 3: 1; Exp. 2: 2	Exp. 1: 79 MBA-Studierende; Exp. 2: 100 MBA-Studierende; Exp. 3: 100 MBA-Studierende
Mastilak, M. C. (2011), TAR	Framing of Tasks and Information; Presentation Format	Urteil	finanziell (fix und leistungsabhängig)	keine	2	78 Bachelor Studierende
Matuszewski, L. J. (2010), JMAR	Extrinsic Motivation; Framing of Tasks and Information	Intrinsic Motivation	finanziell	keine	2	224 Bachelor und Master Studierende (business)
Nelson, M. W. / Tayler, W. B. (2007), TAR	Standards and Regulations; Framing of Tasks and Information	Urteil; Zeit (Exp. 2)	keine Angabe	keine	2	Exp. 1: 106 MBA-level accounting Studierende; Exp. 2: 104 MBA-level accounting Studierende
Nikias, A. D. et al. (2010), BRiA	Presentation Format; Order of Information	Urteil	finanziell (Lotterie)	keine	2	112 Bachelor Studierende (business)
Pinsker, R. (2007), BRiA	Order of Information; Framing of Tasks and Information	Urteil	finanziell (fix) und Credits	keine	1	127 Bachelor Studierende (business)
Pitre, T. J. (2012), BRiA	Presentation Format; Framing of Tasks and Information	Urteil	Credits und finanziell (leistungsabhängig)	keine	2	84 MBA-Studierende
Rankin, F. W. / Sayre, T. L. (2011), AOS	Framing of Tasks and Information; Extrinsic Motivation	Urteil	finanziell (leistungsabhängig)	keine	1	27 Master Studierende (business course)
Rankin, F. W. / Schwartz, S. T. / Young, R. A. (2008), TAR	Justification; Accountability	Urteil	finanziell (leistungsabhängig)	keine	2	120 Bachelor Studierende
Rose, J. M. / Norman, C. S. / Rose, A. M. (2010), TAR	Framing of Tasks and Information; Justification	Urteil	keine Angabe	keine	1	97 MBA-Studierende

Autor(en), Journal	Task: Unabhängige Variable(n)	Task: Abhängige Variable(n)	Task: Belohnung	Task: Dynamik	Task: Vernetztheit	Subjects
Sawers, K. M. / Wright, A. / Zamora, V. (2011), BRiA	Framing of Tasks and Information; Accountability	Urteil	finanziell (leistungsabhängig)	keine	1	108 MBA-Studierende
Schatzberg, J. W. / Stevens, D. E. (2008), JMAR	Standards and Regulations; Personal Involvement; Assigned Goals	Urteil	finanziell (fix und leistungsabhängig)	keine	2	96 MBA-Studierende
Seybert, N. (2010), TAR	Framing of Tasks and Information; Accountability	Urteil	finanziell (fix)	keine	1	92 MBA-Studierende
Sprinkle, G. B. / Williamson, M. G. / Upton, D. R. (2008), AOS	Extrinsic Motivation	Risk Attitudes; Leistung	finanziell (fix und Lotterie)	Zeitlimit: 45 Minuten	1	60 Bachelor Studierende
Tan, S.-K. / Koonce, L. (2011), AOS	Framing of Tasks and Information	Urteil; Justification (Exp. 3)	finanziell (fix)	keine	1	Exp. 1: 89 Master Studierende (business); Exp. 2: 40 MBA-Studierende; Exp. 3:86 Master Studierende (business); Exp. 4: 45 Master Studierende (business)
Tangpong, C. / Li, J. / Johns, T. R. (2010), JMI	Framing of Tasks and Information	Urteil	keine Angabe	keine	1	Exp. 1: 224 Bachelor (junior-, senior-level) und MBA-Studierende; Exp. 2: 202 Bachelor (junior-, senior-level) und MBA-Studierende
Tayler, W. B. (2010), TAR	Framing of Tasks and Information; Personal Involvement	Urteil	keine Angabe	keine	2	132 MBA-Studierende
Thayer, J. (2011), TAR	Risk Attitudes; Framing of Tasks and Information	Cognitive Processes	finanziell (fix und leistungsabhängig)	keine	1	92 MBA-Studierende
Upton, D. R. (2009), JMAR	Groups and Teams; Extrinsic Motivation	Urteil	finanziell (leistungsabhängig)	keine	2	108 Bachelor Studierende (business)
Williamson, M. G. (2008), CAR	Standards and Regulations	Urteil	finanziell (leistungsabhängig)	keine	2	116 Bachelor Studierende (business)
Zhang, Y. (2008), TAR	Extrinsic Motivation; Standards and Regulations	Urteil	finanziell (leistungsabhängig)	keine	2	60 Bachelor Studierende (business class)

(*) wird bei BURGSTAHLER / SUNDEM als „Financial" Setting eingeordnet.
(**) wird bei BURGSTAHLER / SUNDEM als „Other" Setting eingeordnet.
(***) fehlt bei BURGSTAHLER / SUNDEM.
(****) bei BURGSTAHLER / SUNDEM fälschlicherweise als Professionals klassifiziert.
(*****) kein Experiment.

Anhang V: Überblick über die mit Professionals durchgeführten Studien im Management Accounting

Autor(en), Journal	Task					Subjects
	Unabhängige Variable(n)	Abhängige Variable(n)	Belohnung	Dynamik	Vernetztheit	
***Burgstahler, D. / Sundem, G. L.* (1989)**						
Barnes, P. / Webb, J. (1986), AOS	Framing of Tasks and Information; Knowledge Structure and Content	Urteil	keine Angabe	keine	2	17 Manager
Belkaoui, A. (1981), AOS	Framing of Tasks and Information	Abilities; Urteil	keine Angabe	keine	1	55 Einkäufer
Brownell, P. / McInnes, M. (1986), TAR	Framing of Tasks and Information	Intrinsic Motivation; Extrinsic Motivation; Leistung; Accountability	keine Angabe	keine	2	108 Manager (middle-level)
Flamholtz, E. (1976), AOS	Framing of Tasks and Information	Urteil; Justification	keine Angabe	keine	3	35 CPAs
Friedman, L. A. / Neumann, B. R. (1980), JAR	Framing of Tasks and Information	Urteil; Cognitive Processes	keine Angabe	keine	2	30 MBAs mit Berufserfahrung; 38 CPAs
Gul, F. A. (1984a), AOS	Framing of Tasks and Information	Confidence	keine Angabe	keine	1	57 Accountants (männlich)
Gul, F. A. (1984b), TAR	Cognitive Style; Abilities	Confidence	keine Angabe	keine	1	46 Manager (männlich)
Harrell, A. M. (1977), TAR	Feedback; Assigned Goals	Urteil	freiwillig	keine	2	75 Air Force Offiziere
Hirsch, M. L. (1978), JAR	Framing of Tasks and Information	Confidence; Urteil	keine	keine	2	48 Manager
Larcker, D. F. (1981), TAR	Framing of Tasks and Information; Cognitive Processes	Urteil	keine Angabe	keine	1	53 Manager (president, vice-president, etc.)
Probst, F. R. (1971), TAR	Framing of Tasks and Information	Urteil	keine Angabe	keine	1	Vorarbeiter
Shields, M. D. (1983), TAR	Framing of Tasks and Information	Cognitive Processes; Urteil	keine Angabe	keine	3	12 Manager (graduated)
Shields, M. D. / Birnberg, J. G. / Hanson Frieze, I. (1981), AOS (****)	-	-	-	-	-	-
***Obermaier, R. / Müller, F.* (2008)**						
Alexander, R. M. / Blay, A. D. / Hurtt, R. K. (2006), BRiA	Presentation Format	Cognitive Processes	keine Angabe	keine	3	89 Steuerberater
Blocher, E. / Moffie, R. P. / Zmud, R. W. (1986), AOS	Presentation Format; Task Complexity	Urteil; Risk Attitudes	keine Angabe	keine	niedrige Komplexität: 1; hohe Komplexität: 3	47 Wirtschaftsprüfer (internal)
Briers, M. L. et al. (1999), JMAR	Feedback	Urteil	finanziell (leistungsabhängig)	keine	2	60 Manager (upper-division accounting classes)
Davis, S. / DeZoort, F. T. / Kopp, L. S. (2006), BRiA	Assigned Goals; Standards and Regulations	Accountability; Justification; Extrinsic Motivation	keine Angabe	keine	1	77 Accountants
Firth, M. (1980), MISQ	Presentation Format; Framing of Tasks and Information	Urteil	keine Angabe	keine	1	120 Manager (senior)
Flamholtz, E. (1976), AOS	s. o.	s. o.	s. o.	s. o.	s. o.	s. o.

Autor(en), Journal	Task					Subjects
	Unabhängige Variable(n)	Abhängige Variable(n)	Belohnung	Dynamik	Vernetztheit	
Ghosh, D. / Boldt, M. N. (2006), JMI	Extrinsic Motivation; Framing of Tasks and Information	Affect	keine Angabe	keine	1	48 Manager
Gul, F. A. (1984b), TAR	s. o.	s. o.	s. o.	s. o.	s. o.	s. o.
Harrell, A. M. (1977), TAR	s. o.	s. o.	s. o.	s. o.	s. o.	s. o.
Harrell, A. M. / Klick, H. D. (1980), AOS (***)	Framing of Tasks and Information	Urteil; Relevance of Information	freiweillig (Feedback wurde angeboten)	keine	1	166 US Air Force Colonels
Libby, T. (2001), JMAR	Assigned Goals; Standards and Regulations	Extrinsic Motivation	finanziell	Zeitlimit: 2x 5 Minuten Zeit für die Aufgabe (Zeitdruck je nach Budgetvorgabe unterschiedlich hoch)	1	59 MBAs mit 6-10 Jahren Berufserfahrung
Lipe, M. G. / Salterio, S. E. (2000), TAR	Framing of Tasks and Information	Urteil	keine Angabe	keine	2	58 MBAs mit Berufserfahrung
Luft, J. L. / Libby, R. (1997), TAR	Framing of Tasks and Information; Assigned Goals	Urteil	keine	keine	2	55 Manager
Rowe, C. (2004), TAR	Presentation Format; Groups and Teams	Urteil	finanziell	keine	1	Exp. 1: 84 MBAs mit durchschnittlich 4,4 Jahre Berufserfahrung; Exp. 2: 40 MBAs mit hohem Level an Berufserfahrung)
Rutledge, R. W. / Karim, K. E. (1999), AOS	Framing of Tasks and Information; Cultural Background	Urteil	keine Angabe	keine	2	67 MBAs mit Berufserfahrung
Sawers, K. M. (2005), CAR	Task Complexity; Cognitive Processes	Confidence; Justification	finanziell (Lotterie 2x 200 €)	keine	Control: 1; Compare Trade-Off: 3	120 MBAs mit Berufserfahrung
Tongtharadol, V. / Reneau, J. H. / West, S. G. (1991), JMAR	Accountability; Framing of Tasks and Information	Urteil	keine Angabe	keine	1	269
Vera-Muñoz, S. C. / Kinney, W. R. / Bonner, S. E. (2001), TAR	Knowledge Structure and Content; Presentation Format	Cognitive Processes	keine Angabe	keine	2	110 Accountants (experienced public and private accountants)
Webb, R. A. (2004), CAR	Framing of Tasks and Information; Task Complexity	Affect	keine Angabe	keine	(Moderat: 2); 3	56 (durchschnittlich 19 Jahre Arbeitserfahrung)
Zanibbi, L. / Pike, R. (1996), MAR	Accountability; Knowledge Structure and Content	Risk Attitudes; Cognitive Style	Evaluation (Vergleich mit anderen Managern)	keine	1	78 (von verschiedenen Positionen)
Literaturanalyse in Abschnitt 4.3.3						
Bol, J. C. / Smith, S. D. (2011), TAR	Framing of Tasks and Information; Accountability	Urteil; Confidence	finanziell (Lotterie: 20x $ 200)	keine	2	216 Personalverantwortliche
Coram, P. J. (2010), A & F	Knowledge Structure and Content; Framing of Tasks and Information	Urteil	keine Angabe	keine	2	182 Investors (111 non-professional; 71 professional)
Gaynor, L. M. / McDaniel, L. / Yohn, T. L. (2011), AOS	Framing of Tasks and Information; Presentation Format	Urteil; Justification	keine Angabe	keine	1	184 CPAs
Hales, J. / Kuang, X. J. / Venkataraman, S. (2011), JAR	Presentation Format; Risk Attitudes	Urteil	finanziell (fix:$ 5 für Teilnahme, leistungsabhängige Lotterie: $ 50)	keine	2	Exp. 1: 72 MBAs mit durchschnittlich 4,2 Jahren Berufserfahrung; Exp. 2: 65 MBAs mit durchschnittlich 9 Jahren Berufserfahrung

Autor(en), Journal	Task					Subjects
	Unabhängige Variable(n)	Abhängige Variable(n)	Belohnung	Dynamik	Vernetztheit	
Holder-Webb, L. / Sharma, D. S. (2010), BRiA	Framing of Tasks and Information	Urteil	keine Angabe	keine	3	62 professionelle Kreditgeber
Libby, R. et al. (2008), JAR	Framing of Tasks and Information; Intrinsic Motivation	Urteil; Confidence	finanziell ($50 Spende an wohltätigen Zweck nach Wahl)	keine	1	Exp. 1: 47 Analysten; Exp. 2: 34 Analysten
Tan, H.-T. / Libby, R. / Hunton, J. E. (2010), CAR	Intrinsic Motivation; Framing of Tasks and Information	Urteil; Confidence	finanziell ($50 Spende an wohltätigen Zweck nach Wahl)	keine	2	Exp. 1: 47 Analysten; Exp. 2: 34 Analysten

(*) wird bei BURGSTAHLER / SUNDEM als „Financial“ Setting eingeordnet.
(**) wird bei BURGSTAHLER / SUNDEM als „Other“ Setting eingeordnet.
(***) fehlt bei BURGSTAHLER / SUNDEM.
(****) bei BURGSTAHLER / SUNDEM fälschlicherweise als Professionals klassifiziert.

Alle vollständig vorhandenen Managerstudien sind grau unterlegt.

Anhang VI: Ergebnisse der Meta-Analyse zur unabhängigen Variablen Task Complexity

	Gesamt	Studierende	Professionals
k	33,000	28,000	5,000
N	1.221,000	1.019,000	202,000
avg $r_{(unweighted)}$	,234	,194	,456
$\bar{r}$	,215	,175	,417
S^2_r	,089	,091	,030
σ^2_e	,025	,027	,017
σ^2_ρ	,064	,064	,013
σ_ρ	,252	,253	,113
$\%\sigma^2_e$	28,450	29,253	57,372
95% ConfHI	,317	,287	,569
95% ConfLO	,114	,064	,265
95% CredHI	,709	,672	,639
95% CredLO	-,279	-,321	,195
Q	115,994	95,716	8,715
Q df	32,000	27,000	4,000
Q *p*-value	,000	,000	,069
I^2	72,412	71,791	54,102

Nr.	Studie	Typ	Bemerkung	N	r	Vpn	Sample?
1	*Abdolmohammadi, M. J. / Wright, A. M.* (1987)	V	keine Analyse möglich	146		1	n
1	*Abdolmohammadi, M. J. / Wright, A. M.* (1987)	V	keine Analyse möglich	128		2	n
2	*Otley, D. T. / Dias, F. J. B.* (1982)	S	Komplexität nur in der ersten Periode messbar	40	,3	1	y
3	*San Miguel, J. G.* (1976)	S		73		1	n
4	*Awasthi, V. N. / Chow, C. W. / Wu, A.* (1998)	S		146	,2548	1	y
5	*Cardinaels, E. / Roodhooft, F. / Warlop, L.* (2004)	S	keine Analyse möglich	139		1	n
6	*Casey, C. / Selling, T. I.* (1986)	S	keine Analyse möglich	71		1	n
7	*Dilla, W. N.* (1989)	S	Kontext Basic (1) zu Kontext Prozess (3)	20	,8386	1	y
7	*Dilla, W. N.* (1989)	S	Kontext Basic (1) zu Kontext Information (3)	20	,8179	1	y
7	*Dilla, W. N.* (1989)	S	Kontext Prozess (3) zu Kontext Information (3)	20	-,117	1	y
8	*Gupta, M. / King, R. R.* (1997)	S	keine Analyse möglich	60		1	n
9	*Cheng, M. M. / Humphreys, K. A.* (2012)	S	Random Objectives / Scorecard	19	,4364	1	y
9	*Cheng, M. M. / Humphreys, K. A.* (2012)	S	Random Objectives / Random Measures	21	,417	1	y
9	*Cheng, M. M. / Humphreys, K. A.* (2012)	S	Strategy Map / Scorecard	22	0	1	n
9	*Cheng, M. M. / Humphreys, K. A.* (2012)	S	Strategy Map / Random Measures	20	0	1	n
9	*Cheng, M. M. / Humphreys, K. A.* (2012)	S	Strategy Map (2) versus Categorized Objectives (1) (erste AV)	29	,5019	1	y
9	*Cheng, M. M. / Humphreys, K. A.* (2012)	S	Categorized Objectives versus Random Objectives (erste AV)	29	0	1	n
9	*Cheng, M. M. / Humphreys, K. A.* (2012)	S	Strategy Map (2) versus Categorized Objectives (1) (zweite AV)	29	,189	1	y
9	*Cheng, M. M. / Humphreys, K. A.* (2012)	S	Categorized Objectives versus Random Objectives (zweite AV)	29	0	1	n
10	*Clor-Proell, S. M.* (2009)	S	Recog. / Recog	42	,2744	1	y
10	*Clor-Proell, S. M.* (2009)	S	Recog. / Discl	43	,2315	1	y
10	*Clor-Proell, S. M.* (2009)	S	Discl. / Recog.	43	,1728	1	y
10	*Clor-Proell, S. M.* (2009)	S	Discl. / Discl.	44	,1552	1	y
11	*Ding, S. / Beaulieu, P.* (2011)	S	no financial incentives / pos. mood	19	-,2505	1	y
11	*Ding, S. / Beaulieu, P.* (2011)	S	financial incentives / pos. mood	33	-,2782	1	y
11	*Ding, S. / Beaulieu, P.* (2011)	S	financial incentives / neg. mood	34	,1213	1	y
11	*Ding, S. / Beaulieu, P.* (2011)	S	no financial incentives / neg. mood	18	-,2303	1	y
12	*Han, J. / Tan, H.-T.* (2010)	S	pos. news / long invest.	34	-,88	1	y
12	*Han, J. / Tan, H.-T.* (2010)	S	neg. news / long invest.	32	,3	1	y
12	*Han, J. / Tan, H.-T.* (2010)	S	pos. news / short invest.	33	,5623	1	y
12	*Han, J. / Tan, H.-T.* (2010)	S	neg. news / short invest.	32	,4305	1	y
12	*Han, J. / Tan, H.-T.* (2010)	S	neg. news / neutral invest.	30	,1987	1	y
13	*Hobson, J. L.* (2011)	S	Information complexity when markets are less prone to bubble (market rate of information processing)	9	,3536	1	y

Nr.	Studie	Typ	Bemerkung	N	r	Vpn	Sample?
13	*Hobson, J. L.* (2011)	S	Information complexity when markets are more prone to bubble (market rate of information processing)	10	,5774	1	y
13	*Hobson, J. L.* (2011)	S	Information complexity when markets are less prone to bubble (individuell processing)	75	,1162	1	y
13	*Hobson, J. L.* (2011)	S	Information complexity when markets are more prone to bubble (individuell processing)	84	,1098	1	y
14	*Humphreys, K. A. / Trotman, K. T.* (2011)	S	Common Measure	30	,0232	1	y
14	*Humphreys, K. A. / Trotman, K. T.* (2011)	S	Unique Measure	30	-,192	1	y
15	*Blocher, E. / Moffie, R. P. / Zmud, R. W.* (1986)	P	grafisch	23	,8151	2	y
15	*Blocher, E. / Moffie, R. P. / Zmud, R. W.* (1986)	P	tabellarisch	23	,3982	2	y
16	*Sawers, K. M.* (2005)	P	Analyse der Features	50	,2774	2	y
16	*Sawers, K. M.* (2005)	P	Analyse der Trade-offs	50	,2774	2	y
17	*Webb, R. A.* (2004)	P	NFGSE	56	,511	2	y

Fehlende N-Angabe: *Dickhaut, J. W.* (1973).

Task Complexity schwankt nur im Zusatzexperiment: *Fessler, N. J.* (2003).

Anhang VII: Ergebnisse der Meta-Analyse zur unabhängigen Variablen Framing of Tasks and Information

	Gesamt	Studierende	Professionals
k	138,000	107,000	31,000
N	12.646,000	10.339,000	2.307,000
avg $r_{(unweighted)}$	,175	,159	,231
$\bar{r}$	,168	,154	,230
S^2_r	,099	,093	,123
σ^2_e	,010	,010	,012
σ^2_p	,089	,083	,111
σ_p	,298	,288	,333
$\%\sigma^2_e$	10,507	10,745	9,923
95% ConfHI	,220	,211	,354
95% ConfLO	,115	,096	,107
95% CredHI	,751	,718	,883
95% CredLO	-,416	-,410	-,423
Q	1.313,359	995,805	312,396
Q df	137,000	106,000	30,000
Q *p*-value	,000	,000	,000
I^2	89,569	89,355	90,397

Nr.	Studie	Typ	Bemerkung	N	r	Vpn	Sample?
1	*Chang, C. J. / Ho, J. L. Y.* (2004)	V	keine Analyse möglich	229		1	n
1	*Chang, C. J. / Ho, J. L. Y.* (2004)	V	keine Analyse möglich	146		2	n
2	*Danos, P. / Holt, D. L. / Imhoff, E. A.* (1984)	V	keine Analyse möglich	21		1	n
2	*Danos, P. / Holt, D. L. / Imhoff, E. A.* (1984)	V	keine Analyse möglich	32		2	n
3	*Frederick, D. M. / Libby, R.* (1986)	V	keine Analyse möglich	113		1	n
3	*Frederick, D. M. / Libby, R.* (1986)	V	keine Analyse möglich	64		2	n
4	*Hewitt, M.* (2009)	V		128	,503	1	y
4	*Hewitt, M.* (2009)	V		74	,6247	2	y
5	*Mortensen, T. / Fisher, R. / Wines, G.* (2012)	V	keine Analyse möglich	86		1	n
5	*Mortensen, T. / Fisher, R. / Wines, G.* (2012)	V	keine Analyse möglich	58		2	n
5	*Mortensen, T. / Fisher, R. / Wines, G.* (2012)	V	keine Analyse möglich	78		2	n
5	*Mortensen, T. / Fisher, R. / Wines, G.* (2012)	V	keine Analyse möglich	60		2	n
6	*Clor-Proell, S. M. / Nelson, M. W.* (2007)	V	affirmative vs. both	113	,0237	2	y
6	*Clor-Proell, S. M. / Nelson, M. W.* (2007)	V	counter vs. both	111	,342	2	y
6	*Clor-Proell, S. M. / Nelson, M. W.* (2007)	V	affirmative vs. counter	108	,3621	2	y
7	*Hofstedt, T. R.* (1972)	V	keine Analyse möglich	40		1	n
7	*Hofstedt, T. R.* (1972)	V	keine Analyse möglich	40		2	n
7	*Hofstedt, T. R.* (1972)	V	keine Analyse möglich	40		2	n
8	*Holt, D. L.* (1987)	V	keine Analyse möglich	33		1	n
8	*Holt, D. L.* (1987)	V	keine Analyse möglich	44		2	n
8	*Holt, D. L.* (1987)	V	keine Analyse möglich	78		1	n
8	*Holt, D. L.* (1987)	V	keine Analyse möglich	30		2	n
9	*Liyanarachchi, G. A. / Milne, M. J.* (2005)	V	total sample short	51	,3636	1	y
9	*Liyanarachchi, G. A. / Milne, M. J.* (2005)	V	total sample short	76	,5764	2	y
9	*Liyanarachchi, G. A. / Milne, M. J.* (2005)	V	total sample long	51	-,2059	1	y
9	*Liyanarachchi, G. A. / Milne, M. J.* (2005)	V	total sample long	76	-,3403	2	y
10	*Moriarity, S.* (1979)	V	keine Analyse möglich	19		1	n
10	*Moriarity, S.* (1979)	V	keine Analyse möglich	277		2	n
11	*Pinsker, R.* (2011)	V	Neg-Pos / Pos-Neg	122	,7291	1	y
11	*Pinsker, R.* (2011)	V	Neg-Pos / Pos-Neg	89	,6913	2	y
12	*Zimmer, I.* (1980)	V	keine Analyse möglich	30		1	n
12	*Zimmer, I.* (1980)	V	keine Analyse möglich	30		2	n
13	*Ansari, S. L.* (1976)	S	keine Analyse möglich	48		1	n
14	*Ashton, R. H.* (1976)	S	Increase (Low Info to High Info)	40	-,08	1	y
14	*Ashton, R. H.* (1976)	S	Decrease (Low Info to High Info)	40	,0718	1	y
14	*Ashton, R. H.* (1976)	S	Control (Decrease to Increase)	26	-,4325	1	y

Nr.	Studie	Typ	Bemerkung	N	r	Vpn	Sample?
15	*Barefield, R. M.* (1972)	S		28	,2145	1	y
16	*Becker, S. W. / Ronen, J. / Sorter, G. H.* (1974)	S	Keine Analyse möglich	79		1	n
17	*Brown, C.* (1981)	S	Kosten schwanken	86	,3811	1	y
17	*Brown, C.* (1981)	S	Distribution schwankt	86	,1909	1	y
18	*Brown, C.* (1983)	S	keine Analyse möglich	32		1	n
19	*Brown, C.* (1985)	S	temporal order evidence	21	,7313	1	y
19	*Brown, C.* (1985)	S	covariation evidence	19	,209	1	y
20	*Brown, C. E. / Solomon, I.* (1987)	S	FS-FE	24	-,5	1	y
20	*Brown, C. E. / Solomon, I.* (1987)	S	FS-S	24	,3777	1	y
20	*Brown, C. E. / Solomon, I.* (1987)	S	FE-FLC	24	,3837	1	y
21	*Chen, K. H. / Summers, E. L.* (1981)	S		70		1	n
22	*Daroca, F. P.* (1984)	S		120		1	n
23	*Dyckman, T. R. / Hoskin, R. E. / Swieringa, R. J.* (1982)	S	Full to Variable	27	,6571	1	y
23	*Dyckman, T. R. / Hoskin, R. E. / Swieringa, R. J.* (1982)	S	Variable to Full	25	,9789	1	y
24	*Eggleton, I. R. C.* (1976)	S	keine Analyse möglich	30		1	n
25	*Holstrum, G. L.* (1971)	S	keine Analyse möglich	42		1	n
26	*Hoskin, R. E.* (1983)	S	Phase 1 (A&B vs. C&D)	61	-,0395	1	y
26	*Hoskin, R. E.* (1983)	S	Phase 2 (A vs. D)	32	-,325	1	y
26	*Hoskin, R. E.* (1983)	S	Phase 2 (C vs. D)	29	-,102	1	y
27	*Lewis, B. / Shields, M. D. / Young, S. M.* (1983)	S	keine Analyse möglich	10		1	n
28	*Neumann, B. R. / Friedman, L. A.* (1978)	S	keine Analyse möglich	48		1	n
29	*Shields, M. D.* (1984)	S	keine Analyse möglich	36		1	n
30	*Tomassini, L. A.* (1977)	S	Alternative A	26	,3392	1	y
30	*Tomassini, L. A.* (1977)	S	Alternative B	26	-,4577	1	y
30	*Tomassini, L. A.* (1977)	S	Alternative C	26	-,5664	1	y
30	*Tomassini, L. A.* (1977)	S	Alternative D	26	,4743	1	y
31	*Uecker, W. C.* (1982)	S	keine Analyse möglich	45		1	n
32	*Waller, W. S. / Chow, C. W.* (1985)	S	keine Analyse möglich	61		1	n
33	*Anctil, R. M. et al.* (2004)	S	High / Low transparency	107	,6675	1	y
33	*Anctil, R. M. et al.* (2004)	S	Optimistic / Symmetric priors	107	,9082	1	y
34	*Arunachalam, V. / Beck, G.* (2002)	S	keine Analyse möglich	190		1	n
35	*Bailey, C. D. / Gupta, S.* (1999)	S	keine Analyse möglich	79		1	n
36	*Banker, R. D. / Chang, H. / Pizzini, M. J.* (2004)	S		480	,2942	1	y
37	*Bloomfield, R. J. / Libby, R. / Nelson, M. W.* (2003)	S	keine Analyse möglich	18		1	n
38	*Bricker, R. / DeBruine, M.* (1993)	S	keine Analyse möglich	49		1	n
39	*Buchheit, S.* (2004)	S		144	,4006	1	y

Nr.	Studie	Typ	Bemerkung	N	r	Vpn	Sample?
40	*Casey, C. / Selling, T. I.* (1986)	S	keine Analyse möglich	71		1	n
41	*Chow, C. W. / Cooper, J. C. / Waller, W.* (1988)	S		40	,6589	1	y
42	*Das, H.* (1986)	S	keine Analyse möglich	172		1	n
43	*Dickhaut, J. W. / Eggleton, I. R. C.* (1975)	S	keine Analyse möglich	40		1	n
44	*Dilla, W. N.* (1989)	S	Context (1)	20	,2826	1	y
44	*Dilla, W. N.* (1989)	S	Context (2)	20	,0752	1	y
44	*Dilla, W. N.* (1989)	S	Context (3)	20	,6522	1	y
45	*Dilla, W. N. / Steinbart, P. J.* (2005)	S	Evaluations (Common vs. Unique)	43	-,0017	1	y
45	*Dilla, W. N. / Steinbart, P. J.* (2005)	S	Evaluations (Fav Rad vs. Fav Work)	43	,0262	1	y
46	*Evans, J. H. / Heiman-Hoffman, V. B. / Rau, S. E.* (1994)	S	Embezzelement	27	-,4738	1	y
46	*Evans, J. H. / Heiman-Hoffman, V. B. / Rau, S. E.* (1994)	S	Cash Flow Reduction	27	,2732	1	y
47	*Fisher, J. G. et al.* (2002)	S	keine Analyse möglich	174		1	n
48	*Fisher, J. G. et al.* (2005)	S	Verteilung	79	,304	1	y
48	*Fisher, J. G. et al.* (2005)	S	Größe	79	,3223	1	y
49	*Fisher, J. G. / Frederickson, J. R. / Peffer, S. A.* (2006)	S	keine Analyse möglich	58		1	n
50	*Frederickson, J. R. / Waller, W.* (2005)	S	keine Analyse möglich	144		1	n
51	*Greenberg, P. S. / Greenberg, R. H. / Mahenthiran, S.* (1994)	S	keine Analyse möglich	84		1	n
52	*Greenberg, P. S. / Greenberg, R. H.* (1997)	S		181	-,2925	1	y
53	*Gupta, M. / King, R. R.* (1997)	S	keine Analyse möglich	60		1	n
54	*Hannan, R. L. / Rankin, F. W. / Towry, K. L.* (2006)	S	Informationssystem (Präzision)	50	-,1678	1	y
54	*Hannan, R. L. / Rankin, F. W. / Towry, K. L.* (2006)	S	Informationssystem existent / nicht existent	75	,2031	1	y
55	*Hilton, R. W. / Swieringa, R. J. / Turner, M. J.* (1988)	S	keine Analyse möglich	63		1	n
56	*Jermias, J.* (2001)	S	keine Analyse möglich	82		1	n
57	*Kachelmeier, S. J. / Smith, J. R. / Yancey, W. F.* (1994)	S	keine Analyse möglich	120		1	n
58	*Kirby, A. J.* (1992)	S	keine Analyse möglich	30		1	n
59	*Krishnan, R. / Luft, J. L. / Shields, M. D.* (2002)	S	Increasing / Decreasing	33	,2488	1	y
59	*Krishnan, R. / Luft, J. L. / Shields, M. D.* (2002)	S	Monopol vs. Duopol	33	-,242	1	y
60	*Lewis, B. L. / Bell, J.* (1985)	S	keine Analyse möglich	311		1	n
61	*Lindquist, T. M.* (1995)	S	keine Analyse möglich	86		1	n
62	*Lipe, M. G.* (1993)	S	Exp 1: Normative Decision	142	,3528	1	y
62	*Lipe, M. G.* (1993)	S	Exp 1: Results of Investigation	142	,2508	1	y
62	*Lipe, M. G.* (1993)	P	Exp 3: Normative Decision	59	,1646	2	y
62	*Lipe, M. G.* (1993)	P	Exp 3: Results of Investigation	59	,6544	2	y

Nr.	Studie	Typ	Bemerkung	N	r	Vpn	Sample?
63	*Luft, J. L. / Shields, M. D.* (2001)	S		37	,3174	1	y
64	*Rankin, F. W. / Schwartz, S. T. / Young, R. A.* (2003)	S	keine Analyse möglich	60		1	n
65	*Roberts, M. L. / Albright, T. L. / Hibbets, A. R.* (2004)	S	Leistungsbeurteilung	79	-,0027	1	y
66	*Schwartz, S. T. / Young, R. A.* (2002)	S	keine Analyse möglich	76		1	n
67	*Shields, M. D. / Birnberg, J. G. / Hanson Frieze, I.* (1981)	S	Internal / External	96	,0192	1	y
67	*Shields, M. D. / Birnberg, J. G. / Hanson Frieze, I.* (1981)	S	Stable / Unstable	96	,5336	1	y
68	*Stevens, D. E.* (2002)	S		52	,1547	1	y
69	*Turner, M. J. / Hilton, R. W.* (1989)	S	keine Analyse möglich	94		1	n
70	*Uecker, W. C.* (1978)	S		40	-,1935	1	y
71	*Uecker, W. / Schepanski, A. / Shin, J.* (1985)	S	keine Analyse möglich	32		1	n
72	*Vera-Muñoz, S. C.* (1998)	S		73	,2566	1	y
73	*Waller, W. S. / Shapiro, B. / Sevcik, G.* (1999)	S	keine Analyse möglich	10		1	n
74	*Abbeele, A. v. d. / Roodhooft, F. / Warlop, L.* (2009)	S	keine Analyse möglich	208		1	n
75	*Bailey, W. J. / Hecht, G. / Towry, K. L.* (2011)	S	keine Analyse möglich	170		1	n
76	*Birnberg, J. G. / Zhang, Y.* (2011)	S	keine Analyse möglich	60		1	n
77	*Bloomfield, R. / Hales, J.* (2009)	S	keine Analyse möglich	34		1	n
78	*Brüggen, A.* (2011)	S	keine Analyse möglich	75		1	n
79	*Cardinaels, E. / Veen-Dirks, P. M. G. v.* (2010)	S	Formfrei / BSC (Exp. 1)	144	,0932	1	y
79	*Cardinaels, E. / Veen-Dirks, P. M. G. v.* (2010)	S	Finanziell / Nicht-finanziell (Exp. 1)	144	,239	1	y
79	*Cardinaels, E. / Veen-Dirks, P. M. G. v.* (2010)	S	Formfrei / BSC	144	,2213	1	y
79	*Cardinaels, E. / Veen-Dirks, P. M. G. v.* (2010)	S	Finanziell / Nicht-finanziell	144	,1654	1	y
80	*Chang, L. / Cheng, M. / Trotman, K. T.* (2008)	S	Gewinn- / Verlustauslegung	96	-,0082	1	y
80	*Chang, L. / Cheng, M. / Trotman, K. T.* (2008)	S	Einstellung des Verhandlungspartners	96	-,1942	1	y
81	*Church, B. K. / Hannan, R. L. / Kuang, X. J.* (2012)	S	keine Analyse möglich	174		1	n
82	*Cianci, A. M. / Kaplan, S. E.* (2010)	S	AV 1, Unfavorable-None	77	,1537	1	y
82	*Cianci, A. M. / Kaplan, S. E.* (2010)	S	AV 2, Unfavorable-None	77	,0338	1	y
82	*Cianci, A. M. / Kaplan, S. E.* (2010)	S	AV 2, Favorable-None	82	,0942	1	y
82	*Cianci, A. M. / Kaplan, S. E.* (2010)	S	AV 3, Unfavorable-None	77	-,2256	1	y
82	*Cianci, A. M. / Kaplan, S. E.* (2010)	S	AV 3, Favorable-None	82	,2482	1	y
83	*Clor-Proell, S. M.* (2009)	S		172	-,0175	1	y
84	*Falsetta, D. / Tuttle, B.* (2011)	S	keine Analyse möglich	74		1	n

Nr.	Studie	Typ	Bemerkung	N	r	Vpn	Sample?
85	*Farrell, A. M. / Krische, S. D. / Sedatole, K. L.* (2011)	S	keine Analyse möglich	196		1	n
86	*Hales, J.* (2007)	S	Investment Return	60	-,059	1	y
86	*Hales, J.* (2007)	S	Investment Direction	60	,2568	1	y
87	*Hales, J. W. / Venkataraman, S. / Wilks, T. J.* (2012)	S	Keine Analyse möglich	42		1	n
88	*Han, J. / Tan, H.-T.* (2010)	S		111	,8193	1	y
89	*Humphreys, K. A. / Trotman, K. T.* (2011)	S	Exp. 1	62	-,1122	1	y
89	*Humphreys, K. A. / Trotman, K. T.* (2011)	S	Exp. 2: Strategy	79	,2582	1	y
89	*Humphreys, K. A. / Trotman, K. T.* (2011)	S	Exp. 2: Focus	79	-,0948	1	y
90	*Jackson, K. E.* (2008)	S	Hypothesentest	58	,3993	1	y
90	*Jackson, K. E.* (2008)	S	Zusatztest 1	52	,0169	1	y
90	*Jackson, K. E.* (2008)	S	Zusatztest 2	58	-,3662	1	y
91	*Jackson, K. E.* (2008)	S	keine Analyse möglich	204		1	n
92	*Kadous, K. / Koonce, L. / Thayer, J. M.* (2012)	S	Relevance (Exp. 1) Assessed Relevance	129	,276	1	y
92	*Kadous, K. / Koonce, L. / Thayer, J. M.* (2012)	S	Zuverlässigkeit (Exp. 1) Assessed Relevance	118	,2552	1	y
92	*Kadous, K. / Koonce, L. / Thayer, J. M.* (2012)	S	Relevance (Exp. 1) Valuation Effect	118	,2552	1	y
92	*Kadous, K. / Koonce, L. / Thayer, J. M.* (2012)	S	Zuverlässigkeit (Exp. 1) Valuation Effect	118	,0671	1	y
92	*Kadous, K. / Koonce, L. / Thayer, J. M.* (2012)	S	Wertinformationenherkunft (Exp. 2) Assessed Relevance	99	,2786	1	y
92	*Kadous, K. / Koonce, L. / Thayer, J. M.* (2012)	S	Wertinformationenherkunft (Exp. 2) Valuation Effect	98	,2797	1	y
93	*Kadous, K. / Mercer, M. / Thayer, J.* (2009)	S	Prognosekühnheit AV: Ability	353	-,2932	1	y
93	*Kadous, K. / Mercer, M. / Thayer, J.* (2009)	S	Prognosegenauigkeit AV: Ability	353	-,0233	1	y
93	*Kadous, K. / Mercer, M. / Thayer, J.* (2009)	S	Reputation: Below / Average AV: Ability	228	-,0986	1	y
93	*Kadous, K. / Mercer, M. / Thayer, J.* (2009)	S	Reputation: Above / Average AV: Ability	240	-,1337	1	y
93	*Kadous, K. / Mercer, M. / Thayer, J.* (2009)	S	Prognosekühnheit AV: Competence	327	-,241	1	y
93	*Kadous, K. / Mercer, M. / Thayer, J.* (2009)	S	Prognosegenauigkeit AV: Competence	327	,4238	1	y
93	*Kadous, K. / Mercer, M. / Thayer, J.* (2009)	S	Reputation: Below / Average AV: Competence	216	,2261	1	y
93	*Kadous, K. / Mercer, M. / Thayer, J.* (2009)	S	Reputation: Above / Average AV: Competence	221	-,1741	1	y
94	*Kelly, K. O.* (2007)	S		122	-,0656	1	y
95	*Kelly, K. O.* (2010a)	S	keine / akkurate Gewichtung	31	,3127	1	y
95	*Kelly, K. O.* (2010a)	S	keine / inakkurate	32	,2673	1	y
96	*Koch, C. / Schmidt, C.* (2010)	S	AV: Auditor's reporting bias	224	-,0531	1	y
96	*Koch, C. / Schmidt, C.* (2010)	S	AV: Investor's estimate bias	224	,84	1	y
97	*Koonce, L. / Lipe, M. G.* (2010)	S	AV: Aktienevaluierung	100	,5832	1	y
97	*Koonce, L. / Lipe, M. G.* (2010)	S	AV: Investitionsbevorzugung	100	,5222	1	y
97	*Koonce, L. / Lipe, M. G.* (2010)	S	AV: Zukunftsprognose	100	,6324	1	y
97	*Koonce, L. / Lipe, M. G.* (2010)	S	UV: Konsistent	100	,5609	1	y

Nr.	Studie	Typ	Bemerkung	N	r	Vpn	Sample?
98	*Koonce, L. / Nelson, K. K. / Shakespeare, C. M.* (2011)	S	Finanzielles Instrument (Exp.1)	79	,2807	1	y
98	*Koonce, L. / Nelson, K. K. / Shakespeare, C. M.* (2011)	S	Fair Value Wert (Exp.1)	79	,1423	1	y
98	*Koonce, L. / Nelson, K. K. / Shakespeare, C. M.* (2011)	S	Zusatzinformation (Exp. 2)	100	-,2639	1	y
99	*Mastilak, M. C.* (2011)	S		78	-,1901	1	y
100	*Matuszewski, L. J.* (2010)	S	keine Analyse möglich	224		1	n
101	*Nelson, M. W. / Tayler, W. B.* (2007)	S	keine Analyse möglich	106		1	n
102	*Pinsker, R.* (2007)	S	Replikation bei *Pinsker, R.* (2011)	64		1	n
102	*Pinsker, R.* (2007)	S	Replikation bei *Pinsker, R.* (2011)	63		1	n
103	*Pitre, T. J.* (2012)	S	keine Analyse möglich	84		1	n
104	*Rankin, F. W. / Sayre, T. L.* (2011)	S	keine Analyse möglich	27		1	n
105	*Rose, J. M. / Norman, C. S. / Rose, A. M.* (2010)	S		78	-,0345	1	y
106	*Sawers, K. M. / Wright, A. / Zamora, V.* (2011)	S	keine Analyse möglich	108		1	n
107	*Seybert, N.* (2010)	S		92	-,1177	1	y
108	*Tan, S.-K. / Koonce, L.* (2011)	S	EPS (AV: Earnings Potential)	89	,2323	1	y
108	*Tan, S.-K. / Koonce, L.* (2011)	S	Retraction & Correction vs. Correction (AV: Earnings Potential)	89	,2784	1	y
108	*Tan, S.-K. / Koonce, L.* (2011)	S	EPS (AV: Investment Attractiveness)	89	,2631	1	y
108	*Tan, S.-K. / Koonce, L.* (2011)	S	Retraction & Correction vs. Correction (AV: Investment Attractiveness)	89	-,0112	1	y
109	*Tangpong, C. / Li, J. / Johns, T. R.* (2010)	S	keine Analyse möglich	224		1	n
110	*Tayler, W. B.* (2010)	S		132	,078	1	y
111	*Thayer, J.* (2011)	S	keine Analyse möglich	92		1	n
112	*Barnes, P. / Webb, J.* (1986)	P		15	,3067	2	y
113	*Belkaoui, A.* (1981)	P	keine Analyse möglich	55		2	n
114	*Brownell, P. / McInnes, M.* (1986)	P	keine Analyse möglich	108		2	n
115	*Flamholtz, E.* (1976)	P	keine Analyse möglich	35		2	n
116	*Friedman, L. A. / Neumann, B. R.* (1980)	P	keine Analyse möglich	68		2	n
117	*Gul, F. A.* (1984a)	P	keine Analyse möglich	57		2	n
118	*Hirsch, M. L.* (1978)	P	keine Analyse möglich	48		2	n
119	*Larcker, D. F.* (1981)	P	Internal / External	53	,1925	2	y
119	*Larcker, D. F.* (1981)	P	Financial / Non-Financiel	53	,0067	2	y
119	*Larcker, D. F.* (1981)	P	Ex-Post / Ex-Ante	53	-,3625	2	y
120	*Shields, M. D.* (1983)	P	Perfomance parameter	12	,3621	2	y
120	*Shields, M. D.* (1983)	P	Units	12	,6356	2	y
121	*Firth, M.* (1980)	P	keine Analyse möglich	120		2	n
122	*Ghosh, D. / Boldt, M. N.* (2006)	P	keine Analyse möglich	48		2	n
123	*Harrell, A. M. / Klick, H. D.* (1980)	P	keine Analyse möglich	166		2	n

Nr.	Studie	Typ	Bemerkung	N	r	Vpn	Sample?
124	*Lipe, M. G. / Salterio, S. E.* (2000)	P	Common Measure	29	,5338	2	y
124	*Lipe, M. G. / Salterio, S. E.* (2000)	P	Unique Measure	29	,0038	2	y
125	*Luft, J. L. / Libby, R.* (1997)	P	AV: Reservationspreis	55	,6184	2	y
125	*Luft, J. L. / Libby, R.* (1997)	P	AV: Transferpreis	55	,465	2	y
126	*Rutledge, R. W. / Karim, K. E.* (1999)	P		67	-,952	2	y
127	*Tongtharadol, V. / Reneau, J. H. / West, S. G.* (1991)	P	keine Analyse möglich	269		2	n
128	*Webb, R. A.* (2004)	P	financial	56	-,0313	2	y
128	*Webb, R. A.* (2004)	P	non-financial	56	,5141	2	y
129	*Bol, J. C. / Smith, S. D.* (2011)	P		216	,4849	2	y
130	*Coram, P. J.* (2010)	P	Positive / Negativ	129	,3517	2	y
130	*Coram, P. J.* (2010)	P	Positive / Financial	112	,0785	2	y
130	*Coram, P. J.* (2010)	P	Negative / Financial	117	-,3137	2	y
131	*Gaynor, L. M. / McDaniel, L. / Yohn, T. L.* (2011)	P		184	,3264	2	y
132	*Holder-Webb, L. / Sharma, D. S.* (2010)	P	Board-Strength	62	,1162	2	y
132	*Holder-Webb, L. / Sharma, D. S.* (2010)	P	Financial performance	62	,0248	2	y
133	*Libby, R. et al.* (2008)	P	Exp. 2	34	,3466	2	y
134	*Tan, H.-T. / Libby, R. / Hunton, J. E.* (2010)	P		81	,3428	2	y

Fehlende N-Angabe: *Hamilton, R. E. / Wright, W. F.* (1982); *Abdel-khalik, A. R.* (1974); *Dickhaut, J. W.* (1973); *Elias, N.* (1972); *Probst, F. R.* (1971).

Anhang VIII: Ergebnisse der Meta-Analyse zur unabhängigen Variablen Knowledge Structure and Content

	Gesamt	Studierende	Professionals
k	23,000	11,000	12,000
N	1.675,000	922,000	753,000
avg $r_{(unweighted)}$	,343	,287	,395
$\bar{r}$	,295	,250	,349
S^2_r	,025	,017	,030
σ^2_e	,012	,011	,012
σ^2_ρ	,013	,006	,018
σ_ρ	,116	,077	,133
$\%\sigma^2_e$	46,328	63,985	41,490
95% ConfHI	,359	,326	,447
95% ConfLO	,230	,174	,251
95% CredHI	,522	,402	,609
95% CredLO	,067	,099	,089
Q	49,647	17,192	28,922
Q df	22,000	10,000	11,000
Q *p*-value	,001	,070	,002
I^2	55,687	41,832	61,967

Nr.	Studie	Typ	Bemerkung	N	r	Vpn	Sample?
1	*Abdolmohammadi, M. J. / Wright, A. M.* (1987)	V	keine Analyse möglich	146		1	n
1	*Abdolmohammadi, M. J. / Wright, A. M.* (1987)	V	keine Analyse möglich	128		2	n
2	*Anderson, M. J.* (1985)	V	Subject Performance	5	,5192	1	y
2	*Anderson, M. J.* (1985)	V	Subject Performance	5	,8624	2	y
2	*Anderson, M. J.* (1985)	V	Subject Performance	5	,5659	2	y
3	*Bailey, K. E. / Bylinski, J. H. / Shields, M. D.* (1983)	V	Exp. 2	38	,2846	1	y
3	*Bailey, K. E. / Bylinski, J. H. / Shields, M. D.* (1983)	V	Exp. 2	24	,1528	2	y
3	*Bailey, K. E. / Bylinski, J. H. / Shields, M. D.* (1983)	V	Exp. 2	38	,5869	1	y
3	*Bailey, K. E. / Bylinski, J. H. / Shields, M. D.* (1983)	V	Exp. 2	24	,438	2	y
4	*Chang, C. J. / Ho, J. L. Y.* (2004)	V	favourable information condition	146	,06	1	y
4	*Chang, C. J. / Ho, J. L. Y.* (2004)	V	favourable information condition	222	,24	2	y
4	*Chang, C. J. / Ho, J. L. Y.* (2004)	V	unfavourable information conditi-on	146	,19	1	y
4	*Chang, C. J. / Ho, J. L. Y.* (2004)	V	unfavourable information conditi-on	222	,5	2	y
5	*Danos, P. / Holt, D. L. / Imhoff, E. A.* (1984)	V	keine Analyse möglich	21		1	n
5	*Danos, P. / Holt, D. L. / Imhoff, E. A.* (1984)	V	keine Analyse möglich	32		2	n
6	*Frederick, D. M. / Libby, R.* (1986)	V	Sales Recording Error Scenario	33	,5774	2	y
6	*Frederick, D. M. / Libby, R.* (1986)	V	Cash Reicepts Recording Error Scenario	31	,5023	2	y
6	*Frederick, D. M. / Libby, R.* (1986)	V	Sales Recording Error Scenario	49	,1125	1	y
6	*Frederick, D. M. / Libby, R.* (1986)	V	Cash Receipts Recording Error Scenario	40	,1549	1	y
7	*Hewitt, M.* (2009)	V		128	,2836	1	y
7	*Hewitt, M.* (2009)	V		74	,2499	2	y
8	*Mortensen, T. / Fisher, R. / Wines, G.* (2012)	V	keine Analyse möglich	196		1	n
8	*Mortensen, T. / Fisher, R. / Wines, G.* (2012)	V	keine Analyse möglich	86		2	n
9	*Elliott, W. B. et al.* (2007)	V	AV: Finanzielle Performance (Exp. 2)	124	,3686	1	y
9	*Elliott, W. B. et al.* (2007)	V	AV: Finanzielle Performance (Exp. 2)	37	,2678	2	y
9	*Elliott, W. B. et al.* (2007)	V	AV: Glaubwürdigkeit (Exp. 2)	124	,3628	1	y
9	*Elliott, W. B. et al.* (2007)	V	AV: Glaubwürdigkeit (Exp. 2)	37	,4912	2	y
10	*Houghton, K. A. / Hronsky, J. J. F.* (1993)	V	keine Analyse möglich	52		1	n
10	*Houghton, K. A. / Hronsky, J. J. F.* (1993)	V	keine Analyse möglich	138		2	n

Nr.	Studie	Typ	Bemerkung	N	r	Vpn	Sample?
11	*Walters-York, L. M. / Curatola, A. P.* (1998)	V	Exp. 1	84	,2361	1	y
11	*Walters-York, L. M. / Curatola, A. P.* (1998)	V	Exp. 1	39	-,1079	2	y
11	*Walters-York, L. M. / Curatola, A. P.* (1998)	V	Exp. 2	77	,9473	1	y
11	*Walters-York, L. M. / Curatola, A. P.* (1998)	V	Exp. 2	38	,9677	2	y

Fehlende N-Angabe: *Hamilton, R. E. / Wright, W. F.* (1982); *Dickhaut, J. W.* (1973); *Elias, N.* (1972).

Anhang IX: Kolmogorov-Smirnov-Lilliefors-Anpassungstests zur 1. Studie

		Vernetztheit	W_P	W_S	Abstand DW
N		19	19	19	19
Parameter der Normalverteilung[a,b]	Mittelwert	1,84	2,9211	1,8947	,6316
	Standardabweichung	,765	,18732	,48816	,59726
Extremste Differenzen	Absolut	,233	,505	,212	,310
	Positiv	,233	,337	,212	,276
	Negativ	-,213	-,505	-,164	-,310
Statistik für Test		,233	,505	,212	,310
Asymptotische Signifikanz (2-seitig)		,008[c]	,000[c]	,025[c]	,000[c]

		Abstand PW	Abstand	QSS
N		19	19	19
Parameter der Normalverteilung[a,b]	Mittelwert	1,4211	,4456	1,6842
	Standardabweichung	,69248	,38034	,88523
Extremste Differenzen	Absolut	,325	,195	,359
	Positiv	,202	,195	,359
	Negativ	-,325	-,121	-,220
Statistik für Test		,325	,195	,359
Asymptotische Signifikanz (2-seitig)		,000[c]	,055[c]	,000[c]

a. Die zu testende Verteilung ist eine Normalverteilung.
b. Aus den Daten berechnet.
c. Signifikanzkorrektur nach Lilliefors.

Anhang X: Streudiagramm zum Test auf Homoskedastizität zur 1. Studie

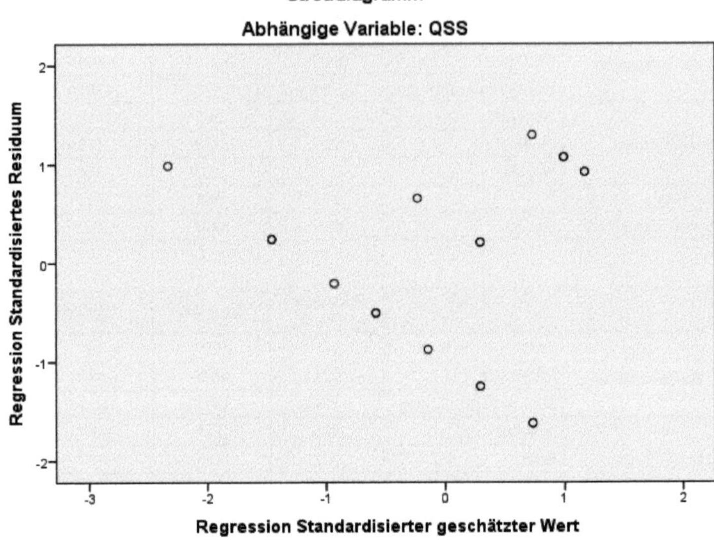

Anhang XI: Instruktion der 2. Studie

Vielen Dank, dass Sie sich als Proband/in unserem Experiment zur Verfügung gestellt haben!

Auf den nachfolgenden beiden Seiten wird das Experiment beschrieben. Beantworten Sie bitte die am Ende gestellten beiden Aufgaben zur Studie.

Die Dauer zur Bearbeitung der beiden Aufgaben beträgt durchschnittlich 15 Minuten. Im Anschluss an diese folgt ein „Allgemeiner Fragenteil", in dem Sie mit weiteren Fragen konfrontiert werden. Wir bitten Sie, diese Fragen zu bearbeiten.

Korrigieren Sie, nachdem Sie die beiden Aufgaben des Experiments bearbeitet haben, nicht mehr Ihre ursprüngliche Antwort.

Diskutieren Sie bitte die Situationen und / oder Ihre Antworten nicht mit den anderen Experimentteilnehmern.

Die Teilnahme ist freiwillig. Die Auswertung erfolgt vollständig anonym und dient lediglich dem wissenschaftlichen Erkenntnisgewinn. Es sind keine Rückschlüsse auf einzelne Personen möglich. Beachten Sie zusätzlich bitte, dass es keine richtigen oder falschen Antworten zu den gestellten Fragen gibt.

Mit der Abgabe eines ausgefüllten Fragebogens stimmen Sie zu, dass dieser für Forschungszwecke genutzt wird.

Vielen Dank für Ihre Teilnahme.

Anhang XII: Experimenteller Task der 2. Studie

Stellen Sie sich vor, dass Sie der Manager der Abteilung „MONTAGE“ *(Treatments A & B)* / „EINZELTEILE“ *(Treatments C & D)* des Unternehmens „XYZ“ sind. „XYZ“ besteht aus zwei Abteilungen:

(1) „EINZELTEILE“, die zum einen die Einzelteile für die „MONTAGE“ zur weiteren Verwendung fertigt und zum anderen diese auch an externe Kunden verkauft,

und

(2) „MONTAGE“, die die Einzelteile von der Abteilung „EINZELTEILE“ und von externen Anbietern bezieht, um sie anschließend zu fertigen Produkten zu montieren, die an die Kunden verkauft werden.

Dies bedeutet, dass es für Sie möglich ist, die Einzelteile entweder unternehmensintern von der Abteilung „EINZELTEILE“ oder von externen Anbietern zu beschaffen. Jedoch ist der gegenseitige unternehmensinterne Handel für beide Abteilungen komfortabler. Die zurückliegenden bisherigen geschäftlichen Beziehungen zwischen beiden Abteilungen sind bis dato reibungslos verlaufen.

Der Transferpreis, der für die Einzelteile zu entrichten wäre, wenn Sie sie von der Abteilung „EINZELTEILE“ beziehen, wird zwischen den beiden Parteien untereinander verhandelt, um sich so auf einen angemessenen und zufriedenstellenden Preis zu einigen. Dabei können beide Abteilungen unabhängig voneinander entscheiden, welche Faktoren für die Preissetzung von Bedeutung sind.

Stellen Sie sich vor, dass Sie sich momentan in Verhandlungen mit dem Manager der Abteilung „EINZELTEILE“ bezüglich des Transferpreises für das nächste Jahr befinden. Falls es zu keiner gemeinsamen Einigung bezüglich eines Preises kommt, besteht für Sie immer noch die Möglichkeit, die Einzelteile von externen Anbietern zu beschaffen und umgekehrt hat auch der Manager der Abteilung „EINZELTEILE“ die Option, seine Vorprodukte an externe Kunden zu verkaufen. Allerdings müssen Sie beide bei einem externen Bezug immer mit einem kleinen Verlustgeschäft rechnen. Für die Abteilung „EINZELTEILE“ würden bei Verkauf der Vorprodukte an den externen Markt zusätzliche Marketingkosten (Inkassokosten, Werbung, etc.) entstehen, die sich bei unternehmensinterner Transaktion nicht ergeben würden. Für die Abteilung „MONTAGE“ ergeben sich im Falle des externen Bezugs zusätzliche Anschaffungskosten (Qualitätstests, Einkaufskosten, etc.), die bei unternehmensinternem Kauf der Einzelteile nicht anfallen würden. Diese Kosten sind in ihrer Höhe schwierig einzuschätzen, woraus folgt, dass Ihnen niemand eine zuverlässige Kalkulation bereitstellen kann.

Sie können jedoch annehmen, dass diese Kosten keinen Einfluss auf den Preis haben, sodass hier eine Unabhängigkeit besteht. Das bedeutet, dass sich beispielsweise Qualitätstests oder zusätzliche Werbemaßnahmen nicht auf die Kosten auswirken, ganz gleich, ob der Preis für die Einzelteile bei 45.000 € oder bei 40.000 € liegt.

Als weitere Information steht Ihnen der Preis des am Markt abzusetzenden finalen Produktes zur Verfügung, sodass Sie und der Manager der Abteilung „EINZELTEILE" bei einer Einigung bezüglich eines verhandelten Transferpreises, den abteilungsspezifischen Gewinn berechnen können. Die folgende Tabelle zeigt die Verteilung des resultierenden Gesamtgewinns beider Abteilungen in Abhängigkeit zum gewählten Transferpreis an (in Tausend Euro):

Transferpreis für Einzelteile	**20**	**30**	**35**	**40**	**45**	**50**	**55**	**60**	**65**	**70**	**80**
Abteilung „EINZELTEILE"	0	10	15	20	25	30	35	40	45	50	60
Abteilung „MONTAGE"	60	50	45	40	35	30	25	20	15	10	0

Nehmen Sie an, dass der derzeitige Marktpreis für die Einzelteile – den Sie im Falle eines externen Bezuges bezahlen müssten und den Abteilung „EINZELTEILE" bei Verkauf am externen Markt erzielen würde – 50.000 € *(Treatments A & C)* / 70.000 € *(Treatments B & D)* beträgt. Da in diesem Fall keine Einigung bezüglich eines akzeptablen Transferpreises erzielt wird, treten beide Abteilungen mit externen Kunden in Verhandlungen, sodass sich folgender Gesamtgewinn ergeben würde (in Tausend Euro):

Gewinn „EINZELTEILE": 30 € abzüglich den nicht kalkulierbaren Marketingkosten

Gewinn „MONTAGE": 30 € abzüglich den nicht kalkulierbaren Einkaufskosten

Der exakte Transferpreis ist für beide Abteilungen von Bedeutung, da er einen signifikanten Einfluss auf den abteilungsspezifischen Gewinn hat. Beide Abteilungen (sowohl „MONTAGE", als auch „EINZELTEILE") verfügen über den gleichen Wert an Anlagevermögen und abteilungsspezifischem Gewinn. Ebenfalls ist der Preis für die Einzelteile für beide Abteilungen von gleicher Bedeutung. Die Montagekosten für die Endprodukte und die Produktionskosten der Abteilung „EINZELTEILE" zur Herstellung ihrer Vorprodukte sind in etwa gleich.

Denken Sie über das Gewinnniveau nach, das Sie unter diesen Bedingungen gerne erzielen möchten. Beachten Sie dabei den resultierenden Gewinn, den der Manager der Abteilung „EINZELTEILE" bei Einigung eines Transferpreises akzeptieren würde sowie die externen Bezugsmöglichkeiten am Markt und Ihre unternehmensinternen Beziehungen. Diese Informationen sollen Ihnen eine konkrete Vorstellung darüber verschaffen, welcher Transferpreis nach Verhandlungen mit dem Manager der Abteilung „EINZELTEILE“ realisierbar erscheint.

Mit welchem final verhandelten Transferpreis würden Sie rechnen? Sie können auch einen Wert wählen, der zwischen den in der Tabelle angegebenen Werten liegt.

Was denken Sie, ist der Minimalpreis, den der Manager der Abteilung „EINZELTEILE“ in diesem Fall noch akzeptieren würde? *(Treatments A & B)* / „Was ist der Minimalpreis, den Sie als Manager der Abteilung ‚EINZELTEILE‘ in diesem Fall noch akzeptieren würden?“ *(Treatments C & D)*

Anhang XIII: Post-Test-Fragebogen der 2. Studie

Allgemeiner Fragenteil

Bitte beantworten Sie die folgenden Fragen so treffend wie möglich. Ihre Antworten sind zur Analyse im wissenschaftlichen Kontext von großer Bedeutung:

1) Wie schwer ist Ihnen die Bearbeitung der beiden Aufgaben zur Studie gefallen? Bewerten Sie es bitte anhand einer Skala von 1 (sehr leicht) bis 5 (sehr schwer).

Sehr leicht				Sehr schwer
1	2	3	4	5
☐	☐	☐	☐	☐

Beurteilen Sie bitte anhand einer Skala von 1 (sehr wenige) bis 5 (sehr viele), wie viele Faktoren für ihr subjektives Empfinden beachtet werden müssen, um die Aufgaben dieser Fallstudie zu lösen.

Sehr wenige				Sehr viele
1	2	3	4	5
☐	☐	☐	☐	☐

Wie stark beeinflussen sich diese Faktoren Ihrer Meinung nach gegenseitig? Bewerten Sie es bitte anhand einer Skala von 1 (sehr gering) bis 5 (sehr stark).

Sehr gering				Sehr stark
1	2	3	4	5
☐	☐	☐	☐	☐

2) Bitte beantworten Sie folgende Fragen:

	Trifft auf jeden Fall zu		Ich weiß es nicht		Trifft auf keinen Fall zu
	1	2	3	4	5
Bei der Auswahl des Transferpreises kann generell, also unabhängig zu den Angaben in der Studie, der Marktpreis vollkommen ignoriert werden.	☐	☐	☐	☐	☐
Der Reservationspreis des Anbieters, ist derjenige Minimalpreis, den er gerade noch akzeptieren würde. Diesen Preis sollte ich in der zweiten Frage der Studie einschätzen.	☐	☐	☐	☐	☐

Zum Schluss möchten wir von Ihnen noch einige allgemeine Informationen haben:

Alter:	
Geschlecht:	
Studiengang:	
Semester:	
Bisherige Berufserfahrung in Monaten:	

Anhang XIV: Ergebnisse des Pretests zur 2. Studie

Treatment	Stichprobengröße n	Alter (Ø)	Geschlecht		Benötigte Bearbeitungszeit für Task (Ø)
			männlich	weiblich	
A	14 Wiwi	23,1 Jahre	7	7	-
B	15 Wiwi 6 Nicht-Wiwi	-	-	-	10,5 Minuten 10,0 Minuten
C	9 Wiwi	21,7 Jahre	6	3	-
D	9 Wiwi	23,1 Jahre	3	6	-
Gesamt	53 Studierende	-	-	-	-

Demografische Angaben des Pretests zur 2. Studie

Treatment	Versuchspersonengruppe	Transferpreis (Ø)	Reservationspreis (Ø)	Wahrgenommene Problemkomplexität (Ø)	Problemlösungsrelevantes Wissen (Ø)
A	Wiwi Vpn mit hohem Wissen (n = 5) *Manager*	44,82 T€ 45,00 T€ *45,19 T€*	34,07 T€ 31,00 T€ *39,63 T€*	3,7 - -	2,1 - -
B	Wiwi Nicht-Wiwi Vpn mit hohem Wissen (n = 0) *Manager*	57,60 T€ 58,67 T€ - *57,41 T€*	45,33 T€ 42,50 T€ - *49,19 T€*	3,4 3,7 - -	1,9 1,3 - -
C	Wiwi Vpn mit hohem Wissen (n = 4) *Manager*	49,17 T€ 52,50 T€ *48,08 T€*	36,33 T€ 45,50 T€ *44,08 T€*	3,8 - -	2,2 - -
D	Wiwi Vpn mit hohem Wissen (n = 5) *Manager*	60,22 T€ 59,40 T€ *60,02 T€*	45,56 T€ 42,00 T€ *59,29 T€*	4,3 - -	2,3 - -
Gesamt	Wiwi Nicht-Wiwi	- -	- -	3,7 3,7	2,1 1,3

Zusammenfassung der Ergebnisse des Pretests zur 2. Studie

Anhang XV: Kolmogorov-Smirnov-Lilliefors-Anpassungstests zur 2. Studie

Graduates der Wirtschaftswissenschaften		Treatment A		Treatment B	
		Transferpreis	Reservationspreis	Transferpreis	Reservationspreis
N		15	15	15	15
Parameter der Normalverteilung[a,b]	Mittelwert	48,8000	39,6667	55,1333	41,0000
	Standardabweichung	8,71124	10,08299	9,27259	11,21224
Extremste Differenzen	Absolut	,162	,180	,177	,136
	Positiv	,105	,153	,177	,136
	Negativ	-,162	-,180	-,123	-,131
Statistik für Test		,162	,180	,177	,136
Asymptotische Signifikanz (2-seitig)		,200[c,d]	,200[c,d]	,200[c,d]	,200[c,d]

Graduates der Wirtschaftswissenschaften		Treatment C		Treatment D	
		Transferpreis	Reservationspreis	Transferpreis	Reservationspreis
N		15	15	17	17
Parameter der Normalverteilung[a,b]	Mittelwert	51,5000	45,1667	58,8235	45,8235
	Standardabweichung	3,51019	6,01090	10,68431	18,31064
Extremste Differenzen	Absolut	,332	,289	,191	,140
	Positiv	,332	,211	,148	,116
	Negativ	-,268	-,289	-,191	-,140
Statistik für Test		,332	,289	,191	,140
Asymptotische Signifikanz (2-seitig)		,000[c]	,001[c]	,100[c]	,200[c,d]

Undergraduates der Wirtschaftswissenschaften		Treatment A		Treatment B	
		Transferpreis	Reservationspreis	Transferpreis	Reservationspreis
N		15	15	11	11
Parameter der Normalverteilung[a,b]	Mittelwert	45,0333	33,6000	54,4091	47,3636
	Standardabweichung	5,94759	10,30118	10,93348	13,47051
Extremste Differenzen	Absolut	,198	,199	,252	,214
	Positiv	,135	,156	,115	,174
	Negativ	-,198	-,199	-,252	-,214
Statistik für Test		,198	,199	,252	,214
Asymptotische Signifikanz (2-seitig)		,117[c]	,111[c]	,048[c]	,170[c]

Undergraduates der Wirtschaftswissenschaften		Treatment C		Treatment D	
		Transferpreis	Reservationspreis	Transferpreis	Reservationspreis
N		11	11	10	10
Parameter der Normalverteilung[a,b]	Mittelwert	51,3636	41,3636	56,5000	41,0000
	Standardabweichung	6,74200	8,68646	10,01388	13,49897
Extremste Differenzen	Absolut	,238	,299	,160	,150
	Positiv	,136	,160	,160	,150
	Negativ	-,238	-,299	-,140	-,150
Statistik für Test		,238	,299	,160	,150
Asymptotische Signifikanz (2-seitig)		,082[c]	,007[c]	,200[c,d]	,200[c,d]

Studierende anderer Fachbereiche		Treatment A		Treatment B	
		Transferpreis	Reservationspreis	Transferpreis	Reservationspreis
N		21	21	24	24
Parameter der Normalverteilung[a,b]	Mittelwert	44,9524	37,8095	56,9583	43,7083
	Standardabweichung	7,59260	8,32838	9,81339	14,33900
Extremste Differenzen	Absolut	,318	,175	,178	,211
	Positiv	,253	,112	,178	,122
	Negativ	-,318	-,175	-,156	-,211
Statistik für Test		,318	,175	,178	,211
Asymptotische Signifikanz (2-seitig)		,000[c]	,092[c]	,049[c]	,007[c]

Studierende anderer Fachbereiche		Treatment C		Treatment D	
		Transferpreis	Reservationspreis	Transferpreis	Reservationspreis
N		20	20	23	23
Parameter der Normalverteilung[a,b]	Mittelwert	49,6250	40,5000	56,1087	49,0435
	Standardabweichung	6,19183	7,59155	11,84556	12,12240
Extremste Differenzen	Absolut	,157	,224	,202	,195
	Positiv	,126	,127	,120	,164
	Negativ	-,157	-,224	-,202	-,195
Statistik für Test		,157	,224	,202	,195
Asymptotische Signifikanz (2-seitig)		,200[c,d]	,010[c]	,016[c]	,023[c]

Gesamt		Komplexität	Faktoren	Vernetztheit	Wissen
N		197	197	197	197
Parameter der Normalverteilung[a,b]	Mittelwert	3,52	3,54	3,62	2,152
	Standardabweichung	,912	,966	,730	,7264
Extremste Differenzen	Absolut	,268	,235	,293	,233
	Positiv	,184	,166	,215	,233
	Negativ	-,268	-,235	-,293	-,229
Statistik für Test		,268	,235	,293	,233
Asymptotische Signifikanz (2-seitig)		,000[c]	,000[c]	,000[c]	,000[c]

Gesamt		Alter	Semester	Berufs-erfahrung
N		197	162	197
Parameter der Normalverteilung[a,b]	Mittelwert	22,55	5,78	7,16
	Standardabweichung	2,459	3,594	13,990
Extremste Differenzen	Absolut	,158	,144	,304
	Positiv	,158	,144	,284
	Negativ	-,099	-,092	-,304
Statistik für Test		,158	,144	,304
Asymptotische Signifikanz (2-seitig)		,000[c]	,000[c]	,000[c]

a. Die zu testende Verteilung ist eine Normalverteilung.
b. Aus den Daten berechnet.
c. Signifikanzkorrektur nach Lilliefors.
d. Dies ist eine untere Grenze der echten Signifikanz.

Anhang XVI: Ergebnisse der statistischen Auswertung von H_5 zur 2. Studie

Treatment	Versuchspersonengruppe	N	Mittelwert	Standardabweichung	Standardfehler	95%-Konfidenzintervall für den Mittelwert		Minimum	Maximum
						Untergrenze	Obergrenze		
A	*Manager*	*27*	*45,19*	*7,00*	-	-	-	-	-
	Studierende	19	48,4211	5,37810	1,23382	45,8289	51,0132	40,00	60,00
	Gesamt	46	46,5246	6,51674	-	-	-	-	-
B	*Manager*	*27*	*57,41*	*10,77*	-	-	-	-	-
	Studierende	16	53,7500	9,91632	2,47908	48,4660	59,0340	30,00	70,00
	Gesamt	43	56,0481	10,49421	-	-	-	-	-
C	*Manager*	*24*	*48,08*	*6,39*	-	-	-	-	-
	Studierende	16	51,7188	3,94955	,98739	49,6142	53,8233	45,00	60,00
	Gesamt	40	49,5355	5,77408	-	-	-	-	-
D	*Manager*	*24*	*63,33*	*8,68*	-	-	-	-	-
	Studierende	18	61,8056	7,36674	1,73636	58,1422	65,4689	50,00	70,00
	Gesamt	42	62,6767	8,08394	-	-	-	-	-

Deskriptive Statistik für Studierende mit identischem problemlösungsrelevantem Wissen wie Manager (AV: Transferpreis) (H_5)

Treatment		Quadratsumme	df	Mittel der Quadrate	F_{emp}	F_{krit}	Signifikanz	R^2 (korrigiertes R^2)
A	Zwischen den Gruppen	116,425	1	116,425	2,854	4,06	,098	,061 (,040)
	Innerhalb der Gruppen	1794,632	44	40,787				
	Gesamt	1911,057	45					
B	Zwischen den Gruppen	134,579	1	134,579	1,229	4,07	,274	,029 (,005)
	Innerhalb der Gruppen	4490,815	41	109,532				
	Gesamt	4625,394	42					
C	Zwischen den Gruppen	127,109	1	127,109	4,117	4,10	,049	,098 (,074)
	Innerhalb der Gruppen	1173,151	38	30,872				
	Gesamt	1300,260	39					
D	Zwischen den Gruppen	23,903	1	23,903	,360	4,08	,552	,009 (-,016)
	Innerhalb der Gruppen	2655,452	40	66,386				
	Gesamt	2679,356	41					

Einfaktorielle Varianzanalyse für Studierende mit identischem problemlösungsrelevantem Wissen wie Manager (AV: Transferpreis) (H_5)

Treatment	Versuchspersonengruppe	N	Mittelwert	Standardabweichung	Standardfehler	95%-Konfidenzintervall für den Mittelwert		Minimum	Maximum
						Untergrenze	Obergrenze		
A	*Manager*	*27*	*39,63*	*9,90*	-	-	-	-	-
	Studierende	19	39,9474	8,41608	1,93078	35,8909	44,0038	21,00	50,00
	Gesamt	46	39,7611	9,21874	-	-	-	-	-
B	*Manager*	*27*	*49,19*	*14,33*	-	-	-	-	-
	Studierende	16	42,8750	9,67385	2,41846	37,7202	48,0298	30,00	60,00
	Gesamt	43	46,8402	13,04157	-	-	-	-	-
C	*Manager*	*24*	*44,08*	*8,07*	-	-	-	-	-
	Studierende	16	46,0938	3,76040	,94010	44,0900	48,0975	40,00	50,00
	Gesamt	40	44,8855	6,69672	-	-	-	-	-
D	*Manager*	*24*	*59,29*	*10,63*	-	-	-	-	-
	Studierende	18	51,3333	14,15045	3,33529	44,2965	58,3702	15,00	70,00
	Gesamt	42	55,8800	12,73955	-	-	-	-	-

Deskriptive Statistik für Studierende mit identischem problemlösungsrelevantem Wissen wie Manager (AV: Reservationspreis) (H_5)

Treatment		Quadratsumme	df	Mittel der Quadrate	F_{emp}	F_{krit}	Signifikanz	R^2 (korrigiertes R^2)
A	Zwischen den Gruppen	1,123	1	1,123	,013	4,06	,910	,000 (-,022)
	Innerhalb der Gruppen	3823,207	44	86,891				
	Gesamt	3824,331	45					
B	Zwischen den Gruppen	400,647	1	400,647	2,436	4,07	,126	,056 (,033)
	Innerhalb der Gruppen	6742,821	41	164,459				
	Gesamt	7143,468	42					
C	Zwischen den Gruppen	38,930	1	38,930	,865	4,10	,358	,022 (-,003)
	Innerhalb der Gruppen	1710,065	38	45,002				
	Gesamt	1748,995	39					
D	Zwischen den Gruppen	651,174	1	651,174	4,339	4,08	,044	,098 (,075)
	Innerhalb der Gruppen	6002,972	40	150,074				
	Gesamt	6654,146	41					

Einfaktorielle Varianzanalyse für Studierende mit identischem problemlösungsrelevantem Wissen wie Manager (AV: Reservationspreis) (H_5)

Anhang XVII: Ergebnisse der statistischen Auswertung von H_7 zur 2. Studie

Treament		Quadrat-summe	df	Mittel der Quadrate	F_{emp}	F_{krit}	Signifi-kanz	R^2 (korrigiertes R^2)
A	Zwischen den Gruppen	168,943	3	56,314	1,046	2,73	,377	,041 (,002)
	Innerhalb der Gruppen	3984,632	74	53,846				
	Gesamt	4153,575	77					
B	Zwischen den Gruppen	102,691	3	34,230	,328	2,73	,805	,013 (-,027)
	Innerhalb der Gruppen	7629,916	73	104,519				
	Gesamt	7732,607	76					
C	Zwischen den Gruppen	141,797	3	47,266	1,359	2,75	,263	,058 (,015)
	Innerhalb der Gruppen	2294,650	66	34,767				
	Gesamt	2436,447	69					
D	Zwischen den Gruppen	704,076	3	234,692	2,176	2,74	,098	,085 (,046)
	Innerhalb der Gruppen	7548,832	70	107,840				
	Gesamt	8252,907	73					

Einfaktorielle Varianzanalyse für Versuchspersonengruppe bei mittlerer Vernetztheit (AV: JDM-Performance) (H_7, Transferpreis)

Treatment		Quadratsumme	df	Mittel der Quadrate	F_{emp}	F_{krit}	Signifikanz	R^2 (korrigiertes R^2)
A	Zwischen den Gruppen	404,552	3	134,851	1,458	2,73	,233	,056 (,018)
	Innerhalb der Gruppen	6844,431	74	92,492				
	Gesamt	7248,984	77					
B	Zwischen den Gruppen	785,427	3	261,809	1,401	2,73	,249	,054 (,016)
	Innerhalb der Gruppen	13642,575	73	186,885				
	Gesamt	14428,002	76					
C	Zwischen den Gruppen	251,554	3	83,851	1,436	2,75	,240	,061 (,019)
	Innerhalb der Gruppen	3853,335	66	58,384				
	Gesamt	4104,889	69					
D	Zwischen den Gruppen	3177,293	3	1059,098	5,776	2,74	,001	,198 (,164)
	Innerhalb der Gruppen	12836,400	70	183,377				
	Gesamt	16013,692	73					

Einfaktorielle Varianzanalyse für Versuchspersonengruppe bei mittlerer Vernetztheit (AV: JDM-Performance) (H_7, Reservationspreis)

Post-Hoc-Verfahren	(I) Vpngruppe	(J) Vpngruppe	Mittlere Differenz (I-J)	Standardfehler	Signifikanz	95%-Konfidenzintervall	
						Untergrenze	Obergrenze
Gabriel	Manager	Graduates der Wirtschaftswissenschaften	13,46647	4,29274	,014	1,9028	25,0301
		Undergraduates der Wirtschaftswissenschaften	18,29000	5,09690	,003	4,8185	31,7615
		Studierende anderer Fachbereiche	10,24652	3,95141	,067	-,4363	20,9294
	Graduates der Wirtschaftswissenschaften	Manager	-13,46647	4,29274	,014	-25,0301	-1,9028
		Undergraduates der Wirtschaftswissenschaften	4,82353	5,39672	,934	-9,6424	19,2894
		Studierende anderer Fachbereiche	-3,21995	4,33126	,973	-14,8973	8,4574
	Undergraduates der Wirtschaftswissenschaften	Manager	-18,29000	5,09690	,003	-31,7615	-4,8185
		Graduates der Wirtschaftswissenschaften	-4,82353	5,39672	,934	-19,2894	9,6424
		Studierende anderer Fachbereiche	-8,04348	5,12939	,507	-21,6286	5,5417
	Studierende anderer Fachbereiche	Manager	-10,24652	3,95141	,067	-20,9294	,4363
		Graduates der Wirtschaftswissenschaften	3,21995	4,33126	,973	-8,4574	14,8973
		Undergraduates der Wirtschaftswissenschaften	8,04348	5,12939	,507	-5,5417	21,6286
Games-Howell	Manager	Graduates der Wirtschaftswissenschaften	13,46647	4,94273	,054	-,1847	27,1176
		Undergraduates der Wirtschaftswissenschaften	18,29000	4,78858	,009	4,3575	32,2225
		Studierende anderer Fachbereiche	10,24652	3,33129	,018	1,3494	19,1436
	Graduates der Wirtschaftswissenschaften	Manager	-13,46647	4,94273	,054	-27,1176	,1847
		Undergraduates der Wirtschaftswissenschaften	4,82353	6,15991	,861	-12,1942	21,8412
		Studierende anderer Fachbereiche	-3,21995	5,10995	,921	-17,2361	10,7962
	Undergraduates der Wirtschaftswissenschaften	Manager	-18,29000	4,78858	,009	-32,2225	-4,3575
		Graduates der Wirtschaftswissenschaften	-4,82353	6,15991	,861	-21,8412	12,1942
		Studierende anderer Fachbereiche	-8,04348	4,96099	,396	-22,2739	6,1870
	Studierende anderer Fachbereiche	Manager	-10,24652	3,33129	,018	-19,1436	-1,3494
		Graduates der Wirtschaftswissenschaften	3,21995	5,10995	,921	-10,7962	17,2361
		Undergraduates der Wirtschaftswissenschaften	8,04348	4,96099	,396	-6,1870	22,2739

Post-Hoc-Tests für Versuchspersonengruppe bei mittlerer Vernetztheit (AV: JDM-Performance) (H_7, Reservationspreis, Treatment D)

Anhang XVIII: Korrelationsanalysen zur 2. Studie

Graduates der Wirtschaftswissenschaften (Spearman)		Alter	Wissen	Komplexität	Faktoren	Vernetztheit	Berufserfahrung	Semester
Alter	Korrelation nach Pearson	1,000	,234	-,091	-,138	-,077	,209	,700**
	Signifikanz (2-seitig)	.	,067	,482	,284	,554	,102	,000
	N	62	62	62	62	62	62	30
Wissen	Korrelation nach Pearson	,234	1,000	-,247	,002	,236	,112	-,165
	Signifikanz (2-seitig)	,067	.	,053	,989	,065	,386	,384
	N	62	62	62	62	62	62	30
Komplexität	Korrelation nach Pearson	-,091	-,247	1,000	,065	-,086	-,239	-,037
	Signifikanz (2-seitig)	,482	,053	.	,618	,506	,061	,845
	N	62	62	62	62	62	62	30
Faktoren	Korrelation nach Pearson	-,138	,002	,065	1,000	,437**	-,112	-,142
	Signifikanz (2-seitig)	,284	,989	,618	.	,000	,386	,454
	N	62	62	62	62	62	62	30
Vernetztheit	Korrelation nach Pearson	-,077	,236	-,086	,437**	1,000	,080	-,010
	Signifikanz (2-seitig)	,554	,065	,506	,000	.	,538	,956
	N	62	62	62	62	62	62	30
Berufserfahrung	Korrelation nach Pearson	,209	,112	-,239	-,112	,080	1,000	,449*
	Signifikanz (2-seitig)	,102	,386	,061	,386	,538	.	,013
	N	62	62	62	62	62	62	30
Semester	Korrelation nach Pearson	,700**	-,165	-,037	-,142	-,010	,449*	1,000
	Signifikanz (2-seitig)	,000	,384	,845	,454	,956	,013	.
	N	30	30	30	30	30	30	30

Undergraduates der Wirtschaftswissenschaften (Spearman)		Alter	Wissen	Komplexität	Faktoren	Vernetztheit	Berufserfahrung	Semester
Alter	Korrelation nach Pearson	1,000	,161	,099	-,089	-,207	,164	,491**
	Signifikanz (2-seitig)	.	,280	,508	,554	,163	,272	,000
	N	47	47	47	47	47	47	47
Wissen	Korrelation nach Pearson	,161	1,000	,046	,174	,267	-,191	,371*
	Signifikanz (2-seitig)	,280	.	,760	,243	,070	,198	,010
	N	47	47	47	47	47	47	47
Komplexität	Korrelation nach Pearson	,099	,046	1,000	,105	,076	-,053	,010
	Signifikanz (2-seitig)	,508	,760	.	,481	,613	,724	,948
	N	47	47	47	47	47	47	47
Faktoren	Korrelation nach Pearson	-,089	,174	,105	1,000	,416**	-,029	-,181
	Signifikanz (2-seitig)	,554	,243	,481	.	,004	,846	,222
	N	47	47	47	47	47	47	47
Vernetztheit	Korrelation nach Pearson	-,207	,267	,076	,416**	1,000	-,042	-,069
	Signifikanz (2-seitig)	,163	,070	,613	,004	.	,779	,647
	N	47	47	47	47	47	47	47
Berufserfahrung	Korrelation nach Pearson	,164	-,191	-,053	-,029	-,042	1,000	,055
	Signifikanz (2-seitig)	,272	,198	,724	,846	,779	.	,712
	N	47	47	47	47	47	47	47
Semester	Korrelation nach Pearson	,491**	,371*	,010	-,181	-,069	,055	1,000
	Signifikanz (2-seitig)	,000	,010	,948	,222	,647	,712	.
	N	47	47	47	47	47	47	47

Studierende anderer Fachbereiche (Spearman)		Alter	Wissen	Komplexität	Faktoren	Vernetztheit	Berufserfahrung	Semester
Alter	Korrelation nach Pearson	1,000	-,184	,094	,066	,032	,323**	,755**
	Signifikanz (2-seitig)	.	,087	,385	,541	,766	,002	,000
	N	88	88	88	88	88	88	85
Wissen	Korrelation nach Pearson	-,184	1,000	-,159	-,026	-,055	-,085	-,160
	Signifikanz (2-seitig)	,087	.	,138	,813	,612	,433	,143
	N	88	88	88	88	88	88	85
Komplexität	Korrelation nach Pearson	,094	-,159	1,000	,315**	,063	-,138	,078
	Signifikanz (2-seitig)	,385	,138	.	,003	,558	,199	,478
	N	88	88	88	88	88	88	85
Faktoren	Korrelation nach Pearson	,066	-,026	,315**	1,000	,336**	,103	-,019
	Signifikanz (2-seitig)	,541	,813	,003	.	,001	,339	,865
	N	88	88	88	88	88	88	85
Vernetztheit	Korrelation nach Pearson	,032	-,055	,063	,336**	1,000	-,024	,145
	Signifikanz (2-seitig)	,766	,612	,558	,001	.	,825	,185
	N	88	88	88	88	88	88	85
Berufserfahrung	Korrelation nach Pearson	,323**	-,085	-,138	,103	-,024	1,000	,124
	Signifikanz (2-seitig)	,002	,433	,199	,339	,825	.	,257
	N	88	88	88	88	88	88	85
Semester	Korrelation nach Pearson	,755**	-,160	,078	-,019	,145	,124	1,000
	Signifikanz (2-seitig)	,000	,143	,478	,865	,185	,257	.
	N	85	85	85	85	85	85	85

** Die Korrelation ist auf dem Niveau von 1 % (2-seitig) signifikant.

* Die Korrelation ist auf dem Niveau von 5 % (2-seitig) signifikant.

Anhang XIX: Instruktion, experimenteller Task und Post-Test-Fragebogen der 3. Studie

0% ausgefüllt

Sehr geehrte Teilnehmerin, sehr geehrter Teilnehmer,

herzlich willkommen und vielen Dank für Ihr Interesse an unserer Untersuchung im Rahmen eines Forschungsprojekts am Lehrstuhl für Unternehmensrechnung und Controlling der Technischen Universität Kaiserslautern.

Innerbetriebliche Verrechnungspreise (= Transferpreise) sind in der unternehmerischen Praxis von großer Wichtigkeit. Die nachfolgende Umfrage befasst sich mit diesem Thema.

Die Bearbeitung wird etwa 10 Minuten in Anspruch nehmen. Im Anschluss daran bitten wir Sie, noch einige allgemeine Fragen zu beantworten.

Die Auswertung der Daten erfolgt vollständig anonym und dient lediglich dem wissenschaftlichen Erkenntnisgewinn. Beachten Sie zusätzlich bitte, dass es keine richtigen oder falschen Antworten zu den gestellten Fragen gibt.

Unter allen Teilnehmerinnen und Teilnehmern verlosen wir 3 Amazon-Gutscheine im Wert von 50 €.

Weiter

7% ausgefüllt

Hinweis

Die folgende Experimentbeschreibung umfasst 5 Seiten. Sie können zwischen diesen beliebig wechseln. Auf der letzten dieser 5 Seiten müssen Sie zwei Fragen beantworten.

Weiter

14% ausgefüllt

Stellen Sie sich vor, dass Sie der Manager der Abteilung "MONTAGE" des Unternehmens "XYZ" sind. "XYZ" besteht aus zwei Abteilungen:

(1) "EINZELTEILE", die zum einen die Einzelteile für die "MONTAGE" zur weiteren Verwendung fertigt und zum anderen diese auch an externe Kunden verkauft,

und

(2) "MONTAGE", die die Einzelteile von der Abteilung "EINZELTEILE" und von externen Anbietern bezieht, um sie anschließend zu fertigen Produkten zu montieren, die an den Kunden verkauft werden.

Dies bedeutet, dass es für Sie möglich ist, die Einzelteile entweder unternehmensintern von der Abteilung "EINZELTEILE" oder von externen Anbietern zu beschaffen. Jedoch ist der gegenseitige unternehmensinterne Handel für beide Abteilungen komfortabler. Die zurückliegenden bisherigen geschäftlichen Beziehungen zwischen beiden Abteilungen sind bis dato reibungslos verlaufen.

Der Transferpreis, der für die Einzelteile zu entrichten wäre, wenn Sie diese von der Abteilung "EINZELTEILE" beziehen, wird zwischen den beiden Abteilungen untereinander verhandelt, um sich so auf einen angemessenen und zufriedenstellenden Preis zu einigen. Dabei können beide Abteilungen unabhängig voneinander entscheiden, welche Faktoren für die Preissetzung von Bedeutung sind.

1 von 5

Weiter

21% ausgefüllt

Stellen Sie sich vor, dass Sie sich momentan in Verhandlungen mit dem Manager der Abteilung "EINZELTEILE" bezüglich des Transferpreises für das nächste Jahr befinden.

Falls es zu keiner gemeinsamen Einigung bezüglich eines Preises kommt, besteht für Sie immer noch die Möglichkeit, die Einzelteile von externen Anbietern zu beschaffen, und umgekehrt hat auch der Manager der Abteilung "EINZELTEILE" die Option, seine Vorprodukte an externe Kunden zu verkaufen. Allerdings müssen Sie beide bei einem externen Bezug immer mit einem kleinen Verlustgeschäft rechnen.

Für die Abteilung "EINZELTEILE" würden beim Verkauf der Vorprodukte an den externen Markt zusätzliche Kosten (Inkassokosten, Werbung, etc.) entstehen, die sich bei unternehmensinterner Transaktion nicht ergeben würden. Für die Abteilung "MONTAGE" ergeben sich im Falle des externen Bezugs zusätzliche Anschaffungskosten (Qualitätstests, Einkaufskosten, etc.), die beim unternehmensinternen Kauf der Einzelteile nicht anfallen würden. Diese Kosten sind in ihrer Höhe nur zum Teil kalkulierbar und bestehen sowohl aus einem fixen als auch aus einem variablen Anteil. Diese nur teilweise kalkulierbaren Kosten haben einen indirekten Einfluss auf den Preis, da beispielsweise die zusätzlichen Kosten für Qualitätstests oder die Kosten für Werbemaßnahmen den Transferpreis erhöhen.

Für die zusätzlich durchzuführenden Qualitätstests (Abteilung "MONTAGE") muss ein Mitarbeiter des Stammpersonals einmalig eine Qualitätsschulung besuchen. Zusätzlich wird er im Zeitraum der Prüfung dieser Einzelteile mit einem Stundenlohnzuschlag (abhängig vom Wert der Einzelteile) entlohnt.

Für die bei unternehmensexternem Bezug notwendige Werbemaßnahme (Abteilung "EINZELTEILE") fallen ebenso einmalige Kosten für die Beauftragung eines Werbeexperten an, der zusätzlich eine umsatzabhängige Provision erhält (Provision pro 1.000 € Umsatz).

2 von 5

Zurück Weiter

29% ausgefüllt

Als weitere Information steht Ihnen der Preis des am Markt abzusetzenden finalen Produktes zur Verfügung, sodass Sie und der Manager der Abteilung "EINZELTEILE" bei einer Einigung bezüglich eines verhandelten Transferpreises den abteilungsspezifischen Gewinn berechnen können. Die folgende Tabelle zeigt die Verteilung des resultierenden Gesamtgewinns beider Abteilungen in Abhängigkeit zum gewählten Transferpreis an (in Tausend €):

Transferpreis für Einzelteile	**20**	**30**	**35**	**40**	**45**	**50**	**55**	**60**	**65**	**70**	**80**
Gewinn Abteilung „EINZELTEILE“	0	10	15	20	25	30	35	40	45	50	60
Gewinn Abteilung „MONTAGE“	60	50	45	40	35	30	25	20	15	10	0

Nehmen Sie an, dass der derzeitige Marktpreis für die Einzelteile - den Sie im Falle eines externen Bezuges bezahlen müssten und den die Abteilung "EINZELTEILE" bei Verkauf am externen Markt erzielen würde - 50.000 € beträgt. Da in diesem Fall keine unternehmensinterne Einigung bezüglich eines akzeptablen Transferpreises erzielt wird, treten beide Abteilungen mit externen Kunden in Verhandlungen. Zusätzlich zu beachten ist, dass die externen Lieferanten in dieser Branche gewöhnlich keine Einzelaufträge, sondern nur Aufträge mit einer Mindestanzahl an Folgeaufträgen annehmen, da dies aus organisatorischen und produktionstechnischen Gründen sinnvoller und effizienter ist.

3 von 5

Zurück Weiter

36% ausgefüllt

Bei den Verhandlungen der Abteilungen "MONTAGE" und "EINZELTEILE" mit externen Kunden würde sich folgender Gesamtgewinn ergeben:

Gewinn "EINZELTEILE":
30 T€ abzgl. Kosten für den Werbeexperten abzgl. umsatzabhängiger Provision

Gewinn "MONTAGE":
30 T€ abzgl. Kosten für Qualitätsschulung abzgl. Stundenlohn inkl. wertabhängigem Zuschlag

Der exakte Transferpreis ist für beide Abteilungen von Bedeutung, da er einen signifikanten Einfluss auf den abteilungsspezifischen Gewinn hat. Beide Abteilungen verfügen über den gleichen Wert an Anlagevermögen und abteilungsspezifischen Gewinn. Ebenfalls ist der Preis für die Einzelteile für beide Abteilungen von gleicher Bedeutung. Die Montagekosten für die Endprodukte und die Produktionskosten der Abteilung "EINZELTEILE" zur Herstellung ihrer Vorprodukte sind in etwa gleich.

4 von 5

Zurück

Weiter

43% ausgefüllt

Denken Sie über das Gewinnniveau nach, das Sie unter diesen Bedingungen gerne erzielen möchten. Beachten Sie dabei den resultierenden Gewinn, den der Manager der Abteilung "EINZELTEILE" bei Einigung eines Transferpreises akzeptieren würde sowie die externen Bezugsmöglichkeiten am Markt und Ihre unternehmensinternen Beziehungen. Diese Informationen sollen Ihnen eine konkrete Vorstellung darüber verschaffen, welcher Transferpreis nach Verhandlungen mit dem Manager der Abteilung "EINZELTEILE" realisierbar erscheint.

1. Mit welchem final verhandelten Transferpreis würden Sie als Manager der Abteilung „MONTAGE" rechnen? Sie können auch einen Wert wählen, der zwischen den in der Tabelle angegebenen Werten liegt.

2. Was denken Sie, ist der Minimalpreis, den der Manager der Abteilung „EINZELTEILE" in diesem Fall noch akzeptieren würde? Sie können auch einen Wert wählen, der zwischen den in der Tabelle angegebenen Werten liegt.

5 von 5

Zurück Weiter

Allgemeiner Fragenteil

Bitte beantworten Sie die folgenden Fragen so treffend wie möglich. Ihre Antworten sind zur Analyse im wissenschaftlichen Kontext von großer Bedeutung.

Welcher Personengruppe gehören Sie an?

[Bitte auswählen] ▾

Weiter

TECHNISCHE UNIVERSITÄT KAISERSLAUTERN

57% ausgefüllt

Bitte füllen Sie die unten stehenden Felder vollständig aus:

Geschlecht:	[Bitte auswählen] ▾
Alter:	
Studiengang:	
Semester:	
Hochschule / Universität	
Bisherige Berufserfahrung in Monaten:	
Berufserfahrung mit Transferpreisen in Monaten:	

Zurück

Weiter

66% ausgefüllt

Wie schwer ist Ihnen die Bearbeitung der beiden Aufgaben zur Studie gefallen?

sehr leicht	eher leicht	neutral	eher schwer	sehr schwer

Beurteilen Sie bitte, wie viele Faktoren für Ihr subjektives Empfinden beachtet werden mussten, um die Aufgaben dieser Fallstudie zu lösen.

sehr wenige	eher wenige	angemessen	eher viele	sehr viele

Wie stark beeinflussen sich diese Faktoren Ihrer Meinung nach gegenseitig?

sehr gering	eher gering	neutral	eher stark	sehr stark

Weiter

74% ausgefüllt

Haben Sie sich durch die Menge der zur Verfügung gestellten Informationen überlastet gefühlt?

nein	eher nicht	indifferent	eher ja	ja
◯	◯	◯	◯	◯

Schildern Sie bitte kurz, wie Sie den Transfer- und den Minimalpreis ermittelt haben.

Weiter

83% ausgefüllt

Bei der Auswahl des Transferpreises kann generell, also unabhängig zu den Aufgaben in der Studie, der Marktpreis vollkommen ignoriert werden.

ja	nein	weiß ich nicht

Der Reservationspreis des Anbieters ist derjenige Minimalpreis, den er gerade noch akzeptieren würde.

ja	nein	weiß ich nicht

Weiter

91% ausgefüllt

Möchten Sie an dem Gewinnspiel teilnehmen?

☑ Ich will am Gewinnspiel teilnehmen. Ich bin damit einverstanden, dass meine E-Mail-Adresse bis zur Ziehung der Gewinner gespeichert wird. Meine Angaben in dieser Befragung bleiben weiterhin anonym, meine E-Mail-Adresse wird nicht an Dritte weitergegeben.

E-Mail-Adresse:

Sind Sie an den Ergebnissen der Studie interessiert?

☑ Ich interessiere mich für die Ergebnisse dieser Studie und hätte gerne eine Zusammenfassung per E-Mail. Meine Angaben in dieser Befragung bleiben weiterhin anonym, meine E-Mail-Adresse wird nicht an Dritte weitergegeben.

E-Mail-Adresse:

Zurück Weiter

Anhang XX: Ergebnisse des Pretests zur 3. Studie

Treatment	Stichprobengröße n	Alter (Ø)	Geschlecht		Benötigte Bearbeitungszeit für Task (Ø)
			männlich	weiblich	
A_N	1 Professional 2 Wiwi	k. A. 22,5 Jahre	1 1	- 1	9,4 Minuten 11,5 Minuten
A_M	1 Professional 2 Wiwi 2 Nicht-Wiwi	25 Jahre 22,5 Jahre 24 Jahre	1 1 1	- 1 1	4,6 Minuten 15,0 Minuten 14,1 Minuten
A_H	3 Wiwi 1 Nicht-Wiwi	21,7 Jahre 23 Jahre	1 1	2 -	12,5 Minuten 18,3 Minuten
Gesamt	2 Professionals 10 Studierende	-	7	5	12,0 Minuten

Demografische Angaben des Pretests zur 3. Studie

Treatment	Versuchspersonengruppe	Transferpreis (Ø)	Reservationspreis (Ø)	Problemkomplexität (Ø)	Anzahl an Faktoren (Ø)	Vernetztheit (Ø)	Überlastungsempfinden (Ø)	DW (Ø)	PW (Ø)
A_N	Professionals Wiwi	70,00 T€ 47,50 T€	65,00 T€ 45,00 T€	4,0 3,0	2,0 2,5	3,0 4,0	4,0 3,0	3,0 2,0	2,0 1,5
A_M	Professionals Wiwi Nicht-Wiwi	0,00 T€ 47,50 T€ 15,00 T€	10,00 T€ 48,50 T€ 15,00 T€	5,0 2,0 5,0	3,0 2,5 4,0	4,0 4,0 4,5	5,0 2,0 5,0	2,0 3,0 1,0	2,0 2,0 1,0
A_H	Wiwi Nicht-Wiwi	45,00 T€ 50,00 T€	38,33 T€ 45,00 T€	3,3 4,0	3,0 3,0	3,3 3,0	3,7 4,0	2,3 2,0	1,3 1,0

Zusammenfassung der Ergebnisse des Pretests zur 3. Studie

Anhang XXI: Deskriptive Statistik der Post-Test-Items zur 3. Studie

AV	Versuchspersonengruppe	N	Mittelwert	Standardabweichung	Standardfehler	95%-Konfidenzintervall für den Mittelwert		Minimum	Maximum
						Untergrenze	Obergrenze		
Deklaratives Wissen	Manager	81	2,1235	,63997	,07111	1,9819	2,2650	1,00	3,00
	Graduates der Wirtschaftswissenschaften	80	2,3000	,71865	,08035	2,1401	2,4599	1,00	3,00
	Undergraduates der Wirtschaftswissenschaften	75	2,2000	,69749	,08054	2,0395	2,3605	1,00	3,00
	Studierende anderer Fachbereiche	101	1,8713	,59436	,05914	1,7540	1,9886	1,00	3,00
	Gesamt	337	2,1068	,67734	,03690	2,0342	2,1794	1,00	3,00
Prozedurales Wissen	Manager	82	2,0000	,70273	,07760	1,8456	2,1544	1,00	3,00
	Graduates der Wirtschaftswissenschaften	80	1,2750	,44933	,05024	1,1750	1,3750	1,00	2,00
	Undergraduates der Wirtschaftswissenschaften	75	1,3067	,46421	,05360	1,1999	1,4135	1,00	2,00
	Studierende anderer Fachbereiche	102	1,2157	,41333	,04093	1,1345	1,2969	1,00	2,00
	Gesamt	339	1,4395	,60450	,03283	1,3749	1,5041	1,00	3,00

Gesamt

AV	Versuchspersonengruppe	N	Mittelwert	Standardabweichung	Standardfehler	95%-Konfidenzintervall für den Mittelwert		Minimum	Maximum
						Untergrenze	Obergrenze		
Komplexität	Manager	37	2,8919	,99398	,16341	2,5605	3,2233	1,00	5,00
	Graduates der Wirtschaftswissenschaften	28	3,1786	,86297	,16309	2,8439	3,5132	1,00	5,00
	Undergraduates der Wirtschaftswissenschaften	24	3,1667	1,20386	,24574	2,6583	3,6750	1,00	5,00
	Studierende anderer Fachbereiche	31	3,5484	,96051	,17251	3,1961	3,9007	1,00	5,00
	Gesamt	120	3,1833	1,02066	,09317	2,9988	3,3678	1,00	5,00
Faktoren	Manager	37	2,6757	,88362	,14527	2,3811	2,9703	1,00	4,00
	Graduates der Wirtschaftswissenschaften	28	2,9643	,99934	,18886	2,5768	3,3518	1,00	5,00
	Undergraduates der Wirtschaftswissenschaften	24	2,8333	,76139	,15542	2,5118	3,1548	2,00	4,00
	Studierende anderer Fachbereiche	31	2,9032	,87005	,15627	2,5841	3,2224	1,00	4,00
	Gesamt	120	2,8333	,88245	,08056	2,6738	2,9928	1,00	5,00
Vernetztheit	Manager	37	3,3784	,95310	,15669	3,0606	3,6962	1,00	5,00
	Graduates der Wirtschaftswissenschaften	28	3,2143	,95674	,18081	2,8433	3,5853	1,00	5,00
	Undergraduates der Wirtschaftswissenschaften	24	3,4583	1,06237	,21685	3,0097	3,9069	1,00	5,00
	Studierende anderer Fachbereiche	31	3,3226	,94471	,16967	2,9761	3,6691	1,00	5,00
	Gesamt	120	3,3417	,96577	,08816	3,1671	3,5162	1,00	5,00
Überlastungsempfinden	Manager	34	2,0588	1,07142	,18375	1,6850	2,4327	1,00	5,00
	Graduates der Wirtschaftswissenschaften	28	3,1071	1,25725	,23760	2,6196	3,5947	1,00	5,00
	Undergraduates der Wirtschaftswissenschaften	21	2,7619	1,33809	,29199	2,1528	3,3710	1,00	5,00
	Studierende anderer Fachbereiche	30	3,0333	1,06620	,19466	2,6352	3,4315	1,00	4,00
	Gesamt	113	2,7080	1,23694	,11636	2,4774	2,9385	1,00	5,00
Wissen	Manager	33	2,0833	,54725	,09526	1,8893	2,2774	1,00	3,00
	Graduates der Wirtschaftswissenschaften	28	2,0179	,64164	,12126	1,7691	2,2667	1,00	2,75
	Undergraduates der Wirtschaftswissenschaften	21	1,9643	,60356	,13171	1,6895	2,2390	1,00	2,75
	Studierende anderer Fachbereiche	30	1,6667	,51834	,09464	1,4731	1,8602	1,00	2,75
	Gesamt	112	1,9330	,59178	,05592	1,8222	2,0438	1,00	3,00

Treatment A_N

AV	Versuchspersonengruppe	N	Mittelwert	Standardabweichung	Standardfehler	95%-Konfidenzintervall für den Mittelwert		Minimum	Maximum
						Untergrenze	Obergrenze		
Komplexität	Manager	27	3,0000	,96077	,18490	2,6199	3,3801	1,00	5,00
	Graduates der Wirtschaftswissenschaften	22	3,1818	,85280	,18182	2,8037	3,5599	1,00	4,00
	Undergraduates der Wirtschaftswissenschaften	27	3,6667	,62017	,11935	3,4213	3,9120	3,00	5,00
	Studierende anderer Fachbereiche	36	3,6389	,76168	,12695	3,3812	3,8966	2,00	5,00
	Gesamt	112	3,4018	,84320	,07967	3,2439	3,5597	1,00	5,00
Faktoren	Manager	27	2,8519	,98854	,19024	2,4608	3,2429	1,00	5,00
	Graduates der Wirtschaftswissenschaften	22	2,8182	,79501	,16950	2,4657	3,1707	1,00	4,00
	Undergraduates der Wirtschaftswissenschaften	27	3,1111	,84732	,16307	2,7759	3,4463	1,00	5,00
	Studierende anderer Fachbereiche	36	3,1944	,95077	,15846	2,8727	3,5161	1,00	5,00
	Gesamt	112	3,0179	,91022	,08601	2,8474	3,1883	1,00	5,00
Vernetztheit	Manager	27	3,5556	,89156	,17158	3,2029	3,9082	1,00	5,00
	Graduates der Wirtschaftswissenschaften	22	3,5455	,59580	,12703	3,2813	3,8096	2,00	4,00
	Undergraduates der Wirtschaftswissenschaften	27	3,5556	,93370	,17969	3,1862	3,9249	1,00	5,00
	Studierende anderer Fachbereiche	36	3,3056	,74907	,12485	3,0521	3,5590	2,00	5,00
	Gesamt	112	3,4732	,80494	,07606	3,3225	3,6239	1,00	5,00
Überlastungsempfinden	Manager	26	2,5769	1,17211	,22987	2,1035	3,0503	1,00	5,00
	Graduates der Wirtschaftswissenschaften	21	3,0952	1,22085	,26641	2,5395	3,6510	1,00	5,00
	Undergraduates der Wirtschaftswissenschaften	27	3,4444	1,15470	,22222	2,9877	3,9012	1,00	5,00
	Studierende anderer Fachbereiche	33	3,6061	1,02894	,17912	3,2412	3,9709	1,00	5,00
	Gesamt	107	3,2150	1,18980	,11502	2,9869	3,4430	1,00	5,00
Wissen	Manager	26	2,0615	,47251	,09267	1,8707	2,2524	1,00	2,60
	Graduates der Wirtschaftswissenschaften	21	1,9619	,42717	,09322	1,7675	2,1564	1,40	2,60
	Undergraduates der Wirtschaftswissenschaften	27	1,8370	,38844	,07475	1,6834	1,9907	1,00	2,60
	Studierende anderer Fachbereiche	32	1,5813	,36759	,06498	1,4487	1,7138	1,00	2,20
	Gesamt	106	1,8396	,44800	,04351	1,7533	1,9259	1,00	2,60

Treatment A_M

AV	Versuchspersonengruppe	N	Mittelwert	Standardabweichung	Standardfehler	95%-Konfidenzintervall für den Mittelwert		Minimum	Maximum
						Untergrenze	Obergrenze		
Komplexität	Manager	22	3,1818	1,00647	,21458	2,7356	3,6281	1,00	5,00
	Graduates der Wirtschaftswissenschaften	32	3,1250	1,07012	,18917	2,7392	3,5108	1,00	5,00
	Undergraduates der Wirtschaftswissenschaften	30	3,5000	,62972	,11497	3,2649	3,7351	2,00	5,00
	Studierende anderer Fachbereiche	41	3,3171	1,10542	,17264	2,9682	3,6660	1,00	5,00
	Gesamt	125	3,2880	,98223	,08785	3,1141	3,4619	1,00	5,00
Faktoren	Manager	22	2,5000	1,05785	,22553	2,0310	2,9690	1,00	5,00
	Graduates der Wirtschaftswissenschaften	32	3,0313	1,12119	,19820	2,6270	3,4355	1,00	5,00
	Undergraduates der Wirtschaftswissenschaften	30	3,0333	,80872	,14765	2,7314	3,3353	2,00	5,00
	Studierende anderer Fachbereiche	41	3,1220	1,05345	,16452	2,7894	3,4545	1,00	5,00
	Gesamt	125	2,9680	1,03125	,09224	2,7854	3,1506	1,00	5,00
Vernetztheit	Manager	22	3,3636	,78954	,16833	3,0136	3,7137	1,00	4,00
	Graduates der Wirtschaftswissenschaften	32	3,4063	,87471	,15463	3,0909	3,7216	2,00	5,00
	Undergraduates der Wirtschaftswissenschaften	30	3,5000	,90019	,16435	3,1639	3,8361	2,00	5,00
	Studierende anderer Fachbereiche	41	3,3659	1,01873	,15910	3,0443	3,6874	1,00	5,00
	Gesamt	125	3,4080	,90782	,08120	3,2473	3,5687	1,00	5,00
Überlastungsempfinden	Manager	22	2,5909	1,36832	,29173	1,9842	3,1976	1,00	5,00
	Graduates der Wirtschaftswissenschaften	31	3,6452	1,14159	,20504	3,2264	4,0639	1,00	5,00
	Undergraduates der Wirtschaftswissenschaften	28	3,4643	,99934	,18886	3,0768	3,8518	1,00	5,00
	Studierende anderer Fachbereiche	39	3,8205	1,12090	,17949	3,4572	4,1839	2,00	5,00
	Gesamt	120	3,4667	1,21568	,11098	3,2469	3,6864	1,00	5,00
Wissen	Manager	22	2,0227	,44927	,09578	1,8235	2,2219	1,50	2,50
	Graduates der Wirtschaftswissenschaften	31	1,7419	,42566	,07645	1,5858	1,8981	1,00	2,50
	Undergraduates der Wirtschaftswissenschaften	27	1,7037	,42197	,08121	1,5368	1,8706	1,00	2,50
	Studierende anderer Fachbereiche	39	1,5769	,29331	,04697	1,4818	1,6720	1,00	2,50
	Gesamt	119	1,7311	,41574	,03811	1,6556	1,8066	1,00	2,50

Treatment A_H

Anhang XXII: Kolmogorov-Smirnov-Lilliefors-Anpassungstests zur 3. Studie

Professionals		**Treatment A_N**		**Treatment A_M**		**Treatment A_H**	
		Transferpreis	**Reservationspreis**	**Transferpreis**	**Reservationspreis**	**Transferpreis**	**Reservationspreis**
N		37	37	27	27	22	22
Parameter der Normalverteilung[a,b]	Mittelwert	42,8378	36,0811	46,5185	41,3333	49,7273	44,1818
	Standardabweichung	9,54089	9,75072	7,71298	8,36200	4,54796	6,22312
Extremste Differenzen	Absolut	,206	,197	,237	,214	,342	,280
	Positiv	,145	,139	,178	,113	,253	,175
	Negativ	-,206	-,197	-,237	-,214	-,342	-,280
Statistik für Test		,206	,197	,237	,214	,342	,280
Asymptotische Signifikanz (2-seitig)		,000[c]	,001[c]	,000[c]	,003[c]	,000[c]	,000[c]

Graduates der Wirtschaftswissenschaften		**Treatment A_N**		**Treatment A_M**		**Treatment A_H**	
		Transferpreis	**Reservationspreis**	**Transferpreis**	**Reservationspreis**	**Transferpreis**	**Reservationspreis**
N		28	28	22	22	32	32
Parameter der Normalverteilung[a,b]	Mittelwert	47,2857	36,6429	47,6818	40,2727	47,3438	35,8750
	Standardabweichung	8,86047	11,3373	8,95697	8,24149	9,42751	9,34897
Extremste Differenzen	Absolut	,299	,162	,240	,171	,236	,120
	Positiv	,237	,150	,219	,121	,170	,100
	Negativ	-,299	-,162	-,240	-,171	-,236	-,120
Statistik für Test		,299	,162	,240	,171	,236	,120
Asymptotische Signifikanz (2-seitig)		,000[c]	,057[c]	,002[c]	,092[c]	,000[c]	,200[c,d]

Undergraduates der Wirtschaftswissenschaften		**Treatment A_N**		**Treatment A_M**		**Treatment A_H**	
		Transferpreis	**Reservationspreis**	**Transferpreis**	**Reservationspreis**	**Transferpreis**	**Reservationspreis**
N		24	24	28	28	30	30
Parameter der Normalverteilung[a,b]	Mittelwert	48,0000	39,2500	42,6429	34,2500	46,4333	37,0000
	Standardabweichung	10,7015	11,4408	10,6466	11,4492	8,59705	10,9450
Extremste Differenzen	Absolut	,218	,151	,302	,180	,328	,201
	Positiv	,218	,124	,245	,180	,239	,139
	Negativ	-,181	-,151	-,302	-,121	-,328	-,201
Statistik für Test		,218	,151	,302	,180	,328	,201
Asymptotische Signifikanz (2-seitig)		,005[c]	,165[c]	,000[c]	,020[c]	,000[c]	,003[c]

Studierende anderer Fachbereiche		Treatment A_N		Treatment A_M		Treatment A_H	
		Transferpreis	Reservationspreis	Transferpreis	Reservationspreis	Transferpreis	Reservationspreis
N		31	31	36	36	41	41
Parameter der Normalverteilung[a,b]	Mittelwert	48,1613	39,1613	44,9722	36,6111	45,8780	39,9756
	Standardabweichung	9,44845	11,4079	9,55431	8,42879	9,50840	10,0461
Extremste Differenzen	Absolut	,222	,174	,251	,212	,229	,184
	Positiv	,197	,079	,160	,104	,148	,135
	Negativ	-,222	-,174	-,251	-,212	-,229	-,184
Statistik für Test		,222	,174	,251	,212	,229	,184
Asymptotische Signifikanz (2-seitig)		,000[c]	,017[c]	,000[c]	,000[c]	,000[c]	,001[c]

Gesamt		Komplexität	Faktoren	Vernetztheit	Wissen
N		357	357	357	337
Parameter der Normalverteilung[a,b]	Mittelwert	3,2885	2,9384	3,4062	1,8323
	Standardabweichung	,95588	,94608	,89648	,49612
Extremste Differenzen	Absolut	,211	,184	,250	,119
	Positiv	,179	,184	,175	,119
	Negativ	-,211	-,181	-,250	-,113
Statistik für Test		,211	,184	,250	,119
Asymptotische Signifikanz (2-seitig)		,000[c]	,000[c]	,000[c]	,000[c]

Gesamt		Alter	Berufserfahrung	Berufserfahrung mit Transferpreisen
N		357	358	358
Parameter der Normalverteilung[a,b]	Mittelwert	26,93	37,5642	9,8165
	Standardabweichung	7,784	77,70858	37,13259
Extremste Differenzen	Absolut	,244	,360	,487
	Positiv	,244	,360	,487
	Negativ	-,154	-,314	-,396
Statistik für Test		,244	,360	,487
Asymptotische Signifikanz (2-seitig)		,000[c]	,000[c]	,000[c]

a. Die zu testende Verteilung ist eine Normalverteilung.
b. Aus den Daten berechnet.
c. Signifikanzkorrektur nach Lilliefors.
d. Dies ist eine untere Grenze der echten Signifikanz.

Anhang XXIII: Ergebnisse der statistischen Auswertung von H_1, H_2 und H_3 zur 3. Studie

Treatment	Versuchspersonengruppe	N	Mittelwert	Standardabweichung	Standardfehler	95%-Konfidenzintervall für den Mittelwert		Minimum	Maximum
						Untergrenze	Obergrenze		
A_N	Manager	33	2,0833	,54725	,09526	1,8893	2,2774	1,00	3,00
	Graduates der Wirtschaftswissenschaften	28	2,0179	,64164	,12126	1,7691	2,2667	1,00	2,75
	Undergraduates der Wirtschaftswissenschaften	21	1,9643	,60356	,13171	1,6895	2,2390	1,00	2,75
	Studierende anderer Fachbereiche	30	1,6667	,51834	,09464	1,4731	1,8602	1,00	2,75
	Gesamt	112	1,9330	,59178	,05592	1,8222	2,0438	1,00	3,00
A_M	Manager	26	2,0615	,47251	,09267	1,8707	2,2524	1,00	2,60
	Graduates der Wirtschaftswissenschaften	21	1,9619	,42717	,09322	1,7675	2,1564	1,40	2,60
	Undergraduates der Wirtschaftswissenschaften	27	1,8370	,38844	,07475	1,6834	1,9907	1,00	2,60
	Studierende anderer Fachbereiche	32	1,5813	,36759	,06498	1,4487	1,7138	1,00	2,20
	Gesamt	106	1,8396	,44800	,04351	1,7533	1,9259	1,00	2,60
A_H	Manager	22	2,0227	,44927	,09578	1,8235	2,2219	1,50	2,50
	Graduates der Wirtschaftswissenschaften	31	1,7419	,42566	,07645	1,5858	1,8981	1,00	2,50
	Undergraduates der Wirtschaftswissenschaften	27	1,7037	,42197	,08121	1,5368	1,8706	1,00	2,50
	Studierende anderer Fachbereiche	39	1,5769	,29331	,04697	1,4818	1,6720	1,00	2,50
	Gesamt	119	1,7311	,41574	,03811	1,6556	1,8066	1,00	2,50

Deskriptive Statistik für Versuchspersonengruppe (AV: Wissen) (H_1, H_2 und H_3)

Treatment		Quadrat-summe	df	Mittel der Quadrate	F	Signifikanz	R^2 (korrigiertes R^2)
A_N	Zwischen den Gruppen	3,096	3	1,032	3,115	,029	,080 (,054)
	Innerhalb der Gruppen	35,777	108	,331			
	Gesamt	38,873	111				
A_M	Zwischen den Gruppen	3,731	3	1,244	7,314	,000	,177 (,153)
	Innerhalb der Gruppen	17,343	102	,170			
	Gesamt	21,074	105				
A_H	Zwischen den Gruppen	2,822	3	,941	6,156	,001	,138 (,116)
	Innerhalb der Gruppen	17,573	115	,153			
	Gesamt	20,395	118				

Einfaktorielle Varianzanalyse für Versuchspersonengruppe (AV: Wissen) (H_1, H_2 und H_3)

Treatment		Statistik (Asymptotisch F-verteilt)	df1	df2	Signifikanz
A_N	Welch-Test	3,538	3	56,052	,020
A_M	Welch-Test	7,329	3	53,298	,000
A_H	Welch-Test	5,967	3	54,959	,001

Welch-Test für Versuchspersonengruppe (AV: Wissen) (H_1, H_2 und H_3)

Treatment	(I) Vpngruppe	(J) Vpngruppe	Mittlere Differenz (I-J)	Standardfehler	Signifikanz	95%-Konfidenzintervall	
						Untergrenze	Obergrenze
A_N (Gabriel)	Manager	Graduates der Wirtschaftswissenschaften	,06548	,14788	,998	-,3302	,4611
		Undergraduates der Wirtschaftswissenschaften	,11905	,16066	,973	-,3085	,5466
		Studierende anderer Fachbereiche	,41667	,14519	,029	,0280	,8054
A_M (Gabriel)	Manager	Graduates der Wirtschaftswissenschaften	,09963	,12098	,956	-,2242	,4235
		Undergraduates der Wirtschaftswissenschaften	,22450	,11330	,263	-,0792	,5282
		Studierende anderer Fachbereiche	,48029	,10887	,000	,1888	,7717
A_H (Games-Howell)	Manager	Graduates der Wirtschaftswissenschaften	,28079	,12255	,116	-,0465	,6081
		Undergraduates der Wirtschaftswissenschaften	,31902	,12558	,067	-,0163	,6544
		Studierende anderer Fachbereiche	,44580	,10668	,001	,1564	,7352

Auszug Post-Hoc-Tests (Gabriel und Games-Howell) für Versuchspersonengruppe (AV: Wissen) (H_1, H_2 und H_3)

Anhang XXIV: Ergebnisse der statistischen Auswertung von H_4 zur 3. Studie

AV	Vernetztheit	N	Mittelwert	Standardabweichung	Standardfehler	95%-Konfidenzintervall für den Mittelwert: Untergrenze	95%-Konfidenzintervall für den Mittelwert: Obergrenze	Minimum	Maximum
QSS (Transferpreis)	Niedrige Vernetztheit	83	-4,7930	9,52806	1,04584	-6,8735	-2,7125	-31,97	18,03
	Mittlere Vernetztheit	86	1,6115	9,85379	1,06256	-,5011	3,7242	-18,48	36,52
	Hohe Vernetztheit	103	3,2322	9,15753	,90232	1,4424	5,0219	-20,27	24,73
	Gesamt	272	,2709	10,06206	,61010	-,9302	1,4720	-31,97	36,52
QSS (Reservationspreis)	Niedrige Vernetztheit	83	-2,6794	11,31940	1,24247	-5,1511	-,2078	-34,34	20,66
	Mittlere Vernetztheit	86	4,5542	9,64109	1,03963	2,4872	6,6213	-8,67	31,33
	Hohe Vernetztheit	103	6,3468	10,17118	1,00220	4,3590	8,3347	-20,82	33,18
	Gesamt	272	3,0257	11,03469	,66908	1,7085	4,3430	-34,34	33,18

Deskriptive Statistik für Vernetztheit (AV: Qualität der Subjekt-Surrogation) (H_4)

AV		Quadratsumme	df	Mittel der Quadrate	F	Signifikanz	R^2 (korrigiertes R^2)
QSS (Transferpreis)	Zwischen den Gruppen	3186,132	2	1593,066	17,671	,000	,116 (,110)
	Innerhalb der Gruppen	24251,293	269	90,154			
	Gesamt	27437,424	271				
QSS (Reservationspreis)	Zwischen den Gruppen	4038,568	2	2019,284	18,757	,000	,122 (,116)
	Innerhalb der Gruppen	28959,551	269	107,656			
	Gesamt	32998,119	271				

Einfaktorielle Varianzanalyse für Vernetztheit (AV: Qualität der Subjekt-Surrogation) (H_4)

AV	(I) Vernetzt-heit	(J) Vernetzt-heit	Mittlere Differenz (I-J)	Standard-fehler	Signifi-kanz	95%-Konfidenzintervall	
						Unter-grenze	Ober-grenze
QSS (Transfer-preis)	Mittlere Ver-netztheit	Niedrige Vernetztheit	6,40450	1,46099	,000	2,8951	9,9139
		Hohe Vernetztheit	-1,62063	1,38693	,566	-4,9489	1,7076
QSS (Reservati-onspreis)	Mittlere Ver-netztheit	Niedrige Vernetztheit	7,23368	1,59652	,000	3,3987	11,0687
		Hohe Vernetztheit	-1,79262	1,51559	,556	-5,4297	1,8444

Auszug Post-Hoc-Tests (Gabriel) für Vernetztheit (AV: Qualität der Subjekt-Surrogation) (H_4)

Anhang XXV: Ergebnisse der statistischen Auswertung von H_5 zur 3. Studie

Treatment	Versuchspersonengruppe	N	Mittelwert	Standardabweichung	Standardfehler	95%-Konfidenzintervall für den Mittelwert		Minimum	Maximum
						Untergrenze	Obergrenze		
A_N	Manager	34	43,5294	9,57660	1,64237	40,1880	46,8708	20,00	60,00
	Studierende mit identischem Wissen	36	46,3889	10,48885	1,74814	42,8400	49,9378	25,00	67,00
	Gesamt	70	45,0000	10,08658	1,20558	42,5949	47,4051	20,00	67,00
A_M	Manager	26	46,7692	7,75272	1,52043	43,6378	49,9006	25,00	60,00
	Studierende mit identischem Wissen	27	44,5556	9,43942	1,81662	40,8214	48,2897	25,00	60,00
	Gesamt	53	45,6415	8,64268	1,18716	43,2593	48,0237	25,00	60,00
A_H	Manager	22	49,7273	4,54796	,96963	47,7108	51,7437	35,00	60,00
	Studierende mit identischem Wissen	31	47,8387	9,17641	1,64813	44,4728	51,2046	25,00	65,00
	Gesamt	53	48,6226	7,60371	1,04445	46,5268	50,7185	25,00	65,00

Deskriptive Statistik für Studierende mit identischem problemlösungsrelevantem Wissen wie Manager (AV: Transferpreis) (H_5)

Treatment		Quadrat-summe	df	Mittel der Quadrate	F	Signifikanz	R^2 (korrigiertes R^2)
A_N	Zwischen den Gruppen	142,974	1	142,974	1,414	,239	,020 (,006)
	Innerhalb der Gruppen	6877,026	68	101,133			
	Gesamt	7020,000	69				
A_M	Zwischen den Gruppen	64,907	1	64,907	,867	,356	,017 (-,003)
	Innerhalb der Gruppen	3819,282	51	74,888			
	Gesamt	3884,189	52				
A_H	Zwischen den Gruppen	45,896	1	45,896	,791	,378	,015 (-,004)
	Innerhalb der Gruppen	2960,557	51	58,050			
	Gesamt	3006,453	52				

Einfaktorielle Varianzanalyse für Studierende mit identischem problemlösungsrelevantem Wissen wie Manager (AV: Transferpreis) (H_5)

Treatment		Statistik (Asymptotisch F-verteilt)	df1	df2	Signifikanz
A_N	Welch-Test	1,421	1	67,926	,237
A_M	Welch-Test	,873	1	49,780	,355
A_H	Welch-Test	,975	1	46,417	,328

Welch-Test für Studierende mit identischem problemlösungsrelevantem Wissen wie Manager (AV: Transferpreis) (H_5)

Treatment	Versuchspersonengruppe	N	Mittelwert	Standardabweichung	Standardfehler	95%-Konfidenzintervall für den Mittelwert		Minimum	Maximum
						Untergrenze	Obergrenze		
A_N	Manager	34	36,7647	9,55069	1,63793	33,4323	40,0971	20,00	50,00
	Studierende mit identischem Wissen	36	37,9722	11,21093	1,86849	34,1790	41,7655	15,00	62,00
	Gesamt	70	37,3857	10,38016	1,24067	34,9107	39,8608	15,00	62,00
A_M	Manager	26	41,3846	8,52327	1,67155	37,9420	44,8272	20,00	54,00
	Studierende mit identischem Wissen	27	36,2222	9,51247	1,83068	32,4592	39,9852	21,00	50,00
	Gesamt	53	38,7547	9,32512	1,28090	36,1844	41,3250	20,00	54,00
A_H	Manager	22	44,1818	6,22312	1,32677	41,4226	46,9410	30,00	50,00
	Studierende mit identischem Wissen	31	37,2581	9,66770	1,73637	33,7119	40,8042	11,00	50,00
	Gesamt	53	40,1321	9,02355	1,23948	37,6449	42,6193	11,00	50,00

Deskriptive Statistik für Studierende mit identischem problemlösungsrelevantem Wissen wie Manager (AV: Reservationspreis) (H_5)

Treatment		Quadratsumme	df	Mittel der Quadrate	F	Signifikanz	R^2 (korrigiertes R^2)
A_N	Zwischen den Gruppen	25,496	1	25,496	,234	,630	,003 (-,011)
	Innerhalb der Gruppen	7409,090	68	108,957			
	Gesamt	7434,586	69				
A_M	Zwischen den Gruppen	352,991	1	352,991	4,318	,043	,078 (,060)
	Innerhalb der Gruppen	4168,821	51	81,742			
	Gesamt	4521,811	52				
A_H	Zwischen den Gruppen	616,867	1	616,867	8,697	,005	,146 (,129)
	Innerhalb der Gruppen	3617,208	51	70,926			
	Gesamt	4234,075	52				

Einfaktorielle Varianzanalyse für Studierende mit identischem problemlösungsrelevantem Wissen wie Manager (AV: Reservationspreis) (H_5)

Treatment		Statistik (Asymptotisch F-verteilt)	df1	df2	Signifikanz
A_N	Welch-Test	,236	1	67,306	,629
A_M	Welch-Test	4,337	1	50,744	,042
A_H	Welch-Test	10,039	1	50,611	,003

Welch-Test für Studierende mit identischem problemlösungsrelevantem Wissen wie Manager (AV: Reservationspreis) (H_5)

Anhang XXVI: Ergebnisse der statistischen Auswertung von H_6, H_7 und H_8 zur 3. Studie

Treatment		Quadratsumme	df	Mittel der Quadrate	F	Signifikanz	R^2 (korrigiertes R^2)
A_N	Zwischen den Gruppen	647,432	3	215,811	2,338	,077	,057 (,033)
	Innerhalb der Gruppen	10708,935	116	92,318			
	Gesamt	11356,367	119				
A_M	Zwischen den Gruppen	366,449	3	122,150	1,403	,246	,037 (,011)
	Innerhalb der Gruppen	9486,914	109	87,036			
	Gesamt	9853,363	112				
A_H	Zwischen den Gruppen	228,149	3	76,050	1,028	,383	,025 (,001)
	Innerhalb der Gruppen	8949,339	121	73,961			
	Gesamt	9177,488	124				

Einfaktorielle Varianzanalyse für Versuchspersonengruppe (AV: JDM-Performance) (H_6, H_7 und H_8, Transferpreis)

Treatment	(I) Vpngruppe	(J) Vpngruppe	Mittlere Differenz (I-J)	Standardfehler	Signifikanz	95%-Konfidenzintervall Untergrenze	95%-Konfidenzintervall Obergrenze
A_N (Gabriel)	Manager	Graduates der Wirtschaftswissenschaften	-4,44788	2,40669	,335	-10,8692	1,9735
		Undergraduates der Wirtschaftswissenschaften	-5,16216	2,51827	,222	-11,8587	1,5343
		Studierende anderer Fachbereiche	-5,32345	2,33947	,137	-11,5744	,9275
A_M (Gabriel)	Manager	Graduates der Wirtschaftswissenschaften	-1,16330	2,67950	,998	-8,3280	6,0014
		Undergraduates der Wirtschaftswissenschaften	3,87566	2,51634	,550	-2,8613	10,6126
		Studierende anderer Fachbereiche	1,54630	2,37512	,986	-4,7965	7,8891
A_H (Games-Howell)	Manager	Graduates der Wirtschaftswissenschaften	2,38352	1,92811	,607	-2,7498	7,5169
		Undergraduates der Wirtschaftswissenschaften	3,29394	1,84494	,293	-1,6234	8,2113
		Studierende anderer Fachbereiche	3,84922	1,77350	,143	-,8363	8,5347

Auszug Post-Hoc-Tests (Gabriel und Games-Howell) für Versuchspersonengruppe (AV: JDM-Performance) (H_6, H_7 und H_8, Transferpreis)

Treatment		Statistik (Asymptotisch F-verteilt)	df1	df2	Signifikanz
A_N	Welch-Test	2,292	3	61,050	,087
A_M	Welch-Test	1,266	3	57,460	,295
A_H	Welch-Test	2,080	3	65,931	,111

Welch-Test für Versuchspersonengruppe (AV: JDM-Performance)
(H_6, H_7 und H_8, Transferpreis)

Treatment		Quadratsumme	df	Mittel der Quadrate	F	Signifikanz	R^2 (korrigiertes R^2)
A_N	Zwischen den Gruppen	251,713	3	83,904	,705	,551	,018 (-,007)
	Innerhalb der Gruppen	13807,879	116	119,033			
	Gesamt	14059,592	119				
A_M	Zwischen den Gruppen	874,840	3	291,613	3,429	,020	,086 (,061)
	Innerhalb der Gruppen	9270,169	109	85,047			
	Gesamt	10145,009	112				
A_H	Zwischen den Gruppen	1061,964	3	353,988	3,882	,011	,088 (,061)
	Innerhalb der Gruppen	11033,748	121	91,188			
	Gesamt	12095,712	124				

Einfaktorielle Varianzanalyse für Versuchspersonengruppe (AV: JDM-Performance)
(H_6, H_7 und H_8, Reservationspreis)

Treat-ment	(I) Vpn-gruppe	(J) Vpngruppe	Mittlere Differenz (I-J)	Standard-fehler	Signifi-kanz	95%-Konfidenzintervall	
						Unter-grenze	Ober-grenze
A_N (Gab-riel)	Manager	Graduates der Wirt-schaftswissenschaften	-,56178	2,73282	1,000	-7,8533	6,7297
		Undergraduates der Wirt-schaftswissenschaften	-3,16892	2,85952	,841	-10,7728	4,4350
		Studierende anderer Fachbereiche	-3,08021	2,65648	,815	-10,1782	4,0178
A_M (Ga-mes-How-ell)	Manager	Graduates der Wirt-schaftswissenschaften	1,06061	2,38267	,970	-5,2942	7,4154
		Undergraduates der Wirt-schaftswissenschaften	7,08333	2,69653	,054	-,0858	14,2524
		Studierende anderer Fachbereiche	4,72222	2,13616	,133	-,9329	10,3773
A_H (Ga-mes-How-ell)	Manager	Graduates der Wirt-schaftswissenschaften	8,30682	2,11936	,001	2,6817	13,9319
		Undergraduates der Wirt-schaftswissenschaften	7,18182	2,39863	,022	,7956	13,5680
		Studierende anderer Fachbereiche	4,20621	2,05473	,183	-1,2245	9,6369

Auszug Post-Hoc-Tests (Gabriel und Games-Howell) für Versuchspersonengruppe (AV: JDM-Performance) (H_6, H_7 und H_8, Reservationspreis)

Treatment		Statistik (Asymptotisch F-verteilt)	df1	df2	Signifikanz
A_N	Welch-Test	,705	3	60,397	,553
A_M	Welch-Test	3,178	3	57,007	,031
A_H	Welch-Test	6,013	3	64,813	,001

Welch-Test für Versuchspersonengruppe (AV: JDM-Performance) (H_6, H_7 und H_8, Reservationspreis)

Anhang XXVII: Multifaktorielle Varianzanalyse zur Auswertung auf Konvergenzvalidität

Variable	Studie	Versuchspersonengruppe	Mittelwert	Standardabweichung	N
Transferpreis	Laborexperiment	Graduates der Wirtschaftswissenschaften	48,8000	8,71124	15
		Undergraduates der Wirtschaftswissenschaften	45,0333	5,94759	15
		Studierende anderer Fachbereiche	44,9524	7,59260	21
	Internetbasiertes Experiment	Graduates der Wirtschaftswissenschaften	47,5714	9,16281	21
		Undergraduates der Wirtschaftswissenschaften	42,3704	10,74941	27
		Studierende anderer Fachbereiche	45,0938	9,70321	32
Reservationspreis	Laborexperiment	Graduates der Wirtschaftswissenschaften	39,6667	10,08299	15
		Undergraduates der Wirtschaftswissenschaften	33,6000	10,30118	15
		Studierende anderer Fachbereiche	37,8095	8,32838	21
	Internetbasiertes Experiment	Graduates der Wirtschaftswissenschaften	39,8095	8,14628	21
		Undergraduates der Wirtschaftswissenschaften	34,4074	11,63635	27
		Studierende anderer Fachbereiche	36,1875	8,58520	32
Geschlecht	Laborexperiment	Graduates der Wirtschaftswissenschaften	1,13	,352	15
		Undergraduates der Wirtschaftswissenschaften	1,20	,414	15
		Studierende anderer Fachbereiche	1,29	,463	21
	Internetbasiertes Experiment	Graduates der Wirtschaftswissenschaften	1,14	,359	21
		Undergraduates der Wirtschaftswissenschaften	1,30	,465	27
		Studierende anderer Fachbereiche	1,47	,507	32
Alter	Laborexperiment	Graduates der Wirtschaftswissenschaften	22,07	2,120	15
		Undergraduates der Wirtschaftswissenschaften	21,40	1,454	15
		Studierende anderer Fachbereiche	22,62	2,376	21
	Internetbasiertes Experiment	Undergraduates der Wirtschaftswissenschaften	25,76	2,022	21
		Studierende anderer Fachbereiche	22,30	2,072	27
		Graduates der Wirtschaftswissenschaften	23,44	3,026	32
Berufserfahrung	Laborexperiment	Undergraduates der Wirtschaftswissenschaften	8,2667	13,68245	15
		Studierende anderer Fachbereiche	12,2667	27,70886	15
		Graduates der Wirtschaftswissenschaften	4,0952	6,37107	21
	Internetbasiertes Experiment	Undergraduates der Wirtschaftswissenschaften	5,5714	7,13142	21
		Studierende anderer Fachbereiche	5,8519	11,15521	27
		Graduates der Wirtschaftswissenschaften	2,4375	4,03163	32
Komplexität	Laborexperiment	Undergraduates der Wirtschaftswissenschaften	3,7333	,70373	15
		Studierende anderer Fachbereiche	4,0667	,70373	15
		Graduates der Wirtschaftswissenschaften	3,4286	1,24786	21
	Internetbasiertes Experiment	Undergraduates der Wirtschaftswissenschaften	3,1429	,85356	21
		Studierende anderer Fachbereiche	3,6667	,62017	27
		Graduates der Wirtschaftswissenschaften	3,7188	,72887	32

Variable	Studie	Versuchspersonengruppe	Mittelwert	Standardabweichung	N
Faktoren	Laborexperiment	Undergraduates der Wirtschaftswissenschaften	3,8000	,56061	15
		Studierende anderer Fachbereiche	3,5333	,91548	15
		Graduates der Wirtschaftswissenschaften	2,8095	1,20909	21
	Internet-basiertes Experiment	Studierende anderer Fachbereiche	2,8095	,81358	21
		Graduates der Wirtschaftswissenschaften	3,1111	,84732	27
		Undergraduates der Wirtschaftswissenschaften	3,2812	,95830	32
Vernetztheit	Laborexperiment	Studierende anderer Fachbereiche	3,5333	,63994	15
		Graduates der Wirtschaftswissenschaften	3,6000	,73679	15
		Undergraduates der Wirtschaftswissenschaften	3,5238	,87287	21
	Internet-basiertes Experiment	Studierende anderer Fachbereiche	3,5238	,60159	21
		Graduates der Wirtschaftswissenschaften	3,5556	,93370	27
		Undergraduates der Wirtschaftswissenschaften	3,3437	,74528	32
Deklaratives Wissen	Laborexperiment	Studierende anderer Fachbereiche	2,3333	,72375	15
		Graduates der Wirtschaftswissenschaften	2,2000	,67612	15
		Undergraduates der Wirtschaftswissenschaften	2,0000	,83666	21
	Internet-basiertes Experiment	Studierende anderer Fachbereiche	2,3810	,66904	21
		Graduates der Wirtschaftswissenschaften	2,2222	,64051	27
		Undergraduates der Wirtschaftswissenschaften	1,8437	,62782	32

Auszug deskriptive Statistik für Studie und Versuchspersonengruppenstatus

Quelle	Abhängige Variable	Quadrat-summe vom Typ III	df	Mittel der Quadrate	F	Signifi-kanz	R^2 (korrigiertes R^2)
Korrigiertes Modell	Transferpreis	528,718	5	105,744	1,282	,276	,049 (,011)
	Reservationspreis	654,861	5	130,972	1,432	,217	,054 (,016)
	Geschlecht	1,961	5	,392	1,994	,084	,074 (,037)
	Alter	233,826	5	46,765	8,561	,000	,255 (,225)
	Berufserfahrung	1141,288	5	228,258	1,507	,192	,057 (,019)
	Komplexität	9,095	5	1,819	2,642	,026	,096 (,059)
	Faktoren	13,858	5	2,772	3,276	,008	,116 (,081)
	Vernetztheit	1,053	5	,211	,348	,883	,014 (-,026)
	Deklaratives Wissen	5,223	5	1,045	2,192	,059	,081 (,044)
Konstanter Term	Transferpreis	252571,824	1	252571,824	3061,404	,000	
	Reservationspreis	165242,604	1	165242,604	1807,304	,000	
	Geschlecht	190,848	1	190,848	970,198	,000	
	Alter	63763,200	1	63763,200	11673,113	,000	
	Berufserfahrung	4990,359	1	4990,359	32,939	,000	
	Komplexität	1594,566	1	1594,566	2316,344	,000	
	Faktoren	1260,598	1	1260,598	1490,139	,000	
	Vernetztheit	1496,933	1	1496,933	2471,983	,000	
	Deklaratives Wissen	567,567	1	567,567	1190,944	,000	
Studie	Transferpreis	47,375	1	47,375	,574	,450	
	Reservationspreis	1,520	1	1,520	,017	,898	
	Geschlecht	,281	1	,281	1,429	,234	
	Alter	98,592	1	98,592	18,049	,000	
	Berufserfahrung	390,574	1	390,574	2,578	,111	
	Komplexität	1,652	1	1,652	2,400	,124	
	Faktoren	2,983	1	2,983	3,526	,063	
	Vernetztheit	,184	1	,184	,305	,582	
	Deklaratives Wissen	,025	1	,025	,053	,819	
Studie * Versuchs-personen-gruppe	Transferpreis	43,233	2	21,616	,262	,770	
	Reservationspreis	35,545	2	17,772	,194	,824	
	Geschlecht	,158	2	,079	,400	,671	
	Alter	50,846	2	25,423	4,654	,011	
	Berufserfahrung	130,457	2	65,229	,431	,651	
	Komplexität	4,742	2	2,371	3,444	,035	
	Faktoren	11,655	2	5,828	6,889	,001	
	Vernetztheit	,180	2	,090	,148	,862	
	Deklaratives Wissen	,275	2	,138	,289	,749	

Auszug multifaktorielle Varianzanalyse für Studie und Versuchspersonengruppenstatus

Anhang XXVIII: Korrelationsanalysen zur 3. Studie

Manager		Alter	Wissen	Komplexität	Faktoren	Vernetztheit	Berufserfahrung	Managementebene
Alter	Korrelation nach Pearson	1,000	,147	-,171	,040	-,082	-,152	,283*
	Signifikanz (2-seitig)	.	,193	,118	,715	,455	,177	,038
	N	85	80	85	85	85	81	54
Wissen	Korrelation nach Pearson	,147	1,000	-,220*	-,025	-,056	-,488**	,312*
	Signifikanz (2-seitig)	,193	.	,048	,825	,618	,000	,024
	N	80	81	81	81	81	81	52
Komplexität	Korrelation nach Pearson	-,171	-,220*	1,000	,487**	,034	,370**	-,270*
	Signifikanz (2-seitig)	,118	,048	.	,000	,755	,001	,046
	N	85	81	86	86	86	82	55
Faktoren	Korrelation nach Pearson	,040	-,025	,487**	1,000	,247*	,169	-,125
	Signifikanz (2-seitig)	,715	,825	,000	.	,022	,129	,362
	N	85	81	86	86	86	82	55
Vernetztheit	Korrelation nach Pearson	-,082	-,056	,034	,247*	1,000	,101	-,120
	Signifikanz (2-seitig)	,455	,618	,755	,022	.	,367	,385
	N	85	81	86	86	86	82	55
Berufserfahrung	Korrelation nach Pearson	-,152	-,488**	,370**	,169	,101	1,000	-,117
	Signifikanz (2-seitig)	,177	,000	,001	,129	,367	.	,405
	N	81	81	82	82	82	82	53
Managementebene	Korrelation nach Pearson	,283*	,312*	-,270*	-,125	-,120	-,117	1,000
	Signifikanz (2-seitig)	,038	,024	,046	,362	,385	,405	.
	N	54	52	55	55	55	53	55

Graduates der Wirtschaftswissenschaften (Spearman)		Alter	Wissen	Komplexität	Faktoren	Vernetztheit	Berufserfahrung	Semester
Alter	Korrelation nach Pearson	1,000	,253*	-,022	-,121	-,094	-,228*	,323**
	Signifikanz (2-seitig)	.	,023	,847	,278	,402	,042	,003
	N	82	80	82	82	82	80	81
Wissen	Korrelation nach Pearson	,253*	1,000	-,099	-,115	,080	-,349**	,085
	Signifikanz (2-seitig)	,023	.	,382	,308	,482	,002	,459
	N	80	80	80	80	80	80	79
Komplexität	Korrelation nach Pearson	-,022	-,099	1,000	,583**	-,002	,457**	-,143
	Signifikanz (2-seitig)	,847	,382	.	,000	,984	,000	,203
	N	82	80	82	82	82	80	81
Faktoren	Korrelation nach Pearson	-,121	-,115	,583**	1,000	,098	,247*	-,118
	Signifikanz (2-seitig)	,278	,308	,000	.	,379	,027	,292
	N	82	80	82	82	82	80	81
Vernetztheit	Korrelation nach Pearson	-,094	,080	-,002	,098	1,000	-,088	,054
	Signifikanz (2-seitig)	,402	,482	,984	,379	.	,436	,630
	N	82	80	82	82	82	80	81
Berufserfahrung	Korrelation nach Pearson	-,228*	-,349**	,457**	,247*	-,088	1,000	-,259*
	Signifikanz (2-seitig)	,042	,002	,000	,027	,436	.	,021
	N	80	80	80	80	80	80	79
Semester	Korrelation nach Pearson	,323**	,085	-,143	-,118	,054	-,259*	1,000
	Signifikanz (2-seitig)	,003	,459	,203	,292	,630	,021	.
	N	81	79	81	81	81	79	81

Undergraduates der Wirtschaftswissenschaften (Spearman)		Alter	Wissen	Komplexität	Faktoren	Vernetztheit	Berufserfahrung	Semester
Alter	Korrelation nach Pearson	1,000	,339**	-,182	,068	,026	,074	,505**
	Signifikanz (2-seitig)	.	,003	,104	,547	,816	,528	,000
	N	82	75	81	81	81	76	82
Wissen	Korrelation nach Pearson	,339**	1,000	-,175	-,150	-,076	-,363**	,198
	Signifikanz (2-seitig)	,003	.	,133	,200	,520	,001	,088
	N	75	75	75	75	75	75	75
Komplexität	Korrelation nach Pearson	-,182	-,175	1,000	,231*	,079	,484**	-,093
	Signifikanz (2-seitig)	,104	,133	.	,038	,484	,000	,408
	N	81	75	81	81	81	76	81
Faktoren	Korrelation nach Pearson	,068	-,150	,231*	1,000	,238*	,240*	-,124
	Signifikanz (2-seitig)	,547	,200	,038	.	,032	,037	,271
	N	81	75	81	81	81	76	81
Vernetztheit	Korrelation nach Pearson	,026	-,076	,079	,238*	1,000	-,028	-,100
	Signifikanz (2-seitig)	,816	,520	,484	,032	.	,807	,373
	N	81	75	81	81	81	76	81
Berufserfahrung	Korrelation nach Pearson	,074	-,363**	,484**	,240*	-,028	1,000	-,029
	Signifikanz (2-seitig)	,528	,001	,000	,037	,807	.	,802
	N	76	75	76	76	76	76	76
Semester	Korrelation nach Pearson	,505**	,198	-,093	-,124	-,100	-,029	1,000
	Signifikanz (2-seitig)	,000	,088	,408	,271	,373	,802	.
	N	82	75	81	81	81	76	82

Studierende anderer Fachbereiche (Spearman)		Alter	Wissen	Komplexität	Faktoren	Vernetztheit	Berufserfahrung	Semester
Alter	Korrelation nach Pearson	1,000	,115	-,141	-,162	,026	-,145	,792**
	Signifikanz (2-seitig)	.	,254	,146	,094	,791	,146	,000
	N	108	101	108	108	108	102	108
Wissen	Korrelation nach Pearson	,115	1,000	-,213*	-,249*	,003	-,303**	,141
	Signifikanz (2-seitig)	,254	.	,032	,012	,979	,002	,160
	N	101	101	101	101	101	101	101
Komplexität	Korrelation nach Pearson	-,141	-,213*	1,000	,516**	,393**	,357**	-,170
	Signifikanz (2-seitig)	,146	,032	.	,000	,000	,000	,079
	N	108	101	108	108	108	102	108
Faktoren	Korrelation nach Pearson	-,162	-,249*	,516**	1,000	,553**	,332**	-,156
	Signifikanz (2-seitig)	,094	,012	,000	.	,000	,001	,106
	N	108	101	108	108	108	102	108
Vernetztheit	Korrelation nach Pearson	,026	,003	,393**	,553**	1,000	,148	-,004
	Signifikanz (2-seitig)	,791	,979	,000	,000	.	,139	,963
	N	108	101	108	108	108	102	108
Berufserfahrung	Korrelation nach Pearson	-,145	-,303**	,357**	,332**	,148	1,000	-,094
	Signifikanz (2-seitig)	,146	,002	,000	,001	,139	.	,346
	N	102	101	102	102	102	102	102
Semester	Korrelation nach Pearson	,792**	,141	-,170	-,156	-,004	-,094	1,000
	Signifikanz (2-seitig)	,000	,160	,079	,106	,963	,346	.
	N	108	101	108	108	108	102	108

** Die Korrelation ist auf dem Niveau von 1 % (2-seitig) signifikant.
* Die Korrelation ist auf dem Niveau von 5 % (2-seitig) signifikant.

Literaturverzeichnis

Abbeele, A. v. d. / Roodhooft, F. / Warlop, L. (2009): The effect of cost information on buyer-supplier negotiations in different power settings. In: Accounting, Organizations and Society, 34 (2009), H. 2, S. 245-266.

Abdel-khalik, A. R. (1974): On the Efficiency of Subject Surrogation in Accounting Research. In: The Accounting Review, 49 (1974), H. 4, S. 743-750.

Abdolmohammadi, M. J. (1999): A Comprehensive Taxonomy of Audit Task Structure, Professional Rank and Decision Aids for Behavioral Research. In: Behavioral Research in Accounting, 11 (1999), S. 51-92.

Abdolmohammadi, M. J. / Wright, A. M. (1987): An Examination of the Effects of Experience and Task Complexity on Audit Judgments. In: The Accounting Review, 62 (1987), H. 1, S. 1-13.

Abernethy, M. A. et al. (1999): Research in managerial accounting: Learning from others' experiences. ‚The scientist has no other method than doing his damnedest'. In: Accounting and Finance, 39 (1999), H. 1, S. 1-27.

Agnew, N. M. / Pyke, S. W. (1969): The Science Game: an introduction to research in the behavioral sciences, Englewood Cliffs, NJ, 1969.

Aguinis, H. et al. (2011): Debunking Myths and Urban Legends About Meta-Analysis. In: Organizational Research Methods, 14 (2011), H. 2, S. 306-331.

Albert, H. (1976): Wissenschaftstheorie. In: Grochla, E. et al. (Hrsg.): Handwörterbuch der Betriebswirtschaft, Bd. 3, 4., völlig neu gestaltete Aufl., Stuttgart 1976, Sp. 4674-4692.

Alderfer, C. P. / Bierman, H. (1970): Choices with Risk: Beyond the Mean and Variance. In: Journal of Business, 43 (1970), H. 3, S. 341-353.

Alexander, C. S. / Becker, H. J. (1978): The Use of Vigenettes in Survey Research. In: Public Opinion Quarterly, 42 (1978), H. 1, S. 93-104.

Alexander, R. M. / Blay, A. D. / Hurtt, R. K. (2006): An Examination of Convergent Validity between In-Lab and Out-of-Lab Internet-Based Experimental Accounting Research. In: Behavioral Research in Accounting, 18 (2006), S. 207-217.

Alpert, B. (1967): Non-Businessmen as Surrogates for Businessmen in Behavioral Experiments. In: Journal of Business, 40 (1967), H. 2, S. 203-207.

Amelang, M. / Bartussek, D. (2001): Differentielle Psychologie und Persönlichkeitsforschung, 5., aktualisierte und erweiterte Aufl., Stuttgart et al. 2001.

Amelingmeyer, J. (2004): Wissensmanagement. Analyse und Gestaltung der Wissensbasis von Unternehmen, 3. Aufl., Wiesbaden 2004.

Anctil, R. M. et al. (2004): Information Transparency and Coordination Failure: Theory and Experiment. In: Journal of Accounting Research, 42 (2004), H. 2, S. 159-195.

Anderson, J. R. (2013): Kognitive Psychologie, 7., erweiterte und überarbeitete, neu gestaltete Aufl., Berlin et al. 2013.

Anderson, J. R. / Lebiere, C. (1998): Knowledge Representation. In: Anderson, J. R. et al. (Hrsg.): The Atomic Components of Thought, Mahwah, NJ, et al. 1998, S. 19-55.

Anderson, M. J. (1985): Some Evidence on the Effect of Verbalization on Process: A Methodological Note. In: Journal of Accounting Research, 23 (1985), H. 2, S. 843-852.

Andlinger, G. R. (1958): Business Games – Play One! In: Harvard Business Review, 36 (1958), H. 1, S. 115-125.

Ansari, S. L. (1976): Behavioral Factors in Variance Control: Report on a Laboratory Experiment. In: Journal of Accounting Research, 14 (1976), H. 2, S. 189-211.

Arbinger, R. (1997): Psychologie des Problemlösens. Eine anwendungsorientierte Einführung, Darmstadt 1997.

Argyris, C. (1952): The Impact of Budgets on People, New York 1952.

Arnold, M. C. (2007): Experimentelle Forschung in der Budgetierung – Lügen, nichts als Lügen? In: Journal für Betriebswirtschaft, 57 (2007), H. 2, S. 69-99.

Aronson, E. / Brewer, M. B. / Carlsmith, J. M. (1985): Experimentation in Social Psychology. In: Lindzey, G. et al. (Hrsg.): Handbook of Social Psychology, Bd. 1, 3. Aufl., New York 1985, S. 441-486.

Arunachalam, V. / Beck, G. (2002): Functional fixation revisited: the effects of feedback and a repeated measures design on information processing changes in response to an accounting change. In: Accounting, Organizations and Society, 27 (2002), H. 1, S. 1-25.

Asendorpf, J. B. / Neyer, F. J. (2012): Psychologie der Persönlichkeit, 5., vollständig überarbeitete Aufl., Berlin et al. 2012.

Ashton, R. H. (1976): Cognitive Changes Induced by Accounting Changes: Experimental Evidence on the Functional Fixation Hypothesis. In: Journal of Accounting Research, 14 (1976), H. 3, S. 1-17.

Ashton, R. H. (1999): Enriching the „Expertise Paradigm" of Accounting Research: Conscientiousness, General Cognitive Ability, and Global Orientation. In: Advances in Accounting Behavioral Research, 2 (1999), S. 3-14.

Ashton, R. H. / Hubbart Ashton, A. (1995): Perspectives on judgment and decision-making research in accounting and auditing. In: Ashton, R. H. et al. (Hrsg.): Judgment and Decision-Making Research in Accounting and Auditing, Cambridge et al. 1995, S. 3-26.

Ashton, R. H. / Kramer, S. S. (1980): Students as Surrogates in Behavioral Accounting Research: Some Evidence. In: Journal of Accounting Research, 18 (1980), H. 1, S. 1-15.

Atkinson, A. A. et al. (1997): New Directions in Management Accounting Research. In: Journal of Management Accounting Research, 7 (1997), S. 79-108.

Atteslander, P. (2010): Methoden der empirischen Sozialforschung, 13., neu bearbeitete und erweiterte Aufl., Berlin 2010.

Awasthi, V. N. / Chow, C. W. / Wu, A. (1998): Performance measure and resource expenditure choices in a teamwork environment: the effects of national culture. In: Management Accounting Research, 9 (1998), H. 2, S. 119-138.

Aytug, Z. G. et al. (2012): Revealed or Concealed? Transparency of Procedures, Decisions, and Judgment Calls in Meta-Analyses. In: Organizational Research Methods, 15 (2012), H. 1, S. 103-133.

Backhaus, K. et al. (2011): Multivariate Analysemethoden. Eine anwendungsorientierte Einführung, 13., überarbeitete Aufl., Berlin et al. 2011.

Bailey, C. D. / Brown, L. D. / Cocco, A. F. (1998): The Effects of Monetary Incentives on Worker Learning and Performance in an Assembly Task. In: Journal of Management Accounting Research, 10 (1998), S. 119-131.

Bailey, C. D. / Gupta, S. (1999): Judgement in Learning-curve Forecasting: A Laboratory Study. In: Journal of Forecasting, 18 (1999), H. 1, S. 39-57.

Bailey, K. E. / Bylinski, J. H. / Shields, M. D. (1983): Effects of Audit Report Wording Changes on the Perceived Message. In: Journal of Accounting Research, 21 (1983), H. 2, S. 355-370.

Bailey, W. J. / Hecht, G. / Towry, K. L. (2011): Dividing the Pie: The Influence of Managerial Discretion Extent on Bonus Pool Allocation. In: Contemporary Accounting Research, 28 (2011), H. 5, S. 1562-1584.

Bailey, W. J. / Sawers, K. M. (2012): In GAAP We Trust: Examining How Trust Influences Nonprofessional Investor Decisions Under Rules-Based and Principles-Based Standards. In: Behavioral Research in Accounting, 24 (2012), H. 1, S. 24-46.

Balakrishnan, R. (2010): Journal of Management Accounting Research Editor's Report. In: Journal of Management Accounting Research, 22 (2010), S. 300-304.

Balakrishnan, R. / Sprinkle, G. B. / Williamson, M. G. (2011): Contracting Benefits of Corporate Giving: An Experimental Investigation. In: The Accounting Review, 86 (2011), H. 6, S. 1887-1907.

Ball, R. / Tunger, D. (2005): Bibliometrische Analysen – Daten, Fakten und Methoden. Grundwissen Bibliometrie für Wissenschaftler, Wissenschaftsmanager, Forschungseinrichtungen und Hochschulen, Jülich 2005.

Bamber, E. M. (1993): Opportunities in Behavioral Accounting Research. In: Behavioral Research in Accounting, 5 (1993), S. 1-29.

Banker, R. D. / Chang, H. / Pizzini, M. J. (2004): The Balanced Scorecard: Judgmental Effects of Performance Measures Linked to Strategy. In: The Accounting Review, 79 (2004), H. 1, S. 1-23.

Barberis, N. / Thaler, R. (2003): A Survey of Behavioral Finance. In: Constantinides, G. M. et al. (Hrsg.): Handbook of the Economics of Finance, Amsterdam 2003, S. 1051-1121.

Barefield, R. M. (1972): The Effect of Aggregation on Decision Making Success: A Laboratory Study. In: Journal of Accounting Research, 10 (1972), H. 2, S. 229-242.

Barnes, P. / Webb, J. (1986): Management Information Changes and Functional Fixation: Some Experimental Evidence From the Public Sector. In: Accounting, Organizations and Society, 11 (1986), H. 1, S. 1-18.

Baron, R. / Kenny, D. A. (1986): The Moderator-Mediator Variable Distinction in Social Psychological Research: Conceptual, Strategic, and Statistical Consideration. In: Journal of Personality and Social Psychology, 51 (1986), H. 6, S. 1173-1182.

Barr, S. H. / Hitt, M. A. (1986): A Comparison of Selection Decision Models in Manager Versus Student Samples. In: Personnel Psychology, 39 (1986), H. 3, S. 599-617.

Barton, R. F. (1969): An Experimental Study of the Impact of Competitive Pressures on Overhead Allocation Bids. In: Journal of Accounting Research, 7 (1969), H. 1, S. 116-122.

Basel, J. S. (2012): Heuristic Reasoning in Management Accounting, Lohmar et al. 2012.

Bassler, A. (2010): Die Visualisierung von Daten im Controlling, Lohmar et al. 2010.

Bean, D. F. / D'Aquila, J. M. (2003): Accounting Students as Surrogates for Accounting Professionals when Studying Ethical Dilemmas: A Cautionary Note. In: Teaching Business Ethics, 7 (2003), H. 3, S. 187-204.

Becker, A. (2003): Controlling als reflexive Steuerung von Organisationen, Stuttgart 2003.

Becker, G. S. (1982): Der ökonomische Ansatz zur Erklärung menschlichen Verhaltens, Tübingen 1982.

Becker, J. (2003): Die Entscheidungsanomalien des homo oeconomicus. In: Beckenbach, F. et al. (Hrsg.): Psychologie und Umweltökonomik. Jahrbuch Ökologische Ökonomik, Bd. 3, Marburg 2003, S. 41-83.

Becker, S. W. (1967): Discussion of The Effect of Frequency of Feedback on Attitudes and Performance. In: Journal of Accounting Research, 5 (1967), H. 3, Supplement, S. 225-228.

Becker, S. W. / Ronen, J. / Sorter, G. H. (1974): Opportunity costs – An experimental approach. In: Journal of Accounting Research, 12 (1974), H. 2, S. 317-329.

Behrens, G. (1993): Wissenschaftstheorie und Betriebswirtschaftslehre. In: Wittmann, W. et al. (Hrsg.): Handwörterbuch der Betriebswirtschaft, Bd. 3, 5., völlig neu gestaltete Aufl., Stuttgart 1993, Sp. 4763-4772.

Belkaoui, A. (1981): The Relationship Between Self-Disclosure Style and Attitudes to Responsibility Accounting. In: Accounting, Organizations and Society, 6 (1981), H. 4, S. 281-289.

Bello, D. et al. (2009): From the Editors: Student samples in international business research. In: Journal of International Business Studies, 40 (2009), H. 3, S. 361-364.

Benbasat, I. / Dexter, A. S. (1982): Individual Differences in the Use of Decision Support Aids. In: Journal of Accounting Research, 20 (1982), H. 1, S. 1-11.

Bennis, W. M. / Pachur, T. (2006): Fast and frugal heuristics in sports. In: Psychology of Sport and Exercise, 7 (2006), H. 6, S. 611-629.

Berelson, B. / Steiner, G. A. (1964): Human Behavior. An Inventory of Scientific Findings, New York et al. 1964.

Berg, N. (2010): Behavioral Economics. In: Free, R. C. (Hrsg.): 21st Century Economics: A Reference Handbook, 2. Aufl., Los Angeles, CA, et al. 2010, S. 861-872.

Berger, U. / Bernhard-Mehlich, I. (2006): Die Verhaltenswissenschaftliche Entscheidungstheorie. In: Kieser, A. et al. (Hrsg.): Organisationstheorien, 6., erweiterte Aufl., Stuttgart 2006, S. 169-214.

Berinsky, A. J. / Huber, G. A. / Lenz, G. S. (2012): Evaluating Online Labor Markets for Experimental Research: Amazon.com's Mechanical Turk. In: Political Analysis, 20 (2012), H. 3, S. 351-368.

Berkowitz, L. / Donnerstein, E. (1982): External Validity Is More Than Skin Deep. Some Answers to Criticisms of Laboratory Experiments. In: American Psychologist, 37 (1982), H. 3, S. 245-257.

Betsch, T. / Funke, J. / Plessner, J. (2011): Denken – Urteilen, Entscheiden, Problemlösen. Allgemeine Pychologie für Bachelor, Berlin et al. 2011.

Binder, C. (2006): Die Entwicklung des Controllings als Teildisziplin der Betriebswirtschaftslehre, Wiesbaden 2006.

Binder, C. / Schäffer, U. (2005): Die Entwicklung des Controllings von 1970 bis 2003 im Spiegel von Publikationen in deutschsprachigen Zeitschriften. In: Die Betriebswirtschaft, 65 (2005), H. 6, S. 603-626.

Birnbaum, M. H. (2000): Introduction to Psychological Experiments on the Internet. In: Birnbaum, M. H. (Hrsg.): Psychological Experiments on the Internet, San Diego, CA, et al. 2000, S. xv-xx.

Birnberg, J. G. (1993): Current Trends in Behavioral Accounting Research in the United States. In: Die Betriebswirtschaft, 53 (1993), H. 1, S. 5-25.

Birnberg, J. G. (2011): A Proposed Framework for Behavioral Accounting Research. In: Behavioral Research in Accounting, 23 (2011), H. 1, S. 1-43.

Birnberg, J. G. / Nath, R. (1967): Implications of Behavioral Science for Managerial Accounting. In: The Accounting Review, 42 (1967), H. 3, S. 468-479.

Birnberg, J. G. / Nath, R. (1968): Laboratory Experimentation in Accounting Research. In: The Accounting Review, 43 (1968), H. 1, S. 38-45.

Birnberg, J. G. / Shields, J. F. (1989): Three Decades of Behavioral Accounting Research: A Search For Order. In: Behavioral Research in Accounting, 1 (1989), H. 1, S. 23-74.

Birnberg, J. G. / Shields, M. D. / Young, S. M. (1990): The Case for Multiple Methods in Empirical Management Accounting Research (With an Illustration from Budget Setting). In: Journal of Management Accounting Research, 2 (1990), S. 33-66.

Birnberg, J. G. / Zhang, Y. (2011): When Betrayal Aversion Meets Loss Aversion: The Effects of Changes in Economic Conditions on Internal Control System Choices. In: Journal of Management Accounting Research, 23 (2011), S. 169-187.

Blaikie, N. (1993): Approaches to Social Enquiry, Cambridge et al. 1993.

Bleicher, K. (1995): Betriebswirtschaftslehre – Disziplinäre Lehre vom Wirtschaften in und zwischen Betrieben oder interdisziplinäre Wissenschaft vom Management? In: Wunderer, R. (Hrsg.): Betriebswirtschaftslehre als Management- und Führungslehre, 3., überarbeitete und ergänzte Aufl., Stuttgart 1995, S. 91-119.

Blocher, E. / Moffie, R. P. / Zmud, R. W. (1986): Report Format and Task Complexity: Interaction in Risk Judgments. In: Accounting, Organizations and Society, 11 (1986), H. 6, S. 457-470.

Bloom, R. / Elgers, P. T. / Murray, D. (1984): Functional fixation in product pricing: A comparison of individuals and groups. In: Accounting, Organizations and Society, 9 (1984), H. 1, S. 1-11.

Bloomfield, R. / Hales, J. (2009): An Experimental Investigation of the Positive and Negative Effects of Mutual Observation. In: The Accounting Review, 84 (2009), H. 2, S. 331-354.

Bloomfield, R. J. / Libby, R. / Nelson, M. W. (2003): Do Investors Overrely on Old Elements of the Earnings Time Series? In: Contemporary Accounting Research, 20 (2003), H. 1, S. 1-31.

Bode, J. (1997): Der Informationsbegriff in der Betriebswirtschaftslehre. In: Zeitschrift für betriebswirtschaftliche Forschung, 49 (1997), H. 5, S. 449-468.

Bol, J. C. / Smith, S. D. (2011): Spillover Effects in Subjective Performance Evaluation: Bias and the Asymmetric Influence of Controllability. In: The Accounting Review, 86 (2011), H. 4, S. 1213-1230.

Bolton, G. (1991): A Comparative Model of Bargaining: Theory and Evidence. In: American Economic Review, 81 (1991), H. 5, S. 1096-1136.

Bolz, N. (2015): „Spielen ist Sein ohne Zeit“. In: WirtschaftsWoche, 69 (2015), H. 4, S. 92-94.

Bonner, S. E. (1994): A Model of the Effects of Audit Task Complexity. In: Accounting, Organizations and Society, 19 (1994), H. 3, S. 213-234.

Bonner, S. E. (1999): Judgment and Decision-Making Research in Accounting. In: Accounting Horizons, 13 (1999), H. 4, S. 385-398.

Bonner, S. E. (2008): Judgment and Decision Making in Accounting, Upper Sadle River, NJ, 2008.

Bonner, S. E. / Davis, J. S. / Jackson, B. R. (1992): Expertise in Corporate Tax Planning: The Issue Identification Stage. In: Journal of Accounting Research, 30 (1992), Supplement, S. 1-28.

Bonner, S. E. et al. (2000): A Review of the Effects of Financial Incentives on Performance in Laboratory Tasks: Implications for Management Accounting. In: Journal of Management Accounting Research, 12 (2000), S. 19-64.

Bonner, S. E. et al. (2006): The most influential journals in academic accounting. In: Accounting, Organizations and Society, 31 (2006), H. 7, S. 663-685.

Bonner, S. E. / Lewis, B. L. (1990): Determinants of Auditor Expertise. In: Journal of Accounting Research, 28 (1990), H. 1, S. 1-20.

Bonner, S. E. / Pennington, N. (1991): Cognitive Processes and Knowledge as Determinants of Auditor Expertise. In: Journal of Accounting Literature, 10 (1991), S. 1-50.

Bonner, S. E. / Sprinkle, G. B. (2002): The effects of monetary incentives on effort and task performance: theories, evidence, and a framework for research In: Accounting, Organizations and Society, 27 (2002), H. 4-5, S. 303-345.

Bonner, S. E. / Walker, P. L. (1994): The Effects of Instruction and Experience on the Acquisition of Auditing Knowledge. In: The Accounting Review, 69 (1994), H. 1, S. 157-178.

Borenstein, M. et al. (2009): Introduction to Meta-Analysis, Chichester 2009.

Bornstein, B. H. (1999): The Ecological Validity of Jury Simulations: Is the Jury Still Out? In: Law and Human Behavior, 23 (1999), H. 1, S. 75-91.

Bortz, J. / Döring, N. (2006): Forschungsmethoden und Evaluation für Human- und Sozialwissenschaftler, 4., überarbeitete Aufl., Heidelberg 2006.

Bortz, J. / Schuster, C. (2010): Statistik für Human- und Sozialwissenschaftler, 7. Aufl., Berlin et al. 2010.

Bosco, F. A. (2013): Multi-Purpose Meta-Analysis. Online im Internet, URL: www.frankbosco.com/multi-purpose_meta-analysis.xlsm. Abruf: 2015-07-24.

Bramsemann, U. / Heineke, C. / Kunz, J. (2004): Verhaltensorientiertes Controlling – Konturierung und Entwicklungsstand einer Forschungsperspektive. In: Die Betriebswirtschaft, 64 (2004), H. 5, S. 550-570.

Brander, S. / Kompa, A. / Peltzer, U. (1989): Denken und Problemlösen. Einführung in die kognitive Psychologie, 2., durchgesehene Aufl., Opladen 1989.

Brandon, D. M. et al. (2014): Online Instrument Delivery and Participant Recruitment Services: Emerging Opportunities for Behavioral Accounting Research. In: Behavioral Research in Accounting, 26 (2014), H. 1, S. 1-23.

Bricker, R. / DeBruine, M. (1993): The Effects of Information Availability and Cost on Investment Strategy Selection: An Experiment. In: Behavioral Research in Accounting, 5 (1993), H. 1, S. 30-57.

Brickman Bhutta, C. (2012): Not by the Book: Facebook as a Sampling Frame. In: Sociological Methods & Research, 41 (2012), H. 1, S. 57-88.

Briers, M. / Luckett, P. / Chow, C. (1997): Data Fixation and the Use of Traditional Versus Activity-Based Costing Systems. In: Abacus, 33 (1997), H. 1, S. 49-68.

Briers, M. L. et al. (1999): The Effects of Alternative Types of Feedback on Product-Related Decision Performance: A Research Note. In: Journal of Management Accounting Research, 11 (1999), S. 75-92.

Briggs Myers, I. / McCaulley, M. H. (1985): Manual: A Guide to the Development and Use of the Myers-Briggs Type Indicator, Palo Alto, CA, 1985.

Brinn, T. / Jones, M. J. / Pendlebury, M. (1996): UK Accountants' Perceptions of Research Journal Quality. In: Accounting and Business Research, 26 (1996), H. 3, S. 265-278.

Bromme, R. (2014): Der Lehrer als Experte. Zur Psychologie des professionellen Wissens, Reprint der Originalausgabe von 1992, Münster et al. 2014.

Bronner, R. / Witte, E. / Wossidlo, P. R. (1972): Betriebswirtschaftliche Experimente zum Informations-Verhalten in Entscheidungs-Prozessen. In: Witte, E. (Hrsg.): Das Informationsverhalten in Entscheidungsprozessen, Tübingen 1972, S. 165-205.

Brown, C. (1981): Human Information Processing for Decisions to Investigate Cost Variances. In: Journal of Accounting Research, 19 (1981), H. 1, S. 62-85.

Brown, C. (1983): Effects of Dynamic Task Environment on the Learning of Standard Cost Variance Significance. In: Journal of Accounting Research, 21 (1983), H. 2, S. 413-431.

Brown, C. (1985): Causal Reasoning in Performance Assessment: Effects of Cause and Effect Temporal Order and Covariation In: Accounting, Organizations and Society, 10 (1985), H. 3, S. 255-266.

Brown, C. E. / Solomon, I. (1987): Effects of Outcome Information on Evaluations of Managerial Decisions. In: The Accounting Review, 62 (1987), H. 3, S. 564-577.

Brown, L. D. / Huefner, R. J. (1994): The Familiarity with and Perceived Quality of Accounting Journals: Views of Senior Accounting Faculty in Leading U.S. MBA Programs. In: Contemporary Accounting Research, 11 (1994), H. 1-I, S. 223-250.

Brownell, P. (1981): Participation in Budgeting, Locus of Control and Organizational Effectiveness. In: The Accounting Review, 61 (1981), H. 4, S. 844-860.

Brownell, P. (1995): Research Methods in Management Accounting, Melbourne 1995.

Brownell, P. / McInnes, M. (1986): Budgetary Participation, Motivation, and Managerial Performance. In: The Accounting Review, 61 (1986), H. 4, S. 587-600.

Brüggen, A. (2011): Ability, Career Concerns, and Financial Incentives in a Multi-Task Setting. In: Journal of Management Accounting Research, 23 (2011), S. 211-229.

Brüggen, A. / Moers, F. (2007): The Role of Financial Incentives and Social Incentives in Multi-Task Settings. In: Journal of Management Accounting Research, 19 (2007), S. 25-50.

Bruns, W. J. (1966): The Accounting Period Concept and Its Effect on Management Decisions. In: Journal of Accounting Research, 4 (1966), H. 3, Supplement, S. 1-14.

Bruns, W. J. / DeCoster, D. T. (Hrsg.) (1969a): Accounting and its Behavioral Implications, New York et al. 1969a.

Bruns, W. J. / DeCoster, D. T. (1969b): Preface. In: Bruns, W. J. et al. (Hrsg.): Accounting and its Behavioral Implications, New York et al. 1969b, S. v f.

Brunswik, E. (1956): Perception and the Representative Design of Psychological Experiments, Berkeley, CA, et al. 1956.

Bryant, S. M. / Hunton, J. E. / Stone, D. N. (2004): Internet-Based Experiments: Prospects and Possibilities for Behavioral Accounting Research. In: Behavioral Research in Accounting, 16 (2004), S. 107-129.

Buchheit, S. (2004): Fixed Cost Magnitude, Fixed Cost Reporting Format, and Competitive Pricing Decisions: Some Experimental Evidence. In: Contemporary Accounting Research, 21 (2004), H. 1, S. 1-24.

Bühner, M. / Ziegler, M. (2009): Statistik für Psychologen und Sozialwissenschaftler, München et al. 2009.

Bungard, W. (1987): Artefakte. In: Frey, D. et al. (Hrsg.): Sozialpsychologie. Ein Handbuch in Schlüsselbegriffen, 2., erweiterte Aufl., München et al. 1987, S. 375-380.

Burgstahler, D. / Sundem, G. L. (1989): The Evolution of Behavioral Accounting Research in the United States, 1968-1987. In: Behavioral Research in Accounting, 1 (1989), S. 75-108.

Burnett, J. J. / Dunne, P. M. (1986): An Appraisal of the Use of Student Subjects in Marketing Research. In: Journal of Business Research, 14 (1986), H. 4, S. 329-343.

Calder, B. J. / Phillips, L. W. / Tybout, A. M. (1981): Designing Research for Application. In: Journal of Consumer Research, 8 (1981), H. 2, S. 197-207.

Calder, B. J. / Phillips, L. W. / Tybout, A. M. (1982): The Concept of External Validity. In: Journal of Consumer Research, 9 (1982), H. 3, S. 240-244.

Calder, B. J. / Phillips, L. W. / Tybout, A. M. (1983): Beyond External Validity. In: Journal of Consumer Research, 10 (1983), H. 1, S. 112-114.

Callahan, C. M. / Gabriel, E. A. / Sainty, B. J. (2006): A Review and Classification of Experimental Economics Research in Accounting. In: Journal of Accounting Literature, 25 (2006), S. 59-126.

Camerer, C. / Hogarth, R. M. (1999): The Effects of Financial Incentives in Experiments: A Review and Capital-Labor-Production Framework. In: Journal of Risk and Uncertainty, 19 (1999), H. 1-3, S. 7-42.

Campbell, D. T. (1957): Factors Relevant to the Validity of Experiments in Social Settings. In: Psychological Bulletin, 54 (1957), H. 4, S. 297-312.

Campbell, D. T. (1986): Relabeling Internal and External Validity for Applied Social Scientists. In: Trochim, W. M. K. (Hrsg.): Advances in Quasi-Experimental Design and Analysis. New Directions for Program Evaluation, San Francisco, CA, 1986, S. 67-77.

Campbell, D. T. / Stanley, J. C. (1966): Experimental and Quasi-Experimental Designs for Research, Boston, MA, et al. 1966.

Campbell, J. P. et al. (1970): Managerial Behavior, Performance, and Effectiveness, New York et al. 1970.

Caplan, E. H. (1988): Behavioral Accounting Research – An Overview. In: Ferris, K. R. (Hrsg.): Behavioral Accounting Research: A Critical Analysis, Columbus, OH, 1988, S. 3-11.

Cardinaels, E. / Roodhooft, F. / Warlop, L. (2004): Customer Profitability Analysis Reports for Resource Allocation: The Role of Complex Marketing Environments. In: Abacus, 40 (2004), H. 2, S. 238-258.

Cardinaels, E. / Veen-Dirks, P. M. G. v. (2010): Financial versus non-financial information: The impact of information organization and presentation in a Balanced Scorecard. In: Accounting, Organizations and Society, 35 (2010), H. 6, S. 565-578.

Casey, C. / Selling, T. I. (1986): The Effect of Task Predictability and Prior Probability Disclosure on Judgment Quality and Confidence. In: The Accounting Review, 61 (1986), H. 2, S. 302-317.

Chalos, P. / Haka, S. F. (1990): Transfer Pricing under Bilateral Bargaining. In: The Accounting Review, 65 (1990), H. 3, S. 624-641.

Chan, C. / Landry, S. P. / Troy, C. (2011): Examining External Validity Criticisms in the Choice of Students as Subjccts in Accounting Experiment Studies. In: Journal of Theoretical Accounting Research, 7 (2011), H. 1, S. 53-78.

Chan, C. W. (1998): Transfer pricing negotiation outcomes and the impact of negotiator mixed-motives and culture: empirical evidence from the US and Australia. In: Management Accounting Research, 9 (1998), H. 2, S. 139-161.

Chang, C. J. / Ho, J. L. Y. (2004): Judgment and Decision Making in Project Continuation: A Study of Students as Surrogates for Experienced Managers. In: Abacus, 40 (2004), H. 1, S. 94-116.

Chang, D. L. / Birnberg, J. G. (1977): Functional Fixity in Accounting Research: Perspective and New Data. In: Journal of Accounting Research, 15 (1977), H. 2, S. 300-312.

Chang, L. / Cheng, M. / Trotman, K. T. (2008): The effect of framing and negotiation partner's objective on judgments about negotiated transfer prices. In: Accounting, Organizations and Society, 33 (2008), H. 7, S. 704-717.

Chase, V. M. / Hertwig, R. / Gigerenzer, G. (1998): Visions of rationality. In: Trends in Cognitive Sciences, 2 (1998), H. 6, S. 206-214.

Chase, W. G. / Simon, H. A. (1973): Perception in Chess. In: Cognitive Psychology, 4 (1973), H. 1, S. 55-81.

Chen, K. H. / Summers, E. L. (1981): A Study of Reporting Probabilistic Accounting Figures. In: Accounting, Organizations and Society, 6 (1981), H. 1, S. 1-15.

Cheng, M. M. / Humphreys, K. A. (2012): The Differential Improvement Effects of the Strategy Map and Scorecard Perspectives on Managers' Strategic Judgments. In: The Accounting Review, 87 (2012), H. 3, S. 899-924.

Cherrington, D. J. / Cherrington, J. O. (1973): Appropriate Reinforcement Contingencies in the Budgeting Process. In: Journal of Accounting Research, 11 (1973), H. 3, S. 225-253.

Chesley, G. R. (1976): The Elicitation of Subjective Probabilities: A Laboratory Study in an Accounting Context. In: Journal of Accounting Research, 14 (1976), H. 1, S. 27-48.

Chesley, G. R. (1977): Subjective Probability Elicitation: The Effect of Congruity of Datum and Response Mode on Performance. In: Journal of Accounting Research, 15 (1977), H. 1, S. 1-11.

Chi, M. T. H. (2006): Two Approaches to the Study of Experts' Characteristics. In: Ericsson, K. A. et al. (Hrsg.): The Cambridge Handbook of Expertise and Expert Performance, Cambridge et al. 2006, S. 21-30.

Chi, M. T. H. / Feltovich, P. J. / Glaser, R. (1981): Categorization and Representation of Physics Problems by Experts and Novices. In: Cognitive Science, 5 (1981), H. 2, S. 121-152.

Chmielewicz, K. (1994): Forschungskonzeptionen der Wirtschaftswissenschaft, Stuttgart 1994.

Choi, J. / Hecht, G. W. / Tayler, W. B. (2012): Lost in Translation: The Effects of Incentive Compensation on Strategy Surrogation. In: The Accounting Review, 87 (2012), H. 4, S. 1135-1163.

Choo, F. / Tan, K. (2005): A Commentary on Sample Design Issues in Behavioral Accounting Experiments. In: Accounting Research Journal, 19 (2005), H. 2, S. 153-158.

Chow, C. W. (1983): The Effects of Job Standard Tightness and Compensation Scheme on Performance: An Exploration of Linkages. In: The Accounting Review, 58 (1983), H. 4, S. 667-685.

Chow, C. W. / Cooper, J. C. / Waller, W. (1988): Participative Budgeting: Effects of a Truth-Inducing Pay Scheme and Information Asymmetry on Slack and Performance. In: The Accounting Review, 63 (1988), H. 1, S. 111-122.

Chow, C. W. / Lindquist, T. M. / Wu, A. (2001): National Culture and the Implementation of High-Stretch Performance Standards: An Exploratory Study. In: Behavioral Research in Accounting, 13 (2001), H. 1, S. 85-109.

Church, B. K. / Hannan, R. L. / Kuang, X. J. (2012): Shared interest and honesty in budget reporting. In: Accounting, Organizations and Society, 37 (2012), H. 3, S. 155-167.

Church, B. K. / Libby, T. / Zhang, P. (2008): Contracting Frame and Individual Behavior: Experimental Evidence. In: Journal of Management Accounting Research, 20 (2008), S. 153-168.

Cianci, A. M. / Kaplan, S. E. (2010): The effect of CEO reputation and explanations for poor performance on investors' judgments about the company's future performance and management. In: Accounting, Organizations and Society, 35 (2010), H. 4, S. 478-495.

Clor-Proell, S. M. (2009): The Effects of Expected and Actual Accounting Choices on Judgments and Decisions. In: The Accounting Review, 84 (2009), H. 5, S. 1465-1493.

Clor-Proell, S. M. / Nelson, M. W. (2007): Accounting Standards, Implementation Guidance, and Example-Based Reasoning. In: Journal of Accounting Research, 45 (2007), H. 4, S. 699-730.

Cohen, J. (1988): Statistical power analysis for the behavioral sciences, Hillsdale 1988.

Coletti, A. L. / Sedatole, K. L. / Towry, K. L. (2005): The Effect of Control Systems on Trust and Cooperation in Collaborative Environments. In: The Accounting Review, 80 (2005), H. 2, S. 477-500.

Colville, I. (1981): Reconstructing „Behavioral Accounting". In: Accounting, Organizations and Society, 3 (1981), H. 2, S. 119-132.

Compeau, D. et al. (2012): Generalizability of Information Systems Research Using Student Subjects – A Reflection on Our Practices and Recommendations for Future Research. In: Information Systems Research, 23 (2012), H. 4, S. 1093-1109.

Conlisk, J. (1996): Why Bounded Rationality? In: Journal of Economic Literature, 34 (1996), H. 2, S. 669-700.

Cook, D. M. (1967): The Effect of Frequency of Feedback on Attitudes and Performance. In: Journal of Accounting Research, 5 (1967), H. 3, S. 213-224.

Cook, K. / Loraas, T. (2013): The Influence of Source Credibility on Framing and Resistance Effects: Evidence from the Federal Estate Tax, Working Paper, Auburn University and Texas Tech University 2013.

Cook, T. D. (2000): Toward a Practical Theory of External Validity. In: Bickman, L. (Hrsg.): Validity & Social Experimentation. Donald Campbell's Legacy, Thousand Oaks, CA, 2000, S. 3-43.

Cook, T. D. / Campbell, D. T. (1976): The Design and Conduct of Quasi-Experiments and True Experiments in Field Settings. In: Dunnette, M. D. (Hrsg.): Handbook of Industrial and Organizational Psychology, Chicago 1976, S. 223-326.

Cook, T. D. / Campbell, D. T. (1979): Quasi-Experimentation – Design & Analysis Issues for Field Settings, Chicago 1979.

Cook, T. D. / Shadish, W. R. (1994): Social Experiments: Some Developments Over The Past Fifteen Years. In: Annual Review of Psychology, 45 (1994), S. 545-580.

Cooper, H. (1998): Synthesizing Research: A Guide for Literature Reviews, 3. Aufl., Thousand Oaks, CA, et al. 1998.

Cooper, J. C. / Selto, F. H. (1993): Is Risk Preference Induction a Reliable Method of Controlling Risk Preferences? In: Journal of Management Accounting Research, 5 (1993), S. 109-124.

Copeland, R. M. / Francia, A. J. / Strawser, R. H. (1973): Students as Subjects in Behavioral Business Research. In: The Accounting Review, 48 (1973), H. 2, S. 365-372.

Coram, P. J. (2010): The effect of investor sophistication on the influence of nonfinancial performance indicators on investors' judgments. In: Accounting and Finance, 50 (2010), H. 2, S. 263-280.

Covaleski, M. et al. (2003): Budgeting Research: Three Theoretical Perspectives and Criteria for Selective Integration. In: Journal of Management Accounting Research, 15 (2003), S. 3-49.

Coyne, J. G. et al. (2010): Accounting Program Research Rankings by Topical Area and Methodology. In: Issues in Accounting Education, 25 (2010), H. 4, S. 631-654.

Craswell, A. T. (1978): Surrogates in Accounting. In: Abacus, 14 (1978), H. 1, S. 81-93.

Cronbach, L. J. (1982): Designing Evaluations of Educational and Social Programs, San Francisco, CA, et al. 1982.

Cunningham, W. A. / Anderson, W. T. / Murphy, J. H. (1974): Are Students Real People? In: Journal of Business, 47 (1974), H. 3, S. 399-409.

Dalton, F. E. / Miner, J. B. (1970): The Role of Accounting Training in Top Management Decision Making. In: The Accounting Review, 45 (1970), H. 1, S. 134-139.

Danos, P. / Holt, D. L. / Imhoff, E. A. (1984): Bond Raters' Use of Management Financial Forecasts: Experiment in Expert Judgment. In: The Accounting Review, 59 (1984), H. 2, S. 547-573.

Daroca, F. P. (1984): Informational Influences on Group Decision Making in a Participative Budgeting Context. In: Accounting, Organizations and Society, 9 (1984), H. 1, S. 13-32.

Das, H. (1986): Organizational and Decision Characteristics and Personality as Determinants of Control Actions: A Laboratory Experiment. In: Accounting, Organizations and Society, 11 (1986), H. 3, S. 215-231.

Davis, S. / DeZoort, F. T. / Kopp, L. S. (2006): The Effect of Obedience Pressure and Perceived Responsibility on Management Accountants' Creation of Budgetary Slack. In: Behavioral Research in Accounting, 18 (2006), H. 1, S. 19-35.

Dejong, D. V. et al. (1989): A Laboratory Investigation of Alternative Transfer Pricing Mechanisms. In: Accounting, Organizations and Society, 14 (1989), H. 1, S. 41-64.

DellaVigna, S. (2009): Psychology and Economics: Evidence from the Field. In: Journal of Economic Literature, 47 (2009), H. 2, S. 315-372.

Dember, W. N. (1974): Motivation and the Cognitive Revolution. In: American Psychologist, 29 (1974), H. 3, S. 161-168.

Demski, J. S. / Feltham, G. A. (1976): Cost Determination: A Conceptual Approach, Ames, IA, 1976.

Dermer, J. / Siegel, J. P. (1974): The Role of Behavioral Measures in Accounting for Human Resources. In: The Accounting Review, 49 (1974), H. 1, S. 88-97.

Deters, J. (1992): Verhaltenswissenschaftliche Ursprünge in der Betriebswirtschaftslehre. In: Staehle, W. H. et al. (Hrsg.): Managementforschung, Bd. 2, Berlin et al. 1992, S. 39-110.

Devine, C. T. (1960): Research Methodology and Accounting Theory Formation. In: The Accounting Review, 35 (1960), H. 3, S. 387-399.

Dickhaut, J. W. (1973): Alternative Information Structures and Probability Revisions. In: The Accounting Review, 48 (1973), H. 1, S. 61-79.

Dickhaut, J. W. / Eggleton, I. R. C. (1975): An Examination of the Process Underlying Comparative Judgments of Numerical Stimuli. In: Journal of Accounting Research, 13 (1975), H. 1, S. 38-72.

Dickhaut, J. W. / Livingstone, J. L. / Watson, D. J. H. (1972): On the Use of Surrogates in Behavioral Experimentation. In: The Accounting Review, 47 (1972), H. 4, Supplement, S. 455-471.

Dill, W. R. (1964): Desegregation or Integration? Comments About Contemporary Research on Organization. In: Cooper, W. W. et al. (Hrsg.): New Perspectives in Organization Research, New York et al. 1964, S. 39-52.

Dilla, W. N. (1989): Information Evaluation in a Competitive Environment: Context and Task Effects. In: The Accounting Review, 64 (1989), H. 3, S. 404-432.

Dilla, W. N. / Steinbart, P. J. (2005): Relative Weighting of Common and Unique Balanced Scorecard Measures by Knowledgeable Decision Makers. In: Behavioral Research in Accounting, 17 (2005), H. 1, S. 43-53.

Ding, S. / Beaulieu, P. (2011): The Role of Financial Incentives in Balanced Scorecard-Based Performance Evaluations: Correcting Mood Congruency Biases. In: Journal of Accounting Research, 49 (2011), H. 5, S. 1223-1247.

Dipboye, R. L. (1990): Laboratory Vs. Field Research in Industrial and Organizational Psychology. In: Cooper, C. L. et al. (Hrsg.): International Review of Industrial and Organizational Psychology, Bd. 5, Chichester et al. 1990, S. 1-34.

Dipboye, R. L. / Flanagan, M. F. (1979): Research Settings in Industrial and Organizational Psychology. In: American Psychologist, 34 (1979), H. 2, S. 141-150.

Dobbins, G. H. / Lane, I. M. / Steiner, D. D. (1988): A note on the role of laboratory methodologies in applied behavioural research: Don't throw out the baby with the bath water. In: Journal of Organizational Behavior, 9 (1988), H. 3, S. 281-286.

Dörner, D. (1987): Problemlösen als Informationsverarbeitung, 3. Aufl., Stuttgart et al. 1987.

Dörner, D. et al. (1983): Lohhausen. Vom Umgang mit Unbestimmtheit und Komplexität, Bern et al. 1983.

Driver, M. J. / Mock, T. J. (1975): Human Information Processing, Decision Style Theory, and Accounting Information Systems. In: The Accounting Review, 50 (1975), H. 3, S. 490-508.

Druckman, J. N. / Kam, C. D. (2011): Students as Experimental Participants. A Defense of the „Narrow Data Base“. In: Druckman, J. N. et al. (Hrsg.): Cambridge Handbook of Experimental Political Science, Cambridge et al. 2011, S. 41-57.

Duncker, K. (1966): Zur Psychologie des Produktiven Denkens, 2., unveränderter Nachdruck der 1. Aufl. von 1935, Berlin et al. 1966.

Dyckman, T. R. (1998): The Ascendancy of the Behavioral Paradigm in Accounting: The Last 20 Years. In: Behavioral Research in Accounting, 10 (1998), Supplement, S. 1-10.

Dyckman, T. R. / Hoskin, R. E. / Swieringa, R. J. (1982): An Accounting Change and Information Processing Changes. In: Accounting, Organizations and Society, 7 (1982), H. 1, S. 1-11.

Dyckman, T. R. / Zeff, S. A. (1984): Two Decades of the Journal of Accounting Research. In: Journal of Accounting Research, 22 (1984), H. 1, S. 225-297.

Eggleton, I. R. C. (1976): Patterns, Prototypes, and Predictions: An Exploratory Study. In: Journal of Accounting Research, 14 (1976), H. 3, Supplement, S. 68-131.

Egner, H. (1984): Über „grenzüberschreitendes wissenschaftliches Arbeiten“ und die Dilettantismusgefahr. In: Zeitschrift für betriebswirtschaftliche Forschung, 36 (1984), H. 6, S. 421-431.

Eichenberger, R. (1992): Verhaltensanomalien und Wirtschaftswissenschaft, Berlin 1992.

Eifler, S. (2009): Kriminelles und abweichendes Handeln im Alltag – Eine Studie zur Validität eines faktoriellen Surveys. In: Sozialwissenschaftler Fachinformationsdienst, 2 (2009), H. 1, S. 11-30.

Einhorn, H. J. / Hogarth, R. M. (1981): Behavioral Decision Theory: Processes of Judgment and Choice. In: Journal of Accounting Research, 19 (1981), H. 1, S. 1-31.

Eisenführ, F. (1974): Das Unternehmungsspiel als Instrument empirischer Forschung. In: Eisenführ, F. et al. (Hrsg.): Unternehmungsspiele in Ausbildung und Forschung, Wiesbaden 1974, S. 269-299.

Eisenführ, F. / Weber, M. / Langer, T. (2010): Rationales Entscheiden, 5., überarbeitete und erweiterte Aufl., Berlin 2010.

Eisenhardt, K. M. (1989): Making Fast Strategic Decisions in High-Velocity Environments. In: Academy of Management Journal, 32 (1989), H. 3, S. 543-576.

Elias, N. (1972): The Effects of Human Asset Statements on the Investment Decision: An Experiment. In: Journal of Accounting Research, 10 (1972), H. 3, S. 215-233.

Elliott, W. B. et al. (2007): Are M.B.A. Students a Good Proxy for Nonprofessional Investors? In: The Accounting Review, 82 (2007), H. 1, S. 139-168.

Elschen, R. (1982): Betriebswirtschaftslehre und Verhaltenswissenschaften. Probleme einer Erkenntnisübernahme am Beispiel des Risikoverhaltens bei Gruppenentscheidungen, Thun et al. 1982.

Enis, B. M. / Cox, K. K. / Stafford, J. E. (1972): Students as Subjects in Consumer Behavior Experiments. In: Journal of Marketing Research, 9 (1972), H. 1, S. 72-74.

Ericsson, K. A. / Smith, J. (1991): Prospects and limits of the empirical study of expertise: an introduction. In: Ericsson, K. A. et al. (Hrsg.): Towards a General Theory of Expertise. Prospects and Limits, Cambridge et al. 1991, S. 1-38.

Evans, J. H. (2012): Annual Report and Editorial Commentary for The Accounting Review. In: The Accounting Review, 87 (2012), H. 6, S. 2187-2221.

Evans, J. H. (2013): Annual Report and Editorial Commentary for The Accounting Review. In: The Accounting Review, 88 (2013), H. 6, S. 2247-2281.

Evans, J. H. et al. (2001): Honesty in Managerial Reporting. In: The Accounting Review, 76 (2001), H. 4, S. 537-559.

Evans, J. H. / Heiman-Hoffman, V. B. / Rau, S. E. (1994): The Accountability Demand for Information. In: Journal of Management Accounting Research, 6 (1994), S. 24-42.

Falsetta, D. / Tuttle, B. (2011): Transferring Risk Preferences from Taxes to Investments. In: Contemporary Accounting Research, 28 (2011), H. 2, S. 472-486.

Farrell, A. M. / Krische, S. D. / Sedatole, K. L. (2011): Employees' Subjective Valuations of Their Stock Options: Evidence on the Distribution of Valuations and the Use of Simple Anchors. In: Contemporary Accounting Research, 28 (2011), H. 3, S. 747-793.

Farrington-Darby, T. / Wilson, J. R. (2006): The nature of expertise: A review. In: Applied Ergonomics, 37 (2006), H. 1, S. 17-32.

Faul, F. et al. (2007): G* Power 3: A flexible statistical power analysis program for the social, behavioral, and biomedical sciences. In: Behavior Research Methods, 39 (2007), H. 2, S. 175-191.

Fehr, E. (2002): Über Vernunft, Wille und Eigennutz hinaus. In: Fehr, E. et al. (Hrsg.): Psychologische Grundlagen der Ökonomie, Zürich 2002.

Fehrenbacher, D. D. (2010): Behavioral Accounting. In: Controlling, 22 (2010), H. 8/9, S. 505 f.

Feldman, K. / Newcomb, T. M. (1969): The impact of college on students, San Francisco, CA, 1969.

Ferber, R. (1977): Research By Convenience. In: Journal of Consumer Research, 4 (1977), H. 1, S. 57-58.

Fernandes, R. / Simon, H. A. (1999): A study of how individuals solve complex and ill-structured problems. In: Policy Science, 32 (1999), H. 3, S. 225-245.

Ferreira, A. / Santoso, A. (2008): Do students' perceptions matter? A study of the effect of students' perceptions on academic performance. In: Accounting & Finance, 48 (2008), H. 2, S. 209-231.

Fessler, N. J. (2003): Experimental Evidence on the Links Among Monetary Incentives, Task Attractiveness, and Task Performance. In: Journal of Management Accounting Research, 15 (2003), S. 161-176.

Field, A. (2009): Discovering Statistics Using SPSS (and sex and drugs and rock 'n' roll), 3. Aufl., Los Angeles, CA, et al. 2009.

Fink, A. (2005): Conducting Research Literature Reviews. From the Internet to Paper, 3. Aufl., Thousand Oaks, CA, et al. 2005.

Firth, M. (1980): The Impact of Some MIS Design Variables on Managers' Evaluations of Subordinates' Performance. In: Management Information Systems Quarterly, 4 (1980), H. 1, S. 45-54.

Fischer, L. / Wiswede, G. (2002): Grundlagen der Sozialpsychologie, München et al. 2002.

Fisher, J. G. / Frederickson, J. R. / Peffer, S. A. (2006): Budget negotiations in multi-period settings. In: Accounting, Organizations and Society, 31 (2006), H. 6, S. 511-528.

Fisher, J. G. et al. (2002): Using Budgets for Performance Evaluation: Effects of Resource Allocation and Horizontal Information Asymmetry on Budget Proposals, Budget Slack, and Performance. In: The Accounting Review, 77 (2002), H. 4, S. 847-865.

Fisher, J. G. et al. (2005): An Experimental Investigation of Employer Discretion in Employee Performance Evaluation and Compensation. In: The Accounting Review, 80 (2005), H. 2, S. 563-583.

Fisseni, H.-J. (1998): Persönlichkeitspsychologie: Ein Theorienüberblick, 5., unveränderte Aufl., Göttingen 1998.

Flamholtz, E. (1976): The Impact of Human Resource Valuation on Management Decisions: A Laboratory Experiment. In: Accounting, Organizations and Society, 1 (1976), H. 2-3, S. 153-165.

Foran, M. F. / deCoster, D. T. (1974): An Experimental Study of the Effects of Participation, Authoritarianism, and Feedback on Cognitive Dissonance in a Standard Setting Situation. In: The Accounting Review, 49 (1974), H. 4, S. 751-763.

Frank, U. (2003): Einige Gründe für eine Wiederbelebung der Wissenschaftstheorie. In: Die Betriebswirtschaft, 63 (2003), H. 3, S. 278-291.

Frank, U. (2007): Wissenschaftstheorie. In: Köhler, R. et al. (Hrsg.): Handwörterbuch der Betriebswirtschaft, 6., vollständig neu gestaltete Aufl., 6., Stuttgart 2007, Sp. 2010-2017.

Frederick, D. M. (1991): Auditors' Representation and Retrieval of Internal Control Knowledge. In: The Accounting Review, 66 (1991), H. 2, S. 240-258.

Frederick, D. M. / Libby, R. (1986): Expertise and Auditors' Judgments of Conjunctive Events. In: Journal of Accounting Research, 24 (1986), H. 2, S. 270-290.

Frederickson, J. R. / Waller, W. (2005): Carrot or Stick? Contract Frame and Use of Decision-Influencing Information in a Principal-Agent Setting. In: Journal of Accounting Research, 43 (2005), H. 5, S. 709-733.

Frey, D. (1987): Kognitive Theorien in der Sozialpsychologie. In: Frey, D. et al. (Hrsg.): Sozialpsychologie. Ein Handbuch in Schlüsselbegriffen, 2., erweiterte Aufl., München et al. 1987, S. 50-67.

Friedman, D. / Cassar, A. (2004a): Economists go to the laboratory: who, what, when, and why. In: Friedman, D. et al. (Hrsg.): Economics Lab. An Intensive Course in Experimental Economics, London et al. 2004a, S. 12-22.

Friedman, D. / Cassar, A. (2004b): First principles: induced value theory. In: Friedman, D. et al. (Hrsg.): Economics Lab. An Intensive Course in Experimental Economics, London et al. 2004b, S. 25-31.

Friedman, L. A. / Neumann, B. R. (1980): The Effects of Opportunity Costs on Project Investment Decisions: A Replication and Extension. In: Journal of Accounting Research, 18 (1980), H. 2, S. 407-419.

Frings, C. (2010): Soziales Vertrauen: Eine Integration der soziologischen und der ökonomischen Vertrauenstheorie, Wiesbaden 2010.

Fülbier, R. U. (2004): Wissenschaftstheorie und Betriebswirtschaftslehre. In: Wirtschaftswissenschaftliches Studium, 33 (2004), H. 1, S. 266-271.

Fülbier, R. U. / Weller, M. (2011): A Glance at German Financial Accounting Research between 1950 and 2005: A Publication and Citation Analysis. In: Schmalenbach Business Review, 63 (2011), H. 1, S. 2-33.

Funke, J. (2001): Neue Verfahren zur Erfassung intelligenten Umgangs mit komplexen und dynamischen Anforderungen. In: Stern, E. et al. (Hrsg.): Perspektiven der Intelligenzforschung. Ein Lehrbuch für Fortgeschrittene, Lengerich 2001, S. 89-107.

Funke, J. (2003): Problemlösendes Denken, Stuttgart 2003.

Funke, J. (2006): Komplexes Problemlösen. In: Funke, J. (Hrsg.): Enzyklopädie der Psychologie, Bd. C II 8: Denken und Problemlösen, Göttingen et al. 2006, S. 375-446.

Funke, J. (2010): Complex problem solving: a case for complex cognition? In: Cognitive Processing, 25 (2010), H. 11, S. 133-142.

Gächter, S. / Königstein, M. (2002): Experimentelle Forschung. In: Küpper, H.-U. et al. (Hrsg.): Handwörterbuch Unternehmensrechnung und Controlling, 4., völlig neu gestaltete Aufl., Stuttgart 2002, Sp. 504-512.

Garud, R. / Porac, J. F. (1999): Kognition. In: Garud, R. et al. (Hrsg.): Advances in Managerial Cognition and Organizational Information Processing: Cognition, Knowledge and Organizations, Bd. 6, Stamford, CT, 1999, S. ix-xxi.

Gaulhofer, M. (1989): Controlling und menschliches Verhalten – Ein Plädoyer für die Einbeziehung verhaltenswissenschaftlicher Erkenntnisse in der Controlling-Diskussion. In: Zeitschrift für Betriebswirtschaft, 59 (1989), H. 2, S. 141-154.

Gaynor, L. M. / McDaniel, L. / Yohn, T. L. (2011): Fair value accounting for liabilities: The role of disclosures in unraveling the counterintuitive income statement effect from credit risk changes. In: Accounting, Organizations and Society, 36 (2011), H. 3, S. 125-134.

Gerling, P. G. (2007): Controlling und Kognition: Implikationen begrenzter kognitiver Kapazitäten für das Controlling, Lohmar et al. 2007.

Gerrig, R. J. / Zambardo, P. G. (2008): Psychologie, 18., aktualisierte Aufl., München 2008.

Geyskens, I. et al. (2009): A Review and Evaluation of Meta-Analysis Practices in Management Research. In: Journal of Management, 35 (2009), H. 2, S. 393-419.

Ghosh, D. (1994): Intra-Firm Pricing: Experimental Evaluation of Alternative Mechanisms. In: Journal of Management Accounting Research, 6 (1994), S. 78-92.

Ghosh, D. / Boldt, M. N. (2006): The Effect of Framing and Compensation Structure on Seller's Negotiated Transfer Price. In: Journal of Managerial Issues, 18 (2006), H. 4, S. 453-467.

Gibbins, M. / Jamal, K. (1993): Problem-Centred Research and Knowledge-Based Theory in the Professional Accounting Setting. In: Accounting, Organizations and Society, 18 (1993), H. 5, S. 451-466.

Gigerenzer, G. (2004a): Fast and Frugal Heuristics: The Tools of bounded rationality. In: Koehler, D. et al. (Hrsg.): Blackwell Handbook of Judgment & Decision Making, Oxford, UK, et al. 2004a, S. 62-88.

Gigerenzer, G. (2004b): Striking a Blow for Sanity in Theories of Rationality. In: Augier, M. et al. (Hrsg.): Models of a man: Essays in memory of Herbert A. Simon, Cambridge, MA, 2004b, S. 389-409.

Gigerenzer, G. / Gaissmaier, W. (2006): Denken und Urteilen unter Unsicherheit: Kognitive Heuristiken. In: Funke, J. (Hrsg.): Enzyklopädie der Psychologie, Bd. C II 8: Denken und Problemlösen, Göttingen et al. 2006, S. 329-374.

Gigerenzer, G. / Gaissmaier, W. (2011): Heuristic Decision Making. In: Annual Review of Psychology, 62 (2011), S. 451-482.

Gigerenzer, G. / Hertwig, R. / Pachur, T. (Hrsg.) (2011): Heuristics: The Foundations of Adaptive Behavior, New York 2011.

Gigerenzer, G. / Selten, R. (Hrsg.) (2001): Bounded Rationality: The Adaptive Toolbox, Cambridge, MA, et al. 2001.

Gigerenzer, G. / Todd, P. M. (2008): Rationality the Fast and Frugal Way: Introduction. In: Plott, C. R. et al. (Hrsg.): Handbook of Experimental Economics Results, Bd. 1, Amsterdam 2008, S. 976-985.

Gigerenzer, G. / Todd, P. M. / ABC Research Group (Hrsg.) (1999): Simple Heuristics That Make Us Smart, New York et al. 1999.

Gillenkirch, R. M. / Arnold, M. C. (2008): State of the Art des Behavioral Accounting. In: Wirtschaftswissenschaftliches Studium, 37 (2008), H. 3, S. 128-134.

Glaser, M. / Nöth, M. / Weber, M. (2004): Behavioral Finance. In: Koehler, D. J. et al. (Hrsg.): Blackwell Handbook of Judgment & Decision Making, Oxford 2004, S. 527-546.

Glass, G. V. (1976): Primary, Secondary, and Meta-Analysis of Research. In: Educational Researcher, 5 (1976), H. 10, S. 3-8.

Goldberg, L. R. (1981): Language and Individual Differences: The Search for Universals in Personality Lexicons. In: Wheeler, L. (Hrsg.): Review of Personality and Social Psychology, 2. Aufl., Beverly Hills, CA, 1981, S. 141-165.

Gordon, M. E. / Slade, L. A. / Schmitt, N. (1986): The „Science of the Sophomore“ Revisited: from Conjecture to Empiricism. In: Academy of Management Review, 11 (1986), H. 1, S. 191-207.

Gordon, M. E. / Slade, L. A. / Schmitt, N. (1987): Student Guinea Pigs: Porcine Predictors and Particularistic Phenomena. In: Academy of Management Review, 12 (1987), H. 1, S. 160-163.

Gorman, R. F. / Kehr, J. B. (1992): Fairness as a Constraint on Profit Seeking: Comment. In: American Economic Review, 82 (1992), H. 1, S. 355-358.

Götzelmann, F. (1991): Rationalität in betriebswirtschaftlichen Ansätzen. In: Das Wirtschaftsstudium, 20 (1991), H. 8-9, S. 573-575.

Green, D. O. (1973): Behavioral Science and Accounting Research. In: Dopuch, N. et al. (Hrsg.): Accounting Research 1960-1970: A Critical Evaluation, Urbana, IL, 1973, S. 93-104.

Greenberg, J. (1987): The College Sophomore as Guinea Pig: Setting the Record Straight. In: Academy of Management Review, 12 (1987), H. 1, S. 157-159.

Greenberg, P. S. / Greenberg, R. H. (1997): Social Utility in a Transfer Pricing Situation: The Impact of Contextual Factors. In: Behavioral Research in Accounting, 9 (1997), H. 1, S. 113-153.

Greenberg, P. S. / Greenberg, R. H. / Mahenthiran, S. (1994): The Impact of Control Policies on the Process and Outcomes of Negotiated Transfer Pricing. In: Journal of Management Accounting Research, 6 (1994), S. 93-127.

Grey, C. (1998): On Being a Professional in a „Big Six" Firm. In: Accounting, Organizations and Society, 23 (1998), H. 5/6, S. 569-587.

Grochla, E. (1976): Praxeologische Organisationstheorie durch sachliche und methodische Integration. In: Zeitschrift für betriebswirtschaftliche Forschung, 28 (1976), H. 11/12, S. 617-637.

Grochla, E. (1978): Einführung in die Organisationstheorie, Stuttgart 1978.

Groot, A. D. d. (1965): Thought and Choice in Chess, Den Haag et al. 1965.

Gross, C. / Kriwy, P. (2009): Kleine Fallzahlen in der empirischen Sozialforschung. In: Kriwy, P. et al. (Hrsg.): Klein aber Fein! Quantitative empirische Sozialforschung mit kleinen Fallzahlen, Wiesbaden 2009, S. 9-22.

Groß, J. / Börensen, C. (2009): Wie valide sind Verhaltensmessungen mittels Vignetten? In: Kriwy, P. et al. (Hrsg.): Klein aber Fein! Quantitative empirische Sozialforschung mit kleinen Fallzahlen, Wiesbaden 2009, S. 149-178.

Gruber, H. (2007): Bedingungen von Expertise. In: Lehrstuhl für Lehr-Lern-Forschung der Universität Regensburg (Hrsg.): Forschungsbericht Nr. 25, Regensburg 2007.

Gruber, H. / Mandl, H. (1996): Das Entstehen von Expertise. In: Hoffmann, J. et al. (Hrsg.): Enzyklopädie der Psychologie, Bd. C II 7: Lernen, Göttingen et al. 1996, S. 583-613.

Guala, F. (2005): One Monetary Incentives. In: Guala, F. (Hrsg.): The Methodology of Experimental Economics, Cambridge 2005, S. 231-249.

Gul, F. A. (1984a): An Empirical Study of the Usefulness of Human Resources Turnover Costs in Australian Accounting Firms. In: Accounting, Organizations and Society, 9 (1984a), H. 3-4, S. 233-239.

Gul, F. A. (1984b): The Joint and Moderating Role of Personality and Cognitive Style on Decision Making. In: The Accounting Review, 59 (1984b), H. 2, S. 264-277.

Gupta, M. / King, R. R. (1997): An Experimental Investigation of the Effect of Cost Information and Feedback on Product Cost Decisions. In: Contemporary Accounting Research, 14 (1997), H. 1, S. 99-127.

Guski, R. (1987): Labor- oder Feldforschung. In: Frey, D. et al. (Hrsg.): Sozialpsychologie. Ein Handbuch in Schlüsselbegriffen, 2., erweiterte Aufl., München et al. 1987, S. 405-412.

Güth, W. / Tietz, R. (1990): Ultimatum Bargaining Behavior. A survey and comparison of experimental results. In: Journal of Economic Psychology, 11 (1990), H. 3, S. 417-449.

Guzzo, R. A. / Jackson, S. E. / Katzell, R. A. (1987): Meta-Analysis Analysis. In: Research in Organizational Behavior, 9 (1987), S. 407-442.

Hacker, W. (1992): Expertenkönnen. Erkennen und Vermitteln, Göttingen et al. 1992.

Hales, J. (2007): Directional Preferences, Information Processing, and Investors' Forecasts of Earnings. In: Journal of Accounting Research, 45 (2007), H. 3, S. 607-628.

Hales, J. / Kuang, X. J. / Venkataraman, S. (2011): Who Believes the Hype? An Experimental Examination of How Language Affects Investor Judgments. In: Journal of Accounting Research, 49 (2011), H. 1, S. 223-255.

Hales, J. / Williamson, M. G. (2010): Implicit Employment Contracts: The Limits of Management Reputation for Promoting Firm Productivity. In: Journal of Accounting Research, 48 (2010), H. 1, S. 51-80.

Hales, J. W. / Venkataraman, S. / Wilks, T. J. (2012): Accounting for Lease Renewal Options: The Informational Effects of Unit of Account Choices. In: The Accounting Review, 87 (2012), H. 1, S. 173-197.

Hamilton, R. E. / Wright, W. F. (1982): Internal Control Judgments and Effects of Experience: Replications and Extensions. In: Journal of Accounting Research, 20 (1982), H. 2, S. 756-765.

Han, J. / Tan, H.-T. (2010): Investors' Reactions to Management Earnings Guidance: The Joint Effect of Investment Position, News Valence, and Guidance Form. In: Journal of Accounting Research, 48 (2010), H. 1, S. 81-104.

Hannan, R. L. / Rankin, F. W. / Towry, K. L. (2006): The Effect of Information Systems on Honesty in Managerial Reporting: A Behavioral Perspective. In: Contemporary Accounting Research, 23 (2006), H. 4, S. 885-918.

Haried, A. A. (1972): The Semantic Dimensions of Financial Statements. In: Journal of Accounting Research, 10 (1972), H. 2, S. 376-391.

Haried, A. A. (1973): Measurement of Meaning in Financial Reports. In: Journal of Accounting Research, 11 (1973), H. 1, S. 117-145.

Harré, R. / Second, P. F. (1972): The Explanation of Social Behaviour, Oxford 1972.

Harrell, A. / Harrison, P. (1994): An Incentive to Shirk, Privately Held Information. In: Accounting, Organizations and Society, 19 (1994), H. 7, S. 569-577.

Harrell, A. M. (1977): The Decision-Making Behavior of Air Force Officers and the Management Control Process. In: The Accounting Review, 52 (1977), H. 4, S. 833-841.

Harrell, A. M. / Klick, H. D. (1980): Comparing the Impact of Monetary and Nonmonetary Human Asset Measures on Executive Decision Making. In: Accounting, Organizations and Society, 5 (1980), H. 4, S. 393-400.

Harvey, L. / Anderson, J. R. (1996): Transfer of Declarative Knowledge in Complex Information-Processing Domains. In: Human-Computer Interaction, 11 (1996), H. 1, S. 69-96.

Hasselback, J. R. / Reinstein, A. / Schwan, E. S. (2003): Profilic Authors of Accounting Literature. In: Advances in Accounting, 20 (2003), S. 95-125.

Hauschildt, J. (2003): Zum Stellenwert der empirischen betriebswirtschaftlichen Forschung. In: Schwaiger, W. et al. (Hrsg.): Empirie und Betriebswirtschaft, Stuttgart 2003, S. 3-24.

Hawkins, D. I. / Albaum, G. / Best, R. (1977): An Investigation of Two Issues in the Use of Students as Surrogates for Housewives in Consumer Behavior Studies. In: Journal of Business, 50 (1977), H. 2, S. 216-222.

Heckhausen, H. (1989): Motivation und Handeln, 2., völlig überarbeitete und ergänzte Aufl., Berlin et al. 1989.

Heide, T. (2001): Informationsökonomische und verhaltenswissenschaftliche Ansätze als Beitrag zu einer theoretischen Fundierung des Controlling. Eine vergleichende Analyse anhand ausgewählter Beispiele, Frankfurt am Main 2001.

Heinen, E. (1975): Betriebswirtschaftslehre und empirische Forschung – Eine Einführung in den Problemkreis der Untersuchung. In: Picot, A. (Hrsg.): Experimentelle Organisationsforschung, Wiesbaden 1975, S. 13-17.

Henrich, G. S. / Chrisomalli-Henrich, K. (1992): Langenscheidts Eurowörterbuch Griechisch, Berlin et al. 1992.

Henshel, R. L. (1980): The Purposes of Laboratory Experimentation and the Virtues of Deliberate Artificiality. In: Journal of Experimental Social Psychology, 16 (1980), H. 5, S. 466-478.

Herkner, W. (1987): Behavioristische Ansätze in der Sozialpsychologie. In: Frey, D. et al. (Hrsg.): Sozialpsychologie. Ein Handbuch in Schlüsselbegriffen, 2., erweiterte Aufl., München et al. 1987, S. 40-49.

Hertwig, R. / Hoffrage, U. (2001): Eingeschränkte und ökologische Rationalität: Ein Forschungsprogramm. In: Psychologische Rundschau, 52 (2001), H. 1, S. 11-19.

Hertwig, R. / Ortmann, A. (2001): Experimental practices in economics: A methodological challenge for psychologists? In: Behavioral and Brain Sciences, 24 (2001), H. 3, S. 383-451.

Hesford, J. W. et al. (2007): Management Accounting: A Bibliographic Study. In: Chapman, C. S. et al. (Hrsg.): Handbook of Management Accounting Research, Bd. 1, Amsterdam et al. 2007, S. 3-26.

Hess, T. et al. (2005): Themenschwerpunkte und Tendenzen in der deutschsprachigen Controllingforschung. In: Weber, J. et al. (Hrsg.): Internationalisierung des Controllings. Standortbestimmung und Optionen, Wiesbaden 2005, S. 29-47.

Heukelom, F. (2011): How validity travelled to economic experimenting. In: Journal of Economic Methodology, 18 (2011), H. 1, S. 13-28.

Hewitt, M. (2009): Improving Investors' Forecast Accuracy when Operating Cash Flows and Accruals Are Differentially Persistent. In: The Accounting Review, 84 (2009), H. 6, S. 1913-1931.

Hiel, A. v. / Mervielde, I. (2004): Openness to Experience and Boundaries in the Mind: Relationships with Cultural and Economic Conservative Beliefs. In: Journal of Personality, 72 (2004), H. 4, S. 659-686.

Hilton, R. W. / Swieringa, R. J. / Turner, M. J. (1988): Product Pricing, Accounting Costs and Use of Product-Costing Systems. In: The Accounting Review, 63 (1988), H. 2, S. 195-218.

Himme, A. (2009): Gütekriterien der Messung: Reliabilität, Validität und Generalisierbarkeit. In: Albers, S. et al. (Hrsg.): Methodik der empirischen Forschung, 3., überarbeitete und erweiterte Aufl., Wiesbaden 2009, S. 485-500.

Hirsch, B. (2005): Verhaltensorientiertes Controlling – Könnensprobleme bei der Steuerung mit Kennzahlen. In: Zeitschrift für Controlling & Management, 49 (2005), H. 4, S. 282-288.

Hirsch, B. (2007): Controlling und Entscheidungen. Zur verhaltenswissenschaftlichen Fundierung des Controllings, Tübingen 2007.

Hirsch, B. (2008): Zur Integration psychologischen Wissens in betriebswirtschaftliche Controlling-Konzeptionen - Stand der Literatur und Forschungsbedarf. In: Zeitschrift für Controlling & Management, 52 (2008), Sonderheft 1, S. 40-49.

Hirsch, B. (2009): Controlling und experimentelle Forschung. In: Scherer, A. G. et al. (Hrsg.): Methoden in der Betriebswirtschaftslehre, Wiesbaden 2009, S. 167-186.

Hirsch, B. / Schäffer, U. / Weber, J. (2008): Zur Grundkonzeption eines verhaltensorientierten Controlling. In: Zeitschrift für Controlling & Management, 52 (2008), Sonderheft 1, S. 5-11.

Hirsch, M. L. (1978): Disaggregated Probabilistic Accounting Information: The Effect of Sequential Events on Expected Value Maximization Decisions. In: Journal of Accounting Research, 16 (1978), H. 2, S. 254-269.

Hobbs, S. / Chiesa, M. (2011): The Myth of the „Cognitive Revolution“. In: European Journal of Behavior Analysis, 12 (2011), H. 2, S. 385-394.

Hobson, J. L. (2011): Do the Benefits of Redusing Accounting Complexity Persist in Markets Prone to Bubble? In: Contemporary Accounting Research, 28 (2011), H. 3, S. 957-989.

Hobson, J. L. / Mellon, M. J. / Stevens, D. E. (2011): Determinants of moral judgments regarding budgetary slack: An experimental examination of pay scheme and personal values. In: Behavioral Research in Accounting, 23 (2011), H. 1, S. 87-107.

Hodgkinson, G. P. / Jenkins, M. (2002): Managerial and Organizational Cognition. In: Jenkins, M. et al. (Hrsg.): Strategic Management: a multiple perspectives approach, Basingstoke 2002, S. 177-204.

Hoffjan, A. (1998): Entwicklung einer verhaltensorientierten Controlling-Konzeption für die Arbeitsverwaltung, 2., aktualisierte Aufl., Wiesbaden 1998.

Hoffman, R. R. (1998): How Can Expertise be Defined? Implications of Research From Cognitive Psychology. In: Williams, R. et al. (Hrsg.): Exploring Expertise, New York 1998, S. 81-100.

Hoffrage, U. / Hertwig, R. / Gigerenzer, G. (2005): Die ökologische Rationalität einfacher Entscheidungs- und Urteilsheuristiken. In: Siegenthaler, H. (Hrsg.): Rationalität im Prozess kultureller Evolution: Rationalitätsunterstellungen als eine Bedingung der Möglichkeit substantieller Rationalität des Handelns, Tübingen 2005, S. 65-89.

Hoffrage, U. / Reimer, T. (2004): Models of bounded rationality: The approach of fast and frugal heuristics. In: Management Revue, 15 (2004), H. 4, S. 437-459.

Hofstedt, T. R. (1972): Some Behavioral Parameters of Financial Analysis. In: The Accounting Review, 47 (1972), H. 4, S. 679-692.

Hofstedt, T. R. (1975): A State of the Art Analysis of Behavioral Accounting Research. In: Journal of Contemporary Business, 4 (1975), H. 4, S. 27-49.

Hofstedt, T. R. (1976): Behavioral Accounting Research: Pathologies, Paradigms and Prescription. In: Accounting, Organizations and Society, 1 (1976), H. 1, S. 43-58.

Hofstedt, T. R. / Kinard, J. C. (1970): A Strategy for Behavioral Accounting Research. In: The Accounting Review, 54 (1970), H. 1, S. 38-54.

Hogarth, R. M. (1991): A Perspective on Cognitive Research in Accounting. In: The Accounting Review, 66 (1991), H. 2, S. 277-290.

Hoitsch, H.-J. / Lingnau, V. (2007): Kosten- und Erlösrechnung. Eine controllingorientierte Einführung, 6., überarbeitete Aufl., Berlin 2007.

Holder-Webb, L. / Sharma, D. S. (2010): The Effect of Governance on Credit Decisions and Perceptions of Reporting Reliability. In: Behavioral Research in Accounting, 22 (2010), H. 1, S. 1-20.

Höller, H. (1978): Verhaltenswirkungen betrieblicher Planungs- und Kontrollsysteme, München 1978.

Holm, S. (1979): A Simple Sequentially Rejective Multiple Test Procedure. In: Scandinavian Journal of Statistics, 6 (1979), H. 2, S. 66-70.

Holstrum, G. L. (1971): The Effect of Budget Adaptiveness and Tightness on Managerial Decision Behavior. In: Journal of Accounting Research, 9 (1971), H. 2, S. 268-277.

Holt, D. L. (1987): Auditors and Base Rates Revisited. In: Accounting, Organizations and Society, 12 (1987), H. 6, S. 571-578.

Holzer, H. P. / Lück, W. (1978): Verhaltenswissenschaft und Rechnungswesen. Entwicklungstendenzen des Behavioral Accounting in den USA. In: Die Betriebswirtschaft, 38 (1978), H. 4, S. 509-523.

Homann, K. / Suchanek, A. (2005): Ökonomik: Eine Einführung, 2., überarbeitete Aufl., Tübingen 2005.

Homburg, C. (2001): Der Selbstfindungsprozess des Controlling: einige Randbemerkungen aus der Marketing-Perspektive. In: Die Unternehmung, 55 (2001), H. 6, S. 425-430.

Homburg, C. (2007): Betriebswirtschaftslehre als empirische Wissenschaft – Bestandsaufnahme und Empfehlungen. In: Zeitschrift für betriebswirtschaftliche Forschung, 56 (2007), Sonderheft, S. 27-60.

Homburg, C. / Klarmann, M. (2003): Empirische Controllingforschung – Anmerkungen aus der Perspektive des Marketing. In: Weber, J. et al. (Hrsg.): Zur Zukunft der Controllingforschung. Empirie, Schnittstellen und Umsetzung in der Lehre, Wiesbaden 2003, S. 65-88.

Homburg, C. / Koschate, N. (2005a): Behavioral Pricing-Forschung im Überblick. Teil 1: Grundlagen, Preisinformationsaufnahme und Preisinformationsbeurteilung. In: Zeitschrift für Betriebswirtschaft, 75 (2005a), H. 4, S. 383-423.

Homburg, C. / Koschate, N. (2005b): Behavioral Pricing-Forschung im Überblick. Teil 2: Preisinformationsspeicherung, weitere Themenfelder und zukünftige Forschungsrichtungen. In: Zeitschrift für Betriebswirtschaft, 75 (2005b), H. 5, S. 501-524.

Honert, M. (2007): Die BWLer. Online im Internet, URL: http://www.zeit.de/campus/2006/standards/studentenklischees/bwler. Abruf: 2015-05-18.

Hoskin, R. E. (1983): Opportunity Cost and Behavior. In: Journal of Accounting Research, 21 (1983), H. 1, S. 78-95.

Houghton, K. A. / Hronsky, J. J. F. (1993): The Sharing of Meaning between Accounting Students and Members of the Accounting Profession. In: Accounting and Finance, 33 (1993), H. 2, S. 131-147.

Hovland, C. I. (1959): Reconciling Conflicting Results Derived from Experimental and Survey Studies of Attitude Change. In: American Psychologist, 14 (1959), H. 1, S. 8-17.

Huber, O. (2013): Das psychologische Experiment. Eine Einführung, 6., überarbeitete Aufl., Bern 2013.

Hubig, L. / Lingnau, V. (2008): Hochschulcontrolling. Möglichkeiten und Grenzen der Leistungsmessung mit Hilfe des AHP. In: Seicht, G. (Hrsg.): Jahrbuch für Controlling und Rechnungswesen 2008, Wien 2008, S. 389-418.

Hughes, C. T. / Gibson, M. L. (1991): Students as Surrogants for Managers in a Decision-making Environment: An Experimental Study. In: Journal of Management Information Systems, 8 (1991), H. 2, S. 153-166.

Humphreys, K. A. / Trotman, K. T. (2011): The Balanced Scorecard: The Effect of Strategy Information on Performance Evaluation Judgments. In: Journal of Management Accounting Research, 23 (2011), S. 81-98.

Hunton, J. E. / Wier, B. / Stone, D. N. (2000): Succeeding in managerial accounting. Part 2: a structural equations analysis. In: Accounting, Organizations and Society, 25 (2000), H. 8, S. 751-762.

Hussy, W. / Jain, A. (2002): Experimentelle Hypothesenüberprüfung in der Psychologie, Göttingen et al. 2002.

Hussy, W. / Schreier, M. / Echterhoff, G. (2013): Forschungsmethoden in Psychologie und Sozialwissenschaften für Bachelor, 2., überarbeitete Aufl., Berlin et al. 2013.

Hyatt, T. A. / Taylor, M. H. (2008): The Effects of Incomplete Personal Capability Knowledge and Overconfidence on Employment Contract Selection. In: Behavioral Research in Accounting, 20 (2008), H. 2, S. 37-53.

Jackson, K. E. (2008): Debiasing Scale Compatibility Effects when Investors Use Nonfinancial Measures to Screen Potential Investments. In: Contemporary Accounting Research, 25 (2008), H. 3, S. 803-826.

Jackson, S. B. (2008): The Effect of Firms' Depreciation Method Choice on Managers' Capital Investment Decisions. In: The Accounting Review, 83 (2008), H. 2, S. 351-376.

Jasso, G. (2006): Factorial Survey Methods for Studying Beliefs and Judgments. In: Sociological Methods & Research, 34 (2006), H. 3, S. 334-423.

Jermias, J. (2001): Cognitive dissonance and resistance to change: the influence of commitment confirmation and feedback on judgment usefulness of accounting systems. In: Accounting, Organizations and Society, 26 (2001), H. 2, S. 141-160.

Jungermann, H. / Pfister, H.-R. / Fischer, K. (2010): Die Psychologie der Entscheidung, 3. Aufl., Heidelberg 2010.

Kachelmeier, S. J. (2009): Annual Report and Editorial Commentary for The Accounting Review. In: The Accounting Review, 84 (2009), H. 6, S. 2047-2075.

Kachelmeier, S. J. (2010): Annual Report and Editorial Commentary for The Accounting Review. In: The Accounting Review, 85 (2010), H. 6, S. 2173-2203.

Kachelmeier, S. J. (2011): Annual Report and Editorial Commentary for The Accounting Review. In: The Accounting Review, 86 (2011), H. 6, S. 2197-2233.

Kachelmeier, S. J. / King, R. R. (2002): Using Laboratory Experiments to Evaluate Accounting Policy Issues. In: Accounting Horizons, 16 (2002), H. 3, S. 219-232.

Kachelmeier, S. J. / Reichert, B. E. / Williamson, M. G. (2008): Measuring and Motivating Quantity, Creativity, or Both. In: Journal of Accounting Research, 46 (2008), H. 2, S. 341-373.

Kachelmeier, S. J. / Smith, J. R. / Yancey, W. F. (1994): Budgets as a Credible Threat: An Experimental Study of Cheap Talk and Forward Induction. In: Journal of Management Accounting Research, 6 (1994), S. 144-174.

Kachelmeier, S. J. / Williamson, M. G. (2010): Attracting Creativity: The Initial and Aggregate Effects of Contract Selection on Creativity-Weighted Productivity. In: The Accounting Review, 85 (2010), H. 5, S. 1669-1691.

Kadous, K. / Koonce, L. / Thayer, J. M. (2012): Do Financial Statement Users Judge Relevance Based on Properties of Reliability? In: The Accounting Review, 87 (2012), H. 4, S. 1335-1356.

Kadous, K. / Mercer, M. / Thayer, J. (2009): Is There Safety in Numbers? The Effects of Forecast Accuracy and Forecast Boldness on Financial Analysts' Credibility with Investors. In: Contemporary Accounting Research, 26 (2009), H. 3, S. 933-968.

Kadous, K. / Sedor, L. M. (2004): The Efficacy of Third-Party Consultation in Preventing Managerial Escalation of Commitment: The Role of Mental Representations. In: Contemporary Accounting Research, 21 (2004), H. 1, S. 55-82.

Kahneman, D. / Knetsch, J. L. / Thaler, R. H. (1986): Fairness and the Assumptions of Economics. In: Journal of Business, 59 (1986), H. 4, Part 2 of 2, S. 285-300.

Kahneman, D. / Tversky, A. (1979): Prospect theory: An Analysis of Decision Under Risk. In: Econometrica, 47 (1979), H. 2, S. 263-292.

Kaplan, A. (1964): The Conduct of Inquiry. Methodology for Behavioral Science, San Francisco, CA, 1964.

Kaplan, R. S. (1986): The Role for Empirical Research in Management Accounting. In: Accounting, Organizations and Society, 11 (1986), H. 4/5, S. 429-452.

Karlowitsch, M. (1997): Entwicklung einer Konzeption des verhaltensorientierten Controlling, Aachen 1997.

Katsikopoulos, K. (2011): Psychological Heuristics for Making Inferences: Definition, Performance, and the Emerging Theory and Practice. In: Decision Analysis, 8 (2011), H. 1, S. 10-29.

Kelly, K. O. (2007): Feedback and Incentives on Nonfinancial Value Drivers: Effects on Managerial Decision Making. In: Contemporary Accounting Research, 24 (2007), H. 2, S. 523-556.

Kelly, K. O. (2010a): Accuracy of Relative Weights on Multiple Leading Performance Measures: Effects on Managerial Performance and Knowledge. In: Contemporary Accounting Research, 27 (2010a), H. 2, S. 577-608.

Kelly, K. O. (2010b): The Effects of Incentives on Information Exchange and Decision Quality in Groups. In: Behavioral Research in Accounting, 22 (2010b), H. 1, S. 43-65.

Kerlinger, F. N. / Lee, H. B. (2000): Foundations of Behavioral Research, 4. Aufl., Fort Worth, TX, et al. 2000.

Khera, I. P. / Benson, J. D. (1970): Are Students Really Poor Substitutes for Businessmen in Behavioral Research? In: Journal of Marketing Research, 7 (1970), H. 6, S. 529-532.

King, R. R. / Wallin, D. E. (1991): Market-induced information disclosures: An experimental markets investigation. In: Contemporary Accounting Research, 8 (1991), H. 1, S. 170-197.

Kirby, A. J. (1992): Incentive compensation schemes: Experimental calibration of the rationality hypothesis. In: Contemporary Accounting Research, 8 (1992), H. 2, S. 374-408.

Kirchgässner, G. (2008): Homo Oeconomicus. Das ökonomische Modell individuellen Verhaltens und seine Anwendung in der Wirtschafts- und Sozialwissenschaft, 3., ergänzte und erweiterte Aufl., Tübingen 2008.

Kirsch, W. (1977): Die Betriebswirtschaftslehre als Führungslehre. Erkenntnisperspektiven, Aussagensysteme, wissenschaftlicher Standort, München 1977.

Kirsch, W. (1997): Kommunikatives Handeln, Autopoiese, Rationalität. Kritische Aneignungen im Hinblick auf eine evolutionäre Organisationstheorie, 2., überarbeitete und erweiterte Aufl., München 1997.

Kirsch, W. (1998): Die Handhabung von Entscheidungsproblemen – Einführung in die Theorie der Entscheidungsprozesse, 5. Aufl., München 1998.

Klemstine, C. F. / Maher, M. W. (1984): Management Accounting Research. A Review and Annotated Bibliography, New York et al. 1984.

Knechel, W. R. (1989): Using a Business Simulation Game as a Substitute for a Practice Set. In: Issues in Accounting Education, 4 (1989), H. 2, S. 411-424.

Knechel, W. R. (2000): Behavioral Research in Auditing and Its Impact on Audit Education. In: Issues in Accounting Education, 15 (2000), H. 4, S. 695-712.

Koch, C. / Schmidt, C. (2010): Disclosing conflicts of interest – Do experience and reputation matter? In: Accounting, Organizations and Society, 35 (2010), H. 1, S. 95-107.

Koehler, D. J. / Harvey, N. (Hrsg.) (2004): Blackwell Handbook of Judgment & Decision Making, Oxford 2004.

Koonce, L. / Lipe, M. G. (2010): Earnings Trend and Performance Relative to Benchmarks: How Consistency Influences Their Joint Use. In: Journal of Accounting Research, 48 (2010), H. 4, S. 859-884.

Koonce, L. / Mercer, M. (2005): Using Psychology Theories in Archival Financial Accounting Research. In: Journal of Accounting Literature, 24 (2005), S. 175-214.

Koonce, L. / Nelson, K. K. / Shakespeare, C. M. (2011): Judging the Relevance of Fair Value for Financial Instruments. In: The Accounting Review, 86 (2011), H. 6, S. 2075-2098.

Kotchetova, N. / Salterio, S. (2004): Judgment and Decision-making Accounting Research: A Quest to Improve the Production, Certification, and Use of Accounting Information. In: Koehler, D. J. et al. (Hrsg.): Blackwell Handbook of Judgment & Decision Making, Oxford 2004, S. 547-566.

Krafft, M. / Haase, K. / Siegel, A. (2003): Statistisch-ökonometrische BWL-Forschung: Entwicklung, Status Quo und Perspektiven. In: Schwaiger, W. et al. (Hrsg.): Empirie und Betriebswirtschaft, Stuttgart 2003, S. 83-104.

Krantz, J. H. / Dalal, R. (2000): Validity of Web-Based Psychological Research. In: Birnbaum, M. H. (Hrsg.): Psychological Experiments on the Internet, San Diego, CA, et al. 2000, S. 35-60.

Krcmar, H. (2010): Informationsmanagement, 5. Aufl., Berlin et al. 2010.

Kren, L. (1990): Performance in a Budget-Based Control System: An Extended Expectancy Theory Model Approach. In: Journal of Management Accounting Research, 2 (1990), S. 100-112.

Krische, S. D. (2005): Investors' Evaluations of Strategic Prior-Period Benchmark Disclosures in Earnings Announcements. In: The Accounting Review, 80 (2005), H. 1, S. 243-268.

Krishnan, R. / Luft, J. L. / Shields, M. D. (2002): Competition and Cost Accounting: Adapting to Changing Markets. In: Contemporary Accounting Research, 19 (2002), H. 2, S. 271-302.

Kroeber-Riel, W. / Weinberg, P. / Gröppel-Klein (2009): Konsumentenverhalten, 9., überarbeitete, aktualisierte und ergänzte Aufl., München 2009.

Krug, W. / Nourney, M. / Schmidt, J. (2001): Wirtschafts- und Sozialstatistik: Gewinnung von Daten, 6. Aufl., München et al. 2001.

Kubicek, H. (1975): Empirische Organisationsforschung. Konzeption und Methodik, Stuttgart 1975.

Kühn, C. (2012): Psychopathen in Nadelstreifen, Lohmar et al. 2012.

Kunreuther, H. (1986): Comments on Plott and on Kahneman, Knetsch and Thaler. In: Journal of Business, 59 (1986), H. 4, Part 2 of 2, S. 329-344.

Kunz, J. / Linder, S. (2011): ZP-Stichwort: Vignetten-Experiment. In: Zeitschrift für Planung & Unternehmenssteuerung, 21 (2011), H. 2, S. 211-222.

Küpper, H.-U. (1993): Internes Rechnungswesen. In: Hauschildt, J. et al. (Hrsg.): Ergebnisse empirischer betriebswirtschaftlicher Forschung, Stuttgart 1993, S. 601-631.

Küpper, H.-U. et al. (2013): Controlling. Konzeption, Aufgaben, Instrumente, 6., überarbeitete Aufl., Stuttgart 2013.

Küpper, H.-U. / Weber, J. / Zünd, A. (1990): Zum Verständnis und Selbstverständnis des Controlling – Thesen zur Konsensbildung. In: Zeitschrift für Betriebswirtschaft, 60 (1990), H. 3, S. 281-293.

Lange, C. / Schaefer, S. (2008): Verhaltensorientierung im Controlling. Forschungsstand und Entwicklungsperspektiven. In: Freidank, C.-C. et al. (Hrsg.): Controlling und Rechnungslegung. Aktuelle Entwicklungen in Wissenschaft und Praxis, Wiesbaden 2008, S. 139-157.

Langer, T. (2007): Experimentelle Forschung. In: Köhler, R. et al. (Hrsg.): Handwörterbuch der Betriebswirtschaft, 6., vollständig neu gestaltete Aufl., Stuttgart 2007, Sp. 421-430.

Lant, T. K. / Shapira, Z. (2001): Introduction: Foundations of Research on Cognition in Organizations. In: Lant, T. K. et al. (Hrsg.): Organizational Cognition. Computation and Interpretation, Mahwah, NJ, 2001, S. 1-10.

Larcker, D. F. (1981): The Perceived Importance of Selected Information Characteristics for Strategic Capital Budgeting Decisions. In: The Accounting Review, 56 (1981), H. 3, S. 519-538.

Lazarus, R. S. (1966): Psychological Stress and the Coping Process, New York et al. 1966.

Lee, A. S. / Baskerville, R. L. (2003): Generalizing Generalizability in Information Systems Research. In: Information Systems Research, 14 (2003), H. 3, S. 221-243.

Levine, D. I. (1993): Fairness, Markets, and Ability to Pay: Evidence from Compensation Executives. In: American Economic Review, 73 (1993), H. 5, S. 1241-1259.

Lewis, B. / Shields, M. D. / Young, S. M. (1983): Evaluating Human Judgments and Decision Aids. In: Journal of Accounting Research, 21 (1983), H. 1, S. 271-285.

Lewis, B. L. / Bell, J. (1985): Decisions Involving Sequential Events: Replications and Extensions. In: Journal of Accounting Research, 23 (1985), H. 1, S. 228-239.

Libby, R. / Bloomfield, R. / Nelson, M. W. (2002): Experimental research in financial accounting. In: Accounting, Organizations and Society, 27 (2002), H. 8, S. 775-810.

Libby, R. / Frederick, D. M. (1990): Experience and the Ability to Explain Audit Findings. In: Journal of Accounting Research, 28 (1990), H. 2, S. 348-367.

Libby, R. et al. (2008): Relationship Incentives and the Optimistic/Pessimistic Pattern in Analysts' Forecasts. In: Journal of Accounting Research, 46 (2008), H. 1, S. 173-198.

Libby, R. / Lewis, B. L. (1977): Human Information Processing Research in Accounting: The State of the Art. In: Accounting, Organizations and Society, 2 (1977), H. 3, S. 245-268.

Libby, R. / Lewis, B. L. (1982): Human Information Processing Research in Accounting: The State of the Art in 1982. In: Accounting, Organizations and Society, 7 (1982), H. 3, S. 231-285.

Libby, R. / Lipe, M. G. (1992): Incentives, Effort, and the Cognitive Processes Involved in Accounting-Related Judgments. In: Journal of Accounting Research, 30 (1992), H. 2, S. 249-273.

Libby, R. / Luft, J. L. (1993): Determinants of Judgment Performance in Accounting Settings: Ability, Knowledge, Motivation, and Environment. In: Accounting, Organizations and Society, 18 (1993), H. 5, S. 425-450.

Libby, T. (2001): Referent Cognitions and Budgetary Fairness: A Research Note. In: Journal of Management Accounting Research, 13 (2001), S. 91-105.

Licata, M. P. / Strawser, R. H. / Welker, R. B. (1986): A Note on Participation in Budgeting and Locus of Control. In: The Accounting Review, 61 (1986), H. 1, S. 112-117.

Lillis, A. M. (1999): A framework for the analysis of interview data from multiple field research sites. In: Accounting and Finance, 39 (1999), H. 1, S. 79-105.

Lindquist, T. M. (1995): Fairness as an Antecedent to Participative Budgeting: Examining the Effects of Distributive Justice, Procedural Justice and Referent Cognitions on Satisfaction and Performance. In: Journal of Management Accounting Research, 7 (1995), S. 122-147.

Lingnau, V. (1995): Kritischer Rationalismus und Betriebswirtschaftslehre. In: Wirtschaftswissenschaftliches Studium, 24 (1995), H. 3, S. 124-129.

Lingnau, V. (2001): Vom homo oeconomicus zum homo organisans. Zur Bedeutung von Herbert A. Simon für die Betriebswirtschaftslehre. In: Zeitschrift für Planung, 12 (2001), H. 4, S. 421-438.

Lingnau, V. (2005): Kognitionswissenschaftliche Implikationen für das Controlling. In: Weber, J. et al. (Hrsg.): Internationalisierung des Controllings. Standortbestimmung und Optionen, Wiesbaden 2005, S. 231-246.

Lingnau, V. (2006): Controlling. Ein kognitionsorientierter Ansatz. In: Lingnau, V. (Hrsg.): Beiträge zur Controlling-Forschung, Nr. 4, 2., überarbeitete Aufl., Kaiserslautern 2006.

Lingnau, V. (2008): Controlling. In: Corsten, H. (Hrsg.): Betriebswirtschaftslehre, Bd. 2, 4. Aufl., München 2008, S. 81-137.

Lingnau, V. (2009): Shareholder Value als Kern des Controllings? In: Wall, F. et al. (Hrsg.): Controlling zwischen Shareholder Value und Stakeholder Value. Neue Anforderungen, Konzepte und Instrumente, München 2009, S. 19-37.

Lingnau, V. (2010): Forschungskonzept des Lehrstuhls für Unternehmensrechnung und Controlling. In: Lingnau, V. (Hrsg.): Beiträge zur Controlling-Forschung, Nr. 15, Kaiserslautern 2010.

Lingnau, V. (2011): „Vernünftige" ökonomische Heuristiken als Controllinginstrumente am Beispiel von Realoptionsheuristiken. In: Zellmer, G. et al. (Hrsg.): Die Nutzung quantitativer Methoden in der Praxis mittelständischer Unternehmen. Festschrift für Paul Dieter Kluge, Zielona Góra 2011, S. 119-130.

Lingnau, V. / Koffler, U. (2013a): Auswirkung des Konsistenzpostulates auf die konzeptionelle Controllingforschung. Eine inhaltsanalytische Betrachtung der instrumentellen Perspektive bei Weber und Schäffer. In: Controlling – Zeitschrift für erfolgsorientierte Unternehmenssteuerung, 25 (2013a), H. 7, S. 394-400.

Lingnau, V. / Koffler, U. (2013b): Wilhelm Riegers Privatwirtschaftslehre und seine Bedeutung für das Controlling. Eine Würdigung zum 135. Geburtstag. In: Lingnau, V. (Hrsg.): Beiträge zur Controlling-Forschung, Nr. 23, Kaiserslautern 2013b.

Lingnau, V. et al. (2012): Implikationen ökologischer Rationalität für die Controllingforschung. In: Lingnau, V. (Hrsg.): Beiträge zur Controlling-Forschung, Nr. 19, Kaiserslautern 2012.

Lingnau, V. et al. (2013): Cognitive Heuristics and Dual Process Models – A Perspective for Management Accounting? In: Journal of Modern Accounting and Auditing, 9 (2013), H. 11, S. 1417-1430.

Lingnau, V. / Steinmann, J.-C. / Koffler, U. (2012): Implikationen der Cognitive Load Theory für das Controlling. In: Lingnau, V. (Hrsg.): Beiträge zur Controlling-Forschung, Nr. 22, Kaiserslautern 2012.

Lingnau, V. / Walter, K. (2011): Psychologische Paradigmen für die Controllingforschung. In: Lingnau, V. (Hrsg.): Beiträge zur Controlling-Forschung, Nr. 17, Kaiserslautern 2011.

Lingnau, V. / Willenbacher, P. (2014): Leitmaximen legitimierter Unternehmensführung – Die Bedeutung von Unternehmensinteresse, Unternehmenszielen und Unternehmenszweck. In: Lingnau, V. (Hrsg.): Beiträge zur Controlling-Forschung, Nr. 25, Kaiserslautern 2014.

Lipe, M. G. (1993): Analyzing the Variance Investigation Decision: The Effects of Outcomes, Mental Accounting, and Framing. In: The Accounting Review, 68 (1993), H. 4, S. 748-764.

Lipe, M. G. (1998): Individual Investors' Risk Judgments and Investment Decisions: The Impact of Accounting and Market Data. In: Accounting, Organizations and Society, 23 (1998), H. 7, S. 625-640.

Lipe, M. G. / Salterio, S. E. (2000): The Balanced Scorecard: Judgmental Effects of Common and Unique Performance Measures. In: The Accounting Review, 75 (2000), H. 3, S. 283-298.

Lipsey, M. W. / Wilson, D. B. (2001): Practical Meta-Analysis, Thousand Oaks, CA, et al. 2001.

Littkemann, J. (2004): Verhaltensorientierte Ausrichtung des Beteiligungscontrollings. In: Littkemann, J. et al. (Hrsg.): Beteiligungscontrolling. Ein Handbuch für die Unternehmens- und Beratungspraxis, Herne et al. 2004, S. 21-45.

Liyanarachchi, G. A. (2007): Feasibility of using student subjects in accounting experiments: a review. In: Pacific Accounting Review, 19 (2007), H. 1, S. 47-67.

Liyanarachchi, G. A. / Milne, M. J. (2005): Comparing the investment decisions of accounting practitioners and students: an empirical study on the adequacy of student surrogates. In: Accounting Forum, 29 (2005), H. 2, S. 121-135.

Locke, E. A. (1986): Generalizing from Laboratory to Field Settings: Ecological Validity or Abstraction of Essential Elements. In: Locke, E. A. (Hrsg.): Generalizing from Laboratory to Field Settings: Research Findings from Industrial-Organizational Psychology, Organizational Behavior, and Human Resource Management, Lexington, MA, 1986, S. 3-10.

Lord, A. T. (1989): The Development of Behavioral Thought in Accounting, 1952-1981. In: Behavioral Research in Accounting, 1 (1989), S. 124-149.

Lord, R. G. / Maher, K. J. (1990): Alternative Information-Processing Models and their Implications for Theory, Research, and Practice. In: Academy of Management Review, 15 (1990), H. 1, S. 9-28.

Lord, R. G. / Maher, K. J. (1991): Leadership and Information Processing: Linking Perceptions and Performance, Boston, MA, et al. 1991.

Lounsbury, J. W. et al. (2003): An Investigation of Personality Traits in Relation to Career Satisfaction. In: Journal of Career Assessment, 11 (2003), H. 3, S. 287-307.

Lounsbury, J. W. et al. (2009): Personality Characteristics of Business Majors as Defined by the Big Five and Narrow Personality Traits. In: Journal of Education for Business, 84 (2009), H. 4, S. 200-204.

Lowe, A. / Locke, J. (2005): Perceptions of journal quality and research paradigm: results of a web-based survey of British accounting academics. In: Accounting, Organizations and Society, 30 (2005), H. 1, S. 81-98.

Luft, J. L. / Libby, R. (1997): Profit Comparisons, Market Prices and Managers' Judgments About Negotiated Transfer Prices. In: The Accounting Review, 72 (1997), H. 2, S. 217-229.

Luft, J. L. / Shields, M. D. (2001): Why Does Fixation Persist? Experimental Evidence on the Judgment Performance Effects of Expensing Intangibles. In: The Accounting Review, 76 (2001), H. 4, S. 561-587.

Lusk, E. J. (1973): Cognitive Aspects of Annual Reports: Field Independence/Dependence. In: Journal of Accounting Research, 11 (1973), H. 3, S. 191-202.

Lynch, J. G. (1982): On the External Validity of Experiments in Consumer Research. In: Journal of Consumer Research, 9 (1982), H. 3, S. 225-239.

Lynch, J. G. (1983): The Role of External Validity in Theoretical Research. In: Journal of Consumer Research, 10 (1983), H. 1, S. 109-111.

Macharzina, K. (1973): On the Integration of Behavioural Science into Accounting Theory. In: Management Intenational Review, 13 (1973), H. 2-3, S. 3-14.

Macharzina, K. (1981): Verhaltenswissenschaft und Rechnungswesen. In: Kosiol, E. et al. (Hrsg.): Handwörterbuch des Rechnungswesens, 2. Aufl., Stuttgart 1981, Sp. 1635-1642.

Mag, W. (1990): Grundzüge der Entscheidungstheorie, München 1990.

Magee, R. P. / Dickhaut, J. W. (1978): Effects of Compensation Plans on Heuristics in Cost Variance Investigations. In: Journal of Accounting Research, 16 (1978), H. 2, S. 294-314.

Magro, A. M. / Nutter, S. E. (2012): Evaluating the Strength of Evidence: How Experience Affects the Use of Analogical Reasoning and Configural Information Processing in Tax. In: The Accounting Review, 87 (2012), H. 1, S. 291-312.

March, J. G. / Simon, H. A. (1993): Organizations, 2. Aufl., Cambridge, MA, et al. 1993.

Maslow, A. H. (1970): Motivation and Personality, 2. Aufl., New York et al. 1970.

Mastilak, M. C. (2011): Cost Pool Classification and Judgment Performance. In: The Accounting Review, 86 (2011), H. 5, S. 1709-1729.

Matlin, M. W. (2009): Cognition, 7. Aufl., Hoboken, NJ, 2009.

Matuszewski, L. J. (2010): Honesty in Managerial Reporting: Is It Affected by Perceptions of Horizontal Equity? In: Journal of Management Accounting Research, 22 (2010), S. 233-250.

McCall, M. W. / Kaplan, R. E. (1990): Whatever It Takes: The Realities of Managerial Decision Making, 2. Aufl., Englewood Cliffs, NJ, 1990.

McCarthy, J. (1972): The Inversion of Functions Defined by Turing Machines. In: Shannon, C. E. et al. (Hrsg.): Automata Studies, Bd. 34, 4. Aufl., Princeton, NJ, 1972, S. 177-181.

McCrae, R. R. / John, O. P. (1992): An introduction to the Five-Factor Model and its applications. In: Journal of Personality, 60 (1992), H. 2, S. 175-215.

McFadden, D. (1999): Rationality for Economists? In: Journal of Risk and Uncertainty, 19 (1999), H. 1-3, S. 73-105.

McFarlan, F. W. (1986): Editor's Comment. In: Management Information Systems Quarterly, 10 (1986), H. 1, S. i f.

McGhee, W. / Shields, M. D. / Birnberg, J. G. (1978): The Effects of Personality on a Subject's Information Processing. In: The Accounting Review, 53 (1978), H. 3, S. 681-697.

McGrath, J. E. (1982): Dilemmatics: The Study of Research Choices and Dilemmas. In: McGrath, J. E. et al. (Hrsg.): Judgment Calls in Research, Beverley Hills, CA, 1982, S. 69-102.

McGrath, J. E. / Brinberg, D. (1983): External Validity and the Research Process: A Comment on the Calder / Lynch Dialogue. In: Journal of Consumer Research, 10 (1983), H. 1, S. 115-124.

McLeod, P. / Dienes, Z. (1996): Do Fielders Know Where to Go to Catch the Ball or Only How to Get There? In: Journal of Experimental Psychology: Human Perception and Performance, 22 (1996), H. 3, S. 531-543.

McNemar, Q. (1946): Opinion-Attitude Methodology. In: Psychological Bulletin, 43 (1946), H. 4, S. 289-374.

Medin, D. L. / Ross, B. H. / Markman, A. B. (2005): Cognitive Psychology, 4. Aufl., Hoboken, NJ, 2005.

Menge, H. (1964): Langenscheidts Taschenwörterbuch der Lateinischen und Deutschen Sprache, Erster Teil: Lateinisch-Deutsch, 2. Aufl., Berlin et al. 1964.

Messner, M. et al. (2008): Legitimacy and Identity in Germanic Management Accounting Research. In: European accounting review, 17 (2008), H. 1, S. 129-159.

Meyer, M. / Rigsby, J. T. (2001): A Descriptive Analysis of the Content and Contributors of Behavioral Research In Accounting 1989-1998. In: Behavioral Research in Accounting, 13 (2001), S. 253-278.

Miller, H. E. (1966): Discussion of The Accounting Period Concept and Its Effect on Management Decisions. In: Journal of Accounting Research, 4 (1966), H. 3, Supplement, S. 15-17.

Miller, P. (2007): Management Accounting and Sociology. In: Chapman, C. S. et al. (Hrsg.): Handbook of Management Accounting Research, Bd. 1, Amsterdam et al. 2007, S. 285-295.

Mintzberg, H. (1990): Strategy Formation: Schools of Thought. In: Fredrickson, J. W. (Hrsg.): Perspectives on Strategic Management, New York et al. 1990, S. 105-235.

Mock, T. J. (1969): Comparative Values of Information Structure. In: Journal of Accounting Research, 7 (1969), H. 3, Supplement, S. 124-159.

Mock, T. J. (1973): The Value of Budget Information. In: The Accounting Review, 48 (1973), H. 3, S. 520-534.

Mock, T. J. / Estrin, T. L. / Vasarhelyi, M. A. (1972): Learning Patterns, Decision Approach, and Value of Information. In: Journal of Accounting Research, 10 (1972), H. 1, S. 129-153.

Möller, K. (2005): Forschungsmethoden und Forschungsstrategien im Controlling – Dargestellt am Beispiel des Controllings von Unternehmensnetzwerken. In: Weber, J. et al. (Hrsg.): Internationalisierung des Controllings. Standortbestimmung und Optionen, Wiesbaden 2005, S. 161-184.

Monsen, E. / Patzelt, H. / Saxton, T. (2010): Beyond Simple Utility: Incentive Design and Trade-Offs for Corporate Employee-Entrepreneurs. In: Entrepreneurship Theory and Practice, 34 (2010), H. 1, S. 105-130.

Mook, D. G. (1983): In Defense of External Invalidity. In: American Psychologist, 38 (1983), H. 4, S. 379-387.

Moriarity, S. (1979): Communicating Financial Information Through Multidimensional Graphics. In: The Accounting Review, 17 (1979), H. 1, S. 205-224.

Mortensen, T. / Fisher, R. / Wines, G. (2012): Students as Surrogates for Practicing Accountants: Further Evidence. In: Accounting Forum, 36 (2012), H. 4, S. 251-265.

Moser, K. (1986): Repräsentativität als Kriterium psychologischer Forschung. In: Archiv für Psychologie, 138 (1986), S. 139-151.

Neisser, U. (1974): Kognitive Psychologie, Stuttgart 1974.

Nelson, M. W. / Krische, S. D. / Bloomfield, R. J. (2003): Confidence and Investors' Reliance on Disciplined Trading Strategies. In: Journal of Accounting Research, 41 (2003), H. 3, S. 503-523.

Nelson, M. W. / Tan, H.-T. (2005): Judgment and Decision Making Research in Auditing: A Task, Person, and Interpersonal Interaction Perspective. In: Auditing: A Journal of Practice & Theory, 24 (2005), Supplement, S. 41-71.

Nelson, M. W. / Tayler, W. B. (2007): Information Pursuit in Financial Statement Analysis: Effects of Choice, Effort, and Reconciliation. In: The Accounting Review, 82 (2007), H. 3, S. 731-758.

Nerdinger, F. W. / Horsmann, C. (2004): Psychologie und Controlling. In: Scherm, E. et al. (Hrsg.): Controlling. Theorien und Konzeptionen, München 2004, S. 709-727.

Neumann, B. R. / Friedman, L. A. (1978): Opportunity Costs: Further Evidence Through an Experimental Replication. In: Journal of Accounting Research, 16 (1978), H. 2, S. 400-410.

Newell, A. / Simon, H. A. (1972): Human Problem Solving, Englewood Cliffs, NJ, et al. 1972.

Nikias, A. D. et al. (2010): The Effects of Aggregation and Timing on Budgeting: An Experiment. In: Behavioral Research in Accounting, 22 (2010), H. 1, S. 67-83.

Nobelprize.org. (2002): Pressemitteilung: Der Schwedischen Reichsbank in Erinnerung an Alfred Nobel gestifteten Preis für Wirtschaftswissenschaften des Jahres 2002. Online im Internet, URL: http://www.nobelprize.org/nobel_prizes/economic-sciences/laureates/2002/press-ge.html. Abruf: 2015-08-12.

o. V. (2011): Editorial Policy and Style Information. In: Behavioral Research in Accounting, 23 (2011), H. 1, S. 241-245.

Oakes, W. (1972): External Validity and the Use of Real People as Subjects. In: American Psychologist, 27 (1972), H. 10, S. 959-962.

Obermaier, R. / Müller, F. (2008): Management accounting research in the lab – method and applications. In: Zeitschrift für Planung & Unternehmenssteuerung, 19 (2008), H. 3, S. 325-351.

Ochs, J. / Roth, A. E. (1989): An Experimental Study of Sequential Bargaining. In: American Economic Review, 79 (1989), H. 3, S. 355-384.

Oelsnitz, D. v. d. (1999): Stand und Entwicklungsperspektiven der betriebswirtschaftlichen Entscheidungsforschung. In: Zeitschrift für Planung, 10 (1999), H. 2, S. 157-176.

Oler, D. K. / Oler, M. J. / Skousen, C. J. (2010): Characterizing Accounting Research. In: Accounting Horizons, 24 (2010), H. 4, S. 635-670.

Opwis, K. (2000): Kognitive Psychologie I: Wissensrepräsentation, Gedächtnis, Problemlösen, Expertise. Kopien der Folien zur Vorlesung. Online im Internet, URL: http://www.unibas.ch/psycho/Skripten/Opwis/Kognition_I.pdf. Abruf: 2000-04-11.

Orne, M. T. (1962): On the Social Psychology of the Psychological Experiment: With Particular Reference to Demand Characteristics and Their Implications. In: American Psychologist, 17 (1962), H. 11, S. 776-783.

Osterloh, M. (2004): Entscheidungsorientierte Organisationstheorien. In: Schreyögg, G. et al. (Hrsg.): Handwörterbuch Unternehmensführung und Organisation, 4., völlig neu bearbeitete Aufl., Stuttgart 2004, Sp. 222-247.

Otley, D. T. / Dias, F. J. B. (1982): Accounting Aggregation and Decision-Making Performance: An Experimental Investigation. In: Journal of Accounting Research, 20 (1982), H. 1, S. 171-188.

Ouweneel, W. J. (1993): Psychologie – ein bibelorientiert-wissenschaftlicher Entwurf, Amsterdam 1993.

Over, D. (2004): Rationality and the Normative/Descriptive Distiction. In: Koehler, D. J. et al. (Hrsg.): Blackwell Handbook of Judgment & Decision Making, Oxford 2004, S. 3-18.

Park, C. W. / Lessig, V. P. (1977): Students and Housewives: Differences in Susceptibility to Reference Group Influence. In: Journal of Consumer Research, 4 (1977), H. 2, S. 102-110.

Patry, J.-L. (1991): Der Geltungsbereich sozialwissenschaftlicher Aussagen. Das Problem der Situationsspezifität. In: Zeitschrift für Sozialpsychologie, 22 (1991), S. 223-244.

Pearl, J. (1984): Heuristics. Intelligent Search Strategies for Computer Problem Solving, Reading, MA, et al. 1984.

Persky, J. (1995): Retrospectives: The Ethology of Homo Economicus. In: Journal of Economic Perspectives, 9 (1995), H. 2, S. 221-231.

Peters, J. M. (1993): Decision Making, Cognitive Science and Accounting: An Overview of the Intersection. In: Accounting, Organizations and Society, 18 (1993), H. 5, S. 383-405.

Petersen, K. (1988): Der Verlauf individueller Informationsprozesse. Eine empirische Untersuchung am Beispiel der Bilanzanalyse, Frankfurt am Main et al. 1988.

Peterson, R. A. (2001): On the Use of College Students in Social Science Research: Insights from a Second-Order Meta-analysis. In: Journal of Consumer Research, 28 (2001), H. 3, S. 450-461.

Phillips, J. K. / Klein, G. / Sieck, W. R. (2004): Expertise in Judgment and Decision Making: A Case for Training Intuitive Decision Skills. In: Koehler, D. J. et al. (Hrsg.): Blackwell Handbook of Judgment & Decision Making, Oxford 2004, S. 297-315.

Pickerd, J. et al. (2011): Individual Accounting Faculty Research Rankings by Topical Area and Methodology. In: Issues in Accounting Education, 26 (2011), H. 3, S. 471-505.

Picot, A. (1975): Experimentelle Organisationsforschung, Wiesbaden 1975.

Pierce, C. A. / Aguinis, H. / Adams, S. K. R. (2000): Effects of a Dissolved Workplace Romance and Rater Characteristics on Response to a Sexual Harassment Accusation. In: Academy of Management Journal, 43 (2000), H. 5, S. 869-880.

Pinsker, R. (2007): Long Series of Information and Nonprofessional Investors' Belief Revision. In: Behavioral Research in Accounting, 19 (2007), H. 1, S. 197-214.

Pinsker, R. (2011): Primacy or Recency? A Study of Order Effects When Nonprofessional Investors are Provided a Long Series of Disclosures. In: Behavioral Research in Accounting, 23 (2011), H. 1, S. 161-183.

Pitre, T. J. (2012): Effects of Increased Reporting Frequency on Nonprofessional Investors' Earnings Predictions. In: Behavioral Research in Accounting, 24 (2012), H. 1, S. 91-107.

Plott, C. R. (1991): Will Economics Become an Experimental Science? In: Southern Economic Journal, 57 (1991), H. 4, S. 901-919.

Podsakoff, P. M. et al. (2003): Common Method Biases in Behavioral Research: A Critical Review of the Literature and Recommended Remedies. In: Journal of Applied Psychology, 88 (2003), H. 5, S. 879-903.

Polanyi, M. (1985): Implizites Wissen, Frankfurt am Main 1985.

Popper, K. R. (2005): Logik der Forschung, 11., durchgesehene und ergänzte Aufl., Berlin 2005.

Preuß, R. K. (1991): Gestaltung des internen Rechnungswesens zur Beeinflussung von Entscheidungsvollzug und Entscheidungsfindung aus verhaltensorientierter Sicht, Inaugural-Dissertation zur Erlangung des Doktorgrades der Wirtschafts- und Sozialwissenschaftlichen Fakultät der Universität zu Köln, Köln 1991.

Probst, F. R. (1971): Probabilistic Cost Controls: A Behavioral Dimension. In: The Accounting Review, 46 (1971), H. 1, S. 113-118.

Putz-Osterloh, W. (1987): Gibt es Experten für komplexe Probleme? In: Zeitschrift für Psychologie, 195 (1987), H. 1, S. 63-84.

Putz-Osterloh, W. (1992): Entscheidungsverhalten. In: Frese, E. (Hrsg.): Handwörterbuch der Organisation, 3. Aufl., Stuttgart 1992, S. 585-599.

Rabin, M. (1998): Psychology and Economics. In: Journal of Economic Literature, 36 (1998), H. 1, S. 11-46.

Rack, O. / Christophersen, T. (2009): Experimente. In: Albers, S. et al. (Hrsg.): Methodik der empirischen Forschung, 3., überarbeitete und erweiterte Aufl., Wiesbaden 2009, S. 17-32.

Raffée, H. (1989): Gegenstand, Methoden und Konzepte der Betriebswirtschaftslehre. In: Bitz, M. et al. (Hrsg.): Vahlens Kompendium der Betriebswirtschaftslehre, Bd. 1, 2., überarbeitete und erweiterte Aufl., München 1989, S. 1-46.

Raffée, H. (1993): Grundprobleme der Betriebswirtschaftslehre. In: Swoboda, P. (Hrsg.): Betriebswirtschaftslehre im Grundstudium der Wirtschaftswissenschaft, Bd. I, 8., unveränderte Aufl., Göttingen 1993.

Ramanathan, K. V. / Weis, W. S. (1981): Supplementing Collegiate Financial Statements With Across-Fund Aggregations: An Experimental Inquiry. In: Accounting, Organizations and Society, 6 (1981), H. 2, S. 143-151.

Rankin, F. W. / Sayre, T. L. (2011): Responses to risk in tournaments. In: Accounting, Organizations and Society, 36 (2011), H. 1, S. 53-62.

Rankin, F. W. / Schwartz, S. T. / Young, R. A. (2003): Management Control Using Non-Binding Budgetary Announcements. In: Journal of Management Accounting Research, 15 (2003), S. 75-93.

Rankin, F. W. / Schwartz, S. T. / Young, R. A. (2008): The Effect of Honesty and Superior Authority on Budget Proposals. In: The Accounting Review, 83 (2008), H. 4, S. 1083-1099.

Rasch, B. et al. (2010a): Quantitative Methoden, Bd. 1, 3., erweiterte Aufl., Berlin et al. 2010a.

Rasch, B. et al. (2010b): Quantitative Methoden, Bd. 2, 3., erweiterte Aufl., Berlin et al. 2010b.

Rauch, A. et al. (2009): Entrepreneurial Orientation and Business Performance: An Assessment of Past Research and Suggestions for the Future. In: Entrepreneurship Theory and Practice, 33 (2009), H. 3, S. 761-787.

Reimann, P. (1998): Novizen- und Expertenwissen. In: Klix, F. et al. (Hrsg.): Enzyklopädie der Psychologie, Bd. C II 6: Wissen, Göttingen et al. 1998, S. 335-367.

Reimer, M. / Orth, M. (2008): Die Bedeutung verhaltensorientierter Aspekte in der Controllingausbildung an deutschen Universitäten. In: Zeitschrift für Planung & Unternehmenssteuerung, 19 (2008), H. 2, S. 185-205.

Reinsch, N. L. / Beswick, R. W. (1990): Voice Mail versus Conventional Channels: A Cost Minimization Analysis of Individuals' Preferences. In: Academy of Management Journal, 33 (1990), H. 4, S. 801-816.

Reips, U.-D. (2000): The Web Experiment Method: Advantages, Disadvantages, and Solutions. In: Birnbaum, M. H. (Hrsg.): Psychological Experiments on the Internet, San Diego, CA, et al. 2000, S. 89-117.

Reiß, S. / Sarris, V. (2012): Experimentelle Psychologie. Von der Theorie zur Praxis, München et al. 2012.

Remus, W. E. (1996): Will Behavioral Research on Managerial Decision Making Generalize to Managers? In: Managerial and Decision Economics, 17 (1996), H. 1, S. 93-101.

Rieskamp, J. / Reimer, T. (2007): Ecological Rationality. In: Baumeister, R. F. et al. (Hrsg.): Encyclopedia of Social Psychology, Thousand Oaks, CA, 2007, S. 273 f.

Roberts, E. S. (1999): In defence of the survey method: An illustration from a study of user information satisfaction. In: Accounting and Finance, 39 (1999), H. 1, S. 53-77.

Roberts, M. L. (1998): Tax Accountants' Judgment/Decision-Making Research: A Review and Synthesis. In: Journal of the American Taxation Association, 20 (1998), H. 1, S. 78-121.

Roberts, M. L. / Albright, T. L. / Hibbets, A. R. (2004): Debiasing Balanced Scorecard Evaluations. In: Behavioral Research in Accounting, 16 (2004), H. 1, S. 75-88.

Rockness, H. O. (1977): Expectancy Theory in a Budgetary Setting: An Experimental Examination. In: The Accounting Review, 52 (1977), H. 4, S. 893-903.

Rose, J. M. / Norman, C. S. / Rose, A. M. (2010): Perceptions of Investment Risk Associated with Material Control Weakness Pervasiveness and Disclosure Detail. In: The Accounting Review, 85 (2010), H. 5, S. 1787-1807.

Rosenberg, M. J. (1969): The Conditions and Consequences of Evaluation Apprehension. In: Rosenthal, R. et al. (Hrsg.): Artifact in Behavioral Research, New York et al. 1969, S. 279-349.

Rosenthal, R. (1969): Interpersonal Expectations: Effects of the Experimenter's Hypothesis. In: Rosenthal, R. et al. (Hrsg.): Artifact in Behavioral Research, New York et al. 1969, S. 181-277.

Rosenthal, R. / Rosnow, R. L. (1969): The Volunteer Subject. In: Rosenthal, R. et al. (Hrsg.): Artifact in Behavioral Research, New York et al. 1969, S. 59-118.

Rosenthal, R. / Rosnow, R. L. (Hrsg.) (2009): Artifacts in Behavioral Research, Oxford et al. 2009.

Rossi, P. H. / Anderson, A. B. (1982): The Factorial Survey Approach. An Introduction. In: Rossi, P. H. et al. (Hrsg.): Measuring Social Judgments. The factorial survey approach, Beverly Hills, CA, 1982, S. 15-67.

Rowe, C. (2004): The Effect of Accounting Report Structure and Team Structure on Performance in Cross-Functional Teams. In: The Accounting Review, 79 (2004), H. 4, S. 1153-1180.

Runkel, P. J. / McGrath, J. E. (1972): Research on Human Behavior. A Systematic Guide to Method, New York et al. 1972.

Rutledge, R. W. / Karim, K. E. (1999): The influence of self-interest and ethical considerations on managers' evaluation judgments. In: Accounting, Organizations and Society, 24 (1999), H. 2, S. 173-184.

Sackmann, S. A. (2004): Kognitiver Ansatz. In: Schreyögg, G. (Hrsg.): Handwörterbuch der Unternehmensführung und Organisation, 4. Aufl., Stuttgart 2004, Sp. 588-596.

San Miguel, J. G. (1976): Human Information Processing and its Relevance to Accounting: A Laboratory Study. In: Accounting, Organizations and Society, 1 (1976), H. 4, S. 357-373.

Sandt, J. (2004): Management mit Kennzahlen und Kennzahlensystemen. Bestandsaufnahme, Determinanten und Erfolgsauswirkungen, Wiesbaden 2004.

Sauermann, H. (1970): Die experimentelle Wirtschaftsforschung an der Universität Frankfurt am Main. In: Sauermann, H. (Hrsg.): Beiträge zur experimentellen Wirtschaftsforschung, Bd. 2, Tübingen 1970, S. 1-18.

Savich, R. S. (1977): The Use of Accounting Information in Decision Making. In: The Accounting Review, 52 (1977), H. 3, S. 642-652.

Sawers, K. M. (2005): Evidence of Choice Avoidance in Capital-Investment Judgements. In: Contemporary Accounting Research, 22 (2005), H. 4, S. 1063-1092.

Sawers, K. M. / Wright, A. / Zamora, V. (2011): Does Greater Risk-Bearing in Stock Option Compensation Reduce the Influence of Problem Framing On Managerial Risk-Taking Behavior? In: Behavioral Research in Accounting, 23 (2011), H. 1, S. 185-201.

Sayre, T. L. / Rankin, F. W. / Fargher, N. L. (1998): The Effects of Promotion Incentives on Delegated Investment Decisions: A Note. In: Journal of Management Accounting Research, 10 (1998), S. 313-324.

Scapens, R. W. / Bromwich, M. (2001): Management Accounting Research: the first decade. In: Management Accounting Research, 12 (2001), H. 2, S. 245-254.

Schäffer, U. / Weber, J. (2013): Behavioral Controlling. In: Controlling & Management Review, 57 (2013), H. 3, S. 1 f.

Schanz, G. (1975): Einführung in die Methodologie der Betriebswirtschaftslehre, Köln 1975.

Schanz, G. (1977): Grundlagen der verhaltenstheoretischen Betriebswirtschaftslehre, Tübingen 1977.

Schanz, G. (1988): Erkennen und Gestalten. Betriebswirtschaftslehre in kritisch-rationaler Absicht, Stuttgart 1988.

Schanz, G. (1993a): Verhaltenswissenschaften und Betriebswirtschaftslehre. In: Wittmann, W. et al. (Hrsg.): Handwörterbuch der Betriebswirtschaft, Bd. 3, 5., völlig neu gestaltete Aufl., Stuttgart 1993a, Sp. 4521-4532.

Schanz, G. (1993b): Verhaltenswissenschaftliche Ansätze. In: Chmielewicz, K. et al. (Hrsg.): Handwörterbuch des Rechnungswesens, 3., völlig neu gestaltete und ergänzte Aufl., Stuttgart 1993b, Sp. 2005-2012.

Schatzberg, J. W. / Stevens, D. E. (2008): Public and Private Forms of Opportunism within the Organization: A Joint Examination of Budget and Effort Behavior. In: Journal of Management Accounting Research, 20 (2008), S. 59-81.

Schmidt, F. L. / Hunter, J. E. (2015): Methods of Meta-Analysis. Correcting Error and Bias in Research Findings, 3. Aufl., Thousand Oaks, CA, et al. 2015.

Schneider, D. (1987): Allgemeine Betriebswirtschaftslehre, 3., neu bearbeitete und erweiterte Aufl., München et al. 1987.

Schnell, R. / Hill, P. B. / Esser, E. (2011): Methoden der empirischen Sozialforschung, 9., aktualisierte Aufl., München 2011.

Schnotz, W. (1994): Aufbau von Wissensstrukturen. Untersuchungen zur Kohärenzbildung bei Wissenserwerb mit Texten, Weinheim 1994.

Schnotz, W. (2006): Was geschieht im Kopf des Lesers? Mentale Konstruktionsprozesse beim Textverstehen aus der Sicht der Psychologie und der kognitiven Linguistik. In: Blühdorn, H. et al. (Hrsg.): Text – Verstehen. Grammatik und darüber hinaus, Berlin 2006, S. 222-238.

Schoenfeld, H.-M. W. (1993): Behavioral Accounting. In: Wittmann, W. et al. (Hrsg.): Handwörterbuch der Betriebswirtschaft, Bd. 1, 5., völlig neu gestaltete Aufl., Stuttgart 1993, Sp. 280-292.

Schönbrunn, N. (1988): Rechnungswesen und Verhaltenswissenschaften. Entwicklungsstand und motivationstheoretische Grundlagen des Behavioral Accounting, Marburg 1988.

Schrader, U. / Hennig-Thurau, T. (2009): VHB-JOURQUAL2: Method, Results, and Implications of the German Academic Association for Business Research's Journal Ranking. In: Business Research, 2 (2009), H. 2, S. 180-204.

Schreiber, D. (2010): Management von Controllingwissen. Ein sach- und verhaltsorientierter Ansatz zur Verbesserung der Manager-Controller-Beziehung, Wiesbaden 2010.

Schreyögg, G. (1992): Organisationstheorie, entscheidungsprozeßorientierte. In: Frese, E. (Hrsg.): Handwörterbuch der Organisation, 3., völlig neu gestaltete Aufl., Stuttgart 1992, Sp. 1746- 1757.

Schultz, D. T. (1969): The Human Subject in Psychological Research. In: Psychological Bulletin, 72 (1969), H. 3, S. 214-228.

Schulz, A. K.-D. (1999): Experimental research method in a management accounting context. In: Accounting and Finance, 39 (1999), H. 1, S. 29-51.

Schwaiger, M. (2007): Empirische Forschung in der BWL. In: Köhler, R. et al. (Hrsg.): Handwörterbuch der Betriebswirtschaft, 6., vollständig neu gestaltete Aufl., Stuttgart 2007, Sp. 337-345.

Schwartz, S. T. / Young, R. A. (2002): A Laboratory Investigation of Verification and Reputation Formation in a Repeated Joint Investment Setting. In: Contemporary Accounting Research, 19 (2002), H. 2, S. 311-342.

Schweitzer, M. (1978): Wissenschaftsziele und Auffassungen in der Betriebswirtschaftslehre. Eine Einführung. In: Schweitzer, M. (Hrsg.): Auffassungen und Wissenschaftsziele der Betriebswirtschaftslehre, Darmstadt 1978, S. 1-14.

Schweitzer, M. / Küpper, H.-U. (2003): Systeme der Kosten- und Erlösrechnung, 8., überarbeitete und erweiterte Aufl., München 2003.

Schwind, J. (2011): Die Informationsverarbeitung von Wirtschaftsprüfern bei der Prüfung geschätzter Werte, Wiesbaden 2011.

Sears, D. O. (1986): College Sophomores in the Laboratory: Influence of a Narrow Data Base on Social Psychology's View of Human Nature. In: Journal of Personality and Social Psychology, 51 (1986), H. 3, S. 515-530.

Sent, E.-M. (2004): Behavioral Economics: How Psychology Made Its (Limited) Way Back Into Economics. In: History of Political Economy, 36 (2004), H. 4, S. 735-760.

Seybert, N. (2010): R&D Capitalization and Reputation-Driven Real Earnings Management. In: The Accounting Review, 85 (2010), H. 2, S. 671-693.

Shadish, W. R. / Cook, T. D. / Campbell, D. T. (2002): Experimental and Quasi-Experimental Designs for Generalized Causal Inference, Belmont, CA, 2002.

Shahzad, K. / Ahmed, F. / Ghaffar, A. (2013): Personality and Gender as Predictors of Academic Choices: A Comparative Study of Business and Non-Business Students. In: International Journal of Management & Organizational Studies, 2 (2013), H. 2, S. 1-7.

Shanteau, J. (1992): Competence in Experts: The Role of Task Characteristics. In: Organizational Behavior and Human Decision Processes, 53 (1992), H. 2, S. 252-266.

Shevlin, T. (1999): Research in Taxation. In: Accounting Horizons, 13 (1999), H. 4, S. 427-441.

Shields, M. D. (1983): Effects of Information Supply and Demand on Judgment Accuracy: Evidence from Corporate Managers. In: The Accounting Review, 58 (1983), H. 2, S. 284-303.

Shields, M. D. (1984): A Predecisional Approach to the Measurement of the Demand for Information in a Performance Report. In: Accounting, Organizations and Society, 9 (1984), H. 3/4, S. 355-363.

Shields, M. D. (1997): Research in Management Accounting by North Americans in the 1990s. In: Journal of Management Accounting Research, 9 (1997), S. 3-61.

Shields, M. D. (2002): Psychology and Accounting. In: Küpper, H.-U. et al. (Hrsg.): Handwörterbuch Unternehmensrechnung und Controlling, 4., völlig neu gestaltete Aufl., Stuttgart 2002, Sp. 1631-1640.

Shields, M. D. / Birnberg, J. G. / Hanson Frieze, I. (1981): Attributions, Cognitive Processes and Control Systems. In: Accounting, Organizations and Society, 6 (1981), H. 1, S. 69-93.

Shields, M. D. / Waller, W. S. (1988): A Behavioral Study of Accounting Variables in Performance – Incentive Contracts. In: Accounting, Organizations and Society, 13 (1988), H. 6, S. 581-594.

Shuptrine, F. K. (1975): On the Validity of Using Students as Subjects in Consumer Behavior Investigations. In: Journal of Business, 48 (1975), H. 3, S. 383-390.

Siegwart, H. et al. (1990): Controlling – Quo vadis? Eine Einleitung. In: Siegwart, H. et al. (Hrsg.): Meilensteine im Management. Management Controlling, Basel et al. 1990, S. 1-17.

Simon, H. A. (1955): A Behavioral Model of Rational Choice. In: The Quarterly Journal of Economics, 69 (1955), H. 1, S. 99-118.

Simon, H. A. (1956): Rational Choice and the Structure of the Environment. In: Psychological Review, 63 (1956), H. 2, S. 129-138.

Simon, H. A. (1957): Models of Man. Social and Rational. Mathematical Essays on Rational Human Behavior in a Social Setting, New York et al. 1957.

Simon, H. A. (1976): From substantive to procedural rationality. In: Latsis, S. J. (Hrsg.): Method and Appraisal in Economics, Cambridge, MA, 1976, S. 129-148.

Simon, H. A. (1978): Rationality as Process and as Product of Thought. In: American Economic Review, 68 (1978), H. 2, S. 1-16.

Simon, H. A. (1979): Rational Decision-Making in Business Organizations. In: American Economic Review, 69 (1979), H. 4, S. 493-513.

Simon, H. A. (1980): Grenzen der Rationalität in Entscheidungsprozessen. In: Journal für Betriebswirtschaft, 30 (1980), H. 1, S. 2-17.

Simon, H. A. (1986): Rationality in Psychology and Economics. In: Journal of Business, 59 (1986), H. 4, Part 2 of 2, S. 209-224.

Simon, H. A. (1990): Invariants of Human Behavior. In: Annual Review of Psychology, 41 (1990), S. 1-19.

Simon, H. A. (1993): Homo Rationalis, Frankfurt et al. 1993.

Simon, H. A. (1997): Administrative Behavior: A Study of Decision-Making Processes in Administrative Organizations, 4. Aufl., New York et al. 1997.

Simon, H. A. (1998): Infomation 101: It's not what you know, its how you know it. In: Journal for Quality and Participation, 21 (1998), H. 4, S. 30.

Simon, H. A. (1999): Appraisal. In: Gigerenzer, G. et al. (Hrsg.): Simple Heuristics That Make Us Smart, New York et al. 1999, S. 418 (Rückseite).

Simon, H. A. (2000): Bounded Rationality in Social Science: Today and Tomorrow. In: Mind and Society, 1 (2000), H. 1, S. 25-39.

Simon, H. A. et al. (1954): Centralization vs. Decentralization in Organizing the Controller's Department, New York 1954.

Sjurts, I. (1995): Kontrolle, Controlling und Unternehmensführung. Theoretische Grundlagen und Problemlösungen für das operative und strategische Management, Wiesbaden 1995.

Smith, E. E. et al. (2007): Atkinsons und Hilgards Einführung in die Psychologie, 14. Aufl., Berlin et al. 2007.

Smith, V. L. (2003): Constructivist and ecological rationality in economics. In: American Economic Review, 93 (2003), H. 3, S. 465-508.

Snowball, D. (1986): Accounting Laboratory Experiments on Human Judgment: Some Characteristics and Influences. In: Accounting, Organizations and Society, 11 (1986), H. 1, S. 47-69.

Söhnchen, F. (2009): Common Method Variance und Single Source Bias. In: Albers, S. et al. (Hrsg.): Methodik der empirischen Forschung, 3., überarbeitete und erweiterte Aufl., Wiesbaden 2009, S. 137-152.

Solomon, I. / Trotman, K. T. (2003): Experimental judgment and decision research in auditing: the first 25 years of AOS. In: Accounting, Organizations and Society, 28 (2003), H. 4, S. 395-412.

Solso, R. T. (2005): Kognitive Psychologie, Heidelberg 2005.

Sorensen, J. E. / Franks, D. D. (1972): The Relative Contribution of Ability, Self-Esteem and Evaluative Feedback to Performance: Implications for Accounting Systems. In: The Accounting Review, 47 (1972), H. 4, S. 735-746.

Spence, M. T. / Brucks, M. (1997): The Moderating Effects of Problem Characteristics on Experts' and Novices' Judgments. In: Journal of Marketing Research, 34 (1997), H. 2, S. 233-247.

Sprinkle, G. B. (2000): The Effect of Incentive Contracts on Learning and Performance. In: The Accounting Review, 75 (2000), H. 3, S. 299-326.

Sprinkle, G. B. / Williamson, M. G. (2007): Experimental Research in Managerial Accounting. In: Chapman, C. S. et al. (Hrsg.): Handbook of Management Accounting Research, Bd. 1, Amsterdam et al. 2007, S. 415-444.

Sprinkle, G. B. / Williamson, M. G. / Upton, D. R. (2008): The effort and risk-taking effects of budget-based contracts. In: Accounting, Organizations and Society, 33 (2008), H. 4, S. 436-452.

Staehle, W. H. (1999): Management. Eine verhaltenswissenschaftliche Perspektive, 8., überarbeitete Aufl., München 1999.

Stapf, K. (1999): Laboruntersuchungen. In: Roth, E. et al. (Hrsg.): Sozialwissenschaftliche Methoden, 5., durchgesehene Aufl., München et al. 1999, S. 228-244.

Stedry, A. C. (1960): Budget Control and Cost Behavior, Englewood Cliffs, NJ, 1960.

Stefani, U. (2008): Verhaltensorientiertes Controlling: Ergebnisse wirtschaftswissenschaftlicher Laborexperimente. In: Zeitschrift für Controlling & Management, 52 (2008), Sonderheft 1, S. 12-17.

Steiners, D. (2005): Lernen mit Controllinginformationen. Empirische Untersuchung in deutschen Industrieunternehmen, Wiesbaden 2005.

Stephens, N. M. et al. (2011): Accounting Doctoral Program Rankings Based on Research Productivity of Program Graduates. In: Accounting Horizons, 25 (2011), H. 1, S. 149-181.

Sternberg, R. J. (2004): Psychology, 4. Aufl., Belmont, CA, et al. 2004.

Sternberg, R. J. / Sternberg, K. (2012): Cognitive Psychology, 6. Aufl., Belmont, CA, 2012.

Sterne, J. A. C. / Egger, M. / Davey Smith, G. (2001): Investigating and dealing with publication and other biases in meta-analysis. In: British Medical Journal, 323 (2001), H. 7304, S. 101-105.

Stevens, D. E. (2002): The Effects of Reputation and Ethics on Budgetary Slack. In: Journal of Management Accounting Research, 14 (2002), S. 153-171.

Stigler, G. J. (1961): The Economics of Information. In: Journal of Political Economy, 69 (1961), H. 3, S. 213-225.

Stone, D. N. / Hunton, J. E. / Wier, B. (2000): Succeeding in managerial accounting. Part 1: knowledge, ability, and rank. In: Accounting, Organizations and Society, 25 (2000), S. 697-715.

Stuart, I. C. / Prawitt, D. F. (2012): Firm-Level Formalization and Auditor Performance on Complex Tasks. In: Behavioral Research in Accounting, 24 (2012), H. 2, S. 193-210.

Suchanek, A. (1994): Ökonomischer Ansatz und theoretische Integration, Tübingen 1994.

Süß, H.-M. (1996): Intelligenz, Wissen und Problemlösen. Kognitive Voraussetzungen für erfolgreiches Handeln bei computersimulierten Problemen, Göttingen et al. 1996.

Sutton, S. G. / Hayne, S. C. (1997): Judgment and Decision Making, Part III: Group Processes. In: Arnold, V. et al. (Hrsg.): Behavioral Accounting Research: foundations and frontiers, Sarasota, FL, 1997, S. 134-163.

Swieringa, R. J. / Weick, K. E. (1982): An Assessment of Laboratory Experiments in Accounting. In: Journal of Accounting Research, 20 (1982), Supplement, S. 56-101.

Tan, H.-T. (2001): Methodological Issues in Measuring Knowledge Effects. In: International Journal of Auditing, 5 (2001), H. 3, S. 215-224.

Tan, H.-T. / Kao, A. (1999): Accountability Effects on Auditors' Performance: The Influence of Knowledge, Problem-Solving Ability, and Task Complexity. In: Journal of Accounting Research, 37 (1999), H. 1, S. 209-223.

Tan, H.-T. / Libby, R. (1997): Tacit Managerial versus Technical Knowledge as Determinants of Audit Expertise in the Field. In: Journal of Accounting Research, 35 (1997), H. 1, S. 97-113.

Tan, H.-T. / Libby, R. / Hunton, J. E. (2010): When Do Analysts Adjust for Biases in Management Guidance? Effects of Guidance Track Record and Analysts' Incentives. In: Contemporary Accounting Research, 27 (2010), H. 1, S. 187-208.

Tan, S.-K. / Koonce, L. (2011): Investors' reactions to retractions and corrections of management earnings forecasts. In: Accounting, Organizations and Society, 36 (2011), H. 6, S. 382-397.

Tangpong, C. / Li, J. / Johns, T. R. (2010): Stakeholder Prescription and Managerial Decisions: An Investigation of the Universality of Stakeholder Prescription. In: Journal of Managerial Issues, 22 (2010), H. 3, S. 345-367.

Tayler, W. B. (2010): The Balanced Scorecard as a Strategy-Evaluation Tool: The Effects of Implementation Involvement and a Causal-Chain Focus. In: The Accounting Review, 85 (2010), H. 3, S. 1095-1117.

Taylor, B. J. (2006): Factorial Surveys: Using Vignettes to Study Professional Judgement. In: British Journal of Social Work, 36 (2006), H. 7, S. 1187-1207.

Taylor, R. N. (1975): Age and Experience as Determinants of Managerial Information Processing and Decision Making Performance. In: Academy of Management Journal, 18 (1975), H. 1, S. 74-81.

Thaler, R. H. / Sunstein, C. R. (2008): Nudge. Improving Decisions About Health, Wealth, and Happiness, New Haven, CT, et al. 2008.

Thayer, J. (2011): Determinants of Investors' Information Acquisition: Credibility and Confirmation. In: The Accounting Review, 86 (2011), H. 1, S. 1-22.

Tiller, M. G. (1983): The Dissonance Model of Participative Budgeting: An Empirical Exploration. In: Journal of Accounting Research, 21 (1983), H. 2, S. 581-595.

Todd, P. M. / Gigerenzer, G. (2003): Bounding rationality to the world. In: Journal of Economic Psychology, 24 (2003), H. 2, S. 143-165.

Tolman, E. C. (1959): Performance Vectors: A Theoretical and Experimental Attack Upon Emphasis, Effect, and Repression. In: American Psychologist, 14 (1959), H. 1, S. 1-7.

Tomassini, L. A. (1977): Assessing the Impact of Human Resource Accounting: An Experimental Study of Managerial Decision Preferences. In: The Accounting Review, 52 (1977), H. 4, S. 904-914.

Tongtharadol, V. / Reneau, J. H. / West, S. G. (1991): Factors Influencing Supervisor's Responses to Subordinate's Poor Performance: An Attributional Analysis. In: Journal of Management Accounting Research, 3 (1991), S. 194-212.

Trotman, K. T. (1996): Research Methods for Judgment and Decision Making Studies in Auditing, Melbourne 1996.

Trotman, K. T. (2011): A Different Personal Perspective through the Behavioral Accounting Literature. In: Behavioral Research in Accounting, 23 (2011), H. 1, S. 203-208.

Trotman, K. T. / Tan, H. C. / Ang, N. (2011): Fifty-year overview of judgment and decision-making research in accounting. In: Accounting and Finance, 51 (2011), H. 1, S. 278-360.

Trotman, K. T. / Wright, A. (1996): Recency Effects: Task Complexity, Decision Mode and Task-Specific Experience. In: Behavioral Research in Accounting, 8 (1996), S. 175-193.

Turner, M. J. / Hilton, R. W. (1989): Use of Accounting Product-Costing Systems in Making Production Decisions. In: Journal of Accounting Research, 27 (1989), H. 2, S. 297-312.

Tversky, A. / Kahneman, D. (1974): Judgment Under Uncertainty: Heuristics and Biases. In: Science, 185 (1974), H. 4157, S. 1124-1131.

Uecker, W. / Schepanski, A. / Shin, J. (1985): Toward a Positive Theory of Information Evaluation: Relevant Tests of Competing Models in a Principal-Agency Setting. In: The Accounting Review, 60 (1985), H. 3, S. 430-457.

Uecker, W. C. (1977): An Inquiry Into the Need for Currently Feasible Extensions of the Attest Function in Corporate Annual Reports. In: Accounting, Organizations and Society, 2 (1977), H. 1, S. 47-58.

Uecker, W. C. (1978): Behavioral Study of Information System Choice. In: Journal of Accounting Research, 16 (1978), H. 1, S. 169-189.

Uecker, W. C. (1980): The Effects of Knowledge of the User's Decision Model in Simplified Information Evaluation. In: Journal of Accounting Research, 18 (1980), H. 1, S. 191-213.

Uecker, W. C. (1982): The Quality of Group Performance in Simplified Information Evaluation. In: Journal of Accounting Research, 20 (1982), H. 2, S. 388-402.

Upton, D. R. (2009): Implications of Social Value Orientation and Budget Levels on Group Performance and Performance Variance. In: Journal of Management Accounting Research, 21 (2009), S. 293-316.

Valcárcel, S. (2004): Rationalität. In: Schreyögg, G. et al. (Hrsg.): Handwörterbuch der Unternehmensführung und Organisation, 4. Aufl., Stuttgart 2004, Sp. 1236-1244.

Vasarhelyi, M. A. (1977): Man-Machine Planning Systems: A Cognitive Style Examination of Interactive Decision Making. In: Journal of Accounting Research, 15 (1977), H. 1, S. 138-153.

Vera-Muñoz, S. C. (1998): The Effects of Accounting Knowledge and Context on the Omission of Opportunity Costs in Resource Allocation Decisions. In: The Accounting Review, 73 (1998), H. 1, S. 47-72.

Vera-Muñoz, S. C. / Kinney, W. R. / Bonner, S. E. (2001): The Effects of Domain Experience and Task Presentation Format on Accountants' Information Relevance Assurance. In: The Accounting Review, 76 (2001), H. 3, S. 405-439.

Vinson, D. E. / Lundstrom, W. J. (1978): The Use of Students as Experimental Subjects in Marketing Research. In: Journal of the Academy of Marketing Science, 6 (1978), H. 2, S. 114-125.

Volnhals, M. (2010): Information Overload und Controlling. Analyse kognitiver Restriktionen bei der Wahrnehmung von Berichtsinformationen, Hamburg 2010.

Voss, J. F. (1990): Das Lösen schlecht strukturierter Probleme – ein Überblick. In: Unterrichtswissenschaft, 18 (1990), H. 4, S. 313-337.

Voss, J. F. / Post, T. A. (1988): On the Solving of Ill-Structured Problems. In: Chi, M. T. H. et al. (Hrsg.): The Nature of Expertise, Hillsdale, NJ, 1988, S. 261-285.

Voss, J. F. / Tyler, S. W. / Yengo, L. A. (1983): Individual Differences in the Solving of Social Science Problems. In: Dillon, R. F. et al. (Hrsg.): Individual Differences in Cognition, Bd. 1, New York et al. 1983, S. 205-232.

Wagenhofer, A. (2006): Management Accounting Research in German-Speaking Countries. In: Journal of Management Accounting Research, 18 (2006), S. 1-19.

Wagner, R. K. / Sternberg, R. J. (1987): Tacit Knowledge in Managerial Success. In: Journal of Business and Psychology, 1 (1987), H. 4, S. 301-312.

Wallander, L. (2009): 25 years of factorial surveys in sociology: A review. In: Social Science Research, 38 (2009), H. 3, S. 505-520.

Waller, W. S. (1995): Decision making research in managerial accounting: return to behavioral-economics foundations. In: Ashton, R. H. et al. (Hrsg.): Judgment and decision making research in accounting and auditing, New York 1995, S. 29-54.

Waller, W. S. / Bishop, R. A. (1990): An Experimental Study of Incentive Pay Schemes, Communication, and Intrafirm Resource Allocation. In: The Accounting Review, 65 (1990), H. 4, S. 812-836.

Waller, W. S. / Chow, C. W. (1985): The Self-Selection and Effort Effects of Standard-Based Employment Contracts: A Framework and Some Empirical Evidence. In: The Accounting Review, 60 (1985), H. 3, S. 458-476.

Waller, W. S. / Shapiro, B. / Sevcik, G. (1999): Do cost-based pricing biases persist in laboratory markets? In: Accounting, Organizations and Society, 24 (1999), H. 8, S. 717-739.

Walsh, J. P. (1995): Managerial and Organizational Cognition: Notes from a Trip Down Memory Lane. In: Organization Science, 6 (1995), H. 3, S. 280-321.

Walters-York, L. M. / Curatola, A. P. (1998): Recent Evidence on the Use of Students as Surrogate Subjects. In: Advances in Accounting Behavioral Research, 1 (1998), H. 1, S. 123-143.

Walters-York, L. M. / Curatola, A. P. (2000): Theoretical Reflections on the Use of Students as Surrogate Subjects in Behavioral Experimentation. In: Advances in Accounting Behavioral Research, 3 (2000), H. 1, S. 243-263.

Walz, S. P. / Deterding, S. (Hrsg.) (2014): The Gameful World: Approaches, Issues, Applications, Cambridge et al. 2014.

Watson, D. J. H. (1974): Students as Surrogates in Behavioral Business Research: Some Comments. In: The Accounting Review, 49 (1974), H. 3, S. 530-533.

Webb, R. A. (2002): The impact of reputation and variance investigations on the creation of budget slack. In: Accounting, Organizations and Society, 27 (2002), H. 4, S. 361-378.

Webb, R. A. (2004): Managers' Commitment to the Goals Contained in a Strategic Performance Measurement System. In: Contemporary Accounting Research, 21 (2004), H. 4, S. 925-958.

Weber, J. / Riesenhuber, M. (2002): Controlling & Psychlogie, Vallendar 2002.

Weber, J. / Schäffer, U. (2014): Einführung in das Controlling, 14., überarbeitete und aktualisierte Aufl., Stuttgart 2014.

Weber, J. / Schäffer, U. / Langenbach, W. (2001): Gedanken zur Rationalitätskonzeption des Controlling. In: Weber, J. et al. (Hrsg.): Rationalitätssicherung der Führung, Wiesbaden 2001, S. 46-76.

Weibel, A. / Rost, K. / Osterloh, M. (2009): Pay for Performance in the Public Sector – Benefits and (Hidden) Costs. In: Journal of Public Administration and Theory, 20 (2009), H. 2, S. 387-412.

Weick, K. E. (1967): Organizations in the Laboratory. In: Vroom, V. H. (Hrsg.): Methods of Organizational Research, Pittsburgh, PA, 1967, S. 1-56.

Wells, W. D. (1993): Discovery-oriented Consumer Research. In: Journal of Consumer Research, 19 (1993), H. 4, S. 489-504.

Werhahn, P. H. (1989): Menschenbild, Gesellschaftsbild und Wissenschaftsbegriff in der neueren Betriebswirtschaftslehre. Faktortheoretischer Ansatz, entscheidungstheoretischer Ansatz und Systemansatz im Vergleich, 2. Aufl., Bern et al. 1989.

Wielpütz, A. U. (1996): Verhaltensorientiertes Controlling, Lohmar et al. 1996.

Wild, J. (1975): Methodenprobleme in der Betriebswirtschaftslehre. In: Grochla, E. et al. (Hrsg.): Handwörterbuch der Betriebswirtschaft, Bd. 2, 4., völlig neu gestaltete Aufl., Stuttgart 1975, Sp. 2654-2677.

Wild, J. (1976): Theorienbildung, betriebswirtschaftliche. In: Grochla, E. et al. (Hrsg.): Handwörterbuch der Betriebswirtschaft, Bd. 3, 4., völlig neu gestaltete Aufl., Stuttgart 1976, Sp. 3889-3910.

Williamson, M. G. (2008): The Effects of Expanding Employee Decision Making on Contributions to Firm Value in an Informal Reward Environment. In: Contemporary Accounting Research, 25 (2008), H. 4, S. 1183-1209.

Wilson, D. B. (2015): Practical Meta-Analysis Effect Size Calculator. Online im Internet, URL: http://www.campbellcollaboration.org/resources/effect_size_input.php. Abruf: 2015-07-24.

Wilson, T. D. / Aronson, E. / Carlsmith, K. (2010): The Art of Laboratory Experimentation. In: Fiske, S. T. et al. (Hrsg.): Handbook of Social Psychology, Bd. 1, 5. Aufl., Hoboken, NJ, 2010, S. 51-81.

Wintre, M. G. / North, C. / Sugar, L. A. (2001): Psychologists' Response to Criticisms About Research Based on Undergraduate Participants: A Developmental Perspective. In: Canadian Psychology, 42 (2001), H. 3, S. 216-226.

Wiswede, G. (2006): Einführung in die Wirtschaftspsychologie, 4., überarbeitete und erweiterte Aufl., München et al. 2006.

Witte, E. (1974): Empirische Forschung in der Betriebswirtschaft. In: Grochla, E. et al. (Hrsg.): Handwörterbuch der Betriebswirtschaft, Bd. 1, 4., völlig neu gestaltete Aufl., Stuttgart 1974, Sp. 1264-1281.

Wittmann, W. W. / Süß, H.-M. / Oberauer, K. (1996): Determinanten komplexen Problemlösens. In: Wittmann, W. W. (Hrsg.): Berichte des Lehrstuhls Psychologie II der Universität Mannheim, Nr. 9, Mannheim 1996.

Wömpener, A. (2008): Behavioral Budgeting – Beschränkte Rationalität von kognitiven Urteils- und Entscheidungsprozessen im Kontext der Budgetierung, Hamburg 2008.

Wood, R. E. (1986): Task complexity: Definition of the construct. In: Organizational Behavior and Human Decision Processes, 37 (1986), H. 1, S. 60-82.

Wright, W. F. (1988): Empirical comparison of subjective probability elicitation methods. In: Contemporary Accounting Research, 5 (1988), H. 1, S. 47-57.

Wundt, W. (1862): Beiträge zur Theorie der Sinneswahrnehmung, Leipzig et al. 1862.

Yin, R. K. (2009): Case Study Research. Design and Methods, 4. Aufl., Thousand Oaks, CA, et al. 2009.

Young, S. M. (1985): Participative Budgeting: The Effects of Risk Aversion and Asymmetric Information on Budgetary Slack. In: Journal of Accounting Research, 23 (1985), H. 2, S. 829-842.

Young, S. M. / Fisher, J. / Lindquist, T. M. (1993): The Effects of Intergroup Competition and Intragroup Cooperation on Slack and Output in a Manufacturing Setting. In: The Accounting Review, 68 (1993), H. 3, S. 466-481.

Zanibbi, L. / Pike, R. (1996): Behaviour congruence in capital budgeting judgements. In: Management Accounting Research, 7 (1996), H. 3, S. 305-320.

Zelditch, M. (1980): Can You Really Study an Army in the Laboratory? In: Etzioni, A. et al. (Hrsg.): A Sociological Reader on Complex Organizations, 3. Aufl., New York et al. 1980, S. 531-539.

Zelditch, M. / Evan, W. M. (1962): Simulated Bureaucracies: A Methodological Analysis: readings. In: Guetzkow, H. S. (Hrsg.): Simulation in social science, Englewood Cliffs, NJ, et al. 1962, S. 48-60.

Zhang, Y. (2008): The Effects of Perceived Fairness and Communication on Honesty and Collusion in a Multi-Agent Setting. In: The Accounting Review, 83 (2008), H. 4, S. 1125-1146.

Zhao, H. / Seibert, S. E. (2006): The Big Five Personality dimension and entrpreneurial status: A meta-analytic review. In: Journal of Applied Psychology, 91 (2006), H. 2, S. 259-271.

Ziegler, L. J. (1980): Betriebswirtschaftslehre und wissenschaftliche Revolution: Eugen Schmalenbachs Betriebswirtschaftslehre zum Gedächtnis, Stuttgart 1980.

Zimmer, I. (1980): A Lens Study of the Prediction of Corporate Failure by Bank Loan Officers. In: Journal of Accounting Research, 18 (1980), H. 2, S. 629-636.

Zimmerman, B. J. / Campillo, M. (2003): Motivating Self-Regulated Problem Solvers. In: Davidson, J. E. et al. (Hrsg.): The Psychology of Problem Solving, Cambridge et al. 2003, S. 233-262.

Zimmermann, E. (1972): Das Experiment in den Sozialwissenschaften, Stuttgart 1972.

Zühlke, J. P. (2007): Die Verbreitung von Wissen zu Controlling-Instrumenten, Wiesbaden 2007.